Studien zur Hochschuldidaktik und zum Lehren und Lernen mit digitalen Medien in der Mathematik und in der Statistik

Herausgegeben von
R. Biehler, Kassel, Deutschland

Fachbezogene Hochschuldidaktik und das Lehren und Lernen mit digitalen Medien in der Schule, Hochschule und in der Mathematiklehrerbildung sind in ihrer Bedeutung wachsende Felder mathematikdidaktischer Forschung.

Mathematik und Statistik spielen in zahlreichen Studienfächern eine wesentliche Rolle. Hier stellen sich zahlreiche didaktische Herausforderungen und Forschungsfragen, ebenso wie im Mathematikstudium im engeren Sinne und im Mathematikstudium aller Lehrämter. Digitale Medien wie Lern- und Kommunikationsplattformen, multimediale Lehrmaterialien und Werkzeugsoftware (Computeralgebrasysteme, Tabellenkalkulation, dynamische Geometriesoftware, Statistikprogramme) ermöglichen neue Lehr- und Lernformen in der Schule und in der Hochschule.

Die Reihe ist offen für Forschungsarbeiten, insbesondere Dissertationen und Habilitationen, aus diesen Gebieten.

Herausgegeben von
Prof. Dr. Rolf Biehler
Institut für Mathematik, Universität Kassel, Deutschland

Andreas Prömmel

Das GESIM-Konzept

Rekonstruktion von Schülerwissen
beim Einstieg in die Stochastik
mit Simulationen

Mit einem Geleitwort von Prof. Dr. Rolf Biehler

Andreas Prömmel
Universität Kassel, Deutschland

Dissertation zur Erlangung des akademischen Grades eines Doktors der Naturwissenschaften (Dr. rer. nat.) im Fachbereich Mathematik und Naturwissenschaften der Universität Kassel

Tag der Disputation: 09.01.2012

ISBN 978-3-658-00593-1   ISBN 978-3-658-00594-8 (eBook)
DOI 10.1007/978-3-658-00594-8

Die Deutsche Nationalbibliothek verzeichnet diese Publikation in der Deutschen Nationalbibliografie; detaillierte bibliografische Daten sind im Internet über http://dnb.d-nb.de abrufbar.

Springer Spektrum
© Springer Fachmedien Wiesbaden 2013

Springer Spektrum ist eine Marke von Springer DE. Springer DE ist Teil der Fachverlagsgruppe Springer Science+Business Media
www.springer-spektrum.de

Geleitwort

Mit der Dissertation von Andreas Prömmel liegt der zweite Band der Schriftenreihe „*Studien zur Hochschuldidaktik und zum Lehren und Lernen mit digitalen Medien in der Mathematik und in der Statistik*" vor.

In dieser Arbeit wird ein Unterrichtskonzept und -material für den Stochastikunterricht in der gymnasialen Oberstufe beforscht. GESIM steht für „Ganzheitlicher Einstieg in die Stochastik mit computergestützter Simulation". Das GESIM-Konzept (Biehler, Hofmann & Prömmel 2008) ist ein neues Unterrichtskonzept für die ersten vier Wochen des Stochastikunterrichts in der Sekundarstufe II und stellt eine Weiterentwicklung des Simulationsvorkurses von Meyfarth (2008) dar. Die Vermittlung stochastischer Inhalte wird mit dem Erwerb von Simulationskompetenzen und dem Erlernen des Umgangs mit einer Werkzeugsoftware, in diesem Fall FATHOM, verknüpft. Ziel ist es, dass Lernende durch eigene stochastische Erfahrungen bereits frühzeitig ein fachlich angemessenes und anwendungsbereites Wissen über Verteilungen und über das Gesetz der großen Zahlen erwerben, welches für den nachfolgenden Stochastikunterricht grundlegende Funktionen hat. Das GESIM-Unterrichtsmaterial wurde in zwei Oberstufenkursen durch zwei Lehrerinnen der Jacob-Grimm-Schule in Kassel erprobt. Die vorliegende Arbeit legt in mehreren Teilstudien eine umfassende empirische Evaluation und theoretische Fundierung dieses Unterrichtskonzepts vor. Ihre Ergebnisse sind in neues Unterrichtsmaterial für den Stochastikunterricht eingeflossen (Biehler et al. 2011).

Die Arbeit ist natürlich für alle lesenswert, die am Stochastikunterricht interessiert sind, insbesondere an der Frage, wie dort digitale Werkzeuge zur Förderung von Lernprozessen und Lernergebnissen eingesetzt werden können. Darüber hinaus wird die Unterrichtseinheit aber auch beispielhaft im Sinne des Design-Based Research angelegt und ausgewertet, und es werden neue Methoden zur qualitativen und quantitativen Untersuchung von kollaborativen mathematischen Problemlöseprozessen unter Einsatz digitaler Werkzeuge entwickelt. Dies macht die Arbeit auch für einen weiteren Leserkreis interessant.

Die vorliegende Dissertation ist nicht nur vom Umfang her bemerkenswert, sondern auch beeindruckend aufgrund der Vielfalt der verwendeten Methoden und theoretischen Ansätze. Andreas Prömmel ordnet das GESIM-Konzept bildungstheoretisch, fachlich und fachdidaktisch sowie im Hinblick auf den Einsatz von digitalen Medien ein. Besonders detailliert arbeitet er den „Phänomenkomplex des empirischen Gesetzes der großen Zahlen" hinsichtlich fachlicher, fachdidaktischer und psychologischer Aspekte zu einer sehr informativen Gesamtschau auf. Die ausführliche Dokumentation und Reflexion des vierwöchigen Unterrichts erfolgt nach dem Konzept der retrospektiven Analyse im Sinne des Design-Based Research. An der Analyse der Differenz zwischen Erwartung und Realisierung im Unterricht werden wichtige Weiterentwicklungsmöglichkeiten und Ausdifferenzierungen theoretischer Annahmen herausarbeitet. Im Sinne einer Feasibility-Studie werden die Bedingungen herausgearbeitet, unter denen das Konzept unterrichtlich realisierbar ist. So wurde insbesondere die multimediale Lernumgebung eFATHOM (Hofmann 2012) erfolgreich eingesetzt, um das Erlernen von FATHOM zu unterstützen.

Die Arbeit liefert einen wichtigen Beitrag zur Diskussion, wie man Schüler und Schülerinnen beim Simulierenlernen unterstützen kann und welche Bedeutung der Simulation für die Entwicklung stochastischer Kompetenz zukommt. Zentral für das Simulierenlernen ist die Verwendung eines Simulationsplanschemas verbunden mit ausgearbeiteten Lösungsbeispielen (worked examples). Zur Begründung dieses Ansatzes werden bisher vorliegende Studien zum Simulierenlernen mit FATHOM analysiert und für das Design genutzt. Ferner wird der Ansatz lernpsychologisch in die Theorie der worked examples sowie in die theoretischen Ansätze und empirischen Ergebnisse zur Unterstützung der Lernenden beim Umgang mit computerbasierten Simulation auch außerhalb der Mathematik eingeordnet.

Den größten Umfang der Arbeit nimmt die Analyse der Arbeitsphasen von Schülerpaaren ein, die Simulationsaufgaben am Computer bearbeiten. Neben den Lösungsprozessen werden auch die Produkte - ausgefüllte Simulationsplanschemata, FATHOM-Dateien und ausgefüllte Arbeitsblätter – mit einem eigens entwickelten methodischen Ansatz analysiert und auf die Lösungsprozessanalysen bezogen. Schon die Transkription der videographierten Lösungsprozesse stellt eine Herausforderung dar, da die Kommunikation der Schülerpaare um eine informative Dokumentation der parallel ablaufenden Interaktion mit dem Computer ergänzt werden muss. Hierfür legt der Autor mit einem in MAXQDA umgesetzten Kodierungsschema eine überzeugende Lösung vor, in dem (1) das Vorgehen nach den Simulationsplanschritten, (2) das Auftreten von problemhaften Phasen und (3) die Anforderung von Hilfen von außen unterschieden werden. Damit gelingt es, wichtige Elemente der Lösungsprozesse und besondere Hürden zu identifizieren. Die quantitativ-kodierenden Analysen werden durch aufwändige qualitativ-interpretierende ergänzt. Hiermit wird auch ein neuer methodischer Beitrag zur Analyse von kollaborativen Arbeitsphasen am Computer vorgelegt. Für Stochastik-Didaktiker sind insbesondere die dadurch gewonnenen Erkenntnisse zu der komplexen Kompetenz des stochastischen Simulierens bedeutsam. Abschließend stellt Andreas Prömmel quantitative Analysen zum Lernzuwachs in der durchgeführten Unterrichtseinheit vor.

Die äußerst umfangreiche, komplexe und variantenreiche Arbeit hat sich der Komplexität und Herausforderung eines vierwöchigen Unterrichtsversuches erfolgreich gestellt, und zwar in allen Phasen: vom überzeugenden Design, über die wissenschaftliche Begleitung und praktische Umsetzung bis zur wissenschaftlichen Analyse und Evaluation mit einer der Sache angemessenen Methodenvielfalt. Ich wünsche ihr viele interessierte Leserinnen und Leser.

Prof. Dr. Rolf Biehler

Vorwort

Manchmal geht das Leben ungewöhnliche Wege, um Menschen für ein gemeinsames wissenschaftliches Projekt zusammen zu bringen. An mein erstes Gespräch mit Prof. Dr. Rolf Biehler, meinem Doktorvater, kann ich mich auch nach zehn Jahren noch gut erinnern. Nicht nur wegen des Datums, 11.09.2001, sondern vor allem wegen der daraus erwachsenen gegenseitigen Wertschätzung und Zusammenarbeit. Es ist bisher nicht der normale Weg, dass man auch aus der Schulpraxis heraus für eine begrenzte Zeit an eine Universität geht, um wissenschaftlich zur arbeiten und in einem schulrelevanten Bereich zu promovieren. Für die stärkere Vernetzung der Ausbildungsphasen im Lehramt wäre dies jedoch wünschenswert, denn davon könnten beide Seiten – Schule und Hochschule – profitieren.

Wenn man sich, so wie ich, auf den Weg macht, in der empirischen Forschung der Mathematikdidaktik wissenschaftlich zu arbeiten, dann ist zu Beginn noch nicht so recht klar, was einen alles erwarten wird. Daher sind Brüche mit dem Thema, das Überwinden tiefer Gräben des Nichtwissens und des Selbstzweifelns charakteristisch für meine eigene Arbeitsweise. Dazu gehören aber auch das Lernen wissenschaftlichen Schreibens, das Führen wissenschaftlicher Diskurse, der Umgang mit Kritik und das Aushalten von Enttäuschungen.

Eine wissenschaftliche Arbeit, wie die hier vorliegende, ist immer auch ein Gemeinschaftsprodukt. Allen daran Beteiligten möchte ich herzlichst Danke sagen:

Dank an Prof. Dr. Rolf Biehler, meinen Betreuer, für die wertvollen Diskussionen und die konstruktiven Hinweise sowie für die vielen gemeinsamen Projekte.

Dank an Prof. Dr. Andreas Eichler für die Übernahme der Zweitgutachtens.

Dank an die Arbeitsgruppe mit Dr. Carmen Maxara, Dr. Tobias Hofmann und Dr. Thorsten Meyfarth für die Zusammenarbeit in verschiedenen Projekten.

Dank an Prof. Dr. Martin Hänze und Dr. Florian Schmidt-Weigand für die Mitarbeit am GESIM-Konzept.

Dank an Prof. Dr. Markus Vogel für die sehr hilfreichen Rückmeldungen.

Dank an die am GESIM-Projekt beteiligten Studenten Martin Roderburg, Johann-Heinrich Franz, Christina Legrand und Norman Lübeck.

Dank an die Mitarbeiter im Didaktik-Bereich der Universität Kassel, vor allem an Jana Krämer, Ruth Freitag und Dr. Christiane Potzner.

Dank an das Kollegium der Abendschule Kassel für die Unterstützung meiner Abordnung an die Universität Kassel.

Dank an Frau Schwarz und Frau Brinkmann für die sehr gute Zusammenarbeit im Rahmen der Pilotstudie des GESIM-Konzeptes.

Dank an die beteiligten Schüler der beiden untersuchten Leistungskurse.

Dank an Britta Göckede und Karin Howe für die anregenden Diskussionen.

Dank an Alexandra Krumbein und Dr. Günter Schmidt für das Korrekturlesen.

Dieses Buch widme ich den lieben Menschen aus meinem Umfeld, die in den letzten Jahren oftmals auf mich verzichten und vieles mit mir ertragen mussten. Dazu zählen in erster Linie meine Frau Yvonne und mein Sohn Arne.

                                                                  Andreas Prömmel

Inhaltsverzeichnis

1 Einführung und Übersicht über die Arbeit

Diese Arbeit ist im Zusammenhang mit Forschungsprojekten der Arbeitsgruppe von Prof. Dr. Rolf Biehler[1] zum Einsatz der Werkzeugsoftware FATHOM entstanden. Der Autor selbst hat in seiner Tätigkeit als wissenschaftlicher Mitarbeiter im Bereich Didaktik der Mathematik an der Universität Kassel die in dieser Arbeit beschriebene Studie mit entwickelt, betreut und analysiert.

Das GESIM-Konzept (Biehler, Hofmann, Prömmel 2008) ist ein Unterrichtskonzept für die ersten vier Wochen des Stochastikunterrichts in der Sekundarstufe II und ist eine Weiterentwicklung des Simulationsvorkurses von Meyfarth (2008b). Dabei wird die Vermittlung stochastischer Inhalte mit dem Erwerb von Simulationskompetenzen und dem Erlernen des Umgangs mit der Werkzeugsoftware FATHOM verknüpft. Ziel ist es, dass Lernende durch eigene stochastische Erfahrungen bereits frühzeitig ein fachlich angemessenes Wissen über Verteilungen erwerben.

Gegenstand der hier vorliegenden wissenschaftlichen Arbeit ist der Einführungskurs zum GESIM-Konzept. Untersuchungsziel ist die Evaluation der unterrichtlichen Umsetzung dieses Einführungskurses.

Kontext der Arbeit

Der Stochastikunterricht in der Sekundarstufe II ist in den vergangenen Jahren kaum empirisch untersucht worden. Ausnahmen sind die explorativen Studien von Eichler (2005, 2006, 2007) und Meyfarth (2008b), die sich auf relativ wenige Schüler und Lehrer beziehen.

Nach den ernüchternden Ergebnissen der TIMSS/III-Studie (Baumert et al. 2000) haben Borneleit et al. (2001) im Auftrag der KMK eine Expertise zur Situation des Mathematikunterrichtes in der gymnasialen Oberstufe veröffentlicht. Darin schlagen die Autoren u. a. vor, sich an fundamentalen Ideen, deren inhaltlichen Vernetzung und Anwendungsausrichtung zu orientieren. Priorität genieße dabei der Aufbau von entsprechenden Grundvorstellungen. Lernende sollten nicht nur grundlegende Techniken und Kalküle beherrschen, sondern auch ein entsprechen-

---

[1] Mitglieder der Arbeitsgruppe von Prof. Dr. Rolf Biehler an der Universität Kassel: Prof. Dr. Rolf Biehler (seit 01.03.2009 Universität Paderborn, Fakultät EIM), Tobias Hofmann, Andreas Prömmel, Carmen Maxara, Thorsten Meyfarth.

des Verständnis für Begriffe, Konzepte, Theorien und Verfahren entwickeln. Dieser didaktische Anspruch ist ohne Abstriche auch auf die Stochastik übertragbar (Borneleit et al. 2001, S. 81 f.).

Die Autoren konstatieren, dass zu dieser Neuausrichtung der Unterrichtskultur die „Schaffung produktiver Lernumgebungen, eine Balance zwischen Instruktion und Konstruktion sowie die Öffnung von Aufgaben" dienlich sei (Borneleit et al. 2001, S. 83). Eine Möglichkeit zur Förderung von Eigenaktivitäten der Lernenden besteht in der Einbeziehung von Computern in den Mathematikunterricht:

„Schülerbezogene Arbeitsformen wie Partner-, Gruppen- und Projektunterricht, Förderung von Selbstständigkeit und Selbstverantwortung, entdeckender Unterricht, umwelterschließender Unterricht, alles das sind Forderungen, die zumindest seit der Reformpädagogik an die Schule herangetragen werden. Erfahrungen zum Computereinsatz geben heute zu der Hoffnung Anlass, dass neue Technologien ein Katalysator für eine solche "neue Unterrichtskultur" sein können." (Borneleit et al. 2001, S. 86)

Die Stochastik ist das Gebiet, in dem der Computer als Bereicherung in vielfältiger Weise eingesetzt werden kann. Er ermöglicht intensive Erfahrungen mit selbst zu planenden und durchzuführenden stochastischen Experimenten, die den Lernenden zu einem Großteil fehlen (Strick 1997a). Der interaktive Gebrauch einer geeigneten Software kann, eingebettet in ein entsprechendes Unterrichtskonzept, dem verständnisorientierten Anspruch an den Stochastikunterricht besser gerecht werden. Tietze et al. (2002, S. 113) führen dafür vor allem folgende Argumente an:

- Interaktive und heuristische Entwicklung von Lösungswegen
- Besseres Verstehen durch experimentelles, konstruktives und visualisierendes Umgehen mit stochastischen Situationen
- Verringerung der mathematischen Schwierigkeiten durch einen anschaulichen, formelarmen Zugang zur Stochastik

Als besonders wichtig wird der Erwerb von Methoden des Mathematiktreibens angesehen. Tietze et al. (2002, S. 113) führen explizit zwei dieser Methoden auf: die explorative Datenanalyse und die Modellierung durch Simulation. Der stärkere Einsatz von stochastischer Simulation wird seit langem in der Mathematikdidaktik für sinnvoll gehalten (Arbeitskreis Stochastik 2003). Schulbücher der gymnasialen Oberstufe sehen bisher nur den punktuellen Rückgriff auf Simulationen vor, nicht aber den unterrichtsbegleitenden durchgehenden Einsatz, wie er u. a. von Biehler & Maxara (2007) begründet und von Meyfarth (2008a, 2008b) in seinem Kurskonzept umgesetzt wird.

Biehler (1991) konstatiert, dass es seinerzeit wenig empirische Studien zum Nutzen von Simulationen gab. Garfield & Ben-Zvi (2008) sehen knapp 20 Jahre später keine wesentliche Veränderung in dieser Beurteilung. Allerdings wird die Einbettung von Simulationen als mathematische Methode in den Stochastikunterricht befürwortet (AK Stochastik 2003, Tietze et al. 2002, Jones 2005). Idealerweise sollten Schüler selbst modellieren lernen, d. h. die Simulationsmethode als Modellierungswerkzeug nutzen. Allerdings wird dieser Ansatz in den meisten Studien nicht verfolgt, denn dazu ist der unterrichtliche Einsatz einer geeigneten Werkzeugsoftware notwendig. Die entscheidende Frage ist, inwieweit eine Software den Modellierungsprozess durch ihren Werkzeugcharakter und durch geeignete Repräsentationsmittel unterstützen kann (Dörfler 1993, Sedlmeier 1999). Mit der Software FATHOM wurde ein solches Werkzeug gefunden (Biehler 1997, Biehler et al. 2006).

In computergestützten Simulationen werden lernrelevante Informationen durch das aktive Handeln der Lernenden erzeugt. Im Kontext selbstgesteuerten und entdeckenden Lernens gibt es eine Reihe von instruktionspsychologischen Forschungsansätzen[2] zum Lernen mit Simulationen (de Jong 2005, Urhane & Harms 2006). Simulationen allein führen aber in der Regel noch nicht zu einem erfolgreichen Lernen. Dazu ist ein strategisches Vorgehen der Lerner notwendig: Handlungspläne entwerfen, gezielt Beobachtungen vornehmen, Ergebnisse entsprechend der Fragestellung bewerten. Untersuchungsergebnisse von de Jong & van Joolingen (1998) zeigen, dass Lernende computergestützte Lernumgebungen eher ziellos explorieren anstatt planvoll vorzugehen. Zur Unterstützung und Sicherung des Lernerfolges sind Strukturierungen und Unterstützungsmaßnahmen notwendig (Hodgson & Burke 2000, Engel & Sedlmeier 2004, Urhahne & Harms 2006). Eine Möglichkeit zur Umsetzung dieser Unterstützungen besteht in der Vorgabe eines Simulationsplanschemas, das sich im Aufbau an der idealtypischen Handlungsabfolge beim Planen, Durchführen und Auswerten einer Simulation orientiert (Prömmel & Biehler 2009, Biehler & Prömmel 2010). Vollständig ausformuliert ist ein Simulationsplanschema ein Lösungsbeispiel für eine Simulationsaufgabe. Solche worked examples erleichtern das Erlernen von komplexen Problemlöseprozessen (Renkl 1997, Atkinson et al. 2000). Ein Simulationsplanschema kann aber auch als Lösungsskript dienen, das durch seinen Aufbau das Durchlaufen einer gewissen Abfolge vorgibt. Forschungen zeigen, dass der Einsatz solcher prozessbegleitenden Arbeitsblätter (process worksheets) zu positiven Lernergebnissen führt (Nadolski, Kirschner & Merrienboer 2005).

Aus der kritischen Analyse von Vorstudien (Meyfarth 2008b) ist das GESIM-Konzept als optimiertes Unterrichtskonzept entstanden, das in Kapitel 2 ausführlich beschrieben wird. Dieses Konzept stellt durch die Vernetzung verschiedener

---

[2] Ein besonderer Dank der Arbeitsgruppe Biehler gilt Prof. Dr. Martin Hänze und Dr. Florian Schmidt-Weigand für die konstruktive Diskussion lernpsychologischer Aspekte des GESIM-Konzeptes.

Lernbereiche (stochastisches Wissen, Simulationsmethodik, Werkzeugumgang) hohe Anforderungen an die Schüler. Dafür sind didaktische Hilfen entwickelt und erprobt worden, die den Lernprozess wirkungsvoll unterstützen sollen, u. a. die Lernumgebung eFATHOM (Hofmann 2007, 2010) und ein Simulationsplanschema (Prömmel & Biehler 2009). In Kapitel 3.3.2 wird die Lernumgebung näher beschrieben. Das Schema wird in Kapitel 2.3.3 ausführlich vorgestellt.

Bisher fehlen die empirischen Erkenntnisse, wie und in welcher Form sich solche Unterstützungsmaßnahmen auf die Lernprozesse und das Wissen der Schüler auswirken (Garfield & Ben-Zvi 2008). In qualitativen Studien zur Kooperation von Schülern mit dem Computer wurden Interaktionsmuster der Schüler, sowohl mit dem Rechner als auch von Schülern untereinander, rekonstruiert (Krummheuer 1989, Hölzl 1999). Auswirkungen einer bewussten Sequenzierung von offline-Phasen und Computerphasen auf die fachbezogene Kommunikation und die mathematikbezogenen Aktivitäten sind bisher kaum erforscht. Daher stellen die Beobachtung, Beschreibung und Analyse von Lernprozessen in Schülerarbeitsphasen den Kern dieser Arbeit dar. Ziel ist es, durch geeignete Untersuchungsmethoden herauszufinden, welches konzeptuelle und prozedurale Wissen Schüler durch das GESIM-Konzept erwerben.

Aufbau der Arbeit

Die hier vorliegende wissenschaftliche Arbeit ist sehr umfangreich. Daher werden vor der chronologischen Darstellung des Aufbaus spezifische Aspekte der Arbeit besonders hervorgehoben:

Anliegen des GESIM-Konzeptes ist die Konstitution spezifischer Wissenselemente in den drei Bereichen Datenanalyse – Zufallsexperimente – Stichprobenverteilungen, bereits zu Beginn des Kurshalbjahres Stochastik. Damit soll bei Lernenden ein tiefgründigeres Verständnis stochastischer Ideen und Verfahren entwickelt werden. Den roten Faden zum Aufbau von angemessenen, fachlich intendierten Sekundärintuitionen bildet das „Denken in Verteilungen". Simulationen sind ein geeigneter informeller Zugang, durch eigene stochastische Erfahrungen Verteilungswissen zu erwerben.

Ein wesentlicher Gesichtspunkt im Umgang mit Häufigkeitsverteilungen ist eine genaue Auseinandersetzung mit dem empirischen Gesetz der großen Zahlen. In einem Abschnitt von Kapitel 3 (S. 74 ff.) werden verschiedene Aspekte zum empirischen Gesetz der großen Zahlen aufgezeigt und analysiert. Dieses Kapitel liefert damit die fachliche Grundlage für eine frühzeitige Entwicklung von Schülervorstellungen, die mit dem $1/\sqrt{n}$-Gesetz und den Faustregeln für die Streuung von Verteilungen (in Abhängigkeit vom Stichprobenumfang n) weit über die im Anfangs-Unterricht sonst üblichen, eher vagen Näherungsvorstellungen zum Gesetz der großen Zahlen hinausgehen würden.

Ein weiterer Abschnitt in Kapitel 3 (S. 83 ff.) beinhaltet eine Aufarbeitung der wissenschaftlichen Diskussion von Fehlvorstellungen im Zusammenhang mit dem *sampling distribution concept* von Lernenden. So führt z. B. die Nichtbeachtung des *sample size effect* bei Stichprobenverteilungen zum Phänomen einer universellen Stichprobenverteilung, unabhängig vom Stichprobenumfang. Auch durch den Glauben an ein sogenanntes *Gesetz der kleinen Zahlen* können sich Schwierigkeiten im stochastischen Verständnis ergeben (Kahneman & Tversky 1971, 1972). Anhand des *maternity ward problem* werden Schwierigkeiten von Lernenden in der Auseinandersetzung mit diesem Thema diskutiert und Lösungsansätze aus der wissenschaftlichen Literatur aufgezeigt. Die vorliegende Arbeit will zeigen, dass der Aufbau angemessener Vorstellungen durch ein entsprechendes unterrichtliches Design bereits zu Beginn des Stochastikunterrichts gelingen kann. Bei einer frühzeitigen Beschäftigung lassen sich dann die genannten Probleme möglicherweise vermeiden und ein spezifisches Verständnis für Häufigkeits- bzw. Wahrscheinlichkeitsverteilungen schaffen. Die Fehlvorstellungen und der Erwerb fachlich intendierter Sekundärintuitionen zum *sampling distribution concept* finden sich in den Analysen der empirischen Begleitstudie des Einführungskurses wieder (vgl. Kap. 6.6 bis 6.8 und Kap. 7.4).

Ein weiterer Forschungsgegenstand dieser Arbeit bezieht sich auf das Erlernen der Simulationsmethode *Simulation durch Stichprobenziehen* mit der Werkzeugsoftware FATHOM. Untersuchungen zur Art der Verwendung und des Einsatzes des neu entwickelten Simulationsplanschemas im Unterricht sind dabei von besonderem Interesse. In einem speziellen Forschungsdesign bearbeiten Lerndyaden Arbeitsaufträge in einer Schülerarbeitsphase entweder konsekutiv (Sequenzierung in offline-Planungsphase und online-Computerphase) oder integrativ (nur online-Computerphase, keine Sequenzierung). Lösungsprodukte und Lösungsprozesse werden ausführlich in Kapitel 6.1 bis 6.5 analysiert. Dafür wurden spezifische Auswertungsmethoden entwickelt, die vergleichende Analysen der Produkte der Handlungen und der Kommunikation von Lerndyaden ermöglichen.

Der im Titel der vorliegenden Arbeit verwendete Begriff „Rekonstruktion von Schülerwissen" deutet auf die Spezifik von Unterricht und des damit verbundenen Wissenserwerbs hin. Rekonstruktion bedeutet im hier verwendeten Sinne das Sichtbarmachen der sonst eher unsichtbaren Prozesse beim Erwerb von Wissen. Dafür wurde ein spezielles Analysekonzept, bestehend aus vier Teilstudien, entwickelt und umgesetzt, das ein möglichst breites und facettenreiches Bild des Wissenserwerbes in der unterrichtlichen Umsetzung des Einführungskurses ermöglichen soll (vgl. Kap. 4.3). Neben den bereits erwähnten Teilstudien *Simulation durch Stichprobenziehen* (vgl. Kap. 6.1 bis 6.5) sowie *sampling distribution* und *sample size effect* (vgl. Kap. 6.6 bis 6.8) zu konkreten Schülerarbeitsphasen aus zwei Unterrichtseinheiten des Einführungskurses umfasst das Analysekonzept zwei weitere Teilstudien: Die Teilstudie *Feasibility* in Kapitel 5 untersucht die unterrichtliche Umsetzbarkeit des Einführungskurses und die Teilstudie *Lernzuwachs* in Kapitel 7 erfasst den Leistungszuwachs der Lernenden in stochastischem

Grundwissen sowie den Leistungsstand in spezifischen Wissenselementen des Einführungskurses. Das Untersuchungsdesign dieser Arbeit ordnet sich damit in den methodischen Forschungsansatz des *Design-Based Research* ein (vgl. Kap. 4.2).

Um die Lesbarkeit dieser Arbeit zu erhöhen, wird bereits in Kapitel 2 der Einführungskurs mit seinen spezifischen Gestaltungselementen vorgestellt. Damit soll gewährleistet werden, dass man als Leser vorweg eine gute Vorstellung von dem bekommt, was das Unterrichtkonzept konkret beinhaltet und leisten soll.

Zum Abschluss dieses Kapitels folgt noch einmal in Kurzform eine chronologische Zusammenfassung des Aufbaus dieser Arbeit:

In Kapitel 2 wird das GESIM-Konzept als Gesamtkonzept vorgestellt. Es wird das instruktionale Design erläutert, und das Unterrichtskonzept des Einführungskurses wird vorgestellt.

In Kapitel 3 werden die theoretischen Ansätze beschrieben, die dem GESIM-Konzept zugrunde liegen. Das sind fachdidaktische, konzeptionelle und lerntheoretische Grundlagen.

In Kapitel 4 werden Forschungsfragen, Methoden und Ziele erläutert. Es wird der für diese Arbeit relevante forschungsmethodische Ansatz des *Design-Based Research* erklärt, und das Untersuchungsdesign wird vorgestellt.

In Kapitel 5 wird die Umsetzung des Einführungskurses analysiert. Dazu werden die Unterrichtseinheiten ausführlich dargestellt und einer retrospektiven Analyse unterzogen.

In Kapitel 6 werden die Schülerarbeitsphasen der Unterrichtseinheiten U10-11 und U12-13 analysiert. Unter verschiedenen Aspekten und Fragestellungen werden die Lernprozesse anhand der Lösungsprodukte und Lösungsprozesse dokumentiert und bewertet.

In Kapitel 7 wird der Wissenszuwachs durch die Analyse von Testergebnissen dokumentiert. Dazu werden die Eingangsbefragung zu Vorkenntnissen und zur Selbsteinschätzung, der identische Vor- und Nachtest sowie der Leistungstest vorgestellt, analysiert und bewertet.

In Kapitel 8 werden wesentliche Ergebnisse der Studie zusammengefasst, und es wird ein Ausblick auf die Weiterentwicklung des Einführungskurses gegeben.

2 Das GESIM-Konzept

Aufbauend auf den Erkenntnissen des Simulationsvorkurses von Meyfarth (2008b, vgl. Kap. 3.3.1) ist in der Arbeitsgruppe Biehler ein Einführungskurs, im Umfang von 15 Stunden, im Kurshalbjahr Stochastik entwickelt worden, der einen ganzheitlichen Einstieg in die Stochastik mit computergestützter Simulation (GESIM) ermöglicht. Das GESIM-Konzept als Gesamtkonzeption umfasst konzeptionelle Ideen, fachliche und fachdidaktische Konzepte, ein instruktionales Design und die konkrete Umsetzung der Ideen und Konzepte in einem Einführungskurs, mit einer Vielzahl an Materialien. In die konzeptionellen Überlegungen für einen Einführungskurs wurden folgende Fragen einbezogen:[3]

- Wie kann das Erlernen der Werkzeugsoftware FATHOM effektiver gestaltet werden?

- Wie kann man die Schüler beim Erlernen der typischen Schrittfolge einer Simulation optimaler unterstützen?

- Wie können das kooperative Lernen am Computer und die Besprechungen im Plenum ausgestaltet werden, um zur Institutionalisierung neuen Wissens beizutragen?

- Wie kann man den Aufbau von Arbeitsblättern gestalten, um den Fokus der Schüler von technischen Aspekten der Realisierung einer Simulation mit FATHOM mehr auf inhaltliche Aspekte zu lenken?

- Wodurch lässt sich ein tieferes Verständnis für die wechselseitigen Beziehungen von Simulationsergebnissen und theoretischen Aspekten der Stochastik entwickeln?

In diesem Kapitel wird zunächst kurz dargelegt, welche Lösungsansätze für diese Fragen in der Arbeitsgruppe Biehler entwickelt wurden. Daran anschließend erfolgt eine ausführliche inhaltliche Beschreibung des Einführungskurses (Biehler, Hofmann, Prömmel 2008)4. In einem dritten Teil steht das Simulieren lernen mit FATHOM im Mittelpunkt der Betrachtungen. Es wird erklärt, welches didaktische Potenzial die Software FATHOM für den unterrichtlichen Einsatz hat. Darüber hinaus werden die konzeptionellen Kernelemente Simulation durch Stichprobenziehen, Messgrößenkonzept, Simulationsplanschema und worked examples erläu-

---

[3] Diese Fragen resultieren u. a. aus den Erfahrungen der Meyfarth-Studie (2008b).

[4] Die Materialen zum Einführungskurs finden sich in Anhang A der Arbeit, auf den im Online-PLUS Programm unter www.Springer-Spektrum.de/Buch/978-3-658-00593-1/Das-GESIM-Konzept zugegriffen werden kann. Im Kapitel 2.2 sind zur Veranschaulichung der Inhalte Auszüge aus diesen Materialien eingebunden.

tert. Durch diese Vorgehensweise soll die konkrete Umsetzung von Konzepten und Ideen in ein Kursdesign nachvollziehbar dargestellt werden.

2.1 Das instruktionale Design des Einführungskurses[5]

Die Lernumgebung eFATHOM

Oftmals wird dem Aspekt, wie man den Umgang mit einer Software im Unterricht lernen kann, zu wenig Aufmerksamkeit geschenkt. Die Methode „Vormachen der Lehrperson und Nachmachen durch Schüler" ist wenig effektiv, da Lerngruppen in der Regel sehr heterogen sind. Zudem unterscheidet sich die Werkzeugsoftware FATHOM im Gebrauch von üblichen Tabellenkalkulations- oder Statistikprogrammen (vgl. Maxara 2009). Meyfarth (2008b) hat in seinem Konzept des Simulationsvorkurses den Befehlsumfang deutlich eingeschränkt und den Fokus auf die Vermittlung einer einzigen Simulationsmethode gelegt. Trotzdem hatten die Schüler eine Reihe von Schwierigkeiten im Umgang mit der Werkzeugsoftware (vgl. Meyfarth 2008b, S. 239 f.). Um den Einstieg in die Software FATHOM zu optimieren, ist in der Arbeitsgruppe Biehler die Multimedia-Lernumgebung eFATHOM (Hofmann 2007, 2010, 2011) entwickelt worden (vgl. Kap. 3.2.2).

Simulationsplanschema und worked examples

Viele Simulationsaufgaben lassen sich nach einer bestimmten Abfolge bearbeiten. Maxara (2009) und Maxara & Biehler (2006, 2007) haben die Simulationsmöglichkeiten mit FATHOM theoretisch analysiert. Für die komplexe Simulationsmethode Simulation durch Stichprobenziehen wurde in der Arbeitsgruppe Biehler ein Simulationsplanschema entwickelt, das die Simulationsaktivitäten der Schüler unterstützt und begleitet. Die konzeptionellen Ideen dieses Schemas wurden später auch auf die anderen Simulationsmethoden übertragen und der jeweiligen Methode angepasst. Ausgearbeitete Lösungsbeispiele zu Simulationsaufgaben, sogenannte worked examples (u. a. Renkl 1997), helfen Schülern die einzelnen Simulationsschritte zu verstehen und auf die Modellierung und Simulation anderer stochastischer Situationen zu übertragen.

---

[5] Vgl. auch Biehler & Prömmel (2010).

Das ASPB-Unterrichtskonzept[6]

Eine typische komplette Unterrichtsstruktur in einem schüleraktivierenden Unterricht besteht aus vier Phasen: Einführung und Auftragsübergabe, Schülerarbeitsphase in Kleingruppen, Präsentation der Ergebnisse und Besprechung in der Lerngruppe (ASPB). Die Rolle der Lehrperson ist in den einzelnen Phasen unterschiedlich. In der Einstiegsphase soll die Lehrperson die Schüler für das Problem sensibilisieren, Räume für Vermutungen, Hypothesen usw. schaffen. In der S-Phase soll sie die Kleingruppen bei ihrer Arbeit unterstützen, sich über Probleme informieren, ggf. Hilfestellungen leisten. Besonders wichtig ist die Rolle der Lehrperson in den P- und B-Phasen: sie muss die individuellen Lernwege der Schüler zusammenführen und für ein von allen geteiltes Wissen in der Lerngruppe Sorge tragen. Um die Lehrperson bei ihrer Arbeit zu unterstützen, enthält das GESIM-Konzept einen didaktischen Leitfaden (vgl. Abb. 2.1).

Phase	Unterstützung
A. Vorbereitung	Didaktischer Leitfaden für die Lehrkraft
S. Selbstständige Arbeit	Arbeitsblätter, Simulationsplanschema, worked examples (ggf. didaktischer Leitfaden zur Unterstützung durch die Lehrkraft)
P. Schüler-Präsentation	
B. Nachbesprechung im Plenum	Didaktischer Leitfaden für die Lehrkraft

Abb. 2.1 ASPB-Konzept und didaktische Unterstützungen

Design von Arbeitsblättern

Das Design von Arbeitsblättern so zu gestalten, dass die Problemstellung nicht zu weit gefasst ist, aber dennoch genügend Spielraum für die Entfaltung eigener Aktivitäten zulässt, ist schwierig. Die Erfahrungen aus der Meyfarth-Studie (2008b) zeigen, dass Schüler dazu neigen, die Teilaufgaben zu ignorieren oder nur oberflächlich zu bearbeiten, die nicht unmittelbar auf Softwareaktivitäten gerichtet

---

[6] Borneleit et al. (2001) haben im Auftrag der Kultusministerkonferenz der Länder KMK eine Expertise zum Mathematikunterricht in der gymnasialen Oberstufe erstellt. Eine der in diesem Papier beschriebenen Maßnahmen zur Verbesserung der methodischen Gestaltung des Unterrichts bezieht sich auf ein Vier-Phasen-Konzept, das sich bei der Analyse japanischer Unterrichtsmethoden als besonders nutzbringend erwiesen hat.

sind. Dies umfasst sämtliche Tätigkeiten, die sich auf die Planung, den Aufbau einer Erwartungshaltung und auf die Interpretation von Simulationsergebnissen beziehen. Das GESIM-Konzept enthält Arbeitsblätter, die ganz gezielt solche Aktivitäten innerhalb der S-Phase ansprechen.

Schätzen von Wahrscheinlichkeiten und Häufigkeitsverteilungen

Vorangegangene Studien (Meyfarth 2008b, Maxara 2009) haben gezeigt, dass Schüler insbesondere bei hoher Wiederholungszahl N dazu neigen, Wahrscheinlichkeit und relative Häufigkeit für ein Ereignis gleichzusetzen. Im GESIM-Konzept wurden daher verschiedene Maßnahmen ergriffen, um eine identische Begriffsnutzung zu vermeiden:

- Begriffliche Unterscheidung zwischen relativer Häufigkeit und theoretischer Wahrscheinlichkeit,

- Frühzeitige Kommunikation von Faustregeln für die Genauigkeit von Simulationen für $N = 50, 100, 1000, 5000$ und 10000 Wiederholungen,

- Einsatz von Aufgaben, die kombinatorische Lösungen mit simulativen Lösungen verknüpfen,

- Präzisierung der Faustregeln als Prognoseintervall mit 95 % Sicherheit mittels $1/\sqrt{n}$-Gesetz.

Auf der Basis dieser Überlegungen wurden gezielt fachdidaktische Verbesserungen gegenüber dem Meyfarth-Konzept vorgenommen. So stehen simulative und rechnerische Methoden mehr im Wechselspiel zueinander, um sich gegenseitig zu ergänzen. Die Begriffe „Wahrscheinlichkeit als Prognosewert" für den theoretischen Zugang über Anteile und „Wahrscheinlichkeit als Schätzwert" für den experimentellen Zugang über relative Häufigkeiten werden deutlich unterschieden. Das empirische Gesetz der großen Zahlen für den Erwartungswert wird mit einbezogen und dessen theoretische Berechnung durch ideale Simulation unterstützt. Schätzen, Skizzieren von Verteilungen, das Bilden von Modellen sowie der Aufbau von Erwartungshaltungen durch gezielte Arbeitsaufträge sollen die intuitiven und planerischen Elemente stärken. Hinsichtlich des Erwerbs von Werkzeug- und Simulationskompetenzen wird auf den Einsatz von eFATHOM in der Hausarbeitszeit der Schüler und auf die Verwendung des Simulationsplanschemas sowie den Gebrauch von ausgearbeiteten Lösungsbeispielen, worked examples, gesetzt (Prömmel & Biehler 2009).

Diese Überlegungen führten zu folgender Unterrichtsstruktur, die im Kapite 2.2 ausführlich beschrieben wird:

- Statistische Verteilungen und ausgewählte Kennwerte (Mittelwerte, Quartile, IQR als Streuungsmaß),

- Laplace-Experimente und Erwartungswert in Spielsituationen (empirische und theoretische Betrachtungen, Erzeugen von Häufigkeitsverteilungen durch einfache Simulationen, Gesetz der großen Zahlen),

- Modellierung von stochastischen Situationen durch Urnenmodelle, S mulation durch Stichprobenziehen, Stichprobenverteilungen,

- Vertiefung des Inhaltes „Gesetz der großen Zahlen" (Einfluss des Stichprobenumfangs auf die Gestalt von Stichprobenverteilungen, $1/\sqrt{n}$-Gesetz).

Die Werkzeugsoftware FATHOM wird durchgängig für die aktive Schülerarbeit oder als Demonstrationswerkzeug für die Lehrperson eingesetzt. Das Konzept der Unterrichtsstunden selbst folgt der ASPB-Struktur, für die entsprechende Unterstützungen bereit gestellt werden (vgl. Kap. 2.2). Anhand der obigen Struktur wird deutlich, wie zentral Verteilungen im GESIM-Konzept verankert sind. Beim Umgang mit der Software FATHOM werden Häufigkeitsverteilungen erzeugt, die leicht graphisch darstellbar und numerisch auswertbar sind. Insbesondere diese einfache Realisierung der Visualisierung von Verteilungen stellt ein besonderes didaktisches Potenzial dieser Software dar. Dadurch wird eine ganzheitliche Sicht auf die Daten ermöglicht, wodurch Beziehungen und Muster auf einen Blick sichtbar werden. Unterrichtsideen mit Simulationen zu einzelnen Aspekten des *sampling distribution concept* haben im deutschsprachigen Raum Sedlmeier & Köhlers (2001) sowie Meyfarth (2006) entwickelt und z. T. wissenschaftlich untersucht (Meyfarth 2008b). Das GESIM-Konzept baut auf diesen Erkenntnissen auf und bettet das Thema *sampling, sampling distribution* und *sample size effect* in ein Gesamtkonzept ein. Konzeptionelle Grundlagen zum Verteilungswissen werden in Kapitel 3.2 beschrieben.

2.2   Der Aufbau und die Struktur des Einführungskurses

Das GESIM-Konzept ist auf eine Verlagerung inhaltlicher Schwerpunkte in die Einführungsphase hin zu einem an Verteilungen orientierten Stochastikunterricht ausgerichtet. Curriculare und organisatorische Rahmenbedingungen der gymnasialen Oberstufe werden berücksichtigt und in bestimmten Bereichen bereits in dieser Anfangsphase vertieft. Anwendungsorientierung wird durch einfache Modellierungsaufgaben gewährleistet, die auch komplexere Problemstellungen beinhalten. Die Lernenden nutzen Simulationen als Problemlösemethode. Häufigkeitsverteilungen und deren Kennwerte, Aspekte des Wahrscheinlichkeitsbegriffs,

Zufallsgrößen als Messgrößen, Stichprobenverteilungen und *sample size effect* werden von Beginn an als bestimmende Ideen im Zusammenhang mit dem Phänomenkomplex des empirischen Gesetzes der großen Zahlen[7] vermittelt. Adäquate Grundvorstellungen dazu werden durch den Bezug auf Realsituationen und idealisierte Zufallsexperimente aufgebaut. Dieser ganzheitliche Einstieg verbindet statistische mit probabilistischen Aspekten bereits in der Einführungsphase. Einer fehlenden Vernetzung stochastischen Wissens kann somit vorgebeugt werden.

Die Unterrichtseinheit umfasst 15 Unterrichtsstunden[8] und wird von den folgenden Leitideen getragen: Die Einarbeitung in die Werkzeugsoftware FATHOM erfolgt durch die eFATHOM-Module und ist grundsätzlich in die Hausarbeit ausgelagert. Das selbst erarbeitete Einzelwissen sollen die Schüler im Unterricht in Übungs- und Präsentationsformen festigen, darstellen und kommunizieren. Dabei wird insbesondere mit der Gestaltung von spezifischen Arbeitsblättern großer Wert auf die Entwicklung von Fähigkeiten zur Formulierung von Erwartungen oder Hypothesen und zur Modellbildung gelegt. Verteilungen sowie deren graphische Repräsentation und Variation sind das Bindeglied für die zu vermittelnden stochastischen und FATHOM-spezifischen Inhalte in diesem Einführungskurs. Simulationen werden dadurch als wertvolles Instrument zur Lösung von stochastischen Problemstellungen, zur Repräsentation von Zufallsexperimenten und als Werkzeug im Wechselspiel mit theoretischen Modellen für die Lernenden tatsächlich erfahrbar. Zur Unterstützung der Lernenden bei der Ausprägung von Simulationskompetenzen werden Simulationsplanschemata eingesetzt. Die nachfolgende Abbildung gibt einen tabellarischen Überblick über die Struktur des Einführungskurses, gegliedert nach Baustein (BS), Inhalt und Umfang (Abb. 2.2).

BS	Inhalt	Umfang
1	eFATHOM Module 1 und 2 – Einführung und einfache Datenanalyse mit FATHOM	Hausarbeit ca. 2 Zeitstunden
2	Datenanalyse mit FATHOM - Häufigkeitsverteilungen und Kennwerte der Mitte und der Streuung (arithmetisches Mittel, Median, IQR, Histogramm, Boxplot)	2 (+1) Unterrichtsstunden

---

[7] Die Begrifflichkeit *Phänomenkomplex des empirischen Gesetzes der großen Zahlen* wird in Kapitel 3.2.2 ausführlich beschrieben und erläutert.

[8] Diese Angabe bezieht sich auf Version 2.0 des Einführungskurses (Biehler, Hofmann, Prömmel 2008). Eine Überarbeitung des Einführungskurses wird voraussichtlich 2012 in der Online-Schriftenreihe KaDiSto der Universität Kassel erscheinen. (*https://kobra.bibliothek.uni-kassel.de/handle/urn:nbn:de:hebis:34-200602016179/simple-search?query=Kadisto*).

3	eFATHOM Modul 3: Einführung in die Simulation mit FATHOM – einfache Simulationen ohne Messgrößenkonzept	Hausarbeit ca. 1 Zeitstunde
4	Laplace-Experimente und Erwartungswert in Spielsituationen (empirische und theoretische Betrachtungen, einfache Simulationen in FATHOM), empirisches Gesetz der großen Zahlen, Faustregeln für die Genauigkeit von Simulationen in Abhängigkeit von der Wiederholungszahl	5 Unterrichts-stunden
5	eFATHOM Modul 4: Simulation durch Stichprobenziehen mit Messgrößenkonzept in FATHOM	Hausarbeit ca. 1 Zeitstunde
6	Modellieren stochastischer Situationen unter Verwendung der Simulationsmethode Simulation durch Stichprobenziehen, Erkunden von Häufigkeitsverteilungen stochastischer Situationen, die sich durch binomialverteilte Zufallsgrößen theoretisch beschreiben lassen	6 Unterrichts-stunden
7	Das Gesetz der großen Zahlen, Stichprobenverteilungen von Anteilen, $1/\sqrt{n}$-Gesetz	2 Unterrichts-stunden

Abb. 2.2 Struktur und Aufbau des Einführungskurses

Im Folgenden wird die Struktur des GESIM-Konzeptes genauer beschrieben. Dabei werden die inhaltlichen Schwerpunkte der einzelnen Bausteine herausgestellt, und es wird auf die zu vermittelnden stochastischen und FATHOM-spezifischen Kompetenzen genauer eingegangen.[9]

Baustein 1

In Baustein 1 nehmen die Schüler in ihrer Hausarbeitszeit über die Lernumgebung eFATHOM Erstkontakt mit der Werkzeugsoftware FATHOM auf.[10] Die Schüler erwerben stochastische Kompetenzen zu Begriffen und Darstellungen der Beschreibenden Statistik, wie absolute und relative Häufigkeiten, Histogramme und Mittelwerte. Das Ziel FATHOM-spezifischer Kompetenzen ist die selbstständige Einarbeitung in FATHOM als Werkzeug zur Datenauswertung.

---

[9] Die zugehörigen Materialien der Version 2.0 des Einführungskurses (Biehler, Hofmann & Prömmel 2008) befinden sich in Anhang A auf, den im OnlinePLUS Programm unter www.Springer-Spektrum.de/Buch/978-3-658-00593-1/Das-GESIM-Konzept.html zugegriffen werden kann.

[10] Die aktuelle Version von eFATHOM findet man unter: http://eFATHOM.math.uni-paderborn.de/.

Inhaltlich geht es in Modul 1 um die Vorstellung der vier Basisobjekte Kollektion, Tabelle, Graph und Auswertung. Es geht um die Dateneingabe in eine Tabelle, die Visualisierung von numerischen Daten in einem Punktdiagramm und die Berechnung des arithmetischen Mittels in einer Auswertungstabelle. Eine einfache komposite Graphik erlaubt den elementaren Vergleich von Daten, die Begriffe Merkmal, Merkmalsträger und Merkmalsausprägung werden FATHOM-spezifisch erklärt.

In Modul 2 geht es um die Unterscheidung zwischen numerischen und kategorialen Merkmalen und deren FATHOM-spezifischen Besonderheiten bei der Auswertung. Verschiedene Möglichkeiten der Modifizierung von Daten und deren graphischer Repräsentation werden angesprochen: Bewegen von Datenpunkten im Punktdiagramm, Strecken, Stauchen und Verschieben von Achsen. Das Histogramm als Darstellungsform zur Klassierung von Daten wird eingeführt. Der Formeleditor wird als Werkzeug zur Erzeugung und Modifikation von Formeln für die Auswertung von Daten vorgestellt. Es wird auf die Bedeutung von relativer und absoluter Häufigkeit bei einfachen Gruppenvergleichen für numerische Merkmale eingegangen, und der Nutzer wird in den Umgang mit dem FATHOM-Hilfesystem eingeführt.

Beide Module behandeln die Auswertung von Daten. Die angesprochenen Inhalte in beiden Modulen werden anhand eines kleinen Datensatzes von Personendaten (Name, Geschlecht, Körpergröße) vermittelt. Modul 1 ist als Einstiegsmodul konzipiert, Lernende benötigen keinerlei Vorkenntnisse über FATHOM. Die ersten Schritte in FATHOM lernt der Nutzer anhand von Tutorial-Videos, die zum „Nachbauen" auffordern. Direkt an das Einstiegsmodul schließt sich Modul 2 an. Am selben Beispiel lernt der Nutzer weitere Auswertungsmöglichkeiten mit FATHOM kennen. So erfährt der Lernende, wie Histogramme in FATHOM erstellt und modifiziert werden können: Anpassen von Startwert und Klassenbreite, Umstellen der Skala der y-Achse auf relative Häufigkeiten, Verlinken der Achsen.

Baustein 2

Im Mittelpunkt des Bausteins 2 stehen einfache statistische Fragestellungen. Diese sind mit dem FATHOM-spezifischen statistischen Handwerkszeug, das in Modul 1 und Modul 2 in eFATHOM erworben wurde, zu bearbeiten. Hinzu kommen als neue Werkzeugfunktionalitäten das Einzeichnen von Werten in eine Graphik und die Auswertung von Häufigkeiten mit Bedingung. Darüber hinaus wird der Begriff der Verteilung thematisiert, der Quartilsbegriff eingeführt und ein entsprechendes Streuungsmaß erarbeitet (Streuung der mittleren 50 % einer Verteilung) sowie in einer eigenen Schülerarbeitsphase mit FATHOM gefestigt.[11]

In einem ersten Arbeitsauftrag erforschen die Schüler anhand eines reduzierten Muffins-Datensatzes, ob Schülerinnen tendenziell eher ins Bett gehen als Schüler und wie viel Prozent der Schüler samstags vor 8 Uhr aufstehen. Nach der Präsentation und Besprechung der Ergebnisse werden im Unterrichtsgespräch Verteilungen und Streuungsmaße am Beispiel von zwei Aufstehzeiten (Montag, Samstag) aus dem Muffins-Datensatz thematisiert. Die Begriffe Median, oberes und unteres Quartil, mit der entsprechenden FATHOM-spezifischen Notation, werden als Kennwerte einer Häufigkeitsverteilung sowie die Differenz von $Q3$ und $Q1$ als Streuungsmaß eingeführt. Der Interquartilsabstand[12] ist ein Streuungsmaß, das die Ausdehnung des „mittleren Haufens" einer Häufigkeitsverteilung quantitativ beschreibt. Im GESIM-Konzept soll durchgehend das Streuungsmaß „Streuung der mittleren 50 % (95 %, α %)" verwendet werden, weil es anschaulich und intuitiv leicht verständlich ist.[13] Da man Quartile auch als spezielle p-Quantile betrachten kann, dient dieser Zugang der Vorbereitung auf die Definition von mittleren α %-Intervallen über Perzentile ($p\cdot 100$ %-Quantile)[14]. Die Einführung von Streuungsvergleichen bei einfachen Häufigkeitsverteilungen ist zudem eine wesentliche Voraussetzung für das Verständnis des Streuungsvergleichs von Stichprobenverteilungen, die im Baustein 6 und 7 des Einführungskurses eine wichtige Rolle spielen. Die frühzeitige Fokussierung auf die spezifische Charakteristik von solchen Verteilungen dient dem Begreifen von Streuung (im englischen „Variation") als fundamentaler Idee der Stochastik.

---

[11] In einem Erweiterungsbaustein des Einführungskurses können die charakteristischen Eigenschaften von arithmetischem Mittel und Median sowie der Verteilungsvergleich mittels Boxplot thematisiert werden.

[12] Interquartilsabstand d_q: $d_q = Q3 - Q1$.

[13] Die Standardabweichung ist kein angemessenes Streuungsmaß für den Einführungskurs, da hierfür die Sigma-Regeln hergeleitet werden müssten.

[14] Definition Streuungsmaß der mittleren α % mittels p-Quantil q_p (vgl. Biehler 2006, S. 98): X sei eine numerische Variable mit Werten $x_1, x_2, \dots, x_n$ und α eine Zahl zwischen 0 und 100. Wir definieren das Streuungsmaß der mittleren α % für die Variable X durch
$$s_{\alpha\%}(X) := q_{1-p}(X) - q_p(X), wobei\ p = \frac{1-\alpha/100}{2}.$$

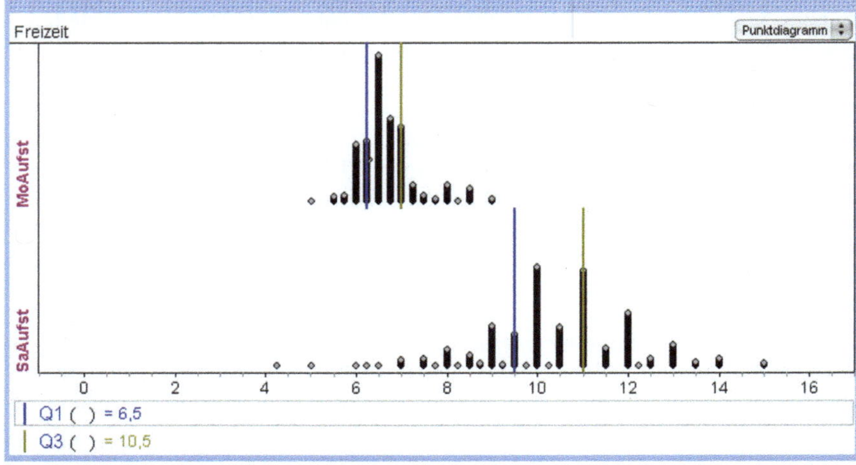

Abb. 2.3 U1-2: Oberes und unteres Quartil als Kennwerte einer Verteilung (Biehler, Hofmann, Prömmel 2008)

Die beiden Häufigkeitsverteilungen im Punktdiagramm (Abb. 2.3) sind zu beschreiben und zu beurteilen: So können Schüler u. a. feststellen, dass am Samstag nicht nur eine Verschiebung der Verteilung nach rechts und damit im Mittel eine spätere Aufstehzeit resultiert, sondern dass die Aufstehzeiten am Samstag auch breiter streuen als am Montag. Ursachen dafür sollten thematisiert werden, wie vielfältige Interessenlage, Familienzwänge, kein Schultag. Die bevorzugte Angabe von vollen Stunden führt am Samstag zu einer typischen Sägezahnverteilung im Punktdiagramm. Wie kann man die qualitativ beschriebene unterschiedliche Streuung messen? Man ermittelt den mittleren Haufen, die mittleren 50 % der Häufigkeitsverteilung. Die Daten werden dazu der Größe nach geordnet. Das untere Quartil *Q1* ist diejenige Zahl, für die höchstens 25 % der Daten kleiner als *Q1* sind und mindestens 25 % der Daten kleiner gleich *Q1* sind. Das obere Quartil *Q3* ist diejenige Zahl, für die höchstens 25 % der Daten größer als *Q3* sind und mindestens 25 % der Daten größer gleich *Q3* sind. Innerhalb von [*Q1, Q3*] liegen somit mindestens 50 % der Daten.[15] Dieses Streuungsmaß kann in FATHOM mit den Funktionen *Q1()* für das untere Quartil und *Q3()* für das obere Quartil als Differenz *Q3()−Q1()*[16] umgesetzt werden. Hat man den Median als Mittelwert eingeführt, dann kann man die Quartile auch als Mediane der jeweiligen Datenhälften charakterisieren. Dabei ist zu beachten, ob für die Bildung der „Datenhälften" die

---

[15]   Vgl. Biehler (2006, S. 100 ff.).

[16]   Die Formel für die direkte Berechnung des Interquartilsabstandes in FATHOM lautet *qd()*.

Halbierung mit doppeltem Median oder ohne Median vorgenommen werden muss, um die obigen Eigenschaften zu erfüllen.[17]

In der sich anschließenden Schülerarbeitsphase untersuchen die Schüler die Bettgeh-Zeiten im Wochenverlauf aus dem Muffins-Datensatz. FATHOM eignet sich für solche Verteilungsvergleiche hervorragend, da mehrere Merkmale in einer multiplen Graphik dargestellt und ausgewertet werden können.

Baustein 3

In Modul 3 von eFATHOM lernen die Schüler einfache Simulationen mit FATHOM zu erstellen und auszuwerten. Im Bereich der FATHOM-Kompetenzen erwerben die Schüler FATHOM-spezifische Simulationskompetenzen für die Simulationsmethode *simultane Simulation*.[18] Aspekte des empirischen Gesetzes der großen Zahlen bilden den Mittelpunkt der Erarbeitung von stochastischen Inhalten.

In der Einführung von Modul 3 werden verschiedene Aspekte zum empirischen Gesetz der großen Zahlen thematisiert:

- Verhalten: relative, absolute Häufigkeit,
- Trajektorien,
- Güte der Genauigkeit (Faustregeln),
- Arbeit der Zufallsgeneratoren in FATHOM.

In einem Tutorial-Video kann man in einer Simulationsumgebung, am Beispiel des Münzwurfes, das Gesetz der großen Zahlen FATHOM-spezifisch vertiefen. Der schrittweise Aufbau einer simultanen Simulation wird am Beispiel des doppelten Würfelwurfes gezeigt. In Modul 3 werden zur Modellierung des Modellzufallsexperimentes die Zufallsfunktionen *ganzeZufallszahl()*, *ZufallsWahl()* benutzt. Mit den in diesem Modul behandelten Simulationen werden in der Regel Wahrscheinlichkeiten ermittelt. Die Aufgabe „GlücksPasch" (Aufgabe 2 im Übungsteil) stellt eine Ausnahme dar, da in dieser Aufgabe der Erwartungswert zu bestimmen ist. Auf die theoretische Bestimmung von Wahrscheinlichkeiten wird

---

[17] Entsteht bei der Teilung der Datenanzahl durch 4 der Rest 1, dann ist der Median doppelt zu zählen. Entsteht bei der Teilung der Datenanzahl durch 4 der Rest 3, dann werden beide Datenhälften ohne Median gebildet (vgl. Biehler 2006, S. 106).

[18] Als Simultane Simulation wird eine Simulationsmethode bezeichnet, bei der die Teilexperimente eines Zufallsexperiments in verschiedenen Merkmalen einer Kollektion, also in den Spalten einer Datentabelle, repräsentiert sind (vgl. Maxara 2009, S. 68).

nicht explizit eingegangen, bekannte Fachtermini aus der Wahrscheinlichkeitsrechnung werden im Kontext verwendet, so dass deren Bedeutung auch ohne Definition ersichtlich ist. Ein Formelblatt (zum Ausdrucken) gibt eine gute Übersicht
über wesentliche FATHOM-spezifische Funktionen und Formeln sowie deren
Verwendungsmöglichkeiten.

Baustein 4

In diesem Baustein wird in der Unterrichtseinheit U3-4[19] der Einstieg in die Wahrscheinlichkeitsrechnung thematisiert. Mit dem Spiel „Differenz trifft"[20] soll ein
experimenteller Einstieg, anhand eines komplexen Würfelspiels, erfolgen. Im
Zentrum steht dabei zunächst die Suche nach einer optimalen Strategie durch reale
Experimente und theoretische Überlegungen in einer Gruppenarbeit. Vor und während des Spielverlaufes sind Diskussionen innerhalb der Teams über Strategien
und intuitive Wahrscheinlichkeitstheorien der Differenzen 0, 1, 2, 3, 4, 5 zu erwarten. FATHOM dient dabei als Datenhalter und zur Veranschaulichung der experimentell erhobenen Daten. Im anschließenden Unterrichtsgespräch ist die Wahrscheinlichkeitsverteilung der Differenzen beim Doppelwürfel auch durch
theoretische Überlegungen zu erarbeiten und mit den experimentell ermittelten
relativen Häufigkeiten zu vergleichen. Die Berechnung der Wahrscheinlichkeiten
erfolgt dabei als Verhältnis günstiger zu möglicher Fälle. In Abgrenzung zu den
experimentell ermittelten relativen Häufigkeiten wird die so ermittelte Laplace-
Wahrscheinlichkeit als *theoretische Wahrscheinlichkeit* bezeichnet. In einem ersten Vergleich mit den experimentell erhobenen Daten wird man möglicherweise
Abweichungen erkennen. Unter Nutzung eines intuitiven Verständnisses von der
Zunahme der Genauigkeit bei einer größeren Anzahl von Spielen wird man die
Simulation als Erweiterung der experimentellen Möglichkeiten motivieren können. Das empirische Gesetz der großen Zahlen kann als Stabilisierung der empiri-
schen Verteilung für große Wiederholungsanzahlen n im Histogramm erfahren
werden. Im Histogramm sieht man deutlich, dass für kleine Wiederholungsanzah-
len n, z. B. $n = 30$, die Häufigkeitsverteilung chaotischen Charakter hat und eine
Vorhersage über den Ausgang des Spiels praktisch unmöglich ist (vgl. Abb. 2.4).
Wiederholt man die Simulation manuell, z. B. über die Tastenkombination Strg+Y,
kann man die Abnahme der Schwankungen in der Häufigkeitsverteilung für feste
Wiederholungsanzahlen $n = 30, 1000, 10000$ visualisieren. Eine kommentierte
Lehrerdemonstration der Simulation der Differenzen beim zweifachen Würfelwurf soll den Schülern einen ersten Eindruck vom Aufbau einer Simulationsum-
gebung in FATHOM vermitteln.

---

[19] U3-4 ist eine Abkürzung für eine Unterrichtseinheit, die in der Regel zwei Unterrichtsstunden
     umfasst. Die Zahlenangaben dokumentieren die jeweilige Stunde im GESIM-Konzept.

[20] Vgl. Schmidt & Lergenmüller (2001) und Biehler & Prömmel (2011).

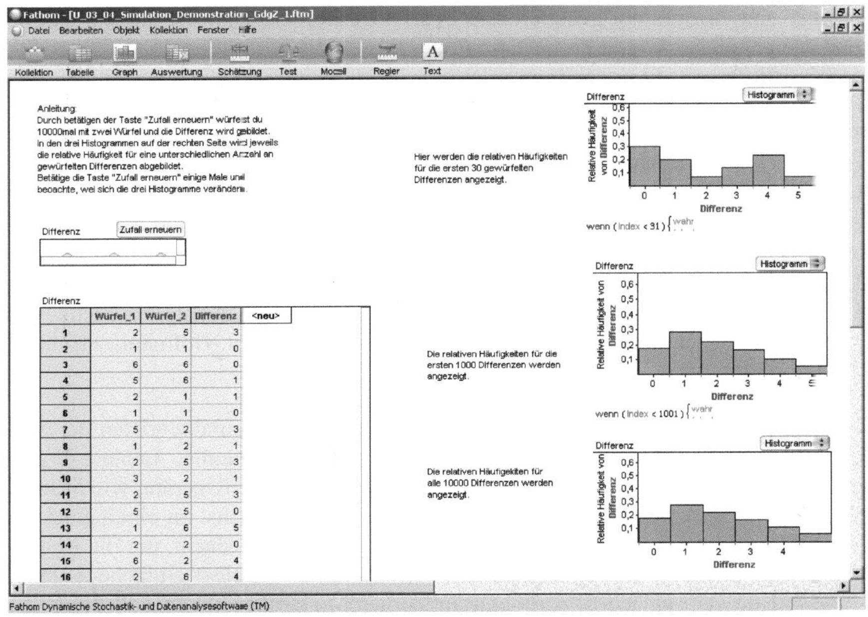

Abb. 2.4 U3-4: Simulationsumgebung zur Differenz zweier Würfel mit verschiedenen Wiederholungszahlen _n_ (Biehler, Hofmann, Prömmel 2008)

Die Eignung dieses Spiels als Einstieg ist in unterschiedlichen Jahrgangsstufen und Schulformen mehrfach erprobt worden.[21] Man kann hiermit Wahrscheinlichkeitsverteilungen (mit ungleichen Wahrscheinlichkeiten) von Beginn an in den Fokus rücken und muss nicht nur einzelne Wahrscheinlichkeiten thematisieren. Durch die Verknüpfung von Realexperiment, theoretischen Überlegungen und Simulation als Erweiterung der experimentellen Methoden eröffnen sich zudem unterschiedliche Zugänge zum Wahrscheinlichkeitsbegriff an einer stochastischen Problemstellung. Hier wäre auch Gelegenheit, verschiedene Modelle (mit und ohne Unterscheidung der Würfel bei der Ermittlung der günstigen Fälle) zu thematisieren und die wechselseitige Stützung von Modell und Theorie aufzugreifen.

In Unterrichtseinheit U5 üben sich die Schüler in der Erzeugung simultaner Simulationen. Sie bearbeiten eine Würfelaufgabe, z. B. „Was ist wahrscheinlicher beim doppelten Oktaederwurf: Eine Augensumme von 7 oder eine Augensumme von 9 zu würfeln?". Dabei geht es nicht nur um die Simulation an sich. Zunächst soll

---

[21] Vgl. Prömmel & Biehler (2008) und Biehler & Prömmel (2011).

intuitiv eine Vermutung geäußert und begründet werden, dann ist die Simulation für verschiedene Wiederholungsanzahlen n mehrfach durchzuführen ($n = 50$, $1000, 5000$) und die jeweiligen relativen Häufigkeiten sind in einer Tabelle zu notieren. Aus diesen Ergebnissen sind die Wahrscheinlichkeiten für die beiden Ereignisse so genau wie möglich zu schätzen, z. B. indem man über die entsprechenden relativen Häufigkeiten den Mittelwert bildet. Darüber hinaus ist anzugeben, für wie genau man seine Schätzungen hält. Diese Teilaufgabe soll die Verbindung zu den Faustregeln aus Modul 3 von eFATHOM herstellen. Eine nächste Aufgabe ist dann die Berechnung der theoretischen Wahrscheinlichkeit nach dem Laplace-Ansatz, den die Schüler schon in U3-4 kennengelernt haben. Weitere Übungen zur Schätzung bzw. zur Berechnung von Ereigniswahrscheinlichkeiten können sich anschließen (vgl. Materialien zu U5-6 in Biehler, Hofmann, Prömmel 2008, Anhang A).

In Unterrichtseinheit U6 geht es um die Einführung von Grundbegriffen der Stochastik: Zufallsexperiment, Ergebnisraum, Ergebnis, Ereignis, Laplace-Wahrscheinlichkeit. Diese Begriffe werden anhand typischer Zufallsgeräte, wie Münze, Würfel, Glücksrad und Urne, thematisiert. Hierbei ist zunächst an einen Rückbezug auf das Einstiegsbeispiel des doppelten Würfelwurfes gedacht, um die Begriffe zu veranschaulichen. Anschließend sollen die Schüler selbst einfache Zufallsexperimente als Laplace-Experimente modellieren. Darüber hinaus soll durch die Angabe einer FATHOM-Realisierung der Zufallsexperimente über Zufallsgeneratoren der Bezug zur Werkzeugsoftware hergestellt werden. Die Arbeit erfolgt aber offline. Beim Modellieren stochastischer Situationen als Urnen ist zu beachten, wie zugehörige Ergebnisräume zu definieren sind: Als Laplace-Ergebnisraum muss jedes Element des Ergebnisraumes gleich wahrscheinlich sein.

Arbeitsblatt 2 Zufallsexperimente (Laplace-Experimente)

Zufalls-experiment	Anzahl der möglichen Ergebnisse	WS für ein Ergebnis	Realisierung in Fathom	Ereignis	Anzahl der günstigen Ergebnisse für das Ereignis
				Gerade Zahl würfeln	
				Augen-summe<4	
				3 gleiche Bilder	
				Eine Zahl > 5 zu erdrehen	

Abb. 2.5 U5-6: Modellieren von Zufallsexperimenten – Auschnitt aus Arbeitsblatt 2 (Biehler, Hofmann, Prömmel 2008)

In Unterrichtseinheit U7 erarbeiten die Schüler den Begriff des Erwartungswertes simulativ mit *idealer Simulation*. Sie erfahren zudem das empirische Gesetz der großen Zahlen für den Erwartungswert über die Visualisierung einer Folge von Punkten $(n, aMittel())$ durch „Trajektorien", die dem theoretischen Erwartungswert, als Parallele zur waagerechten Achse, zustreben (vgl. Abb. 2.8). Dieser Aspekt der wechselseitigen Beziehung von arithmetischen Mittel und Erwartungswert als dessen theoretischem Gegenstück ist neu gegenüber dem Meyfarth-Konzept. Das arithmetische Mittel ist der Schätzwert für den Erwartungswert und der Erwartungswert dient als Vorhersagewert für das arithmetische Mittel. Die *ideale Simulation*, bei der für eine bestimmte Wiederholungsanzahl n die im Idealfall zu erwartenden Häufigkeiten fiktiv durchgespielt werden, spiegelt diesen Zusammenhang in einer vereinfachten Form wider (vgl. Abb. 2.6).

Die Schüler kennen das Spiel „GlücksPasch" aus Modul 3. Die Frage nach dem durchschnittlichen Gewinn pro Spiel ist simulativ durch das arithmetische Mittel zu beantworten und kann im Unterricht wieder aufgegriffen werden. Mit Hilfe der idealen Simulation lässt sich eine frequentistische Grundvorstellung vom Erwartungswert als dem zu erwartenden durchschnittlichen Gewinn pro Spiel in einer langen Spielserie aufbauen:

Ideale Simulation: Es wird 360-mal gespielt. Im Idealfall verliert man 300-mal einen Euro, man gewinnt in jeweils zehn Fällen (netto) $1, 3, 5, 7, 9$ *bzw.* 11 Euro. Der Gesamtgewinn bei 360 Spielen ist „im Idealfall" $-300 + 10 \cdot 1 + 10 \cdot 3 + 10 \cdot 5 + 10 \cdot 7 + 10 \cdot 9 + 10 \cdot 11 = 60$. Der zu erwartende Durchschnittsgewinn pro Spiel ist dann $60/360 \approx 0{,}17$ Euro.

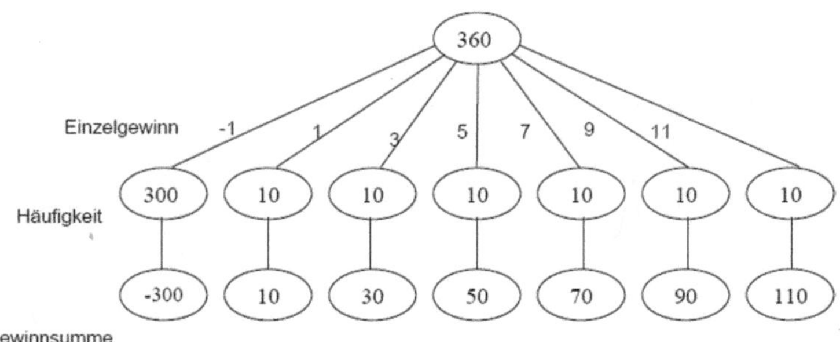

Abb. 2.6 U7: Ideale Simulation GlücksPasch (Biehler, Hofmann, Prömmel 2008)

Untersuchungen zum empirischen Gesetz der großen Zahlen für den Erwartungswert werden in einer FATHOM-Lernumgebung näher beleuchtet. Im Einführungskurs wurde bisher das empirische Gesetz der großen Zahlen nur für den Zusammenhang von relativer Häufigkeit und theoretischer Wahrscheinlichkeit betrachtet. Die Frage ist, ob diese Beziehung in vergleichbarem Maße auch für das arithmetische Mittel und den Erwartungswert gilt. Wesentlich für das Verstehen der Lernumgebung ist die Besprechung des Aufbaus, dies sollte in einem ersten Schritt offline und erst in einem zweiten Schritt anhand des Info-Fensters der Kollektion der Lernumgebung erfolgen (Abb. 2.7). Was können die Schüler an der Lernumgebung erkennen? Das arithmetische Mittel unterliegt auch dem empirischen Gesetz der großen Zahlen und stabilisiert sich mit zunehmender Spieldauer (FATHOM-Formel *Index* als Wiederholungsanzahl n) um den theoretischen Erwartungswert von 0,17. Das arithmetische Mittel ist damit ein Schätzwert für den theoretischen Erwartungswert. Faustregeln für die Genauigkeit einer Simulation für Erwartungswerte werden im Einführungskurs nicht thematisiert.[22]

---

[22] Dazu stehen in diesem Baustein 4 weder die Simulationsmethoden (Simulation durch Stichprobenziehen) noch die theoretischen Konzepte (Standardabweichung) zur Verfügung. Eine ausführliche Betrachtung zu Prognose- und Konfidenzintervallen für Erwartungswerte findet man bei Maxara (2009, S. 20 ff.) und Büchter & Henn (2007, S. 399 ff. und S. 415 ff.).

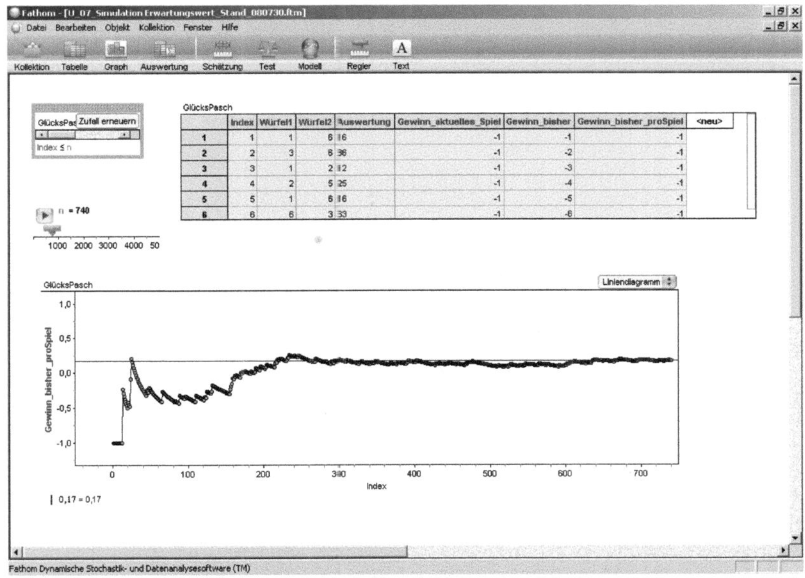

Abb. 2.7 U7: Lernumgebung zum Erwartungswert – Info-Fenster der Kollektion Glücks-Pasch (Biehler, Hofmann, Prömmel 2008)

Abb. 2.8 U7: Lernumgebung zum Gesetz der großen Zahlen für den Erwartungswert (Biehler, Hofmann, Prömmel 2008)

Baustein 5

In Modul 4 von eFATHOM erarbeiten sich die Schüler selbstständig die Simulationsmethode *Simulation durch Stichprobenziehen*. Als Einstieg in diese Simulationsmethode wird in den Tutorial-Videos das Zufallsexperiment des doppelten

Würfelwurfs gewählt. Die Lernenden brauchen sich somit in keinen neuen Sachkontext hineindenken, da dieses Zufallsexperiment bereits in Modul 3 von eFATHOM Gegenstand der Betrachtungen war. In der Einführung wird die Urne als stochastisches Modell behandelt, und ein graphischer Simulationsplan[23] wird vorgestellt. Dieses Dokument visualisiert die einzelnen Schritte dieser Simulationsmethode - Urne füllen, Stichprobe ziehen, Messgröße definieren, Messgrößenwerte sammeln und Auswerten (vgl. Abb. 2.9). In diesem Modul 4 von eFATHOM wird auch das Messgrößenkonzept von FATHOM erläutert. Dieses innovative Konzept ist mit entscheidend für die einfache Erzeugung von Stichprobenverteilungen (vgl. Kap. 2.3.2). Für die weitere Arbeit mit der Simulationsmethode *Simulation durch Stichprobenziehen* steht in eFATHOM ein Simulationsplanschema als Vorlage zum Download zur Verfügung. Das Einstiegsbeispiel des doppelten Würfelwurfes steht als worked example dieses Simulationsplanschemas ebenfalls als Download bereit. Weitere Download-Angebote in eFATHOM umfassen Übersichtsblätter zur Definition von Messgrößen und zur Datenauswertung (siehe auch Anhang A).

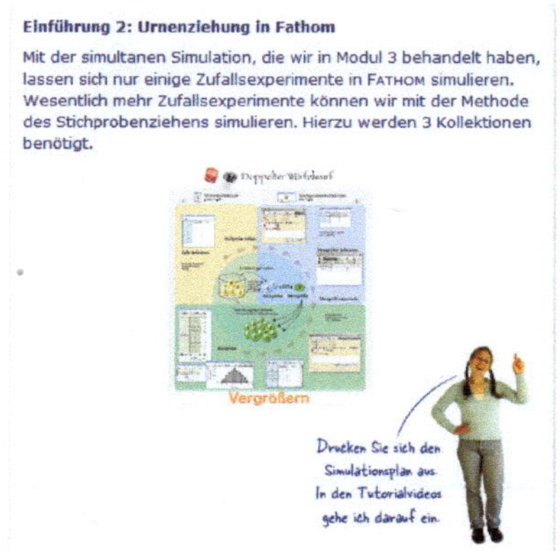

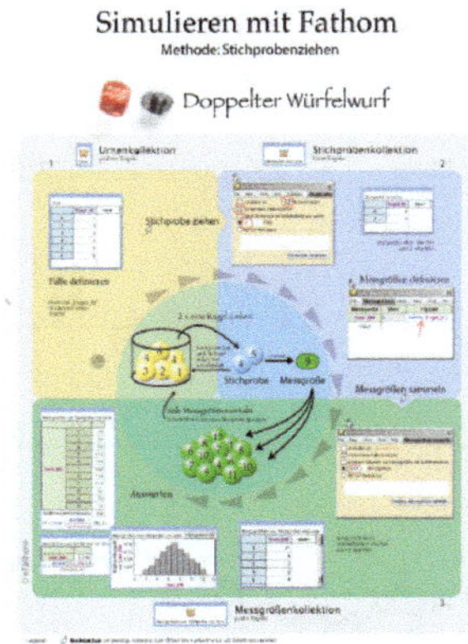

Abb. 2.9 Ausschnitt aus Modul 4 (links) und graphischer Simulationsplan (rechts), eFATHOM (Hofmann 2007, 2010)

Baustein 6

Baustein 6 besteht aus drei Doppelstunden, den Unterrichtseinheiten U8-9, U10-11 und U12-13. In Unterrichtseinheit U8-9 wird das Modellieren durch Stichpro-

---

[23] Vgl. Hofmann (2007, 2010, 2011) und URL: http://efathom.math.uni-paderborn.de/.

benziehen aus Urnen thematisiert und in die Nutzung des Simulationsplanschemas eingeführt. In Unterrichtseinheit U10-11 wird das Simulationsplanschema zur Lösung zweier Aufgaben, im Kontext eines Hörtestproblems, benutzt. Dieses Simulationsplanschema wird auch in Unterrichtseinheit U12-13 für das 10-20-Testproblem eingesetzt.

Unterrichtseinheit U8-9

Angenommen Sie hätten für einen Mathematiktest ausnahmsweise einmal nicht gelernt. Dieser Test besteht aus 10 Fragen, bei denen Sie entweder ja oder nein ankreuzen können. Der Test ist bestanden, wenn man mindestens 6 Fragen richtig beantwortet.

Ernst-August behauptet, dass die Wahrscheinlichkeit, diesen Test allein durch zufälliges Raten zu bestehen, bei etwa 50 % liegt.

a. Nehmen Sie zu dieser Behauptung Stellung. Schätzen Sie intuitiv, wie hoch die Wahrscheinlichkeit Ihrer Meinung nach ist. Notieren Sie Ihre Überlegungen.

b. Wie kann man einen solchen Multiple-Choice-Test mit Zufallsgeräten, wie Münzen, Glücksrädern, Würfeln oder Urnen modellieren? Notieren Sie ausführlich, wie man schrittweise vorgehen sollte, um die gesuchte Wahrscheinlichkeit zu schätzen.

c. Wie würde man das Problem in FATHOM umsetzen können? Notieren Sie Stichworte für die anschließende Diskussion.

Abb. 2.10 U8-9: Arbeitsaufträge aus Arbeitsblatt 1 (Biehler, Hofmann, Prömmel 2008)

Der Einstieg in die Erarbeitung der neuen Simulationsmethode erfolgt über ein einfaches Multiple-Choice-Problem. In Teilaufgabe b. werden die Schüler u. a. dazu aufgefordert, eine Schrittfolge für die Modellierung der stochastischen Situation durch eine Urne zu erstellen. Dies ist eine wichtige Vorbereitung auf die nachfolgende Erarbeitung der Umsetzung in FATHOM. Idealerweise kann das Modellzufallsexperiment als 10-maliges Ziehen mit Zurücklegen aus einer Urne mit zwei Kugeln, die mit richtig bzw. falsch beschriftet sind, modelliert werden. Das Konzept der Zufallsgröße wird pragmatisch als eine Größe eingeführt, die man bei einem solchen Experiment beobachten möchte, z. B. die Anzahl der richtigen Fragen bei einem Test. Zur inhaltlichen Charakterisierung einer Zufallsgröße ist zur verbalen Beschreibung die Angabe der Wertemenge, die Werte, die die Zufallsgröße annehmen kann, notwendig. Im betrachteten Beispiel nimmt die Zufallsgröße die Werte 0, …, 10 an.

Eine weitere Frage ist die der Umsetzung in FATHOM. Es kann durchaus sein, dass Schüler eine Idee für die Realisierung als simultane Simulation mit der Zufallsfunktionen *ZufallsWahl(0;1)* bzw. *ganzeZufallszahl(0;1)* entwickelt haben (siehe Teilaufgabe c.). Die Aufnahme dieser Ideen ist wichtig, um die Grenzen dieser Vorgehensweise zu verdeutlichen, z. B. bei einer Umsetzung mit 100 Fragen. Die Konstruktion vieler Spalten mit zeilenweiser Auswertung (vergleichbar mit Excel) ist in FATHOM zu aufwendig, nur eine spaltenweise Auswertung ist sinnvoll. Eine neue Tabellenspalte, deren Inhalt sich zufällig generiert, wird in

FATHOM durch das Kommando Stichprobe ziehen aus einer Kollektion realisiert. Dies ersetzt die einfachen Urnen-Zufallsfunktionen und erlaubt eine nahe an der Realität orientierte Umsetzung der stochastischen Situation in die Werkzeugsoftware. Die einzelnen Schritte sind im Simulationsplanschema aufgeführt (Abb. 2.11).

Simulation durch Stichprobenziehung

Simulationsplan

Zufallsexperiment: Ziehen von 2 Zetteln mit der Aufschrift richtig bzw. falsch aus einer Urne (mit Zurücklegen)
Fragestellungen:
Wie oft wurde der Zettel mit der Aufschrift „richtig" gezogen?

[1]
Festlegen der Urnenkollektion
Ausprägungen: richtig, falsch
Merkmalsname: Antwort
Fathom-Formel:

[2]
Stichprobe ziehen
mit Zurücklegen   ohne Zurücklegen
Anzahl der zu ziehenden Kugeln: 10

[3]
Festlegen der Messgrößen
Beschreibung: Anzahl der richtigen Antworten
Ausprägungen:0,..,10
Messgrößenname: Anzahl_richtig
Fathom-Formel: Anzahl(Antwort="richtig")

[4]
Messgrößen sammeln
Anzahl der gesammelten Messgrößen: 5000

[5]
Auswertung:
Verteilung, rel. Haufigkeit, Mittelwerte,...

Messgrößen von Stichprobe von Multiple Choice 10
Histogramm
0.30
0.25
0.20
0.15
0.10
0.05
Relative Häufigkeit von Anzahl_richtig
-2   0   2   4   6   8   10   12
Anzahl_richtig

Messgrößen von Stichprobe von Multiple Choice 10
Anzahl_richtig   35,58

Interpretation der Auswertung: ca. 36 % beträgt die Ws.

Fathomdatei:

$$S1 = \frac{Anzahl\,(Anzahl\_richtig \geq 6)}{Gesamtanzahl}\,100$$

Abb. 2.11 U8-9: Simulationsplanschema - ausgefüllt (Biehler, Hofmann, Prömmel 2008)

Nach der Aufhebung der simultanen Simulation in der Simulation durch Stichprobenziehen für die Erstellung des Modellzufallsexperimentes geht es um die Realisierung von Schritt 3 des Simulationsplanschemas. Hier liegt der Schwerpunkt auf dem Verstehen des Messgrößenkonzeptes in FATHOM, das in seiner Ausrichtung viel umfangreicher ist, als nur eine Softwareadaption von Zufallsgrößen. Dazu ist es notwendig, die technischen Aspekte des Messgrößenkonzeptes (Ort der Definition, Formeln, wiederholtes Sammeln, Auswerten) immer wieder inhaltlich in Rückbezug auf das Simulationsplanschema und den Aufgabenkontext zu setzen. Die Simulation wird beispielhaft in einer Lehrerdemonstration durchgeführt. Die Schüler benutzen das dieser Simulationsart eigene Simulationsplanschema, um es schrittweise auszufüllen. Dadurch kann es als ausgearbeitetes Lösungsbeispiel (worked example) dienen.

Eine einfache Umkehrung der Aufgabenstellung zum Multiple-Choice-Test-Problem für zehn Fragen besteht darin, nach der Anzahl der richtig beantworteten Fragen bei vorgegebener Bestehenswahrscheinlichkeit zu fragen (Abb. 2.12).

Angenommen, Sie hätten für einen Mathematiktest ausnahmsweise einmal nicht gelernt. Dieser Test besteht aus n Fragen, bei denen Sie entweder ja oder nein ankreuzen können. Der Test ist bestanden, wenn man mindestens k Fragen richtig beantwortet.

Ermitteln Sie anhand der beiden Histogramme den Wert für k, so dass die Bestehenswahrscheinlichkeit für den Fall, dass jemand nur rät, unter 10% liegt.

a.   Multiple-Choice-Test mit 10 Fragen.

Messgrößen von Stichprobe von Multiple Choice 10

	Anzahl_richtig											Zeilen-zusammenfassung
	0	1	2	3	4	5	6	7	8	9	10	
	8	52	225	636	1055	1245	991	545	194	45	4	5000

S1 = Anzahl ( )

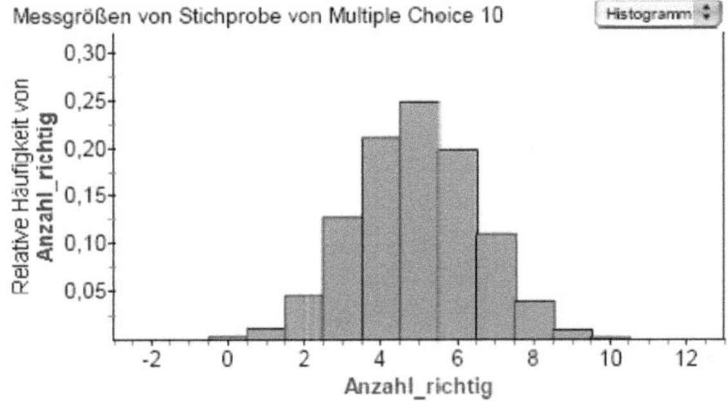

Abb. 2.12 U8-9: Bestehensgrenze beim Multiple-Choice-Test mit 10 Fragen – Auszug aus Arbeitsblatt 2 (Biehler, Hofmann, Prömmel 2008)

Die Schüler müssen das kleinste k finden, so dass gerade noch $P(X \geq k) < 10\%$ gilt. Im Kern geht es um die Auswertung vorgegebener simulierter Daten anhand von Verteilungsgraphiken und Tabellen. Die Schüler werden mit zwei Repräsentationsformen von simulierten Häufigkeitsverteilungen konfrontiert: mit der Häufigkeitsverteilung in einer kategorialen Auswertungstabelle und mit der Häufigkeitsverteilung in einem Histogramm. Die verschiedenen Visualisierungen helfen, Verteilungsvorstellungen aufzubauen, die ein inhaltliches Verständnis der stochastischen Situation und der Variation von Stichprobenverteilungen ermöglichen.

Unterrichtseinheit U10-11

Die Schüler sollen ein Testproblem durch Simulation bearbeiten (Abb. 2.13).

Aufgabe 1: Musikqualität erkennen – Preis gewinnen durch Raten

Ein Privater Hörfunksender hat zum „Tag des offenen Studios" folgendes Spiel geplant:
Als Studiogast bekommt man im Tonstudio über Raumboxen 12 Musikstücke eingespielt. Jedes Musikstück wird in einer der zwei Tonqualitäten MP3-128 oder CD vorgespielt, welche es allerdings ist, das entscheidet der Moderator.
Aufgabe ist, die Klangqualität eines jeden eingespielten Musikstücks zu erkennen. Für einen Preis muss man von 12 Liedern mindestens 8 Lieder in ihrer Qualität richtig heraushören.

Beispiel für einen Tippschein

	Musikstück	1	2	3	4	5	6	7	8	9	10	11	12
Schätzung	CD-Qualität												
	MP3-128												
Auswertung	richtig/ falsch												
Anzahl der richtigen Tipps													

Mit welcher Wahrscheinlichkeit erhält man durch Raten der Tonqualität einen Preis?

Beantworten Sie diese Frage durch Simulation.

Aufgabe 2: Musikqualität erkennen – „Dem Zufall keine Chance"

Der Moderator überlegt, ob er die Spielbedingungen modifizieren sollte, indem er jedes Musikstück in einer von drei Tonqualitäten (MP3-96, MP3-128 und CD) einspielt.

Beispiel für einen Tippschein

	Musikstück	1	2	3	4	5	6	7	8	9	10	11	12
Schätzung	CD-Qualität												
	MP3-128												
	MP3-96												
Auswertung	richtig/ falsch												
Anzahl der richtigen Tipps													

Wie sollte der Moderator die „Preisgrenze" festlegen, damit die Wahrscheinlichkeit, dass ein Studiogast allein durch Raten einen Preis bekommt, höchstens 1% beträgt?

Beantworten Sie diese Frage durch Simulation.

Abb. 2.13 U10-11: Auszug Arbeitsblatt 1 (Biehler, Hofmann, Prömmel 2008)

Das Hörtestproblem: „Preisgewinn, falls k von 12 Musikstücken richtig geraten werden" ist verwandt mit dem *Cola Discrimination Problem*[24] oder ähnlichen Geschmackstest-Problemen.[25] Die beiden zugehörigen Aufgaben: a) Ermitteln der Wahrscheinlichkeit für einen Preisgewinn durch reines Raten bei vorgegebener Grenze k; b) Festlegen einer Grenze, so dass die Wahrscheinlichkeit für einen Preisgewinn allein durch Raten unter 1 % liegt, stellen eine informelle Vorbereitung auf die Denkweise des Testens von Hypothesen dar. Die abstrakte binomialverteilte Zufallsgröße „Anzahl der Erfolge" und deren Wahrscheinlichkeitsverteilung werden durch die Simulation in Form von Häufigkeitsverteilungen inhaltlich bereits vorbereitet. Auf diese Kenntnisse kann man bei der später im Stochastikkurs liegenden Behandlung der Binomialverteilung und des Testens von Hypothesen zurückgreifen und mathematisch formal ausbauen. Wesentlich für die erfolgreiche Durchführung der Simulation ist das Erkennen der Analogie des Hörtestproblems zum Multiple-Choice-Test aus U8-9. Die Umsetzung in eine Simulation durch Stichprobenziehen soll in diesem Kontext unter Verwendung des Simulationsplanschemas eingeübt werden. Über das Erzeugen und Auswerten von Häufigkeitsverteilungen können Bereichswahrscheinlichkeiten ermittelt werden. Die Trennung in eine offline-Phase, d. h. zum Einlesen in die Problemstellung und zum Aufstellen erster Planungsansätze für die Simulation, und in eine online-Phase zur späteren Umsetzung in FATHOM kann sinnvoll sein.[26]

Die stochastische Modellierung der Goldmünzenaufgabe[27] (vgl. Meyfarth 2006 und 2008b) stellt an die Schüler spezielle Anforderungen an ihre stochastischen und FATHOM-spezifischen Kompetenzen. Für die Modellierung als Modellzufallsexperiment ist es notwendig, dass man die Urnenziehung mit Zurücklegen als ein abstraktes Modell für das sukzessive Ziehen aus verschiedenen Kisten interpretiert. Eine FATHOM-spezifische Anforderung an die Schüler stellt das automatisierte Füllen einer Urne dar. Dies kann durch die Verwendung einer *wenn()*-Funktion oder des aus eFATHOM bekannten *transform()*-Befehls geschehen. Darüber hinaus können Schüler erfahren, wie leicht sich durch einfache Modifikation des Urneninhalts die gesuchten Wahrscheinlichkeiten ermitteln lassen.

---

[24] Vgl. Rossman et al. (2001, S. 384).

[25] Vgl. Riemer (1997).

[26] In der empirischen Studie, die in den Kapiteln 5 bis 7 beschrieben und analysiert wird, ist die Trennung zwischen offline-Planungsphase und online-Umsetzungsphase in U10-11 ein spezieller Aspekt im Untersuchungsdesign.

[27] U10-11: Arbeitsblatt 2 (HA).

Unterrichtseinheit U12-13

Die Schüler sollen sich mit dem 10-20-Testproblem beschäftigen, das äquivalent dem *maternity ward problem* ist (Kahneman & Tversky 1973, Sedlmeier 1998). Ein Multiple-Choice-Test ist für $n = 10$ Fragen bereits in U8-9 behandelt worden. In dieser Unterrichtseinheit wird die stochastische Situation um einen Test mit $n = 20$ Fragen erweitert. Im Mittelpunkt steht damit der Einfluss der Stichprobengröße n auf die Gestalt der Verteilung und die Auswirkung auf die Überschreitungswahrscheinlichkeit zu einer bestimmten Bestehensgrenze. Dazu ist eine Serie von Teilaufgaben als Aufgabenblatt[28] entwickelt worden, die zunächst eine intuitive Beschäftigung mit diesem Problem ermöglicht (vgl. Abb. 2.14). Die Schüler sind aufgefordert, in Teilaufgabe a) intuitive Schätzungen abzugeben und in den Teilaufgaben b) und c) Verteilungen für die Zufallsgrößen „Anzahl der Erfolge" und „Anteil der Erfolge" zu skizzieren. Die Auszeichnung dieser beiden Zufallsgrößen stellt einen didaktisch und methodisch innovativen Ansatz dar, da somit ein qualitativer Vergleich der Verteilungen beider Zufallsgrößen, in Abhängigkeit vom Stichprobenumfang n, ermöglicht wird. Für die Zufallsgröße „Anzahl der Erfolge" wird die Wahrscheinlichkeitsverteilung für größere Stichprobenumfänge n breiter und flacher. Für die Zufallsgröße „Anteil der Erfolge" wird die Wahrscheinlichkeitsverteilung bei gleicher Klasseneinteilung für größere Stichprobenumfänge n hingegen schmaler und höher.[29]

Wir haben uns mit dem Problem beschäftigt, wie wahrscheinlich es ist, einen Multiple-Choice-Test mit 10 Fragen und 2 Antwortmöglichkeiten allein durch Raten zu bestehen.
Wir wollen jetzt sehen, was passiert, wenn man einen längeren Test, z.B. mit 20 Fragen stellt.
Es wird ein solcher Test mit 10 und mit 20 Fragen angeboten. Man hat bestanden, wenn man mindestens 60% der Fragen richtig beantwortet hat. Wir bezeichnen die Wahrscheinlichkeit, den Test nur durch Raten zu bestehen, als die „Null-Lerner-Chance" für diesen Test.

Wir wollen untersuchen, wie der Lehrer die „Null-Lerner-Chance" verringern kann und die Schüler diese erhöhen können.

a. Bei welchem Test ist die Null-Lerner-Chance größer?

    ☐ Test mit 10 Fragen   ☐ mit 20 Fragen   ☐ Chance ist gleich
    Begründen Sie mit intuitiven Argumenten.

---

[28] Das komplette Arbeitsblatt aus U12-13 mit den Teilaufgaben a-c und d1-d4 befindet sich im Anhang A.

[29] Dieser Sachverhalt wird im Zusammenhang mit dem Phänomenkomplex des empirischen Gesetzes der großen Zahlen in Kapitel 3.2 ausführlich diskutiert.

b. Bei dem Test können wir die **Anzahl** der richtig gelösten Fragen als Zufallsgröße (Messgröße in Fathom) betrachten. Im 10er-Test schwankt diese zufallsabhängige Größe zwischen 0 und 10, im 20er-Test zwischen 0 und 20.
Skizzieren Sie in der folgenden Graphik qualitativ, welche Wahrscheinlichkeiten Sie für die einzelnen Ergebnisse (**Anzahl** richtiger Lösungen) erwarten würden.

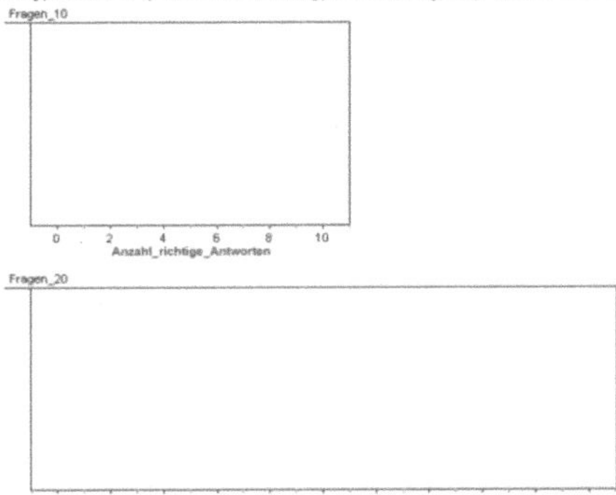

c. Bei dem Test wollen wir jetzt auch den **Anteil** der richtig gelösten Fragen als Zufallsgröße betrachten.

Im 10er-Test schwankt der Anteil zwischen $\dfrac{0}{10}, \dfrac{1}{10}, ..., \dfrac{9}{10}, \dfrac{10}{10}$, im 20er-Test zwischen

$\dfrac{0}{20}, \dfrac{1}{20}, ..., \dfrac{19}{20}, \dfrac{20}{20}$, also beide zwischen einem Anteil von 0 und 1.

Skizzieren Sie in der folgenden Graphik qualitativ, welche Wahrscheinlichkeiten Sie für die einzelnen Ergebnisse (**Anteil** richtiger Lösungen) erwarten würden.

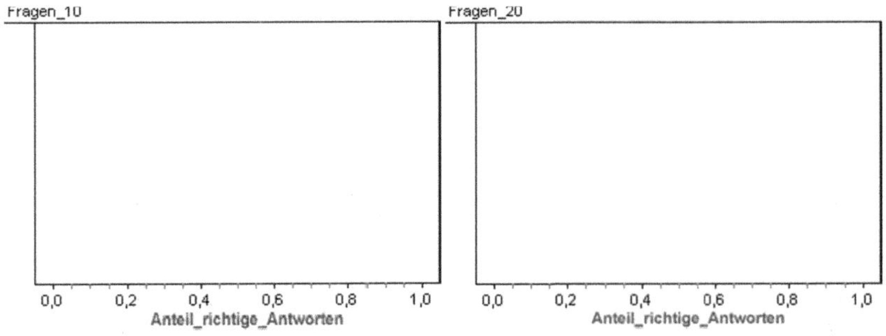

Abb. 2.14 U12-13: Ausschnitt aus dem Arbeitsblatt, Teilaufgaben a., b. und c. (Biehler, Hofmann, Prömmel 2008)

Es ist zu vermuten, dass ein Teil der Schüler den Einfluss der Stichprobengröße n auf die Überschreitungswahrscheinlichkeit negiert und in Aufgabenteil a die Auswahl „Chance ist gleich" ankreuzt und damit auch gleiche Verteilungen für $n = 10$ und $n = 20$ für die Zufallsgröße „Anteil der richtigen Antworten" skizziert (Teilaufgabe c). Nach den offline-Aktivitäten soll das 10-20-Testproblem für den „Anteil der richtigen Antworten" unter Nutzung des Simulationsplanschemas simuliert werden. Das Resultat dieser Simulation ist mit den in der ersten Teilaufgabe geäußerten Erwartungen zu vergleichen. In der sich anschließenden Besprechungsphase soll sich die größere Bestehenswahrscheinlichkeit eines „Null-Lerners" bei kleinem Testumfang (vor dem Hintergrund des empirischen Gesetzes der großen Zahlen) als geteiltes Wissen der Lerngruppe verbreiten. Das Handout (vgl. Abb. 2.15) kann den Schülern zur Besprechungsphase ausgegeben werden.

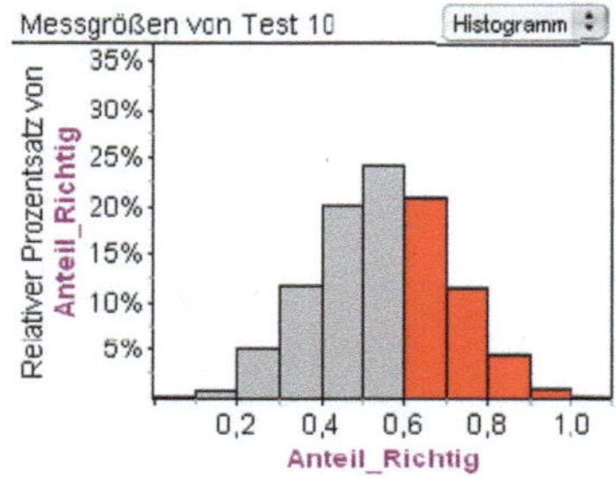

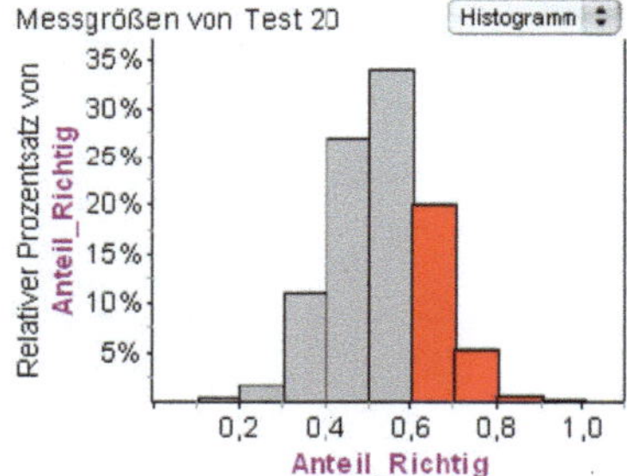

Abb. 2.15 U12-13: Ausschnitt aus dem Handout (Biehler, Hofmann, Prömmel 2008)

In einer weiteren Teilaufgabe d4. des Arbeitsblattes sollen sich die Schüler (noch vor der Präsentations- und Besprechungsphase) mit der umgekehrten Fragestellung beschäftigen: Wie sollen die Bestehensgrenzen bei vorgegebener Bestehenswahrscheinlichkeit festgelegt werden? Dazu wird der den Schülern bekannte Begriff Quartil in den Perzentilbegriff eingebettet. Dem oberen Quartil Q3, für das mindestens 75 % der Daten kleiner oder gleich sind, entspricht demnach das 75 % - Perzentil. In der FATHOM-Notation bedeutet dies: *Q3(Anteil_Richtig) = Perzentil(75; Anteil_Richtig)*. Durch Simulation erzeugte Häufigkeitsverteilungen können nun mit dem Perzentil-Kommando analysiert werden. Sucht man eine Grenze, so dass höchstens 10 % aller Daten der Verteilung größer sind, dann bestimmt man den gesuchten Wert mit dem Kommando: *Perzentil(90;?)*.

2000 Simulationen des 10er-Tests
(dieses Ergebnis wurde bereits in die Tabelle unten eingetragen)

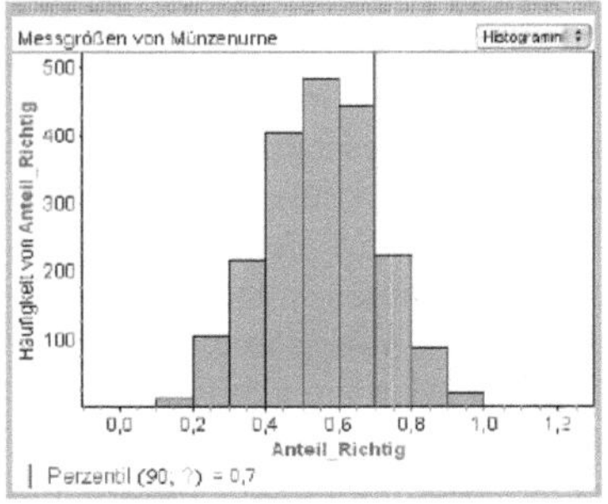

Bestehensgrenzen (als Anteil)		
bei folgenden Null-Lerner-Chancen		
	10%	5%
10er-Test	>0,7	
20er-Test		

Abb. 2.16 U12-13: Ausschnitt aus dem Arbeitsblatt, Teilaufgabe d4. (Biehler, Hofmann, Prömmel 2008)

Der bereits in der Tabelle eingetragene Wert „> 0,7" bei einer Null-Lerner-Chance von (höchstens) 10 % beim 10er-Test bedeutet, dass man als Lehrer die Bestehensgrenze auf 8 von 10 richtigen Antworten festlegen muss.

Neben der Analyse von Verteilungen mittels Perzentilen, mit deren Hilfe sich die mittleren α % einer Verteilung charakterisieren lassen, ist die Entwicklung von Grundvorstellungen zum Einfluss des Stichprobenumfanges n auf die Gestalt von Verteilungen ein wichtiges Anliegen dieser Unterrichtseinheit. Die Gegenüberstellung von Anzahl und Anteil führt zu einer verstärkten Auseinandersetzung mit den meist falschen primären Intuitionen der Schüler, die dazu führen, dass der Einfluss des Stichprobenumfangs negiert wird.[30] Die vagen Vorstellungen vom empirischen Gesetz der großen Zahlen werden durch eine graphische Darstellung, die die engere Gruppierung der Verteilung um den erwarteten Anteil zeigt, konkretisiert, ohne den theoretischen Hintergrund der Binomialverteilung berühren zu müssen. Dieses Zusammenziehen der Verteilung stellt einen wichtigen Aspekt im Phänomenkomplex des empirischen Gesetzes der großen Zahlen dar (vgl. Kap. 3.2.2).

---

[30] Für eine detaillierte Analyse sei auf Kapitel 3.2.3 verwiesen.

Baustein 7

Im Mittelpunkt von Unterrichtseinheit U14-15 steht die Präzisierung der Genauigkeit von Stichprobenschätzungen, in Abhängigkeit vom Stichprobenumfang n. Diese inhaltliche Fragestellung lässt sich in den Kontext von Umfragen einbetten, bei dem Wahrscheinlichkeiten aus relativen Häufigkeiten geschätzt werden oder auch in den Kontext von konkurrierenden Modellen. Die Schüler sollen selbstständig für den 50-fachen bzw. 100-fachen Münzwurf ein Modellzufallsexperiment zur Bestimmung des Wappenanteils aufstellen und dieses N-fach wiederholen. Mit der so erzeugten Häufigkeitsverteilung für den Wappenanteil wird der Bereich der mittleren 95 % als Prognoseintervall für die relativen Häufigkeiten für $n = 50$ und $n = 100$ bestimmt. Warum ist das so wichtig? Hintergrund ist die Tatsache, dass die Faustregeln für die Genauigkeit einer Simulation und damit auch einer Stichprobenschätzung nur mit einer gewissen Sicherheit gelten. In Modul 3 von eFATHOM wird dies nur qualitativ mit „sehr sicher" beschrieben. Die Schüler erkunden anhand der Arbeitsaufträge[31] eine Quantifizierung dieser Sicherheitsaussage explorativ mit FATHOM. Sie können präzisieren, dass diese Faustregeln mit einer Sicherheit von ca. 95 % gelten.

a. 50facher Münzwurf

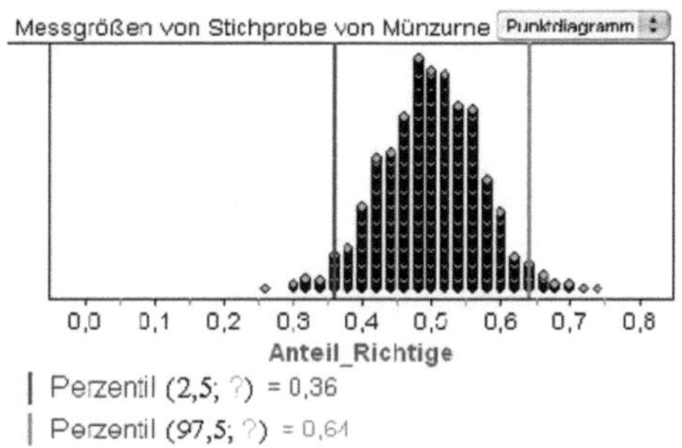

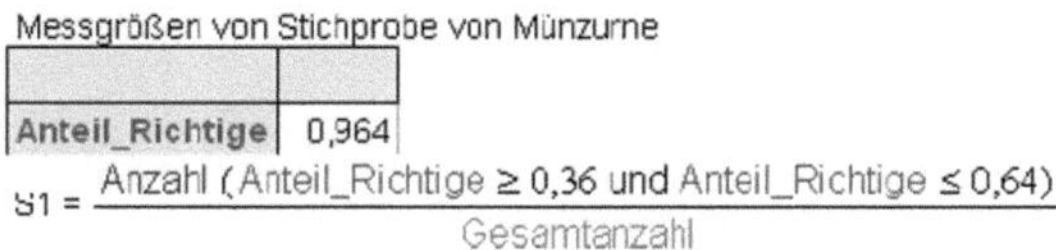

Abb. 2.17 U14-15: Ausschnitt aus der Lösungsskizze (Biehler, Hofmann, Prömmel 2008)

---

[31]   Beide Arbeitsblätter für U14-15 befinden sich im Anhang A.

Für eine Quantifizierung der Auswirkungen des Stichprobenumfanges n auf die Gestalt der Stichprobenverteilung können zwei Aspekte eine Rolle spielen, die die Schüler für $n = 50$ und $n = 100$ bereits erforscht haben: a) bei wachsendem Stichprobenumfang wird die relative Häufigkeit für Wappenanteile größer als z. B. 0,6 immer kleiner und b) bei wachsendem Stichprobenumfang wird der Bereich der mittleren 95 % immer schmaler. Bezieht man sich nur auf b), so lässt sich als Untersuchungsfrage Folgendes formulieren: „Wie hängt die Breite der mittleren 95 % vom Stichprobenumfang n ab?".

Die Abbildung links zeigt die mittleren 95%-Bereiche der relativen Häufigkeit für Wappen für wachsendes n. Wir haben die Breiten in einer Tabelle zusammen mit n notiert und die Abhängigkeit von n geplottet.

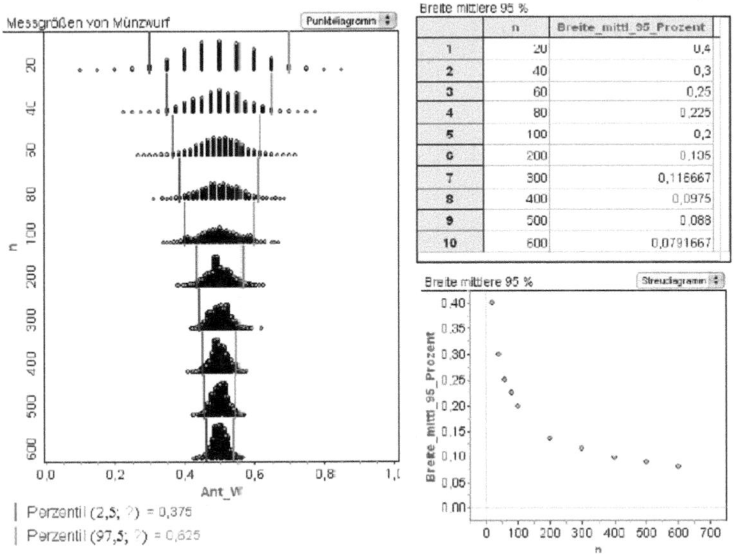

	n	Breite_mittl_95_Prozent
1	20	0,4
2	40	0,3
3	60	0,25
4	80	0,225
5	100	0,2
6	200	0,135
7	300	0,116667
8	400	0,0975
9	500	0,088
10	600	0,0791667

Abb. 2.18 U14-15: Ausschnitt aus dem Arbeitsblatt 2 (Biehler, Hofmann, Prömmel 2008)

Die Schüler können mit der Anleitung auf dem Arbeitsblatt und der FATHOM-Lernumgebung diesen Zusammenhang selbständig erforschen. Dazu müssen sie mit der Regler-Funktionalität in FATHOM eine geeignete Funktion an die Daten anpassen. Allerdings ist das Erkennen einer Wurzelfunktion als korrekter funktionaler Zusammenhang erfahrungsgemäß schwierig: Die Breite des Intervalls der mittleren 95 % nimmt proportional zu $2/\sqrt{n}$ ab. Wesentlich für den Aufbau von geeigneten Grundvorstellungen ist die qualitative Formulierung des Zusammenhanges: Die Vervierfachung des Stichprobenumfanges führt zu einer Halbierung der Intervallbreite der mittleren 95 %. Mit anderen Worten: Will man die Genauigkeit einer Aussage verdoppeln, dann muss man den Stichprobenumfang vervierfachen. Diese qualitativen Beschreibungen zum $1/\sqrt{n}$–Gesetz für die Abweichung vom erwarteten Anteil sind für das inhaltliche Verständnis der Variation von Stichprobenverteilungen sehr wichtig. Mit dem $1/\sqrt{n}$–Gesetz wird das empirische Gesetz der großen Zahlen präzisiert und quantifiziert. Es ermöglicht eine mathematisch präzise Formulierung des Stabilisierungsprozesses von relativen Häufigkeiten oder Mittelwerten. Die frühzeitige Ausbildung von Vorstellungen zur Geschwindigkeit der Abnahme der Schwankungsbreite von Stichprobenverteilungen komplettiert das Wissen um Verteilungen und deren Eigenschaften.

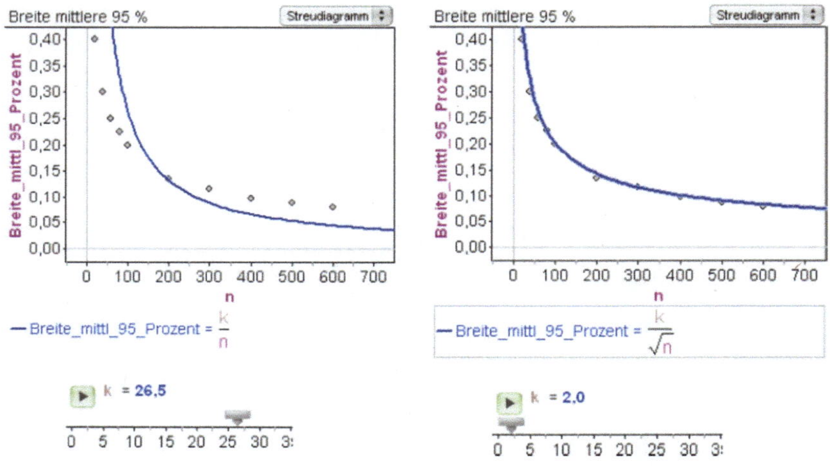

Abb. 2.19 U14-15: Ausschnitt aus der Lösungsskizze (Biehler, Hofmann, Prömmel 2008)

Für den Übergang vom Einführungskurs zum weiteren Unterrichtsverlauf wäre u. a. das Geburtstagsproblem geeignet, das in Modul 4 von eFATHOM als Aufgabe formuliert ist. Die Simulation eignet sich hierbei besonders gut, um die Fehlvorstellungen zu kontrastieren und unterschiedliche Modellansätze „durchzuspielen". Andererseits können mit relativ einfachen kombinatorischen Mitteln die entsprechenden Wahrscheinlichkeiten berechnet und somit eine theoretische Aufklärung geleistet werden (vgl. Prömmel & Biehler 2008).

2.3   Simulieren lernen mit FATHOM

Im Einführungskurs lernen die Schüler, einfache und komplexe Simulationsumgebungen mit der Werkzeugsoftware FATHOM zu erstellen. Die dafür notwendigen Kenntnisse der Simulationsmethoden erwerben die Schüler u. a. in der Lernumgebung eFATHOM und durch die Nutzung geeigneter Unterstützungsmittel, wie das Simulationsplanschema und ausgearbeitete Lösungsbeispiele (worked examples). Darüber hinaus werden Simulationen in Lernumgebungen auch zur

Demonstration stochastischer Ideen und Konzepte eingesetzt. In diesem Kapitel wird die Simulationsmethode *Simulation durch Stichprobenziehen* an einem konkreten Beispiel vorgestellt. Anschließend werden das Messgrößenkonzept von FATHOM und die für das Erlernen der Simulationsmethode *Simulation durch Stichprobenziehen* entworfenen Unterstützungsmittel, Simulationsplanschema und worked examples, vorgestellt und mit ihren didaktischen Funktionen erläutert.

Vorab soll jedoch kurz herausgestellt werden, warum die Software FATHOM ein geeignetes Werkzeug zur Durchführung und Auswertung von Simulationen ist. Maxara (2009) hat dazu eine Werkzeuganalyse durchgeführt, die Vor- und Nachteile der Werkzeugsoftware FATHOM beleuchten.

Maxara (2009, S. 67) unterscheidet für FATHOM vier verschiedene Simulationsmethoden:[32]

- – simultane Simulation,
- – sequenzielle Simulation,
- – Simulation durch Stichprobenziehen,
- – Simulation durch Randomisierung.

Alle vier Simulationsmethoden erfordern in der konkreten Umsetzung ein allgemeintypisches Vorgehen: „Festlegen des Zufallsexperiments, Definition interessierender Ereignisse und Zufallsgrößen, Wiederholung des Zufallsexperiments und Auswertung der simulierten Daten" (Maxara 2009, S. 39). Biehler und Maxara (2007) haben dazu einen allgemeinen Stufenplan entwickelt, den Maxara (2009) für den Simulationsprozess und die Simulation in FATHOM modifiziert hat (Abb. 2.20).

Das Simulationsschema beschreibt einerseits, unabhängig von der verwendeten Software, den Simulationsprozess und andererseits die Umsetzung einer Simulation in FATHOM. Dieses Schema diente als Grundlage für die konkrete Weiterentwicklung zum Simulationsplanschema für die Simulationsmethode *Simulation durch Stichprobenziehen* (vgl. Kap. 3.2.3).

---

[32] Eine genaue Beschreibung dieser Simulationsmethoden findet sich in Maxara 2009, S. 66 ff.

Schritt	Simulationsprozess	Simulation in FATHOM
M	Modellierung der realen Situation	
1	Festlegung des Zufallsexperiments, des Modells	Wahl des Simulationstyps; Definition der Kollektion; Simulation des Zufallsexperiments
2	Definition der interessierenden Ereignisse und Zufallsgrößen	Umsetzung von Ereignissen und Zufallsgrößen als *Merkmale* oder *Messgrößen* der Kollektion
3	Realisierung und Wiederholung des Zufallsexperiments	Realisierung und Wiederholung des Zufallsexperiments durch Hinzufügen von Fällen oder Sammeln von Messgrößen
4	Visualisierung und Auswertung der simulierten Daten	Nutzung von FATHOM als Datenanalysewerkzeug
I	Interpretation und Validierung	

Abb. 2.20 Allgemeines Simulationsschema (Maxara 2009, S. 196)

Nach der Werkzeuganalyse von Maxara (2009) bietet die Software FATHOM in allen vier Simulationsschritten ein großes didaktisches Potenzial für die Simulation von Zufallsexperimenten. Maxara (2009, S. 203) beschreibt die Funktionsweise von FATHOM als „Werkzeug- oder Baukasten, aus dem man sich die notwendigen Teile herausgreift und zu einer Simulation zusammensetzt." Von großem Vorteil sei, dass die gleichen Basis-Werkzeuge für den Aufbau und die Auswertung von verschiedenen Simulationen eingesetzt werden können. Der intuitiv mögliche Umgang mit Reglern unterstützt zudem ein stärker exploratives Vorgehen im Unterricht. Als ein wesentlicher Vorteil kann die Tatsache gelten, dass man praktisch ohne Programmierkenntnisse bzw. Kenntnisse einer Programmiersprache komplexe Simulationen erstellen kann. Trotzdem sei es notwendig, den Aufbau einer entsprechenden Werkzeugkompetenz geeignet zu unterstützten, da sich die Grundstruktur von FATHOM wesentlich von anderen Programmen, wie z. B. Microsoft Excel oder R, unterscheidet.

Die wesentlichen Vorteile, die Maxara (2009, S.196 ff.) in ihrer Werkzeuganalyse herausgefunden hat, sind nachfolgend aufgelistet:

- Repräsentation wesentlicher Zufallsmodelle durch leicht zugängliche Grundkommandos (Basis-Zufallsmaschinen),
- Konkretisierung der abstrakten Konzepte Ereignis und Zufallsgrößen durch Merkmale und Messgrößen,
- einfaches Wiederholen von Zufallsexperimenten,

– einfaches Erstellen von Graphiken und Auswertungstabellen durch Drag & Drop-Funktionalitäten,

– dynamisches Verlinken miteinander verknüpfter Objekte,

– Verfügbarkeit des gleichen Formelapparates in verschiedenen Kontexten.

Die in der Werkzeuganalyse herausgestellten Nachteile sind eher marginal und stellen das didaktische Potenzial der Software FATHOM nicht in Frage. So führt Maxara (2009, S. 196 ff.) u. a. auf, dass sich die Rechendauer bei einer gewissen Wiederholungsanzahl deutlich erhöht. Das ist in Excel nicht der Fall. Des Weiteren stellt die Benutzung des Formeleditors in der Auswahl der passenden Formel und in der korrekten Syntax immer auch eine gewisse Fehlerquelle dar.

2.3.1 Die Simulationsmethode *Simulation durch Stichprobenziehen*

Eine *Simulation durch Stichprobenziehen* basiert, entsprechend der FATHOM-Interfaces[33], auf folgender Vorgehensweise (vgl. Maxara 2009, S. 67 ff.):

1. Definition eines Modellzufallsexperimentes durch Füllen einer Urne und Ziehen einer Stichprobe aus dieser Urne,
2. Deklaration einer Zufallsgröße oder eines Ereignisses als Messgröße,
3. N-malige Wiederholung des Modellzufallsexperimentes durch Sammeln von Messgrößenwerten,
4. Darstellung und Auswertung der Häufigkeitsverteilung der Messgrößenwerte und Schätzen von Wahrscheinlichkeiten oder Kennwerten über die Messgrößenwerte.

Das Konzept der *Simulation durch Stichprobenziehen* in FATHOM basiert auf dem Ziehen einer Zufallsstichprobe aus einer mit einem festen Inhalt gefüllten Urne. Dabei wird eine Kollektion als „virtuelle Urne"[34] definiert (Urnenkollektion), aus der über das Menü eine Zufallsstichprobe gezogen wird (Stichprobenkollektion). Der Zufall steckt daher im zufälligen Ziehen von Fällen aus der Urnenkollektion. Dies bedeutet, dass ein Fall aus der Urnenkollektion, mit all seinen zugehörigen Merkmalen (z. B. Kugelfarbe, Kugelbeschriftung), zufällig ausgewählt wird. Zur Auswertung des Modellzufallsexperimentes werden in der Stichprobenkollektion entsprechende Messgrößen definiert (vgl. Messgrößenkonzept,

---

[33] Maxara (2009, S. 39) unterscheidet vier Schnittstellen (Interfaces) zwischen einem stochastischen Problem und dessen Umsetzung in einer Simulation: Modellierungs-Interface, Ereignisse/Zufallsgrößen-Interface, Wiederholungs- und Abbruchbedingungs-Interface und Auswertungs-Interface.

[34] Vgl. Sedlmeier & Köhlers (2001, S. 10 ff.).

Kap. 2.3.2). Die Wiederholung des Modellzufallsexperimentes erfolgt über das Sammeln von Messgrößenwerten in einer neuen Kollektion, der Messgrößenkollektion.

Maxara (2009) bezeichnet die für diese Simulationsmethode notwendigen drei Kollektionen als „Quell-, Stichproben- und Messgrößenkollektion" (Maxara 2009, S. 79). Sie stellt auch das kognitive Aktivierungspotenzial dieser Simulationsmethode heraus:

> „Sie hat aufgrund ihres Aufbaus und ihrer Komplexität ein reichhaltiges Simulations- und Modellierungspotential und vor allem auch einige kognitive Vorteile. Fast alle Zufallsexperimente, die sich als Urnenziehung mit oder ohne Zurücklegen modellieren lassen, können in der Simulation durch Stichprobenziehung umgesetzt werden, da das Urnenmodell als solches ein universelles Modellierungsinstrument darstellt." (Maxara 2009, S. 79)

Maxara bezieht sich damit insbesondere auf das Modellierungsinterface, das eine direkte Abbildung des Ziehungsprozesses in Software-Objekten darstellt:

> „Die Quell- Kollektion symbolisiert die Urne, die als Box mit gelben Kugeln dargestellt ist. Von dieser fliegt ein Ball zur Stichprobenkollektion, wenn eine Stichprobe gezogen wird. Das geschieht das erste Mal automatisch, später nur noch, wenn die Animation eingeschaltet ist. Die Stichprobenkollektion in der die gezogenen Stichproben abgelegt werden, ist dann als Box mit blauen Kugeln dargestellt, von der grüne Bälle zur Messgrößenkollektion fliegen, wenn Messgrößen gesammelt werden. Die Messgrößenkollektion wird dann als Box mit grünen Bällen symbolisiert. Die Animation unterstützt in visueller Weise den Ziehungsprozess. Lässt sich das zu simulierende Zufallsexperiment als Urnenziehung modellieren, so ist das Interface zur Software somit relativ intuitiv." (Maxara 2009, S. 80)

Um diese Simulationsmethode und deren didaktisches Potenzial besser zu verstehen, sollen zwei typische Anwendungen dieser Simulationsmethode betrachtet werden: (1) das mehrmalige Ziehen aus einer Urne ohne Zurücklegen und (2) ein Wartezeitproblem.

Zu (1): Man stelle sich für (1) folgende Situation vor: In einer Urne liegen 10 Kugeln, beschriftet mit den Zahlen 1, 2, …, 10. Man zieht nacheinander ohne hinzuschauen drei Kugeln ohne Zurücklegen. Es ist die Wahrscheinlichkeit dafür gesucht, dass die Kugel mit der Aufschrift 8 eine der drei gezogenen Kugeln ist. Eine einfache Umsetzung des stochastischen Problems in eine Simulation ist der Abb. 2.21 zu entnehmen: Im Modellierungsinterface wird das Merkmal *KugelNr* angelegt und die Urne mit den Kugelnummern 1 bis 10 gefüllt. Es wird eine Stichprobe vom Umfang $n = 3$ Fälle ohne Zurücklegen gezogen. Im Messgrößeninterface wird in der Stichprobenkollektion das Ereignis „Kugel mit Nr. 8" durch den Messgrößennamen *Kugel_Nr_8* und durch die Messgrößenformel *Anzahl(KugelNr=8) = 1* deklariert. Das Zufallsexperiment wird $N = 10000$-mal wiederholt und die gesammelten Messgrößenwerte in einer Kollektion abgelegt. Im Auswertungsinterface wird das Merkmal *Kugel_Nr_8* graphisch und numerisch ausgewertet. Würde man das Zufallsexperiment 10000-mal durchführen, dann würde man in 29,5 % aller Fälle eine Kugel mit der Aufschrift 8 ziehen. Das Ergebnis liegt nahe an der theoretischen Lösung von 30 %.

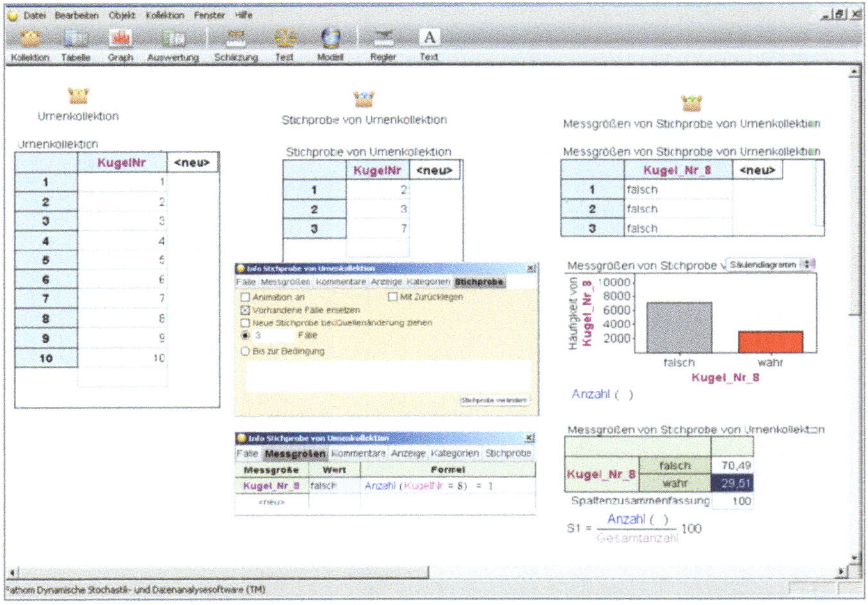

Abb. 2.21 Simulation durch Stichprobenziehen: Ziehen ohne Zurücklegen aus einer Urne

Zu (2): Mit Hilfe dieser Simulationsmethode lassen sich sehr komfortabel Wartezeitprobleme, u. a. das Problem der vollständigen Serie lösen. Man stelle sich für (2) folgende einfache Frage: Wie lange muss man im Mittel würfeln, um eine 6 zu werfen? Auch bei dieser stochastischen Problemstellung kann die Simulation erst einmal zum Vorstellungsaufbau genutzt werden. Mit Hilfe der Simulation erhält man die Häufigkeitsverteilung der Wartezeit. Die vollständige Simulationsumgebung ist der Abb. 2.22 zu entnehmen. Im Modellierungsinterface wird das Merkmal *Augenzahl* angelegt und die Urne mit den Ziffern 1 bis 6 gefüllt. Es wird über eine Abbruchbedingung eine Stichprobe mit variablem Stichprobenumfang gezogen. Dies wird durch die Definition einer Bedingung *Augenzahl = 6* ermöglicht. Im Messgrößeninterface wird in der Stichprobenkollektion die Zufallsgröße „Anzahl der Würfe" durch eine Messgröße mit dem Messgrößennamen *Anzahl_Würfe* und der Messgrößenformel *Anzahl()* deklariert. Das Zufallsexperiment wird $N = 5000$-mal wiederholt und die gesammelten Messgrößenwerte in einer Kollektion abgelegt. Im Auswertungsinterface wird das Merkmal *Anzahl_Würfe* graphisch und numerisch ausgewertet. Würde man das Zufallsexperiment $N = 5000$-mal durchführen, dann würde man im Mittel sechs Würfe für eine 6 benötigen.

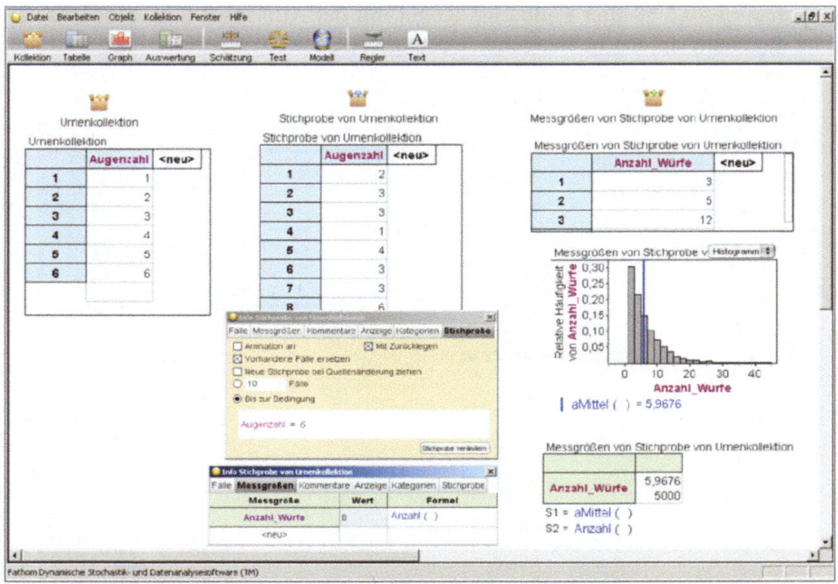

Abb. 2.22 Simulation durch Stichprobenziehen: Warten auf die erste 6 beim Würfeln

Worin besteht nun das didaktische Potenzial dieser Simulationsmethode? Maxara (2009, S. 61) gibt darauf folgende Antwort:

„Das Ziehen von Stichproben ist in FATHOM aber ein eigenes Modul und unterstützt noch in einer konkreteren Art die Vorstellung vom Urnenmodell. Dazu wird in FATHOM eine Kollektion als Urne verwendet, die entsprechend mit Fällen und Merkmalen gefüllt werden muss, aus der dann die Stichprobe gezogen wird...Da Urnen ein äußerst adaptierbares Zufallsmodell darstellen, können auf diese Weise viele gewünschte Zufallsexperimente umgesetzt werden."
(Maxara 2009, S.61)

Die Simulationsmethode *Simulation durch Stichprobenziehen* nutzt somit das Urnenmodell als „universelles Modellierungsinstrument". Für das diskrete Füllen der virtuellen Urne gibt es im Prinzip keine Einschränkungen. Es sind jedoch gewisse Regeln für die Merkmalsausprägungen eines oder mehrerer Merkmale als Urneninhalt zu beachten (vgl. Sedlmeier & Köhlers 2001, S. 15 ff.):

- Klare Definition der Merkmalsausprägungen
- Vollständigkeit der Merkmalsausprägungen
- Exklusivität der Merkmalsausprägungen.

Die virtuelle Urne in FATHOM ist eine konkrete Umsetzung des Konzeptes der stochastischen Urne. Kurz-Milcke & Martignon (2007) zählen Bestimmungen für stochastische Urnen auf:

„- eine klare Abgrenzung zwischen Innen und Außen, zwischen den eingeschlossenen Fällen und den nicht-eingeschlossenen Fällen,
- eine Situation, in der diskrete Variablen anzutreffen sind; im einfachsten Fall Alternativeigenschaften oder auch zwei Alternativeigenschaften...,
- Beliebigkeit hinsichtlich der absoluten und relativen Anzahlen für die einzelnen Merkmale; das „Hinzufügen" und „Herausnehmen" von „Fällen" ist beliebig realisierbar,
- eine Variabilität hinsichtlich der Transparenz; „offene" Urnen zur Analyse des Inhaltes und „verdeckte" Urnen zur Realisierung eines Zufallsgenerators,
- die Möglichkeit zu einem Vorgang der „blinden Ziehung" einer beliebigen Anzahl nach einem beliebigen Verfahren (z.B. sukzessiv oder simultan)." (Milcke & Martignon, 2007, S. 484)

Durch die obigen Bestimmungen seien stochastische Urnen in erster Linie ein Instrument der Modellierung und betonen durch den engen Zusammenhang mit frequentistischen Auffassungen von Wahrscheinlichkeit die Komplementarität von „Daten und Zufall". Stochastische Urnen folgen einer Baumstruktur im Sinne von natürlichen Häufigkeiten und provozieren simulatives Denken durch „Was wäre wenn..."-Fragen (Kurz-Milcke & Martignon 2007, S. 484).

Mit den drei Kollektionen Urnenkollektion, Stichprobenkollektion und Messgrößenkollektion unterstützt die Simulationsmethode *Simulation durch Stichprobenziehen* das Datenmodell des *sampling distribution concept*. In diesem Konzept werden drei Ebenen von Daten unterschieden: population distribution, sample distribution, sampling distribution, die sich den oben genannten Kollektionen in der aufgeführten Reihenfolge eindeutig zuordnen lassen. Die dritte Ebene *sampling distribution* bietet zudem die Möglichkeit für einen informellen Einstieg in die Beurteilende Statistik (vgl. Garfield & Ben-Zvi 2008, S. 242).

Allerdings stellt die Simulationsmethode *Simulation durch Stichprobenziehen* wegen ihrer Komplexität auch besondere Anforderungen an Lernende. Daher ist eine gezielte Unterstützung beim Erlernen dieser Simulationsmethode besonders wichtig. Hofmann (2007, 2010) hat in der Lernumgebung eFATHOM ein Modul zu dieser Simulationsmethode entwickelt. Innerhalb dieses Moduls sind u. a. auch ein graphischer Simulationsplan, ein Simulationsplanschema und ausgearbeitete Lösungsbeispiele verfügbar (vgl. Kap. 3.3.2).

2.3.2 Das Messgrößenkonzept

Betrachtet man die Simulationsmethode Simulation durch Stichprobenziehen von einer Metaebene, dann wird klar, dass das Verständnis des Messgrößenkonzeptes von FATHOM essentiell für das erfolgreiche Bearbeiten von stochastischen Problemen mittels dieser Simulationsart ist. Dieses Konzept erlaubt eine direkte, gegenständliche Umsetzung von Ereignissen und Zufallsgrößen in die spezifische Sprache von FATHOM. Dadurch werden die stochastisch abstrakten Begriffe Ereignis und Zufallsgröße in Messgrößen und Merkmalen direkt repräsentiert (Maxara 2009, S. 55 f.).

„Eine Besonderheit in FATHOM ist das Konzept der Messgrößen. Eine Messgröße ist eine definierbare Größe, die sich auf die Kollektion oder Merkmale der Kollektion als Ganzes bezieht. Sie wird in der Kollektion definiert und eröffnet „neue" Simulationsmöglichkeiten, da durch sie Ereignisse und Zufallsgrößen umgesetzt werden können...Dieses Messgrößenkonzept erlaubt eine anwendungsbezogene Umsetzung von Ereignissen und Zufallsgrößen in die Softwaresprache...Die stochastisch abstrakten Begriffe Ereignis und Zufallsgröße werden in FATHOM in den Messgrößen und in Merkmalen direkt repräsentiert und stellen somit eine Vergegenständlichung eines stochastischen Konzepts dar." (Maxara 2009, S. 55 f.)

Diese Repräsentation erfolgt sowohl für Zufallsgrößen (1) als auch für Ereignisse (2) funktional.

$$f(X) \triangleq f \begin{pmatrix} x_1 \\ x_2 \\ \vdots \\ x_{n-1} \\ x_n \end{pmatrix} : Z^n \to \mathrm{R}\,,\, n \in \mathrm{N} \quad (1)^{35}$$

$$f(X) = k \triangleq f \begin{pmatrix} x_1 \\ x_2 \\ \vdots \\ x_{n-1} \\ x_n \end{pmatrix} = k : Z^n \to \mathrm{B}\,,\, n \in \mathrm{N} \wedge (k \in \mathrm{R} \vee k \in \Omega) \quad (2)$$

Dabei sei X sei eine Variable mit den als *n-Tupel* in den Zeilen 1 *bis n* realisierten Werten $x_1, x_2, \ldots, x_n$ der Variable X, wobei X selbst eine (Zufalls)-Abbildung ist mit $X\colon \Omega \to Z^n$. Die FATHOM-Funktionen greifen auf diese Liste von Zeichen[36] Z^n zu und ordnen dieser Liste gewisse Werte zu. Bei Zufallsgrößen als Messgrößen sind das Werte aus dem Bereich reellen Zahlen oder aus der Liste selbst. Bei Ereignissen als Messgrößen sind das die Booleschen Werte *wahr* bzw. *falsch*.

Das Messgrößenkonzept von FATHOM kann in Analogie des Variablenkonzeptes bzw. Listenkonzeptes der Informatik interpretiert werden. In der Informatik ist eine Variable durch Name, Inhalt und Datentyp repräsentiert. In FATHOM wird eine Messgröße durch Name, Wert und Formel repräsentiert. Eine Messgröße bezieht sich bei der Simulationsmethode *Simulation durch Stichprobenziehen* in der Regel auf die Auswertung einzelner Merkmale der Stichprobenkollektion oder auf

---

[35] Bestimmte Funktionen in FATHOM liefern Werte aus Z (vgl. Maxara 2009, S. 88 f.).

[36] Die Zeichen der Datenstruktur können unterschiedlichen Datentyps sein. Dazu zählen ganze Zahlen, reelle Zahlen, Zeichen, Zeichenfolgen, Boolesche Werte. Der Zugriff auf einzelne Werte ist nur entsprechend dem Funktionenvorrat von FATHOM möglich.

die Auswertung der Stichprobenkollektion als Ganzes. Die Definition der Messgrößen in der Stichprobenkollektion ist als Deklarationsteil inhaltlich zu trennen vom Sammeln der Messgrößen selbst, welches das N-fache Wiederholen des Zufallsexperimentes darstellt.

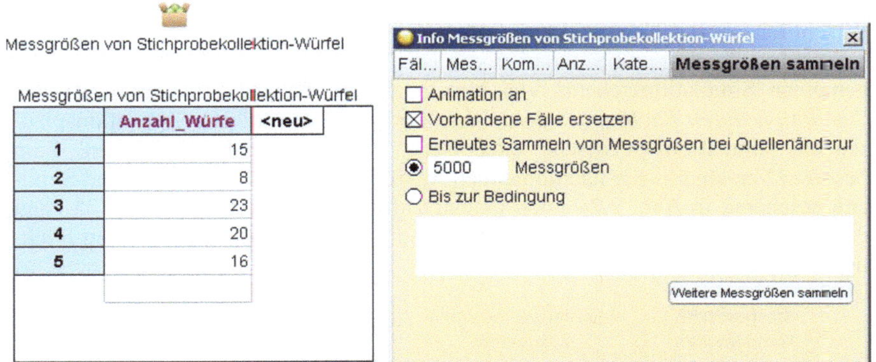

Abb. 2.23 Messgrößenkollektion, Wahl der Wiederholungsanzahl N

Durch den Aufruf Messgrößen sammeln im Kontextmenü der Stichprobenkollektion wird automatisch eine Messgrößenkollektion im Umfang von $N = 5$ erzeugt, in der die fünf gesammelten Messgrößenwerte abgelegt werden und die Messgröße ein Merkmal dieser Kollektion ist. In dieser Messgrößenkollektion ist dann im Kartenreiter Messgrößen sammeln die gewünschte Wiederholungsanzahl N einzutragen und Weitere Messgrößen sammeln zu wählen (vgl. Abb. 2.23). Die N Werte des Messgrößenmerkmals sind nun mit den üblichen Funktionen auswertbar. Durch das Sammeln der Messgrößenwerte erhält eine als Zufallsgröße definierte Messgröße eine Häufigkeitsverteilung ihrer zugehörigen Wertemenge. Eine als Ereignis definierte Messgröße erhält eine Häufigkeitsverteilung ihrer Wahrheitswerte.

Die funktionale Affinität in der Festlegung von Zufallsgrößen und Messgrößen kann das Verständnis von Zufallsgrößen als Abbildung von $\Omega \rightarrow$ IR fördern, da diese mathematische Struktur im Messgrößenkonzept ihre Vergegenständlichung findet. Erschwert werden hingegen algebraische Konzepte, wie das Verständnis eines Ereignisses als Teilmenge der Ergebnismenge.[37]

---

[37] Vgl. Maxara (2009, S. 92 ff.).

2.3.3 Das Simulationsplanschema

Aus den Erfahrungen der explorativen Studie von Meyfarth (2008b) wurde in der Arbeitsgruppe Biehler zur Unterstützung der Simulationsanfänger für die Simulationsmethode *Simulation durch Stichprobenziehen* ein Simulationsplanschema entwickelt (vgl. Abb. 2.25). Der Aufbau und die inhaltliche Struktur stellen im Wesentlichen eine Konkretisierung des allgemeinen Stufenplans zur Stochastischen Modellierung und Simulation von Biehler und Maxara (2007) und dem allgemeinen Simulationsschema von Maxara (2009) für die Simulationsmethode *Simulation durch Stichprobenziehen* dar. Dadurch bietet dieses Simulationsplanschema simulationsspezifische didaktische Unterstützungsmöglichkeiten. Zum besseren Verständnis der nachfolgenden Ausführungen sind Stufenplan und Simulationsschema in Abb. 2.24 noch einmal zusammen dargestellt. Abb. 2.25 zeigt das Simulationsplanschema, das nachfolgend in seinem Aufbau und seinen Funktionen genauer erläutert wird.

	Stochastische Komponenten	Realisierung mit einem Zufallsgerät	Simulationsprozess	Simulation in Fathom
M	Modellierung der realen Situation mit zufälligem Ausgang durch ein Zufallsexperiment		Modellierung der realen Situation	
1	Festlegen des Modell-Zufallsexperiments	Wahl geeigneter Zufallsgeräte zur Simulation; Definition eines Zufallsversuchs, das dem Zufallsexperiment entspricht	Festlegung des Zufallsexperiments, des Modells	Wahl des Simulationstyps; Definition der Kollektion; Simulation des Zufallsexperiments
2	Identifikation interessierender Ereignisse und Zufallsgrößen	Übertragung der gewählten Ereignisse und Zufallsgrößen in die „Welt" der gewählten Zufallsgeräte	Definition der interessierenden Ereignisse und Zufallsgrößen	Umsetzung von Ereignissen und Zufallsgrößen als Merkmale oder Messgrößen der Kollektion
3	Wiederholung des Modell-Zufallsexperiments und Sammeln von Daten bezüglich der Ereignisse und Zufallsgrößen	Wiederholung der Simulation; Sammeln von Werten der definierten Ereignisse und Zufallsgrößen	Realisierung und Wiederholung des Zufallsexperiments	Realisierung und Wiederholung des Zufallsexperiments durch Hinzufügen von Fällen oder Sammeln von Messgrößen
4	Datenanalyse: relative Häufigkeiten (Ereignisse), empirische Verteilungen (Zufallsgrößen)	Auswertung der simulierten Daten	Visualisierung und Auswertung der simulierten Daten	Nutzung von Fathom als Datenanalysewerkzeug
I	Interpretation und Validierung		Interpretation und Validierung	

Abb. 2.24 Allgemeiner Stufenplan (Biehler & Maxara 2007) und allgemeines Simulationsschema (Maxara 2009)

Abb. 2.25 Simulationsplanschema *Simulation durch Stichprobenziehen*

Aufbau des Simulationsplanschemas

Hinter den vorgegebenen Rubriken „Zufallsexperiment" und „Fragestellungen", oberhalb der Tabelle in Abb. 2.25, sollen Eintragungen zur Modellierung der stochastischen Situation erfolgen. Das entspricht Stufe M des allgemeinen Simulationsschemas.

Die Tabelle in Abb. 2.25 ist in Analogie zu den Stufen 1 bis 4 des allgemeinen Simulationsschemas aufgebaut. Diese Tabelle ist zweigeteilt: Die linke, grau unterlegte Spalte benennt die einzelnen Schritte, die bei der Erstellung einer *Simulation durch Stichprobenziehen* nacheinander durchzuführen sind. Das Festlegen des Modellzufallsexperimentes erfolgt durch „[1] Festlegen der Urnenkollektion" und „[2] Stichprobe ziehen". Die Identifikation interessierender Ereignisse und Zufallsgrößen erfolgt durch „[3] Festlegen der Messgrößen". Die Wiederholung des Modellzufallsexperiments und das Sammeln der Daten bezüglich der Ereignisse und Zufallsgrößen wird durch „[4] Messgrößen sammeln" angezeigt. Die Datenanalyse ist durch „[5] Auswertung: Verteilung, relative Häufigkeit, Mittelwerte usw." vertreten.

Unterhalb der Tabelle in Abb. 2.25 soll durch die Rubrik „Interpretation" ein Rückbezug zur realen Situation und zur Fragestellung mit angemessener Validierung der Simulationsergebnisse erfolgen. Das entspricht Stufe I des allgemeinen Simulationsschemas.

Schaut man sich die rechte Spalte der Tabelle an, dann fällt die Vorstrukturierung für die vorzunehmenden Eintragungen in den Schritten [1] bis [4] auf. Damit soll dem Schüler Planung und Dokumentation der Simulation erleichtert werden. Er muss für die Eintragungen neben FATHOM-spezifischen auch theoretische Überlegungen anstellen. Hierzu zählen insbesondere die Eintragungen der Rubriken „Beschreibung" und „Ausprägungen" im Schritt „[3] Festlegen der Messgrößen". Die Einforderung von solchen inhaltlichen Überlegungen soll einerseits ein schematisches Abarbeiten und Dokumentieren von FATHOM-Eintragungen verhindern. Andererseits soll dadurch u. a. ein tieferes Verständnis des Messgrößenkonzeptes ermöglicht werden. Die vorzunehmenden Eintragungen bei Schritt [2] repräsentieren die wesentlichen Einstellungen, die im entsprechenden Info-Fenster der Stichprobenkollektion vorgenommen werden müssen. Bei Schritt [4] ist der Umfang der Wiederholung einzutragen. Diese Angabe ist notwendig, um Ergebnisse vergleichbar bzw. interpretierbar zu machen. In Schritt [5] ist der Platz für individuelle Eintragungen frei gehalten. Hier können Verteilungen skizziert, Formeln und Ergebnisse eingetragen werden.

Funktionen des Simulationsplanschemas

Lernende haben auf verschiedenen Ebenen Schwierigkeiten im Umgang mit Simulationen. De Jong und van Joolingen (1998) haben vier Problembereiche für das entdeckende Lernen mit Computersimulationen ausgemacht, die sich in modifizierter Form auch auf Simulationen mit der Werkzeugsoftware FATHOM übertragen lassen:

„...das Aufstellen von Hypothesen, die Gestaltung von Experimenten, die Interpretation von Daten und die Selbststeuerung des Lernens." (Urhahne & Harms 2006, S. 362)

Diese Probleme belegen die Notwendigkeit einer instruktionalen Unterstützung, wie es das Simulationsplanschema für die *Simulation durch Stichprobenziehen* ist. Denn ein solches Planungsschema kann unterschiedliche Funktionen erfüllen, um das computergestützte kollaborative Lernen zu unterstützen und einen zielgerichteten Wissenserwerb zu fördern.

(1) Planungsfunktion,

(2) Orientierungsfunktion,

(3) Dokumentationsfunktion.

Zu (1) Planung stellt ein wesentliches Element z. B. bei der Durchführung von Experimenten dar. Die Simulation einer stochastischen Situation durch ein Modellzufallsexperiment, dessen Wiederholung und Auswertung unter bestimmten Aspekten ist quasi eine experimentelle Situation. So kann das Simulationsplanschema auch als Planungsinstrument genutzt werden, indem mehrere oder einzelne Schritte vorab geplant werden.

Zu (2) Eine Orientierungsfunktion hat das Simulationsplanschema durch seinen Aufbau und durch seine Strukturierung entsprechend der Schrittfolge im Simulationsprozess. Dadurch sind alle wesentlichen Schritte vorgegebenen und müssen nacheinander abgearbeitet werden. Es dient demnach auch als Handlungsanleitung. Den Schülern wird dadurch ein Schema an die Hand gegeben, das durch zielgerichtete Führung das Erlernen dieser komplexen Simulationsmethode unterstützen kann.

Zu (3) Dokumentationen sind die nach einem durchgeführten Simulationsschritt vorgenommenen Eintragungen der FATHOM-Handlungen in das Simulationsplanschema. Hierbei stehen insbesondere die Auswertungen der Simulationsergebnisse und deren reflektierende Interpretation im Vordergrund.

Die Übergänge zwischen allen drei Funktionen sind fließend und nur im Kontext der Situation sinnvoll zu trennen. Das Simulationsplanschema vereinigt in sich die drei instruktionalen Unterstützungsmaßnahmen, wie sie von Urhahne und Harms (2006) für das Lernen mit Computersimulationen aufgeführt werden:

„a)   Interpretative Unterstützung - sie hilft den Lernenden vor der Interaktion mit der Computersimulation notwendiges Wissen zu aktivieren und abzurufen, geeignete Hypothesen zu entwickeln und ein zusammenhängendes Verständnis zu gewinnen;

b)   experimentelle Unterstützung – sie hilft den Lernenden während der Interaktion mit der Computersimulation, die naturwissenschaftlichen Experimente in systematischer und logischer Weise zu gestalten, Vorhersagen und Beobachtungen der Ergebnisse anzustellen und begründete Schlussfolgerungen zu ziehen;

c)   reflektierende Unterstützung - sie steigert nach der Interaktion mit der Computersimulation das Bewusstsein für die eigenen Lernprozesse und regt zur Abstraktion und Integration der angestellten Beobachtungen an." (Urhahne & Harms 2006, S. 364)

Das Simulationsplanschema kann in der vorliegenden Form (vgl. Abb. 2.25) die sonst notwendigen instruktionalen Maßnahmen während der Simulation auf ein Minimum reduzieren. Insbesondere die Führung durch die Simulation, anhand der vorgegebenen Simulationsschritte hilft, die richtige Vorgehensweise einzuhalten und prozedurales Wissen zur *Simulation durch Stichprobenziehen* zu sichern.

„Das prozedurale Gedächtnis wird entlastet, die Interaktionen verlaufen zielorientierter, Versuch-Irrtum-Verhalten wird unterbunden und die Problemlösungen häufiger erreicht." (Urhahne und Harms 2006, S. 371)

Die Wirksamkeit von Strategieempfehlungen und Instruktionen zur Handlungsführung der Lernenden bei der Problemlösung lassen sich auch in anderen Forschungsbereichen belegen. So wurde in der DISUM-Studie mit einem Lösungsplan erfolgreich gearbeitet (vgl. Schukajlow 2010).

Prozessorientierte worked examples

Ein ausgefülltes Simulationsplanschema kann als ausgearbeitetes Lösungsbeispiel die Grundlage für weitere Simulationen sein. Solche Lösungsbeispiele vermitteln notwendiges prozedurales Wissen und sie können durch das Lernen von vorgegebenen Expertenlösungen bzw. selbsterstellten Schülerlösungen einen weitergehenden Wissenserwerb ermöglichen.

„Worked examples are instructional devices that provide an expert's problem solution for a learner to study." (Atkinson et al. 2000, S. 181)

Renkl (2002) nennt drei Basis-Elemente, aus denen ein ausgearbeitetes Lösungsbeispiel bestehen sollte: Formulierung des Problems, Lösungsschritte und Lösung. Ein ausgefülltes Simulationsschema erfüllt diese Anforderungen und kann, durch die mit den Simulationsschritten vorgegebene Abfolge des Simulationsprozesses, als prozessorientiertes worked example bezeichnet werden (vgl. van Gog et al. 2004, 2008). Insbesondere für Simulationsneulinge kann diese Lernmethode besonders effektiv sein, wie Renkl (2002) hervorhebt.

„Research has shown that learning from such examples is major importance for the initial acquisition of cognitive skills in well-structured domains such as mathematics, physics and programming. (…) In addition, this learning mode is preferred by novices, and they are correct in this notion: it is indeed quite an effective way of learning." (Renkl 2002, S. 529)

Die Abb. 2.26 veranschaulicht die Einbettung der *Simulation durch Stichprobenziehen* und der worked examples in das allgemeine Simulationsschema. Abb. 2.27 zeigt ein ausgefülltes Simulationsplanschema für das Hörtestproblem aus U10-11. Es stellt in dieser Form ein prozessorientiertes ausgearbeitetes Lösungsbeispiel dar und kann als Grundlage für weitere Simulationen ähnlicher Art dienen.

	Simulations-prozess	Simulation in Fathom	Simulation durch Stichprobenziehen	worked example
M	Modellierung der realen Situation			Hörtestproblem: Mit welcher Wahrscheinlichkeit erhält man allein durch Raten einen Preis? (mind. 8 von 12 richtig)
1	Festlegung des Zufallsexperiments, des Modells	Wahl des Simulationstyps; Definition der Kollektion; Simulation des Zufallsexperiments	Festlegen des Zufallsexperimentes durch Füllen der Urne und das Ziehen einer adäquaten Stichprobe	Urneninhalt: richtig, falsch Merkmal: *Qualität* Ziehen mit Zurücklegen, *n = 12*
2	Definition der interessierenden Ereignisse und Zufallsgrößen	Umsetzung von Ereignissen und Zufallsgrößen als Merkmale oder Messgrößen der Kollektion	Festlegen von Ereignissen bzw. Zufallsgrößen in der Stichprobenkollektion	Anzahl der richtigen *0, 1, 2,..., 12* Name der Messgröße *Anzahl_richtig* Formel der Messgröße: *Anzahl(Qualität="richtig")*
3	Realisierung und Wiederholung des Zufallsexperiments	Realisierung und Wiederholung des Zufallsexperiments durch Hinzufügen von Fällen oder Sammeln von Messgrößen	Realisierung und Wiederholung des Zufallsexperimentes durch Sammeln von Messgrößen	*N = 5000*
4	Visualisierung und Auswertung der simulierten Daten	Nutzung von Fathom als Datenanalysewerkzeug	Datenanalyse: Visualisierung und Auswertung der simulierten Daten	Numerisch: *Anzahl(Anzahl_richtig≥8)·100 = 19,32 %*
I	Interpretation und Validierung			Die Wahrscheinlichkeit allein durch Raten einen Preis zu bekommen, beträgt etwa 20 %.

Abb. 2.26 Simulationsschema und worked example *Simulation durch Stichprobenziehen*

random experiment: *sampling from a box filled with two cases*

questions: *With which probability does someone have at least 8 correct guesses of sound quality?*

[1] define box collection	**content of box:** *correct, incorrect* **name of attribute:** *guess* **Fathom formula (if applicable):**
[2] sampling	☒ **with replacement** ☐ **without replacement** **sample size:** *12*
[3] define measures	**description:** *number of correct guess* **possible values of the measure:** *0, 1, 2, ..., 12* **name of measure:** *number_success* **Fathom formula:** *count(guess "correct")*
[4] collect measures	**number of repetitions:** *5000*
[5] analysis of results: distribution, rel. frequency, mean,...	*count(number_success ≥ 8)/ grandTotal·100 = 19.32 %*

interpretation: *The probability for at least 8 correct guesses is about 20 percent. That means, that you can get a price in 1 of 5 cases when you guess only.*

Fathom file: ____

Abb. 2.27 Ausgearbeitetes Lösungsbeispiel (prozessorientiert) für das Simulationsplanschema zum Hörtest (Biehler & Prömmel 2010)

3 Grundlagen für das GESIM-Konzept

Die im GESIM-Konzept verankerten didaktischen Konzepte und Ideen sollen in diesem Kapitel theoretisch abgesichert werden. Dazu ist es hilfreich, sich zentrale inhaltliche und konzeptionelle Fragestellungen, die bei der Konzipierung dieses Einführungskurses eine Rolle gespielt haben, zu vergegenwärtigen:

Inhaltlich

- Welche Rolle können Daten bei der Bildung des Wahrscheinlichkeitsbegriffs und der Bildung weiterer grundlegender Begriffe der Stochastik spielen?
- Wie kann man bei Schülern Vorstellungen vom empirischen Gesetz der großen Zahlen vertiefen?
- Welche Vorstellungen sollen Schüler über Stichprobenverteilungen und deren Eigenschaften erwerben?
- Welche Rolle können Simulationen für eine vertiefte Begriffsbildung spielen, u. a. für Zufallsgrößen, deren Verteilung und Kennwerte?
- Was sollen Schüler über die Genauigkeit von Simulationen wissen, auch im Zusammenhang mit dem Schätzen von Vertrauensbereichen?

Konzeptionell

- Wie kann man Schülern das Erlernen von komplexen Simulationsmethoden erleichtern?
- Wie können Schüler im Erlernen des Umgangs mit der Software FATHOM unterstützt werden?
- Wie soll die Rahmung der Unterrichtsstruktur gestaltet werden, wie soll das Verhältnis von Konstruktion und Instruktion aussehen?
- Wie können Schülerarbeitsphasen so gestaltet werden, dass der *cognitive load* gering, aber der Wissenszuwachs hoch ist?
- Welche Materialien sind für die Lehrperson und für die Schüler bereitzustellen? Wie sind diese aufzubereiten?

Dieses Kapitel 3 ist so aufgebaut, dass die inhaltlichen Überlegungen für die Gestaltung des GESIM-Konzeptes nach einer bildungstheoretischen Verankerung (siehe Kap. 3.1) zunächst in einem fachdidaktischen Rahmen diskutiert werden (siehe Kap. 3.2). Dabei steht der Phänomenkomplex des empirischen Gesetzes der großen Zahlen mit seinen Mathematisierungen und didaktischen Forschungen im Mittelpunkt der Betrachtungen. Dieser Phänomenkomplex umfasst vier Diskussionsstränge:

- Einen epistemologischen Diskussionsstrang zu fundamentalen Ideen der Stochastik um Heitele (1975), Steinbring (1991a), Burrill & Biehler (2011),

- einen fachlichen Diskussionsstrang zu den mathematischen Aspekten des empirischen Gesetzes der großen Zahlen (u. a. Engel 1973, Reichel 1992, Henze 2010),

- einen psychologischen Diskussionsstrang um Kahneman & Tversky (1971 bis 1974), Scholz (1981), Gigerenzer & Sedlmeier (1997 bis 2000) u. a., in Bezug auf Schwierigkeiten im Umgang mit Stichprobenverteilungen (*maternity ward problem*),

- einen fachdidaktischen Diskussionsstrang um Borovcnik (1992), Freudenthal (1972) und Riemer (1991), im Zusammenhang mit dem Gesetz der großen Zahlen, und um Wild (2006), Garfield & Ben-Zvi (2008) u. a., in Bezug auf zentrale didaktische Ideen und die Charakteristik von Verteilungen, sowie um Tietze (2002), Sedlmeier, Köhlers, Engel (2001 bzw. 2005), Biehler (2007), Maxara (2009) u. a., zum didaktischen Wert von Simulationen im Stochastikunterricht.

Daran anschließend erfolgt in Kapitel 3.3 eine Diskussion konzeptioneller Aspekte des GESIM-Konzeptes. Dazu zählen der Simulationsvorkurs von Meyfarth (2008b), das E-Learning-Konzept eFATHOM von Hofmann (2007, 2010) und die ASPB-Struktur für die methodische Gestaltung von Unterricht.

In Kapitel 3.4. werden inhaltliche und konzeptionelle Aspekte in einen lerntheoretischen Kontext eingebettet. Für das GESIM-Konzept sind dabei drei lerntheoretische Ansätze von besonderer Bedeutung:

- Conceptual change theory (u. a. Posner et al. 1982),
- Cognitive load theory (u. a. Sweller 1994),
- Instrumental approach (u. a. Trouche 2004).

Um die Denkweisen, Ideen und Ansätze der Autoren möglichst nachvollziehbar darzustellen, muss oftmals die Quelle im Original zitiert werden. Dies schmälert zwar den Lesefluss in diesem Kapitel, erhöht aber die Transparenz.

3.1 Bildungstheoretische Verankerung

Der bildungstheoretische Rahmen für das GESIM-Konzept wird durch folgende vier Eckpunkte aufgespannt, was nachfolgend begründet wird:

1. Expertise zum Mathematikunterricht in der gymnasialen Oberstufe (Borneleit et al. 2001),
2. Empfehlungen zu Zielen und zur Gestaltung des Stochastikunterrichts durch den Arbeitskreis Stochastik (AK Stochastik 2003),
3. Entwurf für eine Leitidee Daten und Zufall für die Sekundarstufe II (Biehler et al. 2010),
4. Empfehlungen für einen Statistik-Kurs an High Schools (Scheaffer, Watkins, Landwehr 1998) als angelsächsisches Pendant.

Eckpunkt 1

Ein Eckpunkt für das GESIM-Konzept ist die „Expertise zum Mathematikunterricht in der gymnasialen Oberstufe", die im Auftrag der Kultusministerkonferenz (KMK) entstand und im Jahre 2001 veröffentlicht wurde (Borneleit et al. 2001). In Bezug auf Winter (1996) werden darin zunächst drei Grunderfahrungen als allgemeinbildende Zielsetzungen für den Mathematikunterricht formuliert:

„(G1) Erscheinungen der Welt um uns, die uns alle angehen oder angehen sollten, aus Natur, Gesellschaft und Kultur, in einer spezifischen Art wahrzunehmen und zu verstehen.

(G2) mathematische Gegenstände und Sachverhalte, repräsentiert in Sprache, Symbolen, Bildern und Formel, als geistige Schöpfungen, als eine deduktiv geordnete Welt eigener Art kennen zu lernen und zu begreifen.

(G3) in der Auseinandersetzung mit Aufgaben Problemlösefähigkeiten, die über die Mathematik hinausgehen, (heuristische Fähigkeiten) zu erwerben." (Winter 1995, S. 37)

Für alle drei Grunderfahrungen wird die Bedeutung des Einsatzes neuer Technologien hervorgehoben, der auch zu einem Katalysator für eine veränderte Unterrichtskultur werden kann:

„Zum einen ist der Computer ein leistungsfähiges Werkzeug zur Unterstützung von Modellbildungen und Simulationen (→ G1), zum anderen kann er – vor allem durch dynamische Visualisierungen – den Aufbau adäquater Grundvorstellungen mathematischer Begriffe positiv beeinflussen (→ G2), und schließlich beflügelt der Computer heuristisch-experimentelles Arbeiten beim Problemlösen (→ G3)." (Borneleit et al. 2001, S. 75)

Die Verfasser betonen, dass „erst in der expliziten Integration aller drei Grunderfahrungen der Mathematikunterricht in der gymnasialen Oberstufe seine spezifisch bildende Kraft entfalten kann." (Borneleit et al. 2001, S. 75 f.) Als Maßnahmen zur unterrichtlichen Umsetzung empfehlen die Verfasser die inhaltliche Auswahl des Lehrstoffs an vier Qualitätskriterien zu orientieren:

- Orientierung an fundamentalen Ideen,
- inhaltliche Vernetzung,

– Aufbau von Grundvorstellungen,

– Anwendungsorientierung,

Ein verständnisorientierter, d. h. an der Bedeutung und an Ideen mathematischer Begriffe und Verfahren orientierter Mathematikunterricht, bildet die Basis für weitere Formalisierungen und ein verständiges kalkülhaftes Arbeiten.

Eckpunkt 2

Der Arbeitskreis Stochastik in der Gesellschaft für Didaktik der Mathematik e.V. hat im Jahr 2003 nach intensiven Diskussionen auf der Grundlage einer Analyse der Lehrpläne und Rahmenrichtlinien aller Bundesländer Empfehlungen zu Zielen und zur Gestaltung des Stochastikunterrichts veröffentlicht (Arbeitskreis Stochastik 2003). Darin wird als ein Bildungsauftrag für eine moderne Schule die Entwicklung von Datenkompetenz, d. h. der Erwerb von Grundkenntnissen im Umgang mit Massendaten und die Fähigkeit, auf Daten basierende Entscheidungen zu treffen und zu begründen, postuliert:

„Zur stochastischen Allgemeinbildung eines Schulabsolventen gehören grundlegende Elemente der Beschreibenden Statistik und Explorativen Datenanalyse, der Wahrscheinlichkeitsrechnung und der Beurteilenden Statistik in dem Maße, wie sie zur Bewältigung der damit verbundenen allgemeinen Anforderungen in seiner künftigen Ausbildung sowie seinem beruflichen, gesellschaftlichen und persönlichen Leben erforderlich sind." (Arbeitskreis Stochastik 2003, S.1)

Von den acht formulierten spezifischen Anforderungen soll an dieser Stelle eine hervorgehoben werden, die den Computereinsatz in seiner besonderen Spezifik herausstellt:

„Der Stochastikunterricht sollt ferner durch einen hohen Stellenwert experimenteller Arbeiten und durch selbständige Datenerhebungen charakterisiert sein. Dabei sind oft Computer zur Darstellung und Auswertung von Daten oder zur Simulation sinnvoll einsetzbar. Die Verfügbarkeit neuer Technologien (Computer, grafikfähiger TR, Internet) bedeutet weittragende Änderungen im Stochastikunterricht. Neben den auch aus anderen Gebieten der Schulmathematik bekannten Möglichkeiten (Erledigung aufwendiger Berechnungen, interaktives Erstellen von Grafiken und Schaubildern) sind hier vor allem die Datenbeschaffung durch das Internet sowie die flexible und leichte Durchführbarkeit von Demonstrationen und Simulationen zu nennen. Vom Zufallsgenerator erzeugte Daten können maßgeblich dazu beitragen, bei Schülern eine Intuition für zufallsbedingte Variabilität in empirischen Daten zu entwickeln." (Arbeitskreis Stochastik 2003, S.2)

Im Weiteren wird für die gymnasiale Oberstufe u. a. darauf hingewiesen, dass eine Weiterentwicklung stochastischen Wissens und Könnens nur erfolgreich ist, „wenn die Lernenden selbst weiterhin viele Gelegenheiten für Eigenaktivitäten erhalten. (…) Das schließt die Planung und Durchführung von statistischen Untersuchungen, Experimenten und Simulationen sowie die Konstruktion von Modellen und deren Interpretation ein." (Arbeitskreis Stochastik 2003, S. 5) Darstellen und Zusammenfassen von Daten sowie das Modellieren zufälliger Vorgänge zählen dabei zu den Kernkompetenzen, die Schüler erwerben sollen.

Eckpunkt 3

Mit der Fortschreibung der nationalen Bildungsstandards auf die gymnasiale Oberstufe (Sekundarstufe II) sollte auch die Leitidee Daten und Zufall weitergeführt werden. Biehler et al. (2010) haben dazu in einem Entwurf sieben mögliche Kompetenzen für die Bildungsstandards im Bereich Stochastik verfasst, die im Folgenden aufgezählt werden:

„Schülerinnen und Schüler

1. planen exemplarisch zu für sie bedeutsamen Fragestellungen statistische Erhebungen
2. verwenden Methoden der beurteilenden Statistik (insbesondere Konfidenzintervalle und in Erweiterung auch Hypothesentests).
3. modellieren mehrstufige Zufallsexperimente.
4. modellieren zufällige Vorgänge mit Hilfe von Wahrscheinlichkeitsverteilungen und ihrer charakteristischen Kennzahlen.
5. nutzen Simulationen, um mit stochastischen Situationen zu experimentieren und Näherungslösungen in komplexeren Situationen zu gewinnen.
6. kennen Grundphänomene zu Gesetz der großen Zahlen.
7. modellieren statistische Trends und Zusammenhänge zweier Merkmale mit Hilfe von Funktionen.“ (Biehler et al. 2010, S. 3).

Schaut man sich die inhaltliche Ausgestaltung der Kompetenzen 4 bis 6 genauer an, dann erkennt man eine große Affinität zu den Inhalten des GESIM-Konzeptes. In den Erläuterungen zu Kompetenz 4 – Verteilungen - heißt es beispielsweise:

„Die Schülerinnen und Schüler verwenden den Erwartungswert als Modellgröße zur Vorhersage der durchschnittlichen Anzahl von Erfolgen bei vielen Beobachtungen und schätzen umgekehrt einen unbekannten Erwartungswert mit Hilfe des arithmetischen Mittels. Eine Erweiterung des Standardmodells der Binomialverteilung ermöglicht die Ausschärfung des Verteilungsbegriffs, indem verschiedene diskrete Verteilungen als Modell spezifischer zufälliger Phänomene verstanden werden.“ (Biehler et al. 2010, S. 6)

Die zu Kompetenz 4 aufgeführten Kernkompetenzen verdeutlichen diesen Sachverhalt:

„Schülerinnen und Schüler sollen

- Graphische Darstellungen und Kennzahlen zur Darstellung und Analyse empirischer Häufigkeitsverteilungen von Merkmalen verwenden. …
- Den Unterschied und die Beziehung zwischen empirischen Häufigkeitsverteilungen und einer theoretischen Binomialverteilung (u. a. Gesetz d. großen Zahlen für Verteilungen) kennen…“ (Biehler et al. 2010, S. 6-7)

In den Erläuterungen zu Kompetenz 5 – Simulationen – heißt es:

„Mit Hilfe von Simulationen können Schülerinnen und Schüler bei Problemstellungen, die zunächst einer formalen wahrscheinlichkeitstheoretischen Behandlung unzugänglich sind, Lösungen erzeugen. In einer zusätzlichen Funktion können Simulationen ebenso zu einem bekannten Modell, etwa der Binomialverteilung, eine vertiefte Einsicht in das Modell ermöglichen, indem die Auswirkung des Modells auf zukünftige Daten im Zusammenhang mit der Variierung von Modellparametern untersucht wird. In der Sekundarstufe II können Simulationen insbesondere in Verbindung mit dem Verteilungsbegriff sowie den Verfahren der beurteilenden Statistik vertiefte Einsichten von Schülerinnen und Schülern ermöglichen. Darüber hinaus ermöglicht die Simulation je nach Kurs, Modelle, die nicht zum Kernrepertoire der Schulstochastik gehören, zu untersuchen und zu beurteilen. Dazu gehören Wartezeitprobleme (vollständige Serie) und Beispiele für geo-metrische Wahrscheinlichkeiten. Ferner kann die Unabhängigkeitshypothese zweier kategorialer Merkmale auch ohne formalen Test (z.B. exakter Test von Fischer oder χ^2-Test) mit Hilfe von Simulationen näherungsweise überprüft werden." (Biehler et al. 2010, S. 7)

Die dazu formulierten Kernkompetenzen schärfen dies inhaltlich weiter aus:

„Schülerinnen und Schüler sollen

- zu wichtigen im Unterricht behandelten Situationen Simulationsmodelle entwerfen und in geeignete Software implementieren bzw. eine Implementation verständig nachvollziehen.
- verständig mit vorgefertigten Simulationsumgebungen umgehen und mit deren Hilfe Zufallsphänomene eigenständig untersuchen bzw. für eine Aufgabenbearbeitung als Alternative zu analytischen Methoden nutzen
- qualitativ die Genauigkeit und Sicherheit der Simulationsmethode einschätzen.
- exemplarische Probleme, die mit der Simulationsmethode, aber nicht mit anderen schulmathematischen Mitteln gelöst werden können, kennen." (Biehler et al. 2010, S. 7-8)

Die Kompetenz 6 – Gesetz der großen Zahlen und die Rolle des Stichprobenumfanges – zielt auf einen weiteren wesentlichen Aspekt stochastischen Denkens, der sich im GESIM-Konzept widerspiegelt. In den Erläuterungen dazu heißt es:

„Die Schülerinnen und Schüler haben in der Sekundarstufe I das empirische Gesetz der großen Zahlen kennengelernt (Annäherung der relativen Häufigkeit an die Wahrscheinlichkeit). Diese Kenntnisse werden in der Sekundarstufe II vertieft. Mit dem $1/\sqrt{n}$-Gesetz für die Verteilung der relativen Häufigkeiten in einer Bernoulli-Kette ist das Gesetz der großen Zahlen ausreichend vorbereitet und klar als eine Aussage im Modell ausgewiesen, die das in der Realität beobachtete Stabilwerden der relativen Häufigkeiten adäquat beschreibt. Wesentlicher Kern des Verständnisses ist die gegenseitige Abhängigkeit der drei Einflussgrößen Stichprobenumfang, Genauigkeit und Sicherheit. Funktionale Betrachtungen qualitativer Art sollen dieses Verständnis vertiefen. Auf dieser Grundlage wird später das Konzept des Konfidenzintervalls für eine unbekannte Wahrscheinlichkeit entfaltet." (Biehler et al. 2010, S. 8)

Die dazu formulierten Kernkompetenzen verdeutlichen den Sachverhalt:

„Schülerinnen und Schüler sollen

- das Verhalten relativer Häufigkeiten bei wachsendem Stichprobenumfang mit Hilfe von Simulationen untersuchen und wesentliche Phänomene beschreiben, wie z.B. die Abnahme der Streuung der relativen Häufigkeit bei wachsendem n mit $1/\sqrt{n}$ und die

> Besonderheit stochastischer „Konvergenz" (Vertiefung des empirischen Gesetzes der großen Zahlen),
>
> – relative Häufigkeiten als Zufallsgrößen interpretieren, mit Hilfe der Binomialverteilung modellieren und exemplarisch beobachtete Gesetzmäßigkeiten auch theoretisch herleiten,
>
> – wissen, dass es für die Inferenzstatistik von zentraler Bedeutung ist, welche Aussagen man über Stichprobenverteilungen in Abhängigkeit vom Stichprobenumfang machen kann, und dieses Wissen geeignet anwenden." (Biehler et al. 2010, S. 8)

In den Zusätzen zu diesem Thesenpapier werden noch einmal drei wesentliche Aspekte des Stochastikunterrichts diskutiert: Modellieren, formale Strenge und Fehlvorstellungen. Die Autoren verweisen ausdrücklich darauf, dass „konzeptionelles Verstehen der zentralen Ideen eine Priorität vor formaler Strenge" haben sollte. Stochastik ist den Schülern als eine Theorie der Zufallsphänomene zu vermitteln. „Dies kann insbesondere dann erreicht werden, wenn auch die Phänomene geeignet durch Schülerexperimente, Simulationen und eigene Datenerhebungen im Unterricht zur Geltung gebracht werden." (Biehler et al. 2010, S. 10)

Auch Fehlvorstellungen, wie das Verwechseln von relativer Häufigkeit und Wahrscheinlichkeit oder das Vernachlässigen des Einflusses des Stichprobenumfangs auf das Eintreten seltener Ereignisse, sollten geeignet thematisiert werden.

Eckpunkt 4

Mit der Leitidee „Daten und Zufall" in den nationalen Bildungsstandards für die Sekundarstufe I (KMK 2004) hat sich eine im angelsächsischen Raum beginnende inhaltliche Entwicklung (NCTM 2000)[38] auch in Deutschland etabliert. Scheaffer, Watkins & Landwehr (1998) haben in „What Every High-School Graduate Should Know About Statistics" Grundzüge für einen modernen Statistikunterricht an Highschools skizziert. Ausgangspunkt ihrer Überlegungen war die statistische Bildung von Schülern zu verbessern und so eine angemessene Teilhabe an der Gesellschaft zu ermöglichen:

"Every high-school graduate must be educated to be an intelligent consumer of data and to know enough about the production of data to form reasonable judgments about the value of data provided by others. High-school graduates should understand how surveys and experiments work how good surveys and experiments can be designed, and how data can be properly analyzed." (Scheaffer, Watkins & Landwehr 1998, S. 4)

---

[38] Die *unverbindlichen* NCTM Standards werden gegenwärtig durch *verbindliche* Common Core Standards ersetzt (URL: http://www.corestandards.org). Zur Illustration sei einer der dort aufgeführten Kernpunkte auszugsweise angeführt: „The high school standards emphasize mathematical modeling, the use of mathematics and statistics to analyze empirical situations, understand them better, and improve decisions."

Die Autoren diskutieren fünf Stränge, deren Inhalte in verschiedenen Kontexten mit unterschiedlichem Schwierigkeitsgrad über mehrere Schulstufen hinweg vermittelt werden sollten, um die oben avisierten Ziele zu erreichen. Diese fünf Stränge lauten: „number sense, planning a study and producing data, data analysis, probability and statistical or inferential reasoning" (Scheaffer, Watkins & Landwehr 1998, S. 4). Besonders relevant für das GESIM-Konzept erscheinen die sechs Elemente, die die Autoren für den Strang „probability" für unverzichtbar halten:

„1. *Probability should be presented as the study of random events.* Probability is often defined as the study of randomness, suggesting that students should have a wide range of experience with random events. Students should understand the law of large numbers and see how the percentage of successes can stabilize over many trials whereas the number of successes fluctuates more and more wildly about the expected number of successes. They should have watched sampling distributions grow as random samples are taken and then observed the approximate normality of the sampling distribution. Studying randomness, rather than probability formulas, will help students feel less mystified by real-world phenomena.

2. *The unifying thread throughout the probability curriculum should be the idea of distribution.* ...Instead of asking, 'If you flip a coin 100 times, what is the probability of getting exactly 65 heads?' we could ask, 'You are given a coin by a magician. You flip it 100 times and 65 heads. Would you suspect the coin wasn't fair?'

3. *Probability distributions typically should be constructed by simulation...* Simulations are a natural way to begin to learn mathematical modeling. But most importantly, simulation builds students' confidence in their ability to handle any probability problem that might come up.

4. *Students' intuition about probabilistic events should be developed so that they can estimate probabilities and assess the reasonableness of results.* The only way students will be able to develop their intuition about probability is if they have experience with basic probability distributions...

5. *Every student should learn the language and basic formulas of probability...* Students should understand the multiplication and addition rules.

6. *Misconceptions about probability should be confronted head on...* Misconceptions tend to persist with age and in spite of formal training in probability. Researcher recommend that teachers should be forthcoming about the well-known misconceptions – tell students about them, demonstrate that they are false by confronting with simulations, and remind students that they must always be suspicious of their first impulse when confronted with random events..." (Scheaffer, Watkins & Landwehr 1998, S. 17 ff.)

Die Autoren benennen in ihrem Abschlussstatement noch einmal die Punkte, warum aus ihrer Sicht eine inhaltliche Verbesserung der statistischen Bildung gerade jetzt möglich und notwendig erscheint. Dies deckt sich mit den Entwicklungen und Tendenzen, wie sie auch im deutschsprachigen Raum seit etwa zehn Jahren zu beobachten sind.

„The effort to improve statistics education in the school can succeed now, where it has failed in the past, because of an ever-increasing use of data in the modern world, an abiding interest in makin mathematics more practical and the advent of data-analytic techniques and attendat computer software that make statistical analyses fun and easy to conduct." (Scheaffer, Watkins & Landwehr 1998, S. 26)

3.2 Fachdidaktische Grundlagen

3.2.1 Epistemologische Aspekte

In diesem Unterkapitel sollen fundamentale Ideen der Stochastik von einem erkenntnistheoretischen Standpunkt aus betrachtet werden, insofern diese für das GESIM-Konzept relevant sind. Ausgangspunkt bilden dabei die Thesen von Bruner (1960) zur Gestaltung des Bildungsprozesses, die nachhaltig die Curricula im Fach Mathematik beeinflusst haben:

- „The decisive principle of instruction in a subject matter is the transmission of *fundamental ideas.*

- 'The hypothesis that any subject can be taught effectively in some intellectually honest form to any child at any stage of development' implies that the fundamental ideas are necessary as a guide from kindergarden to university in order to guarantee a certain *continuity.*

- Fundamental ideas and concepts will be dealt with on different cognitive and linguistic levels along a *curriculum spiral.*

- The transition to a higher cognitive level is facilitated if the underlying subject matter has been prepared in a suitable representation in earlier cognitive stages. In particular the intuitive comprehension of concrete relationship shall be cultivated in the elementary school as long as the child cannot grasp them in a more elaborated analytic form – *the prefiguration principle.*" (Heitele 1975, S. 187)

Epistemologische Aspekte fundamentaler Ideen

Ausgehend von den Thesen J. S. Bruners hat Heitele (1975, 1976) Fragen formuliert, die für die grundsätzliche Gestaltung von Stochastikunterricht besonderer Aufmerksamkeit bedürfen:

- „What would a list of fundamental ideas of stochastical concepts look like?
- Why should intuition mean so much for stochastics?
- What does (stochastic) intuition mean?
- How does it develop, and how can it be improved?" (Heitele 1975, S. 187)

Heitele beschreibt im Weiteren, was er unter fundamentalen Ideen im Brunerschen Sinne verstehen will:

„…ideas which provide the individual on each level of his development with explanatory models which are as efficient as possible and which differ on the various cognitive levels, not in a structural way, but only by their linguistic form and their levels of elaboration." (Heitele 1975, S. 188)

Solche intuitiven Erklärungsmodelle haben als unfertige Modelle ihren eigenen Erklärungswert und sind die Basis für spätere analytische Herangehensweisen.

Heitele entwirft in diesem Zusammenhang ein Schema, das die Beziehungen von Realität und mathematischem Modell für die Stochastik darstellt.

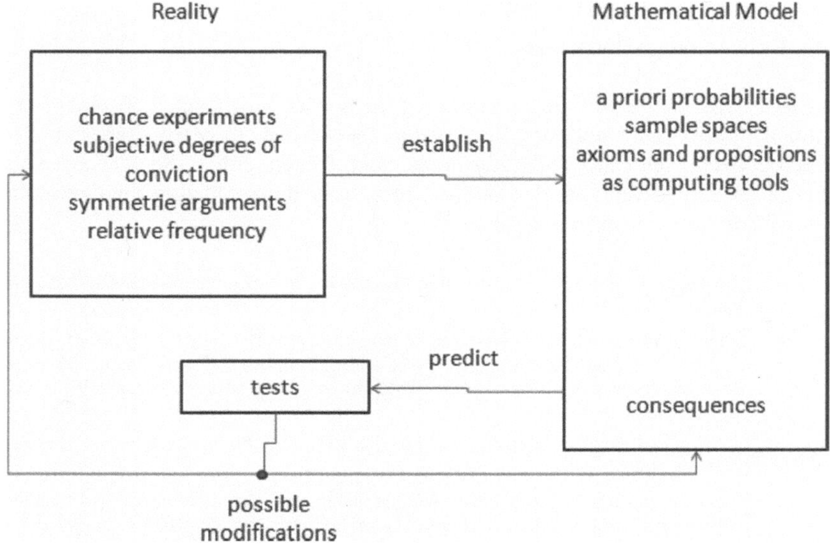

Abb. 3.1 Schema Realität – Mathematisches Modell (Heitele 1975, S. 192)

Als Wesenszug der wechselseitigen Beziehung von Realität und stochastischem Modell charakterisiert Heitele die distanzierte Rationalität. Inhaltlich bedeutet dies, dass sich z. B. die Wahl eines Modells heuristisch begründen lässt, dessen Eignung sich aber erst in der Realität zeigen kann. Die entscheidende Frage bei Zufallsexperimenten sollte dann nicht sein „Was wird geschehen?", sondern „Was kann man erwarten?"

Heitele erläutert anschließend zehn fundamentale Ideen, die nachfolgend aufgeführt sind, von denen (VII.) - (X.) inhaltlich näher beleuchtet werden:

I.	„Norming the expressions of our belief
II.	The probability field
III.	Combining probabilities – the addition rule
IV.	Combining probabilities – independence
V.	Equidistribution and symmetry
VI.	Combinatorics
VII.	Urn model and simulation
VIII.	The idea of stochastic variable
IX.	The law of large numbers
X.	The idea of sample" (Heitele 1975, S. 194-202)

(VII.) Urn model and simulaton: Das Urnenmodell ist aus verschiedenen Gründen fundamental. Erstens lässt sich die Erzeugung einer Zufallsstichprobe mathematisch am einfachsten durch die Konkretisierung als Ziehen aus einer Urne beschreiben. Zweitens lassen sich mit Hyperurnen[39] komplexe Zufallsexperimente simulieren. Und drittens bildet die Simulation mittels Urnen einen Isomorphismus in Bezug auf reale Zufallsexperimente (vgl. Heitele 1975, S. 199).

(VIII.) The idea of stochastic variable: Das Konzept der Zufallsvariablen spielt als Erklärungsmodell für die Verteilung einer Zufallsvariablen, deren Erwartungswert und deren Verknüpfungen mit anderen Zufallsvariablen eine besondere Rolle. Speziell der Erwartungswert einer Zufallsvariablen hat einen hohen Erklärungswert, wird er doch intuitiv als arithmetisches Mittel der Werte einer Zufallsvariablen aufgefasst, die sich in einem Zufallsexperiment, das oft genug unter gleichen Bedingungen wiederholt wird, realisieren. Diese intuitive Vorstellung wird durch das Gesetz der großen Zahlen präzisiert (vgl. Heitele 1975, S. 200).

(IX.) The law of large numbers: Hierbei sollte zwischen einem empirischen Gesetz der großen Zahlen, das in der Realität zu beobachten ist, und den mathematischen Gesetzen der großen Zahlen unterschieden werden. Zufallsmassenphänomene lassen sich zwar philosophisch als „individual liberty under collective constraint" fassen, aber mathematisch nicht wirklich erklären. Allerdings gibt es mit den Gesetzen der großen Zahlen ein innermathematisches Korrelativ. Diese rechtfertigen das empirische Gesetz der großen Zahlen als gutes Modell. Die Unterscheidung zwischen faktischer Ebene und Design-Ebene ist durch das Schema (vgl. Abb. 3.1) bereits angelegt. Die didaktischen Möglichkeiten für das Sammeln empirischer Erfahrungen seien allerdings beschränkt: Zufallsfolgen konvergieren langsam und möglicherweise nicht so, wie man gern demonstrieren möchte (vgl. Heitele 1975, S. 201-202).

(X.) The idea of sample: Wenn Denken, Entscheiden und Urteilen nur auf der Basis von Stichproben möglich sei, dann müssen Schüler lernen, damit behutsam und kritisch umzugehen (vgl. Heitele 1975, S. 202).

---

[39] Der Begriff Hyperurne wird bei Freudenthal (1973, S. 611 f.) folgendermaßen verwendet „In the urn sorts are formed, and from sorts partial urns are obtained. When multiplying probability fields the two urns (*Anm. black and white urn*) serve to build up the urns of pairs. Drawing from an urn *n* times and putting back is interpreted as drawing one ball from each of *n* copies of the given urn, or drawing one piece from the **hyperurn** that arises from multiplying the *n* copies."

Epistemologische Aspekte sozialer Konstitution mathematischen Wissens

Steinbring (1991) diskutiert die soziale Dimension des Lernens von Stochastik. Die wechselseitigen Beziehungen von Wahrscheinlichkeit und relativer Häufigkeit konkretisiert Steinbring anhand des Bernoulli-Theorems. Dessen Zirkularität sei Ausdruck der komplementären Situation von Realität und mathematischem Modell und bedürfe der Interpretation und Weiterentwicklung auf allen Wissensstufen:

„The problem of justifying the epistemological status of knowledge represents in another way this modified perspective on the development of knowledge as a self-organizing and self-reinforcing feedback process: probability theory cannot be constructed deductively from elementary basic concepts…This implies that the basic concepts, too, will be continuously developed further and become richer if the theory is enhanced and extended." (Steinbring 1991, S. 506)

Der Ansatz, dass stochastisches Wissen einen komplexen Systemcharakter auf jeder Entwicklungsstufe hat, impliziert, dass sich dieses Wissen aus formalen kalkulatorischen Aspekten und interpretativen Kontexten konstituiert. Diese relationale Form der Wissensbildung kann durch das folgende epistemologische Dreieck beschrieben werden:

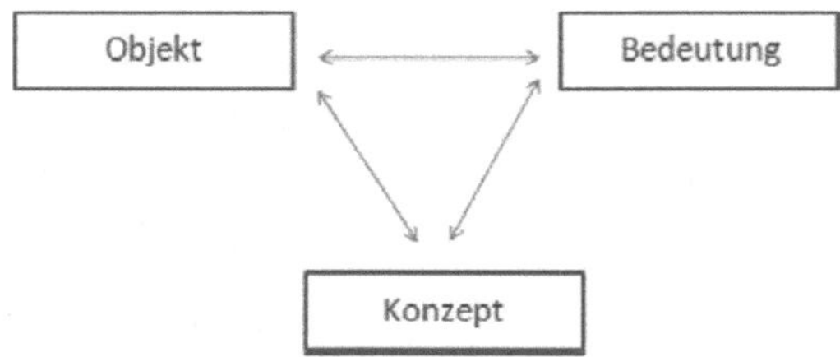

Abb. 3.2 Epistemologisches Dreieck mathematischen Wissens (Steinbring 1991, S. 506)

Die Frage, die sich Steinbring stellt, ist die, wie die epistemologische Struktur mathematischen Wissens und die Struktur des Lehr-Lern-Prozesses in Einklang gebracht werden können. Sein Vorschlag ist, dass sich die Metaphorik der Selbstreferenz auf beide Sachverhalte beziehen muss:

„Social common understanding and development of knowledge requires the explicit interactive feedback-structure for checking, improving and modifying one's comprehension of mathematical concepts." (Steinbring 1991, S. 519)

Epistemologische Aspekte zum Aufbau statistischer Geisteshaltungen

In Anlehnung an die fundamentalen Ideen zur Stochastik von Heitele haben Burrill & Biehler (2011) sieben fundamentale Ideen zur Statistik formuliert:

- „Data – including types of data, ways of collecting data, measurement, respecting that data are numbers with a context;
- Variation – identifying and measuring variability to predict, explain or control;
- Distribution – including notions of tendencies and spread that are foundational for reasoning about statistical variables from empirical distributions, random variables from theoretical distributions, and summaries in sampling distribution;
- Representation – graphical or other representations that reveal stories in the data including the notion of transnumeration;
- Association and modelling relations between two variables – nature of the relationships among statistical variables for categorial and numerical data, including regression for modelling statistical associations;
- Probability models for data generating processes – modelling hypothetical structural relationships generated from theory, simulations or large data set approximations, quantifying the variability in data including long term stability;
- Sampling and inference – the relation between samples and the population and the essence of deciding what to believe from how data are collected to drawing conclusions with some degree of certainty." (Burrill & Biehler, 2011, S. 62 f.)

Besonders bemerkenswert sind die konkreten Aufforderungen an Lehrer und Schüler gleichermaßen, sich adäquate statistische Geisteshaltungen anzueignen:

- "Use real data (call attention to variation and noise, pay attention to the source of the data in deciding what to believe);
- Build intuitions (use simulations to generate sampling distributions, predict before calculating, ask questions about chance based on data);
- Begin with a graph (investigate associations, analyze different representations of distributions, emphasize visualization as a tool for learning about relationships – both data driven and mathematical functions);
- Explore alternate representations of data (contrast what can be learned about shape, center and spread of distributions from different representations to understand relationships and connections among variables);
- Investigate and explore before introduction formulas (use simulations to model probability distributions, allow students to play with chance events and to experience variability);
- Use student projects and experiments to engage students in doing statistics (collect data to investigate questions, consider ways to reduce variability)." (Burrill & Biehler, 2011, S. 66)

Diese Aufforderungen können dazu beitragen, das bei Steinbring (1991) angeführte Selbstreferenz-Konzept für den Lehr-Lern-Prozess konkret umzusetzen, da sie die Entwicklung einer auf die Verbesserung des eigenen mathematischen Wissens und Könnens gerichtete Diskussionskultur in Statistik und Wahrscheinlichkeitsrechnung befördern.

3.2.2 Phänomenkomplex empirisches Gesetz der großen Zahlen

Biehler & Steinbring (1982) verweisen zu Recht darauf, dass im Fokus der Wahrscheinlichkeitstheorie das *Gesetz der großen Zahlen* stehe, denn gerade auch aus didaktischer Sicht ist der in dieser Gesetzmäßigkeit formulierte Zusammenhang von Empirie und Wahrscheinlichkeit bedeutsam.

„Das empirische Gesetz der großen Zahlen und die darin zunächst empirisch anzutreffende Stabilisierung relativer Häufigkeiten ist eine Aufforderung, sich mit den dort zutage tretenden Besonderheiten zuzuwenden, zu versuchen, diese auszuarbeiten und zu verstehen, unter welchen Bedingungen sich Stabilisierungen einstellen und wie diese mathematisch zu präzisieren und zu interpretieren sind. Damit wird das empirische Gesetz der großen Zahlen eher zu einem Forschungsprogramm als zu einer nicht weiter analysierbaren und hinzunehmenden empirischen Gesetzmäßigkeit." (Biehler & Steinbring 1982, S. 299)

Der Gegenstand dieses Forschungsprogramms, das verschiedene Eigenschaften, Darstellungen und Phänomene, im Zusammenhang mit dem empirischen Gesetz der großen Zahlen und ihre Relevanz für die Schule thematisiert, wird in dieser Arbeit als Phänomenkomplex des empirischen Gesetzes der großen Zahlen bezeichnet.

Im Kern geht es um die Klärung der folgenden Frage: Welche Aspekte umfasst der Phänomenkomplex des empirischen Gesetzes der großen Zahlen? Es lassen sich grundsätzlich drei Aspekte unterscheiden, der Grenzwertaspekt, der Genauigkeitsaspekt und der Sicherheitsaspekt. Jeder dieser Aspekte ist durch seine eigenen Mathematisierungen gekennzeichnet: der Grenzwertaspekt durch die Grenzwertsätze, der Genauigkeitsaspekt durch die Abschätzungssätze für feste Wiederholungsanzahlen n und der Sicherheitsaspekt durch Sicherheitswahrscheinlichkeiten für Vertrauensintervalle und Prognoseintervalle.

In der Schule wird einseitig auf den Grenzwertaspekt, insbesondere auch bei Veranschaulichungen, fokussiert.[40] Damit wird die Ausbildung von adäquaten Verteilungsvorstellungen eher behindert. Auch von Harten & Steinbring (1984, S. 38 ff.) beschreiben mit dem Phänomen, die relative Häufigkeit als Schätzwert für die (unbekannte) Wahrscheinlichkeit anzusehen, nur einen Teilaspekt im Phänomenkomplex des empirischen Gesetzes der großen Zahlen.

„Die Grundlage der Häufigkeitsdefinition von Wahrscheinlichkeit war, wie wir gesehen haben, das folgende Phänomen: Herrscht über das Eintreffen oder Nichteintreffen eines Ereignisses Unsicherheit, so kann man versuchen, ähnliche Situationen ausfindig zu machen und dann auszählen, in wie vielen Fällen das fragliche Ereignis eingetreten ist. Die relative Häufigkeit wird man als Schätzwert für die gesuchte Wahrscheinlichkeit ansehen. Es gibt Situationen, in denen eine sehr große

---

[40] Eine nähere Erläuterung dazu erfolgt in Kapitel 3.2.4.

Anzahl ähnlicher Fälle beschafft werden kann und für die sich bei vernünftigen Teilauswahlen nahezu dieselbe relative Häufigkeit der günstigen Fälle einstellt. Man hat diesen Sachverhalt das 'empirische Gesetz der großen Zahlen' genannt." (von Harten & Steinbring 1984, S. 39)

Es ist die Wahrscheinlichkeitstheorie, die die beobachtete Gesetzmäßigkeit einer Stabilisierung der relativen Häufigkeiten bei großem Versuchsumfang aufklären kann. Der theoretische Rahmen, der dazu notwendig ist, wird im Folgenden entwickelt und beschrieben.

Mathematische Grundlagen[41]

Der Phänomenkomplex des empirischen Gesetzes der großen Zahlen lässt sich durch folgende drei Bereiche mathematisch beschreiben:

1) Grenzwertsätze für n $\rightarrow \infty$:
    - schwaches Gesetz der großen Zahlen
    - starkes Gesetz der großen Zahlen
    - Zentraler Grenzwertsatz

2) Abschätzungssätze für endliches n
    - $1/\sqrt{n}$–Gesetz
    - Ungleichung von Tschebyscheff
    - $\alpha \cdot 100\,\%$-Prognoseintervalle für das arithmetische Mittel $\bar{x}$ und die relative Häufigkeit h

3) Konfidenzintervalle
    - $\alpha \cdot 100\,\%$-Konfidenzintervalle für den Erwartungswert μ und die Wahrscheinlichkeit p

In der angegebenen Reihenfolge werden diese mathematischen Grundlagen im Folgenden dargelegt. Daran anschließend werden adäquate Veranschaulichungen für die Aspekte des Phänomenkomplexes des empirischen Gesetzes der großen Zahlen dargestellt und erläutert.

---

[41] Die Inhalte in diesem Abschnitt sind, wenn nicht im Text aufgeführt, folgenden Quellen entnommen: Engel, A. (1973). Wahrscheinlichkeitsrechnung und Statistik. Bd. 1, S. 98-101. Henze, N. (2010). Stochastik für Einsteiger, S. 195-198. Krengel, U. (2000). Einführung in die Wahrscheinlichkeitstheorie und Statistik, S. 153-163. Reichel, H. C. (Hrsg.) (1992). Wahrscheinlichkeitsrechnung und Statistik 1, S. 225-228.

Grenzwertsätze für n → ∞[42]

Satz: *Schwaches Gesetz der großen Zahlen*

Es seien $X_1, X_2, ..., X_n$ stochastisch unabhängige Zufallsvariablen, mit gleichem Erwartungswert μ und gleicher Varianz σ^2, also $E(X)$ und $\sigma^2(X)$ existieren. Dann gilt für jedes $\varepsilon > 0$:

$$\lim_{n \to \infty} P\left(\left| \frac{1}{n} \sum_{i=1}^{n} X_i - \mu \right| \geq \varepsilon \right) = 0 \ \ (1.1) \ \text{bzw.} \ \lim_{n \to \infty} P\left(\left| \frac{1}{n} \sum_{i=1}^{n} X_i - \mu \right| < \varepsilon \right) = 1 \ \ (1.2).$$

Man sagt: Die Folge ($\overline{X}_n$) strebt bei $n \to \infty$ *stochastisch* gegen μ.

Beweis:[43] Sei $\varepsilon > 0$ beliebig.

Es gilt: $E\left(\overline{X}_n\right) = \frac{1}{n}\left(E(X_1) + E(X_2) + ... + E(X_n)\right) = \mu$

Wegen der Unabhängigkeit der X_i gilt:

$$V\left(\overline{X}_n\right) = \frac{1}{n^2}\left(V(X_1) + V(X_2) + ... + V(X_n)\right) = \frac{\sigma^2}{n}$$

Mit Hilfe der Tschebyscheffschen Ungleichung (6) erhalten wir:

$$0 \leq P\left(\left|\overline{X}_n - \mu\right| \geq \varepsilon\right) \leq \frac{V\left(\overline{X}_n\right)}{\varepsilon^2} = \frac{\sigma^2}{n \cdot \varepsilon^2} .$$

Für $n \to \infty$ folgt die Behauptung. ∎

Bemerkung: Das *schwache Gesetz der großen Zahlen* besagt demnach, dass die Folge der arithmetischen Mittel von unabhängigen Zufallsvariablen (mit gleichem Erwartungswert μ und gleicher Varianz σ^2) stochastisch gegen den Erwartungswert μ konvergiert.

---

[42] Die Gesetze der großen Zahlen beruhen auf unterschiedlichen Konvergenzkonzepten, vgl. u. a. Gut (2009).

[43] Der Beweis wird nur für diskrete Zufallsvariable geführt.

Aus dem *schwachen Gesetz der großen Zahlen* folgt als Spezialfall der Zusammenhang zwischen relativen Häufigkeiten $h_n(A)$ und der Wahrscheinlichkeit $P(A)$ in einer Bernoulli-Kette. Diesen Zusammenhang hat Jakob Bernoulli als erster formuliert und bewiesen. Betrachtet man nämlich Folgen von Zufallsvariablen (X_n), deren Wert 1 ist, wenn das Ereignis A (= Treffer) bei der i-ten Versuchswiederholung eintritt und deren Wert 0 ist, wenn das Ereignis A (= Niete) bei der i-ten Versuchswiederholung nicht eintritt, so bestimmt $\overline{X}_n = \frac{1}{n}\sum_{i=1}^{n} X_i$ gerade die relative Trefferhäufigkeit $h_n(A)$ für das Ereignis A. Der Erwartungswert μ ergibt sich als $\mu = E(X_i) = 1 \cdot P(A) + 0 \cdot P(\overline{A}) = P(A)$, also auch $E(\overline{X}_n) = \mu$.

Satz: *Bernoulli-Theorem*

Bei einem Bernoulli-Experiment gilt für jedes (noch so kleine) $\varepsilon > 0$:

$$\lim_{n \to \infty} P\big(|h_n(A) - P(A)| \geq \varepsilon\big) = 0 \quad (2.1) \quad \text{bzw.} \quad \lim_{n \to \infty} P\big(|h_n(A) - P(A)| < \varepsilon\big) = 1 \quad (2.2)$$

Man sagt: Die Wahrscheinlichkeit, dass sich die relative Trefferhäufigkeit h_n in einer Bernoulli-Kette vom Umfang n von der Trefferwahrscheinlichkeit p um weniger als einen beliebig kleinen, vorgegebenen Wert ε unterscheidet, konvergiert bei $n \to \infty$ gegen Eins.

Übersetzt man diesen Zusammenhang in die Sprache der Analysis, so ergibt sich:

$$\mathop{\forall}_{\varepsilon,\eta>0} \ \mathop{\exists}_{n_0>0} \ \mathop{\forall}_{n \geq n_0} \ P\big(|h_n - p| < \varepsilon\big) \geq 1 - \eta \quad (2.3)^{44}$$

In (2.3) kann man sehr gut den Konvergenzaspekt des Bernoulli-Theorems erkennen. Darüber hinaus wird auch die mathematische Struktur der Aussage besonders deutlich, ein „Zusammenhang zwischen drei variablen Größen: die Exaktheit der betrachteten Aussage, gemessen durch ε, die Sicherheit mit der diese Aussage zutrifft, gemessen durch $1 - \eta$ und dann die Anzahl der durchgeführten Versuche, gegeben durch n. Diese drei Größen bedingen sich gegenseitig, man kann jeweils zwei festlegen und anschließend versuchen, die dritte abzuschätzen." (Biehler & Steinbring 1982, S. 313)

Das *schwache Gesetz der großen Zahlen* liefert eine Grenzwertaussage bezüglich eines ganz bestimmten Konvergenzbegriffes, nämlich der schwachen stochasti-

---

schen Konvergenz. Das *Bernoulli-Theorem,* als ein Spezialfall des schwachen Gesetzes der großen Zahlen, liefert die mathematische Begründung dafür, dass bei n Bernoulli-Versuchen die relative Häufigkeit der Erfolge „meistens nahe" bei p liegt.[45] Allerdings macht das schwache Gesetz der großen Zahlen keine Aussage darüber, ob die Folge der Zufallsvariablen h_n in ihrem ganzen weiteren Verlauf innerhalb des ε-Streifens um p verbleibt. Diese Aussage liefert erst das *starke Gesetz der großen Zahlen.*

Satz: *Starkes Gesetz der großen Zahlen*

Es seien $X_1, X_2, \dots, X_n$ stochastisch unabhängige Zufallsvariablen mit gleichem Erwartungswert μ und gleicher Varianz σ^2, also $E(X)$ und $\sigma^2(X)$ existieren. Dann gilt für beliebige Elementarereignisse $\omega \in \Omega$:

$$P\left(\omega \in \Omega : \lim_{n \to \infty}\left(\overline{X}_n(\omega) = \mu\right)\right) = 1. \quad (3.1)^{46}$$

Man sagt: Die Folge $(\overline{X}_n)$ konvergiert ‚fast sicher' gegen μ.

Verhoeff (1993) beweist mathematisch, dass die folgende Aussage äquivalent zu (3.1) ist:

$$\underset{\varepsilon, \eta > 0}{\forall} \; \underset{n_0 > 0}{\exists} \; P\left(\underset{n > n_0}{\forall} \left|\overline{X}_n - \mu\right| < \varepsilon\right) \geq 1 - \eta \quad (3.2)^{47}$$

Bemerkung: Man bezeichnet die Konvergenz *fast sicher* auch als Konvergenz mit Wahrscheinlichkeit 1, d. h. ähnlich der punktweisen Konvergenz einer Funktionenfolge konvergiert die Folge $(\overline{X}_n)$ überall, bis auf eine Ausnahmemenge (mit Wahrscheinlichkeit 0).

Eine Aussage über die Konvergenz von Verteilungen liefert der Zentrale Grenzwertsatz.

---

[45] Vgl. Krengel (2000, S. 57).

[46] Vgl. Krengel (2000, S. 153). Einen Beweis zum starken Gesetz der großen Zahlen findet man u. a. bei Engel (1973, S. 100 f.) und Krengel (2000, S. 155 f.) Die mathematischen Aussagen beruhen auf der keineswegs trivialen Tatsache, dass ein Wahrscheinlichkeitsraum (Ω, P) konstruiert werden kann, auf dem alle X_i als definiert aufgefasst werden können. Ein Elementarereignis ω steht dann für eine gesamte unendliche Abfolge des unendlichen Zufallsexperimentes, anschaulich gesprochen.

[47] Vgl. Verhoeff (1993, S. 2).

Satz: Zentraler Grenzwertsatz

Seien $X_1, X_2, ..., X_n$ stochastisch unabhängige Zufallsvariablen, die alle dieselbe Verteilung, denselben Erwartungswert μ und dieselbe Varianz σ^2 besitzen, also $E(X)$ und $\sigma^2(X)$ existieren.

Setzt man $X_{(n)} = X_1 + ... + X_n$ und $Z_n = \dfrac{X_{(n)} - E(X_{(n)})}{\sqrt{Var(X_{(n)})}} = \dfrac{X_{(n)} - n \cdot \mu}{\sigma \cdot \sqrt{n}}$, dann gilt:

$$\lim_{n \to \infty} P(Z_n \leq z) = \Phi(z) = \frac{1}{\sqrt{2\pi}} \int_{-\infty}^{z} e^{-\frac{x^2}{2}} dx \quad (4)^{[48]}$$

Der zentrale Grenzwertsatz sagt zunächst nichts über die Geschwindigkeit der Konvergenz aus. Für praktische Zwecke ist relevant, ab welchem n man Z_n „gut" durch die Standardnormalverteilung approximieren kann. Dafür werden in der Praxis oft Faustregeln angegeben. Es gelten die folgenden Aussagen bezüglich der Verteilung der standardnormalverteilten Zufallsvariablen X:

$P(|X| \leq 1) = 0,683$

$P(|X| \leq 2) = 0,955^{[49]}$

$P(|X| \leq 3) = 0,997$

Daraus lassen sich die Faustregeln zur Beschreibung einer (annähernd normalverteilten) Häufigkeitsverteilung ableiten: Innerhalb der einfachen Standardabweichung liegen 68 % aller Daten, innerhalb der zweifachen Standardabweichung liegen 95,5 % aller Daten und innerhalb der dreifachen Standardabweichung liegen 99,7 % aller Daten. Man bezeichnet diese Faustregeln auch als Sigma-Regeln.

---

[48] Einen Beweis zum zentralen Grenzwertsatz findet man u. a. bei Krengel (2000, S. 159 ff) und bei Freudenthal (1968, S. 70 ff.).

[49] Die Funktion $\Phi(Z)$ ist tabelliert. Für die Wahrscheinlichkeit innerhalb der einfachen Standardabweichung $\sigma = 1$ erhält man:

$P(|X| \leq 1) = \Phi(1) - \Phi(-1) = \Phi(1) - (1 - \Phi(1)) = 2 \cdot \Phi(1) - 1 = 2 \cdot 0,84134 - 1 = 0,68268$.

Für $\sigma = 1,96$ gilt: $P(|X| \leq 1,96) = 0,95$ und für $\sigma = 2,58$ gilt: $P(|X| \leq 2,58) = 0,99$.

Abschätzungssätze für endliches n

Satz: *$1/\sqrt{n}$-Gesetz*

Es seien $X_1, X_2, \ldots, X_n$ stochastisch unabhängige Zufallsvariablen mit gleichem Erwartungswert μ und gleicher Varianz σ^2. Die Zufallsvariable $\bar{X}_n$ ist durch $\bar{X}_n = \dfrac{1}{n}(X_1 + X_2 + \ldots + X_n)$ definiert. Für die Zufallsvariable $\bar{X}_n$ gilt:

$$E(\bar{X}_n) = \frac{1}{n}\sum_{i=1}^{n} E(X_i) = \frac{1}{n} \cdot n \cdot \mu = \mu \ \text{ und } \ V(\bar{X}_n) = \frac{1}{n^2}\sum_{i=1}^{n} V(X_i) = \frac{1}{n^2} \cdot n \cdot \sigma^2 = \frac{1}{n} \cdot \sigma^2$$

Somit gilt: $\sigma_n := \sigma(\bar{X}_n) = \dfrac{1}{\sqrt{n}} \cdot \sigma$ (5)

Bemerkung: Dieser Satz besagt, dass die Streuung σ_n des Mittelwertes der Messungen um den Faktor $1/\sqrt{n}$ kleiner ist als die Streuung σ einer einzelnen Messung. Das $1/\sqrt{n}$-Gesetz der Streuung liefert nur den funktionalen Zusammenhang zwischen den Größen σ_n und σ und keine Genauigkeitsabschätzung. Eine solche Abschätzung erhält man durch die Ungleichung von Tschebyscheff.

Satz: *Tschebyscheffsche Ungleichung*

Es sei X eine beliebige Zufallsvariable mit Erwartungswert μ und Standardabweichung σ. Dann gilt für jedes $\varepsilon > 0$:

$$P\left(|X - \mu| \geq \varepsilon\right) \leq \frac{\sigma^2}{\varepsilon^2} \ \text{ (6.1) bzw. } \ P\left(|X - \mu| < \varepsilon\right) \geq \frac{\sigma^2}{\varepsilon^2} \ \text{ (6.2)}$$

Bemerkung: Dieser Satz besagt, dass die Wahrscheinlichkeit dafür, dass X vom Erwartungswert μ um mehr als ε abweicht, klein ist, und zwar, umso kleiner die Standardabweichung σ bzw. umso größer die vorgegebene Schranke ε.

Beweis:[50] nur für (6.1), denn daraus folgt (6.2)

Die Varianz einer diskreten Zufallsvariablen X ist definiert als:

$$\sigma^2 = \sum_i (x_i - \mu)^2 \cdot P(X = x_i)$$

Summiert man nur über diejenigen Werte x_i, für die $|x_i - \mu| \geq \varepsilon$ gilt, erhält man folgende Beziehung:

$$\sigma^2 \geq \sum_{|x_i - \mu| \geq \varepsilon} (x_i - \mu)^2 \cdot P(X = x_i) \geq \sum_{|x_i - \mu| \geq \varepsilon} \varepsilon^2 \cdot P(X = x_i) = \varepsilon^2 \cdot P(|X - \mu| \geq \varepsilon) \quad \blacksquare$$

Als Spezialfall für eine binomialverteilte Zufallsgröße mit $E(X_i) = p$ und $V(X_i) = p \cdot (1-p) \leq 1/4$ ergeben sich aus 2.3 und 6.1 bzw. 6.2 folgende Abschätzungsungleichungen für die Abweichungen der Zufallsgröße h von p, bei einem festem Stichprobenumfang n (in Abhängigkeit von ε):

$$P(|h - p| \geq \varepsilon) \leq \frac{1}{4\varepsilon^2 n} \quad (7.1) \text{ bzw. } \quad P(|h - p| < \varepsilon) \geq \frac{1}{4\varepsilon^2 n} \quad (7.2)$$

Satz: *Prognosebereiche für $\overline{x}$ und h*

Es seien $X_1, X_2, \ldots, X_n$ stochastisch unabhängige Zufallsvariablen mit gleichem Erwartungswert μ und gleicher Varianz σ^2. Dann kann man folgende Prognoseebereiche für die Zufallsgrößen $\overline{x}$ (arithmetische Mittel) und h (relative Häufigkeit) angeben:

$$\left[\mu - z_\alpha \cdot \frac{\sigma}{\sqrt{n}}; \mu + z_\alpha \cdot \frac{\sigma}{\sqrt{n}}\right] (8.1) \qquad \left[p - z_\alpha \cdot \frac{\sqrt{p \cdot (1-p)}}{\sqrt{n}}; p + z_\alpha \cdot \frac{\sqrt{p \cdot (1-p)}}{\sqrt{n}}\right] (8.2)^{51}$$

Bemerkung: Nach dem Zentralen Grenzwertsatzes gilt folgender Zusammenhang:

$$P\left(\left[\mu - z \cdot \frac{\sigma}{\sqrt{n}} \leq X_n \leq \mu + z \cdot \frac{\sigma}{\sqrt{n}}\right]\right) \approx P(|Z_n| \leq z) = \Phi(z) - \Phi(-z) = \Phi(z) - (1 - \Phi(z)) = 2 \cdot \Phi(z) - 1.$$

Mit $\alpha := 2\Phi(z) - 1$ lassen sich für jeden Stichprobenumfang n (unter Beachtung der Laplace-Bedingung) für $\overline{x}$ und h entsprechende $\alpha \cdot 100$ %-Prognoseintervalle

---

[50] Der Beweis wird nur für diskrete Zufallsvariable geführt.

[51] 8.2 gilt für binomialverteilte Zufallsvariablen X_i, sofern die Laplace-Bedingung erfüllt ist (vgl. Kröpfl et al. 1994, S. 74 f.).

formulieren. Dazu muss z so gewählt werden, dass $\alpha := 2\Phi(z) - 1$ erfüllt ist. Durch Umformung ergibt sich für z_α:

$$2 \cdot \Phi(z) = \alpha + 1$$

$$\Phi(z) = \frac{\alpha + 1}{2} \quad .^{52}$$

$$z_\alpha := \Phi^{-1}\left(\frac{\alpha + 1}{2}\right)$$

So ermittelt man z. B. das 95 %-Prognoseintervall für h mit

$$z_{0,95} = \Phi^{-1}\left(\frac{0,95 + 1}{2}\right) = \Phi^{-1}(0,975) = 1,96 \quad \text{und} \quad \left[p - 1,96 \cdot \frac{\sqrt{p \cdot (1-p)}}{\sqrt{n}}; p + 1,96 \cdot \frac{\sqrt{p \cdot (1-p)}}{\sqrt{n}}\right].$$

Konfidenzintervalle

In den meisten (interessanten) Fällen sind der Erwartungswert μ bzw. die Wahrscheinlichkeit p einer Grundgesamtheit nicht bekannt. Man kann aber Vertrauensbereiche bestimmen, die μ bzw. p mit hoher Wahrscheinlichkeit überdecken.

Satz: *Vertrauensbereiche für μ und p*

Es seien $X_1, X_2, ..., X_n$ stochastisch unabhängige Zufallsvariablen mit gleichem Erwartungswert μ und gleicher Varianz σ^2, wobei μ bzw. p unbekannt sind. Dann kann man Vertrauensbereiche für μ bzw. p wie folgt angeben:

$$\left[\bar{x} - z_\alpha \cdot \frac{\sigma}{\sqrt{n}}; \bar{x} + z_\alpha \cdot \frac{\sigma}{\sqrt{n}}\right] (9.1)^{53} \qquad \left[h - z_\alpha \cdot \frac{\sqrt{h \cdot (1-h)}}{\sqrt{n}}; h + z_\alpha \cdot \frac{\sqrt{h \cdot (1-h)}}{\sqrt{n}}\right] (9.2)^{54}$$

---

[52] Φ^{-1} ist die Umkehrfunktion der kumulativen Normalverteilung. Für $0 < \alpha < 1$ liefert diese Funktion dasjenige z zurück, für das $P(|Z_n| \leq z) = \alpha$ ist.

[53] Vgl. Kröpfl et al. (1994, S. 206). Ist die Standardabweichung σ unbekannt, dann muss σ durch

$$s_n = \sqrt{\frac{1}{n-1}\sum_{i=1}^{n}(x_i - \bar{x})^2}$$ geschätzt werden. Ist der Stichprobenumfang n klein, dann ist die

Testgröße z_α durch die Testgröße t_α der Student-t-Verteilung zu ersetzen. Es gilt:

$$P\left(\left|\frac{\bar{X} - \mu}{S_{n-1}/\sqrt{n}}\right| \leq t\right) = \alpha \quad \text{mit } \alpha = 2 \cdot T(t) - 1. \text{ (Kröpfl et al. 1994, S. 211 f.)}$$

[54] 9.2 ist eine Approximationsformel für binomialverteilte Zufallsvariablen X_i, die häufig verwendet wird, sofern die Laplace-Bedingung erfüllt ist(vgl. Kröpfl et al. 1994, S. 193 ff.).

Bemerkung: Ein α-Vertrauensbereich enthält die Menge aller μ bzw. p, deren $\alpha \cdot 100$ %-Prognoseintervall den beobachteten Stichprobenwert $\bar{x}$ bzw. h überdeckt. Nach dem Zentralen Grenzwertsatz lassen sich mit z_α, so dass $\alpha := 2\Phi(z) - 1$, für jeden Stichprobenumfang n (unter Beachtung der Laplace-Bedingung) für μ und p entsprechende $\alpha \cdot 100$ %-Konfidenzintervalle formulieren.

Zwischen Prognoseintervallen und Konfidenzintervallen besteht ein enger Zusammenhang: Ein $\alpha \cdot 100$ %-Prognoseintervall ermöglicht es von einem relativen Anteil p in der Grundgesamtheit auf die relative Häufigkeit h in der Stichprobe zu schließen. Umgekehrt ermöglicht ein $\alpha \cdot 100$ %-Konfidenzintervall eine „Hochrechnung" von der beobachteten relativen Häufigkeit h in der Stichprobe auf den unbekannten Anteil $p \in [\boldsymbol{p_u}; \boldsymbol{p_o}]$ in der Grundgesamtheit.

Visualisierungen von Eigenschaften und Herleitung von Faustregeln

Im folgenden Abschnitt werden zu den vorangestellten Eigenschaften im Phänomenkomplex des empirischen Gesetzes der großen Zahlen passende Visualisierungen diskutiert und Faustregeln hergeleitet.

Das *schwache Gesetz der großen Zahlen* liefert eine Grenzwertaussage bezüglich eines ganz bestimmten Konvergenzbegriffes, nämlich der schwachen stochastischen Konvergenz. Trajektorien, wie in Abb. 3.3 zu sehen, veranschaulichen zwar diese Form der Konvergenz. Für sich allein sind solche Darstellungen allerdings nicht geeignet, alle Aspekte im Phänomenkomplex des empirischen Gesetzes der großen Zahlen abzudecken.

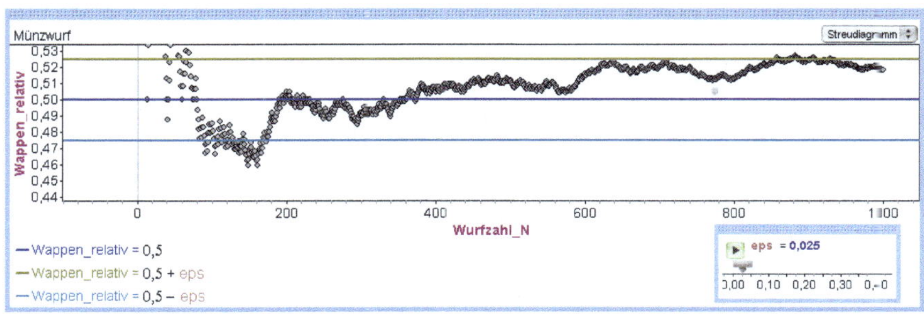

Abb. 3.3 Trajektorie für den Wappenanteil beim Münzwurf, $n = 1000$ Wiederholungen

Schaut man sich die Trajektorie des Wappenanteils in Abb. 3.3 genau an, dann fällt sofort auf, dass es Bereiche gibt, in denen sich die Kurve von $p = 0{,}5$ wieder weg bewegt. Man kann mit dieser Darstellungsform (Abb. 3.3) allein nicht zeigen, dass die Streuung der Verteilung für einen größer werdenden Stichprobenumfang n abnimmt. Dazu müsste man wenigstens mehrere Trajektorien in einem Streudiagramm darstellen und deren Streuung für feste n untersuchen. Zudem

suggerieren Trajektorien bei Lernenden eher einen anderen Konvergenztyp, nämlich die *Konvergenz fast sicher*. Dies führt häufig zu falschen Formulierungen wie
„Die relative Häufigkeit nähert sich der Wahrscheinlichkeit immer mehr an.“ Diese Aussage impliziert eine sichere Konvergenz im Sinne der Analysis, und dies
können das schwache Gesetz der großen Zahlen und auch das Bernoulli-Theorem,
als dessen Spezialfall, nicht liefern. In Schulbüchern ist die Visualisierung des
Näherungsaspektes durch Trajektorien (in Verbindung mit den sogenannten „Wur-
zeltrichtern“) oft das einzige Anschauungsmittel.[55] Zweckdienlicher in Richtung
Statistik ist eine Untersuchung der Verteilung der relativen Häufigkeiten für verschiedene feste Wiederholungszahlen n. Damit treten die Eigenschaften von
Stichprobenverteilungen in den Vordergrund, und die inhaltlichen Zusammenhänge im Phänomenkomplex des empirischen Gesetzes der großen Zahlen lassen sich
anhand von Basisgraphiken besser interpretieren (Abb. 3.4).

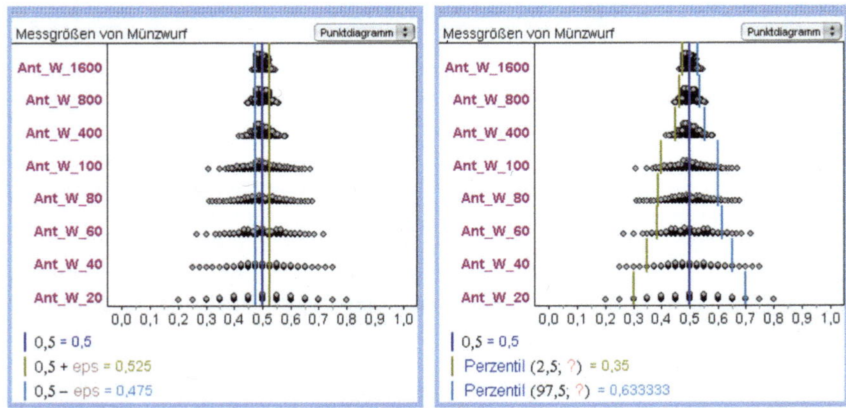

**Abb. 3.4 Verteilungen für den Wappenanteil beim n-fachen Münzwurf, $N = 1000$ Wiederho-
lungen, links mit fester Intervallbreite, rechts mit 95 %-Perzentil**

Die Häufigkeitsverteilungen in Abb. 3.4 erhält man leicht durch Simulationen.
Diese so erzeugten empirischen Verteilungen lassen sich dann nahezu vorausset-
zungslos auswerten. Kennt man den Perzentilbegriff, kann man z. B. die mittleren
95 % einer Verteilung sofort ermitteln. In beiden Abbildungen erkennt man deutlich, wie sich die Verteilung der relativen Häufigkeiten bei zunehmendem Versuchsumfang n um den Erwartungswert $p = 0,5$ zusammenzieht. Abb. 3.4 links
zeigt zudem, dass bei vorgegebenen Intervallen I_n mit fester Intervalllänge l (hier
$l = 0,05$) die Wahrscheinlichkeit $P(I_n)$ für einen größer werdenden Versuchsum-

---

[55] Vgl. u. a. Elemente der Mathematik. Leistungskurs Stochastik (2006, S. 16, S. 161 und S. 235).

fang n zunimmt. In Abb. 3.4 rechts erkennt man, dass bei vorgegebener Wahrscheinlichkeit $P(I_n)$ (hier $P(I_n)$ =95 %) die Länge der Intervalle $l(I_n)$ für einen größer werdenden Versuchsumfang n abnimmt. Die Auswertung der Simulation mit FATHOM ergibt die Daten, wie sie in Abb. 3.5 zu sehen sind.

Versuchsumfang n	Intervalllänge l (mittlere 95 %)	Intervallwahrscheinlichkeit (= 0,05) [56]
20	0,40	0,336
40	0,30	0,364
60	0,23	0,391
80	0,21	0,424
100	0,20	0,449
400	0,10	0,706
800	0,07	0,853
1600	0,05	0,957

Abb. 3.5 Intervalllängen und Intervallwahrscheinlichkeiten für verschiedene n, Wiederholungsanzahl $N = 1000$; eine bessere Schätzung erhält man mit $N = 10000$ Wiederholungen.

Mit diesen Erkenntnissen lassen sich frühzeitig zwei verschiedene qualitative Aussagen zum Genauigkeitsaspekt für relative Häufigkeiten formulieren:

(1) Für einen vorgegebenen festen Schwankungsbereich gilt: Bei zunehmender Wiederholungsanzahl n fallen immer mehr Werte in den Schwankungsbereich und weniger außerhalb.
(2) Für eine vorgegebene feste Wahrscheinlichkeit gilt: Bei zunehmender Wiederholungsanzahl n nimmt dessen (Schwankungs-) Breite ab.

Dieser in Abb. 3.4 und 3.5 empirisch ermittelte Zusammenhang der Abnahme der Schwankungsbreite der relativen Häufigkeiten bei größer werdender Wiederholungsanzahl n lässt sich durch das $1/\sqrt{n}$-Gesetz und die Sigma-Regeln theoretisch präzisieren: Für eine binomialverteilte Zufallsvariable $Y = \frac{X}{n}$ (z. B. „Anteil der Erfolge") mit $\mu = p$ und $\sigma = \sqrt{\frac{p\cdot(1-p)}{n}}$ gilt für die Länge des 95 %-Prognoseintervalls (ungefähr):

---

[56] Die Werte in dieser Spalte wurden mit der theoretischen Binomialverteilung berechnet.

$$l = p + 2 \cdot \sqrt{\frac{p \cdot (1-p)}{n}} - \left(p - 2 \cdot \sqrt{\frac{p \cdot (1-p)}{n}} \right) = 4 \cdot \sqrt{\frac{p \cdot (1-p)}{n}} \ .$$

Setzt man $p = 0{,}5$, ergibt sich, in Abschätzung nach oben, folgender Zusammenhang: $l = 4 \cdot \sqrt{\frac{0{,}5 \cdot 0{,}5}{n}} = \frac{2}{\sqrt{n}}$ [57] Damit lassen sich die empirischen Werte für die Intervalllänge l (vgl. Abb. 3.5) rechnerisch bestätigen. Aus den bisherigen Zusammenhängen lassen sich für typische Wiederholungsanzahlen n leicht handhabbare Faustregeln für Abschätzungen des Prognoseintervalls einer Zufallsgröße h bzw. des Konfidenzintervalls $[p_u; p_o]$ eines unbekannten Parameters p angeben.

Versuchsumfang n	95 %-Schätzbereiche (in Prozentpunkten)
50	±14
100	±10
1000	±3,1
5000	±1,4
10000	±1

Abb. 3.6 Faustregeln für Schätzbereiche bei verschiedenen n

In den nachfolgenden Kapiteln 3.2.3 und 3.2.4 werden die Aspekte zum Phänomenkomplex des empirischen Gesetzes der großen Zahlen unter verschiedenen Blickwinkeln diskutiert. Während die psychologische Forschungsrichtung Defizite im *sampling distribution concept* des Menschen aufzuklären versucht, zielt die mathematikdidaktische Forschungsrichtung auf konkrete Vorschläge für die Umsetzung des Genauigkeits- bzw. Sicherheitsaspektes im Unterricht.

3.2.3 Der psychologische Diskussionsstrang

Lernende haben spezifische Schwierigkeiten im Verständnis stochastischer Inhalte, die auf den Besonderheiten stochastischen Wissens und Denkens beruhen. Diese Besonderheiten werden gleichsam in der Mathematikdidaktik und der psychologischen Urteilsforschung untersucht. Die Ergebnisse der in den 70er Jahren des vorigen Jahrhunderts durch Kahneman & Tversky (1971-1974) begründete heuristics-and-biases-Forschung ließen den Schluss zu, dass Verbesserungen im stochastischen Denken nur bedingt möglich seien. Primäre Alltagsvorstellungen prägen teilweise so dominant das stochastische Denken der Lernenden, dass fachlich

---

[57] Die Funktion $f(p) = p \cdot (1 - p)$ hat ihr Maximum bei $p = 0{,}5$.

adäquate Sekundärintuitionen wenig angenommen und verinnerlicht werden. Kahneman & Tversky verdeutlichten dies u. a. an der *insensitivity of sample size*.

„Consequently, if probabilities are assessed by representativeness, then the judged probability of a sample statistic will be essentially independent of sample size. Indeed, when subjects assessed the distribution of average height for samples of various sizes, they produced identical distributions." (Tversky & Kahneman 1974, S. 1125)

Tversky & Kahneman begründen diese Fehlvorstellung mit dem beim Menschen intuitiv verankerten Glauben an ein Gesetz der kleinen Zahlen: *belief in the law of small numbers*.

„We submit that people view a sample random drawn from a population as highly representative, that is, similar to the population in all essential characteristics. Consequently, they expect any two samples drawn from a particular population to be more similar to one another and to the population than sampling theory predicts, at least for small samples." (Tversky & Kahneman 1971, S. 105)

Für diese Haltung seien zwei Konzepte von Fehlvorstellungen verantwortlich: *the gamblers fallacy* und *the self-corrective tendency*. Tversky & Kahneman verstehen darunter die Auffassungen einer Fairness in den Gesetzen des Zufalls und eines Ausgleichens von Fehlern in Zufallsprozessen.

„Both generate expectations about characteristics of samples, and the variability of these expectations is less than the true variability, at least for small samples." (Tversky & Kahneman 1971, S. 106)

Korrekte intuitive Vorstellungen vom empirischen Gesetz der großen Zahlen werden dadurch fälschlicherweise auch auf kleine Stichproben übertragen:

„The law of large numbers guarantees that very large samples will indeed be highly representative of the population from which they are drawn. If, in addition, a self-corrective tendency is at work, then small samples should also be highly representative and similar to one another. People's intuitions about random sampling appear to satisfy the law of large numbers, which asserts that the law of large numbers applies to small numbers as well." (Tversky & Kahneman 1971, S. 106)

Tversky & Kahneman beantworten die Frage nach der Möglichkeit, diese Fehlvorstellungen auszumerzen, folgendermaßen:

„...a student in a statistics course may draw repeated samples of given size from a population and learn the effect of sample size on sampling variability from personal observation. We are far from certain, however, that expectations can be corrected in this manner, since related biases, such the gambler's fallacy, survive considerable contradictory evidence. Even if the bias cannot be unlearned, students can learn to recognize its existence and take necessary precautions." (Tversky & Kahneman 1971, S. 110)

In der psychologischen Forschungs-Community wurden die von Tversky & Kahneman formulierten Grundgedanken in den nachfolgenden Jahren weiter erforscht.

Diese Diskussion sei nachfolgend am Beispiel des *maternity ward problem* in groben Zügen skizziert. In der mathematikdidaktischen Forschungs-Community haben in den 70er und 80er Jahren die Arbeiten von Freudenthal und Borovcnik Ansätze für eine unterrichtliche Einbettung geliefert (vgl. Kap. 3.2.4). Seit Ende der 90er Jahre zeichnet sich, nicht zuletzt durch die Verfügbarkeit entsprechender Software und damit verbundener aktivitätsfördernder Lehr- und Lernformen, eine positivere Entwicklung, auch für den Stochastikunterricht in der Schule, ab. Erfolgreiche Trainingsstudien, initiiert durch die Arbeitsgruppe um Gigerenzer (1997-1999), belegen, dass die Arbeit mit geeigneten Repräsentationsformen, wie natürliche Häufigkeiten und Simulationen, im Kontext authentischer Problemstellungen, zu signifikanten Verbesserungen im stochastischen Denken führt. Auf der Basis dieser Forschungsergebnisse haben Sedlmeier & Köhlers (2001) Materialien für den Mathematikunterricht entwickelt, u. a. zum Schätzen von Wahrscheinlichkeiten und zur Genauigkeit von Wahrscheinlichkeitsschätzungen.

**Schwierigkeiten beim Verständnis stochastischer Inhalte –
the maternity ward problem**

Man kann die Diskussion zum *maternity ward problem* etwa 40 Jahre zurückverfolgen. Kahneman und Tversky (1972, 1973) kommen in Ihren Untersuchungen zur Urteilsforschung zu der Überzeugung, dass Menschen oft spezifische Heuristiken bei der Beurteilung von stochastischen Problemen anwenden. Meistens führen diese Heuristiken zum Erfolg. Sie führen aber auch zu Fehlurteilen oder Fehleinschätzungen, wenn diese intuitiven Konzepte nicht im Einklang mit den korrekten mathematischen Konzepten stehen.

Kahneman und Tversky diskutieren zwei solcher Konzepte: die Repräsentationsheuristik und die Verfügbarkeitsheuristik. Bei der Repräsentationsheuristik machen Menschen ihre Entscheidungsfindung davon abhängig, inwieweit das beobachtete Ergebnis repräsentativ ist: (1) für die Verteilung, aus der es gewonnen wurde und (2) für den Zufallsprozess, mit dem das Ergebnis generiert wurde (Kahneman & Tversky 1972, S. 431). In diesem Sinne wäre eine repräsentative Stichprobe dadurch gekennzeichnet, dass sie die Verhältnisse der Population sowohl insgesamt (globale Repräsentativität) als auch in jedem ihrer Teile (lokale Repräsentativität) widerspiegelt. Diese Fehlvorstellung der lokalen Repräsentativität bezeichnen Kahneman und Tversky (1971) als „Gesetz der kleinen Zahlen". Engel und Sedlmeier (2005) verweisen in ihrer Studie darauf, wie wichtig es ist, Schülern ein fachlich adäquates Verständnis von Zufall und Wahrscheinlichkeit zu vermitteln. Dazu gehöre auch die Beschäftigung mit den Phänomenen der globalen Regelmäßigkeit bei Zufallsexperimenten, deren offensichtlichstes das empirische Gesetz der großen Zahlen über die Stabilisierung relativer Häufigkeiten sei. Diese Tatsache erlaube die systematische Untersuchung von Zufallserscheinungen mittels der Wahrscheinlichkeitsrechnung (Engel & Sedlmeier 2005, S. 76 f.).

Ein anderer Aspekt der Repräsentationsheuristik betrifft den Einfluss der Stichprobengröße auf die Gestalt der Stichprobenverteilung (*sample size effect*). Kahneman und Tversky (1972) konnten u. a. in ihrer Studie zeigen, dass für verschiedene Stichprobenumfänge $N = 10, 100, 1000$ zu folgender Aufgabe jeweils die gleiche Verteilung für den Jungenanteil bei Neugeborenen (bei gleicher Anzahl der Kategorien: 11) skizziert wurde.

„On what percentage of days will the number of boys among 1000 babies be as follows:

    Up to 50 boys
    50 to 150 boys
    150 to 250 boys
    ………
    850 to 950 boys
    More than 950 boys

Note that the categories include all possibilities, so your answers should add up to about 100 %."
(Kahneman & Tversky 1972, S. 436)

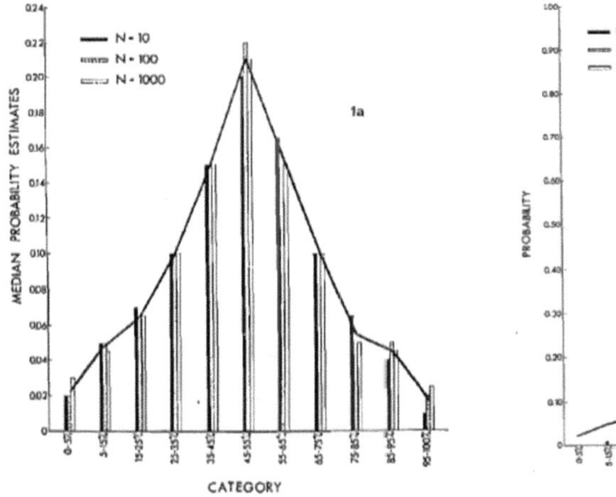
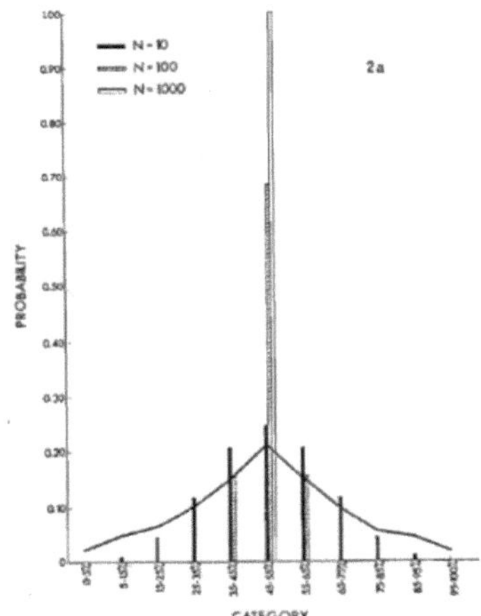

Abb. 3.7 Distribution of sexes: links: Skizzen der Studienteilnehmer: rechts: korrekte Wahrscheinlichkeitsverteilungen für *n = 10, 100, 1000*, im Vergleich zu den Lösungen der Studienteilnehmer (vgl. Kahneman & Tversky 1972, S. 438 und S. 441)

Der *sample size effect* ist dem Genauigkeitsaspekt im Phänomenkomplex des empirischen Gesetzes der großen Zahlen zuzuordnen. Offenbar wurde von den Studienteilnehmern der Stichprobenumfang nicht als entscheidende Einflussgröße angesehen. Für jede Wiederholungsanzahl $n = 10, 100, 1000$ wurde in etwa die gleiche Verteilung skizziert. Kahneman und Tversky (1972, S. 439) sprechen in diesem Zusammenhang vom Phänomen der universellen Stichprobenverteilung. Bereits ein Jahr zuvor (vgl. Tversky & Kahneman 1971) hatten sie beklagt, dass die alleinige Hinwendung zum Testen auf Signifikanzniveau dazu beitrage, den *sample size effect* in diesem Zusammenhang zu ignorieren.

„A confidence interval, however, provides a useful index of sampling variability, and it is precisely this variability that we tend to underestimate. The emphasis on significance levels tends to obscure a fundamental distinction between the size of an effect and its statistical significance." (Tversky & Kahneman 1971, S. 110)

Studien von Kahneman & Tversky zum maternity ward problem

Dieser Aspekt des Nichtbeachtens des *sample size effect* wurde in einer Aufgabenserie von drei Aufgaben mit Studenten der Stanford-University weiter erforscht. In jeder Aufgabenstellung wurde der Prozess einer Stichprobenziehung mit spezifischem Mittelwert und kritischem Wert oberhalb dieses Mittelwertes beschrieben. Man sollte entscheiden, ob ein spezielles Stichprobenergebnis (oberhalb oder unterhalb des kritischen Wertes) in einer großen oder in einer kleinen Stichprobe wahrscheinlicher sei oder ob bei beiden Stichprobenumfängen in etwa gleich wahrscheinlich. Die erste der drei Aufgabenstellungen sei hier auch im Wortlaut angeführt, da diese innerhalb des GESIM-Konzeptes und für die Studie eine wichtige Rolle spielt.

„1. A certain town is served by two hospitals. In the large hospital about 45 babies are born each day, and in the smaller hospital about 15 babies are born each day. As you know, about 50 % of all babies are boys. The exact percentage of baby boys, however varies from day to day. Sometimes it may be higher than 50 %, sometimes lower. For a period of 1 year each hospital recorded the days on which (more/ less) than 60 % of the babies born were boys. Which hospital do you think recorded more such days?"
The large hospital, The smaller hospital, About the same (i. e., within 5 % of each other)?" (Kahneman & Tversky 1972, S. 443)

In beiden Gruppen der insgesamt 95 Studenten wurde für diese Aufgabe die letztgenannte Auswahlmöglichkeit, d. h. gleich wahrscheinlich, am häufigsten gewählt, und zwar zu jeweils mehr als 50 %. Kahneman und Tversky schließen aus ihren Ergebnissen, dass die Erkenntnis, die Stichprobenvarianz nehme proportional zum Stichprobenumfang ab, nicht zum intuitiven Verständnis des menschlichen Denkens gehört, sondern besonderer Anstrengungen im Lernprozess bedarf.

„The notion that sampling variance decreases in proportion to sample size is apparently not part of mans repertoire of intuitions. Indeed misconceptions of the role of sample size occur frequently in everyday life…Furthermore…a strong tendency to underestimate the impact of sample size lingers on despite knowledge of the correct rule and extensive statistical training. For anyone who would wish to view man as reasonable statistician, such results are discouraging." (Kahneman & Tversky 1972, S. 444 f.)

"Most subjects judged the probability of obtaining more than 60 percent boys to be the same in the small and in the large hospital, presumably because these events are described by the same statistic and are therefore equally representative of the general population. In contrast, sampling theory entails that the expected number of days on which more than 60 percent of the babies are boys is much greater in the small hospital than in the large one, because a large sample is less likely to stray from 50 percent. This fundamental notion of statistics is evidently not part of people's repertoire of intuitions." (Tversky & Kahneman 1974, S. 1125)

Studien von Nisbett, Krantz, Jepson & Kunda zum maternity ward problem

Nisbett et al. (1983) beziehen sich auf dieses als *maternity ward problem* bekannte stochastische Phänomen und diskutieren in diesem Zusammenhang dezidiert, warum nur wenige Schüler die mathematisch korrekte Lösung, auf der Basis des Gesetzes der großen Zahlen, wählen, die meisten jedoch die falsche intuitive Lösung auf der Basis der Repräsentationsheuristik.

"The law of large numbers requires that, with a random variable such as sex of infant, deviant sample percentages should be less common as sample size increases. The representativeness heuristic, however, leads subjects to compare the similarities of the two sample proportions to the presumed population proportion (50 %); because the two sample proportions equally resemble the population proportion, they are deemed equally likely. The data indicate that, for this problem at least, most subjects used the representativeness heuristic and very few subjects used the law of large numbers." (Nisbett et al. 1983, S. 341)

Ein Urteilsvermögen auf Basis der Repräsentativitätsheuristik schließe jedoch nicht aus, dass Menschen über ein gewisses Maß an Zufallsverständnis verfügen. Allerdings neige die menschliche Intuition dabei zu gewissen Fehlvorstellungen und führe zu einer vom präsentierten Kontext abhängigen selektiven Auswahl einer korrekten Strategie.

„In the *maternity ward problem*, for example; people surely believe that the number of boys born on any particular day is a matter of chance, even though they rely on representativeness to generate their subjective sampling distribution." (Nisbett et al. 1983, S. 342)

In einem Gedankenexperiment kontrastieren Nisbett et al. das Problem durch Umformulierung mit natürlichen Häufigkeiten. In der Aussage „Ich habe drei Enkelkinder und alle sind Jungen" würde man die Anzahl der Jungen eher für zufällig halten als in der Aussage „Ich habe neun Enkelkinder und alle sind Jungen". In diesem Fall folge man eher der intuitiven Vorstellung einer Zufallsstatistik als einer Repräsentationsheuristik. Beim *maternity ward problem* scheint jedoch die Zahlenangabe „60 % Jungenanteil" dazu zu führen, dass oft nur zwischen 60 % und 50 % verglichen werde und dies zur Auswahl „gleich wahrscheinlich" führe. Eine weitere Schwierigkeit könne darin liegen, dass die Schüler keine konkreten Erfahrungen für Stichprobenumfänge von $n = 15$ und $n = 45$ haben. Trotz all dieser Schwierigkeiten vertreten Nisbett et al. (1983, S. 345) die Ansicht, dass Menschen über eine Heuristik verfügen, die ihnen erlaube, mittels intuitiver Faustregeln stochastische Situationen zu beurteilen, die formalen statistischen Vorgehensweisen ähnlich seien.

„...it is hard to imagine that people could conduct the most basic of inferential tasks, namely generalization from instances, without application of at least rudimentary version of a law-of-large-numbers heuristics." (Nisbett et al. 1983, S. 345)

Aus den Ergebnissen ihrer vier Laborstudien mit Studenten der Universitäten von Michigan und Ohio[58] formulieren Nisbett et al. die These, dass Menschen praktisch unabhängig von Alter und Vorwissen über eine Heuristik des Gesetzes der großen Zahlen verfügen. Allerdings würden starke Vorerfahren bzw. Einstellungen bzgl. Variabilität bzw. Homogenität einzelner Stichproben dazu führen, eine korrekte Einschätzung über die Verteilung von Stichproben zu verhindern. Die Ergebnisse der Studien zeigen aber auch, dass statistisches Denken in hohem Maße erlernbar sei, da der Mensch über entsprechende Heuristiken verfüge:

"Formal training in statistics, therefore, should represent less a grafting on of procedures than a refinement of preexisting ones." (Nisbett et al. 1983, S. 357)

Nisbett et al. (1983, S. 357) formulieren daher drei Aspekte, deren Beachtung in der Statistik-Ausbildung von Studenten besonders lohnenswert seien:

- Stärkere Beachtung von Verteilungen und deren Parameter (zentrale Tendenzen, Streuung etc.),

- stärkere Betonung der Rolle der Wahrscheinlichkeit bei der Durchführung von Zufallsexperimenten (Ziehen von Stichproben, Fehlerkonzept),

- stärkere Beachtung von stochastischen Gesetzmäßigkeiten (Gesetz der großen Zahlen).[59]

In diesem Zusammenhang weisen Nisbett et al. (1993, S. 358) noch einmal darauf hin, dass ein fehlendes inhaltliches Verständnis vom Gesetz der großen Zahlen dafür verantwortlich sei, dass Schüler diese Gesetzmäßigkeit auf das *maternity ward problem* nicht anwenden. Den Schülern fehlt die Erfahrung für das Stichprobenziehen und die Stichprobenvarianz vom Umfang 15 und 45.

---

[58] Für genauere Informationen zu diesen Laborstudien: siehe Nisbett et al (1983, S. 348-357).

[59] Die Autoren sprechen vereinfacht und unspezifisch vom Gesetz der großen Zahlen (*law of large numbers*). In der vorliegenden Arbeit ist diese Begrifflichkeit dem Genauigkeitsaspekt im Phänomenkomplex des empirischen Gesetzes der großen Zahlen zuzuordnen.

Studien von Scholz und Bea zum maternity ward problem

Scholz (1981) und Bea (1995) haben in ihren Untersuchungen folgende Formulie-rung für das *maternity ward problem* benutzt:

„In einer Stadt A werden pro Tag 45 Kinder geboren, in einer Stadt B 15. Wie Du weißt, sind fast genau 50 % der Geborenen männlichen Geschlechts. Jedoch schwankt der genaue Prozentsatz von Jungen in den betrachteten Städten täglich. Manchmal ist er größer als 50 %, manchmal kleiner.

Frage: Welche Stadt hat innerhalb eines (bestimmten) Jahres Deiner Meinung nach mehr Tage zu verzeichnen, an denen mehr als 60 % der Kinder Jungen waren?

Stadt A

Beide ungefähr gleich (d. h. weniger als 5 % Unterschied)

Stadt B" (Scholz 1981, S. 53)

Die Kritik von Scholz (1981, S. 54 f.) an dem von Kahneman und Tversky formu-lierten Problem bezieht sich vor allem darauf, dass es sich bei dem *maternity ward problem* um eine unterbestimmte stochastische Situation handeln würde. Scholz argumentiert anhand einer detaillierten Aufgabenanalyse, dass „es verschiedene mathematische Modelle gäbe, mit denen sich unterschiedliche Antworten begrün-den lassen." (Scholz 1981, S. 55) Diese Unschärfe könnte das Antwortverhalten maßgeblich beeinflussen und so zu Trugschlüssen führen. Hinsichtlich theoreti-scher Erklärungsversuche für die beobachteten Bearbeitungsstrategien vertritt Scholz die Meinung, dass der Bezug zur Repräsentativitätsheuristik, den Kahne-man und Tversky herstellen, falsch bzw. unpräzise sei. Vielmehr ließe sich die mehrheitliche Auswahl für die Antwort „beide ungefähr gleich" auf mangelndes Verteilungswissen zurückführen. Diese „lack of distributional knowledge" würde sich u. a. in einer "Unsensitivität gegenüber Verteilungsvariationen in Abhängig-keit der Stichprobengröße" ausdrücken (vgl. Scholz 1981, S. 56).

Studien von Fischbein & Schnarch zum maternity ward problem

Fischbein & Schnarch (1997) betonen einen anderen Aspekt bezüglich des Prob-lems des Stichprobenumfangs (*sample size effect*). Sie verweisen darauf, dass die-se stochastische Problemsituation spezifische Bearbeitungsmuster bzw. Denk-schemata hervorruft. Der Einfluss dieser Denkschemata wächst mit zunehmendem Alter. Das spezifische Denkschema, das beim *maternity ward problem* überwie-gend Anwendung findet, ist das Verhältniskonzept, welches durch die Prozentan-gaben im Aufgabentext hervorgerufen wird. Die Äquivalenz der Prozentangaben wird als relevant für die Problemlösung angesehen und überlagert das Konzept zum *sample size effect*.

"The general principle identifiable in the problems relating to the effect of sample size is the equivalence of ratios. For example, the concept of ratio is involved in the student's incorrect solution of the problem of the two hospitals. Students are apparently misled by their belief that one must use the ratios to solve this problem." (Fischbein & Schnarch 1997, S. 103)

In ihrer Studie haben sie folgende Formulierung zum *maternity ward problem* verwendet:

„In a certain town there are two hospitals, a small one in which there are, on the average, about 15 births a day and a big one in which there are, on the average, about 45 births a day. The likelihood of giving birth to a boy is about 50 % (nevertheless, there were days on which more than 50 % of the babies born were boys, and there were days on which fewer than 50 % of the babies born were boys.) In the small hospital a record has been kept during the year of the days in which the total number of boys born was greater than 9, which represents more than 60 % of the total births in the small hospital. In the big hospital, they have kept a record during the year of the days in which there were more than 27 boys born, which represents more than 60 % of the births. In which of the two hospitals were there more such days?" (Fischbein & Schnarch, 1997, S. 98-99)

In der Altersgruppe der 16- bis 17-Jährigen votierten 80 % dafür, dass die Anzahl der Tage mit über 60 % Jungen in beiden Krankenhäusern gleich sei, 10 % entschieden sich für das große Krankenhaus und 10 % gaben andere Antworten. Für das kleine Krankenhaus entschied sich keiner der Befragten. Ähnliche Ergebnisse wurden bei einer zweiten Aufgabe zum Einfluss des Stichprobenumfangs erzielt. In der gleichen Altersgruppe votierten für die Option „gleich wahrscheinlich" 75 %. Der Aufgabentext lautete wie folgt:

„The likelihood of getting heads at least twice when tossing three coins is:

– smaller than

– equal to

– greater than

the likelihood of getting heads at least 200 times out of 300 times."
(Fischbein & Schnarch 1997, S. 98-99)

Fischbein und Schnarch (1997) empfehlen eine Auseinandersetzung mit solchen und weiteren stochastischen Problemen und den damit im Zusammenhang stehenden Fehlvorstellungen im Unterricht. Sie begründen dies damit, dass die Beschäftigung mit Stochastik eine andere Denkweise erfordert, die von der bisherigen Schulmathematik völlig verschieden sei. Die Schüler müssen zur Lösung von stochastischen Problemaufgaben neue Denkschemata erwerben. Mittels geeigneter Aktivitäten soll Schülern der Konflikt zwischen ihren primären intuitiven Schemata und der speziellen Struktur der stochastischen Situation bewusst gemacht werden. Wenn Schüler um die Gründe für ihre Konflikte und Fehlvorstellungen wissen, dann können sie diese auch überwinden und eine tragfähige stochastische Denkweise entwickeln.

Studien von Sedlmeier und Gigerenzer zum maternity ward problem

Sedlmeier und Gigerenzer (1997) stellen unterschiedliche empirische Resultate in verschiedenen Studien zum Gesetz der großen Zahlen fest. Mal wird von den Studienteilnehmern die Stichprobengröße beachtet und ein intuitives Verständnis für ein Gesetz der großen Zahlen schon bei 11- bis 12-Jährigen beobachtet (Piaget & Inhelder 1975). Mal wird die Stichprobengröße nicht beachtet und der Schluss gezogen, dass Menschen kein intuitives Verständnis für ein Gesetz der großen Zahlen hätten (Kahneman & Tversky 1972). Bei allen Aufgaben dieses Kontextes spielen finite Stichprobengrößen eine Rolle. Stellt man sie in den Zusammenhang mit einem Gesetz der großen Zahlen, dann fokussiert man auf den Genauigkeitsbzw. den Sicherheitsaspekt, je nachdem, ob der Populationsparameter bekannt ist oder nicht. Das Gesetz der großen Zahlen als mathematisches Theorem bedient jedoch den Näherungsaspekt und macht Aussagen über einen Grenzwert, d. h. Aussagen über infinite Stichprobengrößen. Möglicherweise werden diese Aspekte gemeinhin vermengt und führen dadurch zu unterschiedlichen Interpretationen der Forschungsergebnisse. Sedlmeier und Gigerenzer (1997) benutzen, in Abgrenzung zum mathematischen Theorem, den Begriff *empirisches Gesetz der großen Zahlen* für die Bezeichnung vorinfinitesimaler Zusammenhänge.

„This intuition – that larger samples generally lead to more accurate estimates of population means – is commonly referred to as the 'empirical law of large numbers' (e.g. Freudenthal 1972) or the 'law of averages' (e.g. Freedman et al. 1991). The empirical law of large numbers is a commonsensical intuition and not a mathematical theorem like the (mathematical) law of large numbers." (Sedlmeier & Gigerenzer 1997, S. 35)

Sedlmeier & Gigerenzer geht es um das Schätzen eines Populationsparameters aus einer Stichprobe heraus. Der Schluss von der Stichprobe auf die Grundgesamtheit bedient den Sicherheitsaspekt im Phänomenkomplex des empirischen Gesetzes der großen Zahlen. Wenn Bernoulli von einem Naturinstinkt spricht, der dem Menschen quasi angeboren sei, so Sedlmeier & Gigerenzer, dann beziehe sich seine Aussage auf das empirische Gesetz der großen Zahlen. Es sei in dieser Hinsicht jedoch kein mathematisches Theorem, sondern sage nur aus, dass eine große Stichprobe besser sei als eine kleine Stichprobe, um einen Populationsparameter zu schätzen (vgl. Sedlmeier & Gigerenzer 1997, S. 35).

„The empirical law of large numbers pertains to the accuracy of estimates derived from frequency distributions (as in Piaget and Inhelder´s tasks), but by itself is not sufficient to capture the relation between variability and size of samples in sampling distributions (as in Kahneman and Tversky's tasks…" (Sedlmeier & Gigerenzer 1997, S. 35)

Mit Bezug auf das empirische Gesetz der großen Zahlen lassen sich nun lt. Sedlmeier und Gigerenzer zwei Aufgabentypen zum *sample size effect* unterscheiden, die möglicherweise auch die unterschiedlichen Forschungsergebnisse erklären:

- Aufgaben mit Häufigkeitsverteilungen, die mit der intuitiven Vorstellung des empirischen Gesetzes der großen Zahlen kohärent sind.
- Aufgaben mit Stichprobenverteilungen, die mit der intuitiven Vorstellung des empirischen Gesetzes der großen Zahlen nicht kohärent sind.

Unter einer Häufigkeitsverteilung wird die Verteilung der Werte aus **einer** Stichprobe verstanden. Unter einer Stichprobenverteilung wird die Verteilung des Stichprobenmittelwertes (oder des Stichprobenanteils) aus **mehreren** Stichproben gleichen Umfangs verstanden. Diese Unterscheidung sei besonders im Extremfall, dass die Stichprobe die gesamte Population umfassen würde, bedeutsam. Die Häufigkeitsverteilung wäre in diesem Fall identisch mit der Populationsverteilung. In der Stichprobenverteilung würden hingegen alle Stichprobenmittelwerte (Stichprobenanteile) auf einen Wert zusammenfallen, nämlich den Populationsmittelwert (oder den Populationsanteil). Die Streuung wäre somit Null. Sedlmeier und Gigerenzer illustrieren die beiden Verteilungen an folgendem Beispiel:

„The height distribution of 100 randomly sampled Italian men is a frequency distribution; the distribution of height means in repeated random samples of 100 Italian men is a sampling distribution." (Sedlmeier & Gigerenzer 1997, S. 36)

Die Unterscheidung dieser beiden Aufgabentypen ist sicherlich eine hervorragende analytische Leistung. Allerdings, so Sedlmeier (1999), sei die Namensgebung nicht ideal, da beide Verteilungen Häufigkeiten darstellen:

„Both frequency- and sampling-distribution tasks involve some kinds of frequencies. They differ only in the kind of distribution involved, distributions of scores versus distribution of aggregate values." (Sedlmeier 1999, S. 15)

Beide Aufgabentypen übertragen Sedlmeier und Gigerenzer auf das *maternity ward problem*, das in seiner Formulierung allerdings den Genauigkeitsaspekt im Phänomenkomplex des empirischen Gesetzes der großen Zahlen bedient. Bei bekanntem p sollen Prognosebereiche abgeschätzt werden.

„A certain town is served by two hospitals. In the larger hospital about 45 babies are born each day, and in the smaller hospital about 15 babies are born each day. As you know, about 50 % of all babies are boys. The exact percentage of baby boys, however varies from day to day. Sometimes it may be higher than 50 %, sometimes lower.

Sampling distribution version: For a period of one year, each hospital recorded the days on which more than 60 % of the babies born were boys. Which hospital do you think recorded more each days?

Frequency distribution version: Which hospital do you think is more likely to find on one day that more than 60 % of babies born were boys?" (Sedlmeier & Gigerenzer 1997, S. 36-37)

Sedlmeier und Gigerenzer argumentieren, dass der Bezug auf eine Stichprobe wie in der zweiten Formulierung, nicht nur die Komplexität des Problems reduziere, sondern auch die Charakteristik einer Häufigkeitsverteilungsaufgabe erfülle. Dadurch sei diese allein mit der Intuition des empirischen Gesetzes der großen Zahlen zu lösen, weil der Stichprobenanteil in einer großen Stichprobe ein besserer Schätzer für den Populationsanteil sei. Eine Abweichung von 10 % oder mehr vom Populationsanteil (50 %) sei in einer kleinen Stichprobe wahrscheinlicher. Diese Vorstellung könne aber nicht einfach auf die erste Formulierung der Aufgabenstellung übertragen werden, da nicht klar sei, wie die Stichprobengröße die Streuung der Verteilung der 365 Stichprobenanteile beeinflusst (vgl. Sedlmeier & Gigerenzer 1997, S. 37).

Sedlmeier und Gigerenzer haben die Ergebnisse einer Reihe von Studien untersucht, die sich mit dem *sample size effect* beschäftigt haben. Sie haben festgestellt, dass die mittlere Lösungsrate für Aufgaben mit Häufigkeitsverteilungen etwa 75 % beträgt, die mittlere Lösungsrate für Aufgaben mit Stichprobenverteilungen hingegen nur etwa 33 %. Letzteres entspricht praktisch dem Erwartungswert, wenn jemand nur rät (vgl. Sedlmeier & Gigerenzer 1997, S. 38-39).

Wendet man die von Sedlmeier und Gigerenzer vorgenommene Einteilung auf die entsprechenden Aufgabenstellungen des in dieser Arbeit evaluierten Einführungskurses an, dann handelt es sich um Häufigkeitsverteilungsaufgaben. Als Beispiel sei die Aufgabe 6 aus dem Eingangs- und Ausgangstest zum Einführungskurs des GESIM-Konzeptes angegeben:

„An einem großen Krankenhaus werden durchschnittlich jede Woche etwa 90 Kinder geboren. An einem kleinen Krankenhaus werden durchschnittlich jede Woche etwa 40 Kinder geboren. An welchem Krankenhaus ist es wahrscheinlicher, dass in einer Woche mehr als 65 % der geborenen Kinder Jungen sind?

o   Am großen Krankenhaus

o   Am kleinen Krankenhaus

o   An beiden gleichwahrscheinlich

Begründung:“ (vgl. Kap. 7.3.6)

Die Lösungsrate im Ausgangstest (77 %) passt zu den oben angegebenen Ergebnissen, die Lösungsrate im Eingangstest (26 %) allerdings nicht (vgl. 7.3.6). Offenbar scheint die Argumentation von Sedlmeier und Gigerenzer, Häufigkeitsverteilungsaufgaben zum *sample size effect* ließen sich allein durch intuitive Vorstellungen zum empirischen Gesetz der großen Zahlen lösen, so nicht stichhaltig. Möglicherweise findet eher eine wie oben erwähnte Überlagerung durch das Verhältniskonzept statt, die erst durch geeignete Intervention im Unterricht durch ein Sample-Size-Konzept überprägt werden kann. Auch Keren und Lewis (2000) sind der Meinung, dass selbst für die Bearbeitung der vereinfachten Version zum *maternity ward problem* (statt 365 Stichproben nur 1 Stichprobe) das Konzept der Stichprobenverteilung essentiell sei (vgl. Keren & Lewis 2000, S. 128).

„We agree with Sedlmeier and Gigerenzer (and Evans and Dusoir, 1977) that the first version (adopted from Kahneman and Tervsky, 1972) is unnecessarily complex. First, it requires the sampling distribution for both the large and the small hospital, and comparison of the area under the two distributions for p > 0.6. Next, it requires the distribution over 365 days, for each hospital, of the proportion exceeding 0.60. The second version is certainly simpler because, as correctly noted by Evans and Dusoir (1977), the number of samples is reduced from 365 to 1. However, unlike Sedlmeier and Gigerenzer, we argue that the concept of sampling distribution is equally essential for answering either of the two versions." (Keren & Lewis 2000, S. 128)

Offenbar benötigt man zum adäquaten Agieren in der beurteilenden Statistik ein angemessenes *sampling distribution concept,* und das spielt bei beiden Aufgabentypen eine Rolle. Bei Stichprobenverteilungsaufgaben tritt es eben explizit und bei Häufigkeitsverteilungsaufgaben nur implizit in Erscheinung. Keren und Lewis (2000, S. 130) argumentieren weiter, dass weder die Begrifflichkeit eines empirischen Gesetzes der großen Zahlen noch die Unterscheidung nach Aufgabentypen, wie Sedlmeier & Gigerenzer (1997) es vorschlagen, erklären können, warum manchmal der *sample size effect* in den Blick genommen werde und manchmal eben nicht:

„We further argued that the distinction, proposed by these authors, between frequency and sampling distributions cannot account for the distinction made between conditions under which people will, or will not, be sensitive to sample size. The sampling distribution is an inherent and indispensable element of the logic underlying inferential statistics and cannot be circumvented. Inferential reasoning is aimed at assessing population means, but a proper assessment requires that the variance of sampling distribution be taken into account. In that respect we see no fundamental difference between frequency distributions and sampling distributions tasks as proposed by Sedlmeier and Gigerenzer (1997), except that the two tasks are differently worded...While the truth is probably somewhere in between, we are still lacking the theoretical knowledge that will enable us to predict the circumstances under which people will or will not be sensitive to sample size." (Keren & Lewis 2000, S. 130 f.)

In ihrer Antwort auf die Kritik von Keren und Lewis (2000) sehen Sedlmeier und Gigerenzer (2000) die Sache allerdings nicht so negativ, dass man keine Erklärung dafür habe, warum Menschen manchmal den Einfluss der Stichprobengröße beachten und manchmal nicht. Sie begründen dies anhand ihrer Untersuchungsergebnisse von 1997. Diese zeigten eindeutig, dass bei Aufgaben im Häufigkeitsverteilungsformat die Stichprobengröße eher beachtet werde als bei Aufgaben im Stichprobenverteilungsformat.

„...a frequency distribution task can be solved without sampling distributions: from intuitively knowing that generally, the estimate from a larger sample lies closer to the population value than that from a smaller sample. This solution is less elegant than the one relying on the concept of sampling distributions, but it seems to be the way lay people solve the task." (Sedlmeier & Gigerenzer 2000, S. 137 f.)

Die menschliche Intuition folge nun einmal einem empirischen Gesetz der großen Zahlen, das viel eher die Lösung von Aufgaben im Häufigkeitsverteilungsformat unterstütze, als die Lösung von Aufgaben im Stichprobenverteilungsformat.

„The empirical law of large numbers by itself is not sufficient to explain how the sample size affects the variance of sampling distribution. Therefore, intuitions about sample size as expressed by the empirical law of large numbers cannot help in construction sampling distributions." (Sedlmeier & Gigerenzer 1997, S. 44)

In ihren Studien haben Sedlmeier und Gigerenzer (1997) die Ergebnisse von Kahneman & Tversky (1972) zum *Phänomen einer universellen Stichprobenverteilung* bei verschiedenem Stichprobenumfang bestätigen können (vgl. Kap. 3.2.3, S. 83). Darüber hinaus haben sie den gleichen Effekt bei der Konstruktion von Häufigkeitsverteilungen festgestellt:

„This result is consistent with our argument that participants construct frequency distributions when asked to construct sampling distributions: (1) participants' sampling distributions are indistinguishable from their frequency distributions and (2) their sampling distributions show the frequency-distribution characteristic of being independent of sample size." (Sedlmeier & Gigerenzer 1997, S. 45)

Sedlmeier und Gigerenzer (1997, S. 47 ff.) gehen noch einmal genauer darauf ein, warum das Gesetz der großen Zahlen als Grenzwertaussage kein gutes Modell sei, um *sample size tasks* zu bearbeiten und sie geben mathematische Ansätze an, die dafür besser geeignet seien. Dazu greifen Sie eine zum Bernoulli-Theorem äquivalente Aussage auf, die sich auf die Genauigkeit von Abschätzungen bezieht:

„Suppose an experiment with two possible outcomes is to repeat many times. If p is the probability of success in any single experiment, and if non negative numbers ε and c are specified, then the numbers of trials n can be determined such that the number of observed successes m in n trials

satisfies $P\left(\left|\dfrac{m}{n} - p\right| \le \varepsilon\right) > c \cdot P\left(\left|\dfrac{m}{n} - p\right| > \varepsilon\right)$." (Sedlmeier & Gigerenzer 1997, S. 47)

Bernoulli formulierte seine Abschätzung für endliches n und kam nach seinen Berechnungen für $c = 1000$ (d. h. die Wahrscheinlichkeit, dass die relative Häufigkeit im vorgegebenen Intervall landet, soll 1000-mal größer sein, als dass die relative Häufigkeit außerhalb des vorgegebenen Intervalls landet) auf so eine unglaublich hohe Anzahl an Beobachtungen n, dass dies womöglich Poisson dazu brachte, das Bernoulli-Theorem als Gesetz der großen Zahlen zu bezeichnen. In moderner Form wird das Bernoulli-Theorem jedoch als Spezialfall des schwachen Gesetzes der großen Zahlen und damit als Grenzwertaussage formuliert (vgl. Kap. 3.2.2). Die ursprünglich damit verbundene Abschätzung ist nicht mehr in der Formulierung des Theorems enthalten. Das so formulierte Gesetz der großen Zahlen ist zum Lösen von *sample size tasks* kein geeignetes Modell, da sich diese Aufgaben sämtlich auf endliche Stichprobenumfänge beziehen. Darüber hinaus erlaube das Bernoulli-Theorem (in der obigen Fassung) nur die Bestimmung von n, wenn p und c gegeben sind. Es könne daher nicht als normative Basis herangezogen werden, wenn es um Urteile bezüglich des Einflusses der Stichprobengröße auf die Verteilung geht, da sich die Fragestellungen, wie beim *maternity ward problem*, nicht auf n beziehen, sondern auf c. Viel wesentlicher, so Sedlmeier und

Gigerenzer, seien die folgenden drei Zusammenhänge, die den Einfluss der Stichprobengröße mathematisch rechtfertigen (vgl. Kap. 3.2.2):

- die Varianz des Stichprobenmittelwertes,
- die Ungleichung von Tschebyscheff,
- der Zentrale Grenzwertsatz.

Wenn der Stichprobenumfang n groß und die Population annähernd normalverteilt ist, dann liefert der zentrale Grenzwertsatz die stärkste Rechtfertigung für die Abschätzung bei endlichem n. Bei kleinem Stichprobenumfang und einer nicht normalverteilten Population liefern die ersten beiden Zusammenhänge eine stärkere Rechtfertigung für die Abschätzung bei endlichem n. Eine Abschätzung mit Hilfe des zentralen Grenzwertsatzes ist wesentlich genauer als die Abschätzung mit Hilfe der Ungleichung von Tschebyscheff. Allerdings liefert keine dieser mathematischen Aussagen eine strikte monotone Annäherung des Stichprobenmittelwertes an den Populationsmittelwert bei wachsender Stichprobengröße (Sedlmeier & Gigerenzer 1997, S. 48-49 und Kap. 3.2.2).

Nach den eher ernüchternden Ergebnissen zum *sample size effect* und zum *sampling distribution concept* hat Sedlmeier ein computergestütztes Trainingsprogramm entwickelt, eigene Daten zur Anwendung des Programms in Trainingsstudien erhoben und deren Ergebnisse veröffentlicht (Sedlmeier 1999). Zwanzig Studenten unterschiedlicher Fachbereiche der Universität Paderborn nahmen an diesem Trainingsprogramm teil. Sie wurden darüber informiert, dass die Wirksamkeit des Computerprogramms für den Aufbau eines adäquaten statistischen Verständnisses erforscht werden sollte. Die Studenten hatten vor Beginn der Studie einen Test auszufüllen, anschließend wurde das Trainingsprogramm durchgeführt. Danach hatten die Studenten drei Tests zu absolvieren, einen unmittelbar nach Abschluss des Trainingsprogramms und weitere eine bzw. fünf Wochen nach dem Trainingsprogramm. Die Abb. 3.8 zeigt einen kleinen Ausschnitt der Computersoftware. Ein zentrales Element ist dabei die virtuelle Urne, die unterschiedlich mit Kugeln gefüllt werden kann. Ein Stab mischt diese Kugeln und bindet dann zufällig eine der Kugeln an sich und zieht diese aus der Urne. Auf diese Weise können mehrere Zufallsstichproben für verschiedene Stichprobengrößen n generiert und dem Programm entsprechend ausgewertet werden. So ist leicht zu erkennen, dass sich für $n = 40$ die Verteilung mehr um den Erwartungswert $p = 0{,}5$ gruppiert als für $n = 10$ (Abb. 3.8 unten). Mit der generalisierenden Beschreibung des zu beobachtenden Phänomens (*sample size effect*) wird ein wesentlicher Aspekt zum *sampling distribution concept* in einem einprägsamen Satz zusammengefasst (Abb. 3.8 unten rechts).

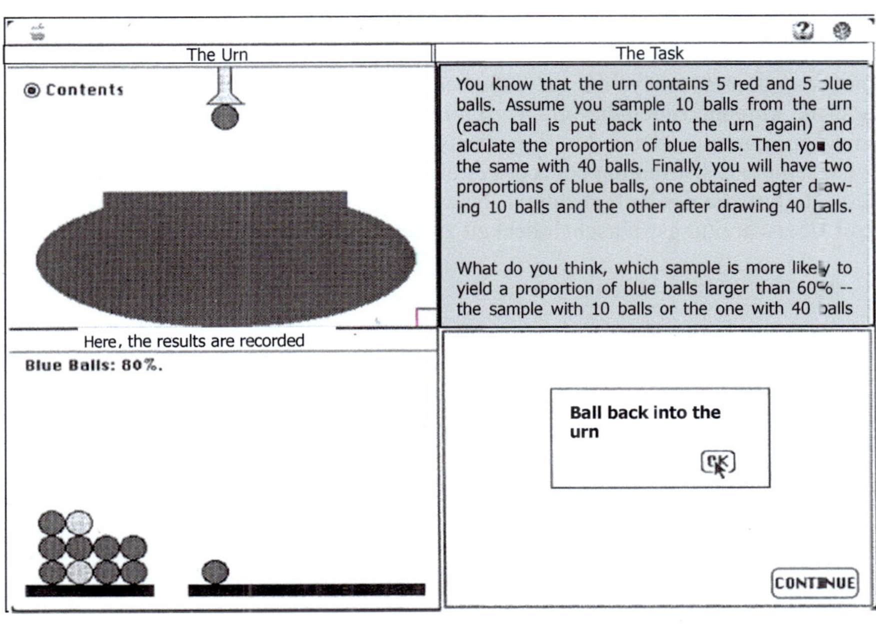

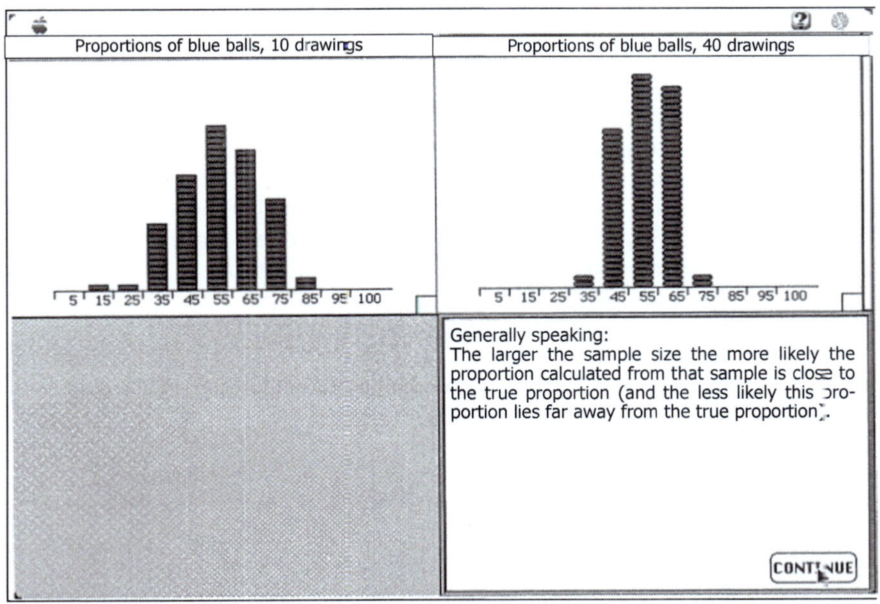

Abb. 3.8 Ausschnitt aus dem *sample size* Training (Sedlmeier 1999, S. 131 f.)

In mehreren Testserien (vgl. Abb. 3.9) mit drei unterschiedlichen Aufgabentypen hat Sedlmeier (1999, S. 136 f.) die Wirksamkeit des computergestützten Trainingsprogramms analysiert. Im Aufgabentyp „Old Task" wurde in jedem Test die gleiche Aufgabe zum *maternity ward problem* verwendet, die auch schon im Trainingsprogramm vorkam. Im Aufgabentyp „New Tasks" wurden neue Aufgaben zum sampling distribution concept gestellt. Der Aufgabentyp „Tail Tasks" umfasst eine Teilgruppe des Aufgabentyps „New Tasks", bei der ausschließlich Aufgaben zur Überschreitungswahrscheinlichkeit zu bearbeiten waren.

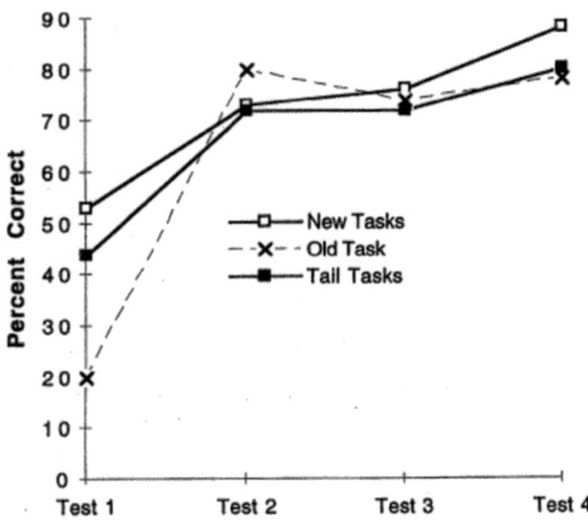

Abb. 3.9 Ergebnisse des *sample size* Trainings (Sedlmeier 1999, S. 137)

Die durch das Training beobachteten Lernzuwächse von über 40 % und besonders die Stabilität der Lösungsraten (im Mittel über 80 %) über einen längeren Zeitraum hinweg sind sehr ermutigend (Sedlmeier 1999, S. 136 f.).

Studien von Engel und Sedlmeier zum maternity ward problem

Engel & Sedlmeier (2004, 2005) haben in ihrer Mittelschul-Studie auch eine Aufgabe zum *maternity ward problem* gestellt:

In der Stichprobenverteilungsversion lautete die Aufgabe folgendermaßen[60]:

---

[60] Die kleinen Anzahlen begründen Engel und Sedlmeier mit der Realsituation.

„Ungefähr die Hälfte aller Neugeborenen sind Mädchen, die andere Hälfte Jungen.
  Krankenhaus A: im Durchschnitt werden 3 Kinder pro Tag geboren.
  Krankenhaus B: im Durchschnitt werden 5 Kinder pro Tag geboren.

  In welchem Krankenhaus wird es im Laufe eines Jahres mehr Tage geben, an denen alle
  Geburten Mädchen sind? Krenze an!

    Krankenhaus A (mit 3 Geburten pro Tag)
    Krankenhaus B (mit 5 Geburten pro Tag)
    In beiden Krankenhäusern sind die Chancen dafür ungefähr gleich."
    (Engel & Sedlmeier 2004, S. 174)

In der Häufigkeitsverteilungsversion wurde stattdessen folgende Frage gestellt:

„In welchem Krankenhaus wird es an einem bestimmten Tag eher vorkommen, dass alle Geburten
Mädchen sind? Kreuze an!" (Engel & Sedlmeier 2004, S. 175)

Im Jahre 2002 wurden insgesamt 222 Schülerinnen und Schüler mit mittleren mathematischen Leistungen der Klassenstufen 5, 7 und 9 aus drei Schulformer untersucht. Die Hauptuntersuchungsfrage lag in der Analyse von Veränderungen der
statistischen Kompetenz von Schülern über die Schulzeit hinweg. Engel und
Sedlmeier kommen leider zu dem Ergebnis, dass sich die Fähigkeit zu einem adäquaten Umgang mit Zufall und Variabilität über die Schuljahre hinweg nicht verbessert. Für das *maternity ward problem* ergaben sich die folgenden Lösungsraten
in Prozent (vgl. Engel & Sedlmeier 2004, S. 177 ff.):

	Klassenstufe 5	Klassenstufe 7	Klassenstufe 9
Stichprobenverteilung	22 %	26 %	24 %
Häufigkeitsverteilung	33 %	36 %	37 %

Abb. 3.10 Lösungsraten zum *maternity ward problem* (Engel & Sedlmeier 2004, S. 186)

Wenn man beachtet, dass drei Ankreuzmöglichkeiten zur Auswahl standen, bewegen sich die Lösungsraten nahezu auf Zufallsniveau. Eine Sensitivität, bezüglich
des Einflusses der Stichprobengröße auf die Gestalt der Verteilung, scheint sich
über die Schulzeit hinweg nicht einzustellen. Daher schlagen Engel und Sedlmeier
(2004, S. 188 f.) folgende Konsequenzen für die Lehrplanentwicklung und für den
Unterricht vor:

  – Bessere Einbindung von Zufallserscheinungen auch in anderen Fä-
    chern,

  – stärkere Beachtung der primären Intuitionen stochastischen Denkens,

  – frühzeitiger Aufbau von Sekundärintuitionen (Vorstellungen) durch
    Sammeln von Erfahrungen in Spiel- und Simulationssituationen,

- Erhöhung des unterrichtlichen Anteils an experimentellem Arbeiten und selbständigen Datenerhebungen,

- Einsatz neuer Technologien, um Simulationen zu planen und durchzuführen.

Insbesondere der Einsatz von Simulationen mittels neuer Technologien kann dazu beitragen, ein angemessenes Wissen über die Variabilität von Daten und damit über Verteilungen zu erwerben (vgl. auch Kap. 3.2.4.3):

„Vom Zufallsgenerator erzeugte Daten können maßgeblich dazu beitragen, bei Schülern eine Intuition für zufallsbedingte Variabilität in empirischen Daten zu entwickeln. Indem Schüler Experimente mit Zufallsgeneratoren bzw. Zufallszahlen planen, durchführen und auswerten, sammeln sie Erfahrungen in stochastischen Situationen und können ihre Intuitionen über zufällige Erscheinungen und Wahrscheinlichkeiten überprüfen und gegebenenfalls korrigieren." (Engel & Sedlmeier 2004, S.190)

Engel und Sedlmeier fordern u. a., dass der Aufbau angemessener Vorstellungen an den Primärintuitionen der Schüler ansetzen muss und praxis- und alltagsorientiert sein sollte.

„Am Anfang des Stochastikunterrichts sollten daher eigene Aktivitäten mit Zufallsexperimenten stehen. Das schließt die Planung und Durchführung von Experimenten, Simulationen und Demonstrationen sowie die Konstruktion von Modellen und deren Interpretation ein." (Engel & Sedlmeier 2004, S. 189)

Nur auf diesem Wege können Schüler ihre primären Intuitionen tatsächlich überprüfen und gegebenenfalls korrigieren. Simulationen seien dabei ein wesentliches Hilfsmittel, weil damit „das Überprüfen von Intuitionen und das Bilden von Modellen ertragreich geübt werden" kann. „Die Art und Weise der Informationsdarbietung", wie der Umgang mit Häufigkeiten bzw. Häufigkeitsverteilungen, erleichtere dabei den Zugang zu formaleren Darstellungsweisen. Die Möglichkeit, ein Experiment mehrfach durch Simulation wiederholen und anhand der Aufzeichnungen globale Regelmäßigkeiten in den Verteilungen entdecken zu können, ist wesentlich für die Entwicklung eines angemessenen Verständnisses von Zufall und Wahrscheinlichkeit. Schüler verfügen zwar über eine intuitive Vorstellung zum Gesetz der großen Zahlen, ein angemessener Umgang mit Stichprobenverteilungen und deren Charakteristika muss aber explizit erlernt werden (Engel & Sedlmeier 2004, S. 190 f.).

3.2.4 Der mathematikdidaktische Diskussionsstrang

Dieser Abschnitt kann sich nur auf die fachdidaktischen Diskussionen beziehen, die für das GESIM-Konzept besonders relevant sind. In einem ersten Teil geschieht dies unter dem Fokus der Gesetze der großen Zahlen sowie des $1/\sqrt{n}$-Gesetzes und in einem zweiten Teil unter dem Fokus von Verteilungskonzepten. Damit in Verbindung steht die Rolle von Simulationen, auf deren didaktischen Wert in einem dritten Teil eingegangen wird.

3.2.4.1 Gesetze der großen Zahlen und das $1/\sqrt{n}$-Gesetz

Freudenthal (1972), Riemer (1991) und Borovcnik (1992) haben Ideen für eine geeignete unterrichtliche Implementation der Gesetze der großen Zahlen und des $1/\sqrt{n}$-Gesetzes entwickelt, die im Folgenden kritisch gewürdigt werden.

Didaktischer Ansatz von Freudenthal

Ein wichtiger Ansatzpunkt für die didaktischen Überlegungen zum GESIM-Konzept ist bei Freudenthal (1972) zu finden. In diesem grundlegenden Artikel zum empirischen Gesetz der großen Zahlen bzw. der Stabilisierung relativer Häufigkeiten setzt sich Freudenthal kritisch mit Fehldarstellungen zu dieser Gesetzmäßigkeit, wie sie u. a. in Lehrbüchern zu finden sind, auseinander. Eine davon ist die, dass Schülern der Eindruck vermittelt wird, dass sich dieser Stabilisierungsprozess schon bei einem Stichprobenumfang von $n = 100$ oder noch weniger einstellt. So würde sich z. B. die relative Häufigkeit für Wappen beim Münzwurf dann bereits nahe genug um $p = 0,5$ einpendeln. Freudenthal wirft die Frage auf, was denn nahe genug sei, etwa 0,49 und 0,51? Allerdings liegt in diesem Bereich für $n = 100$ nur etwa ein Viertel aller Fälle. Um mit 95 prozentiger Sicherheit alle Fälle abzudecken, wäre ein Intervall von $\pm$ 10 Prozentpunkten um 0,5 herum nötig und da könne man nun wirklich nicht von „Nähe" sprechen. Eine weitere Fehldarstellung sei der untaugliche Versuch, das empirische Gesetz der großen Zahlen durch die Aufzeichnung der „Annäherung" der relativen Häufigkeiten an die theoretische Wahrscheinlichkeit in einer Sequenz zeigen zu wollen, bei der, nach z. B. allen 25 Würfen einer idealen Münze, die relative Häufigkeit an Wappen ermittelt werde.

„Of course, this cannot be true, because a fair coin must be fair enough as to concede a - albeit very little - chance to a long series of heads. Well, in a probabilistic sense this coming closer and closer to ½ is true, and it can be proved." (Freudenthal 1972, S. 487 f.)

Das Theorem, das dies leistet, ist das starke Gesetz der großen Zahlen, das Freudenthal für Häufigkeiten so formuliert:

„Let x be a number of heads in n trials. To a given positive ε and η there is an N such that

$$P\left(\left|\frac{x}{n}-\frac{1}{2}\right| < \varepsilon \text{ for all } n \geq N \right) > 1-\eta,$$

that is N can be chosen so large that the probability of x/n escaping the interval (½ - ε, ½ + ε) at least once after the N-th trial, is as small as you want." (Freudenthal 1972, S. 488)

Gleichwohl für die mathematische Theorie bedeutsam, ist dieses Theorem für den Aufbau einer adäquaten Grundvorstellung von Wahrscheinlichkeit und für den Einsatz in der Realität allerdings nicht relevant. Der Vorschlag, die Stabilisierung der relativen Häufigkeiten allein durch Konvergenz zeigen zu wollen, sei aber auch aus folgendem Grunde zurückzuweisen.

„The applications of probability, and in particular statistical inferences, are dealt with according to a weak law like pattern. In sampling a specific sample size is chosen, and then the sample is taken with no regard to order." (Freudenthal 1972, S. 488)

Dieses schwache Gesetz der großen Zahlen formuliert Freudenthal folgendermaßen:

„To given positive ε and η there exists an n such that

$$P\left(\left|\frac{x}{n}-\frac{1}{2}\right|>\varepsilon\right)>1-\eta\,,^{[61]}$$

that is n can chosen such that probability of x/n not falling into the interval (½ - ε, ½ + ε), is as small as you want." (Freudenthal 1972, S. 488)

Wie lassen sich nun solche Missverständnisse bzw. Fehlvorstellungen vermeiden? Der programmatische Vorschlag von Freudenthal richtet sich auf die Untersuchung der Abnahme der Streuung für feste Stichprobenumfänge n (und damit auf den Genauigkeitsaspekt) und nicht auf den Näherungsaspekt, im Sinne einer Grenzwertaussage. Das empirische Verfahren der Mittelwertbildung führt zu einer systematischen Abnahme der Streuung um die (unbekannte) Wahrscheinlichkeit.

„I have in mind the aspect of dispersion and its behavior under averaging. I think that this aspect can, and merits to be brought to the attention of pupils even before a numerical measure of dispersion has been introduced." (Freudenthal 1972, S.489)

Das (Klassenraum)-Experiment, das Freudenthal beschreibt, besteht aus drei Stufen:

- (1) Einzelexperiment,

---

[61] Aus meiner Sicht müsste es allerdings heißen: $P\left(\left|\frac{x}{n}-\frac{1}{2}\right|<\varepsilon\right)\geq1-\eta$ (vgl. (2.3) S. 79).

Durch geschickte Umformungen gelingt es Freudenthal, die enge Verwandtschaft der beiden Gesetze zu zeigen. Das starke Gesetz der großen Zahlen macht mit „für alle $n \geq N$" eine Aussage über den weiteren Verlauf der Zufallsfolge, das schwache Gesetz der großen Zahlen hingegen nicht.

- (2) Serien von 10 Einzelexperimenten (von jedem Schüler),

- (3) Serien von 10 x 10 Einzelexperimenten (von jeweils 10 Schülern).

„As is well known, under averaging over sequences of length n the dispersion theoretically shrinks by a factor $\sqrt{n}$. Though I object to the 'empirical law of large numbers', which is misleading, I would not hesitate to allow the students to ascertain an empirical $\sqrt{n}$-law of dispersion." (Freudenthal 1972, S. 489)[62]

Insbesondere in der experimentellen Auseinandersetzung mit der Messung von Mittelwerten (Durchschnittsgewicht etc.) könnte so eine fundamentale Idee, wie die der Abnahme der Streuung um den Erwartungswert, entdeckt werden, so Freudenthal. Solche Experimente wären ein geeigneter Einstieg in die Stochastik.

Didaktischer Ansatz von Riemer

Riemer (1991, 1993) greift die Idee der Mittelwertbildung von Freudenthal[63] auf und verknüpft das $1/\sqrt{n}$-Gesetz[64] mit Begriffen bzw. Verfahren der Algebra und der Beurteilenden Statistik. Der Beweggrund von Riemer ist klar: Vermittlung von Grundgedanken der Beurteilenden Statistik bereits in der Sekundarstufe I.

„Wir untersuchen experimentell die Größe von Zufallsschwankungen und studieren quantitativ, wie diese Schwankungen mit größer werdendem Versuchsumfang abnehmen. Die 'griffige' Gesetzmäßigkeit: 'Die Schwankungsbreite ist umgekehrt proportional zur Wurzel aus dem Versuchsumfang', ist ein Anwendungsbeispiel für Potenzfunktionen...Verbindet man andererseits dieses Gesetz mit sensorischen Tests (schmeckst Du, siehst Du, hörst Du einen Qualitätsunterschied zwischen ...?), so wird sich kaum eine Lerngruppe der Faszination entziehen, die mit Entscheidungen unter Unsicherheit und den Grundgedanken beurteilender Statistik verbunden sein kann." (Riemer 1991, S. 24)

Riemer (1991) schlägt folgende Schrittfolge des Vorgehens vor:

- Aufbau von Erwartungshaltungen durch Schätzen von Zufallsschwankungen,

- experimentelle Untersuchung von Zufallsschwankungen,

- Festlegung von 96 %- und 68 %-Schwankungsintervallen,

- Computersimulation,

---

[62] Freudenthal bezieht sich dabei auf den Zusammenhang: $\sigma_n \cdot \sqrt{n} = \sigma$ (vgl. Kap. 3.2.2).

[63] Riemer (1993) verweist in MNU 46 (5), S. 286, ausdrücklich auf Freudenthal.

[64] In der Statistik ist die Bezeichnung „$\sqrt{n}$ – Gesetz" üblich.

- Übungen,
- statistischer Test,
- weitere Übungen und Klassenarbeit,
- der Fall $p \neq 0{,}5$,
- Konfidenzintervalle.

Diese Schritte sollen im Folgenden erläutert werden.

Das *Schätzen von Zufallsschwankungen* dient zum Aufbau einer Erwartungshaltung und zur Sicherung des Problemverständnisses. Die Schüler werden aufgefordert, sich einen Münzwurf vorzustellen, der zunächst $n = 25$-mal und dann $n = 100$ bzw. $n = 400$-mal wiederholt wird. Dabei ist der Anteil an Wappen zu notieren. Dieses Gedankenexperiment soll mehrfach wiederholt werden. Die Schüler sollen anschließend die jeweils kleinsten und größten relativen Häufigkeiten in Prozent angeben. Einige dieser Schätzwerte werden an der Tafel notiert. Es wird Schüler geben, die für jede Wiederholungsanzahl n in etwa gleich große Prozentwerte angeben. Andere sicherlich nicht. Das führt zu der Frage, ob und wie der Versuchsumfang n Einfluss auf die Schwankungen der relativen Häufigkeiten hat.

Bei der *experimentellen Untersuchung von Zufallsschwankungen* führen die Schüler als Experiment mehrere Male den 25-fachen Münzwurf durch und notieren den jeweiligen Anteil an Wappen. Die ersten vier Wiederholungen werden für den 100-fachen Münzwurf zusammengefasst. Anhand der Daten erkennen die Schüler (möglicherweise entgegen ihrer Erwartung), dass die Schwankungen abnehmen. Dies soll nun quantitativ untersucht werden.

Eine Quantifizierung wird anhand empirischer *96 %- und 68 %-Schwankungsintervalle* vorgenommen. Dazu werden die relativen Häufigkeiten der 25-fachen Münzwürfe sortiert. Bei Riemer (1991, S. 26) sind es genau 50 Daten. Das empirische 96 %-Schwankungsintervall erhält man, indem der größte und der kleinste Wert weggelassen werden. Für das empirische 68 %-Schwankungsintervall werden die acht kleinsten und die acht größten Werte weggelassen. Der theoretische Hintergrund für die spezifische Wahl dieser beiden Prozentmarken wird nicht weiter thematisiert.

Mit Hilfe einer (vorbereiteten) *Computersimulation* werden nun die 68 %-Schwankungsintervalle für $n = 50$ und Vielfache davon aufgezeichnet. Studiert man z. B. die Schwankungsbreiten für die Wurfanzahlen $n = 25, 100$ *und* 400, erkennt man daran, dass sich bei Vervierfachung der Wurfanzahl die Schwankungsbreite halbiert. Dieser beispielgebundene Zusammenhang wird als Faustregel notiert. Darüber hinaus wird die Breite für das 68 %-Schwankungsintervall mit $1/\sqrt{n}$ und für das 96 %-Schwankungsintervall mit $2/\sqrt{n}$ angegeben.

Eine Erstfestigung des $1/\sqrt{n}$-Gesetzes erfolgt durch kleinere *Übungen*, bei denen 68 %- und 96 %-Intervalle für relative und absolute Trefferhäufigkeiten berechnet werden und zu vorgegebenen Intervallbreiten die erforderlichen Versuchsumfänge ermittelt werden.

Um diesen Zusammenhang auch in einen Anwendungskontext zu stellen, schlägt Riemer (1991, S. 29 f.) die Durchführung eines Geschmackstests, z. B. Cola mit und ohne Koffein, als *statistischen Test* vor. Trefferhäufigkeiten oberhalb des 96 %-Intervalls werden als „Schmecker", Trefferhäufigkeiten unterhalb des 96 %-Intervalls werden als „Inversschmecker" eingestuft. Trefferhäufigkeiten innerhalb des 96 %-Intervalls werden als „geraten" eingestuft.

Im Folgenden stellt Riemer sieben Aufgaben vor, die für *weitere Übungen und die Klassenarbeit* genutzt werden können. Interessant ist u. a. die Verknüpfung zur Algebra durch Arbeitsaufträge zum Studieren der Funktionen $x \to \dfrac{1}{\sqrt{x}}$,

$x \to 0,5 - \dfrac{1}{\sqrt{x}}$ und $x \to 0,5 + \dfrac{1}{\sqrt{x}}$ (Riemer 1991, S. 31).

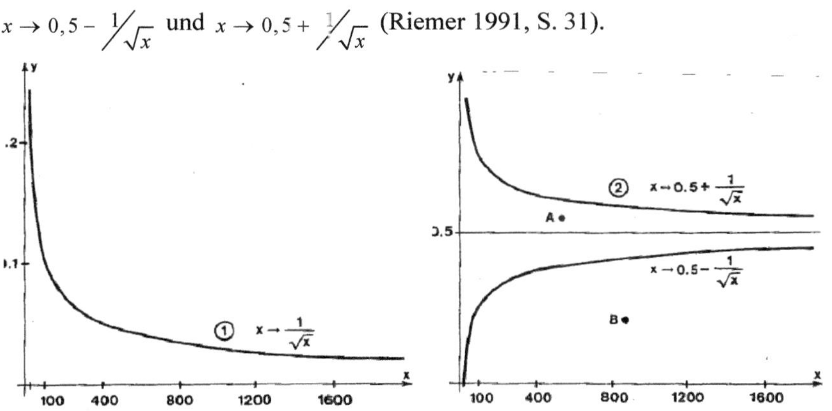

Abb. 3.11 Darstellung von Potenzfunktionen – Welche Fragen lassen sich mit Hilfe der Graphen 1 und 2 beantworten? (Riemer 1991, S. 33)

Riemer plädiert dafür, die Lernsequenz noch um den *Fall p ≠ 0,5* zu erweitern und zumindest zu erwähnen, dass die Schwankungsbreiten der 68 %- und 96 %-Intervalle etwas kleiner sind als für $p = 0,5$. Die Formel $b = 1/\sqrt{n}$ ist für die meisten Fälle nur eine Näherung.

Zur Abrundung der Lernsequenz schlägt Riemer vor, die Testergebnisse zum Geschmackstest über *Konfidenzintervalle* einzuordnen. Dies sollte beispielgebunden, erfolgen: als Prüfungskommission, die Feinschmecker einstellen soll. Dafür sind ein Verfahren und Entscheidungskriterien festzulegen. Nach Diskussion dienen die 96 %-Intervalle für $p = 0,5$ (nur geraten) und $p = 0,8$ (Feinschmecker) als Grundlage einer Beurteilung. Das Ergebnis der von Riemer untersuchten Schülergruppe ordnet sich mit der relativen Trefferhäufigkeit $h = 0{,}568$ leicht oberhalb des 96 %-Intervalls für $p = 0{,}5$ ein. Für die Ermittlung eines Intervalls von Trefferwahrscheinlichkeiten ([0,505; 0,631]), die mit dem Versuchsergebnis $h = 0{,}568$ noch vereinbar sind, wird offenbar (ohne weitere Erklärung) h gleich p gesetzt und das obige in Klammern angegebene Intervall für die Anzahl $n = 1000$

über $I = h \pm 2\sqrt{\dfrac{h \cdot (1-h)}{n}}$ ermittelt (oder vorgegeben).

Riemer benutzt in dieser Lernsequenz letztlich das $1/\sqrt{n}$-Gesetz nur, um Intervalle innerhalb der Beurteilenden Statistik auszurechnen. Die eigentlich zentrale Bedeutung des Versuchsumfangs für die Gestalt von (Stichproben)-Verteilungen wird diesem Zweck untergeordnet. Eine Darstellung der Verteilungen zur Gewinnung bzw. Veranschaulichung der Schwankungsbreiten erfolgt in der von Riemer vorgestellten Lernsequenz nicht, man hat nur die numerischen Resultate zur Verfügung.

Das Grundproblem ist, dass selbst bei einfacher Verfügbarkeit von Simulationen, dieses Thema in den meisten Lehrbüchern, wenn überhaupt, erst nach der Normalverteilung und im Kontext der Beurteilenden Statistik (Konfidenzintervalle) besprochen wird. Dadurch erfahren Grundkursschüler praktisch nichts davon, Leistungskursschüler häufig erst am Ende ihres Kurses. Beide Konstellationen können nicht befriedigen. Daher ist Riemers Anspruch, diese Aspekte der Beurteilenden Statistik bereits im Curriculum der Sekundarstufe I mit einer entsprechenden Lernsequenz zu verankern, besonders wertzuschätzen. Allerdings hat sich dieser Ansatz in der Unterrichtsrealität bisher nicht flächendeckend durchgesetzt.

Didaktischer Ansatz von Borovcnik

Auch Borovcnik (1992) greift die Idee der Mittelwertbildung von Freudenthal auf und entwirft eine Heuristik, mit deren Hilfe das Bernoullische Gesetz der großen Zahlen und die Deutung des Wahrscheinlichkeitsbegriffs als relative Häufigkeit besser verstanden werden kann. Borovcnik (1992, S. 95) geht dabei von der Variabilität als fundamentale Idee der Stochastik aus.[65] Zu Beginn des Stochastikunterrichts wird oft mit untauglichen Mitteln versucht, die „Konvergenz"[66] der relativen Häufigkeiten gegen die (unbekannte) Wahrscheinlichkeit zu erklären. Will man diesen Sachverhalt nämlich empirisch belegen, gerät man leicht in eine prob-

---

[65] Borovcnik bezieht sich an dieser Stelle auf seine eigenen Überlegungen, die er in mathematica didactica 10 (1987), S. 101-117, dargelegt hat.

[66] Borovcnik meint hier die stochastische Konvergenz, im Sinne des schwachen Gesetzes der großen Zahlen.

lematische Situation: Zum einen lässt sich ein Bildungsgesetz, mit dem man in Analogie zur Analysis aus einem endlichen Abschnitt der Folge den Grenzwert ablesen kann, nicht mit der Regellosigkeit des Zufalls vereinbaren. Die alleinige Aufzeichnung der zeitlichen Entwicklung der relativen Häufigkeiten bei einem mehrfach wiederholten Münzwurfexperiment wird dem speziellen Typ von Konvergenz[67] nicht gerecht. Zum anderen wird die Geschwindigkeit der Konvergenz der relativen Häufigkeiten meist überschätzt. Erst bei $n = 10000$ Wiederholungen eines Münzwurfexperimentes kann man die zugrunde liegende Wahrscheinlichkeit auf ± 1 Prozentpunkte genau schätzen (95 %-Vertrauensintervall der relativen Häufigkeiten). Das eigentliche Problem liege aber in der Tatsache, dass die im Bernoullischen Gesetz der großen Zahlen abgesicherte Konvergenz nur die Folge der Zufallsvariablen H_n/n gegen die theoretische Wahrscheinlichkeit p betrifft, nicht aber eine empirische Folge von relativen Häufigkeiten h_n. Man könne daher den Wahrscheinlichkeitsbegriff nicht auf die Konvergenz von relativen Häufigkeiten zurückführen, da diese Konvergenz dafür nicht definiert sei und selbst den Wahrscheinlichkeitsbegriff benötige (vgl. Borovcnik 1992, S.107).[68]

„Im Folgenden soll die Problematik der Begründung der Wahrscheinlichkeit durch die relativen Häufigkeiten nicht weiter verfolgt werden. Vielmehr soll eine Heuristik aufgebaut werden, mit deren Hilfe die Aussage im Bernoulli-Theorem und damit die Deutung von Wahrscheinlichkeit als relative Häufigkeit besser zu verstehen ist... Statt die Entwicklung der relativen Häufigkeiten hin zu einem obskuren Grenzwert zu studieren, kann man sich folgende Fragen stellen: Wie genau kann man bei einer festen Zahl von Versuchen die unbekannte Wahrscheinlichkeit mit der relativen Häufigkeit messen? Wie verändert sich diese Messgenauigkeit mit zunehmender Zahl der Versuche?" (Borovcnik 1992, S. 107)

Borovcnik schlägt wegen der oben skizzierten Problematik in Anlehnung an Freudenthal (1972) Folgendes vor: Unterteilt man eine Münzwurfserie in Teilabschnitte der Länge $n = 5, 10, 20$ usw. und bestimmt die empirische Verteilung des Wappenanteils, dann sieht man sofort, wie sich diese Verteilung mit zunehmendem Umfang n der Teilserien zusammenzieht. Damit verbessert sich die Messung einer unbekannten Wahrscheinlichkeit mit zunehmender Länge n. Diese Heuristik wird nun genauer erläutert.

Borovcnik wählt auch das Münzwurfexperiment und lässt den Anteil an Wappen in 60 Zehnerserien ermitteln. Dadurch erhält man eine empirische Verteilung der Messwerte. Je nach Vorgabe der Schwankungsbreite fallen gewisse Serien in das Schwankungsintervall, andere nicht. Interessant ist nun zu beobachten, ob und wie

---

[67] Borovcnik meint, wenn er von Konvergenz spricht, offenbar immer die stochastische Konvergenz.

[68] Für eine detaillierte Auseinandersetzung mit den dem Bernoulli-Theorem innewohnenden Zirkularitäten sei auf Steinbring (1980, S. 24 ff. und S. 440) verwiesen.

die Verteilung der Messwerte von der Länge der Serie abhängt. Durch Aufteilen in zwei Teilserien bzw. Zusammenfassen von zwei Zehnerserien erhält man zudem die empirischen Verteilungen für $n = 5$ und für $n = 20$. Stellt man diese drei Verteilungen (mit $n = 5, 10, 20$) in Stabdiagrammen dar, dann erkennt man deutlich, wie sich diese Verteilungen mit zunehmender Serienlänge um die theoretische Wahrscheinlichkeit gruppieren (vgl. Abb. 3.12).

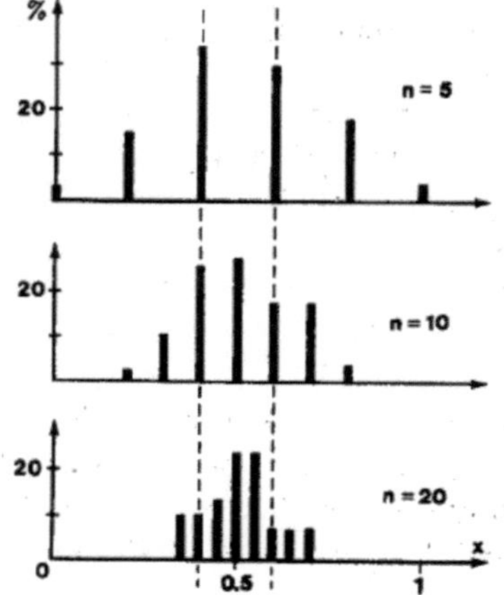

Abb. 3.12 Zusammenziehen der Verteilung für den Wappenanteil mit zunehmender Serienlänge (Borovcnik 1992, S. 109)

Ein eingezeichnetes Intervallfenster von 0,4 bis 0,6 könne diesen Aspekt noch verdeutlichen. Mit zunehmender Serienlänge fallen immer mehr Messwerte in dieses Fenster. Größere Messfehler sind möglich, werden aber mit zunehmender Serienlänge unwahrscheinlicher. Borovcnik formuliert dazu als Fazit:

„Die Messung einer unbekannten Wahrscheinlichkeit kann immer eine gewisse Fehlergrenze überschreiten (diese wird durch die Breite des Fensters gekennzeichnet); dieses Risiko wird aber mit zunehmender Länge der Serie kleiner. Größere Stichproben lassen daher die unbekannte Wahrscheinlichkeit zuverlässiger messen bzw. schätzen." (Borovcnik 1992, S. 110)

Bei diesem experimentellen Zugang ist Wahrscheinlichkeit eine physikalische Größe, deren Wert durch wiederholte Messung ermittelt wird. Borovcnik beschreibt die Eigenschaften dieses Messverfahrens so:

- „Wahrscheinlichkeit wird durch wiederholte Messung wie eine physikalische Größe gemessen…

- Die Messungen werden genauer, je größer der Umfang der Messwerte; dies bereitet das Bernoulli-Gesetz der großen Zahlen intuitiv vor.

- Ist das Messverfahren in Ordnung, so kann man bei (fiktiver) Kenntnis des zu messenden Wertes die Messergebnisse in etwa voraussagen.

– Das Messverfahren muss bestimmten Bedingungen unterliegen; erst die stochastische Unabhängigkeit der einzelnen Versuche führt zu einer Binomialverteilung für die theoretischen absoluten Häufigkeiten." (Borovcnik 1992, S. 110-111)

Borovcnik stellt damit das wechselseitige Verhältnis zwischen theoretischer Wahrscheinlichkeit und empirischer relativer Häufigkeit her.

„In der Theorie hat man vor dem Versuch eine Möglichkeit, das Problem mit Hilfe von Wahrscheinlichkeiten zu überdenken. In der Realität hat man nach dem Versuch Ergebnisse und damit faktische Einsichten, nämlich die realisierten relativen Häufigkeiten, welche von Versuchsserie zu Versuchsserie schwanken...Wahrscheinlichkeit ist also ein Richtwert, ein Voraussagewert für relative Häufigkeiten. Umgekehrt, hat man keine Kenntnis der Wahrscheinlichkeit, so kann man sich durch Umkehr dieser Richtwerteigenschaft über die Durchführung einer Versuchsserie Informationen über die Wahrscheinlichkeit verschaffen." (Borovcnik 1992, S. 111)

Borovcnik argumentiert weiter, dass sich die Heuristik der Verbesserung der Messung einer unbekannten Wahrscheinlichkeit mit zunehmender Serienlänge bis zum Bernoulli-Theorem ausbauen und damit mathematisch abstützen ließe.[69] Man betrachte dazu die absoluten Häufigkeiten H_n der Stichproben als binomialverteilte Zufallsvariable mit den Parametern n und p und die relativen Häufigkeiten H_n/n als deren Normierung. Diese „normierte" Zufallsvariable habe den Erwartungswert $E\left(H_n/n\right) = p$ und die Varianz $V\left(H_n/n\right) = \dfrac{p \cdot (1-p)}{n}$. Diese Varianz geht für $n \to \infty$ gegen Null, die Standardabweichung geht daher mit dem Faktor $1/\sqrt{n}$ gegen Null. Die Standardabweichung erfasse damit quantitativ das Zusammenziehen der Breite der Verteilung der Messwerte. Das Bernoulli-Theorem:

$$\lim_{n \to \infty} P\left(\left|\frac{H_n}{n} - p\right| > \varepsilon\right) = 0 \quad (\varepsilon > 0 \text{ beliebig})$$ ergebe sich dann praktisch als eine einfache Anwendung der Tschebyscheffschen Ungleichung (vgl. Borovcnik 1992, S.112).[70]

Diese, zunächst etwas lapidare, Bemerkung führt Borovcnik an anderer Stelle genauer aus. Dazu geht er von der Tschebyscheffschen Ungleichung aus, die er folgendermaßen definiert:

---

[69] Zum besseren Verständnis der didaktischen Idee von Borovcnik zum Ausbau dieser Heuristik, seien auch dessen mathematischen Argumentationen an dieser Stelle angeführt. Das führt zu einer gewissen Redundanz mit den in Kapitel 3.2.2 angeführten mathematischen Grundlagen, im Zusammenhang mit dem Phänomenkomplex des empirischen Gesetzes der großen Zahlen.

[70] Vgl. dazu Kapitel 3.2.2: Beweis zum schwachen Gesetz der großen Zahlen.

„Ist X eine Zufallsvariable, deren Varianz existiert, d. h. $V(X) < \infty$, bezeichnet μ den Erwartungswert $E(X)$, dann gilt für beliebiges $\varepsilon > 0$:

$$W\left(|X - \mu| \geq \varepsilon\right) \leq \frac{\sigma^2}{\varepsilon^2}.\text{“ (Borovcnik 1992, S. 174)}$$

Die Anwendung dieser Ungleichung, die eine Beziehung zwischen Standardabweichung und Erwartungswert herstellt, auf die Verteilung des Mittelwertes $\overline{X}_n$ führt zu folgendem Zusammenhang:

„Für den Mittelwert gilt nämlich $E\left(\overline{X}_n\right) = \mu$ und $V\left(\overline{X}_n\right) = \dfrac{\sigma^2}{n}$. Setzt man dies in die rechte Seite der Tschebyscheffschen Ungleichung ein, so erhält man eine Abschätzung der Wahrscheinlichkeit nach oben mit $\dfrac{\sigma^2}{n \cdot \varepsilon^2}$. Für $n \to \infty$ geht also der rechte Ausdruck gegen 0. Das bedeutet, wählt man ein Fenster von fester Breite ε, dann wird die Wahrscheinlichkeit immer größer, dass Mittelwerte innerhalb dieses Fensters fallen, wenn der Umfang der Stichprobe größer wird.“ (Borovcnik 1992, S. 176)

Nun müsse man nur noch beachten, dass die relativen Häufigkeiten H_n/n auch einen Mittelwert darstellen. Setzt man nun $E\left(H_n\big/n\right) = p$ und $V\left(H_n\big/n\right) = \dfrac{p \cdot (1-p)}{n}$ in die Tschebyscheffsche Ungleichung ein, ergibt sich:

$$W\left(\left|\frac{H_n}{n} - p\right| \geq \varepsilon\right) \leq \frac{p \cdot (1-p)}{n \cdot \varepsilon^2}.$$

Für $n \to \infty$ geht der rechte Ausdruck gegen 0 und man erhält das Bernoulli-Theorem (vgl. Borovcnik 1992, S.176).

Borovcnik entwickelt mit seinem Ansatz die Idee von Freudenthal (1972) weiter, indem er die Kontraktion der Verteilungen relativer Häufigkeiten mit zunehmender Serienlänge um die theoretische Wahrscheinlichkeit mittels Stabdiagrammen visualisiert. Diese Heuristik rechtfertige den Zugang zu Wahrscheinlichkeiten über relative Häufigkeiten besser als der sonst übliche Weg über das Konvergenzverhalten.

3.2.4.2 Das Konzept von Verteilungen und Stichprobenverteilungen

Der Verteilungsbegriff ist vielschichtig und durchdringt alle Bereiche der Stochastik. Auf diese Vielschichtigkeit geht Biehler (2007) näher ein:

„In der Beschreibenden Statistik geht es um die (empirische) Verteilung der Ausprägungen eines oder mehrerer Merkmale in einer Stichprobe, in der Wahrscheinlichkeitstheorie geht es um (theoretische) Wahrscheinlichkeitsverteilungen. Bei Vergrößerung des Stichprobenumfangs nähern sich unter bestimmten Bedingungen die empirischen Häufigkeitsverteilungen immer mehr der theoretischen Wahrscheinlichkeitsverteilung an (Gesetz der großen Zahl). In der beurteilenden Statistik schließt man von empirischen Verteilungen auf Merkmale theoretischer Verteilungen." (Biehler 2007, S. 3)

Scheaffer, Watkins und Landwehr (1998, S. 17) bezeichnen die Idee der Verteilungen auch als roten Faden, der das ganze Stochastik-Curriculum durchzieht. Denn das, was Statistik und Wahrscheinlichkeitsrechnung im Grunde verbindet, sind Verteilungen. Allerdings scheint es so, dass sich dies in gegenwärtigen Curricula und in der Lehre nicht adäquat widerspiegelt.

„Curricular material soften focus on construction and identification of distribution, but not on the meaning and interpretation of these distributions or on how to manipulate them to derive further information from the data." (Pfannkuch 2006, S. 5)

Pfannkuch (2006, S. 5) bezeichnet Verteilungen als komplexe mentale Strukturen, für deren intellektuellen Zugang und deren tieferes Verständnis man eine gewisse Zeit des Umgangs und des Erwerbs benötige. Somit ergeben sich eine Reihe von Forschungsfragen, die im Zusammenhang mit dem Aufbau und der Entwicklung eines adäquaten „*reasoning about distribution*" Konzepts zu beantworten seien:

„Many questions arise about conceptual, pedagogical and research-related aspects about distributions. Some questions that need to be addressed by research are:

- What does distribution mean to students?
- ...
- What instructional tasks and technological tools can promote the understanding of distribution?
- ...
- What methods can be used to assess understanding of distribution?
- What are useful methodologies for studying (researching) the understanding of distribution?" (Pfannkuch & Reading 2006, S. 5)

Schaut man sich angelsächsische Lehrbücher genauer an (z. B. Rossmann et al. 2001a, 2001b), dann spielt die Darstellung und Beschreibung von Verteilungen von Beginn an eine entscheidende Rolle. Verteilungen gehören zu den „big ideas" der Stochastik (Rossman et al. 2001a, S. xvi). Dabei liegt der Fokus zunächst auf der Beschreibenden Statistik. Bei Rossman (2001a, 2001b) werden sechs Charakteristiken zur Analyse von Verteilungen aufgeführt:

- Zentrum der Verteilung: Wo liegen die Daten?
- Variabilität der Verteilung: Wie streuen die Daten?
- Gestalt der Verteilung: Symmetrisch, linkssteil, rechtssteil?

- Peaks und Cluster: Gibt es Hinweise auf Teilgruppen?
- Ausreißer: Gibt es Daten, die sich markant vom Datenmuster abheben?
- Struktur der Verteilung: Sind die Daten in festen Intervallen erhoben worden?

Primär geht es um den Aufbau angemessener Grundvorstellungen zur Visualisierung von Verteilungen und deren Zusammenfassung durch Kennwerte mit dem Ziel, dass Lernende fachlich adäquat Daten miteinander vergleichen, bewerten und entsprechende Schlussfolgerungen ziehen können. Der Verteilungsvergleich darf sich dabei nicht nur auf Mittelwerte reduzieren, sondern muss auch andere Charakteristiken mit in den Blick nehmen, wie z. B. die Streuung.

Für Watson (2006, S. 217 f.) ist Variation das grundlegende Phänomen, dem alle stochastischen Erscheinungen unterliegen. Lernende neigen dazu, beim Testen von Hypothesen oder beim Schätzen formal vorzugehen, wenn ihnen ein entsprechendes Verständnis für Interpretation von Verteilungen fehlt. So sei es notwendig, frühzeitig mit Datensätzen umzugehen, verschiedene Repräsentationsformen zu erkunden, Verteilungsvergleiche durchzuführen und Entscheidungen über erklärte und nicht erklärte Variation zu treffen.

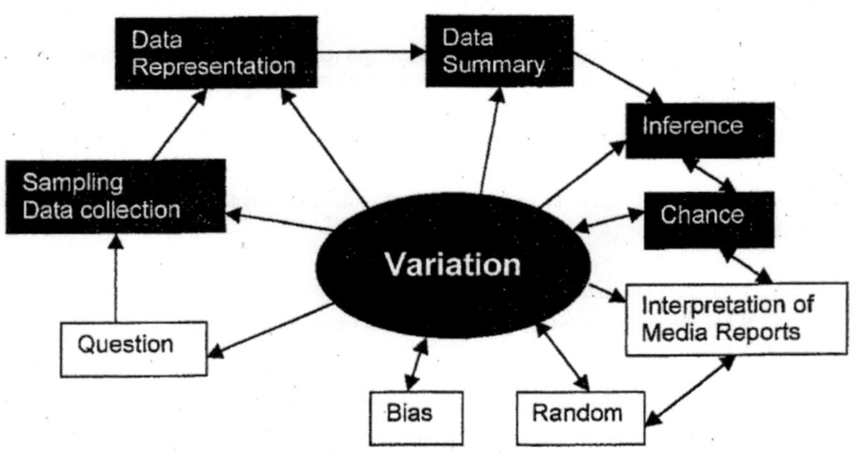

Abb. 3.13 Variation im Netz statistischer Ideen und Elemente (Watson 2006, S. 218)

Watson (2006, S. 21) macht klar, dass es ohne Variation keinen Grund gäbe, sich mit Statistik zu beschäftigen. Und es ist genau die Variation, die die Statistik von anderen Bereichen des Mathematikcurriculums unterscheidet:

„For some it is the uncertainty associated with statistical variation that produces conflict with the determinism of calculating correct numerical answers. It is the uncertainty of planning a probability experiment when do you not know what the outcome will be in relation to the determined theoretical result that is intimidating from many teachers who like to have worked out all of the answers the night before the lesson." (Watson 2006, S. 21)

Watson (2006, S. 22) führt in diesem Zusammenhang ein längeres Zitat von Moore (1990) an, das wegen seiner Auswirkungen auf Forscher, Lehrer, Lehrplangestalter auch hier wiedergegeben wird:

„We can summarize the core elements of statistical thinking as follows:

1. The omnipresence of *variation* in processes. Individuals are variable; repeated measurements on the same individual are variable. The domain of a strict determinism in nature and in human affairs is quite circumscribed.

2. The need for *data* about processes. Statistics is steadfastly empirical rather than speculative. Looking at the data has first priority.

3. The design of *data production* with variation in mind. Aware of sources of uncontrolled variation, we avoid self-selected samples and insist on comparison in experimental studies. And we introduce planned variation into data production by use of randomization.

4. The quantification of variation. Random variation is described mathematically by probability.

5. The explanation of variation Statistical analysis seeks the systematic effects behind the random variability of individuals and measurements.

…The ability to deal intelligently with variation and uncertainty is the goal of instruction about data and chance." (Moore 1990, S. 145)

Das Konzept der *sampling distribution* übernimmt dabei in angelsächsischen Curricula die vermittelnde Rolle zwischen der Wahrscheinlichkeitsrechnung und der Beurteilenden Statistik. Im Folgenden soll dieses Konzept ausführlicher vorgestellt und in einem umfassenderen Rahmen, der Verteilungen als fundamentale Idee auffasst, analysiert werden.

Epistemologische Aspekte von Verteilungen – eine Analyse von Wild

Wild (2006) analysiert, epistemologisch orientiert, von der Position eines Statistikers ausgehend, Ideen und Konzepte von Verteilungen. Wild beschreibt die Idee von Verteilung als eine Linse, durch die Statistiker auf die Variation in Daten schauen (vgl. Abb. 3.14).

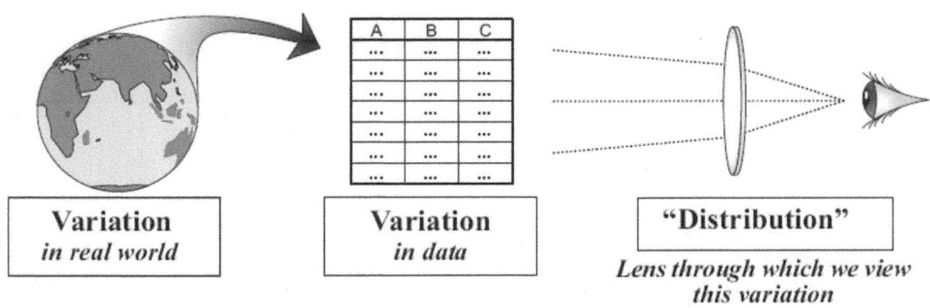

Abb. 3.14 Verteilung als Linse (Wild 2006, S. 11)

Wild macht deutlich, dass das Hauptinteresse der Statistik in der Beschreibung von Mustern der Variation liegt.

„All of the information about patterns of variation is in the (typically multivariate) frequency distribution. All summary statistics and almost all the graphs we look at are summaries and graphs of frequency distributions. We use them to discover and describe aspects of patterns in the variation contained in the frequency distributions." (Wild 2006, S. 11)

Wild (2006, S. 12) stellt die berechtigte Frage, warum man sich mit Datenzusammenfassungen und Variationsmustern in der Statistik überhaupt beschäftigt. Zur Beantwortung führt er die folgenden Ziele auf: Vorhersage, Erklärung und Kontrolle. Und zwar verbunden mit dem Bedürfnis einer besseren Vorhersage, einem besseren Verständnis des Mechanismus der Datengenerierung und der Möglichkeit, die Variation von Daten zukünftig beeinflussen zu können.

Statistiker benutzen den Begriff Verteilung für theoretische Verteilungen und für empirische Verteilungen. Die Unterscheidung liegt im Umgang mit der Variation (vgl. Abb. 3.15).

„The empirical, frequency or observed distribution of our variable(s) contains the variation that we can see directly in our data... When we move on to try to learn wider lessons from features seen in the current dataset, we conceive of unexplained variation present as having been generated by some unknown distribution. We often refer to this as the 'true' or 'underlying' distribution even though it is almost always a conceptual entity. When we use a full parametric model in our analysis we choose some named parametric distribution, such as the normal distribution, which we assume to be what generates the data. This is the theoretical distribution, which describes or defines a probability model." (Wild 2006, S. 13)

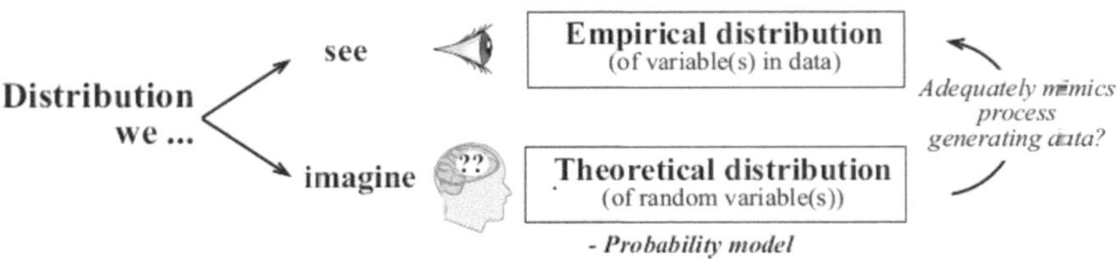

Abb. 3.15 Empirische und theoretische Verteilung (Wild 2006, S. 13)

Das Problem ist, dass man nicht weiß, welche die unterliegende Verteilung wirklich ist, die die Daten hinreichend beschreibt.

„The best we can hope for this is that the act of sampling from assumed theoretical distribution adequately mimics the most important features of the process which generated our data…That is, we would like to use inferential procedures that are comparatively insensitive to departures from distributional assumptions (robust) and we want to avoid using a theoretical distribution for inference that demonstrably does not 'fit' the data." (Wild 2006, S. 13)

Damit Schüler überhaupt eine Chance haben, diesen Modellierungsprozess inhaltlich nachzuvollziehen und verstehen zu können, brauchen sie Erfahrungen im Umgang mit zufällig erzeugten Daten, die mit Realdaten in Beziehung gebracht werden können. Wild meint, dass ein sanfter Einstieg für Schüler über die Unterscheidung zwischen *sample distribution* (Verteilung eines Merkmals in einer Stichprobe) und *population distribution* (Verteilung eines Merkmals in der Grundgesamtheit) führt, weil man dadurch nicht auf den Entstehungsprozess der Daten eingehen muss.

„Beginning this way is consistent with our desire in teaching more sufficiently slowly from the concrete to the conceptual so that students do not drown in subtlety. Distributional models for data from processes are necessarily conceptual and immediately raise all sorts of difficult questions, for example, about the stability of the process through time and space and about dependencies. With data from a population, however, we can think in much simpler terms, namely of sampling from a large set of individuals at one point in time and measuring one or more characteristics on each individual selected." (Wild 2006, S. 18)

Ein weiterer Punkt, den Wild diskutiert, ist der Aspekt der Stichprobenverteilungen (*sampling distribution*). Hier geht es nun nicht mehr um die Betrachtung der Verteilung eines Merkmals in einer einzelnen Stichprobe, sondern darum, welche Verteilung sich bezüglich einer interessierenden Größe der Stichprobe (z. B. dem Stichprobenmittelwert) ergibt, wenn man das Stichprobenziehen oft wiederholt. Wild nennt diese Art der Variation (z. B. bzgl. des Stichprobenmittelwertes) *study-to-study variation* (vgl. Abb. 3.16).

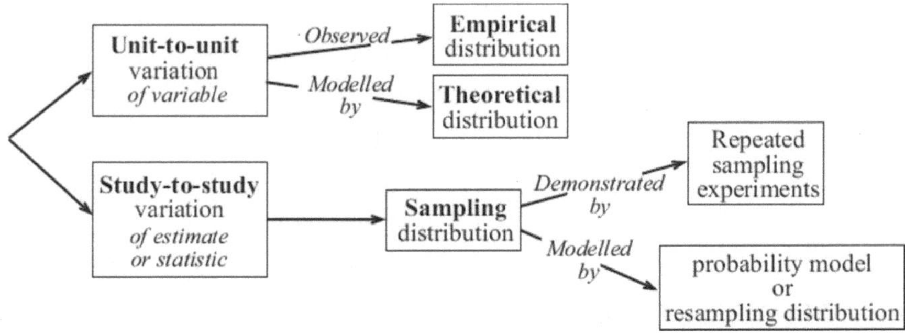

Abb. 3.16 Sampling distribution (Wild 2006, S. 19)

Für eine angemessene Vermittlung dieses Konzeptes sind eine Reihe von Materialien entwickelt worden, die zum Teil in der aktiven Auseinandersetzung mit Simulationsergebnissen und der Interpretation von Grafiken bestehen (vgl. Garfield & Ben-Zvi 2008, Watson 2006, Chance, delMas & Garfield 2004).

Das didaktische Design zu Verteilungen von Garfield & Ben-Zvi

Garfield & Ben-Zvi (2008) haben in ihrem Buch Forschung und Lehrpraxis zusammengebracht. Die hier relevanten Ausführungen zu Verteilungen sind explizit in zwei eigenen Kapiteln untergebracht:

- Kapitel 8: „Learning to Reason About Distribution",
- Kapitel 12: „Learning to Reason about Samples and Sampling distribution".

Ähnlich wie bei Wild (2006) werden die drei Typen von Verteilungen, empirische Verteilungen, theoretische Verteilungen und Stichprobenverteilungen, erörtert und in den Kontext der Lehr- und Lernpraxis eingeordnet.

Learning to *Reason about Distribution*

Die Methoden der Explorativen Datenanalyse (Tukey 1977, Biehler 1982) haben die Art und Weise, wie heute Verteilungen im Unterricht behandelt werden, wesentlich beeinflusst. Darüber hinaus ermöglichen Softwareprogramme (wie FATHOM und Tinkerplots) Schülern, Daten ganz einfach zu visualisieren und zwischen verschiedenen Repräsentationsformen zu wechseln bzw. durch die interaktive Verknüpfung unterschiedliche Darstellungsformen von Daten gleichzeitig zu erforschen.

„These explorations are used to ask questions about the data: What causes gaps and clusters? Are outliers real data values or errors in data collection or coding? What factors may help explain the features revealed in a graph of a distribution?" (Garfield & Ben-Zvi 2008, S. 168)

Verteilungen zählen zu den fundamentalen Ideen in Statistikkursen. Die Autoren konstatieren, dass in heutigen, sehr innovativen Kursen die Schüler durchgehend graphische Repräsentationen von Daten betrachten und diskutieren, noch bevor diese Daten dann durch Datenanalyse oder statistische Verfahren der Beurteilenden Statistik analysiert werden.

"...the ideas of distribution having characteristics of shape, center, and spread can revisited when students encounter theoretical distributions and sampling distributions later in the statistics course." (Garfield & Ben-Zvi 2008, S. 168)

Garfield & Ben-Zvi (2008, S. 179 f.) entwerfen auf der Basis von Forschungsergebnissen eine Schrittfolge mit vielen Aktivitäten für Schüler, die für einen verständigen Umgang mit Verteilungen hilfreich sein könnten. Nur so könne ein konzeptionelles Verständnis von Verteilungen entwickelt werden. Für diesen Lernweg unterscheiden die Autoren drei Bereiche mit einer ganzen Reihe von Ideen und Konzepten, die nachfolgend aufgeführt werden. Die für das in dieser Arbeit beschriebene GESIM-Konzept wesentlichen Aspekte sind kursiv dargestellt:

„Informal ideas prior to formal study of distribution

- *Understand that variables have values that vary and can be represented with graphs of data*
- Understand simple graphs of data where each case is represented with a bar (e.g. case value graphs)
- *A distribution is a way to collect and examine statistics from samples*
- *A distribution can be generated by simulating data*
- *Understanding a dotplot*

Formal ideas of distribution

- *Characteristics of shape, center, and spread for a distribution*
- *Features of graphs, clustering, gaps, and outliers of data*
- A continuous curve as representing as distribution of a large population of data
- *An understanding of histogram by changing one data set from a dotplot to a histogram, by forming equal intervals of data. Recognizing the difference between these two types of graphs*
- *The abstract idea of shape of histogram and recognition of some typical shapes*
- *Understand that histograms may be manipulated to reveal different aspects of a data set*
- *Recognize where the majority or data are, and middle half of data*
- *Reason about what a histogram/ dotplot would look like for a variable (integrate ideas of shape, center, and spread) given a verbal description or sample statistics*

Building on formal ideas of distribution in subsequent topics

- *Idea of center of a distribution and how appropriate measures of center depend on characteristics of the distribution*
- *Idea of variability of a distribution and how appropriate measures of variability depend on characteristics of the distribution*
- *How a boxplot provides a graphical representation of a distribution*
- *How Boxplots and histograms reveal different aspects of the same distribution*
- *Probability distribution as a distribution of a random variable that has characteristics of shape, center, and spread*
- The normal distribution as a model of univariate data that has specific characteristics of shape, center, and spread
- *The idea of sampling distribution as distributions of sample statistics that can be described*
- *How statistical inferences may involve comparing an observed sample statistic to a sampling distribution*
- *Bivariate distribution as represented in a scatterplot*
- Characteristics of a bivariate distribution such as linearity, clusters, and outliers." (Garfield & Ben-Zvi 2008, S. 179-180)

Learning to *Reason about Samples and Sampling Distribution*

Garfield & Ben-Zvi (2008, S. 136) stellen die Bedeutung eines adäquaten Verständnisses zu Stichproben und Stichprobenverteilungen heraus. Gerade weil in der Praxis die Datenanalyse meist auf der Basis einer einzelnen Stichprobe durchgeführt wird, müssen Schüler ein Verständnis dafür erwerben, wie Stichproben schwanken, um vernünftige Schätzungen bzw. Entscheidungen treffen zu können.

„Looking at distributions of sample means for many samples drawn from a single population allows us to see how one sample compares to the rest of the samples, leading us to determine if a sample is surprising (unlikely) or not surprising. This is an informal precursor to the more formal notion of P-value that comes with studying statistical inference." (Garfield & Ben-Zvi 2008, S. 136)

Die Autoren verweisen in diesem Zusammenhang auch auf die Möglichkeit Simulationen zu nutzen, um zu prüfen, ob sich ein beobachtetes Ergebnis durch Zufall erklären lässt. Um die Beurteilende Statistik tatsächlich zu durchdringen, müssen Schüler die zwei zentralen Ideen des Stichprobenziehens gleichermaßen verstehen: die Repräsentativität einer Stichprobe und die Schwankung einer Stichprobe. Die Autoren plädieren dafür, dass die Ideen von Stichprobe und Stichprobenverteilung bereits frühzeitig in einem Kurs auf einer informellen Ebene vermittelt werden sollten, am besten in Einheit mit Datenproduktion und Datensammlung.

Garfield & Ben-Zvi (2008, S. 248 ff.) konstatieren, aus den zu diesem Thema veröffentlichten Forschungsergebnissen, dass es eine geraume Zeit braucht, um Schülern die zentralen Ideen von Stichprobe und Stichprobenverteilung zu vermitteln.

Auf der Basis dieser Forschungsergebnisse entwerfen sie eine Schrittfolge mit vielen Aktivitäten für Schüler, die für einen verständigen Umgang mit diesem Thema hilfreich sein könnten. Für diesen Lernweg unterscheiden die Autoren wiederum drei Bereiche mit einer ganzen Reihe von Ideen und Konzepten, die nachfolgend aufgeführt werden. Die für das in dieser Arbeit beschriebene GESIM-Konzept wesentlichen Aspekte sind kursiv dargestellt:

„Informal ideas prior study of samples and sampling distributions

- *Population parameter is fixed, but sample statistics vary from sample to sample*
- *The idea of a random sample*
- *As a sample grows, or as more data are collected, at some point the sample provides a stable estimate of population parameter*
- *Larger random sample are more likely to be representative of the population than small ones*
- *The size of a representative sample is not related to a particular percentage of the population. A large well-chosen sample can be a good one even if it is a small percentage of the population*

Formal ideas of samples and sampling distribution

- *Sample variability: Samples vary for a given sample size, for a random sample from the same population*
- *Variability of sample statistics from sample to sample*
- *There are three levels of data involved in taking random samples: the population, the individual samples and the distribution of sample statistics*
- *How and why statistics from small samples vary more than statistics from large samples*
- *Sample statistics can be graphed and summarize in a distribution, just as raw data may be graphed and summarized*
- *Understanding that a simulation of a large number (e.g. 500) sample statistics is a good approximation of a sampling distribution*
- *Understanding that for a large number of trials (simulations) what is important to focus on is the change in sample size, not the change in number of simulations*
- *Although sample statistics vary from population parameter, they vary in a predictable way*
- When and why distribution of a sample statistics (for large enough samples) looks bell shaped
- Distribution of sample statistics tend to have the same predictable pattern for large random samples
- Understanding how the Central Limit Theorem describes the shape, center, and spread of sampling distributions of sample statistics

Building on formal ideas of samples and sampling distributions in subsequent topics

- Understand the role of sample variability in making statistical inferences" (Garfield & Ben-Zvi 2008, S. 249-250)

3.2.4.3 Die Rolle von Simulationen im Stochastikunterricht

Positive Effekte hinsichtlich eines konzeptuellen Verständnisses von Stochastik durch die Integration von Simulationen in den Stochastikunterricht sind durch verschiedene Studien belegt (Gnanadesikan et al. 1997, del Mas et al. 1999, Hodgson & Burke 2000, Zimmermann 2002, Meyfarth 2008b). Für diesen Zusammenhang werden vor allem zwei Gründe genannt: Handlungsorientierung und begriffliches Verständnis. Sind Schüler aktiv in die Erarbeitung eingebunden, dann führt dies zu einem tieferen Niveau des Verstehens, da das Verstehen ihren Aktionen entspringt – z. B. Sammeln von Stichproben, Ermitteln von Mittelwerten, Histogramme erstellen und Ergebnisse vergleichen. In Tietze et al. (2002) wird der Begriff Simulation folgendermaßen definiert:

„Unter Simulation versteht man in der Stochastik Verfahren, mit Hilfe von geeigneten Zufallsgeneratoren eine stochastische Situation 'nachzuspielen', um so ein Modell für diese Situation zu erhalten, das dann zur weiteren Analyse und zur Prognose eingesetzt werden kann." (Tietze et al. 2002, S. 129)

Dabei ersetzt die Simulation eine reale stochastische Situation durch ein Modellzufallsexperiment, das einfach manipuliert und analysiert werden kann. Mit dieser abstrakten idealen Modellsituation wird eine pseudo-konkrete Arbeitsumgebung erzeugt, die zwischen realer Welt und mathematischem Modell liegt.

Im Weiteren benennen die Autoren Gründe für den Einsatz von Simulationen im Stochastikunterricht (Tietze et al. 2002, S. 130):

- Simulationen fördern die Fähigkeiten im Modellbilden: Schüler müssen u. a. vernünftige Annahmen zur Modellkonstruktion treffen. Sie können durch das Wechselspiel von Empirie und Theorie wichtige Erkenntnisse erwerben.

- Simulationen fördern die Eigenaktivität: Schüler müssen planende, ausführende und beurteilende Tätigkeiten durchführen.

- Simulationen fördern die Motivation: Schüler gelangen durch die Bearbeitung von interessanten stochastischen Problemen zu überraschenden Einsichten.

- Simulationen sind wichtig für den Wissenserwerb: Schüler gelangen zu vertieften Einsichten zu zentralen stochastischen Begriffen und Konzepten.

- Simulationen lösen stochastische Probleme empirisch-experimentell: Schüler können stochastische Probleme lösen, für die sie keine Kenntnis analytischer Verfahren benötigen.

Biehler und Maxara heben insbesondere den computergestützten Einsatz von Simulationen hervor. So können leicht sehr große Wiederholungszahlen erzeugt und dadurch Wahrscheinlichkeiten genauer geschätzt werden (Biehler & Maxara 2007, S. 45). Als Begründungen für die Einbeziehung von Simulationen werden drei Begründungen bzw. Perspektiven genannt:

> "1.	Simulation zur Repräsentation von Zufallsexperimenten (lern- und motivationspsychologische, epistemologische Sicht)
> 2.	Simulation als Werkzeug im Wechselspiel mit analytischen (kombinatorischen) Methoden
> 3.	Simulation als Werkzeug, als Methode sui generis." (Biehler & Maxara 2007, S. 46)

Zu (1): Die Durchführung realer Experimente ist zeitintensiv und meist nur in geringer Versuchsanzahl durchzuführen. Verlässliche Aussagen sind dadurch kaum möglich. Eine computergestützte Simulation kann helfen, stochastische Konzepte durch die gegenständliche Repräsentation von Zufallsexperimenter erfahrbar zu machen.

Zu (2): Im Wechselspiel mit theoretischen Zugängen können Ergebnisse wechselseitig gestützt und überprüft werden. So kann eine Simulation Ergebnisse liefern, „die einen heuristischen Wert für die Suche nach analytischen Lösungen haben können" (Biehler & Maxara 2007, S. 46).

Zu (3): Ist die analytische Lösung eines Problems zu komplex oder nicht bekannt, dann werden in der Praxis häufig Simulationen zur Problemlösung eingesetzt. Mit dem Einsatz von Computern ist die Simulation damit auch eine anerkannte Methode zur Forschung und Problemlösung geworden.

Maxara (2009, S. 24 ff.) hat diese Begründungen bzw. Perspektiven genauer analysiert. Insbesondere hebt sie hervor, dass Simulationen auch zum Aufbau konzeptuellen Wissens beitragen können, die die Lücke zwischen dem Verständnis von Konzepten und dem Benutzen von Konzepten überbrücken können. Diese oben genannten drei Begründungen bzw. Perspektiven führen zu unterschiedlichen unterrichtlichen Realisierungen. Dabei rückt die Frage in den Mittelpunkt, inwieweit Schüler den Umgang mit einer Werkzeugsoftware erlernen sollen, um auch selbstständig modellieren und simulieren zu können. Die gängigen Werkzeuge, wie Tabellenkalkulationsprogramme oder Computeralgebrasysteme, sind im Stochastikunterricht nicht optimal, da sich mit ihnen die nötigen Modellierungs- und Simulationsprozesse nicht elementar und flexibel genug nachbilden lassen. Biehler (1991, 1997) hat Anforderungsprofile an Werkzeugsoftware für den Stochastikunterricht entwickelt. Die Software FATHOM erfüllt eine Vielzahl der gestellten Anforderungen und hat sich als flexibles adaptives Werkzeug für die Hand der Schüler und Lehrer erwiesen. Die in den USA entwickelte Werkzeugsoftware FATHOM ist 2006 für deutsche Schulen und Hochschulen adaptiert worden

(Biehler et al. 2006). In der Arbeitsgruppe Biehler sind seitdem eine Reihe von Unterrichtsideen und Konzepten zum Einsatz von Simulationen im Stochastikunterricht entwickelt und veröffentlicht worden (KaDiSto-Reihe der Universität Kassel[71]). Maxara (2009) hat eine theoretische Werkzeuganalyse von FATHOM hinsichtlich des Unterstützungspotenzials beim Aufbau, der Durchführung und Auswertung der Simulation von Zufallsexperimenten durchgeführt.

„Das wesentliche Potenzial der Software FATHOM lässt sich in folgenden drei Punkten zusammenfassen:

1.   FATHOM ist ein Werkzeug zur Konstruktion und Repräsentation von stochastischen Modellen, z. B. durch Zufallsmaschinen oder die Option des Stichprobenziehens, die Zufallsmodelle repräsentieren.
2.   Es ist ein Werkzeug zur Simulation. Wahrscheinlichkeiten können durch relative Häufigkeiten näherungsweise bestimmt werden. Verteilungen von Zufallsgrößen können durch ihre empirischen Verteilungen angenähert werden.
3.   FATHOM ist weiterhin ein Werkzeug zum Experimentieren mit dem Modell, das anstelle der Realität und/oder anstelle des symbolisch-mathematischen Modells genutzt werden kann." (Maxara 2009, S. 206)

Maxara (2009) kommt, aufgrund ihrer Analyse, allerdings auch zu dem Ergebnis, dass „die Handhabung der Werkzeuge und Tools kognitiv anspruchsvoll" sei und „über den intuitiven Gebrauch hinaus bestimmtes Wissen" erfordere, um „die Werkzeuge und Objekte sinnvoll einsetzen zu können." (Maxara 2009, S. 206) Der Aufbau eines solchen konzeptuellen Wissens benötige entsprechende didaktische Unterstützungen (vgl. auch Kap. 2.3).

Engel & Sedlmeier (2005) heben den Einsatz von Simulationen im Stochastikunterricht aus lerntheoretischer Sicht hervor:

„The acquisition of valid statistical (secondary-) intuitions can be realized as a gradual process only, for example by guiding learners gradually through experiments in games and simulation situations to a more formal way of representation." (Engel & Sedlmeier 2005, S. 176)

Am Anfang des Stochastikunterrichts sollten, auch in der Sekundarstufe II, eigene Aktivitäten mit Zufallsexperimenten stehen, wie Planung und Durchführung von Experimenten, Simulationen und Demonstrationen sowie die Konstruktion und Interpretation von Modellen. Engel (2002) hat ein 5-Stufen-Modell zum Lernen von Stochastik mittels Simulationen aufgestellt:

---

[71]   URL: https://kobra.bibliothek.uni-kassel.de/handle/urn:nbn:de:hebis:34-200602016179/simplesearch?query=Kadisto.

> "1.   Introduction of a „real-world" problem involving some observations of reality or experiment
>
> 2.   Building a simulation model based on a physical or software based random number generator
>
> 3.   Generating and analyzing data, including simulation-based inferences
>
> 4.   Critical evaluation of conclusions and reflection on the impact of our assumptions by referring simulation results to the reality based problem we started with
>
> 5.   Analysis based e.g. on combinatorial arguments and formal probability depending on formal mathematical level of students." (Engel & Sedlmeier 2005, S. 176)

Damit wird eine Reihenfolge vorgeschlagen, in der die Kombinatorik und weitere formale Elemente der Stochastik eher nach hinten rücken. An dieser Abfolge ist aber auch klar erkennbar, wie notwendig eine gut durchdachte Einbindung von Simulationen in den Stochastikunterricht ist, denn Simulationen per se erklären noch nicht die hinter den Phänomenen liegende Theorie. Sie können unter Umständen sogar zu falschen Vorstellungen führen, wie Hodgson & Burke (2000, S. 93) feststellten. In einer Befragung, unmittelbar nach einer Aktivität zum *sampling distribution concept* und zum *central limit theorem,* brachte ein Drittel der Befragten ihre Überzeugung zum Ausdruck, dass man viele Stichproben ziehen müsse, um statistisch gültige Schlüsse ziehen zu können. Follow-up Interviews deuteten an, dass sich diese Überzeugungen direkt auf die unterrichtliche Aktivität bezogen. Hodgson & Burke (2000) verweisen darauf, dass Schüler dazu angehalten werden müssen, wichtige von weniger wichtigen Eigenschaften bei Simulationen zu unterscheiden. Sie schlagen dazu ein vierstufiges Unterrichtsmodell vor, um die konzeptuellen Grundlagen von Stochastik zu verstehen und Simulationen zu einem effizienten Instrument zum Lernen und Lehren von Stochastik zu machen (vgl. Hodgson & Burke 2000, S. 94-96):

- Vorbereitende Maßnahmen: Vor der Schüleraktivität sollte der Blickpunkt der Schüler auf das Wesentliche gelenkt werden.

- Informelle Auswertung und Rückmeldung: Während der Schüleraktivität sollte die Lehrperson in Gesprächen mit den Schülern deren Vorstellungen herausfinden, um ggf. auf Fehlvorstellungen entsprechend reagieren zu können.

- Zusammenfassungen und Kurzerläuterungen: Nach der Schüleraktivität sollen Schüler eine gemeinsame Rückschau halten, um so ihren Verstehensprozess zu rekapitulieren und ggf. Fehlvorstellungen offen zu legen und zu korrigieren.

- Follow-up Übungen: Durch Modifizierungen der stochastischen Situation bzw. der Bearbeitung ähnlicher Probleme lassen sich das inhaltliche Verständnis zu den erarbeiteten Begriffen, Konzepten und Verfahren vertiefen und das Behalten verbessern sowie die Bereitschaft zur Anwendung dieser korrekten fachlichen Sekundärintuitionen in anderen Kontexten erhöhen.

Batanero und Sanchez (2005, S. 260) heben hervor, dass Simulationen bei Schülern ein Verständnis der Komplementarität von klassischer, frequentistischer und subjektiver Sichtweise von Wahrscheinlichkeit erlaube. Mit Verweis auf Mills Research Review (2002) formulieren sie zwei Hauptthesen zur Rolle von Simulationen im unterrichtlichen Einsatz:

„(a)   Simulation is being used in all areas of statistics, from elementary concepts to Bayesian methods or time series.

(b)   There is an overall consensus that simulations appear to facilitate students' understanding."
(Batanero & Sanchez 2005, S. 260)

Gleichzeitig stellen Batanero & Sanchez (2005, S. 260) fest, dass es noch zu wenige Forschungen gebe, die das Verständnis der Schüler zu Simulationen analysieren. Dies bestätigt auch die Literaturrecherche von Maxara (2009, S. 211 ff.) zum Stand der empirischen Untersuchungen zur Rolle von Simulationen in der Stochastikausbildung. Als Fazit ihrer Analyse dieser Studien formuliert Maxara (2009, S. 246) drei Grundsätze für den Umgang mit Simulationen in der Lehr- und Lernpraxis:

-    „Das Konzeptuelle Verständnis kann verbessert werden, wenn Lernende Prognosen zu den stochastischen Situationen abgeben und diese dann selbst überprüfen...
-    Das Lernen wird unterstützt, wenn sich die Lernenden ihrer Fehlvorstellungen bewusst sind, mit diesen konfrontiert werden und durch strukturierte Aktivitäten ihre eigenen Vorstellungen mit den simulierten Ergebnissen in Zusammenhang bringen...
-    (Inter-) Aktives Arbeiten mit Simulationen ist effektiver als das bloße Vorführen von Simulationen..." (Maxara 2009, S. 246)

Zimmerman & Jones (2002) haben in ihrer empirischen Studie stochastische Vorstellungen und Haltungen (*beliefs*) herausgearbeitet, die Schüler im Umgang mit Simulationen entwickeln können:

"*Perception* of the need for inherent assumptions in the simulation model..., *understanding* that the probability generator in the simulation model correspond to the probabilities of the given outcomes in the real problem...,*conviction* that the experimental probability will approach the theoretical probability if the number of trials is large enough." (Batanero & Sanchez 2005, S. 261)

Batanero & Sanchez (2005, S. 261) beschreiben, dass Zimmerman & Jones (2002) in ihrer Studie allerdings auch typische Fehlvorstellungen replizieren konnten, wie die Repräsentationsheuristik oder die Outcome-approach-Vorstellung. Neben diesen Fehlvorstellungen gibt es weitere Schwierigkeiten, auf die man im Umgang mit Simulationen achten sollte[72]:

---

[72]   Diese Schwierigkeiten beziehen sich auf eine Studie von Coutinho, C. (2001).

- „Difficulties in using software which is unfamiliar to the students add unnecessary complexity to simulation.

- Resistance to accept the data from simulations that were not personally carried out (for example, simulations made by a classmate).

- Difficulties in distinguishing the theoretical value of probability from its empirical estimation." (Batanero & Sanchez 2005, S. 261)

Welche allgemeinen Implikationen leiten Batanero & Sanchez (2005) für das Lehren und Lernen von Stochastik mit Hilfe von Simulationen ab?

- Orientieren an den Primärkonzepten der Schüler.

- Unterrichtssituationen herstellen, in denen Annahmen und Intuitionen der Schüler explizit werden können.

- Experimentieren und Simulieren als wichtige Funktionen zum Materialisieren von Zufallssituationen und zum Korrigieren von Schülerintuitionen.

- Wechselseitiges Prüfen von experimentell ermittelten Lösungen mit kombinatorischen Hilfsmitteln und der Wahrscheinlichkeitsrechnung.

- Umgang mit realen Daten zur Unterscheidung von empirischen Phänomenen und deren Beschreibung durch Wahrscheinlichkeitsmodelle.

- Einsatz einer leistungsfähigen und benutzerfreundlichen Software mit leicht zu erstellenden graphischen und numerischen Auswertungsmöglichkeiten (vgl. Batanero & Sanchez 2005, S. 262).

Die Implikationen von Batanero & Sanchez (2005) zur unterrichtlichen Rolle von Simulationen zielen eher darauf ab, dass Schüler mit vorgefertigten Simulationsumgebungen experimentieren. Mit den Ergebnissen dieser „experimental microworld environments" sollen Schüler ihre eigenen Primärintuitionen überprüfen und gegebenenfalls Fehlvorstellungen korrigieren können. Die Arbeitsgruppe Biehler favorisiert durch die Nutzung von FATHOM als Werkzeugsoftware einen anderen Ansatz zur Rolle von Simulationen im Unterricht. Der Anspruch ist, dass Schüler eigenständig simulieren können. Dazu müssen sie selbständig eine stochastische Situation als Simulation modellieren können sowie die Simulation durchführen und auswerten können. Der Aufbau konzeptuellen Wissens zu diesen Simulationsprozessen bedarf instruktionaler Unterstützung und deren empirische Erforschung (vgl. Kap. 2.3, Kap. 5 und 6).

3.3 Konzeptionelle Grundlagen

Das GESIM-Konzept ist im forschungsmethodischen Rahmen des *Design-Based Research* verankert (siehe Kap. 4.2). In diesem Kapitel werden nun drei Aspekte genauer beschrieben, die das Design des GESIM-Konzeptes wesentlich beeinflusst haben. Der Simulationsvorkurs von Meyfarth (2008) ist die konzeptionelle Vorlage für das GESIM-Konzept als Unterrichtskonzept. Man kann es im Sinne des *Design-Based Research* als eine erste Variante von GESIM[73] bezeichnen. Die Lernumgebung eFATHOM bildet den konzeptionellen Kern, um den herum das GESIM-Konzept entwickelt wurde. Das ASPB-Konzept bildet schließlich die konzeptionelle Rahmung für die konkrete Umsetzung als Unterrichtskonzept. Die bereits in Kapitel 2 beschriebenen inhaltlichen Design-Ideen und deren Umsetzung im GESIM-Konzept werden vor dem Hintergrund dieser drei konzeptionellen Aspekte genuin nachvollziehbar.

3.3.1 Der Simulationsvorkurs von Meyfarth

Meyfarth (2006, 2008b) hat für die Sekundarstufe II ein Unterrichtskonzept für den Leistungskurs Stochastik entwickelt und evaluiert, das auf dem unterrichtsbegleitenden Einsatz der Software FATHOM basiert. Dieses Unterrichtskonzept enthält drei Schwerpunkte, für die kommentierte Unterrichtsmaterialien entwickelt und veröffentlicht wurden:[74]

- Einstieg in die Stochastik mit Simulationen,
- Binomialverteilung,
- das Testen von Hypothesen.

Meyfarth beschränkt seine wissenschaftliche Untersuchung auf den ersten Teil des Unterrichtskonzeptes, den Meyfarth als Simulationsvorkurs bezeichnet (vgl. Meyfarth 2008b, S. 2). Die Ziele formuliert er wie folgt:

„Die Ziele der Arbeit liegen auf zwei miteinander verknüpften Ebenen:

1. Es soll ein praktisch umsetzbares Unterrichtskonzept mit geeigneten Unterrichtsmaterialien für den Simulationsvorkurs entwickelt werden. Dieses Unterrichtskonzept wird im Rahmen der Arbeit ausführlich dargestellt sowie didaktisch und methodisch begründet. Auch für den weiteren Verlauf des Kurshalbjahres sollen Vorschläge gemacht werden,

---

[73] Es sei an dieser Stelle noch einmal die Bedeutung der Bezeichnung GESIM angeführt: **Ganz**heitlicher **E**instieg in die **S**tochastik mit **Sim**ulationen. Dabei bezieht sich ‚ganzheitlich' auf die Vernetzung der Ebenen Werkzeugsoftware, Stochastik und Simulationen (vgl. Kap. 4.1).

[74] URL: https://kobra.bibliothek.uni-kassel.de/handle/urn:nbn:de:hebis:34-2006092214683.

wie die erworbenen Kompetenzen im Umgang mit der Werkzeugsoftware FATHOM bei den Unterrichtsschwerpunkten „Binomialverteilung" und „Testen von Hypothesen" geeignet genutzt werden können.

2. Im Rahmen empirischer Untersuchungen soll die Wirksamkeit des Unterrichtskonzeptes zum Simulationsvorkurs analysiert werden, um Stärken und gegebenenfalls weitere Entwicklungsmöglichkeiten des Unterrichtskonzeptes und des Unterrichtsmaterials zu identifizieren.

Die empirischen Untersuchungen sollen sich an folgenden, hier grob formulierten Fragestellungen orientieren:

- Wie gelingt der Erwerb der Simulations- und FATHOM-Kompetenzen im Simulationsvorkurs?
- Wie gelingt die Verknüpfung der Computersimulation mit der inhaltlichen Seite des Simulationsvorkurses?
- Welche Auswirkungen hat das Unterrichtskonzept auf die Motivation der Schülerinnen und Schüler?
- Wie gestalten sich die Phasen selbstständigen Lernens und Arbeitens am Computer?" (Meyfarth 2008b, S. 3 f.)

Die Meyfarth-Studie hat die Entwicklung des GESIM-Konzeptes maßgeblich beeinflusst. Ganz im Sinne des *Design-Based Research* sind die Untersuchungsergebnisse des Simulationsvorkurses in das Design des GESIM-Konzeptes eingegangen. Die Studie von Meyfarth lässt sich somit als Auftaktstudie in einem Zyklus des *Design-Based Research* verorten (vgl. Meyfarth 2008b, S. 4), in deren Zentrum die Beschreibung der Entwicklung und Erprobung innovativer Lehr- und Lernumgebungen, mittels werkzeuggestützter Simulationen, zu Beginn des Stochastikunterrichts in der Sekundarstufe II steht. Die Konzeption des Simulationsvorkurses ist auf den parallelen Erwerb verschiedener Kompetenzen ausgerichtet: (1) Werkzeugkompetenz, (2) Simulationskompetenz, (3) stochastische Kompetenzen. Mit (1) ist der Umgang mit der Software FATHOM gemeint, mit (2) das Modellieren stochastischer Probleme und mit (3) grundlegende stochastische Begriffe und Verfahren (vgl. Meyfarth 2008b, S. 21). Meyfarth zählt vier zentrale Argumente auf, warum der Einstieg mit einem Simulationsvorkurs didaktisch sinnvoll ist:

- „Durch den Simulationsvorkurs sollen stochastische Intuitionen aufgebaut werden, auf die im weiteren Verlauf des Kurses zurückgegriffen werden kann.
  [...] Die Lernenden können anhand der Simulationen mit Zufallssituationen experimentieren und geeignete Vorstellungen zu stochastischen Vorgängen und zu stochastischen Grundbegriffen, wie Wahrscheinlichkeit, Erwartungswert sowie Variabilität stochastischer Daten, und dem Begriff der Stichprobenverteilung aufbauen [...]

- Die Einführung von Simulationen lässt sich gut mit den zu Beginn des Kurses vorgesehenen Grundbegriffen der Stochastik verbinden.
  [...] In Bezug auf den Wahrscheinlichkeitsbegriff eröffnet der Simulationsvorkurs den Schülerinnen und Schülern gleich zu Beginn den frequentistischen Zugang zum Wahrscheinlichkeitsbegriff [...]

- Vorbereitung zentraler stochastischer Begriffe, Ausblick auf den weiteren Verlauf des Kurses

> `   [...] Die Gestaltung des Simulationsvorkurses ermöglicht ferner gleich zu Beginn des Stochastikkurses die Behandlung komplexer Aufgabenstellungen. So werden im Rahmen der vorliegenden Planung bereits in den ersten Wochen das Geburtstagsproblem, das Sammelbildproblem und verschiedene Erwartungswertaufgaben mit Hilfe von Simulationen behandelt [...]
>
> – Der Simulationsvorkurs ist gut geeignet für das Erlernen der Software FATHOM. [...] Ziel ist der flexible Umgang mit der Software zur selbstständigen Erstellung von Computersimulationen." (Meyfarth 2008b, S. 22 ff.)

Als ein zentrales Ziel des Simulationsvorkurses wird das „Erlernen der Erstellung und Auswertung von Computersimulationen mit FATHOM" genannt (Meyfarth 2008b, S. 49 f.). Als Grundlage für die Strukturierung und als Handlungsanleitung dient Meyfarths vereinfachtes 4-Schritt-Modell:

„1. Schritt	Modellierung des Zufallsexperimentes in FATHOM
2. Schritt	Definition der interessierenden Zufallsgrößen oder Ereignisse als Messgrößen
3. Schritt	Durchführen einer großen Anzahl dieser Zufallsversuche und Sammeln der Ergebnisse
4. Schritt	Visualisierung der Ergebnisse, graphische, tabellarische und rechnerische Auswertung der Simulationsergebnisse." (Meyfarth 2008b, S.49)

Des Weiteren geht Meyfarth auf die zur Erstellung einer Simulation in FATHOM notwendigen Kompetenzen ein. Nach Maxara und Biehler (2007) unterscheidet er dabei vier Bereiche: allgemeine FATHOM-Kompetenz, Simulationskompetenz, Formel-Kompetenz sowie strategische und generalisierende Kompetenzen. Unter *allgemeiner FATHOM-Kompetenz* wird eine Werkzeugkompetenz im engeren Sinne verstanden, die sich auf den Umgang mit den zu einer Simulation notwendigen Objekten und deren Anordnung in dem Arbeitsbereich bezieht. Als *Simulationskompetenz* wird die Modellierung einer stochastischen Situation als Simulation entlang des 4-Schritt-Modells bezeichnet. *Formel-Kompetenz* meint den Umgang mit dem Formeleditor in FATHOM. Dabei weist Meyfarth eine hierarchische Stufung des verständigen Umgangs mit dem Formeleditor aus: Bedienung, Syntax, Semantik. Problematisch ist, dass in den Simulationsinterfaces der Software spezifische Anforderungen an den Umgang mit dem Formeleditor gestellt werden. In den als *strategische und generalisierende Kompetenzen* ausgewiesenen Bereich fallen Kontroll- und Debugging-Strategien, die für das Erlernen einer Software von enormer Bedeutung sind.

Neben dem 4-Schritt-Modell für das Erstellen und Auswerten einer Simulation in FATHOM wird mit den Schülern die Erstellung eines Simulationsplans als Mittel zur Rückschau und Ergebnissicherung vereinbart und besprochen. In diesem soll die konkrete Umsetzung des 4-Schritt-Modells für die jeweilige stochastische Situation konkret beschrieben werden. Den Schülern wird für die Einstiegsaufgabe ein ausgearbeitetes Beispiel an die Hand gegeben (vgl. Meyfarth 2008b, S. 58). Den Schülern ist freigestellt, ob sie den Simulationsplan vor, während oder nach der Arbeit am Computer ausfüllen. Mit dem Simulationsplan wird der gesamte Aufbau der Simulation noch einmal aufgeschrieben und erläutert. Er dient damit in besonderer Weise als Ergebnissicherung, da der Lösungsprozess dokumentiert wird. Während der Niederschrift kann der Lösungsprozess noch einmal bewusst reflektiert werden.

Meyfarth verwendet als Simulationsmethode nur die der sequenziellen Simulation und begründet diese Einschränkung. Denn mit dieser Simulationsart ließen sich fast alle der in der Oberstufe zu behandelnden stochastischen Probleme mit einem geringen Vorrat an Formeln bearbeiten (vgl. Meyfarth 2008b, S. 62). Der Aufbau des Simulationsvorkurses gliedert sich bei Meyfarth in drei Bestandteile (vgl. Meyfarth 2008b, S. 93):

1. Einstieg in Simulationen, am Beispiel eines Multiple-Choice-Tests (Unterrichtsstunden U1 bis U3),
2. Würfelprobleme, Grundbegriffe und empirisches Gesetz der großen Zahlen (Unterrichtsstunden U4 bis U10),
3. Selbstständige Bearbeitung verschiedener stochastischer Probleme mit Simulationen (Unterrichtsstunden U11 bis U15).

Zu deren Ausgestaltung werden neben der Konzeption und Unterrichtsgestaltung ausführlich zwei wesentliche Komponenten dargestellt, die Simulations- und FATHOM-Kompetenz und die stochastischen Inhalte, die auf verschiedenen Ebenen behandelt werden (vgl. Meyfarth 2008b, S. 63 ff.):

- Grundlegende stochastische Begriffe und Laplace-Wahrscheinlichkeit,
- frequentistischer Zugang zum Wahrscheinlichkeitsbegriff,
- Modellierung einer stochastischen Situation als Computersimulation,
- Intuitives Verständnis für stochastische Situationen und Begriffe.

Dabei verweist Meyfarth darauf, dass die statistische Streuung von Ergebnissen und das Gesetz der großen Zahlen bei der wiederholten Durchführung von Computersimulationen ständige Begleiterscheinungen des Simulationsvorkurses sind. Visualisiert wird die statistische Streuung über einfach zu erzeugende Häufigkeitsverteilungen in FATHOM. Über den Umgang mit den Computersimulationen können die Lernenden ein intuitives Verständnis für den Einfluss des Stichprobenumfangs auf die Streuung der relativen Häufigkeiten erwerben. Das empirische Gesetz der großen Zahlen wird als expliziter Unterrichtsgegenstand ausgewiesen. Computersimulationen bieten den Anlass, zentrale stochastische Begriffe über deren Häufigkeitsinterpretation einzuführen und zu behandeln. Dazu zählen die Begriffe Wahrscheinlichkeit, Erwartungswert, Zufallsgröße und Wahrscheinlichkeitsverteilung einer Zufallsgröße (vgl. Meyfarth 2008b, S. 70).

Meyfarth stellt in seiner Studie die besondere Bedeutung des empirischen Gesetzes der großen Zahlen im Simulationsvorkurs heraus. Computersimulationen verbinden sowohl den klassischen als auch den frequentistischen Zugang zum Wahrscheinlichkeitsbegriff miteinander. Auf der Deklarationsebene des Modellzufallsexperimentes wird mit Zufallsgeneratoren gearbeitet, die zum Urnenmodell äquivalent sind: **ZufallsWahl()** und **GanzeZufallszahl()**. Bei einer Urnendefinition ist die Wahrscheinlichkeit als Anteil von Bedeutung, weil davon abgeleitet die Wahrscheinlichkeiten für interessierende Ereignisse bzw. Zufallsgrößenwerte frequentistisch geschätzt werden. Das dieser Schätzung unterliegende empirische Gesetz der großen Zahlen taucht im Simulationsvorkurs von Meyfarth in verschiedenen Facetten auf, (1) in der Schätzung einer bekannten Wahrscheinlichkeit, (2) in der Schätzung einer zunächst unbekannten (aber theoretisch ermittelbaren) Wahrscheinlichkeit, (3) in der Kombination von (1) und (2) als wechselseitige Stützung, (4) in der Schätzung des Erwartungswertes, (5) in der Stabilisierung einer Häufigkeitsverteilung. Diese fünf, dem Näherungsaspekt im Phänomenkomplex des empirischen Gesetzes der großen Zahlen zuzuordnenden Erscheinungsformen seien hier angegeben, da Meyfarth diese detailliert beschrieben hat:

1. „Kennt man die Wahrscheinlichkeit p eines Ereignisses E, so zeigt sich, dass sich die relative Häufigkeit h_N bei zunehmender Wiederholungsanzahl N der bekannten Wahrscheinlichkeit p annähert. Dieser Fall tritt z. B. beim N-fachen Münzwurf auf, bei dem die Wahrscheinlichkeit für das Ereignis „Zahl" mit $p = 0,5$ durch einfache logische Überlegungen klar gegeben ist.
2. Kennt man die Wahrscheinlichkeit p eines Ereignisses nicht, so zeigt sich bei zunehmender Wiederholungsanzahl N des Zufallsexperiments eine Stabilisierung der relativen Häufigkeit für dieses Ereignis. Führt man die Versuchsreihe mehrfach durch, so stabilisiert sich die relative Häufigkeit h_N stets gegen einen ähnlichen Wert. Hiermit kann man von einer Wahrscheinlichkeit p für das betrachtete Ereignis sprechen, welche durch die relative Häufigkeit abgeschätzt wird. Dieser Fall tritt z. B. beim N-fachen Wurf einer Reißzwecke auf, bei dem sich die Wahrscheinlichkeit für das Ereignis „Kopf" durch einfache logische Überlegungen nicht erschließen lässt.
3. Hat man ein zu einem Zufallsexperiment gehörendes Ereignis E, dessen Wahrscheinlichkeit p sich theoretisch berechnen lässt, so kann man die zugehörige Wahrscheinlichkeit p zum einen wie unter 2. rein empirisch bestimmen. Weiter hat man die Möglichkeit, die Wahrscheinlichkeit p theoretisch zu berechnen und dann wie unter 1. die Approximation dieser Wahrscheinlichkeit durch die relative Häufigkeit h_N zu beobachten. In diesem Fall kann der frequentistische Zugang zur Wahrscheinlichkeit in Verbindung mit Computersimulationen dazu benutzt werden, die theoretische Berechnung als Kontrolle des Simulationsmodells oder umgekehrt die Bestimmung der Wahrscheinlichkeit über eine Computersimulation als Kontrolle der theoretischen Berechnung zu verwenden.
4. Als Erweiterung gegenüber der in der Schule üblichen Verwendung tritt das Gesetz der großen Zahlen im Simulationsvorkurs auch bei der Stabilisierung des Mittelwerts $\bar{x}$ einer Zufallsgröße X und bei der Stabilisierung einer ganzen Häufigkeitsverteilung auf. Führt man ein Zufallsexperiment wiederholt durch und betrachtet den Mittelwert $\bar{x}$ einer zugehörigen Zufallsgröße X, so zeigt sich, dass sich dieser Mittelwert mit zunehmender Anzahl der Wiederholungen gegen den Erwartungswert $E(X)$ der Zufallsgröße stabilisiert (Krengel 1991, S. 149). Im Unterricht lässt sich beobachten, dass sich der Mittelwert bei erneuten Durchführungen der Versuchsreihe stets gegen einen ähnlichen Wert stabilisiert. Dies erlaubt die Einführung des Be-

griffs „erwarteter Mittelwert" bzw. „Idealwert", obwohl der Erwartungswert im Simulationsvorkurs nicht theoretisch behandelt wird. Dieser Fall tritt z. B. bei Gewinnspielaufgaben auf.

5. Führt man ein Zufallsexperiment wiederholt durch und betrachtet die Häufigkeitsverteilung
    einer zugehörigen Zufallsgröße X, so zeigt sich, dass sich diese Häufigkeitsverteilung mit zu-
    nehmender Anzahl N der Wiederholungen stabilisiert. Bei erneuten Durchführungen der Ver-
    suchsreihe stabilisiert sich die Häufigkeitsverteilung stets ähnlich. Dies erlaubt die Bestim-
    mung einer Wahrscheinlichkeitsverteilung der Zufallsgröße durch die Stabilisierung der
    Häufigkeitsverteilung bei zunehmender Wiederholungszahl N. Dieser Fall tritt z. B. bei der
    Binomialverteilung auf. Da es sich um eine Übertragung des Gesetzes der großen Zahl für die
    Stabilisierung der Häufigkeit eines Ereignisses gegen die zugehörige Wahrscheinlichkeit p auf
    alle zu einer Wahrscheinlichkeitsverteilung gehörenden Ereignisse handelt, ist dieser Fall intu-
    itiv klar." (Meyfarth 2008b, S. 66-67)

Meyfarth (2008b) benennt verschiedene Probleme, die im Verlauf des Simulationsvorkurses auf verschiedenen Ebenen auftraten. Diese bildeten einen wesentlichen Anknüpfungspunkt für die, ganz im Sinne des *Design-Based Research* ge-
staltete weitere Überarbeitung, hin zu dem hier vorliegenden Einführungskurs:

„Ebene der Simulations- und FATHOM-Kompetenz:
- Probleme bei der Definition von Messgrößen: diese Probleme lassen sich in drei unter-
  schiedliche Bereiche einteilen:
    o Schwierigkeiten beim Auffinden des Werkzeuges Messgröße auf der FATHOM-
      Oberfläche („Lokalisierungsproblem"),
    o Problem der stochastischen Modellierung, die Bedeutung der Messgröße im
      Rahmen des vierschrittigen Prozessmodells ist unklar,
    o Probleme bei der Umsetzung einer Messgröße über eine geeignete Formel,
- Zweckentfremdung kategorialer Auswertungstabellen,
- Verwechselung der Wiederholungsanzahl n eines mehrstufigen Zufallsversuchs mit der
  Anzahl N der Simulationsdurchgänge („n-N-Verwechselung"),
- Wahl ungeeigneter Bezeichnungen,
- Probleme beim semantischen Verständnis neu eingeführter Befehle,
- Fehlende Verinnerlichung der Visualisierung der Häufigkeitsverteilungen im Sinn einer
  Kontrolle der Wahrscheinlichkeitsschätzungen.

Ebene der stochastischen Kompetenz:
- Problem der begrifflichen Verwechselung zwischen relativer Häufigkeit und Wahrschein-
  lichkeit bei der Wahrscheinlichkeitsschätzung durch die Simulation,
- Problem der Verbindung der FATHOM-Kompetenz mit der stochastischen Kompetenz,
  im Sinne einer mangelnden oder fehlenden stochastisch-inhaltlichen Interpretation der
  Ergebnisse.

Designebene:
- Problem des selbstständigen Arbeitens mit den Kurzanleitungen zu den Würfelaufgaben,
- Problem der „Abarbeitung" von Teilaufgaben, ohne eine stochastisch-inhaltliche Interpre-
  tation des in der Aufgabe behandelten Kontextes vorzunehmen." (Meyfarth 2008b, S. 99)

3.3.2   Die Lernumgebung eFATHOM

Der unterrichtliche Einsatz einer Stochastik-Software kann auf verschiedenen
Ebenen erfolgen, u. a. als reines Demonstrationsmedium für die Lehrperson, zur

Exploration von Teilproblemen in Form vorgefertigter Lernumgebungen oder zum selbstständigen Lösen stochastischer Probleme. Verfolgt man das Ziel, dass Schüler selbstständig mit der Werkzeugsoftware FATHOM stochastische Probleme modellieren und simulieren können, dann ist für das Erlernen des Umgangs mit dieser Software genügend Lernzeit einzuplanen. Da dies aus den Erfahrungen aus früheren Studien (vgl. Meyfarth 2008b) heraus in der Unterrichtszeit nicht effektiv möglich ist, wurde in der Arbeitsgruppe Biehler die multimediale Lernumgebung eFATHOM entwickelt. Sie bietet einen aktiven und beispielorientierten Einstieg in die dynamische Stochastik- und Datenanalysesoftware FATHOM und ist im Rahmen der Dissertation von Tobias Hofmann an der Universität Kassel konzipiert und entwickelt worden. Ziel ist es, den Einstieg in den Umgang mit der Werkzeugsoftware FATHOM in heterogenen Lerngruppen zu erleichtern (vgl. Hofmann 2007, 2010, 2011).[75]

Die Lernumgebung eFATHOM besteht aus vier Modulen, in denen schrittweise wesentliche FATHOM-Kompetenzen erarbeitet werden:

- Modul 1 - Basiskompetenzen im Umgang mit FATHOM,
- Modul 2 - Nutzung von FATHOM zur Darstellung und Analyse von Daten,
- Modul 3 - simultane Simulation mit FATHOM,
- Modul 4 - Simulation durch Stichprobenziehen aus virtuellen Urnen.

Jedes Modul von eFATHOM ist in Lerneinheiten unterteilt, die entweder linear durchlaufen oder zum „Schnuppern" bzw. Nachschlagen selektiv angesteuert werden können. Die Kern-Lerneinheiten sind:

- „Praxis: Hier bekommt der Lernende anhand kurzer Tutorial-Videos die Funktionsweise von FATHOM vermittelt, und er wird angehalten, die vorgestellten Inhalte in Eigenregie praktisch in FATHOM nachzuvollziehen.
- Wissen: Hier werden die im Praxisteil vorgestellten Inhalte vertieft.
- Aufgaben & Anwendungen: Hier kann der Lernende das neu erworbene Wissen festigen und erweitern. Ihm werden einerseits Multiple-Choice-Aufgaben angeboten, bei denen er eine Rückmeldung über seine gegebenen Antworten erhält oder Arbeitsanweisungen, die er in FATHOM umzusetzen hat. Kommt er nicht weiter, kann er über die angebotenen gestuften Lernhilfen Rat suchen." (Hofmann 2007, S. 836)

Die nachfolgende Abb. 3.17 zeigt einen Ausschnitt aus dieser Lernumgebung.

---

[75] Die Lernumgebung ist über die folgende URL abrufbar:
http://eFATHOM.math.uni-paderborn.de/.

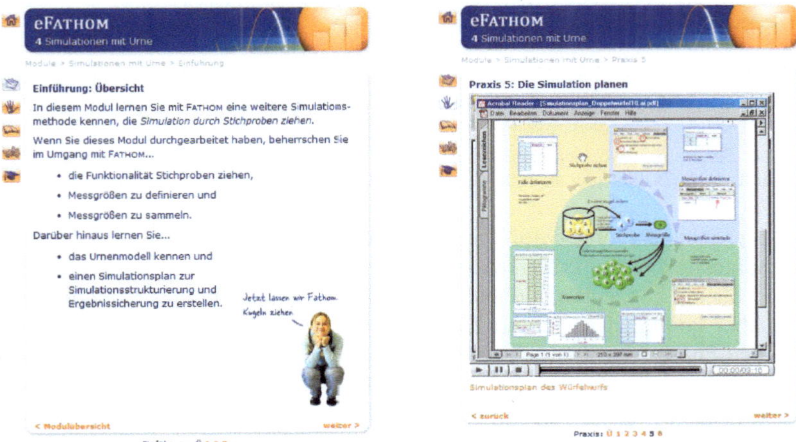

Abb. 3.17 Auszug aus Modul 4 in eFATHOM: links: Einführung, rechts: Praxis-Video (Hofmann, URL: http://eFATHOM.math-uni-paderborn.de/)

Neben der gestalterischen Orientierung an den gängigen Multimedia-Prinzipien wurde bei der Konzeption und Entwicklung auf folgende spezifische Prinzipien geachtet: paralleles Arbeiten, multifunktionale Nutzung, wenig Text, intuitive Bedienung, übersichtlich ansprechende Gestaltung:

- „*Paralleles Arbeiten:* Der Lernende soll die Möglichkeit haben, zu jeder Zeit beide Programmfenster, das von eFATHOM als auch das von FATHOM, im Blick zu haben, um in beiden Programmen gleichzeitig arbeiten zu können.

- *Video-Tutorials*: Die wesentlichen Lerninhalte sollen über Tutorial-Videos dargeboten werden.

- *Wenig Text:* Auf langen Fließtext soll weitgehend verzichtet werden...

- *Ansprechendes Layout*: Die Lernumgebung soll funktional und zeitgemäß gestaltet sein.

- *Intuitive Bedienung*: Der Lernende soll eine Umgebung vorfinden, in der er sich ohne lange Einarbeitung schnell zurechtfindet." (Hofmann 2010, S. 414 f.)

3.3.3 Die ASPB-Struktur

Die Rahmung für die inhaltliche Struktur und den Aufbau des GESIM-Konzeptes in den Unterrichtsstunden bildet ein unterrichtliches Vorgehen in vier Phasen. Diese methodische Strukturierung nimmt die Vorschläge auf, die Borneleit et al. (2001) in ihrer Expertise beschrieben haben.

„1.   Phase: *Auftragsübergabe* (die Problemstellung wird vom Lehrer erläutert, ohne aber irgendwelche Lösungs- oder Methodenhinweise zu geben).

2.   Phase: *Selbstständig-produktives Erschließen* (einzeln oder in Gruppen arbeiten die Schüler an gestellten Problemen).

3.   Phase: *Präsentations-Situation* (einzelne Schüler präsentieren ihre Ergebnisse, die verschiedenen Lösungswege werden diskutiert).

4.   Phase: *Besprechungs-Situation* (der Lehrer fasst die Ergebnisse zusammen, ergänzt, klärt, vertieft, …).“ (Borneleit et al. 2001, S. 84)

Diese Unterrichtsrahmung wird kurz als ASPB-Konzept (Auftragsübergabe, Selbstständiges Arbeiten, Präsentation, Besprechung) bezeichnet und bildet die Grundlage für die konzeptionelle und inhaltliche Ausgestaltung des Einführungskurses. Dabei kommt den sich an die selbstständigen Schülerarbeitsphasen anschließenden Phasen der Präsentation und Besprechung besondere Bedeutung zu, denn nur in ihnen kann der Übergang von Einzelwissen zu einem geteilten, regulären Wissen der Lerngruppe gelingen (vgl. Ruf & Gallin 2005, Ruf et al. 2008).

3.4   Lerntheoretische Grundlagen

Das GESIM-Konzept lässt sich in der mathematikdidaktischen Lehr- und Lernforschung als *Design-Based Research* verorten.[76] In diesem Kapitel werden die wesentlichsten lerntheoretischen Aspekte, die das Design des GESIM-Konzeptes mit beeinflusst haben, soweit diskutiert, wie sie für das Verständnis des GESIM-Designs notwendig sind. Dies unterstreicht einerseits die besondere Rolle von Lerntheorien für die Konzeption geeigneter Lernumgebungen. Andererseits ist es nicht Anliegen dieser Arbeit, diese Lerntheorien erschöpfend zu behandeln.

Aspekte der Conceptual Change Theory (CCT)

Mit dem Ausdruck „conceptual change“ wird in der Lerntheorie eine Form des Lernens beschrieben, bei der neue Informationen in Konflikt mit den primären Vorstellungen der Lerner geraten. Gerade im Bereich der Stochastik sind Vorstellungen der Schüler sehr stark von ihren Alltagserfahrungen geprägt. Diese Vorstellungen stehen jedoch teilweise konträr einer korrekten mathematischen Sichtweise gegenüber, so dass der Lernprozess nicht einfach, wie sonst üblich, additiv erfolgen kann. Die Transformation einfacher naiver Konzepte in fachlich adäquate Konzepte wird auch als *concept learning* bezeichnet. Der von Posner et al. (1982) vornehmlich für die Naturwissenschaften entwickelte Ansatz zielte auf ein Ersetzen der naiven Konzepte durch fachlich adäquate Konzepte. Für das Gelingen

---

[76] Die Forschungsmethode selbst und der konkrete Forschungsansatz werden in Kapitel 4.2 beschrieben.

dieses *Replacement*-Prozesses wurden vier Bedingungen genannt, die von Vosniadou & Verschaffel (2004) so zusammengefasst wurden:

„(a) There must be dissatisfaction with existing conceptions, (b) the new conception must be intelligible, (c) the new conception must appear initially plausible and (d) the new concept should suggest the possibility of a fruitful program." (Vosniadou & Verschaffel 2004, S. 446)

Dieser Ansatz von Posner et al. wurde mehrfach als zu einfach kritisiert (Caravita & Halden 1994, Vosniadou 1999) und entsprechend weiterentwickelt. Empirsche Studien haben gezeigt, dass die durch Fachunterricht erworbenen Vorstellungen die vorunterrichtlichen Vorstellungen nicht einfach ersetzen. Beide Vorstellungen existieren als eigenständige Wissenskonstrukte weiter und werden alternativ, je nach Kontext, aktiviert und benutzt (Prediger 2005). Ziel ist, dass Lernende situationsangemessen die gewünschten fachlichen Konstrukte aktivieren, wobei sich der Schwerpunkt eindeutig in die Richtung der fachlich korrekten Sichtweise verlagern sollte. Die Alltagsvorstellungen sollen in diesem Lernprozess auch als Ressource dienen. Ansätze für den Mathematikunterricht liefern u. a. die Arbeiter von Vosniadou & Verschaffel (2004). Der Transformationsprozess *concept learning* lässt sich daher folgendermaßen beschreiben:

„…as a process of enrichment, organisation, reorganisation and refinement of knowledge, and as the development of the ability to use scientific concepts and ways of thinking when appropriate. Because everyday contexts do not inform students about the underlying principles of phenomena, students need to reconstruct phenomena with scientific concepts and theories and fragmented knowledge needs to be organized in a coherent structure." (van Boxtel et. al 2000, S. 312)

In Van Boxtel et al. (2000) wird dafür plädiert, verschiedene Sichtweisen[77] zum *concept learning* zu verbinden. Der Verständnisgrad von Konzepten hänge wesentlich davon ab, wie diese in bestimmten Aktivitäten und Designs eingebunden sind. Gerade das kooperative Lernen in Dyaden (peer groups) habe das Potenzial, Schüler zu Aktivitäten[78] zu bewegen, die besonders wertvoll für den *concept learning* Prozess sind:

„…verbalization of their understanding of the concepts, (collaborative) reasoning with scientific concepts, the asking and answering of questions, the elaboration of conflicts and the generation, comparison and evaluation of explanations." (van Boxtel et al. 2000, S. 314)

Allerdings gebe es keine Garantie für einen qualifizierten Diskurs in einer kooperativen Lernumgebung. Die Qualität von Kommunikation und sozialer Interaktion

---

[77] Damit sind verschiedene Aspekte der individuellen Wissenskonstruktion gemeint: mental models, memory schemata, social-cultural activities (vgl. van Boxtel 2000, S. 312).

[78] Auf die empirischen Untersuchungen wird in van Boxtel et al. (2000, S. 313) Bezug genommen.

in Lerndyaden hänge von der Kompetenz der Beteiligten, deren gleichberechtigter Teilhabe am Lösungsprozess und von der Aufgabe selbst bzw. der Einstellung der Beteiligten zur Aufgabe ab. Sind für das Lösen einer Aufgabe viele Schritte nötig, so verschiebe sich der Fokus auf die Bewältigung der Aufgabe und liege weniger auf dem Verständnis des unterliegenden Konzeptes. Dies führe zu einer eher technischen Kommunikation der Beteiligten (vgl. van Boxtel et al. 2000, S. 314).

Eine Möglichkeit, dem entgegenzuwirken, liegt in der bewussten Sequenzierung der Bearbeitung stochastischer Probleme in offline-Arbeitsphasen ohne Computereinsatz und online-Arbeitsphasen mit Computereinsatz. Eine weitere Möglichkeit ist das Bewusstmachen der unterliegenden Konzepte in der sich der Schülerarbeitsphase anschließenden Präsentations- und Besprechungsphase. Beide Möglichkeiten sind im GESIM-Konzept verankert (vgl. Kap. 2.1 und Kap. 2.2).

Aspekte der Cognitive Load Theory (CLT)

Ausgangspunkt für die CLT ist die Annahme, dass beim Lernenden ein begrenzt aufnahmefähiges Kurzzeitgedächtnis (Arbeitsspeicher) mit einem unbegrenzten Langzeitgedächtnis verbunden ist und dass die Konstruktion von Schemata[79] die Belastung des Arbeitsspeichers reduziert. Hintergrund ist, dass der Arbeitsspeicher zwar in der Anzahl der parallel zu verarbeitenden Informationen begrenzt ist, aber nicht in deren Komplexität. Die Frage ist, wie Lernumgebungen zu gestalten sind, dass sie die kognitive Belastungsgrenze (CL) eines Lernenden nicht übersteigen. Faktoren, die die CL beeinflussen, sind in Abb. 3.18 dargestellt.

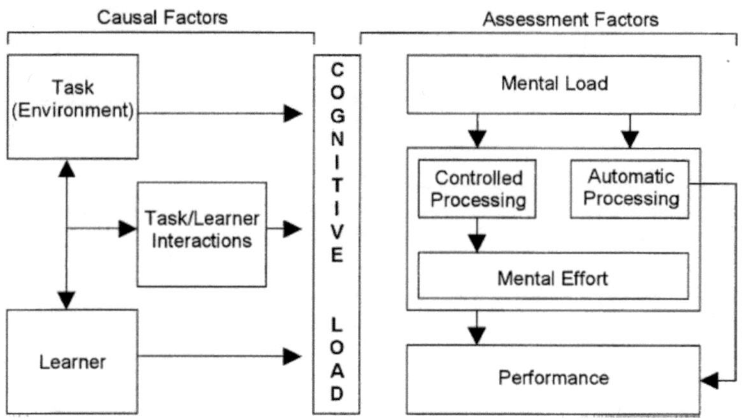

Abb. 3.18 Einflussfaktoren auf den Cognitive Load (Kirschner 2002, S. 4)

---

[79] Für nähere Details zur scheme theory sei auf Chi, Glaser & Rees (1982) verwiesen.

CLT beschreibt drei Arten kognitiver Belastung: den Inhalt des Lernmaterials (intrinsic CL) selbst, die Art und Weise der Darstellung und Gestaltung (extraneous CL) und den notwendigen Aufwand, um das Material zu verstehen (germane CL). Die Bedeutung von germane CL für das Lernen liegt in Folgendem begründet:

„Germane CL is required for the construction and storage of schemata into long-term memory. The construction of adequate and rich schemata is especially important in complex learning tasks where it will require more effort, because the elements contained by the to-be-learned material are highly interconnected." (Kirschner 2002, S. 4)

Der instrinsic CL kann nicht modifiziert werden. Germane CL und extraneous CL lassen sich jedoch durch das Instruktions-Design beeinflussen. Durch die Bedeutung des germane CL für den Aufbau von Schemata, muss der extraneous CL durch die Gestaltung und den Einsatz von adäquaten Lernmaterialien verringert werden.

Sweller und andere (Paas, Renkl & Sweller 2003, 2004; Sweller 1999) haben in ihren Studien festgestellt, dass nicht geleitetes Erkunden einer hochkomplexen Lernumgebung zu einer starken Beanspruchung des Arbeitsgedächtnisses führt. Da die Kapazität des Arbeitsgedächtnisses begrenzt ist, kann sich zum Beispiel das Erlernen einer komplexen Simulationsmethode als schwierig gestalten, wenn keine geeigneten instruktionalen Unterstützungen zur Verfügung stehen. Denn den Simulationsanfängern fehlt dadurch ein adäquates Schema, mit dem sie die neuen Informationen mit ihrem bisherigen Wissen verknüpfen bzw. verankern können. Das Ziel besteht demzufolge darin, Lernenden geeignete Unterstützungsmittel zur Verfügung zu stellen, die diesen Cognitive Load verringern und eine Speicherung im Langzeit-Gedächtnis ermöglichen (vgl. Kirschner et al. 2006, S. 3).

Zu diesen direkten Instruktionen („directly guided instructions") zählen die worked examples. Diese ausgearbeiteten Beispiele ermöglichen ein eigenständiges Entdecken der Lösung bei einem artverwandten Problem. Der *worked example effect*, der auf der CLT basiert, hat in vielen kontrollierten Studien seine Überlegenheit gegenüber der minimalen Anleitung gezeigt. Dies lässt sich mit der Struktur und Arbeitsweise unseres Gedächtnisses begründen. Die Lösung eines Problems erfordert eine gewisse Suche, die Ressourcen im Arbeitsgedächtnis beansprucht. Im Extremfall ist das Arbeitsgedächtnis mit Aktivitäten beschäftigt, die vom eigentlichen Lernziel weit entfernt sind. Im Gegensatz dazu führen ausgearbeitete Beispiele dazu, dass Lernende erkennen, welche Aktivitäten für die Problemlösung wichtig sind. Dies ist die Basis für den Erwerb von Schemata für die Lösung von solchen Problemen, die im Langzeitgedächtnis abgespeichert werden können. Wesentlich dabei ist, dass die ausgearbeiteten Beispiele eine einfache und vergleichbare Struktur aufweisen, die durch gewisse Redundanzen die Ausbildung solcher Schemata fördern (vgl. Kirschner et al. 2006, S. 5).

Eine andere Möglichkeit direkter Instruktionen sind die prozessbegleitenden Arbeitsblätter („*process worksheets*"). Solche Arbeitsblätter stellen eine Beschreibung der Phasen dar, die man zur Problemlösung durchlaufen sollte. Sie sind vergleichbar mit Tipps oder Faustregeln, die Lernenden dabei helfen, jede der Phasen erfolgreich zu durchlaufen. Nadolski, Kirschner und Merrienboer (2005) haben in ihrer Studie eine deutliche Steigerung der Lösungsqualität bei Verwendung von *process worksheets* nachgewiesen.

Mit dem Simulationsplanschema und den ausgearbeiteten Lösungsbeispielen für die Simulationsmethode *Simulation durch Stichprobenziehen* (vgl. Kap. 2.3) ist im GESIM-Konzept ein der CLT adäquates instruktionales Design verankert.

Instrumental Approach[80]

Trouche (2004) beschreibt einen lerntheoretischen Rahmen für die komplexe Interaktion zwischen Mensch und Werkzeug. Dabei greift er auf die von Rabardel (1995) getroffene Unterscheidung zwischen Artefakt und Instrument zurück. Ein Instrument sei demnach das psychologische Konstrukt eines komplexen Aneignungsprozesses eines Werkzeugartefakts.

„An instrument is a mixed entity, with a given component (an artifact, or the part of an artifact mobilized to realize a type of task) and a psychological component (the schemes organizing the activity of the subject)." (Trouche 2004, S. 289)

Schemata[81] werden als dynamisch funktionale Einheiten aufgefasst, die für die Aneignung eines bestimmten Werkzeuges (z. B. einer Software) charakteristisch sind. Ein Schema hat dabei drei Funktionen zu erfüllen: Es ermöglicht dem Nutzer bestimmte Aktionen durchzuführen, planerisch tätig zu werden und diese Dinge auch zu verstehen.

„In order to understand a scheme's function and dynamics, it is necessary to consider all of its components: the goals and the anticipations, the rules of action, gathering of information, control-taking and the operative invariants." (Trouche 2004, S. 286)

Operative Invarianten sind die in einem Schema enthaltenen impliziten Wissenskomponenten, sogenannte *theorems-in-action*. Diese bestimmen die durchzuführenden Tätigkeiten und in der Wiederholung solcher Tätigkeiten konstituiert sich ein subjektives Wissen über dieses Werkzeug. Diese instrumentelle Genese benötige gewisse Zeit und sei abhängig von den Möglichkeiten sowie Grenzen des Werkzeuges einerseits und den Aktivitäten, dem Wissensstand und den Arbeitsme-

---

[80] Zum Prozess der intrumental genesis: siehe Maxara (2009, S. 42 ff.).

[81] Für eine Klassifizierung der Schemata: siehe Trouche (2004, S.287-289).

thoden der Schüler andererseits. Man kann zwei Prozesse der Aneignung unterscheiden: *instrumentation process* (auf den Nutzer gerichtet) und *instrumentalization process* (auf das Werkzeug gerichtet).[82] Auf dieser Grundlage lässt sich folgendes Prinzip formulieren: Die Auffassungen des Nutzers vom Instrument bilden sich erst durch die Nutzung selbst heraus. Die instrumentelle Genese sollte durch geeignete externe Maßnahmen unterstützt werden. Trouche (2004, S. 296 ff.) verwendet dafür den Begriff instrumentelle Orchestrierung, die sich durch eine didaktische Konfiguration mit entsprechender Einsatzmethode auszeichnet. Dabei werden drei Stufen unterschieden:

- „The first level (that of the artifact itself)
- The second level (a psychological one) of an instrument or a set of instruments
- The third level (a 'meta' one) or the relationship of a subject with an instrument or a set of instruments." (Trouche 2004, S. 297)

Die Lernumgebung eFATHOM[83] stellt in diesem Sinne eine besondere Form der instrumentellen Orchestrierung dar. Sie deckt alle drei Stufen der instrumentellen Orchestrierung ab und ist als *computer learning environment* (CLE) ein wertvolles Produkt für den Aneignungsprozess der Werkzeugsoftware FATHOM als Instrument (siehe Kap. 3.3.2).

---

[82] Eine genaue Beschreibung dieser beiden Prozesse findet man in Trouche (2004, S. 289 ff.)

[83] Weitere Informationen zu eFATHOM unter: http://eFATHOM.math.uni-paderborn.de/.

4 Forschungsfragen, Ziele und Methoden

Dieses Kapitel ist das Bindeglied zwischen den vorangegangenen Kapiteln, die das GESIM-Konzept sowie dessen Grundlagen beschreiben, und den nachfolgenden Kapiteln, die die konkrete Umsetzung als Einführungskurs unter verschiedenen Aspekten analysieren. In Kapitel 4.1 werden die für den Untersuchungsgegenstand wesentlichen Wissenskonstruktionen beschrieben. Der mit dem GESIM-Konzept verbundene forschungsmethodologische Ansatz des *Design-Based Research* wird in Kapitel 4.2 erläutert. Daran anschließend werden in Kapitel 4.3 die Forschungsfragen, Ziele und Methoden der empirischen Studie vorgestellt. Die verwendeten Werkzeuge und Verfahren der Datenanalyse werden in Kapitel 4.4. erläutert.

4.1 Wissenskonstruktion von Lernenden

Die inhaltliche Ausgestaltung des GESIM-Konzeptes und dessen Umsetzung in einem Einführungskurs soll dazu führen, dass sich bestimmte Wissenselemente bei den Schülern frühzeitig im Kurshalbjahr Stochastik konstituieren können (vgl. Abb. 4.1)

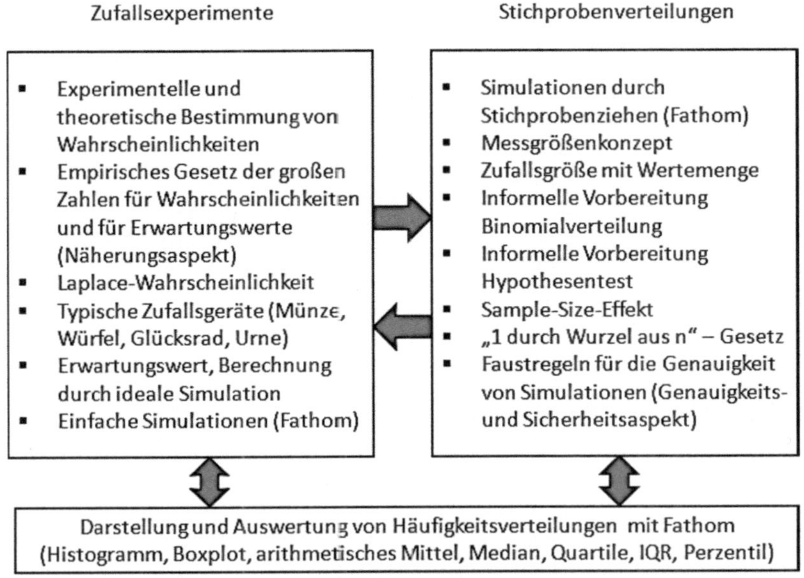

Abb. 4.1 Grobstruktur des GESIM-Wissensnetzes

Für eine tiefgründige Rekonstruktion von Schülerwissen ist die Unterscheidung nach konzeptuellem und prozeduralem Wissen hilfreich.

„We define conceptual knowledge as explicit or implicit understanding of the principles that govern a domain and of the interrelations between pieces of knowledge in a domain. We define procedural knowledge as action sequences for solving problems. These two types of knowledge lie on a continuum and cannot always be separated; however, the two ends of the continuum represent two different types of knowledge." (Rittle-Johnson et al. 1999, S. 175)

Konzeptuelles Wissen umfasst demnach das explizite bzw. implizite Verständnis der einen Bereich bestimmenden Prinzipien und Phänomene sowie deren Beziehungen untereinander. Prozedurales Wissen umfasst sowohl einfache Verfahren als auch Problemlösestrategien. Eine ähnliche Gliederung von Wissensebenen benutzt Eichler (2007, S. 725 f.) zur Beschreibung von Schülerwissen. Eichler unterscheidet zwischen deklarativem Wissen, prozeduralem Wissen und konzeptuellem Wissen. Konzeptuelles Wissen manifestiert sich dabei auf drei Wegen: (1) Beziehungen zwischen Konzepten innerhalb eines thematischen Blocks, (2) Beziehungen zwischen Konzepten und deren Anwendungen innerhalb eines thematischen Blocks und (3) Beziehungen zwischen Konzepten verschiedener thematischer Blöcke. Für die genauere Untersuchung von Schülerwissen erscheinen zwei Aspekte besonders lohnenswert, die, bildlich gesprochen, die Endpunkte in einem Wissenskontinuum der Schüler darstellen. Das ist für das prozedurale Wissen die *Simulation durch Stichprobenziehen,* und für das konzeptuelle Wissen ist das der *Phänomenkomplex zum empirischen Gesetz der großen Zahlen* (vgl. Abb. 4.2).

Abb. 4.2 Wissenskontinuum der Lernenden

Innerhalb des Wissenskontinuums der Lernenden gibt es vielfältige wechselseitige Beziehungen: konzeptuelles Wissen beeinflusst dabei die konkrete Umsetzung einer Simulation in FATHOM und umgekehrt kann prozedurales Wissen dazu beitragen, fachlich adäquate Sekundärintuitionen zu entwickeln. Prozedurales Wissen beim Simulieren mit Stichprobenziehen aus Urnen umfasst zunächst die praktische Simulationskompetenz in FATHOM, unter Verwendung eines Simulationsplanschemas. Modellierung, Wiederholung und Auswertung von Zufallsexperimenten, mit Hilfe von Simulationen, ermöglichen aber auch Verbindungen zu konzeptuellen Wissenselementen, wie dem empirischen Gesetz der großen Zahlen und dessen Phänomenen.

Die Erläuterungen zum GESIM-Konzept (Kap. 2) zeigen, dass Schüler in diesem Einführungskurs verschiedene Lernebenen miteinander verbinden sollen: die Werkzeugebene, die Ebene der Simulationen und die stochastische Ebene. Das Wissen (konzeptuelles Wissen) und Können (prozedurales Wissen), das Schüler in den jeweiligen Ebenen, abhängig von ihren Einstellungen und Haltungen, erwerben, kann man auch als Kompetenzen, im Sinne des Kompetenzbegriffes von Weinert, auffassen (Weinert 2001). Unabhängig von dieser Interpretation scheint zunächst klar, dass sich diese Ebenen vielfach überschneiden.

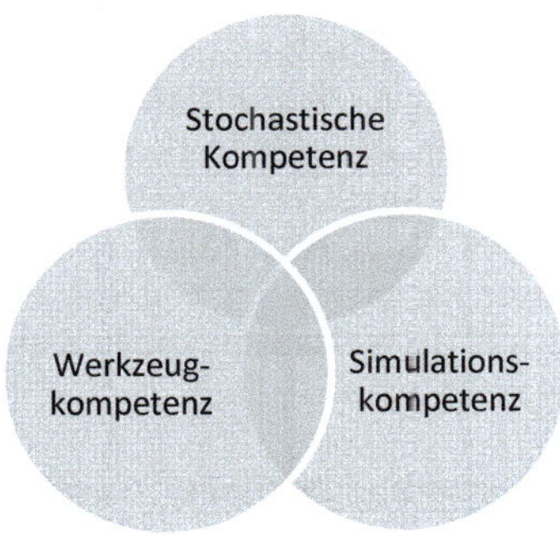

Abb. 4.3 Kompetenzbereiche für das GESIM-Konzept

In Abgrenzung zu den vorherigen Ansätzen in empirischen Studien der Arbeitsgruppe (Keitzer 2006, Meyfarth 2008b, Maxara, 2009)[84] werden diese drei Lernebenen wie folgt definiert:

- Stochastische Kompetenz = Ebene des stochastischen Wissens (Verteilungen, Zufallsgrößen, Gesetz der großen Zahlen, $1/\sqrt{n}$ -Gesetz, Erwartungswert, Häufigkeiten etc.),

---

[84] Keitzer (2006, S. 11 ff.) benutzt in ihrer Studie vier Kompetenzbereiche zur Beschreibung von FATHOM-Kompetenzen und des Umgangs mit Simulationen: allgemeine FATHOM-Kompetenz, Formelkompetenz, Simulationskompetenz, strategische und generalisierende Kompetenzen im Umgang mit FATHOM.
Meyfarth (2008b, S. 48 ff.) unterscheidet in seiner Studie zwei Ebenen, die der FATHOM- und Simulationskompetenz und die der stochastischen Kompetenz.
Maxara (2009, S. 291 ff.) ergänzt die vier FATHOM-Kompetenzbereiche um die Ausprägungsgrade niedrig, mittel und hoch und teilt den Bereich der stochastischen Kompetenz in drei Kategorien: stochastische Annahmen, Mathematisierung/Verwendung stochastischer Fachbegriffe und Verständnis über die Aussagekraft von Simulationsergebnissen. Für die beiden letzteren werden ebenso die Ausprägungsgrade niedrig, mittel, hoch festgelegt.

- Simulationskompetenz = Ebene des Verständnisses zu Simulationen (Anerkennung als Methode, Genauigkeit von Simulationen, allgemeines Simulationsschema, spezielles Simulationsplanschema),
- Werkzeugkompetenz = Ebene des Umgangs mit FATHOM (instrumentelle Fähigkeiten und Fertigkeiten mit FATHOM).

Dabei umfasst die Ebene der Werkzeugkompetenz all die FATHOM-spezifischen Kompetenzen, wie sie z. B. von Maxara (2009) definiert wurden: Umgang mit Menü- und Programmführung, Umgang mit Formeln, Aufbau und Auswertung FATHOM-spezifischer Simulationen, FATHOM-spezifische Problemlösestrategien. Nicht-FATHOM-spezifische Simulationskompetenzen, wie die Verinnerlichung eines allgemeinen Simulationskonzeptes nach dem 6-Stufen-Plan (Biehler & Maxara 2007), die Akzeptanz von Simulationen als mathematische Lösungsmethode und das Wissen über die Genauigkeit von Simulationsergebnissen, z. B. in Form von Faustregeln, werden in dieser Arbeit als eigenständiger Kompetenzbereich aufgefasst. Zur stochastischen Kompetenz zählen im engeren Sinne alle notwendigen Begriffe, Verfahren und Konzepte der Stochastik, die in dem Einführungskurs von Bedeutung sind (vgl. auch Kap. 2).

4.2   Design-Based Research als forschungsmethodologischer Ansatz

Um den Terminus *Design-Based Research* in die deutschsprachige mathematikdidaktische Forschungslandschaft einzuordnen, ist es hilfreich, von dem programmatischen Grundsatzartikel von Hefendehl-Hebecker (2004) zu Perspektiven eines künftigen Mathematikunterrichtes auszugehen. Darin fordert Hefendehl-Hebecker, dass die Mathematikdidaktik als Wissenschaftsdisziplin unter anderem auch eine praxisorientierte Entwicklungsforschung, die das Design von Lernumgebungen, deren empirische Erforschung, Erprobung und Implementierung beinhalte, betreiben müsse (Hefendehl-Hebecker 2004, S.178). Damit beschreibt Hefendehl-Hebecker ziemlich genau wesentliche Aspekte, die *Design-Based Research* als ein Forschungsparadigma für die Mathematikdidaktik kennzeichnet.

Was bedeutet Design-Based Research?

Wang & Hannafin (2004) definieren *Design-Based Research* aus angelsächsischer Sicht folgendermaßen:

„Design-Based Research is a research methodology aimed to improve educational practices through systematic, flexible, and iterative review, analysis, design, development and implementation, based upon collaboration among researchers and practitioners in real-world settings, and leading to design principles or theories." (Wang & Hannafin 2004, S. 2)

Wang & Hanafin subsummieren unter dieser Definition eine Reihe von ähnlichen Forschungsparadigmen: *desgin experiments* (Brown 1992, Collins 1992), *Design-Based Research* (The Design-Based Research Collective 2003), *design research*

(Cobb 2001, Edelson 2002), *development research* (van den Akker 1999), *formative research* (Walker 1992), *action research* (Stringer 1999). Zur inhaltlichen Ausgestaltung ihrer Begriffsfestlegung geben Wang & Hannafin (2004, S. 2) fünf charakteristische Eigenschaften an:

(1) *Pragmatic research goal*
In der traditionellen didaktischen Forschung werden bestehende Theorien in der Regel durch Laborsituationen getestet. In der Design-Forschung besteht das Ziel aber nicht darin, zu testen, ob eine Theorie in der Praxis funktioniert. Sondern das Ziel ist, Design und Theorie wechselseitig im Forschungsprozess weiterzuentwickeln und zu verfeinern, damit die Theorie(n) sich in der unterrichtlichen Praxis tatsächlich durchsetzen.

(2) *Grounded research methodology*
Eine Theorie ist sowohl Grundlage als auch Ergebnis der Design-Forschung („theory driven nature"). Die Art und Weise wie Design-Forschung durchgeführt wird unterscheidet sich grundlegend von Laborexperimenten. Bei Laborstudien kann man verschiedene Einflussfaktoren, die sonst in der realen Unterrichtspraxis auftreten, recht genau kontrollieren und ausschließen. Die Design-Forschung hingegen wird mit all der Komplexität, der Dynamik und den Grenzen in der authentischen Unterrichtspraxis durchgeführt. Durch die Zusammenarbeit mit Lehrern und Praktikern kann sie aber zu einer wirksameren und nachhaltigeren Implementierung der Interventionen im Unterricht führen.

(3) *Interactive, iterative, and flexible research in process*
Design-Forschung erfordert eine interaktive Zusammenarbeit zwischen Forschern und Praktikern, denn ohne diese Kooperation werden Interventionen keine nachhaltigen Veränderungen in der Unterrichtspraxis bewirken. Design-Forschung geht über einen längeren Zeitraum, weil Theorien und Interventionen durch einen iterativen Entwurfsprozess von der Analyse bis zur Evaluation, Design und Redesign, kontinuierlich entwickelt und verfeinert werden. Dies gestattet eine größere Flexibilität als dies bei traditionellen Forschungsansätzen möglich ist.

(4) *Integrative research methods*
Die integrative Nutzung mehrerer Erhebungs- und Analysemethoden im Forschungsprozess führt Daten aus mehreren Quellen zusammen, die zur Bestätigung und Stärkung der Glaubwürdigkeit der Forschungsergebnisse dienen. Design-Forscher benutzen einen Methodenmix, um den Nachweis zu erbringen, dass die theoretischen Grundlagen eine bestimmte Innovation stützen (und umgekehrt) sowie um diese selbst wieder weiterzuentwickeln und zu verfeinern.

(5) *Contextual research results*
Es ist notwendig, dass Design-Forscher detaillierte Aufzeichnungen während des Design-Research-Prozesses machen. Das betrifft u. a. die Dokumentation, ob und wie welche Interventionen funktioniert haben oder nicht, wie die Intervention daraufhin verbessert wurde bzw. welche Änderungen vorgenommen

wurden. Diese Dokumentationen sind so zu verfassen, dass andere Forscher und Designer, die an diesen Ergebnissen interessiert sind, diese auch selbst in ihrem eigenen Forschungskontext prüfen können.

Nach Wang & Hannafin (2004, S. 3) können die Ergebnisse von *Design-Based Research* Studien in einer berichtenden Form, etwa vergleichbar mit *consumer reports*, dargestellt werden, die somit ein charakteristisches Profil der Intervention nachzeichnen. Oder die Ergebnisse können in Form von heuristischen Statements erfolgen, die somit Gesetzmäßigkeiten der Intervention herausstellen.

Brown (1992) hat die Komplexität von Design-Forschung in folgendem Schema dargestellt (Abb. 4.4).

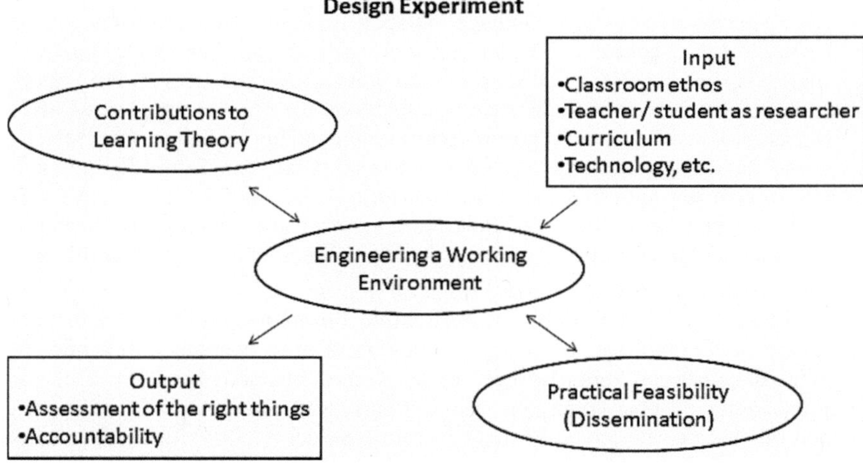

Abb. 4.4 Komplexität von *Design-Based Research* Studien (Brown 1992, S. 142)

Diese Komplexität stellt besondere Herausforderungen an die Auswahl, Entwicklung und Anwendung von geeigneten Forschungsmethoden (The Design-Based Research Collective 2003, S. 7). Die Erfüllung wissenschaftlicher Kriterien, wie Objektivität, Reliabilität und Validität, wird deutlich anders als in kontrollierten Laborstudien gehandhabt und beruht auf Methoden sowie Techniken, wie sie in anderen Forschungsparadigmen benutzt werden, wie der deskriptiven und der interpretativen Datenanalyse. Die Forschergruppe benennt folgende Gebiete, in denen Methoden des *Design-Based Research* erfolgversprechend angewendet werden können:

„(a) Exploring probabilities for novel learning and teaching environments, (b) developing contextualized theories of learning and teaching, (c) constructing cumulative design knowledge, and (d) increasing our capacity for educational innovations." (The Design-Based Research Collective 2003, S. 8)

Joseph (2004) beschreibt u. a, wie das weite Feld der Forschungsfragen in einem komplexen Forschungsansatz, wie dem *Design-Based Research*, eingeengt werden kann:

"This particular approach has an additional tool for pinpointing critical questions: the lens of design. That is to say, design researchers generally target questions central to the design of the intervention itself. Designed artifacts are constructed such that they embody hypotheses about learning phenomena. For example, a design researcher might hypothesize that a certain kind of representation will help learners develop knowledge about a particular idea, or that a certain activity structure will motivate learners in a particular way. The design researcher creates artifacts that embody these hypotheses and places them in the real world for testing." (Joseph 2004, S. 236)

Verschiedene Kritikpunkte am *Design-Based Research* Modell hat die Peer-Group (2006) zusammengestellt:

- Fehlende Standards für das Vorab-Erkennen, ob eine Intervention zu vielversprechenden Ergebnissen führe oder nicht.
- Fehlende theoretische Fundierung von Interventionen, so dass die Problemlage manchmal unklar ist.
- Zu viele Methoden, die in Relation zum Aufwand (Erhebung vieler Daten mit zeitaufwendiger Analyse) zu wenig Beitrag zum Erkenntnisgewinn liefern.
- Interventionen sind schwer zu verallgemeinern, weil man aufgrund der Fülle von Einflussfaktoren nicht genau weiß, welche Faktoren innerhalb des Konzeptes tatsächlich zum Erfolg beigetragen haben.

In der deutschsprachigen Bildungsforschung gibt es zwei spezielle Forschungsrichtungen, die sich in das Konzept des *Design-Based Research* einordnen lassen: das Modell der didaktischen Rekonstruktion (Kattmann et al. 1997) und die Aktionsforschung (Altrichter & Posch 1998).

Design-Based Research gleicht insofern der Aktionsforschung, dass reale Probleme im Lehr- und Lernprozess Ausgangspunkt für Forschungsaktivitäten sind. In der Design-Forschung ergreifen aber in der Regel die Forscher die Initiative, in der Aktionsforschung sind es die Lehrer selbst. Dadurch ist die Design-Forschung auch in der Regel theoriebasiert. Nur so ist es möglich, Unterschiede zwischen der realen Umsetzung und dem theoretischen Entwurf zu identifizieren und damit die Konzeption zu verbessern, um die angestrebten Zielsetzungen zu erreichen. Durch den oben bereits beschriebenen iterativen und mehrschrittigen Forschungsprozess kann die Konzeption schließlich für eine allgemeinere Nutzung zugänglich gemacht werden (Edelson 2002). Mit dieser Charakteristik geht die Design-Forschung über die originäre Aktionsforschung hinaus.

Durch die Arbeiten von Prediger (2005) und Hahn (2008) ist das Forschungsmodell der Didaktischen Rekonstruktion als forschungsmethodischer Ansatz in der deutschsprachigen Mathematikdidaktik etabliert. Dieses Modell soll nun genauer beschrieben werden, um den Forschungsansatz des GESIM-Konzeptes abzugrenzen und Verbindungen aufzuzeigen.

Was ist das Forschungsmodell der Didaktischen Rekonstruktion?

Ursprünglich wurde dieses Forschungsmodell für den naturwissenschaftlichen Unterricht entwickelt. Bei einer Reihe von empirischen Untersuchungen (Duit & von Rhöneck 1996, S. 7) habe sich nämlich gezeigt, dass der Aufbau fachlicher Konzepte im Unterricht keine Gewähr dafür bietet, dass diese auch in außerunterrichtlichen Kontexten benutzt werden.

„Die vorunterrichtlichen Vorstellungen, die Schüler und Schülerinnen in den Unterricht mitbringen, haben sich … als der wichtigste Faktor erwiesen, von dem die Lernprozesse abhängig sind. Diese Vorstellungen bestimmen, wie vom Lehrer oder Lehrbuch dargebotene Inhalte interpretiert und folglich verstanden werden. Häufig stehen die vorunterrichtlichen Vorstellungen und die zu erlernenden Vorstellungen im Gegensatz zueinander. Viele Lernschwierigkeiten, die zu einem eher bescheidenen Erfolg des naturwissenschaftlichen Unterrichts führen, finden damit eine Erklärung." (Duit & von Rhöneck 1996, S. 7)

Die Bedeutung der vorunterrichtlichen Vorstellungen lässt sich mit konstruktivistischen Lerntheorien begründen (Gerstenmeier & Mandl 1995). Ein Theorieansatz, um vorunterrichtliche Vorstellungen durch fachlich adäquate Vorstellungen zu „ersetzen" ist *Conceptual Change* (siehe Kap. 3.4.1).[85] Die Idee des Forschungsmodells besteht in der engen Verknüpfung der empirischen Erfassung von Lernendenperspektiven mit der Klärung der fachlichen Inhalte. Daraus ergibt sich die didaktische Strukturierung von Unterricht. Dabei werden die Ideen der Didaktischen Analyse von Klafki aufgegriffen, so dass fachliche Klärung und Elementarisierung unter Beachtung der Ziele von Unterricht sowie Perspektiven und Vorstellungen der Schüler für den anschließenden Prozess der Konstruktion von Unterricht miteinander einhergehen. Die naturwissenschaftliche Sachstruktur und die Vorstellungen bzw. Interpretationsrahmen der Schüler gelten als gleich wichtig bei der Rekonstruktion eines Sachverhaltes unter einer didaktischen Perspektive. Daher berücksichtigt die Rekonstruktion die Ergebnisse empirischer Untersuchungen, um bestimmte Lernziele zu erreichen.

„Methodisch gesprochen, handelt es sich bei der fachlichen Klärung um eine hermeneutisch-analytische, bei der Erfassung der Lernerperspektive um eine empirische und bei der didaktischen Strukturierung um eine konstruktive Untersuchungsaufgabe. Diese drei Komponenten der Didakti-

---

[85]   Das Wort „ersetzen" ist bewusst in Anführungszeichen gesetzt. Neuere Forschungen gehen von einer Koexistenz von vorunterrichtlichen und fachlichen Vorstellungen aus. Entscheidend sei, die Wahrscheinlichkeit für den Abruf der korrekten fachlichen Vorstellungen zu erhöhen (vgl. auch Vosniadou & Verschaffel 2004, Prediger 2005).

schen Rekonstruktion sind mit jeweils adäquaten Methoden zu bearbeiten." (Kattmann et al. 1997, S. 10)

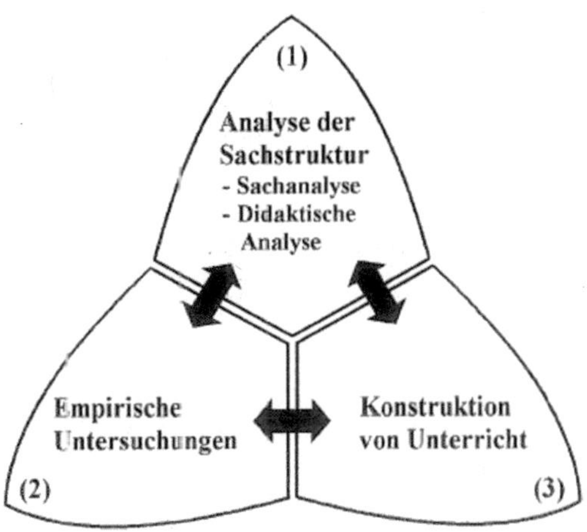

Abb. 4.5 Didaktische Rekonstruktion – Methodengefüge (Kattmann et al. 1997, S. 10)

Alle drei Untersuchungsaufgaben stehen in einer engen Wechselwirkung miteinander und sind voneinander abhängig. Daher ist eine iterative Vorgehensweise unerlässlich, wie sie Abb. 4.6 zu entnehmen ist. Jede der drei Teilaufgaben wird demnach auf einer erweiterten Erkenntnisbasis fortgeführt. Die Analyse der Sachstruktur zielt darauf ab, die Grundideen des betreffenden Wissenschaftsgebietes herauszuarbeiten. Typische Fragestellungen in diesem Zusammenhang sind:

- „Welche fachwissenschaftlichen Aussagen liegen zu diesem Thema vor und wo zeigen sich deren Grenzen?
- Welche Genese, Funktion und Bedeutung haben die fachlichen Begriffe und in welchem Kontext stehen sie jeweils?
- Welche Fachwörter werden verwendet und welche Termini legen durch ihren Wortsinn lernhinderliche bzw. -förderliche Vorstellungen nahe?" (Kattmann et al. 1997, S. 11)

Bei den empirischen Untersuchungen liegt das Forschungsinteresse in einer Identifizierung von Bereichs- oder themenspezifischen Denkweisen von Schülern. Dazu werden Schüleräußerungen erfasst und die dahinterliegende Struktur und Qualität von fachlichen Konzepten analysiert. Diese Schülervorstellungen können sowohl im Vorfeld als auch während der Unterrichtsphasen erhoben werden. Typische Fragestellungen in diesem Zusammenhang wären, nach den mit dem Thema verbundenen Vorstellungen, ob diese aus fachlich orientierten oder lebensweltlichen Kontexten stammen und welche verschiedenen Bedeutungen Fachtermini zugewiesen werden. Die Grundlage für die didaktische Strukturierung ist die Verknüpfung der Ergebnisse der fachlichen Klärung mit den Ergebnissen der Erhebung von Schülervorstellungen. Grundsätze eines so konstruierten Unterrichts können in Akzeptanz- und Interventionsstudien bzw. in unterrichtsbezogenen Untersuchungen überprüft werden (vgl. Kattmann et al. 1997, S. 12).

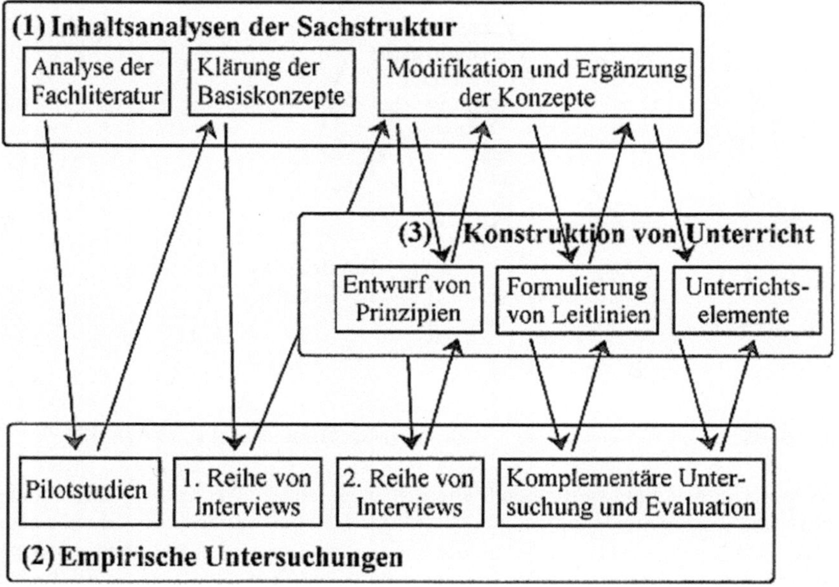

Abb. 4.6 Didaktische Rekonstruktion – iterative Abfolge (Kattmann et al. 1997, S. 13)

Kattmann et al. (1997, S. 14) nennen fünf Punkte, die das Forschungsmodell der Didaktischen Rekonstruktion charakterisieren:

- Gestaltung der fachlichen Klärung als fachdidaktische Aufgabe,
- Schülervorstellungen als notwendige Anknüpfungspunkte des Lernens,
- Vergleichbarkeit der Vorstellungen von Wissenschaftlern und Schülern,
- synergetische Effekte beim Verstehen fremder Vorstellungen,
- selbstkorrigierende Vorgehensweise.

Das GESIM-Forschungskonzept als Design-Based Research Studie

In Anlehnung an die Kennzeichnung der iterativen Abfolge im Forschungsmodell der Didaktischen Rekonstruktion sind in Abb. 4.7 wesentliche Forschungsbausteine des GESIM-Forschungskonzeptes in seinem zeitlichen Kontext aufgeführt.

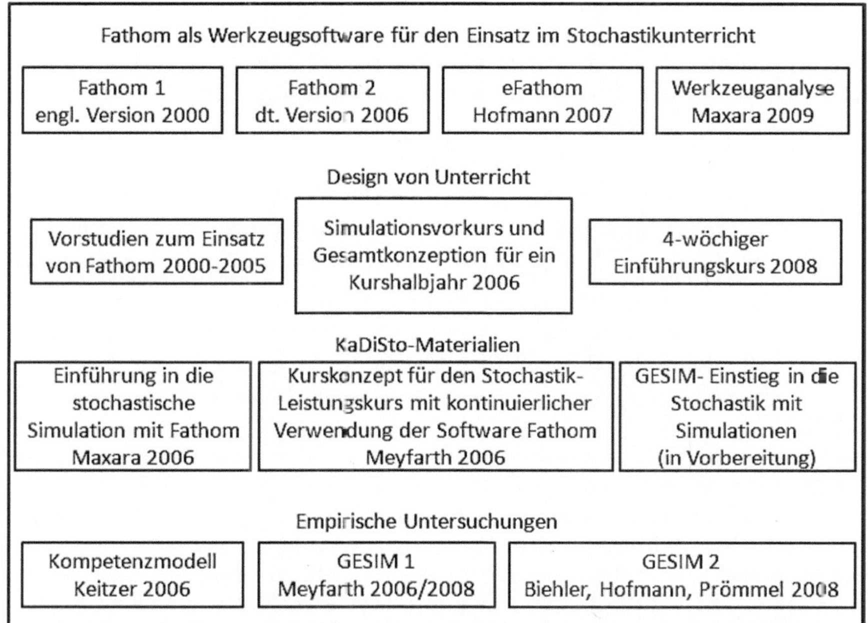

Abb. 4.7 Das GESIM-Forschungskonzept als *Design-Based Research*[86]

In Abgrenzung zum Forschungsmodell der Didaktischen Rekonstruktion übernimmt bei diesem *Design-Based Research* Ansatz die Werkzeugsoftware FATHOM, im Zusammenwirken mit der Stochastik, den Charakter der zu analysierenden Sachstruktur. Um es plakativ zu sagen: Im GESIM-Forschungskonzept geht es um die Erforschung des didaktischen Potenzials der Werkzeugsoftware FATHOM für die Umsetzung eines zeitgemäßen Stochastikunterrichts. Dafür wurden und werden innovative Unterrichtskonzepte mit Softwareunterstützung erarbeitet und evaluiert. Die Ergebnisse dieser empirischen Untersuchungen führten u. a. zu Veränderungen in der Unterstützung beim Erlernen des Umgangs mit dieser Software und zu Veränderungen im Unterrichtsdesign. Eine Restrukturierung von Mathematik, im Sinne des Modells der Didaktischen Rekonstruktion, ist nicht Ziel der Forschung im GESIM-Forschungskonzept.

---

[86] Die verschiedenen Vorstudien und die Hauptstudie von Meyfarth aus den Jahren 2006/2008 werden unter dem Begriff „GESIM 1" zusammengefasst.

4.3 Untersuchungsdesign

Mit der unterrichtlichen Umsetzung des GESIM-Konzeptes in einem Einführungskurs wurden Forschungsfragen an die empirische Begleitstudie formuliert:

- Ist der Einführungskurs in dem angestrebten Sinn unterrichtbar?
- Wo liegen Schwierigkeiten und Probleme in der Struktur des Kurses?
- Wo liegen Schwierigkeiten und Probleme in den Schülerarbeitsphasen?
- Wie beeinflusst das Simulationsplanschema die Arbeit der Schülerpaare?
- Wie können Schülerkompetenzen hinsichtlich des Umgangs mit FATHOM, des Aufbaus von Simulationen und des stochastischen Wissens ermittelt und beschrieben werden?
- Welchen Lernzuwachs haben die Schüler durch den Einführungskurs?

Lernprozesse zur Wissensgenerierung vollziehen sich in allen vier Phasen eines ASPB-strukturierten Unterrichts.[87] Daher ist es sinnvoll, zunächst den unterrichtlichen Verlauf des Einführungskurses zu dokumentieren und einer retrospektiven Analyse zu unterziehen (vgl. Kap. 5). Für die Beobachtung und die Analyse von Lernprozessen scheint die Schülerarbeitsphase (S-Phase) besonders lohnenswert, da in dieser Phase die Schüler in Lerndyaden eigenständig Wissen konstruieren müssen. Dazu ist die Vernetzung aller drei Ebenen (Werkzeug, Stochastik, Simulation) notwendig. Die Analyse der Interaktion und der Kommunikation in Schülerarbeitsphasen, einerseits der Lerndyaden mit dem Computer und andererseits der Lernpartner miteinander, kann darüber Aufschluss geben, wie tiefgründig und inhaltsreich Vernetzungen von Wissensbereichen gelingen. Bei der Rekonstruktion von Schülerwissen wird auf die drei oben genannten Kompetenzbereiche Bezug genommen. Ausgehend von hypothetisch angenommenen idealen Kompetenzen werden die Realsituationen in den Schülerarbeitsphasen von U10-11 und U12-13 nach Lerndyaden beschrieben und analysiert (vgl. Kap. 6). Um den Wissens- und Leistungsstand der Schüler vor und nach dem Einführungskurs zu erfassen, sind verschiedene Tests in der Arbeitsgruppe entwickelt und eingesetzt worden. Deren Design wird in Kapitel 7 erläutert und die erhobenen Daten analysiert und interpretiert. Durch diese drei Analyseebenen, retrospektive Analyse von Unterricht, Analyse von Lernprozessen in Schülerarbeitsphasen und Leistungserhebungen in Tests, entsteht ein charakteristisches Abbild über das mit dem Einführungskurs erworbene konzeptuelle und prozedurale Wissen der Schüler. Dieser komplexe Forschungsansatz lässt sich am besten in Teilstudien mit jeweils spezifischen Forschungsfragen realisieren (vgl. Kap. 5 bis 7).

---

[87] Vgl. Kapitel 3.3.3.

Datensammlung der empirischen Studie[88]

Nach dem GESIM-Konzept wurden im Februar 2008 zwei Leistungskurse der Jacob-Grimm-Schule in Kassel mit je 25 Schülern in einem dreiwöchigen Einführungskurs unterrichtet. Für diese Interventionsstudie wurden die folgenden Daten erhoben:

- Eingangs- und Ausgangstest zur Erhebung der stochastischen Kompetenzen (Items $n = 7$, Schüler $n = 39$),
- Leistungsüberprüfung im Rahmen der Klausur (Items $n = 3$, Schüler $n = 46$),
- Fragebogen zur Computernutzung,
- Einstellungsbefragung zu eFATHOM,
- audiounterstützte Unterrichtsprotokolle,
- Daten zu Schülerarbeitsphasen (offline-/online-Aktivitäten) in fünf Unterrichtseinheiten (U5-6, U8-9, U10-11, U12-13, U14-15:): Von den Schülern liegen die dazu ausgefüllten Arbeitsblätter, die Simulationspläne und die erstellten FATHOM-Dateien vor. Zu allen Computerarbeitsphasen wurden mit der Screen-Recording-Software Camtasia die Handlungen und die Kommunikation der Lerndyaden vor dem Rechner aufgezeichnet.

Die Fülle der erhobenen Daten ist durchaus üblich für *Design-Based Research* Studien (vgl. Kap. 4.2). Forschungsfragen und interessierende Ereignisse sind ausschlaggebend dafür, welche Daten für entsprechende Untersuchungen und Analysen ausgewählt werden. Im Folgenden werden die Teilstudien mit ihren spezifischen Untersuchungsmethoden im Überblick vorgestellt. In den konkreten Analysekapiteln finden sich weiterführende Angaben (vgl. Kap. 5 bis 7).

Teilstudien

In der hier vorliegenden Arbeit werden vier Teilstudien der empirischen Studie analysiert:

- Teilstudie Feasibility,
- Teilstudie Simulationsmethode Simulation durch Stichprobenziehen,
- Teilstudie sampling distribution and sample size effect,
- Teilstudie Lernzuwachs.

---

[88] Der Einführungskurs wurde in zwei weiteren Pilotstudien evaluiert: Kassel (08/2008) und Gelnhausen (02/2009). Diese beiden Studien sind allerdings nicht Gegenstand der wissenschaftlichen Untersuchung in dieser Arbeit.

Die *Teilstudie Feasibility* bezieht sich auf die Design-Studie insgesamt und fragt nach einer möglichen Optimierung des GESIM-Konzeptes, wie es dem *Design-Based Research* Modell[89] entspricht. Die unterrichtliche Umsetzung des Einführungskurses wird auf der Basis der Unterrichtsprotokolle beschrieben und einer retrospektiven Analyse unterzogen (vgl. Kap. 5.1).

Die Teilstudie zur *Simulationsmethode Simulation durch Stichprobenziehen* untersucht das prozedurale und konzeptuelle Wissen der Schüler bezüglich dieser Simulationsmethode sowie die Wirkungen von instruktionalen Designs auf Lösungsprodukte und Lösungsprozesse von Lerndyaden in der Schülerarbeitsphase von Unterrichtseinheit U10-11. Datenbasis sind die Schülerprodukte (Simulationspläne, Fathom-Dateien) und die Audio- und Videoaufzeichnungen der Lerndyaden, die in drei Teilanalysen, produktbezogen, handlungsbezogen, kommunikationsbezogen, untersucht wurden. Für jede Teilanalyse wurden spezifische Auswertungsmethoden entworfen und umgesetzt (vgl. Kap. 6.1).

Die Teilstudie *sampling distribution and sample size effect* bezieht sich auf die in Kapitel 3.2 beschriebene Problematik des empirischen Gesetzes der großen Zahlen, im Zusammenhang mit dem *maternity ward problem*. Untersucht wird die Wirkung von instruktionalen Designs auf das konzeptuelle Wissen der Schüler. Dazu werden Lösungsprodukte (Arbeitsblatt, Fathom-Datei, Simulationsplan) und Lösungsprozesse (Audio- und Videoaufzeichnungen) der Lerndyaden in der Schülerarbeitsphase der Unterrichtseinheit U12-13 analysiert (vgl. Kap. 6.6).

Für die Teilstudie zum *Lernzuwachs* ist ein bestimmtes Testdesign benutzt bzw. entwickelt worden, das aus drei unterschiedlichen Testverfahren besteht: einer Befragung zur Einstellung und zum Vorwissen, einem identischen Eingangs- und Ausgangstest und einem GESIM-Leistungstest.[90] Während der Eingangs- und Ausgangstest einfaches stochastisches Grundwissen der Schüler untersucht, orientieren sich die Items des GESIM-Leistungstest genau an den Inhalten des Einführungskurses (vgl. Kap. 7.1).

---

[89] Design-Based Research wird als Forschungsmodell in Kapitel 4.2 ausführlich diskutiert.

[90] In der empirischen Studie vom Februar 2008 wurde in Verbindung mit dem Ausgangstest eine Einstellungsbefragung zu eFATHOM durchgeführt. Für eine Analyse der Ergebnisse dieser Befragung sei auf Hofmann (2011) verwiesen.

4.4   Werkzeuge und Verfahren zur Datenanalyse

Die empirische Studie der hier vorliegenden Arbeit ist, aufgrund der geringen Fallzahl und der fehlenden Vergleichsgruppe, eine qualitative Studie. In den Analysen der Teilstudien werden aber auch quantitative Methoden, wie das Auszählen von Häufigkeiten, benutzt. In diesem Kapitel werden die in den nachfolgenden Analysekapiteln verwendeten Werkzeuge und Verfahren zur Datenanalyse, die sich an der in der interpretativen Unterrichtsforschung üblichen Vorgehensweise orientieren, genauer beschrieben. Dazu zählen Unterrichtsprotokolle, Transkripte, eine entsprechende Analysesoftware sowie Verfahren der Interpretation.

Unterrichtsprotokolle

Die Unterrichtsstunden in beiden Kursen wurden protokolliert.[91] Die Protokolle gleichen sich in ihrem Aufbau, sie bestehen aus drei Teilen: dem Protokollkopf, dem Verlaufsprotokoll und den Beobachtungskommentaren. Im Protokollkopf sind Datum, Unterrichtseinheit, Kurs, Lehrperson(n) und Protokollanten vermerkt. Das Verlaufsprotokoll, in Form einer Tabelle, wurde anhand von eigenen Aufzeichnungen der Protokollanten, in Verbindung mit den Audioaufzeichnungen der Unterrichtseinheit, erstellt. Die Tabelle enthält die folgenden Spalten (von links nach rechts): Phase, Zeit, Aktivität, Besonderheit und Medien. Dem Verlaufsprotokoll schließen sich Beobachtungskommentare der Protokollanten an. Zu folgenden sechs Rubriken wurden Kommentare erstellt:

- Gab es inhaltliche Verständnisschwierigkeiten von Seiten der Schülerinnen und Schüler?

- Gab es besondere inhaltliche Beiträge der Schülerinnen und Schüler?

- Waren die Aufgabenstellungen klar und verständlich formuliert?

- Welche Art der Unterstützung findet durch die Lehrperson statt?

- Wie werden Ergebnisse der Partnerarbeit im Unterricht aufgegriffen und gesichert?

- Sonstige wichtige Anmerkungen und Kommentare.

---

[91] Die kompletten Unterrichtsprotokolle, einschließlich der Audio-Dateien, befinden sich in Anhang B, auf den im OnlinePLUS Programm unter www.Springer-Spektrum.de/Buch/978-3-658-00593-1/Das-GESIM-Konzept.html zugegriffen werden kann.

Transkripte

Nach Voigt (1984, S. 100) stellt auch die Verschriftlichung von audio-visuellen Aufnahmen, wie z. B. von Aufnahmen der Screen-Recording-Software Camtasia, bereits eine Interpretation der Wirklichkeit dar. Eine Transkription reduziert gewissermaßen die Komplexität des Geschehens und dient als Beleg der kritischen Überprüfung. Alle Transkripte (für die Unterrichtseinheiten U10-11 und U12-13) wurden auf Basis der Camtasia-Aufzeichnungen der jeweiligen Lerndyaden erstellt. Um die Gespräche und Aktivitäten der Schülergruppen in eine nachvollziehbare und lesbare Form zu bekommen, wurde folgendes Vorgehen gewählt:

- Bei der Transkription der verbalen Äußerungen wurde sich an der Basistranskriptionsvariante des von Selting et al. (1998) vorgeschlagenen gesprächsanalytischen Transkriptionssytems (GAT) orientiert.

- In ein Transkript wurden alle wahrnehmbaren Aktivitäten aufgenommen. So beschreiben etwa die FATHOM-Handlungen in nachvollziehbarer Form die am Bildschirm erkennbaren Aktivitäten.

- In ein Transkript wurden einzelne Zeitangaben aufgenommen. Sie dienen der Übersichtlichkeit und können für spätere Auswertungszwecke nützlich sein.

- Zusätzlich wurde ein Transkript mit Abbildungen einzelner Simulationsschritte der Lerndyaden angereichert, um die Lesbarkeit und Verständlichkeit zu erhöhen.

Die Transkripte wurden zunächst in Microsoft Word hergestellt. Da Camtasia keine gute Funktionalität zum Anhalten und Starten von Audio- und Video-Dokumenten besitzt, wurden die Diktiergerätaufzeichnungen und Videoaufnahmen mit der Transkriptionssoftware "F4-Audio" bzw. "F4-Video"[92] abgespielt. Die fertigen Transkripte wurden in Microsoft Word als Rich Text Format (.rtf) gespeichert (vgl. Franz 2009, S. 43).

Schwierigkeiten ergaben sich bei der klaren Unterscheidung der Schüler in der Lerndyade, speziell bei reinen Jungen- oder Mädchengruppen. Außerdem waren manche Äußerungen so leise oder wurden durch andere Geräusche überlagert, dass sie z. T. unverständlich blieben. Die Aktivitäten am Bildschirm konnten aufzeichnungsbedingt nicht einem einzigen Schüler zugewiesen werden. Daher ist beim Bezug auf die FATHOM-Handlungen keine Differenzierung möglich. Die nachfolgende Übersicht beschreibt die verwendeten Abkürzungen.

---

[92] Transkriptionssoftware URL: http://www.audiotranskription.de/f4.htm.

Abkürzung	Beschreibung
...	Kurze Pause von 1-5 Sekunden
(...)	Pause ab 5 Sekunden
((U))	Unverständliche Aussage
Kursiver Text	Erläuterung der Handlung
(Kursiver Text)	Beschreibung der Aktivitäten eines Schülers bzw. einer Schülerin, während einer Aussage
FATHOM: Kursiver Text	Beschreibung der Handlung in FATHOM
S1, S2	Bestimmte/r Schüler/in
S, A	Schüler/in aus einer anderen Schülergruppe
S1+S2	Schüler/innen reden gleichzeitig
L	Lehrer/in
St	Student/in

Abb. 4.8 Übersicht der in einem Transkript verwendeten Abkürzungen

Transkripte im rtf-Format können in die Auswertungssoftware MAXQDA[93] importiert werden. Die Texte erhalten dann eine Spaltennummerierung, so dass bei dem Export eines Textes das Transkript mit Zeilennummern in einer tabellarischen Form verfügbar ist. Zur besseren Nachvollziehbarkeit ist ein Ausschnitt eines solchen Transkripts in Abb. 4.9 angegeben. Im Analysekapitel 6 werden Transkriptausschnitte dieser Art als Belegstücke benutzt.

---

[93] URL: http://www.maxqda.de/.

270	S2: Von 5000 Versuchen halt.
271	S1: Ist gleich 1016, die dazugehören. Müssen wir ihm das auch sagen, wie wir das gemacht haben? Wie wir die bestimmt habe die relative Häufigkeit? … Ich kann es ja noch mal drunter schreiben.
272	*FATHOM: Während S1 geredet hat, hat S2 über das Kontextmenü der Auswertungstabelle den Menüpunkt 'Formel hinzufügen' geklickt und einen Formeleditor geöffnet. Darin trägt er nun als zweite Formel für die Auswertungstabelle 'Anzahl(Anzahl_richtig≥8)/Gesamt-anzahl' ein.*
273	*07:13*
274	*Screenshot der Auswertungstabelle mit der Darstellung der absoluten und relativen Häufigkeit.*
275	
276	S2: Oh, ca. 20 % haben bestanden. … Soll ich noch so einen Graphen machen?
277	S1: Ja, da können wir die Verteilung aufschreiben.
278	*07:38*
279	*FATHOM: Ein 'Graph' wird in den Arbeitsbereich gezogen. Dann wird das Merkmal 'Anzahl_richtig' aus der Tabelle der Messgrößenkollektion 'Messgrößen von Stichprobe von Urne' auf die waagerechte Achse der Graphik gezogen. Über das Pull-Down-Menü in dem Graphen wird von den Schülern 'Histogramm' ausgewählt. Außerdem stellen sie über das Kontextmenü der Graphik die 'Skala' auf 'relative Häufigkeit' um.*

Abb. 4.9 Transkriptausschnitt, nach dem Export mit Paragraphen aus MAXQDA.

Transkript-Analyse mit MAXQDA[94]

Als Werkzeug zur Analyse der angereicherten Transkripte wurde die Software MAXQDA 2007 verwendet. Dazu wurden alle Transkripte als Rich Text Format gespeichert und in MAXQDA importiert. Alle Texte lassen sich nun einzeln, im sogenannten Text-Browser, anschauen, analysieren und nachträglich editieren.

Der MAXDDA-Bildschirm ist so aufgebaut, wie man es von Windows her gewohnt ist. Unterhalb der Menüleiste befindet sich eine Symbolleiste, die einen schnellen Zugriff auf häufig benutzte Programmfunktionen ermöglicht. Rechts davon befindet sich eine dritte Leiste, die Codierleiste, in der verschiedene Funktionen zum Codieren und Editieren des aktuellen Textes angeboten werden. Unter den Symbolleisten sind die vier Hauptfenster von MAXQDA angeordnet. Alle vier Fenster lassen sich während des Arbeitens je nach Bedarf über die Symbolleiste oder das Menü Fenster wahlweise ein- und ausblenden, skalieren oder verschieben. Abb. 4.10 zeigt den kompletten Arbeitsbereich in einem Projekt.

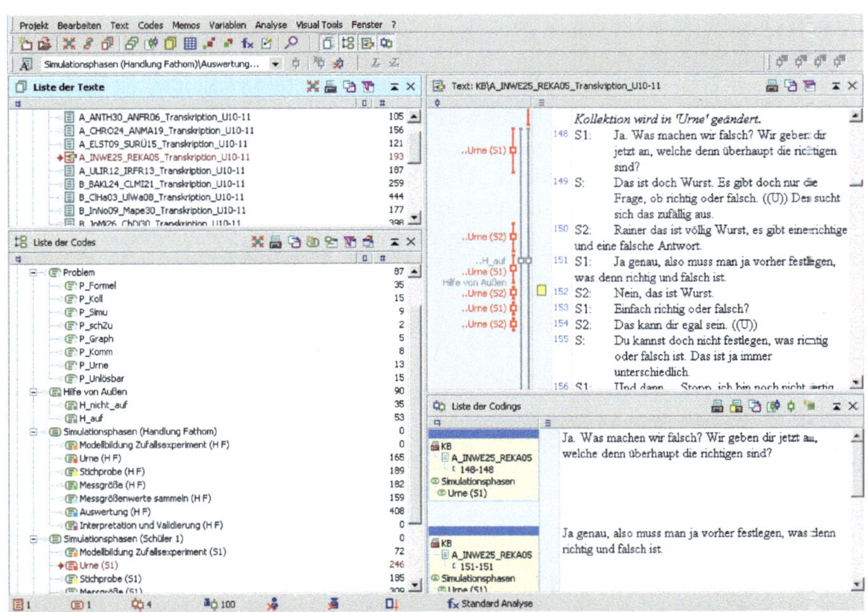

Abb. 4.10 Bildschirm in einem Projekt von MAXQDA

---

[94] Die Ausführungen basieren auf der Einführung in MAXQDA 2007. URL: http://www.maxqda.de/download/manuals/MAX2007_intro_ger.pdf

Die vier Hauptfenster in MAXQDA haben folgende Funktionen:

- Die *Liste der Texte* (links oben) enthält eine Übersicht über alle Texte des Projektes. Hier ist das gesamte Textmaterial gesammelt und kann in verschiedene Textgruppen sortiert werden.
- Die *Liste der Codes* (links unten) enthält das Kategoriensystem mit den bisher erstellten Codes und Subcodes sowie die Anzahl der zugeordneten Codings und die Farben der Codes.
- Im *Text Browser* (rechts oben) wird jeweils ein Text aus der *Liste der Texte* angezeigt und kann bearbeitet werden, d. h. hier können Textstellen markiert, Codes zugeordnet oder Memos angeheftet werden.
- Die *Liste der Codings* (rechts unten) ist ein Resultatsfenster: Hier wird eine Auswahl von codierten Textsegmenten angezeigt (Text-Retrieval).

Wesentliches Element einer softwareunterstützten Textanalyse ist das Codieren von Transkripten. MAXQDA bietet daher die Möglichkeit, Codes (bzw. Kategorien) Textpassagen zuzuordnen. Bei einem Code handelt es sich in der Sprache der empirischen Sozialforschung um eine inhaltliche Kategorie, ein analytisches Instrument zur systematischen Auswertung der Daten. In MAXQDA ist ein Code eine maximal 64 Zeichen lange Zeichenkette, die markierten Abschnitten des geöffneten Textes zugeordnet werden kann. In MAXQDA lässt sich ein hierarchisches System von Codes definieren. Die Zahl der Codes ist dabei nicht begrenzt. Außerdem lassen sich den Codes bestimmte Farbattribute zuordnen, um sie visuell besser unterscheiden zu können. MAXQDA stellt verschiedene Codier-Funktionen zur Verfügung:

- *Klassisches Codieren*: einem ausgewählten Textabschnitt wird ein Code zugewiesen.
- *Freies Codieren*: Im Stil der Grounded Theory wird einer Textstelle ein neuer (freier) Code zugeordnet.
- *Gezielte selektive Codierung*: Texte werden gezielt auf das Vorkommen eines oder mehrerer vorab ausgewählter Codes durchgearbeitet und ggf. codiert.
- *In-Vivo-Codieren*: Ein im Text vorkommender (besonders aussagekräftiger) Begriff wird als Code definiert, ins Codesystem übernommen, und die Textstelle wird gleichzeitig diesem Code zugeordnet.
- *Codieren mittels Farbmarkierung:* Analog zur traditionellen „computerlosen" analysierenden Textlektüre, können Textstellen farbig markiert und nach der farblichen Zuweisung codiert werden (RED, GREEN, BLUE oder MAGENTA).

Für eine Auswertung lassen sich die erstellten Codes auszählen, so dass eine quantitative Analyse möglich ist. Dafür müssen die Codes als Variable definiert werden und können dann in einer Variablenliste numerisch ausgewertet werden. Zusätzlich zur Zahlendarstellung können die Codes für eine Visualisierung der Textanalyse verwendet werden. MAXQDA bietet verschiedene Visualisierungstools an. Das in dieser Untersuchung verwendete Textporträt ist fallorientiert und stellt einen Text über ein Abbild seiner Codierungen dar. Ein Einsatz dieses Werkzeuges setzt voraus, dass von der Möglichkeit der Zuordnung von Farben zu den Codes systematisch und sinnvoll Gebrauch gemacht worden ist (vgl. Abb. 4.11).

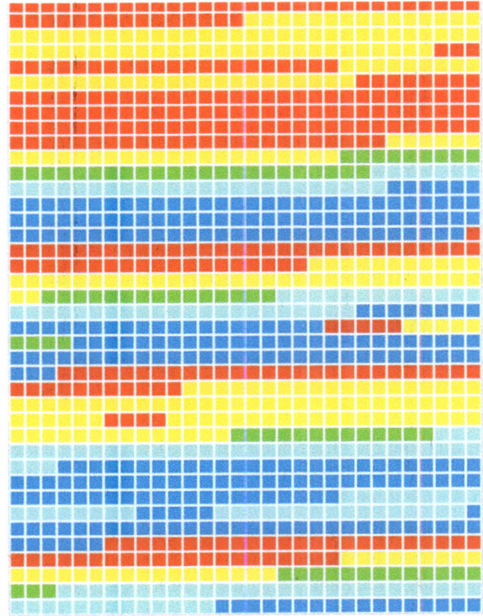

Abb. 4.11 Beispiel eines Textporträts in MAXQDA (vgl. Franz 2009, S. 48)

Wie in Abb. 4.11 zu sehen besteht die Oberfläche der Graphik aus 30 mal 40 gleich großen Kacheln. Für ein Textportrait werden diese Kacheln, beginnend links oben, zeilenweise von links nach rechts mit einer Farbe beschrieben. Dabei wird die Gesamtzahl der Kacheln auf die codierten Textabschnitte aufgeteilt und zwar so, dass die Anzahl der Kacheln, die ein Segment bzw. seine Farbe symbolisieren, gemäß dem prozentualen Anteil der Größe des Segmentes an der Gesamtgröße aller codierten Segmente, bestimmt werden. Das heißt, die Länge eines Segmentes wird als Gewichtungsfaktor für die graphische Darstellung benutzt. Darüber hinaus gibt es die Möglichkeit, Überlappungen durch Farbmischungen anzuzeigen. Sind einem Segment mehrere Codes zugeordnet, werden diese standardmäßig hintereinander dargestellt. Aktiviert man jedoch die Farbmischung, werden die beteiligten Codes zu einer neuen Farbe gemischt und diese Farbmischung wird dann auf die Kacheln übertragen (vgl. Franz 2009, S.49).

Transkript-Interpretation

Für die Unterrichtseinheiten U10-11 und U12-13 wurden für alle Lerndyaden die Schülerarbeitsphasen aufgezeichnet und transkribiert. Die Partnerarbeit an einem Computer ist in der Regel eine idealtypische Unterrichtsituation (Krummheuer 1989, S. 26). Die Interpretation von Transkripten folgt nicht starren Regeln, sondern hängt wesentlich vom Erkenntnisinteresse und vom Unterrichtsgeschehen ab. Gleichwohl lassen sich Grundprinzipien, denen ein interpretatives Vorgehen folgen sollte, formulieren. Krummheuer (1989, S.27-28)[95] hat solche Grundprinzipien verfasst, die hier zur Unterstreichung des Prozesscharakters, zusammengefasst wiedergegeben werden:

- *„Gliederung in Episoden und Auswahl der Episoden:* Dadurch wird festgelegt, anhand welcher Transkriptausschnitte die Analyse vorgenommen werden soll. Die Auswahlkriterien sind von den Fragestellungen abhängig.

- *Beschreibung nach dem spontanen Eindruck einer Episode:* Eine Rekonstruktion von Interaktionsprozessen sollte zunächst nach den anfänglichen spontanen Eindrücken erfolgen. Diese sollten in geeigneter Form notiert werden, um ihren Einfluss auf spätere Deutungen zu kontrollieren.

- *Extensive Interpretation der einzelnen Äußerungen bzw. Handlungen:* Für die in einer Episode niedergelegten Äußerungen und Handlungen werden mehrere alternative Deutungen zusammengestellt, um deren gemeinte Bedeutung zu erfassen. Dadurch lassen sich subjektive Beschränkungen minimieren.

- *Turn-by-turn-Analyse:* Die Bedeutung, die die anderen am Interaktionsprozess Beteiligten der vorliegenden Äußerung oder Handlung zumessen, wird erfasst. Dadurch wird eine kontrollierte Reduktion der Deutungsmöglichkeiten ermöglicht.

- *Entwicklung einer Deutungshypothese:* Für die gesamte Episode wird eine Deutungshypothese formuliert, die es ermöglicht, diese möglichst umfassend und detailliert zu verstehen. Diese Hypothese muss sich dann im Kontext anderer Episoden des Transkripts bestätigen.

- *Vergleich und Bewertung:* Deutungshypothesen werden auf vermutlich passende Episoden anderer Transkripte angewendet und dabei bestätigt, verworfen oder modifiziert. So gelingt eine Rekonstruktion von Interaktionsmustern, im Hinblick auf die eingangs formulierten Fragestellungen."* (Krummheuer 1989, S. 27-28)

---

[95]   Für eine weiterführende Auseinandersetzung mit den Methoden der interpretativen Unterrichtsforschung sei auf Voigt (1984), Krummheuer (1989), Krummheuer & Voigt (1991) verwiesen.

5 Teilstudie Feasibility

5.1 Ziele und Methoden

Ziel dieser Teilstudie ist die Untersuchung der allgemeinen Akzeptanz und Umsetzbarkeit des GESIM-Konzeptes in einem Einführungskurs. Dabei stehen die beiden folgenden Fragen im Zentrum der Analysen:

- Ist das Konzept insgesamt in der Unterrichtspraxis umsetzbar?
- Gibt es Optimierungsbedarf und wenn ja, womit könnten mögliche Verbesserungen erzielt werden?

Die erste Frage dreht sich um die unterrichtlichen Bedingungen und spezifischen Voraussetzungen, die mit GESIM verbunden sind, von denen hier einige aufgeführt seien:

- Lehrer müssen die ersten vier Wochen eines halbjährigen Stochastikkurses dafür zur Verfügung stellen. Wie stehen deshalb die beteiligten Lehrer zu einer Generalisierung des Konzeptes, unabhängig von der Länge des Schulhalbjahres, Abiturbedingungen, curricularen Festlegungen zum Technikeinsatz, Kurszusammensetzung und Leistungsstärke des Kurses etc.?
- Schüler und Lehrer wechseln für den Mathematikunterricht in den Computerraum, mit anderen Gegebenheiten, wie die Verfügbarkeit von Medien, die Sitzordnung etc.: Nehmen Schüler und Lehrer dies an, und was passiert nach diesen vier Wochen?
- Schüler sollen sich in einer Hausarbeit in die Software mittels E-Learning-Umgebung einarbeiten: Wird dies allgemein akzeptiert?
- Ist der Einarbeitungsaufwand für die Lehrer handhabbar, und bleibt ihnen genügend Handlungsspielraum innerhalb des Konzeptes?
- Ist die mit GESIM angestrebte inhaltliche „Umakzentuierung“ des Stochastikkurses für die Lehrer insgesamt nachvollziehbar, einleuchtend und damit wertvoll für ihre weitere Arbeit?

Die Frage nach dem Optimierungsbedarf stellt sich auf verschiedenen Ebenen: einmal auf der Ebene der Struktur des Gesamtkonzeptes und ein anderes Mal auf der Ebene einzelner Unterrichtsbausteine. Damit ist diese zweite Forschungsfrage nur in Verbindung mit der ersten Frage zu beantworten. Hauptaugenmerk gilt dabei der Realisierung der mit diesem Einführungskurs angestrebten Schülerkompetenzen (vgl. Kap. 4.1).

Antworten auf diese beiden Fragen sind mit direkten und indirekten Methoden erfasst worden. Zur Lernumgebung eFATHOM wurde eine Einstellungsbefragung konzipiert und im Zusammenhang mit dem Nachtest durchgeführt.[96] Die audiobasierten Unterrichtsprotokolle sowie Einschätzungen der unmittelbar am Projekt beteiligten Schüler, Lehrkräfte und Studenten[97] bilden die Basis für eine differenzierte Einschätzung der Feasibility.

Aufbau von Kapitel 5

Die Unterrichtseinheiten des Einführungskurses werden jeweils in einem eigenen Teilkapitel analysiert. Dabei ist der Aufbau der einzelnen Teilkapitel gleich: Zunächst wird mit der erwarteten Lerntrajektorie kurz beschrieben, was der Inhalt der jeweiligen Unterrichtseinheit ist. Daran anschließend wird der Unterrichtsverlauf in einem der beiden Leistungskure[98] ausführlich beschrieben.[99] Den Abschluss bildet eine retrospektive Analyse, mit der rückblickend die Feasibility und ggf. konkrete Vorschläge sowie Ideen für eine Optimierung der jeweiligen Unterrichtseinheit, auf der Datenbasis beider Leistungskurse, dokumentiert werden.

5.2 Unterrichtseinheit U1-2 – Baustein 2

5.2.1 Erwartete Lerntrajektorie

Diese erste Unterrichtseinheit greift die grundlegenden Kenntnisse, die die Schüler in der Hausaufgabenbearbeitung zu Modul 1 und 2 von eFATHOM erworben haben auf und vertieft diese durch den Vergleich von Häufigkeitsverteilungen über das Streuungsmaß der mittleren 50 %. Die Arbeitsaufträge auf den Arbeitsblättern sind so gestaltet, dass die Schüler anhand eines komplexeren Datensatzes grundlegende Auswertungen mit FATHOM vornehmen sollen. Dadurch soll der Umgang mit der Werkzeugsoftware und deren Möglichkeiten zur Datenauswertung eingeübt und gefestigt werden. Die Begriffe „unteres und oberes Quartil" sowie der Interquartilsabstand als Streuungsmaß werden innerhalb der Besprechungsphasen durch die Lehrperson eingeführt.

---

[96] Die Analyse dieser Einstellungsbefragung ist Teil der Dissertation von Hofmann (2011).

[97] Die Studierenden Norman Lübeck und Christina Legrand haben im Rahmen dieser Studie ihr Fachpraktikum SPS 2 (schulpraktische Studien) im Fach Mathematik absolviert. Ihre Einschätzung zum Verlauf der Studie und zu möglichen Verbesserungen haben sie in ihrem SPS-Bericht dokumentiert.

[98] Die Beschreibung orientiert sich an dem *Kurs B*, der von der Stundenverteilung her (geplante Doppelstunden und Einzelstunden) am ehesten den Planungen entsprach. Die Unterrichtsprotokolle des anderen Leistungskurses (*Kurs S*) befinden sich im Anhang B.

[99] Die Unterrichtseinheiten zu Baustein 6 werden in ihrer unterrichtlichen Umsetzung ausführlicher beschrieben, u. a. auch mit Beispielen von Schülerlösungen.

ASPB - Phase	Inhalte
PB 1	· Besprechung zur selbstständigen Einarbeitung in FATHOM über Modul 1 und 2 von eFATHOM, ggf. Präsentation einer Aufgabe. · Wiederholung der Begriffe aus Modul 1und 2 (absolute sowie relative Häufigkeiten, Histogramm, Mittelwerte) und Erweiterung der Begrifflichkeiten um Quartile sowie mittlere 50 % der Daten.
ASPB 1	· Anwendung und Festigung der FATHOM-Kompetenzen zur Datenauswertung durch die selbstständige Auswertung eines komplexen Datensatzes nach vorgegebenen Fragestellungen.

Abb. 5.1 U1-2: ASPB – Phasen

5.2.2 Kommentierter Unterrichtsverlauf Kurs B

Nach einigen organisatorischen Absprachen über den geplanten Ablauf des Einführungskurses (Aufzeichnungen, Partnerarbeit, Arbeit am Computer etc.) leitet die Lehrperson zur Besprechung der Hausaufgabe über:

L: „Steigen wir inhaltlich ein: Sie hatten Hausaufgaben auf zu heute, die Module 1 und 2 von dem Programm FATHOM. Wie ist es Ihnen denn ergangen? Gibt es da eine kurze Rückmeldung? War das schwer? War das leicht? Haben S e viel zu viel Zeit gebraucht, oder ging das schnell?"

Die Schüler geben daraufhin u. a. folgende Antworten.[100]

S1: „Alles verständlich und klar."

S2: „Man hätte das alles in ein bisschen weniger Zeit machen können, aber es war alles klar."

S3: „Also, es war alles klar. Ich sitze zwar nicht so viel am Computer, aber ich fand es gut, dass es schön ‚Schritt für Schritt' war und auch alles schön erklärt wurde. Auf jeden Fall sehr schön und auch mit den Videos und dann selbst nachmachen."

S4: „Ich fand es schon fast zu ‚schrittweise' und langwierig so, also, ich hätte das Ganze auch in 10 Minuten vielleicht verstanden... Nein, nicht 10 Minuten, aber das hätte man schneller erklären können."

S5: „Mir hat das Spaß gemacht, dass ich selbst experimentieren durfte. Nicht ‚so läuft es', sondern freie Wahl."

Nach diesen kurzen Statements der Schüler gibt die Lehrperson die Information, dass die Schüler nun genau diese Dinge, die sie sich mit den beiden Modulen angeeignet haben, auf einen komplexeren Datensatz anwenden sollen und gibt Arbeitsblatt 1 aus (Abb. 5.2).

---

[100] Die vollständigen Schülerantworten sind in den Audio-Protokolldateien (Anhang B) zu finden.

Aufgabe 1
Erforschen Sie anhand des Muffinsdatensatzes in Fathom, exemplarisch anhand von drei beliebigen Wochentagen, ob Schülerinnen durchschnittlich eher ins Bett gehen als Schüler.

Hinweise:
- Verwenden Sie nach Geschlechtern getrennte Graphiken und Auswertungstabellen.
- Machen Sie sich klar, was es bedeuten könnte, wenn jemand als Bettgehzeit 25,5 angegeben hat. Warum ist diese Angabe sinnvoll?
- Für eine erste qualitative Beschreibung können Sie auch Kennwerte, wie z. B. das arithmetische Mittel, in ein Histogramm einzeichnen. Gehen Sie wie folgt vor: Klicken Sie mit der rechten Maustaste in das Histogramm, um das Kontextmenü zu öffnen. Wählen Sie „Wert einzeichnen" aus. Im erscheinenden Formeleditor geben Sie aMittel() ein. Bestätigen Sie Ihre Eingabe durch Klick auf den OK-Button.
- Ordnen Sie Ihre erstellten Auswertungsfenster in Fathom übersichtlich an.
- Formulieren Sie anhand Ihrer Auswertung einen kurzen Report.

Aufgabe 2
Analysieren Sie wie viel Prozent der Jugendlichen am Samstag vor 8 Uhr aufstehen.

Hinweis:
- Zur Auswertung dieser Aufgabe benötigen Sie eine Formel mit einer Bedingung. Beispiel: Die Anzahl der Jugendlichen, die Montag um 7 Uhr und eher aufstehen lautet: Anzahl(MoAufst $\leq$ 7).

Abb. 5.2 U1-2: Auszug aus Arbeitsblatt 1

Die Schüler bearbeiten zu zweit am Rechner (als Lerndyaden) die Aufgaben auf dem Arbeitsblatt (Abb. 5.2). Diese Arbeitsphase dauert etwa 20 Minuten. Anschließend werden die Ergebnisse kurz im Plenum besprochen. Offenbar haben die Schüler keine Probleme, die beiden Aufgaben zu bearbeiten. Allerdings wird die als *Hinweise* deklarierte Arbeitsanleitung auch nur in diesem Sinne verstanden. Das Schreiben eines Reports wird daher von den meisten Schülern übergangen. Die Lehrperson leitet nun über zur Erarbeitung des Streuungsmaßes der mittleren 50 % einer Verteilung. Dazu stellt die Lehrperson die Aufstehzeiten für Montag und Samstag in einem Punktdiagramm dar (Abb. 5.3).

L: „Schauen Sie sich bitte mal diese Verteilungen an, und überlegen Sie sich mal, was hieran auffällig ist."

S: „Montags stehen die meisten halt erheblich früher auf als samstags. Samstags streckt es sich mehr und ist auch eigentlich eher später. Montags ist es enger und eher früher."

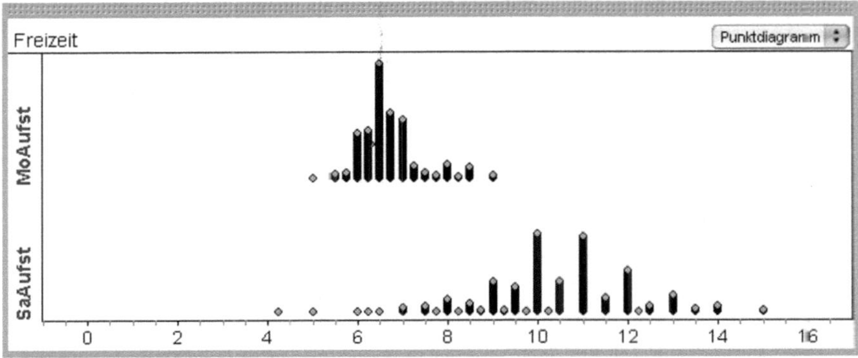

Abb. 5.3 Punktdiagramm aus Muffins-Datensatz: Merkmale *SaAufst* und *MoAufst*

Die Schüler nennen weitere Auffälligkeiten, wie z. B. die Ausreißer. Die Frage der Lehrperson, wie man denn eine Verteilung bewerten bzw. beurteilen könne, beantworten die Schüler zunächst mit dem Maß der Spannweite.

L: „Jetzt kommt der Punkt: Da steht jemand samstags um 4:00 Uhr auf. Oder auch montags würde jemand viel früher aufstehen. Was wäre dann an Ihrem Maß das Problem?"

S: „Dann würde diese Differenz größer werden, obwohl ja im Prinzip die meisten Werte trotzdem noch konzentriert in der Mitte sind."

L: „Genau. Das heißt, wenn wir ein Maß für die Streuung suchen, dann ist diese Spannweite eine sehr ungenaue Sache. Wir haben dort im Prinzip Ausreißer. Wir müssen uns also etwas anderes überlegen."

Diese Überlegung führt dazu, sich nach einem anderen Streuungsmaß umzusehen. Eine Schülerin gibt einen wichtigen Hinweis:

S: „Kann man das nicht machen, dass man einfach die kleinsten Werte wegstreicht? Oder man nimmt die ersten 10 Größten, also so wie bei einem Schiedsgericht, wo der größte und der kleinste Wert weggestrichen wird."

Das Wegstreichen von Extremfällen führt dazu, sich für den „mittleren Haufen" zu interessieren, da dieser Bereich am aufschlussreichsten sei. Anhand einer Folie, auf der 12 Datenpunkte (ohne Bindungen) aufgetragen sind, werden zunächst der Median und dann das obere und das untere Quartil als Median der oberen bzw. unteren Datenhälfte als Begriffe eingeführt.[101] Durch das geschickte Hinzufügen zweier Datenpunkte demonstriert die Lehrperson, dass sich mindestens 50 % der Daten in dem mittleren Bereich, von dem unteren Quartil Q1 bis zum oberen

---

[101] Die Wahl von $n = 4k$ Datenpunkten rechtfertigt die Benutzung des Begriffs Datenhälften

Quartil Q3 befinden.[102] Die Lehrperson gibt nun noch die Formeln an, die FATHOM zur Berechnung der Quartile benutzt und gibt das Arbeitsblatt 2 mit dem nächsten Arbeitsauftrag aus (vgl. Abb. 5.4). Diese PB-Phase dauert knapp 30 Minuten.

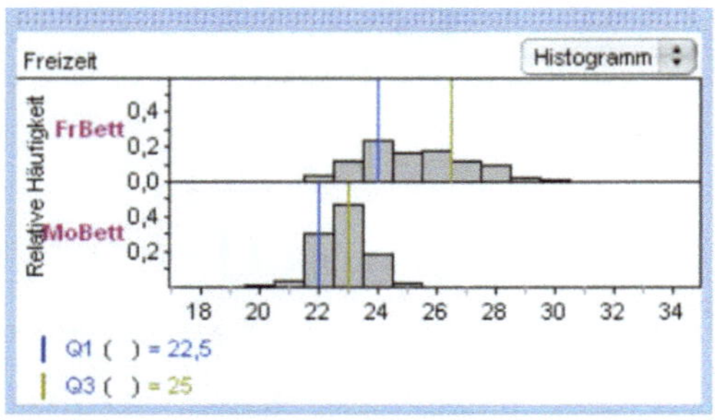

Aufgabe

Analysieren Sie die Bettgehzeiten der Jugendlichen aus dem Muffinsdatensatz getrennt nach Wochentagen. Richten Sie Ihr Augenmerk insbesondere auf die Streuung der Bettgehzeiten.

i.   An welchem Wochentag ist die Streuung am geringsten, an welchem Wochentag am größten. Erstellen Sie soweit möglich eine Rangfolge.

ii. Überlegen Sie auf welche Ursachen die jeweiligen Streuungen zurückführbar wären.

Abb. 5.4 U1-2: Auszug aus Arbeitsblatt 2

Die zweite Schülerarbeitsphase zur Bearbeitung von Arbeitsblatt 2 (vgl. Abb. 5.4) dauert etwa 20 Minuten. Die meisten Schülerpaare haben die Idee, die Differenz von Q3 und Q1 in einer Auswertungstabelle zu ermitteln und somit das Streuungsmaß der mittleren 50 % auch numerisch angeben zu können. Keine Probleme bereitet die graphische Darstellung in einem multiplen Punktdiagramm (vgl. Abb. 5.5). Schwierigkeiten bereitet der als Differenzierung für einige Lern-dyaden formulierte Arbeitsauftrag, den genauen prozentualen Anteil, der von Q1 und Q3 eingeschlossenen Daten, mit Hilfe einer Formel in FATHOM, zu ermitteln. In den letzten fünf Minuten der Stunde werden die Ergebnisse kurz besprochen und die Lehrperson demonstriert, wie man den Anteil von MoBett für

---

[102] Ein Schüler äußert die Idee, sich, ausgehend vom Median, soweit nach links bzw. rechts zu bewegen, so dass man ca. 90 % der Daten einschließen würde. Diese Idee wird mit dem Verweis auf den Interquartilsabstand als übliches Maß nicht weiter verfolgt.

[Q1, Q3] ermitteln könne. Eine Diskussion zu den Ursachen der unterschiedlichen Streuungen an den jeweiligen Wochentagen erfolgt nicht.

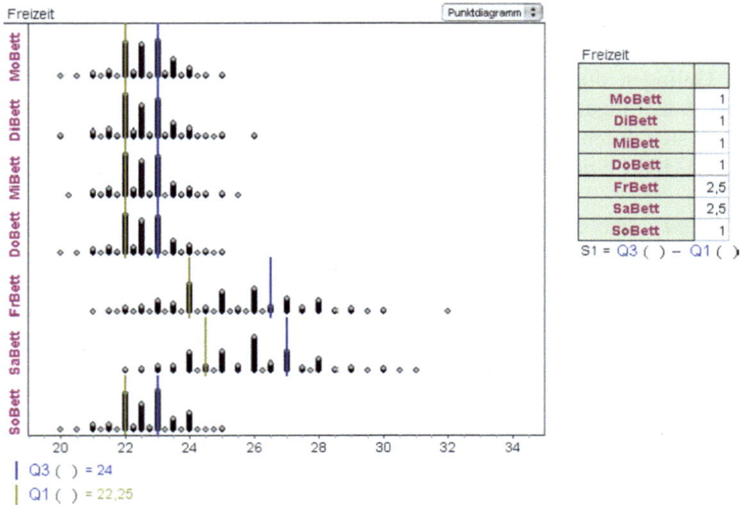

Fr uns Sa ist die Streuung am größter

Mögliche Ursachen
An den Abenden vor den Schultagen nahezu einheitliches Bettgehenverhalten, die mittleren 50% liegen zw. 22 und 23 Uhr.
Am Fr und Sa streut das Bettgehverhalten mehr (vielfältige Interessenlage am WE).

Am Fr mittlere 50% von 24 Uhr bis 2.30 Uhr.
Am Sa mittlere 50% von 0.30 Uhr bis 3 Uhr.

Achtung: In $[Q_1, Q_3]$ liegen mind. 50% der Daten, z.B. für MoBett ca.69%

S1 = Q1 ( )
S2 = Q3 ( )

$$S3 = \text{runde} \left(\frac{\text{Anzahl}(MoBett \le 23) - \text{Anzahl}(MoBett < 22)}{\text{Gesamtanzahl}} \cdot 100; 2 \right)$$

Abb. 5.5 U1-2: Auszug aus der Musterlösung zu Arbeitsblatt 2

5.2.3 Retrospektive Analyse

ASPB-Phasen

Die Vorbereitung der Schüler beider Kurse auf diese Unterrichtseinheit, durch die Bearbeitung der ersten zwei Module von eFATHOM, war sicherlich ausschlaggebend für das Gelingen dieser beiden Stunden und damit für das Erreichen der Lernziele. Die Äußerungen der Schüler zu Beginn der Unterrichtseinheit haben gezeigt, dass sie sich durch die Lernumgebung selbstständig in den grundlegenden Umgang mit FATHOM einarbeiten konnten.

In der *ASPB1-Phase* gab es, seitens der Schüler, keine inhaltlichen Verständnisschwierigkeiten zu den Teilaufgaben der beiden Arbeitsblätter. Bis auf die letzte Teilaufgabe von Arbeitsblatt 2 wurden diese von allen Lerndyaden erfolgreich bearbeitet und im Plenum besprochen. Die Entwicklung einer Formel für die Prozentangabe für [Q1; Q3] erwies sich als zu kompliziert (vgl. Abb. 5.5). Nur wenigen Schülern war klar, was sie genau berechnen sollten.

In der *PB-Phase* sollte mehr Zeit für die Einführung der Quartile und die Streuung der mittleren 50 % einer Häufigkeitsverteilung eingeplant werden. Der Interquartilsabstand als Streuungsmaß wurde inhaltlich nicht von allen Schülern sofort verstanden. Dafür könnte eine bessere Verknüpfung von Berechnung und entsprechender Visualisierung hilfreich sein. Es stellt sich jedoch die Frage, ob man nicht direkt den Perzentilbegriff einführen sollte, zumal dieser in einer späteren Unterrichtseinheit benötigt wird. Eine Behandlung der Quartile macht nur Sinn, wenn man den Boxplot als graphische Darstellung mit einbezieht.

Optimierung von Arbeitsmaterialien

Für beide Arbeitsblätter könnte es sich als vorteilhaft erweisen, wenn die einzelnen Arbeitsaufträge durchnummeriert wären. So wurden einige der als Hinweise deklarierten Teilaufgaben von einzelnen Lerndyaden zunächst überlesen, weil sie der Meinung waren, es handele sich um Hilfestellungen.

An diese Unterrichtseinheit schließt sich keine Hausaufgabe an. Möglicherweise wäre es sinnvoll, den Einführungskurs dahingehend zu erweitern. Schüler könnten anhand des bereits bekannten reduzierten Muffins-Datensatzes in einer Hausarbeit die Frage bearbeiten, ob Frauen im Mittel mehr Schlaf benötigen als Männer. Die Schüler müssen den Datensatz um entsprechende Merkmale für die Berechnung der Schlafzeiten erweitern und mit den ihnen bekannten Mitteln (Verteilungsdarstellung, Mittelwerte, Streuungsmaße) auswerten.

5.3 Unterrichtseinheit U3-4 – Baustein 4

5.3.1 Erwartete Lerntrajektorie

Mit dem Spiel „Differenz trifft" erfolgt ein experimenteller Einstieg in die Wahrscheinlichkeitsrechnung. Die Schüler wiederholen und vertiefen ihre Kenntnisse aus der Sekundarstufe I. FATHOM dient dabei zunächst als Datenhalter, indem die protokollierten Spielergebnisse der einzelnen Gruppen in einer Datentabelle zusammengeführt und ausgewertet werden. Mit der theoretischen Aufarbeitung des Realexperiments werden die beiden Seiten des Wahrscheinlichkeitsbegriffes - Wahrscheinlichkeit als Schätzwert und Wahrscheinlichkeit als Vorhersagewert - beleuchtet. Die theoretische Wahrscheinlichkeit für ein Ereignis wird empirisch als Schätzwert der relativen Häufigkeit eingeführt. Über den klassischen Zugang der Laplace-Wahrscheinlichkeit lassen sich andererseits Prognosen über die Häufigkeit einzelner Differenzen bei einer bestimmten Wiederholungszahl formulieren. Dieser Zusammenhang wird durch die Simulation des doppelten Würfelwurfes und der Auswertung der Differenzen der Augenzahlen in FATHOM verdeutlicht. Die Simulation dient dabei als Erweiterung der experimentellen Möglichkeiten, da schnell große Wiederholungszahlen realisierbar sind. Die zunehmende Stabilisierung der Häufigkeitsverteilung wird für verschiedene Wiederholungszahlen n demonstriert, indem ein n-faches Experiment mehrfach durch Tastenkombination wiederholt wird. Diese Veranschaulichung unterstützt die Vorstellungen zum empirischen Gesetz der großen Zahlen.

ASPB - Phase	Inhalte

ASPB 2	· Einstiegsproblem in die WR mit komplexem Würfelspiel „Differenz trifft"
	  o Experimentelle und theoretische Bestimmung von Wahrscheinlichkeiten
	  o Berechnung von Wahrscheinlichkeiten als Verhältnis günstiger zu möglicher Fälle

L1	· Einführung der Simulationsmethode simultane (oder einfache) Simulation in FATHOM
	  o Simulation der Differenzen beim doppelten Würfelwurf in der Lehrerdemonstration nachvollziehen können
	  o Gesetz der großen Zahlen als Stabilisierung der empirischen Verteilung im Histogramm erkennen

A für HA2	· Modul 3 von eFATHOM (ohne ÜA 2)
	  o Gesetz der großen Zahlen,
	  o Genauigkeit der Simulation für $N = 50, 100, 1000, 5000, 10000$
	  o einfache (simultane) Simulationen

Abb. 5.6 U3-4: ASPB – Phasen

5.3.2   Kommentierter Unterrichtsverlauf

Die Lehrperson beginnt nach einigen organisatorischen Hinweisen den Unterricht.

L: „Wir wollen heute weiter machen mit unserer Unterrichtseinheit. … Was wir heute machen wollen ist ein Spiel spielen und das gemeinsam dokumentieren und mal sehen, wer von Euch das meiste Glück hat."

Die Teams werden aufgeteilt und die Lehrperson erklärt in den nächsten Minuten die Spielregeln.

L: „Ihre Aufgabe ist es jetzt, die Spielsteine so auf dem Spielfeld zu verteilen, wie Sie denken, dass die Differenzen dran kommen. Dann würfeln Sie immer abwechselnd, und wenn die Differenz drei ist, dann dürfen von dem Feld, wenn Spielsteine drauf sind, pro Person ein Stein weggenommen werden. Ziel des Spieles ist es, seine Steine möglichst vor dem anderen wegzubekommen. D. h. wenn Sie die Aufteilung gleich machen, dann werden Sie mit Sicherheit auch gleichzeitig fertig werden."

Die Lehrperson teilt die Materialien aus und erklärt den Schülern, dass sie auf dem Auswertungsbogen ihre Startaufstellung und die gewürfelten Differenzen mit protokollieren sollen. Die Spielphase von vier Spielen dauert insgesamt etwa 30 Minuten. Die Lehrperson beendet nach dieser Zeit die Spielphase:

L: „Was haben Sie hier am Spiel bemerkt? Oder hat schon irgendwer den totalen Durchblick? Hier steckt ja ein gewisses System dahinter. Also was sind Ihre Erfahrungen im Spiel?"

S1: „Wenn man sich das überlegt, mit den Würfeln kann man ja sich eigentlich ausrechnen, was wie oft, rein theoretisch, drankommen müsste. Dann merkt man schon, dass das mit der 5 wenig Sinn hat, weil das ja nur gehen kann, wenn der Würfel 6 und 1 zeigt. Dann kann man sich das nach und nach aufstellen. Aber wir haben das jetzt gemacht und trotzdem haben wir nicht schneller gewonnen. Also, in der Praxis sieht es doch anders aus als in der Theorie."

S2: „Wenn man sich die Wahrscheinlichkeiten ausrechnet, dann merkt man halt, dass die Differenz 4 und 5 eingeschränkt sind, dadurch, dass beim ersten Wurf schon bei Differenz 5 schon 2, 3, 4 und 5 rausfallen, denn damit kann man keine Differenz 5 mehr bekommen, und bei Differenz 4 fallen schon 3 und 4 raus, weil man dann keine Differenz von 4 bekommen kann. Deswegen sind diese beiden Würfe am unwahrscheinlichsten."

S3: „Wir haben ja bei jedem Würfel eine Wahrscheinlichkeit von 1/6, also zu jeder Zahl vom Würfel, und es ist ja relativ unwahrscheinlich, mit beiden Würfeln das gleiche zu würfeln, … deshalb hab' ich angenommen, dass die Null irgendwie weniger sein muss. …"

S4: „Die Frage ist ja, wie viele Möglichkeiten es gibt, dazu haben wir uns mal eine Tabelle aufgemalt, darauf sieht man gut, dass es am wahrscheinlichsten ist, eine 1 zu würfeln, da es 10 Möglichkeiten gibt, eine 1 zu würfeln."

Dieser Schüler (S4) zeichnet die Tabelle an das Whiteboard (Abb. 5.7). Dadurch werden die 36 gleichwahrscheinlichen Möglichkeiten für die Differenzen der Augenzahlen beim Doppelwürfelwurf veranschaulicht. Die Lehrperson nutzt diese Abbildung, um daran den Begriff der Laplace-Wahrscheinlichkeit für ein Ereignis einzuführen. So wird durch Auszählen die zweite Spalte in der von der Lehrperson vorbereiteten Tabelle (Abb. 5.8) gefüllt.

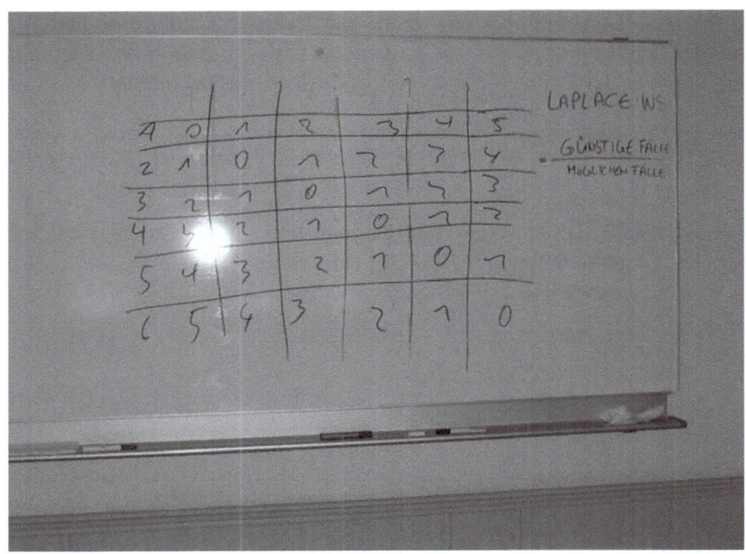

Abb. 5.7 U3-4: Tafelbild zu den gleichwahrscheinlichen Möglichkeiten für die Differenzen bei Doppelwürfelwurf

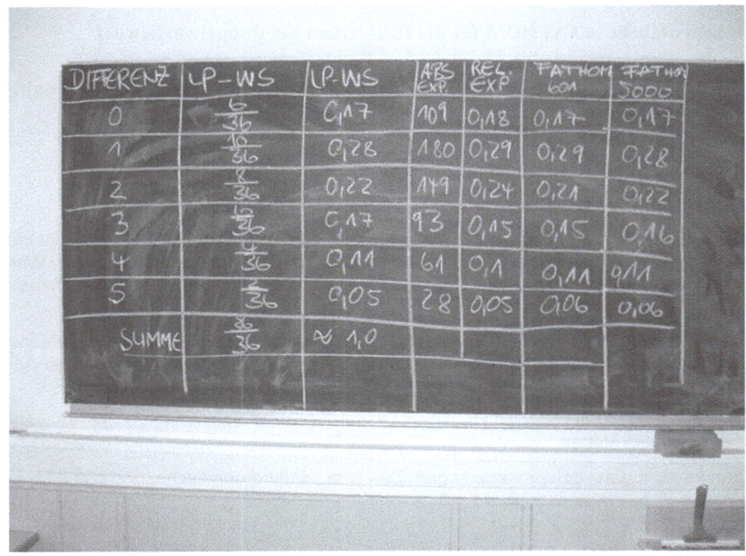

Abb. 5.8 U3-4: Tafelbild zur Laplace-Ws. und zur relativen Häufigkeit im Experiment für die Differenzen bei Doppelwürfelwurf

Nach dieser theoretischen Aufarbeitung greift die Lehrperson noch einmal die Äußerungen einer Schülergruppe auf, die angemerkt hatte, dass sich ihre theoretischen Überlegungen in der Praxis nicht so, wie gedacht, realisiert hatten.

L: „Wenn wir jetzt alle Fälle zusammenzählen, die wir jetzt insgesamt in der Klasse erhalten haben, ob wir dann vielleicht etwas erkennen können? Dann müsste es im Prinzip etwas mit dem Modell zu tun haben."

Jedes Team nennt nacheinander seine Häufigkeiten, und diese werden zeitgleich in eine vorbereitete Datentabelle von FATHOM eingetragen (Abb. 5.9).

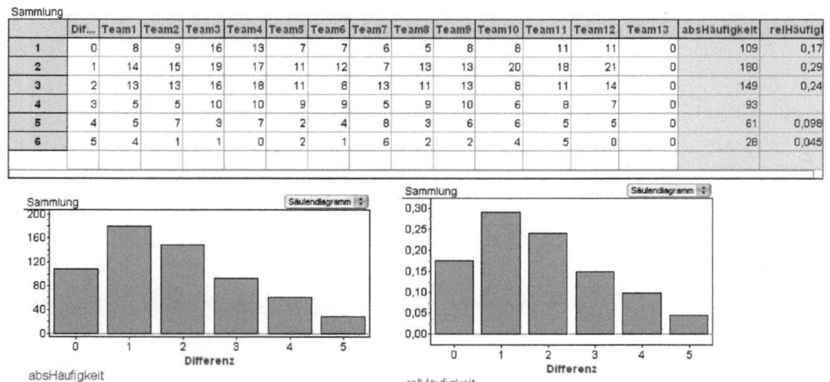

Sammlung

	Dif...	Team1	Team2	Team3	Team4	Team5	Team6	Team7	Team8	Team9	Team10	Team11	Team12	Team13	absHäufigkeit	relHäufig[
1	0	8	9	16	13	7	7	6	5	8	8	11	11	0	109	0,17
2	1	14	15	19	17	11	12	7	13	13	20	18	21	0	180	0,29
3	2	13	13	16	18	11	8	13	11	13	8	11	14	0	149	0,24
4	3	5	5	10	10	9	9	5	9	10	6	8	7	0	93	
5	4	5	7	3	7	2	4	8	3	6	6	5	5	0	61	0,098
6	5	4	1	1	0	2	1	6	2	2	4	5	0	0	28	0,045

Abb. 5.9 U3-4: Datentabelle in FATHOM für die Differenzen bei Doppelwürfelwurf

Die absolute Häufigkeit und die relative Häufigkeit werden in die 4. und 5. Spalte der Tabelle von Abb. 5.8 übertragen.

L: „Gibt es jetzt irgendwelche Sachen, die Ihnen auffallen?"

S1: „Das entspricht ja den Werten, die wir vorher auch ausgerechnet haben."

L: „Genau, aber das heißt in etwa, also, es ist nicht gleich. ... Wenn man das jetzt über alle Würfe anschaut, dann trifft [die Realisierung im Realexperiment] eher zu als für den einzelnen Wurf. Was bedeutet dies denn nun für Ihre Spieltaktik? Also, wenn Sie sich hiernach gerichtet haben, haben Sie dann auch gleich gewonnen?"

S2: „Also, wir haben das im letzten Spiel so gemacht, dass ich genau diese Taktik hatte, während sie [Gegnerin] alles auf drei hatte. Dann hab ich zwanzig Mal gewürfelt und hab im geringen Abstand gewonnen."

L: „Es scheint so, als würden die relativen Häufigkeiten in irgendeiner Beziehung zu den theoretischen Wahrscheinlichkeiten stehen."

S3: „... Man kann es nicht ganz genau vorhersagen. Das eine ist der theoretische, und das andere der praktische Wert."

Der Lehrperson ist an dieser Stelle ganz wichtig, dass zwischen der theoretischen Wahrscheinlichkeit, die man über das Auszählen günstiger Fälle zu allen Fällen ermitteln kann, und zwischen der relativen Häufigkeit, die die anteilige Realisierung im Experiment angibt, unterscheidet. Die Lehrperson leitet nun dazu über, dass man mit FATHOM das Realexperiment des Doppelwürfelwurfes simulieren kann und erläutert im Folgenden den Aufbau der vorbereiteten Simulationsumgebung (vgl. Abb. 5.10). Die Lehrperson fügt zu dem einen Fall noch 600 hinzu, so viele Male wurde in der Klasse gewürfelt. Die simulierten relativen Häufigkeiten für die Differenzen werden in die sechste Spalte der Tabelle von Abb. 5.8 übertragen. Dann wird die Wiederholungszahl auf $n = 5000$ erhöht und die relativen Häufigkeiten in die letzte Spalte der Tabelle von Abb. 5.8 übertragen. Auf die Möglichkeit, die Wiederholungszahlen schrittweise, ähnlich wie bei den Faustregeln, auf $n = 50, 100, 1000, 5000, 10000$ zu erhöhen, wird leider nicht eingegangen. Anscheinend wird in diesem Kurs auch versäumt, die Simulation für die entsprechende Wiederholungszahl mehrfach per Tastenkombination zu wiederholen. Dadurch wird der Effekt der abnehmenden Schwankung der Verteilung für feste n nicht so verdeutlicht, wie es eigentlich erwartet worden war.

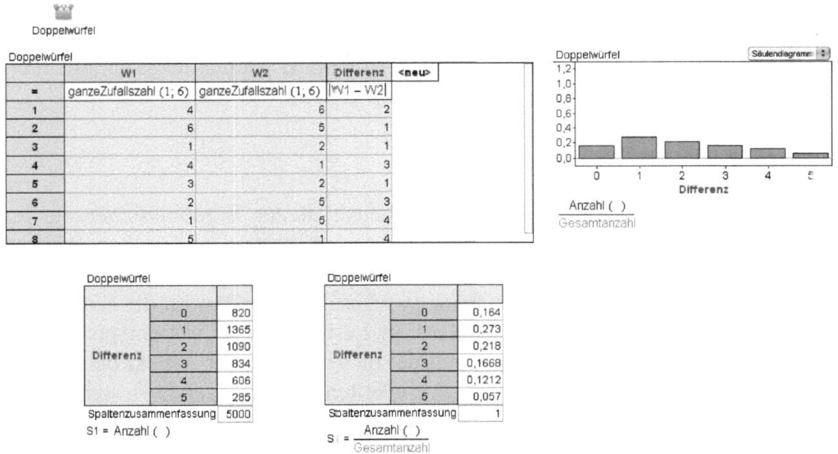

Abb. 5.10 U3-4: Simulationsumgebung für die Verteilung der Differenzen bei Doppelwürfelwurf

Die Lehrperson gibt selbst die Zusammenfassung und erläutert die Hausaufgabe, die mit Modul 3 von eFATHOM, speziell hinsichtlich der Genauigkeit von Simulationen, zu bearbeiten sein würde. Damit ist die Stunde beendet.

5.3.3 Retrospektive Analyse

ASPB-Phasen

Die Schüler haben das Spiel sehr gut angenommen. Einige Regeln hätten konkreter in der Anleitung des Spiels stehen können bzw. durch „Vorspielen" am Overheadprojektor verdeutlicht werden können. Manchen Schülern war z. B. nicht sofort klar, dass bei einem bestimmten Wurf jedes Team einen entsprechenden Stein vom Spielfeld nehmen darf. Auch zur Protokollführung des Spielverlaufes gab es Nachfragen. Während des Spiels konnten die Schüler ihr Vorwissen aus der Mittelstufe mit einbringen und sie haben im Spielverlauf bereits entsprechende theoretische Überlegungen zur optimalen Spielstein-Verteilung angestellt. Diese wurden in der Besprechungsphase aufgegriffen und begrifflich vertieft. In beiden Kursen wurde der Unterschied zwischen der relativen Häufigkeit und der Wahrscheinlichkeit für ein Ereignis deutlich herausgestellt und die entsprechenden Berechnungsmöglichkeiten thematisiert. Nach der Spieldurchführung, der Spielauswertung mit FATHOM und der theoretischen Vertiefung wurden in beiden Kursen die Differenzen beim doppelten Würfelwurf mit FATHOM simuliert. Dabei wurden der Übergang und die weitere Vorgehensweise in Kurs S im Sinne der Lerntrajektorie geschickter gewählt.[103] Mit der schrittweisen Erhöhung der Wiederholungsanzahlen auf $n = 50, 500, 5000, 10000$ und der manuellen Wiederholung der Simulation durch Strg+Y konnte im Kurs S das empirische Gesetz der großen Zahlen, über die zunehmende Stabilisierung der Verteilung der Differenzen für feste n, wie geplant, veranschaulicht werden. In Kurs B wurden diese Möglichkeiten, wie oben bereits erwähnt, nicht vollständig genutzt.

Optimierung von Arbeitsmaterialien

Die Arbeitsmaterialien könnten um ein Arbeitsblatt zur Ergebnissicherung des Spiels „Differenz trifft", wie auch zu dessen Auswertung und zu den theoretischen Überlegungen, erweitert werden. Dadurch könnte die individuelle Nachbereitung unterstützt werden. Darüber hinaus wäre es wünschenswert, wenn die Simulation des doppelten Würfelwurfes den Schülern als Lernumgebung mit entsprechender Dokumentation zur Verfügung stehen würde. Insbesondere der Aspekt der Stabilisierung der Verteilung der relativen Häufigkeiten für wachsende n stellt einen wichtigen Meilenstein zum Aufbau konzeptuellen Wissens für den Phänomenkomplex des empirischen Gesetzes der großen Zahlen dar.

Anzumerken ist weiterhin, dass ein klärender Umgang mit grundlegenden Begriffen der Stochastik, wie Ergebnis, Ereignis, Ergebnisraum, bereits bei der theoretischen Aufbereitung des Spiels eine Rolle spielen könnte. Denn zeitlich und auch inhaltlich würde es sich anbieten, diese Begrifflichkeiten an dieser Stelle des Einführungskurses zu thematisieren, zumal dabei auch auf Kenntnisse aus der Mittelstufe zurückgegriffen werden kann.

---

[103] Vgl. Unterrichtsprotokoll U3-4, Kurs S, Anhang B.

5.4 Unterrichtseinheit U5-6 – Baustein 4

5.4.1 Erwartete Lerntrajektorie

In dieser Unterrichtseinheit geht es im ersten Teil um das selbstständige Erstellen einer einfachen Simulationsumgebung mit FATHOM in Partnerarbeit am Computer. Die Lerndyaden sollen dabei auch das empirische Gesetz der großen Zahlen händisch erkunden und Berechnungen zur Laplace-Wahrscheinlichkeit durchführen. Der zweite Teil ist der begrifflichen Aufarbeitung vorbehalten. Die Vorgaben im Leitfaden sind sehr offen formuliert, so dass die Lehrperson an dieser Stelle sehr frei agieren kann. In Abb. 5.11 sind die wesentlichen Bausteine für diese Unterrichtseinheit dokumentiert.

ASPB - Phase	Inhalte
PB zu Modul 3	· Gesetz der großen Zahlen und Genauigkeit der Simulation

ASPB 3	· Simulation von Oktaeder-Würfeln mit FATHOM und theoretische Berechnungen
	  o Übung zur simultanen Simulation
	  o Übungen zur Berechnung von Laplace-Ws.

L2	· Einführung bzw. Wiederholung der Wahrscheinlichkeitsbegriffe und Wahrscheinlichkeitsmodelle
	  o Begriff Laplace-Ws.
	  o Typische Zufallsgeräte (Münze, Würfel, Glücksrad, Urne)
	  o Modellieren stochastischer Situationen als Urnen
	  o Ergebnisräume mit Gleichws. und ohne Gleichws.
	  o Ergebnismenge, Ereignis
	  o Experimente mit Nicht-Laplace-Modellen

ASPB 4	· Modellierung einfacher Zufallsexperimente als Laplace-Experimente
A für HA 3	· Fortsetzung eFATHOM Modul 3: ÜA 2 „Glückspasch" o Üben simultaner Simulation; Umsetzung von Erwartungswertaufgaben in eine Simulation

Abb. 5.11 U5-6: ASPB – Phasen

5.4.2 Kommentierter Unterrichtsverlauf

Die Lehrperson greift in den ersten 15 Minuten noch einmal das Spiel „Differenz trifft" aus der letzten Unterrichtseinheit auf. Dabei geht es vor allem um die saubere begriffliche Unterscheidung zwischen der theoretischen Wahrscheinlichkeit, in Form der Laplace-Wahrscheinlichkeit, und der relativen Häufigkeit.

S: „Wir haben halt ausgerechnet, wie wahrscheinlich es ist, die Differenz jetzt mit zwei Würfeln zu würfeln, wie es besser ist, diese Steine auf dem Spielfeld anzuordnen. ..."

L: „Genau, das waren die Wahrscheinlichkeiten, die in einer Matrix entwickelt wurden und dann später an die Tafel geschrieben wurden."

S: „Die Laplace-Wahrscheinlichkeit ist die theoretische und die relative Häufigkeit ist es, wenn die Anzahl der geworfenen Würfe durch Anzahl der insgesamt geworfenen Würfe [geteilt wird]."

Die Lehrperson geht noch kurz auf die Lehrerdemonstration der simultanen Simulation zu den Differenzen der Augenzahlen beim zweifachen Würfelwurf ein und leitet dann zur Hausaufgabe über.

L: „Die Hausaufgabe war es nun, das Modul 3 durchzuarbeiten. ... Sind alle damit klar gekommen?"

Offenbar gibt es keine Einwände, der Großteil der Klasse bejaht die Frage. Die Lehrperson lässt einen Schüler die Übungsaufgabe 1 am Lehrer-PC vorführen. Dabei wird u. a. geklärt, wie man die Häufigkeitsverteilung numerisch in einer Auswertungstabelle auswerten kann: Dazu muss das Merkmal mit der Strg-Taste auf einen Pfeil der Tabelle gezogen werden. Die Lehrperson leitet über zum empirischen Gesetz der großen Zahlen und zur Genauigkeit von Simulationen, womit sich die Schüler auch in der Hausarbeit beschäftigen sollten.

L: „Was sonst noch so vorkam in dem Modul ‚Gesetz der großen Zahlen' und die Genauigkeit der Simulation. ... Was besagt denn das Gesetz der großen Zahlen?"

S: „Je mehr Fälle man betrachtet, desto mehr nähert man sich, der Wert der relativen Häufigkeit, dem theoretischen Wert an ... also der Laplace-Wahrscheinlichkeit."

L: „Kann man das denn schon mit 5000 Versuchen so feststellen, dass sich die relative Häufigkeit der theoretischen Wahrscheinlichkeit annähert?"

- S: „Ja."

- L: „Ich würde sagen, diese Lernumgebung zum Gesetz der großen Zahlen, das wurde ja im Modul alles gesagt. Notieren Sie sich den Begriff, und diesen Satz schreiben Sie sich aus dem Modul ab. Was die Sache mit der Genauigkeit angeht, was ist denn da zu den Faustregeln zu sagen?"

Keiner der Schüler hat sich offenbar die Faustregeln in ausreichendem Maße angeschaut. Daher öffnet die Lehrperson noch einmal das Modul 3 von eFATHOM und zeigt, wo die Faustregeln zu finden sind. Die Schüler bringen zum Ausdruck, dies übersehen zu haben. Einige dachten, dass es sich dabei um Zusatzaufgaben handele.

L: „Was besagen die [Faustregeln]?"

S: „Die besagen, dass jetzt bei 1000 Versuchen die Wahrscheinlichkeit um ca. 3,1 %, also, die maximale Abweichung ist sehr wahrscheinlich im Bereich von 3,1 % bei 1000 Mal, bei 5000 Mal noch 1,4 % und bei 10000 Mal nur noch 1 %. Aber das hat sich doch nur auf den Münzwurf bezogen, oder?! Es ging doch um einen speziellen Versuch, oder?!"

L: „Nein, das gilt für alle Versuche, aber woher das kommt, also die Begründung, die müssen wir noch verschieben. Nur mal so ein Hinweis, wenn man die Wurzel aus 1000 nimmt oder die Wurzel aus 5000 oder 10000 und dann den Kehrwert bildet, dann kommen wir auf den Wert. Das ist das sogenannte 'Eins durch Wurzel n Gesetz'. Das machen wir aber später."

Die Lehrperson weist noch darauf hin, dass diese Abweichungen in dem Bereich nicht 100 %ig auftreten, sondern nur mit einer gewissen hohen Wahrscheinlichkeit. Damit wird nach etwa einer halben Stunde diese Phase abgeschlossen und zum neuen Arbeitsauftrag übergeleitet. Das Arbeitsblatt 1 (vgl. Abb. 5.12) wird ausgeteilt, die Schüler bearbeiten Aufgabe a. am Platz und wechseln dann in Lerndyaden an den Computer.

Arbeitsblatt 1

Frage: Was ist wahrscheinlicher beim doppelten Oktaederwurf: Eine Augensumme von 7 oder eine Augensumme von 9 zu erwürfeln?

a. Was vermuten Sie? Begründen Sie kurz Ihre Vermutung.

b. Sie sollen jetzt simulieren! Einige Simulationen des doppelten Oktaederwurfs wurden schon durchgeführt und die relativen Häufigkeiten h auf maximal vier Nachkommastellen gerundet in der Tabelle notiert.
Entwickeln Sie selbst eine geeignete Simulationsumgebung für den doppelten Oktaederwurf in Fathom. Speichern Sie die Datei unter dem Namen `Personenkennung_U56.ftm` in Ihrem Ordner ab. Führen Sie nun mehrere Simulationen mit unterschiedlichen Simulationszahlen durch und füllen Sie die fehlenden Werte in der Tabelle aus.

N = 50 mal würfeln		N = 1000 mal würfeln		N = 5000 mal würfeln	
h(Sum=7)	h(Sum=9)	h(Sum=7)	h(Sum=9)	h(Sum=7)	h(Sum=9)
0,12	0,10	0,078	0,111	0,0974	0,1278
0,16	0,06	0,110	0,090	0,0926	0,1226
0,10	0,12	0,098	0,121		

c. Schätzen Sie die Wahrscheinlichkeit für Augensumme 7 und 9 aus den Daten der obigen Tabelle so gut wie möglich und geben Sie begründend an, für wie genau Sie Ihre Schätzungen halten.

Abb. 5.12 U5-6: Auszug aus Arbeitsblatt 1, Teilaufgaben a. bis c.

Auf dem Arbeitsblatt sind in den nachfolgenden Teilaufgaben auch theoretische Berechnungen zu zusammengesetzten Ereigniswahrscheinlichkeiten zu bearbeiten. Die Schülerarbeitsphase wird nach etwa 25 Minuten beendet, allerdings vergehen weitere 5 Minuten, bis alle Daten gespeichert sind und entsprechende Aufmerksamkeit und Ruhe für die Besprechung der Ergebnisse Einzug hält.

L: „Zu a). Was haben wir erstmal vermutet, als wir gelesen haben, es soll Augensumme 7 oder Augensumme 9 erwürfelt werden?"

S1: „Wir haben vermutet, dass die Wahrscheinlichkeit für 9 höher ist, weil es mehr Kombinationen dafür gibt."

S2: „Bei 9 ist es höher. Bei einem sechsseitigen Würfel ist die Mitte etwa bei 7, darum ist es unwahrscheinlich, dass es hier auch bei 7 sein wird, bei einem achtseitigen Würfel. Deswegen: etwas höher."

L: „Gut. Dann sollten Sie das ja mit einer Simulation überprüfen. Hier war ja schon vorgegeben: ‚Für $n = 50$, $n = 1000$ oder $n = 5000$, n' – einige Durchgänge. Was ist zunächst mal zu dem zu sagen, was man hier abgedruckt sieht? Was sollte man daraus entnehmen?"

S: „Am Ende scheinen die genauer zu werden – die Würfe, weil es sich bis auf eine Nachkommastelle angleicht."

L: „Wie ist es mit ihren Simulationen gewesen? Was haben sie da festgestellt? Das war ja die Hauptarbeit jetzt. Die Simulation, die Umgebung darzustellen und die verschiedenen Fälle hier noch zu ergänzen. Was ist da rausgekommen, was Sie jetzt selber noch simuliert haben?"

S: „Erstens haben diese Tabellen ungefähr reingepasst, also, es kamen ähnliche Werte raus, wie vorher oben schon da standen. Und die relative Häufigkeit ist genauer geworden, je öfter man gewürfelt hat. Bei 5000 waren die dann schon sehr ähnlich."

Die Lehrperson fragt, ob andere Schüler zum selben Ergebnis gekommen sind. Viele Schüler nicken oder bejahen die Frage. Die Lehrperson geht daher zu Aufgabe c. über.

L: „Man sieht jetzt schon, dass die 9 wahrscheinlicher ist, aber hier sollen Sie jetzt die Wahrscheinlichkeit schätzen, aufgrund der Simulation. Was schätzen Sie denn da?"

S: „Bei (Augensumme) 7 habe ich 9 Prozent und bei (Augensumme) 9 habe ich 12,5 Prozent."

Die Lehrperson fragt, ob die anderen Schülerpaare zu dem gleichen Ergebnis gekommen sind. Es stellt sich heraus, dass einige Schülerpaare sofort mit der Laplace-Regel die Wahrscheinlichkeiten theoretisch ermittelt und nicht anhand der Tabelle geschätzt haben. Einige haben aber doch mit den Daten der Tabelle gearbeitet:

S1: „Wir haben hier noch 0,092 für die 7 und 0,1267 für die 9."

L: „Bei c., ja?"

S2: „Wir haben das ziemlich genau gemacht, weil wir sollten uns ja auf die Tabelle beziehen. Wir haben das natürlich auf die genau[e]sten Werte bezogen und haben probiert, da dann das Mittelmaß rauszukriegen. Dann haben wir für 7: 0,0945 und für 9: 0,12475."

Die Schüler diskutieren, ob man solche genauen Werte allein durch Schätzen erhalten kann. Da man sich aber allein auf die Tabelle bezogen habe, werden die erhaltenen Werte als gültige Schätzung auf dieser Basis anerkannt. Im Folgenden werden die Ergebnisse der theoretischen Berechnung aus d. verglichen.

L: „Was ist zur theoretischen Berechnung zu sagen? Was muss man machen, wenn man das ausrechnen will? Sie haben das ja hingekriegt."

S1: „Bei Augenzahl 7 haben wir rausgekriegt, dass wir sechs Möglichkeiten haben, die 7 zu würfeln. Und insgesamt gibt es halt 64 Möglichkeiten, daher 6/64. Bei der 9 dann halt genauso."

L: „Und wenn man jetzt die ausgerechneten Werte mit der Schätzung vergleicht?"

S2: „Das sieht ganz gut aus, weil 8/64 entsprechen ja ungefähr den 12 Prozent und die 6/64 auch den 9 Prozent. Da würde ich schon sagen, dass das da zugetroffen hat."

L: „Ja, schon ganz zufriedenstellend."

S3: „Sollten wir eine Rechnung machen? Wir haben uns einfach das Raster gemalt, um zu sehen, wie viele Möglichkeiten es gibt. Dann weiß man, es sind soundso viele 64-stel."

L: „Das ist ok, mit dem Raster."

Aus Zeitgründen wird die Besprechung der Teilaufgaben e. und f. beiseite gelassen. Die Schüler sollen noch einen kurzen Fragebogen zur Bearbeitung der Aufgabe ausfüllen. Dieser wird eingesammelt und die Lehrperson gibt das Arbeitsblatt 2 (vgl. Anhang A) als Hausaufgabe auf. Die erste Tabellenzeile daraus wird gemeinsam besprochen.

L: „Ganz kurz noch 3 Worte zu diesem Arbeitsblatt: Da tauchen jetzt Begriffe auf, wie „Zufallsexperiment", „Ergebnis", „Ereignis". Die sind im Laufe dieser Stunden schon öfter mal aufgetaucht. Eigentlich hätte ich sie gerne heute noch ein bisschen genauer definiert und gefestigt. Das machen wir nächste Stunde. Aber ich denke, auf diesem Arbeitsblatt kann sich jeder vorstellen, was damit gemeint ist. Zweite Hausaufgabe: Im Modul 3 die Aufgabe 2 bearbeiten, die Sie ja vielleicht schon gemacht haben."

Mit der Erteilung der Hausaufgaben endet die Unterrichtseinheit.

5.4.3 Retrospektive Analyse

ASPB-Phasen

Die *PB-Phase* ist in den beiden Kursen unterschiedlich verlaufen. Im *Kurs E* hat ein Schüler seine Lösung der Aufgabe aus Modul 3 über den Lehrerrechner vorgestellt. Diese Lösung wurde ausgiebig diskutiert. Des Weiteren wurden in diesem Kurs noch einmal konkret die Faustregeln zur Genauigkeit von Simulationen aus eFATHOM über den Lehrerrechner aufgerufen und diskutiert. Hintergrund war, dass sich die Schüler in ihrer Hausarbeit nicht damit beschäftigt hatten. Im *Kurs S* scheint nach dem Protokoll nur ein kurzes Unterrichtsgespräch stattgefunden zu haben. Eine Präsentation einer Schülerlösung bzw. ein konkreter Aufruf von eFATHOM, zur Unterstützung des Gespräches, gab es demnach nicht.

Die *ASPB 3-Phase* verlief in beiden Kursen ohne Probleme. Die Schüler waren durch Modul 3 von eFATHOM offenbar gut vorbereitet auf die eigenständige Durchführung einer simultanen Simulation. Die Lernziele konnten durch das Arbeitsblatt 1 umgesetzt werden. Im *Kurs B* wurden die Ergebnisse ausführlicher diskutiert als im *Kurs S*. Im *Kurs B* musste daher aus Zeitgründen auf die Besprechung der Teilaufgaben e. und f. (Rückseite von Arbeitsblatt 1) verzichtet werden, ebenso, wie auf die nachfolgenden ASPB-Phasen (*L2 und ASPB 4*). Im *Kurs S* wurden die Begrifflichkeiten, die in der *L2-Phase* zu klären waren, durch die Lehrperson, exemplarisch am Zufallsgerät Würfel, diskutiert. In beiden Kursen wurde das Arbeitsblatt 2 (*ASPB 4*) als weitere Hausaufgabe an die Schüler verteilt. Offenbar können nicht alle vorgesehenen Phasen in dieser Doppelstunde bewältigt werden. Dieser Umstand muss bei der nächsten Iterationsrunde bedacht werden.

Optimierung von Arbeitsmaterialien

Für das Arbeitsblatt 1 (*ASPB 3*) sollte in Teilaufgabe b. die teilausgefüllte Tabelle durch eine leere Tabelle ersetzt werden. Das würde möglicherweise die Motivation der Schüler erhöhen, sich mit dem Genauigkeitsaspekt im Phänomenkomplex des empirischen Gesetzes der großen Zahlen vertiefend zu beschäftigen. Als Hinweis zur manuellen Wiederholung von Simulationen sollte die entsprechende Tastenkombination auf dem Arbeitsblatt mit angegeben werden. In den Aufgabenteilen d. und f. wird bereits von Ereigniswahrscheinlichkeit gesprochen. Allerdings ist, laut Lerntrajektorie, erst im Anschluss (*L2-Phase*) eine begriffliche Klärung vorgesehen. Ein Vorziehen der Thematisierung der Begriffe Ergebnis, Ereignis und Ergebnisraum nach U3-4 könnte hilfreich sein.

Es würde sich anbieten, das Arbeitsblatt 2 (*ASPB 4*) um eine Spalte zur Berechnung von Laplace-Wahrscheinlichkeiten zu erweitern (vgl. Abb. 5.14). Damit könnte der Zusammenhang zur Laplace-Regel direkt auf diesem Arbeitsblatt dokumentiert werden, das an sich bereits eine gute Zusammenfassung und Übersicht darstellt. Darüber hinaus sollte, im Zusammenhang mit der Modellierung von Zufallsexperimenten als Laplace-Experimente, die Notwendigkeit der Gleichwahrscheinlichkeit der Ergebnisse des Ergebnisraumes explizit hervorgehoben werden. Wie aus der nachfolgenden Besprechung (Kap. 5.5.2) zu entnehmen ist, haben Schüler für einige Aufgaben keinen Laplace-Raum als Modell zugrunde gelegt (vgl. Abb. 5.16).

5.5 Unterrichtseinheit U7 – Baustein 4

5.5.1 Erwartete Lerntrajektorie

In dieser einstündigen Unterrichtseinheit steht der Begriff des Erwartungswertes im Zentrum. Anhand der Aufgabe zum Glückspasch wird die theoretische Berechnungsmöglichkeit, mittels idealer Simulation, vorgestellt. Dadurch wird die frequentistische Sichtweise für den Erwartungswert gestärkt. Darüber hinaus wird in einer Lehrerdemonstration das empirische Gesetz der großen Zahlen für den Erwartungswert behandelt. Die ASPB-Phasen sind der Abb. 5.13 zu entnehmen.

ASPB - Phase	Inhalte
PB zu HA 3	· Aufgabe Glückspasch

L3	· Erarbeitung: Begriff Erwartungswert, Gesetz der großen Zahlen für den Erwartungswert
	   o theoretische Berechnung durch ideale Simulation, frequentistische Interpretation
	   o Gesetz der großen Zahlen für den Erwartungswert: Nachvollziehen der Veranschaulichung des Gesetzes der großen Zahlen für den Erwartungswert in FATHOM durch Lehrerdemonstration

A für HA 4	· Roulette-Spiel
	   o Erwartungswert für Gewinne am Roulette
	   o Üben simultaner Simulation mit dem Erwartungswert

Abb. 5.13 U7: ASPB – Phasen

5.5.2 Kommentierter Unterrichtsverlauf

Die Lehrperson begrüßt die Schüler und informiert diese, dass zunächst das Arbeitsblatt 2 besprochen und dabei auf grundlegende Begriffe genauer eingegangen wird.

Lösungsskizze Arbeitsblatt 2 Zufallsexperimente (Laplace-Experimente)

Zufalls-experiment	Anzahl der möglichen Ergebnisse	WS für ein Ergebnis	Realisierung in Fathom	Ereignis	Anzahl der günstigen Ergebnisse für das Ereignis
	6	1/6	ganzeZufallszahl (1;6)	Gerade Zahl würfeln	3
	36	1/36	2x ganzeZufallszahl (1;6)	Augen-summe<4	3
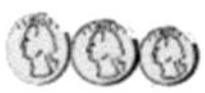	8	1/8	3x ZufallsWahl ("W";"Z")	3 gleiche Bilder	2
	10	1/10	ZufallsWahl (0;1;2;3;4;5;6;7;8;9) oder GanzeZufallszahl(0;9)	Eine Zahl > 5 zu erdrehen	4

Abb. 5.14 U5-6: Auszug aus der Lösungsskizze zu Arbeitsblatt 2, Teil 1

L: „Ich würde gerne an diesem ersten Beispiel, wo die Würfel geworfen wurden, die Begriffe durchgehen, und zwar angefangen von dem Begriff „Zufallsexperiment", und Sie sollen sich das entsprechend nochmal notieren."

Im Unterrichtsgespräch wird nun ein Tafelbild zu grundlegenden Begriffen, am Beispiel des einfachen Würfelwurfes, entwickelt (Abb. 5.15). Die Lehrperson stellt klar die Unterscheidung zwischen Ergebnis und Ereignis heraus. Ein Ereignis wird als Teilmenge der Ergebnismenge definiert, wohingegen ein Ergebnis ein Element der Ergebnismenge ist. Die Lehrperson benutzt verschiedene Methoden, um ein Ereignis zu beschreiben: verbal, charakterisierend und aufzählend.

Beispiel

Zufallsexperiment	Werfen eines Würfels
Ergebnis	z.B. 2
Ergebnismenge S	$S=\{1;2;3;4;5;6\}$
Ereignis	E: Es fällt eine gerade Zahl $E=\{2;4;6\}$
$(E \subset S)$ „Teilmenge"	

Laplace-Versuch (alle Ergebnisse haben die gleiche Wahrscheinlichkeit)

Laplace-WS

$$P(E) = \frac{Anzahl\ der\ f\ddot{u}r\ E\ g\ddot{u}nstigen\ Ergebnisse}{Anzahl\ aller\ m\ddot{o}glichen\ Ergebnisse} = \frac{|E|}{|S|} = \frac{g}{m}$$

Abb. 5.15 U7: Tafelanschrieb zu grundlegenden Begriffen

Diese Phase dauert etwa 20 Minuten. Es schließt sich die weitere Besprechung von Arbeitsblatt 2 an, Zeile für Zeile wird abgearbeitet. Diskussionen gibt es besonders an den Stellen, an denen die Schüler das Zufallsexperiment nicht mit einem Laplace-Raum modelliert haben (Abb. 5.16). So unterschieden die Schüler nur vier mögliche Ergebnisse beim Glücksrad statt sechs usw.

 (Glücksrad-Skizze)	6	1/6	ZufallsWahl (5;5;10;10;50;100)	Mehr als 10 Punkte zu erdrehen	2
 Nummerierte Kugeln 1-5	5	1/5	ZufallsWahl (1;2;3;4;5) oder GanzeZufallszahl(1;5)	Eine Primzahl ziehen	3
 2 weiße, 3 schwarze Kugeln	5	1/5	ZufallsWahl ("W";"W";"S";"S";"S")	Eine weiße Kugel ziehen	2

Abb. 5.16 U5-6: Auszug aus der Lösungsskizze zu Arbeitsblatt 2, Teil 2

Die Aufgabe Glückspasch aus eFATHOM sollte als Hausaufgabe gemacht werden. Das wird nun verglichen. Dazu wird die Aufgabe über den Lehrer-PC und den Beamer projiziert, ein Schüler liest die Aufgabe vor.

Aufgabe 3: GlücksPasch

Auf dem Schulfest bietet Peter das Glücksspiel „GlücksPasch" an.

Spielregeln: Einsatz 1 Euro. Der Mitspieler würfelt mit 2 Würfeln. Fällt ein Pasch, erhält er die erwürfelte Augensumme in Euro als Gewinn. Ansonsten geht er leer aus.

a. Würden Sie sich auf das Glücksspiel von Peter einlassen?

b. Simulieren Sie das Glücksspiel „GlücksPasch".
   1. Simulieren Sie jeden Würfel über ein Merkmal.
   2. Definieren Sie das Auswertungsmerkmal „Gewinn" über die Formel

   $$\text{wenn } (\text{Würfel\_1} = \text{Würfel\_2}) \begin{cases} \text{Würfel\_1} + \text{Würfel\_2} - 1 \\ -1 \end{cases}$$

   Würfel_1 und Würfel_2 sind die Merkmalsnamen. Schauen Sie sich im Formeleditor die Kurzhilfe der wenn()-Anweisung an.
   3. Stellen Sie die Verteilung von „Gewinn" in einem Histogramm dar. Interpretieren Sie die Verteilung.

Abb. 5.17 U7: Aufgabe Glückspasch aus eFATHOM, Modul 3 (Hofmann 2007)

L: „Diese Aufgabe sollten Sie bearbeiten und da hätte ich ganz gern, wenn jemand mal sein Ergebnis vorstellen könnte, oder ist es notwendig, wenn wir die ganze Simulation, Schritt für Schritt, hier vorne nochmal durchführen müssen?"

Zwei Schüler erklären sich bereit, die Aufgabe, Schritt für Schritt, noch einmal vorzustellen, da ein Großteil der Klasse dies möchte.

L. stellt die Frage an alle: „Würden Sie sich darauf einlassen oder nicht?"

S1: „Nein, weil meine Gewinnchance nur bei einem Sechstel liegt. Mein Gewinn wäre zwar manchmal höher, bis hin zu 12 €, aber die Gewinnchance ist sehr gering."

S2: „Das ist ein ausgeglichenes Spiel, weil, wenn man alles zusammenrechnet, dann kommt das da raus, …"

S3: „… also, Gesetz der großen Zahlen, es lohnt sich ja nur auf lange Sicht. Man spielt ja nicht 5000 Mal, dass diese Wahrscheinlichkeit auch eingetreten ist. Also ist die Wahrscheinlichkeit bei einem Mal vielleicht ein bisschen niedriger."

Die drei Schüler beantworten die Frage der Lehrperson ganz unterschiedlich. Aus diesen Schüleraussagen lässt sich aber auch ein typisches Problem erkennen: Der Erwartungswert für die Zufallsgröße Gewinn wurde mit der Wahrscheinlichkeit für das Ereignis Gewinn gleichgesetzt. Die beiden Schüler erstellen ihre Simulationsumgebung und erläutern auf Nachfrage ihre einzelnen Schritte. Das Zufallsexperiment wurde $n = 5000$-mal wiederholt und spontan äußern mehrere Schüler, dass die „*-1*" sehr häufig vorkomme. Ein anderer Schüler wirft ein, dass da aber auch „*ne 9*" sei. Eine Graphik und eine Auswertungstabelle werden erstellt.

L: „Wer kommentiert das mal?"

S: „Zu erwarten hat man einen Gewinn von 0,1 € pro Versuch."

Die Simulation wird für 5000 Fälle, durch Tastenkombination, wiederholt. Es ergeben sich Schwankungen, so dass sogar 0,25 € bei einem Durchgang herauskam. Die beiden Schüler begeben sich vom Lehrer-PC wieder auf ihren Platz.

L: „Es schwankt zwar noch, aber es scheint sich zu lohnen."

S: „Ist das jetzt 20 % pro Spiel, oder insgesamt?"

L: „Wer kann das denn jetzt noch mal genauer interpretieren?"

S: „Pro Wurf bekommt man 20 Cent."

Die Lehrperson leitet nun dazu über, dass man ja nicht 5000 Mal spielen wolle, sondern eine Voraussage über den zu erwartenden Gewinn haben wolle. Diesen Wert bezeichne man als Erwartungswert. Mit Hilfe einer idealen Simulation für 360 Spiele wird der Erwartungswert theoretisch berechnet (vgl. Abb. 5.18).

Theoretische Berechnung des Erwartungswertes

P(Pasch)=1/6

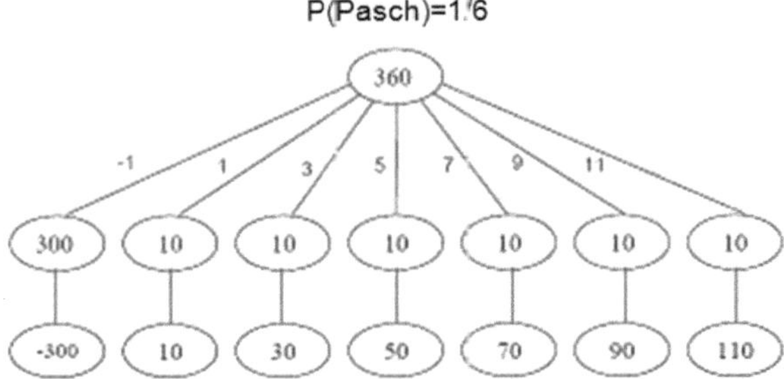

Zu erwartender Gewinn pro Spiel

$$\frac{60}{360}\,€ = \frac{1}{6}\,€ \approx 0{,}17€$$

Abb. 5.18 U7: Tafelanschrieb zum Erwartungswert

Nach dieser sehr anschaulichen theoretischen Berechnung knüpft die Lehrperson noch einmal an die beobachteten Schwankungen in der Simulationsumgebung an.

L: „Wenn man das jetzt mal vergleicht mit dem, was vorher rauskommt, dann hatten wir mal 20 Cent, mal mehr, aber auch mal nur 14 Cent. Das schwankte um diesen Wert. ... Dieses Schwanken, was hat das zu bedeuten? ... Wir haben das ja 5000 Mal durchgeführt, was hätte man bei 10000 Mal erwartet?"

S: „Dass das immer mehr den theoretischen Wert annimmt."

L: „Sag das noch mal genauer. Wenn man die Anzahl der Würfe erhöht..."

S: „Wenn man die Anzahl der Würfe erhöht, nähert sich der Wert immer mehr dem theoretischen Wert an."

Ein Schüler erinnert sich an die Wappen-Zahl-Aufgabe aus eFATHOM und dass sich dort die relative Häufigkeit der theoretischen Wahrscheinlichkeit 0,5 angenähert hatte.

L: „Hier nähert sich unser berechneter Mittelwert unserem theoretischen Erwartungswert an. Und das kann man sich sehr schön mit FATHOM anschauen."

Dazu öffnet die Lehrperson die entsprechende Lernumgebung (Abb. 5.19) und demonstriert den Näherungsaspekt des empirischen Gesetzes der großen Zahlen für den Erwartungswert, der sich über die Regler-Funktion von FATHOM als Trajektorie repräsentieren lässt. Die Schüler haben die Lernumgebung schnell verstanden und sind sehr beeindruckt.

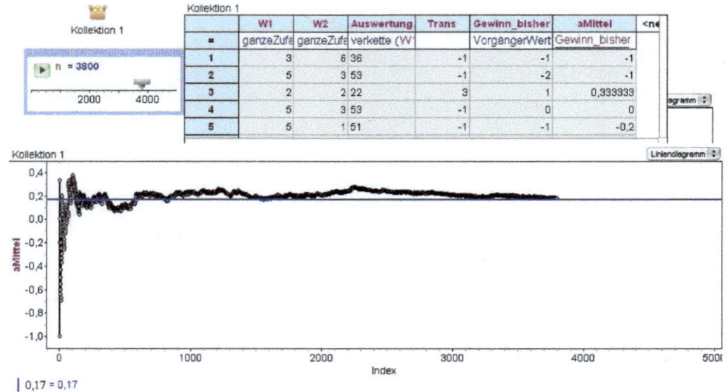

Abb. 5.19 U7: Lernumgebung Gesetz der großen Zahlen für den Erwartungswert

Die Lehrperson gibt noch die Hausaufgabe[104] aus und beendet die Stunde.

5.5.3   Retrospektive Analyse

ASPB-Phasen

Durch den Überhang aus der vorherigen Stunde (Besprechung von Arbeitsblatt 2 aus U5-6) hatte die Lehrperson in dieser Stunde insgesamt eine Menge zu tun. In dieser Form war es zu viel Stoff für 45 Minuten. Die Stunde im *Kurs B* wurde um etwa 25 Minuten überzogen, was kein Problem darstellte, da die Lehrperson die nachfolgende Stunde in der Klasse selbst Unterricht hatte. Auch in *Kurs S* hat die Lehrperson etwa eine halbe Stunde darauf verwendet, grundlegende Begriffe, im Zusammenhang mit Arbeitsblatt 2 von U5-6, zu thematisieren und ist anschließend in ihrer Doppelstunde soweit gekommen, die Glückspasch-Aufgabe, entsprechend der Lerntrajektorie, zu behandeln. Eine Ausweitung auf zwei Stunden scheint nach diesen Erfahrungen sinnvoll.

Optimierung von Arbeitsmaterialien

Als Varianten des Glückspasch-Spiels wäre eine Modifikation der Würfelanzahl (drei Würfel, so wie im *Kurs S* praktiziert) oder des Würfeltyps denkbar.

---

[104] Siehe Anhang A, HA zu U7, Roulette-Aufgabe.

5.6   Unterrichtseinheit U8-9 – Baustein 6

5.6.1   Erwartete Lerntrajektorie

Der Kern dieser Unterrichtseinheit ist die Einführung der *Simulation durch Stichprobenziehen,* über das Modellieren stochastischer Situationen durch Urnen. Dazu wird als Einstiegsproblem ein 10-Fragen-Multiple-Choice-Test behandelt. Dieses dient als Vorbereitung der Erarbeitung der neuen mehrschrittigen Simulationsmethode, mit der in das Messgrößenkonzept eingeführt wird. Die Schüler erhalten mit dem Simulationsplanschema ein Instruktionsdesign zum Erlernen der Simulation an die Hand. Dieses Schema soll als worked example gemeinsam im Unterricht ausgefüllt werden. Von den stochastischen Kompetenzen her gesehen, beschäftigen sich die Schüler in dieser Unterrichtseinheit mit Zufallsgrößen und ihrer Wertemenge. Wahrscheinlichkeitsverteilungen werden durch das *sampling distribution concept* als Häufigkeitsverteilungen visualisiert. Bei einer vorgegebenen Häufigkeitsverteilung sind Grenzen für das Bestehen bei einem 10er-Test und bei einem 20er-Test festzulegen, indem Bereichswahrscheinlichkeiten $P(X \geq k)$ ermittelt werden.

ASPB - Phase	Inhalte
PB zu HA 4	· Besprechung der Roulette-Aufgabe
ASPB 5	· Modellierung des Multiple-Choice-Test-Problems mit 10 Fragen; Aufgabe „Frech kommt weiter – Bestehen durch Raten" ohne FATHOM
L 4	· Erarbeitung des neuen mehrschrittigen Simulationsschemas mit Messgrößenkonzept; Vorbereitung mit einem Simulationsplanschema · Nachvollziehen einer Lehrerdemonstration zur Simulation durch Stichprobenziehen
ASPB 6	· „Dem Zufall keine Chance" Beurteilung des 10-20-Multiple-Choice-Test-Problems, auf der Basis vorgegebener simulierter Daten, anhand von Verteilungsgraphiken und Tabellen
A für HA 5	· Modul 4 von eFATHOM (ohne Geburtstagsproblem)

Abb. 5.20 U8-9: ASPB-Phasen

5.6.2   Kommentierter Unterrichtsverlauf

Die Doppelstunde beginnt mit dem Vergleich der Hausaufgabe, in der eine Simulation zum Roulette-Problem erstellt werden sollte.

Besprechung der Hausaufgabe

L: „Wir fangen an mit der Hausaufgabe. Wie sieht es mit der Roulette-Aufgabe aus? Gab es Probleme?"

Eine Schülerin äußert, dass sie sich nicht sicher sei, ob der Spieler nun Gewinn oder Verlust mache, weil ihr der Einsatz der „wenn"- Abfrage unklar war und sie im Ergebnis der Simulation mal einen Gewinn und mal einen Verlust als Ergebnis erhalten hätte. Eine andere Schülerin wünscht sich, dass die Lösung der Aufgabe noch einmal präsentiert werde. Ein Schüler geht an den Lehrer-PC und erstellt die FATHOM-Umgebung zur Roulette-Aufgabe. Dabei kommentiert er jeden seiner Schritte (vgl. Abb. 5.21).

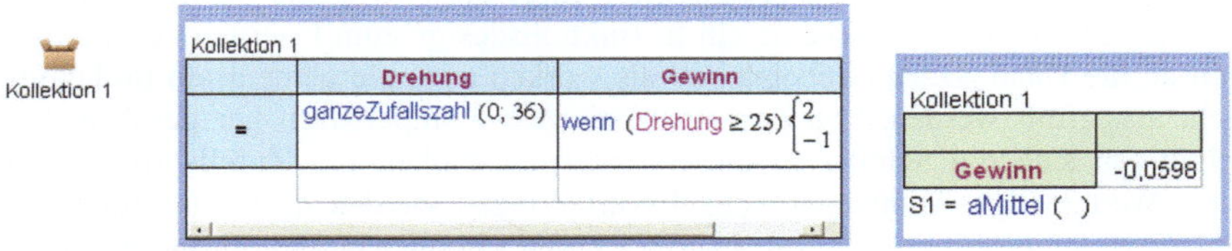

Abb. 5.21 U8-9: Ausschnitt der Simulation zur Roulette-Aufgabe

Nach Hinzufügen von $n = 5000$ Fällen fügt der Schüler eine Auswertungstabelle ein und die Spalte „Gewinn" wird in die Auswertungstabelle gezogen. Es ist ein negativer Wert zu sehen. Der Schüler äußert, dass man nun schon den Gewinn hätte und dass dies eigentlich schon die Aufgabe gewesen sei. Andere Schüler wollen gerne sehen, wie sich der Wert für den Gewinn verändere, wenn man den Zufall erneuere. Der Schüler führt die gewünschte Operation aus. Dabei passiert Folgendes: Der Mittelwert schwankt und ist manchmal positiv und manchmal negativ. Dies bestätigt die Beobachtung der Schülerin in ihrer Hausaufgabenbearbeitung:

S: „Das ist halt immer etwas unterschiedlich."

Andere S: „Der ist manchmal plus und manchmal minus."

Der Schüler am PC: „Natürlich..."

S: „Deswegen habe ich das nicht verstanden..."

Andere Schüler plädieren dafür, mehr Fälle hinzuzufügen. Dies wird gemacht, man hat jetzt 10000 Fälle, aber auch da schwanken die Ergebnisse. Die Äußerung eines Schülers, dass der Spieler insgesamt wohl schon verliere, wird von der Lehrperson aufgegriffen:

L: „Diese Frage wollen wir jetzt aufgreifen. Wie groß ist der durchschnittliche Gewinn? Hat jemand den theoretischen Erwartungswert berechnet?"

Eine Schülerin schlägt vor, eine *Ideale Simulation* zu machen, ähnlich wie bei der Würfelaufgabe der letzten Stunde. Man einigt sich auf 37 Fälle, von denen 12 gewinnbringend und 25 verlustbringend sind. Ein Schüler äußert:

S: „Wenn es 36 Möglichkeiten wären, wäre es eine Chance von 1/3 zu 2/3, dann wäre es auf Null rausgelaufen, aber hier gibt es noch die Null, also 37 Möglichkeiten, daher verliert man. Die Null ist das 1/37, das den Ausschlag macht."

Die Lehrperson merkt an, dass es sich dabei um 1/37 Euro Verlust pro Spiel handele und plädiert dafür, diesen Sachverhalt noch einmal, in Form einer *Idealen Simulation,* zu notieren (vgl. Abb. 5.22).

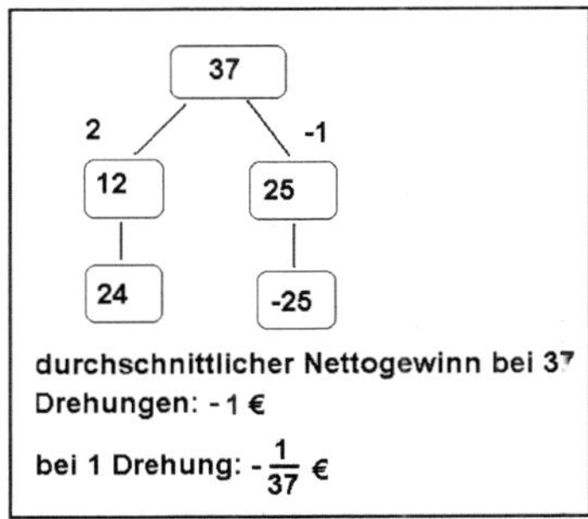

Abb. 5.22 U8-9: Ideale Simulation zum Roulette, Tafelbild[105]

Man vergleicht den Wert (1/37 = 0,027) mit den Werten aus der Simulation. Diese schwanken noch erheblich, selbst nach einer Erhöhung auf 20000 Fälle.[106]

Nach etwa 15 Minuten ist die Besprechungsphase der Hausaufgabe beendet und Arbeitsblatt 1 wird ausgeteilt (ASPB 5). Die Schüler bearbeiten in Lerndyaden die Teilaufgaben des Arbeitsblattes. Nach etwa 30 Minuten wird diese Phase beendet, und die Ergebnisse werden besprochen.

Präsentation und Besprechung der Ergebnisse der Schülerarbeitsphase

Für Teilaufgabe a. (vgl. Abb. 5.23) werden von den Lerndyaden verschiedene Schätzungen auf dem Arbeitsblatt notiert und in der Besprechung angegeben. Von den zwölf Lerndyaden tippen neun auf eine Bestehenschance, die in einem Bereich von 35 % bis 50 % liegt. Die Begründung dafür wird, wenn angegeben, etwa folgendermaßen geführt: Es gibt elf Möglichkeiten, null bis zehn richtige. Bei sechs davon falle man durch, und nur bei fünf bestehe man, also sei es wahrscheinlicher durchzufallen. Dadurch ist ersichtlich, dass die Schüler hier mögli-

---

[105] Zum Teil wurden Tafelbilder nur handschriftlich protokolliert. Auf dieser Basis wurden nachträglich digitale Tafelbilder erstellt und in die Unterrichtsprotokolle eingefügt.

[106] Eine mathematische Erklärung für diese Schwankung findet man in Kapitel 3.2.2.

cherweise einem fatalen Missverständnis unterliegen, nämlich, dass alle Möglichkeiten gleich wahrscheinlich seien. Dies ist aber nicht der Fall. Allerdings werden diese Ansichten weder an dieser Stelle des Unterrichts noch später explizit thematisiert, da das korrekte Ergebnis nicht im Widerspruch zu den gemachten Schätzungen steht. Die Schülerlösung in Abb. 5.23 dient als Beleg für diese Argumentation.

Arbeitsblatt 1

Frech kommt weiter – Bestehen durch Raten

Angenommen, Sie hätten für einen Mathematiktest ausnahmsweise einmal nicht gelernt. Dieser Test besteht aus 10 Fragen, bei denen Sie entweder ja oder nein ankreuzen können. Der Test ist bestanden, wenn man mindestens 6 Fragen richtig beantwortet.

Ernst-August behauptet, dass die Wahrscheinlichkeit, diesen Test allein durch zufälliges Raten zu bestehen, bei etwa 50% liegt.

a. Nehmen Sie zu dieser Behauptung Stellung. Schätzen Sie intuitiv, wie hoch die Wahrscheinlichkeit Ihrer Meinung nach ist. Notieren Sie Ihre Überlegungen.

Abb. 5.23 U8-9: Ausschnitt aus Arbeitsblatt 1 – Lerndyade ULIR12_IRFR13

Zur Auswertung von Teilaufgabe b. (vgl. Abb. 5.25) wird schrittweise, entsprechend der Zufallsgeräte, ein Tafelbild im Unterrichtsgespräch entwickelt. In diesem Zusammenhang wird auch die stochastische Gleichwertigkeit des 10-maligen Werfens einer Münze und des gleichzeitigen Werfens von 10 Münzen diskutiert (Abb. 5.24).

[Münze]	10 x werfen	Anzahl "Kopf"
[Würfel]	10 x werfen	Anzahl "gerade Zahl"
[Glücksrad]	10 x Drehen	Anzahl "rot"
	(gleich große Anzahl von roten und anderen Flächen)	
[Urne]	10 x ziehen	Anzahl "r"
	(in der Urne befinden sich 2 Kugeln, eine ist mit "r" beschriftet)	

Abb. 5.24 U8-9: Arbeitsblatt 1, Teilaufgabe b. - Tafelbild

Die Lehrperson führt nun, anhand des Tafelbildes, die beiden Begriffe Zufallsgröße und Messgröße ein.

L: „Egal mit welchem Modell man arbeitet, man hat den Versuch durchgeführt und wertet ihn aus, guckt sich das an und zählt. Z. B. wie oft habe ich Kopf, wie oft habe ich eine gerade Zahl... Das, was man sich bei diesem Versuch anschaut, nennt man in der Mathematik auch ‚Zufallsgröße‘. (Der Begriff „Zufallsgröße" wird an die Tafel geschrieben.) Es ist nicht selbstverständlich, dass man diese Zufallsgröße nimmt (deutet auf ‚gerade Zahl‘ an Tafel). Nennt andere Zufallsgrößen, generell beim Werfen eines Würfels."

S: „Z. B. wie oft eine Zahl von 1-3 geworfen wurde, oder wie oft habe ich eine 6 gehabt."

L: „Es gibt ganz viele verschiedene Möglichkeiten, Zufallsgrößen zu definieren...In FATHOM haben wir einen anderen Begriff dafür, der heißt da ‚Messgröße‘." (Der Begriff „Messgröße" wird an die Tafel geschrieben.)

Abb. 5.25 zeigt die Lösung von Teilaufgabe b. einer Lerndyade. Insgesamt haben nur vier von zwölf Lerndyaden des Kurses diese Aufgabe so vollständig bearbeitet.

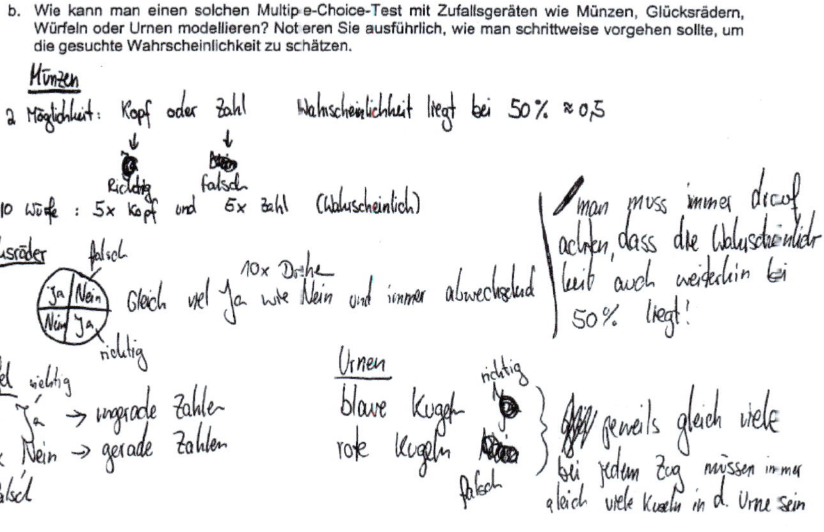

Abb. 5.25 U8-9: Arbeitsblatt 1, Teilaufgabe b. – Lerndyade CLHA03_ULWA08

Die Lehrperson leitet dann zur Besprechung von Teilaufgabe c. über. Mehrere Ideen werden nacheinander genannt. Diese versucht ein Schüler simultan am Lehrer-PC in FATHOM umzusetzen. So erhalten die Schüler eine Vorstellung davon, ob ihre Ideen realisierbar sind und wie diese gegebenenfalls modifiziert werden müssten. Auch eine Möglichkeit mit zehn Spalten wird ausprobiert. Jede Spalte steht für eine Aufgabe im Test. Man einigt sich, dass diese Möglichkeit zum Ziel führen würde, aber aufwändig sei (vgl. Abb. 5.26).

c. Wie würde man das Problem in Fathom umsetzen können? Notieren Sie Stichworte für die anschließende Diskussion.

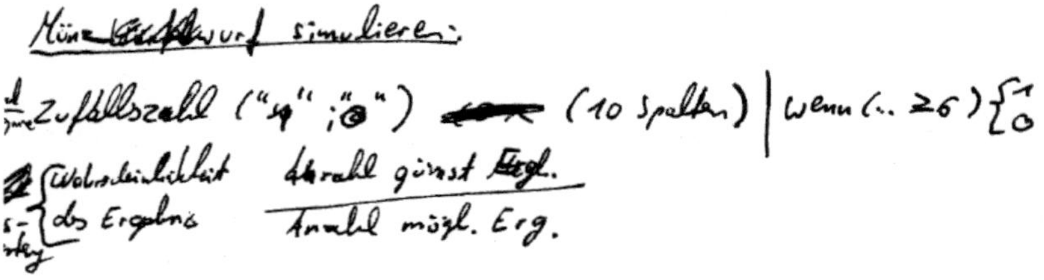

Abb. 5.26 U8-9: Arbeitsblatt 1 Teilaufgabe c – Lerndyade CHRO24_ANMA19

Erarbeitung der Simulationsmethode Simulation durch Stichprobenziehen

Diese obige Feststellung bezüglich des Aufwandes bildet die Überleitung zur Einführung einer weiteren Simulationsmethode, der *Simulation durch Stichprobenziehen*. Die Lehrperson geht dabei in drei Etappen vor:

- Unter dem Titel Urnenmodelle erarbeitet sie mit den Schülern, bezugnehmend auf den 10er-Test, eine allgemeine Schrittfolge für das Festlegen und Auswerten eines Modellzufallsexperiments: [1] Festlegen des Urneninhalts, [2] Stichproben ziehen: mit oder ohne Zurücklegen; Wie oft wird gezogen? [3] Zufallsgröße definieren.

- Diese drei Schritte werden nun konkret für diese Aufgabe in ein leeres Simulationsplanschema übergetragen. Die Schüler werden an dieser Stelle zum ersten Mal mit dem Schema konfrontiert (vgl. Abb. 5.27). Die Lehrperson sagt, dass man damit praktisch vorweg nehme, was man in FATHOM machen würde, damit das so funktioniert. Bis Schritt [3] sollte das Schema ausgefüllt werden.

[1] Festlegen der Urnenkollektion	Ausprägungen: richtig, falsch Merkmalsname: Antwort Fathom-Formel:
[2] Stichprobe ziehen	X· mit Zurücklegen ☐ ohne Zurücklegen Anzahl der zu ziehenden Kugeln: 10
[3] Festlegen der Messgrößen	Beschreibung: Anzahl der richtigen Antworten Ausprägungen: 0,..,10 Messgrößenname: Anzahl_richtig Fathom-Formel: Anzahl(Antwort="richtig")

Abb. 5.27 U8-9: Ausschnitt aus dem Simulationsplanschema - Musterlösung

- Die Lehrperson führt dann, als Demonstration am Lehrer-PC, eine Simulation schrittweise in FATHOM durch. Sie erklärt dabei ausführlich jede ihrer Aktionen. Allerdings gelangt die Lehrperson nur bis Schritt [3] Festlegen der Messgrößen. Dann ist die Stunde zu Ende.

Das Arbeitsblatt 2 zu U8-9[107] (ASPB 6) wird ausgeteilt und soll zusätzlich zu Modul 4 aus eFATHOM als Hausaufgabe bearbeitet werden.

5.6.3 Retrospektive Analyse

ASPB-Phasen

Wie aus den Unterrichtsprotokollen hervorgeht, hatte in beiden Kursen eine Reihe von Schülern die Roulette-Aufgabe nicht gemacht. Lösungen wurden vor den anderen Schülern aber präsentiert und ausführlich im Plenum besprochen. Dabei fiel den Schülern vor allem auf, dass das Ergebnis der Simulation (das arithmetische Mittel für den Nettogewinn pro Spiel) mal negativ und mal positiv war. Das hatte die Schüler irritiert. In *Kurs B* wurde diese Problematik mittels *Idealer Simulation* bewältigt. In *Kurs S* wurde hingegen inhaltlich mit der Null argumentiert, bei der die Bank gewinne. Die Roulette-Aufgabe hätte somit auch das Potenzial für eine motivierende Einführung in die Simulationsmethode *Simulation durch Stichprobenziehen*. Eine Betrachtung der Häufigkeitsverteilung der Mittelwerte des Nettogewinns pro Spiel, z. B. für eine Serie von $n = 100$ Spielen bei einer Wiederholungsanzahl von $N = 1000$, könnte den Blick auf Verteilungszusammenhänge schärfen.[108]

In beiden Kursen wurde das Arbeitsblatt 1 der Unterrichtseinheit von allen Schülern bearbeitet, wobei in Kurs S die begonnene Bearbeitung aus der vorangegangenen Stunde fortgesetzt wurde. Anmerkungen zur Bearbeitungsqualität wurden bereits im kommentierten Stundenverlauf gemacht. Auffällig waren zwei Dinge: erstens die falsche Proportionalargumentation hinsichtlich der Schätzung in Teilaufgabe a. und zweitens die sehr unterschiedliche Bearbeitungsqualität von Teilaufgabe b. Abgesehen davon, waren die Aufgaben verständlich formuliert und boten, aufgrund der Ergebnisse, genügend Gesprächsstoff für die anschließende Besprechungsphase. Eine Ergebnissicherung, in Form eines einheitlichen Tafelanschriebes oder ähnlichem, wäre gegebenenfalls hilfreich.

---

[107] Vgl. U8-9 Arbeitsblatt 2, Anhang A (GESIM-Version 2-2008).

[108] In Kurs S wurde zudem das Ergebnis des Glückspasch-Spiels mit drei Würfeln in der Besprechungsphase der Hausaufgabe, anhand einer Idealen Simulation verglichen (vgl. Unterrichtsprotokoll U9, Anhang B).

Die grundlegende Konzeption der Simulationsmethode *Simulation durch Stichprobenziehen* wurde, entsprechend der Lerntrajektorie, durch die Lehrpersonen vermittelt. Als Grundlage für die Simulationsschritte wurde das Simulationsplanschema eingeführt und konkret für die Aufgabenstellung genutzt. Allerdings wurde es in beiden Kursen nur bis Schritt [3] ausgefüllt und konnte damit nur bedingt als ausgearbeitetes Lösungsbeispiel dienen. Außerdem wurde die konkrete Umsetzung der Simulation in FATHOM nicht bis zum Ende bzw. gar nicht durchgeführt. Somit fehlte den Schülern in dieser Stunde der unmittelbare Rückbezug zu ihren eingangs gemachten Schätzungen und Überlegungen.

Arbeitsblatt 2 (ASPB 6) wurde aus Zeitgründen in der Stunde nicht bearbeitet und als weitere Hausaufgabe gestellt.

Optimierung von Arbeitsmaterialien

Für die beiden Arbeitsblätter gibt es aus dem Unterricht heraus keine Hinweise auf Optimierung. Es stellt sich allerdings die Frage, ob die Aufgabe an sich der ideale Einstieg in die Simulationsmethode *Simulation durch Stichprobenziehen* ist. Ein wesentliches Kriterium für die Aufgabenauswahl ist, dass sich ein unmittelbarer und einsichtiger Bezug zum universellen stochastischen Modell der Urne herstellen lässt, denn dieser Bezug ist für die Simulationsmethode essentiell.

5.7 Unterrichtseinheit U10-11 – Baustein 6

5.7.1 Erwartete Lerntrajektorie

Diese Unterrichtseinheit ist die Doppelstunde, unmittelbar nach der Bearbeitung von Modul 4 *Simulation durch Stichprobenziehen* als Hausaufgabe. Unklar ist, inwieweit die Schüler diese komplexe Simulationsmethode verstanden haben. Daher soll diese Methode im Kontext geübt werden. Zwei Aufgaben zu einem Hörtestproblem haben die Schüler dazu zu bearbeiten. Sie sollen dabei die Analogie zum Multiple-Choice-Test Problem erkennen. Dies soll u. a. dazu beitragen, die „Anzahl der Erfolge" als abstrakte Zufallsgröße vorzubereiten. Darüber hinaus dienen diese Aufgaben auch zur informellen Vorbereitung auf die Denkweise des Testens von Hypothesen.

ASPB - Phase	Inhalte
PB zu HA 5	· Besprechung zu Modul 4 von eFATHOM
ASPB **7**	· Bestehen des Hörtests durch reines Raten: Lösen mittels Simulation · Festlegung einer Grenze, so dass reines Raten nur zu 1 % den Preis einbringt: Lösen mittels Simulation
A zu HA 6	· Simulation Goldmünzenproblem

Abb. 5.28 U10-11: ASPB-Phasen

Für die Simulationen sollen die Schüler das Simulationsplanschema[109] benutzen und Bereichswahrscheinlichkeiten experimentell bestimmen. Nach der Schülerarbeitsphase sollen die Schüler ihre Lösungen präsentieren und durch eine gemeinsame Besprechung der Vorgehensweise das Verständnis der Schüler zu dieser Simulationsmethode vertieft werden.

5.7.2 Kommentierter Unterrichtsverlauf[110]

Die Doppelstunde beginnt mit organisatorischen Dingen. Dann wird das Arbeitsblatt 2 von der letzten Stunde eingesammelt und die Schüler werden gebeten, ihren ausgefüllten Simulationsplan für den Multiple-Choice-Test zur Hand zu nehmen.

Wiederholungsphase

Die Lehrperson knüpft an die Aufgabenstellung zum Multiple-Choice-Test an und möchte zunächst die Dinge, die noch offen geblieben waren, zu Ende bringen. Dazu werden die Aufgabenstellung, das Simulationsplanschema und die Umsetzung der Simulation in FATHOM gemeinsam besprochen. Insgesamt dauert diese Phase etwa 20 Minuten. Ein Schüler wird nach vorn gebeten, um die ersten drei Schritte im Simulationsplanschema auf einer Folie am Overheadprojektor (auf Zuruf) auszufüllen. Die Lehrperson bittet zunächst noch einmal darum, das Problem zu beschreiben:

S: „Es sollte rausgefunden werden, wie groß die Wahrscheinlichkeit ist zu bestehen, wenn man immer rät."

S: „Die Frage ist halt, ob man den Test besteht, alleine nur durch raten, wenn man maximal 40 % der Fragen falsch beantwortet."

S: „Ja, es gab ja zehn Fragen, und es sollten mindestens sechs Fragen richtig beantwortet werden und die Frage war halt, wie die Wahrscheinlichkeit ist, die sechs Fragen zu beantworten."

Die Lehrperson möchte nun zum Simulationsplanschema kommen:

L: „Der Simulationsplan soll jetzt dazu dienen, dass man das dann so vorwegnimmt, was man dann hinterher machen will und das wird ja für die nächste Aufgabe wichtig sein. ... Und dann kann man ja auch im Nachhinein gut nachvollziehen, was man gemacht hat. Und das wollen wir jetzt noch mal durchgehen. ..."

Der Schüler füllt das Simulationsplanschema aus, andere Schüler helfen, indem sie ihre Beiträge hineinrufen, die Lehrperson moderiert und ordnet die einzelnen

---

[109] In dieser Unterrichtseinheit sind verschiedene Varianten zum Einsatz des Simulationsplanschemas erprobt und anschließend analysiert worden, vgl. Kapitel 4.3 und 6.1.

[110] Siehe auch Franz 2009, S. 23 ff.

Beiträge. Es werden nur die ersten drei Schritte in der Tabellenstruktur ausgefüllt (vgl. Abb. 5.29). Problematisch für die Akzeptanz erscheint, dass die Rubriken Zufallsexperiment und Fragestellungen nicht ausgefüllt werden. Es verwundert auch, dass, nach der Simulation in FATHOM, die Ergebnisse nicht in das Simulationsplanschema eingetragen und interpretiert werden. Das Schema bleibt so unvollständig ausgefüllt und kann in dieser Form nur bedingt als ausgefülltes Lösungsbeispiel (worked example) dienen.

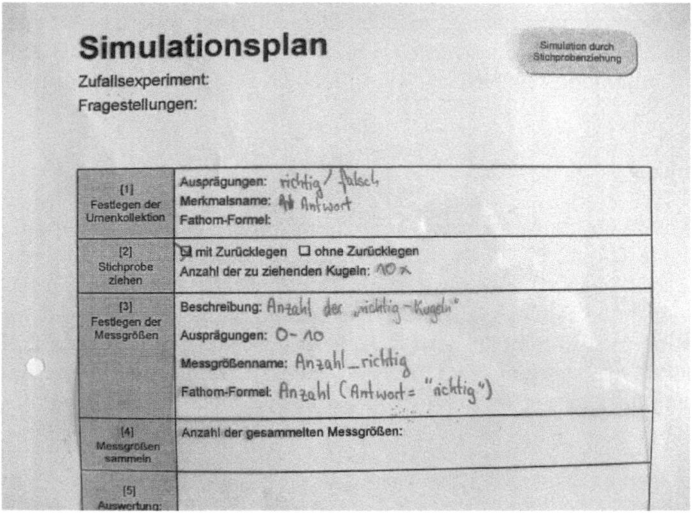

Abb. 5.29 U10-11: Simulationsplanschema - Folie zum Multiple-Choice-Test

Ein weiterer Schüler wird nun gebeten, die Simulation in FATHOM für alle über den Beamer sichtbar am Lehrer-PC umzusetzen und seine Vorgehensweise dabei zu erläutern.

S: „Ich hab jetzt erst mal ne neue Kollektion erstellt und hab die „Urne" genannt. Hab dann das Merkmal Antwort erstellt. Das ist ja entweder richtig oder falsch. Sprich, muss man jetzt richtig und falsch eintragen, und dann kann man eine Stichprobe ziehen und wir wollen ja mit zurückliegen haben. Vorhandene Fälle ersetzen wir mal und wir möchten ja zehnmal ziehen, also stimmt es auch und also haben wir jetzt hierbei, sprich zehnmal gezogen und können jetzt hier die Messgrößen eintragen, das ist ja die Anzahl, richtig [S. gibt Formel ein] ... Und dann sehen wir schon, hier haben wir halt acht. ... Und dann können wir hier halt unsere Messgrößen sammeln. ... Und wir nehmen dann ja 5000 Messgrößen. So, und jetzt haben wir hier 5000-mal, sozusagen, die Anzahl der richtigen Antworten. Also, sprich, wir haben 5000-mal zehnmal mit Zurücklegen eine Kugel gezogen, und das lässt sich jetzt auch graphisch darstellen. ... Und wir sehen hier, dass wohl die fünf Richtige zu haben am wahrscheinlichsten ist. Und es lässt sich ja auch hier an der Auswertungstabelle zeigen."

Auffällig ist, dass der Schüler offenbar keine Probleme mit der technischen Umsetzung in FATHOM hat. Ein Kontextbezug der FATHOM-Objekte fehlt allerdings. Das wäre möglicherweise für Simulationsanfänger zum Verständnis der

Simulationsmethode hilfreich gewesen. In die Auswertungstabelle wird nun noch die entsprechende Formel eingetragen und das Ergebnis der fertigen Simulation in Bezug zu den Schätzungen gesetzt (Abb. 5.30).

S: „Wir erhalten dann hier unten, dass ungefähr 38 %, also ungefähr um die 40 % bestanden hätten.“

L: „Können wir das denn jetzt noch mal mit den Schätzungen in Verbindung setzen, die wir ganz am Anfang durchgeführt haben?“

S: „Wir waren ja gar nicht so schlecht. … Wir waren ja so zwischen 35 und 40 %.“

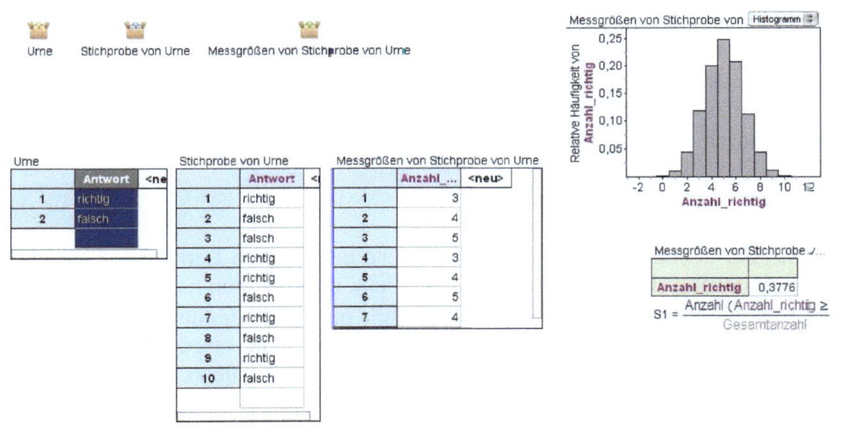

Abb. 5.30 U10-11: Simulationsumgebung Multiple-Choice-Test

Die Schätzung der Schüler wird allerdings nicht noch einmal hinterfragt, so dass das möglicherweise unterliegende Missverständnis (vgl. Kap. 5.6.2) nicht aufgeklärt wurde.

Auftragsübergabe und Schülerarbeitsphase

Die Schüler haben den Auftrag, sich paarweise zusammenzufinden. Es bilden sich dieselben Lerndyaden, die in den vorangegangenen Stunden auch zusammen gearbeitet hatten. Die Lerndyaden werden in konsekutive Paare (mit offline-Planungsphase) und integrative Paare (ohne offline-Planungsphase) eingeteilt (vgl. Kap. 4.3 bzw. Kap. 6.1). Den Schülern wird die Arbeitsweise in diesen Paargruppen kurz erläutert. Die Zordnung erfolgt so, dass jede zweite Lerndyade sofort an den Computer geht und somit ein integratives Paar bildet. Die fünf konsekutiven Lerndyaden verblieben zunächst an den Tischen in der Raummitte; sie erhalten das Arbeitsblatt 1 A ausgeteilt. Den fünf integrativen Lerndyaden wird das Arbeitsblatt 1 B ausgegeben (vgl. Anhang A). Zusätzlich zu den Arbeitsblättern erhalten alle Lerndyaden Simulationspläne für ihre Aufgaben und Stifte zum

Ausfüllen der Pläne. Die konsekutiven Paare bekommen blaue und die integrativen Paare schwarze Stifte. Zu den Aufgaben gibt es keine Hinweise von der Lehrperson. Nach etwa sieben Minuten sind die Lerndyaden arbeitsfähig. Bei den Paaren am Computer (integrativ) wird die Camtasia-Aufzeichnungssoftware gestartet, und bei den anderen Paaren an den Tischen (konsekutiv) wird je Zweiergruppe ein Diktiergerät beigelegt. Nach und nach wechseln die konsekutiven Paare an die PCs, sie tauschen den blauen Stift gegen einen grünen Stift. Die Lehrperson ist angehalten, möglichst wenig in die Arbeit der Lerndyaden einzugreifen, auf Fragen der Schüler sollen jedoch Tipps und Anregungen gegeben werden. Diese Phase des selbstständig-produktiven Erschließens läuft im Prinzip so ab, wie geplant. Die Lerndyaden können ihre Aufgaben durch Simulation mittels Stichprobenziehung mit FATHOM weitgehend selbstständig bearbeiten und lösen. Teilweise kommt es jedoch zu Hilfen aus den Nachbargruppen bzw. zu Situationen, in denen die Lehrperson um Hilfe gebeten wird. Die Arbeitsphase[111] wird nach etwa 45 Minuten durch die Lehrperson beendet.

Präsentation und Besprechung

Alle Schüler beenden die Computerarbeit. Die integrativen Lerndyaden tauschen ihren schwarzen Stift gegen einen roten Stift ein. Damit sollen sie Änderungen auf ihren Simulationsplänen, die sie gegebenenfalls nachträglich durchführen würden, dokumentieren. Für die Auswertung der Simulationspläne wird auf diese Weise ersichtlich, wann die Änderungen vorgenommen wurden. Die konsekutiven Schülergruppen behalten ihre grünen Stifte. Die Lehrperson möchte, dass eine Lerndyade, die ihre Lösung präsentiert, so vorgeht, dass ein Partner das Simulationsplanschema auf einer Folie ausfüllt und der andere Partner die Simulation in FATHOM vorführt. Eine Lerndyade erklärt sich bereit, ihre Ergebnisse zur ersten Aufgabe zu präsentieren. Ein Schüler füllt dazu die Fragestellung und die Schritte 1 bis 4 auf dem Simulationsplanschema auf einer Folie aus und kommentiert sein Vorgehen. Mittels eines Overheadprojektors werden alle Vorgehensweisen der Lerndyade ersichtlich:

S: „Ausprägungen: ‚richtig' und ‚falsch'. Bei Merkmalsname haben wir ‚Antwort' genommen. Die Fragestellung war: ‚Mit welcher Wahrscheinlichkeit werden mindestens acht Lieder von zwölf richtig beantwortet?'. Mit Zurücklegen, 12 mal das Ganze. Beschreibung: ‚Anzahl der richtigen Kugeln'".

Andere Schüler sind der Meinung, das Wort ‚Kugeln' passe nicht. Es wird daher korrigiert (vgl. Abb. 5.31).

S: „Ausprägungen 0-12, Messgrößenname ist wieder ‚Anzahl_richtig', diese Formel ist wieder die gleiche...und auch wieder 5000..."

---

[111] Die Schülerarbeitsphase von U10-11 wird ausführlich in den Kapiteln 6.1 bis 6.5 analysiert.

Simulationsplan

Simulation durch Stichprobenziehung

Zufallsexperiment:

Fragestellungen: *Mit welcher Wahrscheinlichkeit werde mind. 8 Lieder von 12 richtig beantwortet?*

[1] Festlegen der Urnenkollektion	Ausprägungen: *richtig falsch / falsch* Merkmalsname: *Antwort* Fathom-Formel:
[2] Stichprobe ziehen	☑ mit Zurücklegen ☐ ohne Zurücklegen Anzahl der zu ziehenden Kugeln: *12*
[3] Festlegen der Messgrößen	Beschreibung: *Anzahl d. richtigen ~~Kugeln~~ Antworten* Ausprägungen: *0 – 12* Messgrößenname: *Anzahl_richtig* Fathom-Formel: *Anzahl (Antwort = "richtig")*
[4] Messgrößen sammeln	Anzahl der gesammelten Messgrößen: *5000*
[5] Auswertung:	

Abb. 5.31 U10-11: Simulationsplanschema Hörtest

Der zweite Schüler führt nun die komplette Simulation der ersten Aufgabe mit FATHOM am Lehrer-PC vor, der an einen Beamer angeschlossen ist. Die wesentlichen Schritte werden durch den Schüler kommentiert. Die Lösung der Aufgabe wird graphisch an einem Histogramm und numerisch mittels einer Auswertungstabelle verdeutlicht. Der Schüler hat bereits eine neue Kollektion erstellt und in ‚Tonqualität' umbenannt:

S: „Das Merkmal ‚Antwort' kann ‚falsch' oder ‚richtig' haben. Und dann müssen wir die Stichprobe ziehen. Und dann stellen wir das wieder ein: Mit Zurücklegen, diesmal zwölf Fälle, weil es ja zwölf Lieder sind. Die Messgröße haben wir genannt: ‚Anzahl_richtig' und die Formel dazu ‚Anzah (Antwort = „richtig")'. Dann können wir hier die Messgrößen sammeln..... Dann können wir das noch in der Tabelle angucken...Dann können wir das noch schön anzeigen lassen (*S. erstellt ein Histogramm zu den Daten*). Jetzt sieht man ja schon, dass man am häufigsten sechs Lieder richtig hat."

L: „Was muss jetzt noch gemacht werden?"

S: „Wie hoch die Wahrscheinlichkeit ist, dass jemand gewinnt... weil, es ist ja festgelegt, dass man mit acht gewonnen hat." (*S. erstellt eine Auswertungstabelle.*) Jetzt sieht man, dass man mit einer Wahrscheinlichkeit von ungefähr 19 % mehr als acht richtig errät, allein durch Raten."

L: „Was da unten jetzt steht: 0,1922, ist das die Wahrscheinlichkeit?"

S: „Ja, etwas weniger als 20 %."

S: „Ich würde sagen nein, sondern eher eine relative Häufigkeit. Es ist ja eine Stichprobe gemacht worden, und es ist keine Wahrscheinlichkeit. Sie nähert sich der Wahrscheinlichkeit an, würde ich sagen."

S: „Es ist eine Annäherung an die Wahrscheinlichkeit."

Die Lehrperson nutzt die Gelegenheit, um die Unterscheidung zwischen theoretischer Wahrscheinlichkeit und empirischer relativer Häufigkeit zu thematisieren. Das macht sie dadurch, indem sie nachfragt, ob der Wert in der FATHOM-Auswertungstabelle die Wahrscheinlichkeit sei. Beide Schülerantworten liegen in etwa auf derselben korrekten Argumentationsebene: Der angezeigte Wert sei eine relative Häufigkeit und damit ein Näherungswert für die Wahrscheinlichkeit.

Für die Präsentation und Besprechung der zweiten Aufgabe wird zunächst ein Schüler gebeten, am Simulationsplan auf der Folie die notwendigen Änderungen vorzunehmen (vgl. Abb. 5.31). Die Fragestellung wird aus Zeitgründen nur genannt und nicht auf der Folie angepasst. Ein weiterer Schüler wird gebeten, die Simulation am Lehrer-PC durchzuführen. Dieser Schüler kommentiert sein Vorgehen allerdings nur spärlich:

S: „Der einzige Unterschied ist der, dass man hier vorne noch eine Möglichkeit hinzufügt. Dann ziehe ich wieder meiner Stichproben davon...Ansonsten läuft das so ab, wie L. das auch gerade gemacht hat... Formel... Dann sammle ich da Messgrößen... und dann kann man warten."

Der Schulgong ertönt, aber da das Ergebnis noch aussteht, bleiben die Schüler ruhig auf ihren Plätzen sitzen, und die Präsentation der Simulation wird zu Ende gebracht. Der Schüler lässt sich die Formel für die Auswertung diktieren, was zu Nachfragen führt.

Andere S: „Wie seid ihr denn auf die ‚Größer gleich 8' gekommen? Habt ihr da noch was gerechnet?"

S: „Wir haben das erst mal so normal gemacht, ganz normal mit größer 8"

Andere S: „Ihr habt's ausprobiert? Das ist die Formel? Dass wir das ausprobieren?"

S: „Da haben wir 1,98 %, wir haben gesagt ‚da muss die Zahl einfach größer sein als 8' und haben die 9 genommen und kamen auf eine Zahl die kleiner war als 1."

L: „Wer hat's anders gemacht? Gibt's andere Möglichkeiten?"

S: „In der Graphik ..."

L: „Ja, in der Graphik... und da vermutet..."

L: „Noch eine dritte Möglichkeit?"

S: „Rechnen."

Weitere Anmerkungen gehen im Lärm der Schüler, die ihre Sachen zusammenpackten, unter. Die Möglichkeit, alternative Ansätze zur Simulation zu diskutieren, besteht aus Zeitgründen leider nicht.

5.7.3   Retrospektive Analyse

ASPB-Phasen

In beiden Kursen wurde die Präsentations- und Besprechungsphase zur Hausaufgabe dazu genutzt, die Ergebnisse der Simulation zum 10er-Test aus U8-9 (Arbeitsblatt 1) im Plenum vorzustellen und zu diskutieren. Die konkrete Umsetzung der Simulation erschien für die meisten Schüler problemlos.

Die sich anschließende ASPB 7-Phase dauerte in beiden Kursen etwa 60 Minuten. Eine genaue Analyse der zugehörigen Schülerarbeitsphase findet sich in Kapitel 6 dieser Arbeit. Insgesamt sind die Lerndyaden, ob mit oder ohne offline-Planungsphase, mit den beiden Aufgaben sehr gut klar gekommen. Für die Auswertung von Aufgabe 2 des Arbeitsblattes wurden alternative Möglichkeiten in beiden Kursen nur andiskutiert, ohne diese jedoch konkret umsetzen zu können. Insbesondere die Schwierigkeiten, die Schüler mit anderen Modellierungsansätzen hatten, konnten für andere Lerndyaden aus Zeitmangel nicht zugänglich gemacht werden.

Optimierung von Arbeitsmaterialien

Die als Hausaufgabe gedachte Goldmünzenaufgabe[112] sollte als didaktische Reserve in der Unterrichtseinheit genutzt werden. Einige Lerndyaden waren bereits nach relativ kurzer Zeit mit den beiden Simulationsaufgaben fertig, während andere Schülergruppen noch Lernzeit benötigten.

Der in Arbeitsblatt 1 abgebildete Tipp-Schein sollte auf dem Arbeitsblatt verbleiben. Dies belässt die Situation näher am Kontext.[113]

5.8 Unterrichtseinheit U12-13 – Baustein 6

5.8.1 Erwartete Lerntrajektorie

Im Mittelpunkt steht die Behandlung des 10-20-Test-Problems. Die Frage ist, welcher Test bei gleicher Bestehensgrenze durch Raten leichter zu bestehen ist, der mit zehn oder der mit 20 Fragen, wenn geraten wird. Die Schüler sollen sich mit einem Problem, das dem *maternity ward problem* äquivalent ist, zunächst auf intuitive Weise beschäftigen. Die Schüler sollen u. a. Verteilungen skizzieren, die ein Ausdruck ihrer intuitiven Vorstellungen sind. Die Zufallsgrößen ***Anzahl der Erfolge*** und ***Anteil der Erfolge*** werden unterschieden und der Perzentilbegriff auf intuitive Weise eingeführt. Dadurch wird es möglich, Bestehensgrenzen für vorgegebene Bestehenswahrscheinlichkeiten durch Perzentile zu ermitteln.

---

[112] Vgl. Materialien zu U10-11, Anhang A (GESIM 2-2008).

[113] Der Tippschein führte dazu, dass einige Lerndyaden ein anderes Modell zugrunde legten. Für genauere Analysen dazu sei auf Kapitel 6 verwiesen.

ASPB - Phase	Inhalte
PB zu HA 6	· Goldmünzenproblem
ASPB 8	· Intuitive Antworten, Skizzen der Verteilungen für die „Anzahl der Richtigen" und den „Anteil der Richtigen"
ASPB 9	· Simulation des 10-20-Test-Problems mittels Simulation durch Stichprobenziehens, konsekutiv, auf der Basis eines Simulationsplans · Analyse von Verteilungen mit dem Perzentil-Befehl

Abb. 5.32 U12-13: ASPB-Phasen

5.8.2   Kommentierter Unterrichtsverlauf

Die Lehrperson beginnt mit einer Besprechung der Hausaufgabe. Die Schüler hatten das Goldmünzenproblem (vgl. Abb. 5. 33) zu bearbeiten.

U10-11

Hausaufgabe: Der Goldmünzenbetrug

Der königliche Münzpräger packt je 100 Goldmünzen in eine Kiste. Er erinnert sich zurück an seine Statistikausbildung und ist der Meinung, dass wenn er in jeder Kiste eine Goldmünze durch eine falsche Münze austauscht, sein Betrug nie auffallen wird, da es viel zu unwahrscheinlich ist, dass der König beim Inspizieren ausgerechnet die falsche Goldmünze erwischt. Der Münzpräger weiß nämlich, dass der König zu faul ist, sich die gesamte Münzladung anzusehen.

a. Mit welcher Wahrscheinlichkeit wird der Betrug des Münzprägers entdeckt (= der König entdeckt mindestes eine falsche Münze), wenn der Münzpräger 50 Kisten liefert und der König jeder Kiste genau eine Münze entnimmt?

b. Wie ändert sich die Wahrscheinlichkeit, wenn der Münzpräger in jeder Kiste zwei Goldmünzen durch falsche Münzen austauscht?

Lösen Sie die Aufgabe durch Simulation. Überlegen Sie sich zuvor, wie man die Situation durch Stichprobenziehen aus einer Urne modellieren könnte.

Schreiben Sie einen Simulationsplan und führen Sie die Simulation mit Hilfe Ihres Simulationsplanes in Fathom durch.

Abb. 5.33 U12-13: Aufgabenstellung Goldmünzenproblem (Ausschnitt)

Ein Schüler stellt seine Lösung über den Lehrer-PC und Beamer in einer Kurzpräsentation vor:

S: „Ich hab jetzt ganz normal ne Kollektion gemacht, die ich Urne genannt hab, dazu hab ich dann ne Tabelle und dazu gibt's dann die Formel: Wenn Index kleiner gleich Gold sonst Silber, d. h. halt, dass die ersten 99 Münzen praktisch Gold genannt sind und die 100. als Silber und dann hab ich da 100 Fälle hinzugefügt, dass es da eine Silberne gibt und genau 100 Münzen. Und jetzt kann man hier *Stichprobe ziehen*. So, und in der Aufgabenstellung stand ja, dass es 50 Kisten oder Säcke, glaub ich, gibt, er zieht jedes Mal eine andere, also mit zurücknehmen. Die *Messgröße* nenne ich jetzt mal *Anz_S* für Anzahl an Silbermünzen beispielsweise. ...(*Die Formel wird nun eingegeben*). So, nun zeigt er mir an, wie viele Münzen daraus Silber sind, das wäre in dem Fall gar keine gewesen. ... In dem Fäll hätte er den Betrug nicht bemerkt. (*S erzeugt eine Messgrößenkollektion und lässt weitere Messgrößen sammeln, N = 5000*)."

Während auf die Ergebnisse gewartet wird, geht die Lehrperson herum und schaut nach, wer die Hausaufgabe gemacht hat. Viele Schüler haben dazu ihre Ausdrucke mitgebracht.

S: „Ja, also jetzt haben wir hier diese 5000 Messgrößen und man, jetzt sieht man hier an den Zahlen, wie viele Silbermünzer in den 50 Kisten entdeckt haben. Das sind halt am häufigsten Null, aber auch eins oder zwei oder auch drei kommt ab und zu, manchmal, vor. (*Mit einem Graphen wird der Sachverhalt genauer visualisiert.*) Jetzt sieht man, Null kommt im Grunde am häufigsten vor und dann eins, zwei, drei, vier und es geht hier, glaub ich, sogar bis sechs. (*Nun soll das Ganze mit einer Auswertungstabelle verdeutlicht werden.*) In dem Fall würde uns aMittel( ) schon reichen für die Wahrscheinlichkeit und hier sieht man halt, dass die Wahrscheinlichkeit ungefähr bei 0,5 liegt.“

L: „Was sagen die anderen dazu?“

S: „Ne, weil das ist ja der Mittelwert von allen. Bei 6 z. B. hat man ihn ja nicht sechsmal entdeckt, sondern nur einmal und bei fünf hat man ihn nicht fünfmal entdeckt, sondern auch nur einmal. Also man muss zählen, wie oft überhaupt Münzen entdeckt wurden und nicht nur das Mittel bilden, das reicht nicht.“

L: „Ja, und wie sollte er das jetzt machen?“

Ein S. diktiert: $\dfrac{Anzahl(Anz\_S \geq 1)}{Gesamtanzahl}$ und das Ergebnis wird von FATHOM angezeigt.

L: „Ja, das doch schon mal ganz anders aus. … Wie interpretieren wir jetzt den Wert: 0,39? Wer kann das noch mal für das Problem deutlich machen?“

S: „Die relative Häufigkeit davon, dass eine oder mehrere, manchmal auch sechs Silbermünzen gefunden werden, … das ist ein bisschen Risiko für den Münzhändler, dass er seinen Kopf verliert. Aber ein eigentlich ganz guter Wert.“

Durch die Präsentation wird ein fehlerhaftes Vorgehen bei der Auswertung der Simulationsergebnisse aufgedeckt und durch andere Schüler korrigiert. Die Lehrperson macht an dieser Stelle noch einmal deutlich, dass es sich bei dem durch die Simulation in FATHOM ermittelten Wert um eine relative Häufigkeit handele. Gleichzeitig deutet sie an, dass dieser Wert bei 5000 Wiederholungen recht genau sei. Wie genau, damit werde man sich noch beschäftigen, auch wie man zu den Faustregeln für die Genauigkeit komme.[114] Die Besprechung der zweiten Teilaufgabe wird verkürzt. Ein Schüler beschreibt nur die notwendigen Modifikationen und gibt zum Vergleich das Ergebnis an. Nach etwa 15 Minuten wird die Besprechungsphase beendet.

---

[114] Die Lehrperson meint die Faustregeln aus eFATHOM Modul 3 für die Genauigkeit von Simulationen.

Auftragsübergabe und Schülerarbeitsphase[115]

L: „Gut, dann gibt es jetzt ein neues Arbeitsblatt, das sich noch mal auf dieses Testproblem bezieht. Wir hatten ja den Test mit 10 Fragen, man besteht, wenn man mindestens 6 richtig beantwortet hat. Und wie groß ist die Wahrscheinlichkeit, dass man mit bloßem Raten dabei besteht. In der Richtung geht es jetzt weiter, da geht es jetzt darum, dass der Test auch ein wenig anders aussehen kann und wie groß dann die entsprechende Wahrscheinlichkeit ist."

Die Klasse wird dazu wieder in zwei Gruppen aufgeteilt. Die Gruppe A soll die ersten offline-Aufgaben in Einzelarbeit ausführen, die Gruppe B hingegen in Partnerarbeit. Die Klasse wird dazu in zwei gleich große Gruppen aufgeteilt: Die ersten zwei Schüler arbeiten in Partnerarbeit zusammen, die nächsten zwei bearbeiten ihre Aufgaben in Einzelarbeit, danach wieder zwei in Partnerarbeit, usw. Die Paare der Gruppe B erhalten Diktiergeräte, auf die sie ihre Kennung sprechen sollen. Beim Herumgehen muss man allerdings feststellen, dass sehr wenig gesprochen wird bzw. nur sehr leise.[116]Nach und nach wechseln die Schüler in ihren Lerndyaden an die PCs, nach etwa 20 Minuten arbeiten alle Schüler an den Computern. Die Aktivitäten an den Rechnern werden wieder mit der Camtasia-Software aufgezeichnet. Drei Schüler arbeiten allein. Die Schülerarbeitsphase wird nach insgesamt 50 Minuten beendet und die Schüler setzen sich zurück auf ihre Plätze in der Raummitte.

Präsentation und Besprechung

Die Lehrperson wartet bis alle Schüler entsprechend aufmerksam sind und stellt folgende Frage:

L: „Besprechen wir jetzt eben mal die Arbeitsteile a bis c und bei d schauen wir uns dann noch mal an, wie das simuliert worden ist. Wenn zwei solche Tests zur Auswahl sind, einer mit 10 Fragen, einer mit 20 Fragen, und er soll bestanden sein, wenn mindestens 60 % der Fragen richtig beantwortet worden sind, also das eine mal 6, das andere mal 12, bei welchem Test ist die Null-Lerner-Chance größer oder kleiner? D.h. welchen Test würde man als Schüler auswählen und welchen würde der Lehrer vielleicht favorisieren?"

---

[115] Die konkreten Aufgabenstellungen sind zusammen mit typischer Schülerlösung im Weiteren aufgeführt. Eine Untersuchung dieser Schülerarbeitsphase findet man in Roderburg (2010).

[116] Dieses experimentelle Design hat sich bei dieser Pilotstudie als nicht kontrollierbar erwiesen. Partnerarbeit und Einzelarbeit waren nicht zu trennen.

Wir haben uns mit dem Problem beschäftigt, wie wahrscheinlich es ist, einen Multiple-Choice-Test mit 10 Fragen und 2 Antwortmöglichkeiten allein durch Raten zu bestehen.
Wir wollen jetzt sehen, was passiert, wenn man einen längeren Test, z.B. mit 20 Fragen stellt.
Es wird ein solcher Test mit 10 und mit 20 Fragen angeboten. Man hat bestanden, wenn man mindestens 60% der Fragen richtig beantwortet hat. Wir bezeichnen die Wahrscheinlichkeit, den Test nur durch Raten zu bestehen, als die „Null-Lerner-Chance" für diesen Test.

Wir wollen untersuchen, wie der Lehrer die „Null-Lerner-Chance" verringern kann und die Schüler diese erhöhen können.

a. Bei welchem Test ist die Null-Lerner-Chance größer?

☐ Test mit 10 Fragen   ☐ mit 20 Fragen   ☒ Chance ist gleich

Begründen Sie mit intuitiven Argumenten.

Die Chance ist gleich, weil sowohl bei 10 als auch bei 20 Fragen man 60 Prozent der Fragen richtig beantworten muss und somit das Verhältnis der benötigten richtigen Fragen an der Gesamtzahl gleich ist.

Abb. 5.34 U12-13: typische Schülerlösung zu Teilaufgabe a. – Lerndyade BAKL24_MOTH17

In Abb. 5.34. ist eine der gemäß der Lerntrajektorie erwarteten Schülerantworten zu sehen. Die Teilaufgaben a.-d1. waren offline zu bearbeiten. Zur obigen Frage der Lehrperson wurden folgende Schülerantworten aufgezeichnet:

S: „Also der Schüler würde den wohl mit 10 Fragen nehmen, weil halt man da weniger Fragen richtig beantworten muss. Bei den 20 Fragen waren 60 % ja 12 Fragen und da musste man halt nur 6 Fragen richtig beantworten. Und der Lehrer würde dann halt den anderen Test nehmen."

S: „Ich glaube, die Chance ist gleich, weil das Verhältnis ja gleich ist."

S: „Ja das haben wir uns am Anfang auch gedacht, dass die Chance gleich ist, weil wir auch Verhältnis gleich Chancen gleich, aber als wir simuliert haben kam eigentlich raus, dass der 10er-Test wahrscheinlicher ist."

S: „Man kann das ganze auch ein bisschen einfacher erklären. Die Wahrscheinlichkeit bei einer Frage, dass sie richtig oder falsch ist, liegt ja bei 50 % und je mehr Fragen man beantwortet, haben wir auch gesagt, dass sich dann die relative Häufigkeit der richtigen Wahrscheinlichkeit dann annähert, das heißt je mehr Fragen es sind, um öfter wird sich diese Wahrscheinlichkeit 50 % durchsetzen."

L: „D.h. was haben Sie jetzt im Endeffekt rausgekriegt?"

S: „ Ja, dass der Test mit den 10 Fragen wahrscheinlicher ist zu bestehen."

Offenbar haben die Schüler ihre am Anfang dominierende Vorstellung, dass die Bestehenschancen bei beiden Tests gleich seien, revidiert. Auf Nachfrage der Lehrperson geben nur drei Schüler an, bereits zu Beginn dem 10er-Test eine höhere Bestehenswahrscheinlichkeit zugebilligt zu haben. Die Lehrperson bittet nun darum, dass die in Aufgabenteil b. und c. geforderten Verteilungsskizzen an der Tafel veranschaulicht werden. In Abb. 5.35 ist zur Illustration eine typische Schülerlösung auf dem Arbeitsblatt von U12-13 dargestellt. Eine genauere Analyse der Verteilungsskizzen und deren Bewertung befinden sich in Kapitel 6.7 dieser Arbeit.

b. Bei dem Test können wir die **Anzahl** der richtig gelösten Fragen als Zufallsgröße (Messgröße in Fathom) betrachten. Im 10er-Test schwankt diese zufallsabhängige Größe zwischen 0 und 10, im 20er-Test zwischen 0 und 20.
Skizzieren Sie in der folgenden Graphik qualitativ, welche Wahrscheinlichkeiten Sie für die einzelnen Ergebnisse (**Anzahl** richtiger Lösungen) erwarten würden.

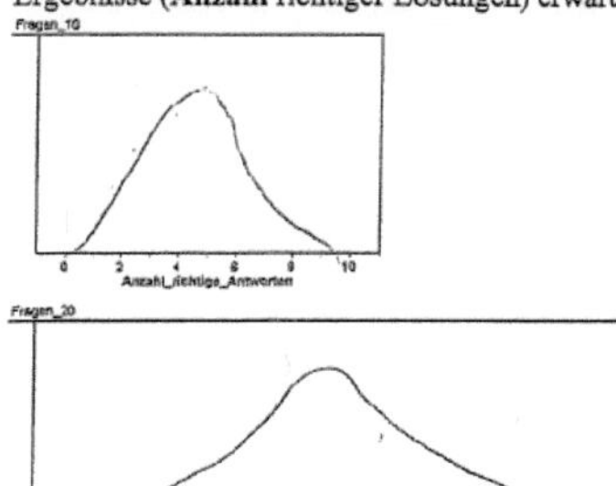

c. Bei dem Test wollen wir jetzt auch den **Anteil** der richtig gelösten Fragen als Zufallsgröße betrachten.

Im 10er-Test schwankt der Anteil zwischen $\frac{0}{10}, \frac{1}{10}, ..., \frac{9}{10}, \frac{10}{10}$, im 20er-Test zwischen

$\frac{0}{20}, \frac{1}{20}, ..., \frac{19}{20}, \frac{20}{20}$, also beide zwischen einem Anteil von 0 und 1.

Skizzieren Sie in der folgenden Graphik qualitativ, welche Wahrscheinlichkeiten Sie für die einzelnen Ergebnisse (**Anteil** richtiger Lösungen) erwarten würden.

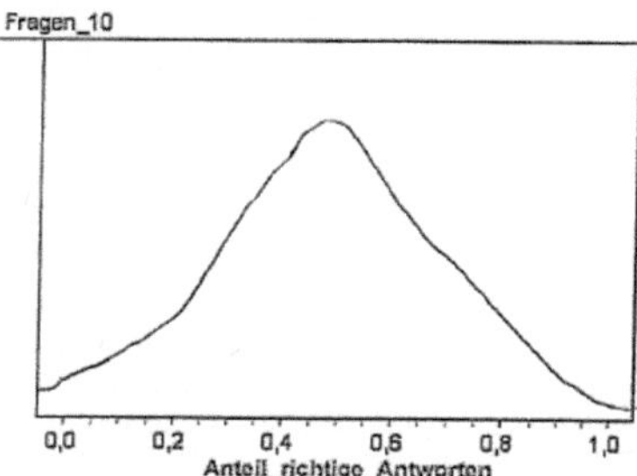

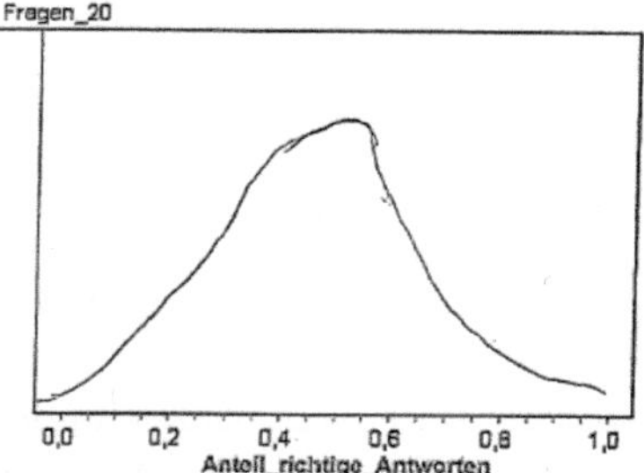

**Abb. 5.35 U12-13: typische Schülerlösung zu Teilaufgaben b und c –
Lerndyade BAKL24_MOTH17**

Ein Schüler skizziert die Verteilungen für die *Anzahl der richtig gelösten Fragen* (Abb. 5.36). Problematisch ist, dass für beide Skalen (0-10 und 0-20) die gleiche Darstellungsbreite gewählt wird. Zudem stellt der Schüler beide Verteilungen in Glockenform in etwa gleich dar.

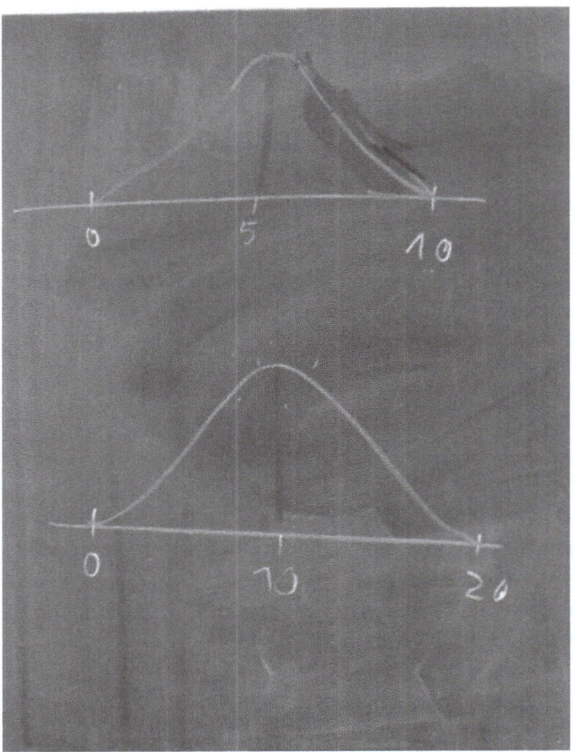

Abb. 5.36 U12-13: Tafelanschrieb U12-13 – Kurs B

Ein Schüler äußert eine kritische Anmerkung dazu:

S: „Also ich würde das noch mal korrigieren, weil ich find das wird nicht richtig deutlich, dass bei den 20-Fragen-Test am Rand weitaus weniger Werte, also Messgrößen sind, als bei dem 10er-Test." (Das sei ihm aber am Anfang, vor der Bearbeitung noch nicht klar gewesen.)

An dieser Stelle sei mit Hilfe von FATHOM-Grafiken demonstriert, worin die Problematik der gleichen Darstellungsbreite besteht. Sie bewirkt ein Zusammen-ziehen der Verteilung (Abb. 5.37).

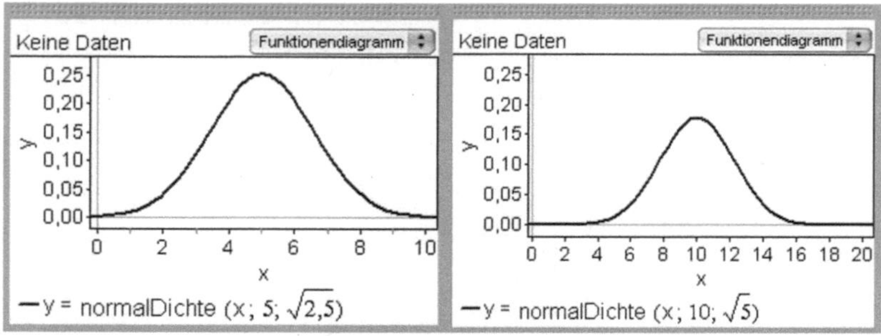

Abb. 5.37 U12-13: Veranschaulichung zu Teilaufgabe b. mit Hilfe der Normalverteilung

Der Schüler hat also mit seiner kritischen Bemerkung durchaus Recht, löst damit aber nur einen Teil der Ungereimtheit auf. Die Lehrperson lässt dies erst einmal so stehen und deutet an, dass man dies später bei FATHOM gut sehen könne.

L: „Wie sieht es aus, wenn man das auf die Anteile bezieht, wie bei Aufgabe c."

S: „Das ist im Prinzip genau so."

S: „Weil man den Teil durch 10 Teil und den anderen auch und dann müsste das das gleiche sein."

Auch diese Schülerantworten sind nicht korrekt, da die Streuung der Verteilung mit den Faktor $1/\sqrt{n}$ abnimmt. Aber das ist den Schülern offenbar an dieser Stelle nicht bewusst. Kann es in dieser Form auch gar nicht, da das $1/\sqrt{n}$-Gesetz erst in U14-15 thematisiert werden soll. Der Sachverhalt sei anhand der Normalverteilung in FATHOM noch einmal dargestellt (Abb. 5.38).

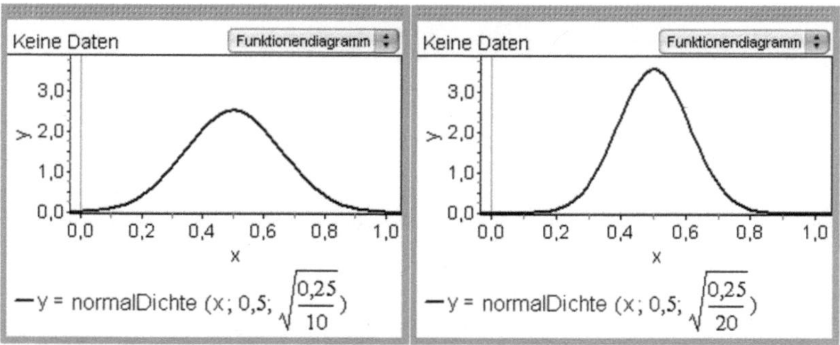

Abb. 5.38 U12-13: Veranschaulichung zu Teilaufgabe c. mit Hilfe der Normalverteilung

Die Lehrperson möchte daher das Thema an dieser Stelle nicht weiter vertiefen und geht zu Teilaufgabe d. über (Abb. 5.39).

d. Simulieren Sie nun beide Tests mit Fathom, und zwar soll es um die Verteilung des relativen Anteils richtiger Lösungen gehen.

Tipp: Wenn Sie das Merkmal für die zufällig gegebenen Antworten mit Antworten bezeichnet haben, welches die Ausprägungen „richtig", „falsch" hat, dann können Sie z.B: folgende Formel verwenden:

Name für die Messgröße: Anteil_Richtig

Formel für die Messgröße: $\dfrac{\text{Anzahl (Antworten="richtig")} \cdot}{\text{Gesamtanzahl } Anzahl()}$

d1. Erstellen Sie einen Simulationsplan. (siehe Vorlage **Simulationsplan A-1**)

d2. Führen Sie die Simulation für beide Tests mit der Wiederholungszahl N = 5000 durch und stellen Sie die Verteilung des **Anteils** der richtig gelösten Fragen in je einem Histogramm dar.

Ermitteln Sie die Null-Lerner-Chance für verschiedene Tests und Bestehensgrenzen und tragen Sie sie in die Tabelle ein

Null-Lerner-Chance in %				
	bei Bestehensgrenze von			
	0,6	0,7	0,8	Anteil richtiger Fragen
10er-Test	37%	16,2%	5%	
20er-Test	26%	5,5%	0,4%	

d3. Vergleichen Sie die Resultate mit Ihren intuitiven Schätzungen in Aufgabenteilen a, b, c.

Abb. 5.39 U12-13: Ausschnitt aus dem Arbeitsblatt, Teilaufgaben d1-d3 – Lerndyade BAKL24_MOTH17

Ein Schüler, der bisher noch nicht am Lehrer-PC präsentiert hat, wird bestimmt, seine Lösung der Simulationsaufgabe vorzustellen. Der Schüler präsentiert seine Simulationsumgebung einschließlich der Darstellung der Häufigkeitsverteilung der Messgröße Anteil in einem Histogramm.

L: „Und dann sollten Sie die Null-Lerner-Chance für die verschiedenen Tests ermitteln und die Bestehensgrenzen."

Dazu wurde bereits während der Schülerarbeitsphase eine leere Tabelle an die seitliche Tafel geschrieben. Einige Schüler lesen ihre Ergebnisse vor und diese werden in der Tabelle festgehalten (vgl. Abb. 5.41).

L: „Im Prinzip haben ja alle ähnliche Werte herausbekommen. Was heißt denn das jetzt?"

S: „Ja, das die Vermutung richtig gewesen wäre, dass der 10-Fragen-Test für Nicht-Lerner günstiger zu bestehen gewesen wäre. Also man sieht ja hier das bei dem 20-Fragen-Test die Wahrscheinlichkeit zu bestehen in allen Fällen wesentlich geringer ist als bei dem 10-Fragen-Test."

L: „Das heißt für den Schüler jetzt, er greift sich den Test mit den wenigen Fragen raus."

Nun wird die letzte Teilaufgabe d4 (Abb. 5.40) besprochen, damit auch der untere Teil der vorbereiteten Tabelle ausgefüllt werden kann (vgl. Abb. 5.41).

d4. Ihre Lehrerin möchte die Bestehensgrenze so festsetzen, dass die Null-Lerner-Chance höchstens 10% (5%) beträgt. Ermitteln Sie die Grenzen für die beiden Tests und verwenden Sie dafür Ihre Simulation. Tragen Sie die Bestehensgrenzen (als Anteil) in die Tabelle ein.

Tipp: Die Bestehensgrenze bei 25% können Sie mit Fathom durch das Kommando Q3(Anteil_Richtige) ermitteln, Q3 teilt die Datenmenge so, dass mindestens 75% der Ergebnisse kleiner gleich Q3 und höchstens 25% größer als Q3 sind.

Dasselbe liefert das Kommando Perzentil (75; Anteil_Richtige). Für andere Null-Lerner-Chancen muss man statt der 75(%) entsprechend andere Werte einsetzen, z.B. 90 für eine Null-Lerner-Chance von 10%.

2000 Simulationen des 10er-Tests
(dieses Ergebnis wurde bereits in die Tabelle unten eingetragen)

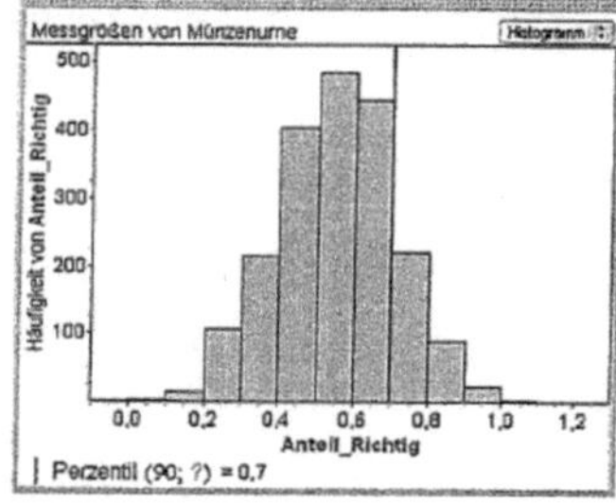

Bestehensgrenzen (als Anteil)

		bei folgenden Null-Lerner-Chancen	
		10%	5%
10er-Test		0,7	0,8
20er-Test		0,65	0,7

Abb. 5.40 U12-13: Ausschnitt aus dem Arbeitsblatt, Teilaufgabe d4 – Lerndyade   BAKL24_MOTH17

Wenige Schülerpaare sind bis einschließlich Teilaufgabe d4. in der Bearbeitung gekommen. Die Lerndyaden, die Lösungen erhalten haben, werden gebeten, diese in die vorbereitete Tabelle auf dem Whiteboard einzutragen (Abb. 5.41).

L: „Jetzt die letzte Seite das, wäre d4, das war ja umgekehrt. Hier war die Bestehensgrenze vorgegeben und es sollte die Null-Lerner-Chance minimiert werden. Also ich möchte hier einen Test ausgeben, bei dem die Null-Lerner-Chance höchstens 10 % beträgt. Was müsste dann in der Tabelle stehen?"

Die Lehrperson möchte, dass die Schüler noch einmal mit eigenen Worten formulieren, was man mit der zweiten Tabelle anfangen könne.

L: „Schlussfolgerung aus dieser Tabelle und dann schauen wir uns noch mal an, was ich gerade ausgeteilt habe (Handout wird ausgegeben). Jetzt erst mal zu der Tabelle, was heißt das jetzt?"

S: „Angenommen Sie möchten jetzt bei 20 Fragen die Bestehensrate der Null-Lerner von unter bis maximal 5 % haben, dann müsste sie (die Bestehensgrenze) über 70 % betragen."

L: „Dann hätte der Lehrer also eine Anweisung, wie muss er alles festlegen, damit die Chance sehr klein ist."

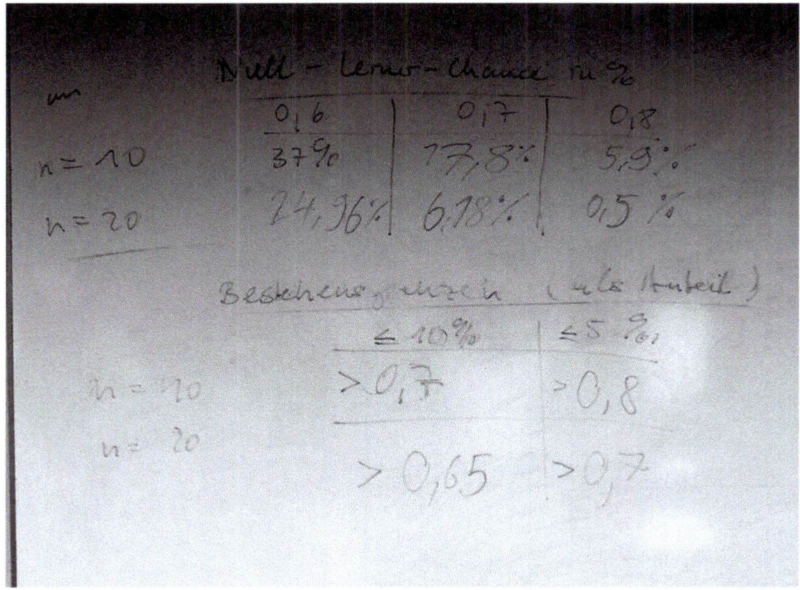

Abb. 5.41 U12-13: Veranschaulichung der Ergebnisse zu Teilaufgabe d2 und d4.

Zum Abschluss der Unterrichtseinheit wird das ausgeteilte Handout (Abb. 5.42) als Zusammenfassung der Ergebnisse von Arbeitsblatt 1 inhaltlich besprochen.

S: „Also … Eindruck wurde klar bestätigt, also in diesem Graphen werden…, also man sieht ja klar, dass bei dem 10er-Test es noch recht ausgeglichen ist, aber beim 20er-Test ist die Verteilung eher in der Mitte, also die meisten Antworten sind bei … also sie nähern sich immer weiter dem Wert an."

S: „Ja, also man sieht da noch mal diese Entwicklung. Also beim Test von $n = 40$ da gibt es so gut wie …, also die 1,0 und die 0,0 gibt es so gut wie gar nicht und es spielt sich so das Meiste zwischen 0,4 und 0,6 ab und das sieht man auch an diesem Perzentil. Also die bei 90 und 95 % gesetzt wurden. Die sind halt … Also je höher die Zahl n wird desto näher rücken die zur Mitte."

Die Lehrperson deutet an, dass man sich später näher mit dem Bereich in der Mitte der Verteilung beschäftigen würde. Eine Gruppe wirft noch ein, dass sie eine ganz hohe Zahl für n gewählt hätten und dafür lagen dann die Werte zwischen 0,57 und 0,58. Die Lehrperson bezeichnet dies als wichtige Ergänzung. Als Hausaufgabe wird Arbeitsblatt 2 (vgl. Abb. 5.45) aufgegeben.

10er-Test und 20er Test im Vergleich bei Bestehensgrenze von 0,6.

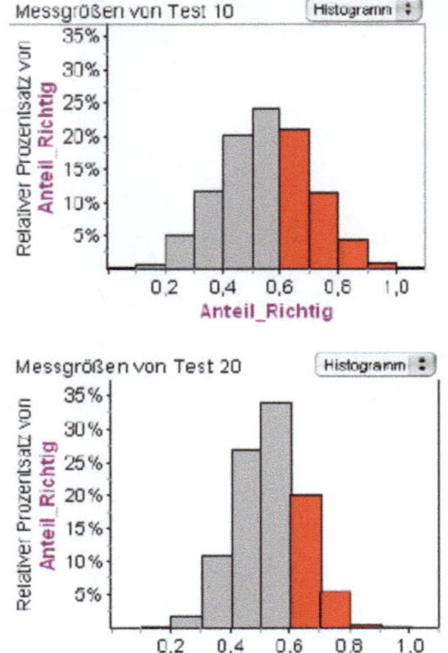

Bestehensgrenzen für 3 Tests in Abhängigkeit von der Null-Lerner-Chance (10%, bzw. 5%).

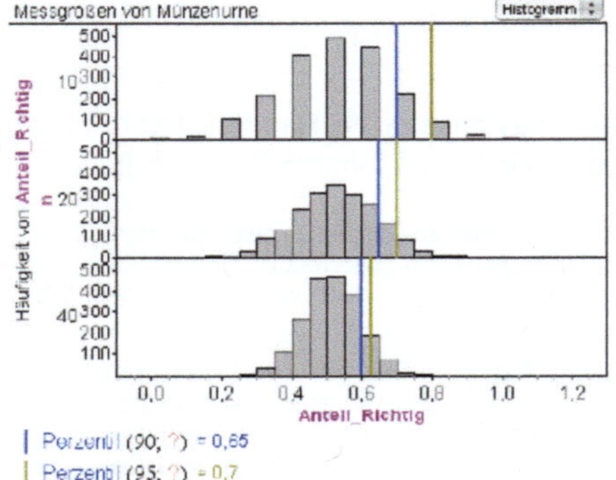

Abb. 5.42 U12-13: Ausschnitt aus dem Handout zu Arbeitsblatt 1

5.8.3 Retrospektive Analyse

ASPB-Phasen

Die Hausaufgabe, Simulation des Goldmünzenproblems, hatten in beiden Kursen eine Reihe von Schülern nicht bearbeitet. Möglicherweise kann dieses Phänomen mit einer nachlassenden Motivation der Schüler erklärt werden. Die Schüler, die die Aufgabe bearbeitet hatten, konnten diese perfekt präsentieren.

Ursprünglich war für diese Unterrichtseinheit der Einsatz von drei Arbeitsblättern geplant. Allerdings hat sich in der konkreten Umsetzung herausgestellt, dass die Bearbeitung von Arbeitsblatt 1 (ASPB 8 und ASPB 9) für eine Doppelstunde vollkommen ausreichend ist. Die geplante Trennung während der offline-Phase in Partnerarbeit und Einzelarbeit lies sich aufgrund der Raumsituation nicht wirklich realisieren. Hier kam es zu einer Reihe von Vermischungen. Der 10-20-Fragen-Test wurde von fast allen Schülern, wie in der Lerntrajektorie erwartet, zunächst als gleichwahrscheinlich angenommen. Man kann feststellen, dass die Simulation den Schülern dabei geholfen hat, ihre Fehleinschätzung (Vernachlässigung des *sample size effect*) zu revidieren. Eine genaue Analyse dieser Schülerarbeitsphase befindet sich in den Kapiteln 5.7 bis 6.9 dieser Arbeit. Die Teilaufgaben zum Skizzieren in Verbindung mit dem Simulieren tragen sicherlich wesentlich zu einem besseren Verständnis der Charakteristik von Stichprobenverteilungen bei. Insgesamt schien es jedoch noch eine Reihe von Problemen in der konkreten Umsetzung zu geben, insbesondere die Beschäftigung mit der abstrakten Zufallsgröße „Anteil an Erfolgen" und mit dem Perzentilbegriff verlief nicht reibungslos.

Optimierung von Arbeitsmaterialien

Das prozessorientierte Arbeitsblatt ist in sich stimmig und muss nur in Details überarbeitet werden. Das Handout erwies sich als besonders wertvoll für die Ergebnissicherung. Die ursprünglich für diese Unterrichtseinheit entworfenen Arbeitsblätter 2 und 3 sind entsprechend auf die nächsten Stunden zu verteilen.

5.9   Unterrichtseinheit U14-15 – Baustein 7

5.9.1   Erwartete Lerntrajektorie

Ursprünglich war diese Unterrichtseinheit in Baustein 6 integriert (vgl. Kap. 2.2). Daher soll sie in die Analysen zum Unterrichtsverlauf mit aufgenommen werden. Aus verschiedenen Gründen hat es sich aber bereits im Verlauf der Pilotstudie gezeigt, dass die inhaltlichen Aspekte eines eigenen Bausteins (Baustein 7) bedürfen. Unabhängig vom Kontext geht es um die exemplarische Herleitung der Faustregeln für die Genauigkeit von Stichprobenverteilungen und um die Präzisierung der Abnahme der Streuung um den Erwartungswert durch das $1/\sqrt{n}$-Gesetz Die Schüler sollen dazu eine selbständige Modellierung des wiederholten Münzwurfes durch ein Urnenmodell umsetzen und damit die Bestimmung des mittleren 95 %-Bereichs als Prognoseintervall für relative Häufigkeiten für $n = 50$ und $n = 100$ ermöglichen. Sie erkennen in der Modellierung der Stichprobenverteilung der relativen Häufigkeit von Wappen für verschiedene n die relative Häufigkeit als Zufallsgröße (*sampling distribution concept*).

ASPB - Phase	Inhalte
L 5	· Einbettung der Thematik in das allgemeine Thema: Schätzen von Ws. aus relativen Häufigkeiten, z. B. bei Wahlprognosen

ASPB 10	· Genauigkeit der Simulation, Präzisierung der Faustregeln:
	   o Simulation ihrer Stichprobenverteilung (*sampling distribution concept*)
	   o Konzept der mittleren 95 %-Bereiche
	   o Präzisierung des Faustregel-Intervalls als mittlere 95 %-Bereiche für die relative Häufigkeit

ASPB 11	· Wie hängt die Breite der mittleren 95 % vom Stichprobenumfang n ab (Erweiterung auf zahlreiche n, über $n = 50$ und $n = 100$ hinaus)? · Das $1/\sqrt{n}$-Gesetz

Abb. 5.43 U14-15: ASPB – Phasen

5.9.2 Kommentierter Unterrichtsverlauf

Für die Umsetzung der in Abb. 5.43 aufgeführten Inhalte steht der Lehrperson nur eine Unterrichtsstunde zur Verfügung. In der hier beschriebenen Begleitstudie ist es auch die letzte reguläre Unterrichtsstunde des Einführungskurses. Aufgrund dieser Rahmenbedingungen muss der Unterricht sehr lehrerzentriert ablaufen.[117]

Wiederholungsphase

Die Lehrperson widmet sich in den ersten 10 Minuten des Unterrichts der Wiederholung zum Handout (vgl. Abb. 5.41). Anhand der Graphiken sollten die Ergebnisse von Arbeitsblatt 1 (U12-13) noch einmal bewertet werden.

S: „Hier werden die Tests verglichen mit 10 oder 20 Fragen und man kann an den Graphen, die ja dadurch entstehen, erkennen, dass die Zentrierung in die Mitte rückt. Das heißt, je mehr Fragen es gibt, desto wahrscheinlicher ist es ... oder desto eher tritt die Wahrscheinlichkeit ein, dass man 50 % richtig beantwortet hat und desto kleiner ist die Pufferung, die wir hier sehen bei dem Oberen, dass die Extremstellen zwischen den 0 % oder den 100 %, dass die erreicht werden, das tritt immer unwahrscheinlicher auf."

Jetzt wird auf den unteren Teil des Handouts (vgl. Abb. 5.44) eingegangen.

---

[117] Für die ausführliche Wiedergabe des Unterrichts sei auf die Unterrichtsprotokolle (Anhang B) verwiesen.

L: „Im zweiten Fall war das anders, da war festgelegt, die Null-Lerner-Chance darf höchstens 10% betragen oder höchstens 5 % und wo muss man dann da die Bestehensgrenzen festlegen. Wer kann vielleicht zu der Veranschaulichung links was sagen? … es sind ja drei Histogramme untereinander, was haben die zu bedeuten?"

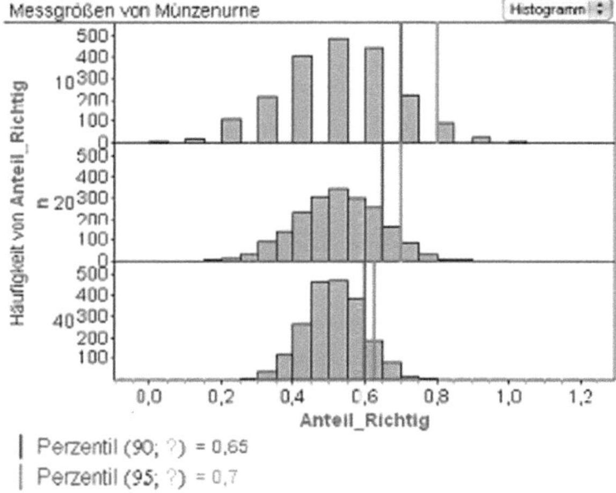

Abb. 5.44 U12-13: Ausschnitt aus dem Handout

S: „In den Farben sind die Perzentile eingezeichnet. … Man sieht, dass bei zunehmender Anzahl von Fragen die Grenzen immer weiter runter gehen. Wenn ich immer mehr Fragen habe, kann man die Grenze immer weiter heruntersetzen. Dass dann die Wahrscheinlichkeit, dass einer besteht durch raten, dann kleiner ist als 5 %."

L: „Das würde ja auch dem entsprechen, was wir oben im Vergleich dieser beiden Test gesagt hatten, dass man dann natürlich den Test mit den meisten Fragen nehmen sollte."

Ein Schüler fragt nach dem Begriff Perzentil, die Lehrperson lässt den Begriff von einem anderen Schüler erklären:

S: „Das ist einfach ein Wert, der eingezeichnet wird, der … also wenn man den Wert in Prozent, den man in die Klammern schreibt, also wie zum Beispiel Perzentil 90, das heißt er schließt 90 % der Leute dann ein auf der linken Seite und nur 10 % bleiben dann rechts übrig und da kann man dann sehen, wie diese 10 % verteilt sind."

L: „Ja, und es geht schneller, als wenn man erst auf der rechten Seiten schauen muss, wie muss man erst die Häufigkeiten aufsummieren, bis man dann die 5 %, oder die 10 % erreicht hat. Das macht dieser Befehl direkt und setzt sofort die Grenzen."

Die Lehrperson leitet dann über zur Besprechung der Hausaufgabe, Arbeitsblatt 2 von U12-13 (Abb. 5.45). Allerdings stellt sich heraus, dass nur vier Schüler dieses Arbeitsblatt bearbeitet haben. Einige Schüler geben an, die Aufgabenstellungen nicht verstanden zu haben.

Wie genau ist die Simulation? Woher kommen die Faustregeln?

Aufgabe:

Stellen Sie sich vor: Sie simulieren einen Münzwurf 50- (100-; 1000-) mal und beobachten die relative Häufigkeit, mit der Wappen auftritt.

Die relative Häufigkeit, mit der „Wappen" auftritt, wird um 0,5 schwanken. Je mehr Würfe man macht, desto geringer wird die Schwankung sein.

a. Die Faustregel aus dem Modul 3 besagte, dass wir die relative Häufigkeit bei 50 Wiederholungen im Bereich von 0,5 +/- 0,14 , also im Intervall von 0,36 und 0,64 erwarten.

   Ist es theoretisch möglich, dass die relative Häufigkeit auch mal außerhalb dieser Grenzen landet? Welche Ergebnisse für die relative Häufigkeit von Wappen sind überhaupt theoretisch möglich?

   Möglich sind folgende Ergebnisse:

b. Wir wollen jetzt durch Simulation die Wahrscheinlichkeit schätzen, dass die relative Häufigkeit tatsächlich in diesen Grenzen von 0,36 und 0,64 landet.

   b1. Modellieren Sie das 50fache Münzwerfen mit einem Urnenmodell und stellen Sie dazu einen Simulationsplan für den 50fachen Münzwurf auf. (siehe Vorlage **Simulationsplan A-2**)

   b2. Simulieren Sie den 50fachen Münzwurf nun 1000mal in Fathom und stellen Sie die Verteilung der Zufallsgröße „relative Häufigkeit von Wappen beim 50fachen Münzwurf" zunächst als Histogramm dar.

   b3. Schätzen Sie die Wahrscheinlichkeit, dass die relative Häufigkeit im Intervall von 0,36 bis 0,64 landet (inklusive der Grenzen)?

   Tipp für die Auswertungstabelle:
   $$\frac{\text{Anzahl}\left(\left(\texttt{Anteil\_Richtige} \geq 0,36\right)\text{und}\left(\texttt{Anteil\_Richtige} \leq 0,64\right)\right)}{\text{Gesamtanzahl}}$$
   Die Zeichen $\leq$, $\geq$ erhalten Sie durch Drücken der Strg-Taste auf der Formeleditortastatur.

   Die Wahrscheinlichkeit beträgt: _______________

   b4. Bei der Verteilung eines Merkmals liegen die mittleren 95% der Ergebnisse in dem Bereich, der durch Perzentil (2,5; `Merkmalsname`) und Perzentil (97,5; `Merkmalsname`) begrenzt wird.

   Ermitteln Sie den mittleren 95% - Bereich für die relative Häufigkeit im 50fachen Münzwurf?

   Der Bereich ist: _______________

   b5. Ändern Sie die Simulation ab und ermitteln Sie den 95% - Bereich für den **100fachen** Münzwurf

   Der Bereich ist: _______________

   Wie stimmt das mit der Faustregel aus Modul 3 überein?

c. Formulieren Sie die Faustregeln über die Genauigkeit der Simulation für n = 50 oder n = 100 Wiederholungen neu auf der Grundlage Ihrer Ergebnisse aus b)

Abb. 5.45 U14-15: Ausschnitt aus dem Arbeitsblatt 2 zu U12-13

Die Lehrperson geht die einzelnen Aufgabenteile der Reihe nach durch. Da in Aufgabenteil a. nach den relativen Häufigkeiten gefragt wird, nennt ein Schüler die Brüche 0/50, 1/50, 2/50, …, 50/50 als korrekte Antwort.

L: „Gut, dann sollten sie das simulieren, einen Simulationsplan erstellen und dann unter b3 nach-
sehen, was da rauskommt, wenn man die relativen Häufigkeit im Intervall von 0,36 bis 0,64 betrachtet. Mit diesem Befehl konnte man das gut machen, wenn man das so bezeichnet hatte. ...
Was haben sie denn für Wahrscheinlichkeiten herausbekommen?"

Die Werte der Schüler für Teilaufgabe b.3 werden gesammelt und an die Tafel
geschrieben. Die Lehrperson schreibt auch eigene Werte darunter, die sie zu Hause errechnet hat: 1.0, 0.9672, 0.965, 0.973, 0.966.

L: „Wenn man das jetzt andersherum betrachtet, man möchte die mittleren 95 % betrachten, wie
kann man mit dem Perzentil-Befehl herausfinden, welcher Bereich das ist?"

Zwei Schüler geben für Teilaufgabe b.4 an, dass sie dieselben Intervalle hätten
wie auf dem Arbeitsblatt. Dies wird an der Tafel festgehalten. Die Lehrperson hat
andere Ergebnisse heraus bekommen. Sie notiert diese auch an der Tafel.

50x

Bereich	0.36 bis 0,64
	0.38 bis 0,62
	0.36 bis 0,62

L: „Wir hatten ja den 50fachen Münzwurf. Was ist, wenn man den 100fachen jetzt nimmt? Was
kommt da für ein Intervall raus? Oder anders gefragt, was vermuten sie denn? Es sollen ja auch die
mitdenken, die zu Hause schon nicht gedacht haben."

Ein Schüler schätzt das Intervall auf 0,4 bis 0,6. Ein anderer meint, dass bei mehr
Würfen das Intervall enger sein müsse. Ein weiterer Schüler gibt noch seine Werte
an und diese werden an die Tafel geschrieben.

100x

Bereich	0,4 bis 0,6
	0,41 bis 0,59

L: „Wie könnte man denn die Faustregel dafür formulieren, wenn man das jetzt da vorsetzt?"
S: „Bei 100 hab ich dann hier 0,5±0,1."

Die Lehrperson fasst noch einmal für Teilaufgabe c. die Ergebnisse so zusammen:
für $n = 100$ sind es ± 10 Prozentpunkte Streubreite für $n = 50$ sind es
± 14 Prozentpunkte Streubreite. Allerdings müsse man dazu formulieren, dass
diese Aussage nur für die mittleren 95 % einer Verteilung gelte. Die Lehrperson
leitet zum nächsten Arbeitsblatt über, dass nun herumgegeben wird (vgl.
Abb. 5.44). Aus Zeitgründen solle dies gleich gemeinsam besprochen werden. Die
Schüler sind aufgefordert den Zusammenhang, der in der Graphik zu sehen ist, zu
erfassen, nämlich: Mit zunehmendem n wird die Breite der mittleren 95 % immer
geringer. In einem Streudiagramm ist dieser Zusammenhang auf dem Arbeitsblatt
graphisch dargestellt. Die Schüler sollen daran einen funktionalen Zusammenhang
erforschen (vgl. Abb. 5.46 rechts unten).

Die Abbildung links zeigt die mittleren 95%-Bereiche der relativen Häufigkeit für Wappen für wachsendes n. Wir haben die Breiten in einer Tabelle zusammen mit n notiert und die Abhängigkeit von n geplottet.

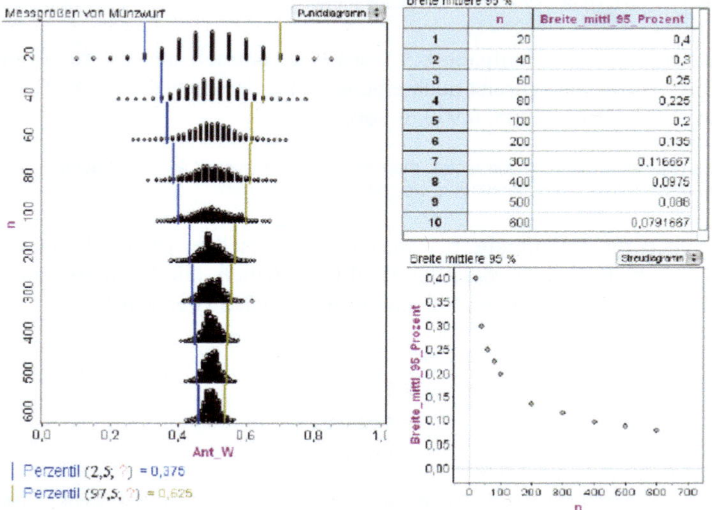

Sie können jetzt versuchen, eine Funktion (vom Stichprobenumfang n) an die Punkte anzupassen. Öffnen Sie dazu die Datei Breite_von_n.ftm. Dort finden Sie weitere Anweisungen.

Folgende Funktionen habe ich ausprobiert, die nicht gut passten:

Abb. 5.46 U14-15: Ausschnitt aus dem Arbeitsblatt 3 zu U12-13

L: „Die Werte, die in dieser Tabelle stehen, also die Breite in Abhängigkeit von dem n, kann man als Graphen darstellen. … Da soll es jetzt drum gehen. Was ist denn das für ein Zusammenhang, wenn sie sich das jetzt so angucken?"

S: „Sieht irgendwie wie eine Hyperbel aus. Eins durch irgendwas."

L: „Genau, und genau dies ist jetzt in dieser Lernumgebung vorgesehen, da hat man jetzt eine Hyperbel schon eingezeichnet und da unten steht: k durch n. 1/n könnte man da einstellen. Da oben ist ein Regler und was gerade gezeichnet ist, ist 5/n."

Ein Schüler wird nach vorn an den Computer gebeten, um den Regler zu verändern. Er wählt einen k-Wert, der möglichst gut passt (vgl. Abb. 5.47 rechts).

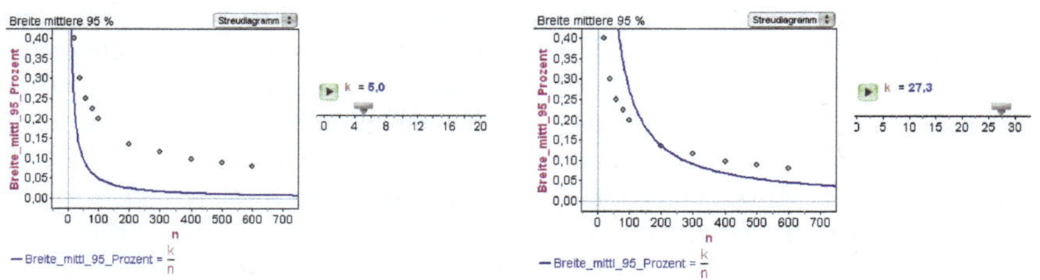

Abb. 5.47 U14-15: Streudiagramm zu dem Arbeitsblatt 3, Lernumgebung in FATHOM

Die Schüler rufen hinein, dass es so nicht gehe.

L: „Haben sie denn eine Idee, dass man es mal mit einer anderen Funktion probiert."

S: „Also so was wie $\dfrac{k}{n^2}$ oder $\dfrac{k}{\sqrt{n}}$ oder $\dfrac{k}{e^n}$ "

Der Schüler nennt in seiner Aufzählung die richtige Lösung. Dieser Schüler geht auch anschließend nach vorn und verändert die Funktion. Dabei beginnt er gleich mit k/√n. Diese Funktion passt er dann mit dem Regler an. Bei k = 1,95 passt es offenbar am Besten (Abb. 5.48).

L: „Ich glaube, damit können wir uns zufrieden geben, da brauchen wir nichts anderes ausprobieren. Ja, was heißt das jetzt, dass wir da diesen Graphen hineinlegen können? Welcher Zusammenhang besteht also zwischen der Breite der mittleren 95 % und dem n?"

S: „Also in der Physik sagt man das so: Also umgekehrt proportionaler, also antiproportionaler Wurzel Zusammenhang."

L: „Das ist ja schon mal ganz gut. Die Breite ist umgekehrt proportional zu Stichprobenumfang. Oder wenn man es so ausdrücken will, dass es proportional ist... dann sagt man, es ist proportional zu eins durch Wurzel n. Das ist das so genannte 1/Wurzel(n)-Gesetz und wir kommen da ganz sicher auch zurück. Dann wird es darum gehen, wo sind die Werte um 95 % oder 90 %. Je nachdem, damit werden wir uns demnächst noch weiter beschäftigen."

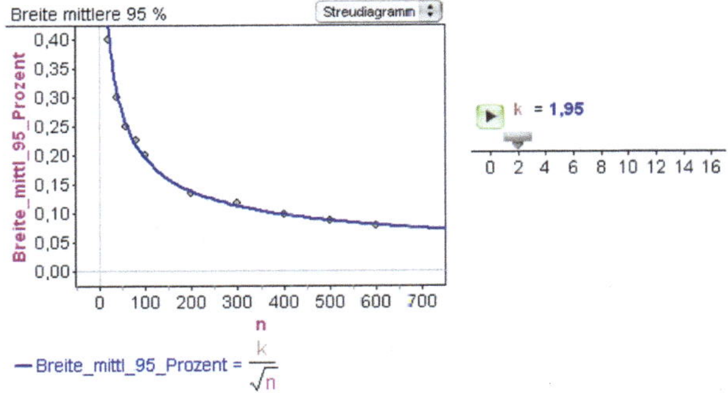

Abb. 5.48 U14-15: Streudiagramm zu dem Arbeitsblatt 3 –Lernumgebung in FATHOM – Anpassung von k

Die Lehrperson möchte nun noch einmal auf die Faustregeln zu sprechen kommen.

L: „Was passiert denn, wenn man den Stichprobenumfang vervierfacht? Was passiert dann mit der Breite?"

S: „Der halbiert sich."

Als Beispiel wird von der Lehrperson n = 10000 genannt. Die Wurzel daraus sei 1000, also sei die Abweichung 1/100, demnach ± 1 %. Die Schüler sollen sich dies zu Hause an anderen Zahlen deutlich machen. Damit endet die Stunde.

5.9.3　Retrospektive Analyse

ASPB-Phasen

Die ASPB-Phasen ASPB 10 und ASPB 11 wurden aus organisatorischen Gründen nur in Kurs B und nur in einer Unterrichtsstunde thematisiert.[118] Damit reduzierten sich die beiden Phasen auf reine lehrerzentrierte Präsentations- und Besprechungsphasen. Der damit erreichte inhaltliche Durchsatz hat möglicherweise nicht bei allen Schülern nachhaltig Spuren hinterlassen.

Optimierung von Arbeitsmaterialien

Die beiden prozessorientierten Arbeitsblätter sind nahezu optimal gestaltet. Einzig die korrekte Einbettung in das Bausteinkonzept muss zukünftig bedacht werden.

5.10　Rückschau

Das GESIM-Konzept wurde als Einführungskurs in einer empirischen Begleitstudie im Februar 2008 mit zwei Leistungskursen der Jahrgangsstufe 12 erprobt. In vorangegangenen Teilkapiteln von Kapitel 5 wurde diese empirische Studie hinsichtlich der Feasibility eines solchen Einführungskurses nach zwei Fragestellungen hin analysiert:

- Ist das Konzept insgesamt in der Unterrichtspraxis umsetzbar?
- Gibt es Optimierungsbedarf und wenn ja, womit könnten mögliche Verbesserungen erzielt werden?

Für die Beantwortung dieser beiden Fragen wurden alle Unterrichtseinheiten nach einem einheitlichen Schema analysiert. Zuerst wurde die erwartete Lerntrajektorie beschrieben, anschließend der konkrete Unterrichtsverlauf auf der Basis der Unterrichtsprotokolle dokumentiert und zuletzt in einer retrospektiven Analyse die Umsetzung der ASPB-Phasen und der Optimierungsbedarf von Arbeitsmaterialien beurteilt.

Insgesamt lässt sich festhalten, dass der Einführungskurs in den beschriebenen Bausteinen (vgl. Kap. 2.2) im Wesentlichen so durchgeführt wurde, wie er geplant war (vgl. Abb. 5.49). Der Zeitraum war auf drei Wochen begrenzt, ein zeitlicher Spielraum bestand aufgrund der Kürze des Schulhalbjahres nicht. Die beteiligten Lehrpersonen haben sehr engagiert gearbeitet, wie aus dem kommentierten Unter-

---

[118] Der Zeitraum des Projektes war auf den Februar beschränkt. Im Kurs S musste bereits am 22.02. die Abschlussbesprechung stattfinden.

richtsverlauf hervorgeht. Hilfreich waren dabei sicher auch die vorbereiteten Materialien, insbesondere der Leitfaden zum Einführungskurs für die Lehrpersonen.

In der Abschlussbesprechung von Kurs S[119] wurden die Schüler befragt, wie sie den Einführungskurs empfunden haben, was sie gut fanden, wo Schwächen oder Probleme auftraten bzw. was ihnen nicht gefallen hat:

S1: „Ich fand das eigentlich ganz gut gemacht, auch von den ganzen Programmen und so. Was mir ein bisschen auf die Nerven ging, war: Ich habe zu Hause gesessen und habe die Videos angeguckt...“

S2: „Dadurch konnte man es auch nicht falsch verstehen, es hat jeder verstanden, denke ich mal. Allerdings weiß ich nicht, ob wir im Vergleich zu einer normalen Mathestunde mehr mit dem Programm gelernt haben...“

S3: „Ich finde das teilweise auch sehr ‚detailreich‘, sage ich jetzt mal so beschönigend... Ich fände es besser, wenn man die Einführung von so Programmen noch ein bisschen mehr in der Klasse macht, weil so kann man sicher gehen. dass wirklich alle verstanden haben, wie das mit den Programmen geht. Weil, wenn man mit den Modulen anfängt und dann fragt ‚haben sie es denn verstanden?‘, dann ruft die Hälfte der Klasse ‚ja‘ und man denkt dann, es haben alle verstanden - aber dann, wenn es um die Bearbeitung des nächsten Moduls geht, und der eine oder andere nicht mal den Anfang verstanden hat, dann hängt man da natürlich.“

S4: „Auch dieses Vorspulen kann schwierig sein, weil man wichtige Dinge dann oftmals nicht mitbekommt.“

S5: „Ich sehe es eher nicht so. Klar muss man das selbständig arbeiten, aber wenn man das zu oft macht mit den Simulationen, dann lässt die Motivation nach... Man konzentriert sich nicht mehr darauf, man hat kein Interesse mehr daran, die Hausaufgaben zu machen oder irgendwas am Rechner zu Hause zu machen.... Wir haben einmal ganz schnell die Urnensimulation per Beamer gemacht... da habe ich mehr verstanden und es ging besser in den Kopf, als die 6 Minuten von dem Video im Modul.“

Einige Schüler äußerten sich kritisch über die Kleinschrittigkeit der Videos. Viele Dinge und Anweisungen würden zu oft wiederholt, bei einigen Abschnitten habe man „nichts Neues dazugelernt“. Videos wurden zum Teil vorzeitig abgebrochen, weil sie zu langweilig waren. Ein Schüler äußerte sich kritisch zur Auslagerung des Einstiegs in dem Umgang mit der Software FATHOM in die Hausarbeitsphase. Ihm erschiene der Einstieg in die Software direkt im Unterricht sinnvoller als über die Module von eFATHOM. Die Diskussion richtete sich dann auf die von den Schülern verlangte Selbständigkeit bei der Einarbeitung, die individuelle Lernchancen eröffne aber möglicherweise auch problematisch sei.

Auf die abschließende Frage hin, ob sich die Schüler denn auch weiter mit dem Programm beschäftigen würden, kamen gemischte Reaktionen, wie „ab und zu kann man das schon benutzen“ oder „aber ob das wirklich für das Abitur praktisch ist...“. Diese Äußerungen zeigen in gewisser Weise auch die Probleme von innovativen Interventionen unter den Bedingungen des Landesabiturs auf. Trotz dieser

---

[119] Vgl. Unterrichtsprotokoll vom 22.02.2008, Anhang B.

kritischen Äußerungen kann man insgesamt festhalten, dass der Einführungskurs in dieser Form unterrichtlich umsetzbar ist, was sich durch die Analyse der empirischen Begleitstudie belegen lässt. Offen bleiben die längerfristigen Wirkungen eines solchen Einstiegs auf den weiteren Verlauf eines Stochastikkurses.

Abschließend sei die strukturelle Umsetzung des Einführungskurses in einem tabellarischen Überblick zusammenfassend dargestellt. Die letzten beiden Spalten geben Auskunft darüber, inwiefern Planung und Umsetzung in den beiden Kursen einander entsprachen.

BS	UE	ASPB-Phase	Soll-Ist Vergleich Kurs B	Soll-Ist Vergleich Kurs S
2	U1-2	PB 1	PB1	PB1
	U1-2	ASPB 1	ASPB 1	ASPB 1
4	U3-4	ASPB 2	ASPB 2	ASPB 2
	U3-4	L 1	L 1	L 1
	U3-4	A für HA 2	A für HA 2	A für HA 2
	U5-6	PB zu Modul 3	PB zu Modul 3	PB zu Modul 3
	U5-6	ASPB 3	ASPB 3	ASPB 3
	U5-6	L 2	Verschoben nach U7	L2, Teil 1
	U5-6	ASPB 4	Auftrag als HA für U7	Auftrag als HA für U7
	U5-6	A für HA 3	A für HA 3	A für HA 3
	U7		L2	L2, Teil 2
	U7		PB zu ASPB 4	PB zu ASPB 4
	U7+	PB zu HA 3	PB zu HA 3	PB zu HA 3
	U7+	L 3	L 3	L 3
	U7+	A für HA 4	A für HA 4	A für HA 4
6	U8-9	PB zu HA 4	PB zu HA 4	PB zu HA 4
	U8-9	ASPB 5	ASPB 5	ASPB 5
	U8-9	L 4	L 4	L 4
	U8-9	ASPB 6	Auftrag als HA für U10-11	-
	U8-9	A für HA 5	A für HA 5	A für HA 5
	U10-11		Keine PB zu ASPB 6	-
	U10-11	PB zu HA 5	PB zu HA 5	PB zu HA 5
	U10-11	ASPB 7	ASPB 7	ASPB 7
	U10-11	A zu HA 6	A zu HA 6	A zu HA 6
	U12-13	PB zu HA 6	PB zu HA 6	PB zu HA 6
	U12-13	ASPB 8	ASPB 8	ASPB 8
	U12-13	ASPB 9	ASPB 9	ASPB 9
7	U12-13	L 5	-	-
	U12-13	ASPB 10	nur als PB in U14	-
	U12-13	ASPB 11	nur als PB in U14	-

Abb. 5.49 Tabellarischer Überblick zur Umsetzung der ASPB-Bausteine

6   Analyse von Teilstudien zu Schülerarbeitsphasen

Die ASPB-Phasen stellen im Einführungskurs ein wichtiges Element des instruktionalen Designs dar (vgl. Kap. 2.1). Insbesondere die Schülerarbeitsphasen (kurz: S-Phasen) sind dabei von besonderem Forschungsinteresse. In diesen S-Phasen vollziehen sich aus konstruktivistischer Perspektive wichtige Lernprozesse. Die Rekonstruktion dieser Lernprozesse bildet die Grundlage für die Analyse von Wissenskonstruktionen der Schüler in diesem Kapitel. Dabei ist das Modellieren stochastischer Situationen unter Verwendung der Simulationsmethode *Simulation durch Stichprobenziehen*[120] von herausragendem Untersuchungsinteresse, weil (1) das Messgrößenkonzept von FATHOM in Verbindung mit dieser komplexen Simulationsmethode eingeführt wurde, (2) zur Unterstützung des Erlernens dieser Simulationsmethode das Simulationsplanschema benutzt wurde und (3) sich in dieser Simulationsmethode grundlegende Aspekte des *sampling distribution concept* [121] widerspiegeln. Diese Aspekte lassen sich in der Schnittmenge der drei Kompetenzbereiche stochastische Kompetenz, Simulationskompetenz, Werkzeugkompetenz (vgl. Kap. 4) verorten. Die Analysen in diesem Kapitel umfassen die der S-Phasen von zwei Unterrichtseinheiten, die Unterrichtseinheiten U10-11 und U12-13, mit insgesamt drei ASPB-Phasen, ASPB7 in U10-11 sowie ASPB8 und ASPB9 in U12-13. In diesen S-Phasen bearbeiten die Schüler in kooperativen Lernformen (Lerndyaden) konkrete stochastische Aufgaben offline und am Computer mit der Werkzeugsoftware FATHOM.

Die nachfolgenden Teilkapitel geben in zwei Teilstudien Antwort auf drei der fünf Forschungsfragen, wie sie in Kapitel 4.3 formuliert wurden:

- Wo liegen Schwierigkeiten und Probleme in den Schülerarbeitsphasen?
- Wie beeinflusst das Simulationsplanschema die Arbeit der Schülerpaare?
- Wie können Schülerkompetenzen hinsichtlich des Umgangs mit FATHOM, des Aufbaus von Simulationen und des stochastischen Wissens ermittelt und beschrieben werden?

Die Teilstudie *Simulationsmethode Simulation durch Stichprobeziehen* wird in Kapitel 6.1 bis 6.5 behandelt und die Teilstudie *sample size effect* in Kapitel 6.6 bis 6.9. Für jede dieser Teilstudien werden zunächst die Aufgaben vorgestellt sowie die Ziele und die damit verbundenen Untersuchungsmethoden erläutert.

---

[120] Baustein 6 im Einführungskurs des GESIM-Konzeptes (vgl. Kap. 2.2).

[121] Vgl. Kapitel 3.2.3.

6.1 Die Teilstudie *Simulation durch Stichprobenziehen* in U10-11

In diesem Kapitel wird die Schülerarbeitsphase aus der Unterrichtseinheit U10-11 genauer analysiert. Das Ziel besteht darin, das Schülerwissen anhand der Qualität der Produkte, der Lernprozesse und Lernhandlungen in dieser Phase zu rekonstruieren. Um sich die Situation noch einmal zu vergegenwärtigen, sollte erwähnt werden, dass diese Doppelstunde die erste nach der Hausaufgabe zu Modul 4 von eFATHOM ist. Inwieweit die Simulation durch Stichprobenziehen bei den Schülern als Simulationsmethode verstanden und verinnerlicht wurde, ist noch nicht bekannt. Daher hat die Schülerarbeitsphase auch genau diese Funktion: den Stand der Schüler in diesem Lernprozess anhand einer Simulationsaufgabe zu überprüfen. Das von den Schülern dabei einzubringende Wissen ist sehr komplex, da die Schüler auf Wissenselemente zur Software, zur Simulation als Methode und zur Stochastik zurückgreifen müssen.

6.1.1 Aufgaben

Die Schüler hatten in Lerndyaden zwei Aufgaben zu bearbeiten (vgl. Abb. 6.1 und 6.2). Die Bearbeitung der Simulationsaufgaben erfolgte in zwei Vorgehensweisen: konsekutiv mit offline-Planung vorweg (Lerndyaden der Gruppe A) und integrativ mit sofortigem Computerzugang (Lerndyaden der Gruppe B). Inhaltlich hatten beide Gruppen die gleiche stochastische Situation zu bearbeiten. Nur in der konkreten Aufgabenstellung gab es instruktive Unterschiede. Die konkreten Aufgabenstellungen für die integrativen Lerndyaden waren folgende:

1. „Führen Sie die Simulation in Fathom durch. Füllen Sie nebenher schrittweise den Simulationsplan aus. Verwenden Sie den schwarzen Stift, der Ihnen ausgehändigt wird.
2. Ergänzen Sie Ihren Simulationsplan in der nachfolgenden Aufgabenbesprechung mit den noch fehlenden Formeln, Auswertungen und Interpretationen. Verwenden Sie den roten Stift, der Ihnen dafür ausgehändigt wird." (Auszug Arbeitsblatt 1B, U10-11, Anhang A)

Die Lerngruppe teilte sich natürlich, d. h. ohne weitere Vorgaben, in diese zwei Gruppen. Eine Schülergruppe verblieb auf ihren Plätzen in der Raummitte, die Lerndyaden der Gruppe B gingen sofort an den PC. Jeder Schüler erhielt ein Aufgabenblatt und zwei Simulationspläne (siehe Anhang A). Dazu wurden verschieden farbige Stifte für das Ausfüllen des Simulationsplanschemas ausgegeben:

- Gruppe A mit konsekutiver Bearbeitung – blau für offline-Planungphase, grün für Computerarbeitsphase,

- Gruppe mit integrativer Bearbeitung – schwarz für Computerarbeitsphase, rot für Besprechungsphase.

U10-11

Personenkennung: ☐☐☐☐☐☐   Partnerpersonenkennung: ☐☐☐☐☐☐

Ersten zwei Buchstaben der Mutter und des Vaters + eigener Geburtstag, z.B. Erika, Bernd, 03.10.1988→ ErBe03

Hinweise:
- *Tragen Sie bitte Ihre Kennung und die Ihres Teampartners oben in die Felder und auf den Simulationsplänen ein.*
- *Das Arbeitsblatt wird zusammen mit den Simulationsplänen am Ende der Stunde zwecks Kopieanfertigung eingesammelt.*
- *Ihre Arbeit am Computer wird mit einer Software aufgezeichnet.*

Arbeitsblatt 1 A

Aufgabe 1:   Musikqualität erkennen – Preis gewinnen durch Raten

Ein privater Hörfunksender hat zum „Tag des offenen Studios" folgendes Spiel geplant:
Als Studiogast bekommt man im Torstudio über Raumboxen 12 Musikstücke eingespielt. Jedes Musikstück wird in einer der zwei Tonqualitäten MP3-128 oder CD vorgespielt, welche Qualität gespielt wird entscheidet der Moderator.
Aufgabe ist, die Klangqualität eines jeden eingespielten Musikstücks zu erkennen. Für einen Preis muss man von 12 Liedern mindestens 8 Lieder in ihrer Qualität richtig heraushören.

Beispiel für einen Tippschein

	Musikstück	1	2	3	4	5	6	7	8	9	10	11	12
Schätzung	CD-Qualität												
	MP3-128												
Auswertung	richtig/ falsch												
Anzahl der richtigen Tipps													

Mit welcher Wahrscheinlichkeit erhält jemand, der nur rät, einen Preis?

Beantworten Sie diese Frage durch Simulation.

1. Schreiben Sie zunächst einen Simulationsplan und lassen Sie ggf. die Fathom-Formeln, die Auswertung und die Interpretation noch offen. Verwenden Sie den blauen Stift, der Ihnen ausgehändigt wird.

   Tauschen Sie bei der Lehrperson den blauen gegen den grünen Stift, bevor Sie mit der Simulation in Fathom beginnen.

2. Führen Sie die Simulation mit Hilfe Ihres Simulationsplanes in Fathom durch.

3. Ergänzen Sie Ihren Simulationsplan mit den noch fehlenden Formeln, Auswertungen und Interpretationen. Verwenden Sie den grünen Stift.

Abb. 6.1 U10-11: Arbeitsblatt 1A, Seite 1, konsekutive Vorgehensweise

Aufgabe 2:   **Musikqualität erkennen – „Dem Zufall keine Chance"**

Der Moderator überlegt, ob er die Spielbedingungen modifizieren sollte, indem er jedes Musikstück in einer von drei Tonqualitäten (MP3-96, MP3-128 und CD) einspielt.

Beispiel für einen Tippschein

	Musikstück	1	2	3	4	5	6	7	8	9	10	11	12
	CD-Qualität												
Schätzung	MP3-128												
	MP3-96												
Auswertung	richtig/ falsch												
Anzahl der richtigen Tipps													

Wie sollte der Moderator die „Preisgrenze" festlegen, damit die Wahrscheinlichkeit, dass ein Studiogast allein durch Raten einen Preis bekommt, höchstens 1% beträgt?

Beantworten Sie diese Frage durch Simulation.

1. Schreiben Sie zunächst einen Simulationsplan und lassen Sie ggf. die Fathom-Formeln, die Auswertung und die Interpretation noch offen. Verwenden Sie den blauen Stift, der Ihnen ausgehändigt wird.

    Tauschen Sie bei der Lehrperson den blauen gegen den grünen Stift, bevor Sie mit der Simulation in Fathom beginnen.

2. Führen Sie die Simulation mit Hilfe Ihres Simulationsplanes in Fathom durch.

3. Ergänzen Sie Ihren Simulationsplan mit den noch fehlenden Formeln, Auswertungen und Interpretationen. Verwenden Sie einen grünen Stift.

Geben Sie bitte am Ende der Stunde alle erhaltenen Stifte wieder ab. Danke!

Platz für Notizen aus der Ergebnispräsentation

Abb. 6.2 U10-11: Arbeitsblatt 1A, Seite 2, konsekutive Vorgehensweise

Aufgabenanalyse und Beschreibung möglicher Lösungen

Die folgenden Darlegungen beziehen sich auf die didaktischen Kernideen und mögliche Umsetzungen der beiden Aufgaben in FATHOM.

Beide Aufgabenstellungen gehören inhaltlich zusammen. Theoretischer Hintergrund ist die Binomialverteilung, mit der beide Aufgaben bearbeitet werden könnten. Die Schüler kennen die Binomialverteilung und alle damit im Zusammenhang stehenden Begriffe wie Bernoulliexperiment, Bernoullikette oder Binomialkoeffizient aus ihrem bisherigen Unterricht nicht. Die Schüler kennen demzufolge keine theoretische Berechnungsmöglichkeit für Aufgaben dieser Art. Die Binomialverteilung ist aber die theoretische Wahrscheinlichkeitsverteilung, die in jedem Stochastikkurs der Oberstufe behandelt wird. Wenn Verteilungen mehr in den Fokus rücken sollen, dann ist klar, dass zu Beginn schon Aufgaben behandelt werden sollten, die auf eine binomialverteilte Zufallsgröße mit ihrer entsprechenden Verteilung per Simulation führen. So kann ein wirkliches Grundverständnis zu Verteilungen aufgebaut werden. Dies erscheint insbesondere mit dem Blick auf die Beurteilende Statistik ein wichtiger Aspekt zu sein. Nur mit einem einsichtigen Verteilungswissen lassen sich Aufgaben zum Testen von Hypothesen nicht nur formal mittels Kalkül, sondern auch mit einem inhaltlichen Verständnis bearbeiten. Die Kontexteinbettung in ein Hörtestproblem erfolgt mit dem Ziel, Schülern einen inhaltlichen Bezug zwischen FATHOM-Objekten und dem Aufgabenkontext zu ermöglichen. Die Ausfüllung von Begriffen mit einem konkreten Inhalt ist wesentlich für das Grundverständnis.

Die Transferleistung ist bewusst niedrig gehalten. Gelingt es den Schülern, die Modellierung des 10er-Tests als Zufallsexperiment aus U8-9 (vgl. Kap. 2.2) auf das Hörtestproblem zu übertragen, dann ist die Modellbildung und die weitere Aufgabenbearbeitung einfach. Die Transferanforderung in Aufgabe 2 ist in gewisser Weise höher, da es sich um eine Umkehraufgabe handelt. Es ist die Grenze gesucht, ab der ein Preis vergeben wird. Die Schüler müssen die Modellierung aus Aufgabe 1 noch einmal anwenden und leicht modifizieren. Die Schüler sollen gewissermaßen einen eigenen heuristischen Zugang zur Lösung dieser Aufgabe konstruieren. Dieser könnte darin bestehen, dass die Schüler ihre Datei aus Aufgabe 1 modifizieren oder die Simulation komplett neu aufbauen. Für die Auswertung könnten die Schüler die Grenze durch schrittweises Verändern der Formel oder durch die Arbeit mit einem Regler finden.

Der Einsatz von Simulationsplanschemas dient, wie bereits in Kapitel 2.3.3 beschrieben, der Unterstützung beim Erstellen einer Simulation. Dieses Schema hilft beim Erlernen einer komplexen Simulationsart, wie der *Simulation durch Stichprobenziehen*. Wie Schüler dieses Schema tatsächlich bei der Aufgabenbearbeitung einsetzen, ist bislang nicht bekannt. Daher wird dieses Schema in zwei Formen im Unterricht eingesetzt, konsekutiv - mit vorheriger offline-Planungsphase - und integrativ – schrittweises Ausfüllen online (vgl. auch Kap. 6.1.2).

Durch den Kontextbezug eröffnen sich den Schülern aber auch andere Modellierungsmöglichkeiten, die über die Analogie zum 10er-Test hinausgehen. Zum einen können die Schüler die Situation direkt nachspielen (Prozess-orientierter Modellierungsansatz) und zum anderen können die Schüler auch das Verhalten des Moderators in ihre Modellierung einbeziehen (Strategie-orientierter Modellierungsansatz).

Beschreibung möglicher Lösungsansätze

Grundsätzlich bietet FATHOM zu diesen und ähnlichen Problemstellungen eine Reihe unterschiedlicher Möglichkeiten der Umsetzung in allen Interfaces, wie sie Maxara (2009, S. 39) benannt hat.

„Man kann also folgende vier wesentliche Schnittstellen zwischen dem Zufallsexperiment und einer Simulation ausmachen, die eine Simulationssoftware möglichst gut unterstützen sollte, wenn man auch die Wiederholung der Simulationen (evtl. mit Abbruchbedingungen) als Schnittstelle sieht:

1.   Modellierungsinterface
2.   Ereignisse/Zufallsgrößen-Interface
3.   Wiederholungs+Abbruchbedingungs-Interface
4.   Auswertungsinterface" (Maxara 2009, S.39)

Zur Vereinfachung der Beschreibung werden die Schnittstellen „Ereignisse/ Zufallsgrößen-Interface" und „Wiederholungs+Abbruchbedingungs-Interface" zum Messgrößeninterface zusammengefasst.

Das *Modellierungsinterface* (Maxara 2009, S. 39) dient zur Modellierung des Zufallsexperimentes in FATHOM. Dabei ist entscheidend, wo der Zufall eingebaut wird. Dies kann einerseits in einer Kollektion durch Definition eines Merkmals mittels der zur Verfügung gestellten Zufallsmaschinen geschehen und andererseits durch das Ziehen einer Stichprobe aus einer Kollektion (Maxara 2009, S. 61). Darüber hinaus sind Kombinationen aus beiden Zufallsgenerierungen möglich.

Das *Messgrößeninterface* (Maxara 2009, S. 83 ff.) erlaubt die Auswertung von Merkmalen bezüglich einer Kollektion. Dabei wird die Messgröße in der Kollektion definiert, die man einer Auswertung unterziehen will. Eine Messgröße kann als Ereignis oder als Zufallsgröße definiert werden. Es ist wichtig zu wissen, dass die definierten Messgrößen gesammelt und als Merkmale in einer neuen Kollektion, der Messgrößenkollektion, abgelegt werden. Erst dadurch erhält die als Messgröße definierte Zufallsgröße ihre Häufigkeitsverteilung und das als Messgröße definierte Ereignis seine Häufigkeit.

Das *Auswertungsinterface* (Maxara 2009, 102 ff.) bietet die Möglichkeit numerischer und graphischer Auswertungen von Merkmalen einer Kollektion. Kategoriale Merkmale werden direkt über die *Anzahl()*-Funktion numerisch in Häufigkeitstabellen und graphisch in Säulendiagrammen ausgewertet. Numerische Merkmale werden direkt über die *aMittel()*-Funktion in Auswertungstabellen und graphisch in Punktdiagrammen als Basisdarstellung ausgewertet. Alle Formeln in den Auswertungsobjekten können über den Formeleditor weiter bearbeitet und erweitert werden. Darüber hinaus bietet die Verbindung von Reglern mit Auswertungstabellen und Graphen eine besondere dynamische Funktionalität. „Was-wäre-wenn"-Situationen lassen sich so systematisch durchprobieren.

Entlang der drei Interfaces Modellierung, Messgrößen und Auswertung werden nun für die beiden Aufgaben mögliche Lösungsansätze aufgeführt.

Lösungsansatz: Analogie zum 10er-Test

Dieser Lösungsansatz kann aufgrund des vorangegangenen Unterrichts als normativer Ansatz gelten. Die Modellierungsleistung besteht darin, vom konkreten Prozess zum Ergebnis hin zu abstrahieren. Es interessiert letztlich nur, ob die Person richtig oder falsch getippt hat. Die richtigen Tipps werden zusammengezählt. Eine Stichprobenziehung steht dann für einen ausgefüllten Tippschein, die Messgröße zählt die Anzahl der richtigen Tipps. Sollte diese größer gleich 8 sein, bekommt die Person einen Preis. Dieses Zufallsexperiment wird $N = 5000$-mal wiederholt und numerisch bzw. graphisch ausgewertet. Aufgabe 1 bietet aufgrund der Aufgabenstellung die Möglichkeit, dass die Messgröße als Zufallsgröße oder als Ereignis festgelegt werden kann. Im ersten Fall führt die Wiederholung des Zufallsexperiments zur Erzeugung einer Häufigkeitsverteilung der Zufallsgröße. Im zweiten Fall führt die Wiederholung des Zufallsexperiments zur Erzeugung der absoluten Häufigkeit einer Wahrheitswerteauswertung bezüglich des definierten Ereignisses. In der Lösungsskizze wurde sich wegen des Verteilungsbezuges auf die Festlegung der Messgröße als Zufallsgröße beschränkt.

Das Nur-Raten-Modell unterstellt, dass jemand per Zufall die richtige Tonqualität wählt. Das bedeutet, dass die Wahrscheinlichkeit für einen Treffer $p = 0,5$ ist, da nur eine Entscheidung zwischen zwei Tonqualitäten zu treffen ist. Die Anzahl der Lieder ist 12, mindestens 8 muss man von der Tonqualität her richtig erraten. Man nimmt weiterhin an, dass etwaige Beeinflussungen, die gegen eine Unabhängigkeit beim Vorspielen der einzelnen Titel sprechen würden, ausgeschlossen sind. Die Modellierung erfolgt durch ein Urnenmodell mit zwei Ausprägungen für das Merkmal *Antwort: richtig* bzw. *falsch*. Der Umfang der zu ziehenden Stichprobe ist 12. Man zieht mit Zurücklegen, da für jeden Titel die gleichen Antwortmöglichkeiten zur Verfügung stehen.

Als zu beobachtendes Merkmal in der Stichprobe wird die Anzahl der richtig herausgehörten Tonqualitäten definiert. Die möglichen Werte sind 0, 1, 2, ... 12. Eine Stichprobe repräsentiert einen zufällig ausgewählten Besucher, der diesen Test genau einmal mitgemacht hat. Um eine Vorstellung davon zu bekommen wie sich die Ergebnisse unseres Beobachtungsmerkmals verteilen, müssen viele solcher Stichproben erhoben werden. Die Verteilung der gesammelten Messgrößenwerte wird für eine graphische Auswertung in einem Histogramm dargestellt. Die numerische Auswertung erfolgt in einer Auswertungstabelle. Gesucht ist die relative Häufigkeit für 8 und mehr richtig erkannte Tonqualitäten.

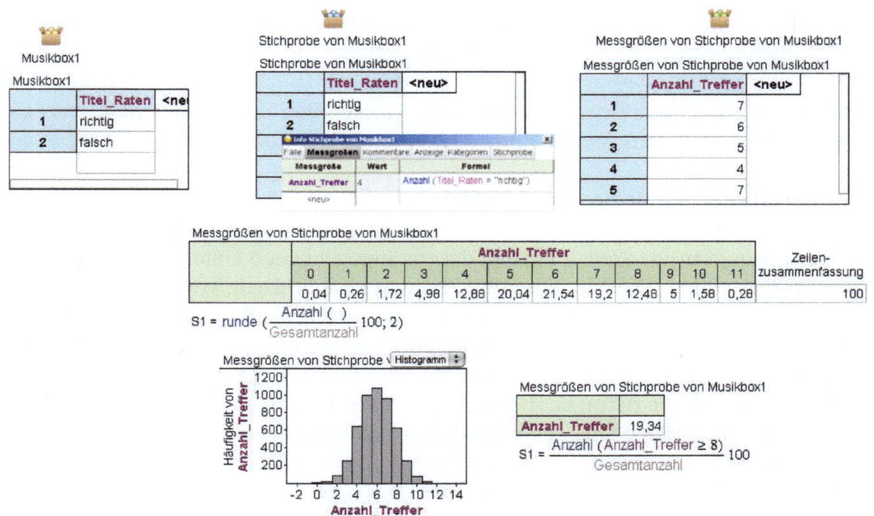

Abb. 6.3 U10-11: normative Lösung Aufgabe 1

Aus der relativen Häufigkeit lässt sich die Wahrscheinlichkeit für einen Preisgewinn abschätzen. Diese Wahrscheinlichkeit liegt bei etwa 20 %. Immerhin wird man in 20 von 100 Fällen einen Preis gewinnen, obwohl man in Wirklichkeit keinen Unterschied in den Tonqualitäten herausgehört hat. Dies ist relativ hoch. Diese Spielsituation scheint somit nicht für eine Unterscheidung zwischen Ratern und Experten geeignet.

Da bei Aufgabe 2 die Grenze, ab der ein Preis vergeben wird, erst ermittelt werden muss, ist eine verteilungsorientierte Modellierung von Vorteil. Die Häufigkeitsverteilung kann dann numerisch oder graphisch ausgewertet werden. Als einzige Kollektion muss die Quellkollektion modifiziert werden. Für die Messgrößenkollektion sind (vorausgesetzt die Messgröße wurde als Zufallsgröße festgelegt) einmalig weitere Messgrößen zu sammeln und die Auswertung entsprechend der Fragestellung anzupassen.

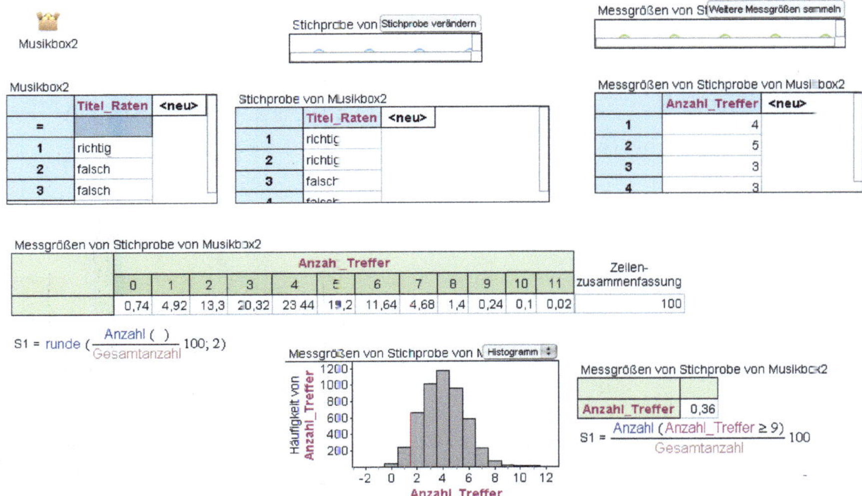

$$S1 = \text{runde} \left(\frac{\text{Anzahl ( )}}{\text{Gesamtanzahl}} \cdot 100; 2 \right)$$

$$S1 = \frac{\text{Anzahl (Anzahl\_Treffer} \geq 9)}{\text{Gesamtanzahl}} \cdot 100$$

Abb. 6.4 U10-11: normative Lösung Aufgabe 2

Lösungsansatz: Nachspielen der Situation

Versetzen sich die Schüler in die Spielsituation, können sie zu einer anderen Modellierung gelangen. Es sind zwei Protagonisten am Spielprozess beteiligt. der Moderator und der Studiogast. Will man die Handlungen beider Personen abbilden, dann sind alle Umsetzungen in FATHOM auf ein und dasselbe stochastische Modell zurückzuführen, nämlich das gleichzeitige und zufällige Ziehen aus zwei Urnen. Im Ergebnis wird dann die Übereinstimmung bzw. Nichtübereinstimmung festgestellt. Die direkte Umsetzung dieses stochastischen Modells ist in FATHOM nur mit sequenzieller Simulation erfolgreich. Es gibt aber zwei Modifikationen innerhalb dieses Lösungsansatzes, die auch eine erfolgreiche Modellierung mittels Simulation durch Stichprobenziehen ermöglichen. Eine Modifikation ist die zeitliche Versetzung des zufälligen Ziehens. Der Moderator wählt aus einer Urne (Quellkollektion) die Qualität der Musikstücke zufällig. In der Stichprobenkollektion, die die Auswahl des Moderators nun als Merkmal enthält, tippt der Studiogast zufällig dagegen. Die Anzahl der Übereinstimmungen wird in einer Messgröße gezählt. Die Messgrößenwerte werden in einer Messgrößenkollektion gesammelt, indem das Zufallsexperiment $N = 5000$-mal wiederholt und danach entsprechend ausgewertet wird.

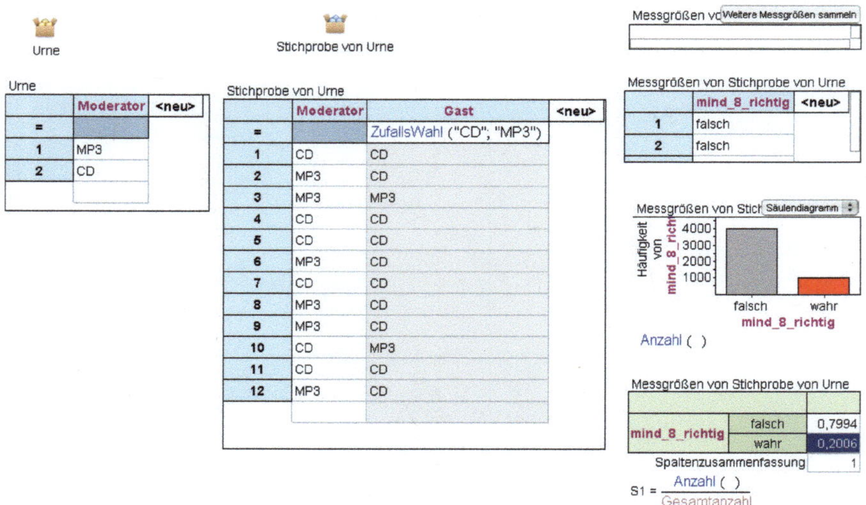

Abb. 6.5 U10-11: Lösungsansatz Nachspielen der Situation Aufgabe 1

In der oben aufgeführten Simulation ist die Messgröße als Ereignis definiert. Die Messgröße ist durch die Wahrheitswerteauswertung in der Messgrößenkollektion ein kategoriales Merkmal und kann entsprechend ausgewertet werden.

Die zweite Möglichkeit besteht in der Definition von zwei sogenannten Zufallsurnen in der Quellkollektion. Diese enthalten nur einen Fall, dessen Wert durch eine entsprechende Zufallsmaschine generiert wird (vgl. Kap. 6.4.3).

Für die Bearbeitung der Aufgabe 2 müssen sowohl das Merkmal in der Quellkollektion als auch das neu definierte Merkmal in der Stichprobenkollektion entsprechend der drei zur Verfügung stehenden Musikqualitäten modifiziert werden.

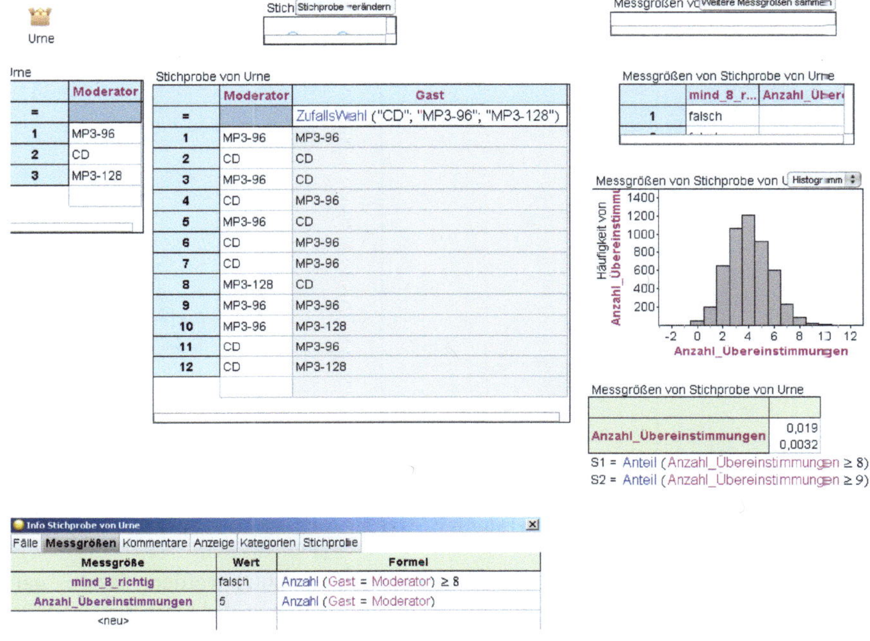

Abb. 6.6 U10-11: Lösungsansatz Nachspielen der Situation Aufgabe 2

Lösungsansatz: Einbeziehung des Verhaltens des Moderators

Die bisherigen Modelle sind von zufälligen Situationen ausgegangen, d. h. sowohl Moderator als auch Gast wählen zufällig mit der gleichen Wahrscheinlichkeit eine der Musikqualitäten aus. Die Frage ist, ob sich die Gewinnsituation für den Gast verändert, wenn der Moderator nach einem spezifischen Verhaltensmuster handelt. Man macht sich leicht klar, dass ein Studiogast im Gewinnen begünstigt wird, wenn dieser die Strategie des Moderators kennt bzw. durchschaut hat. Möglicherweise ist es aus Schülersicht nicht ganz so offensichtlich, dass ein Studiogast keinen Nutzen daraus ziehen kann, wenn er die Vorlieben des Moderators nicht kennt. Als Beispiel sei hier angegeben, dass der Moderator alle Titel mit ein und derselben Qualität abspielt. Aus dem Ergebnis der Simulation für die Aufgabe 2 kann man ablesen, dass dies keinen Einfluss auf die zu ermittelnden relativen Häufigkeiten hat.

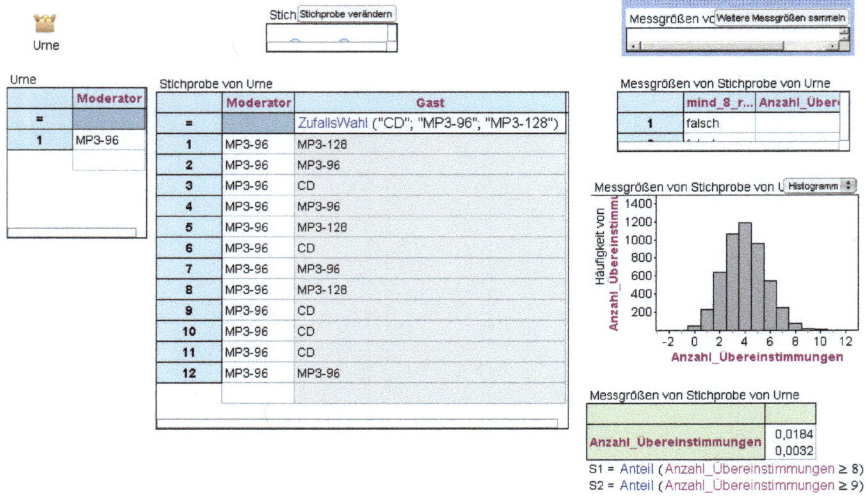

Abb. 6.7 U10-11: Lösungsansatz Moderator mit Strategie Aufgabe 2

Diese Simulation kann auch als Legitimation dafür genutzt werden, dass es gar nicht auf das Verhalten des Moderators ankommt, solange der Gast die Qualität der jeweiligen Musikstücke nur rät und keine Kenntnis über ein strategisches Verhalten des Moderators hat.

6.1.2   Ziele und Methoden

Bei der Modellierung und Simulation von stochastischen Situationen mit der komplexen Simulationsmethode *Simulation durch Stichprobenziehen* in FATHOM kann man verschiedene Phasen der Bearbeitung unterscheiden.[122] In allen diesen Phasen kann es trotz der didaktischen Instruktionen (Simulationsplanschema, Arbeitsblatt, eFATHOM) zu ganz spezifischen Schwierigkeiten kommen, wie sie von Meyfarth (2008b, S. 239 f.) und Maxara (2009, S. 418 f.) für das Simulieren mit FATHOM dokumentiert wurden. Um dies genauer zu untersuchen, sollten die Schüler in Lerndyaden zwei Simulationsaufgaben mit gestufter Transferanforderung bearbeiten. Ausgangspunkt für den Planungsansatz bildete die Hausaufgabenbearbeitung von Modul 4 eFATHOM und das in Unterrichtseinheit U8-9 eingeführte Messgrößenkonzept. Unklar war, inwieweit die Schüler die für die Simulationsmethode *Simulation durch Stichprobenziehen* grundlegenden Ideen und Konzepte bereits verstanden hatten.

---

[122] Vgl. Kapitel 2.3 Simulationsmethode *Simulation durch Stichprobenziehen*.

Bei Simulationsanfängern sind die Schwierigkeiten meist auf den durch die Komplexität der Anforderungen bedingten „Germane Cognitive Load" zurückzuführen.[123] Daher wurde für die Unterrichtseinheit U10-11 mit der Art der Vorgabe des Simulationsplanschemas ein spezielles Instruktions-Design erprobt:

- Konsekutive Bearbeitung: Die Schüler erarbeiten in Dyaden anhand des Simulationsplanschemas ihren Simulationsplan zuerst „offline" in einer Planungsphase. Erst danach erfolgt die eigentliche Simulation am Rechner.

- Integrative Bearbeitung: Die Schüler führen die Simulation sofort „online" am Rechner durch, als Hilfestellung erhalten sie das Simulationsplanschema an die Hand. Es gibt aber keine Vorgabe, in welcher Reihenfolge das Schema und die eigentliche Simulation am Rechner bearbeitet werden sollen.

Welche Erwartungen und Ziele mit diesem instruktionalen Design verbunden waren, soll an dieser Stelle kurz erläutert werden. Dadurch können die nachfolgenden Entscheidungen für die drei konkreten Untersuchungen in der Teilstudie *Simulation durch Stichprobenziehen* besser verstanden werden. Mit einer Sequenzierung der Bearbeitung in offline-Planungsphase und online-Simulationsphase könnten positive Effekte einhergehen, wie z. B. eine höhere Lösungsqualität, weniger Probleme bei der konkreten Umsetzung in FATHOM, weniger Versuch-Irrtum-Strategien und weniger Hilfeanforderungen. Eine Planungsphase erfordert einen antizipierenden Umgang mit der Software. Das Wissen bzw. die Reflexion über Werkzeug, Simulationsmethode und Stochastik könnte verstärkt aktiviert werden, da eine Metasprache über die Software FATHOM benutzt bzw. erfunden werden muss. Die Notwendigkeit, sich vor der Rechnerarbeit kommunikativ auf ein Vorgehen zu einigen, könnte zu einem höheren Anteil an fachbezogener Kommunikation führen. Andererseits könnte diese „künstliche" Sequenzierung auch negative Auswirkungen haben, wie z. B. einen Motivationsverlust durch das Bremsen guter Schüler oder eine Erhöhung der Schwierigkeit, da bei Unsicherheiten die Software nicht zum Ausprobieren verfügbar ist.

Um das prozedurale und konzeptuelle Wissen der Schüler rekonstruieren zu können, wurden die Lösungsprodukte und die Lösungsprozesse der Lerndyaden in drei Untersuchungen mit spezifischen Untersuchungsmethoden analysiert. Diese werden zunächst im Überblick vorgestellt:

---

[123] Für eine genauere Begründung sei auf Kapitel 3.4, Lerntheoretische Grundlagen, verwiesen.

Untersuchung 1 – Analyse der Lösungsqualität:

Analysefrage: Welche Auswirkungen hat die bewusste Sequenzierung der Bearbeitungsphase in „offline"-Planung und „online"-Umsetzung auf die Lösungsqualität?

Um die Wirkung des Instruktions-Designs in U10-11 zu erforschen, wurde zunächst die Lösungsqualität der Produkte der Lerndyaden analysiert. Zu den Produkten zählen Simulationsplan und FATHOM-Datei für jede der beiden Aufgaben in U10-11. Dafür wurden zwei Bewertungsschemata (siehe Anhang C) entwickelt, die die Lösungsqualität nach einem bestimmten Punktesystem erfassen. Anhand der Lösungsrate lassen sich auch Aussagen über Beherrschungsgrad bzw. Verständnis der Simulationsmethode formulieren (vgl. Kap. 6.2).

Untersuchung 2 – handlungsbezogene Analyse des Lösungsprozesses

Analysefrage: Welche Auswirkungen hat die bewusste Sequenzierung der Bearbeitungsphase in „offline"-Planung und „online"-Umsetzung auf die Lösungsprozesse?

Des Weiteren war die Analyse des Lösungsprozesses von Interesse. Dazu wurden die Audio- und Videoaufzeichnungen aller Lerndyaden transkribiert[124] und mit der Beschreibung von Handlungen in FATHOM sowie Screenshots angereichert. Dadurch wurde eine genaue Zuordnung zwischen FATHOM-Handlungen und den Schritten im Simulationsplanschema möglich. Die Farbcodierung der FATHOM-Handlungen in MAXQDA[125] ermöglichte die Erstellung von graphischen Bearbeitungsprofilen, an denen sich mögliche Unterschiede der beiden Gruppen (konsekutiv vs. integrativ) im Bearbeitungsprozess visualisieren ließen. Bei der Analyse der Transkripte hatte sich gezeigt, dass zwei Aspekte für die Untersuchung der Lösungsprozesse beider Gruppen vielversprechend sein könnten: die Codierung problemhafter Phasen und Hilfeanforderungen mit anschließender Häufigkeitsauswertung. Allerdings bietet dieser Codierungsansatz praktisch nur einen quantitativen Vergleich aggregierter Daten (vgl. Kap. 6.3).

Untersuchung 3 – kommunikationsbezogene Analyse der Lösungsprozesse:

Für qualitative Aussagen hinsichtlich des Vorgehens und der Interaktion der Lerndyaden im Lösungsprozess, des Verständnisses der Simulationsmethode sowie der Rolle von Simulationsplänen im Bearbeitungsprozess reichen diese in den Unter-

---

[124] Grundlage sind die in Selting et al. (1998) formulierten Regeln zur GAT.

[125] MAXQDA ist eine professionelle Textanalysesoftware, genaueres siehe Kapitel 4.4.

suchungen 1 und 2 verwendeten Methoden allerdings nicht aus. Daher wurden für eine *kommunikationsbezogene Analyse* Fragen formuliert, mit denen die Schüler-äußerungen in den Transkripten analysiert wurden:

Analysefrage: Welches Modellzufallsexperiment wählen die Schülerpaare zur Modellierung der stochastischen Problemsituation? - Während der Beobachtung der Schülerarbeitsphase und beim Durchsehen der Simulationspläne und Videodateien fiel auf, dass die Lerndyaden unterschiedliche Lösungsansätze wählten. Häufigkeit sowie Art und Weise der Lösungsansätze sollten mit dieser Frage genauer untersucht werden.

Analysefrage: Wie gehen die Schülerpaare mit Messgrößen um? In welcher Weise werden dabei Simulationsplanschema und worked examples eingesetzt bzw. genutzt? - In verschiedenen Vorstudien (Meyfarth 2008b und Maxara 2009) hatte sich gezeigt, dass das Messgrößenkonzept besonders schwierig für Schüler zu verstehen ist und eine große Fehlerquelle beim Simulieren darstellt. Die Frage ist, inwieweit das Instruktions-Design hier unterstützend wirken kann.

Analysefrage: Werden die durch die Aufgabenstellung intendierten Kontextbezüge hergestellt? - Die Belegung von FATHOM-Objekten bzw. Prozessen mit Kontexten steht im Zusammenhang mit Prozessen der instrumentellen Genese und der Modellbildung. Eine nicht nur FATHOM-technisch bezogene Kommunikation deutet auf eine stärkere Vernetzung der Kompetenzbereiche hin.

Analysefrage: Greifen die Schülerpaare in der Auswertungsphase auf die Darstellung und Beschreibung von Verteilungen zurück? - Da es sich bei den durch Simulation erzeugten Häufigkeitsverteilungen um Stichprobenverteilungen handelt, ist es von Interesse, wie Schüler konkret mit den Verteilungsdarstellungen in FATHOM umgehen und wie sie diese in ihren Lösungsprozess einbeziehen.

Analysefrage: In welcher Weise wird das Simulationsplanschema bei der Computerarbeit verwendet? - Da es für die integrative Gruppe keinen klaren Auftrag gab, wie das Simulationsplanschema einzusetzen sei, sollte mit dieser Frage genauer erforscht werden, wie das Schema bei der Computerarbeit verwendet wird.

Mit Hilfe dieser fünf Analysefragen sollten typische Bearbeitungsmuster der Lerndyaden aufgezeigt werden (vgl. Kap. 6.4). Dazu wurden die Transkripte von drei Lerndyaden einer Feinanalyse unterzogen, um die Kommunikations- und Bearbeitungsprozesse im Detail zu dokumentieren. Anschließend wurden die Transkripte aller Lerndyaden für eine quantitative Überblicksanalyse der Kommunikations- und Bearbeitungsprozesse untersucht.

6.2 Analyse der Lösungsprodukte in U10-11

Von der Unterrichtsstunde U10-11 wurden als Lösungsprodukte die Simulationspläne und die FATHOM-Dateien von beiden Kursen analysiert und nach einem Punkteschema ausgewertet (siehe Anhang C). Die Unterteilung erfolgte dabei anhand der einzelnen Simulationsschritte, die die Schüler von den eFATHOM-Videos bzw. von den worked examples eines Simulationsplans her kannten. Fehlerhafte oder fehlende Einträge bzw. Ausführungen im Simulationsplanschema bzw. in der FATHOM-Datei wurden mit 0 Score-Punkten bewertet. Vollständig richtige und fehlerfreie Einträge bzw. Ausführungen wurden mit 1 Score-Punkt bewertet. Die maximale Score-Punktezahl für einen Simulationsplan beträgt 15 Score-Punkte und die maximale Score-Punktzahl für eine FATHOM-Datei 18 Score-Punkte (vgl. Abb. 6.8 und 6.9).

	Schritte im Simulationsplanschema	Unterteilungen	Max. Score	Bemerkungen
M	Modellbildung	Zufallsexperiment	0	in der Aufgabe vorgegeben
		Fragestellungen	1	
S1	Festlegen der Urnenkollektion	Ausprägungen	1	
		Merkmalsname	1	
		Fathom-Formel	0	für die Aufgabe normalerweise nicht notwendig
S2	Stichprobe ziehen	mit/ ohne Zurücklegen	1	
		Stichprobenumfang	1	
S3	Festlegen der Messgrößen	Beschreibung	1	
		Ausprägungen	1	
		Messgrößenname	1	
		Fathom-Formel	1	
S4	Messgrößen sammeln	Anzahl der Messgrößenwerte	1	
S5	Auswertung	Ergebnis	1	
		Auswertungsformel	1	
		Verteilung	1	Skizze oder inhaltlicher Bezug
I	Interpretation der Auswertung	Rückbezug zur Fragestellung	1	unter Verwendung von Fachsprache
		Ergebnis beurteilen	1	
			Summe 15	

Abb. 6.8: Bewertungsschema zur Qualität der Simulationspläne

	Schritte in den Kollektion	Unterteilungen	Max. Score	Bemerkungen
K1	Urnenkollektion	Erzeugen einer Urnenkollektion	1	
		Umbenennen der Kollektion	1	
		Datentabelle	1	
		Merkmalsname	1	
		Ausprägungen des Merkmals durch Eintrag (**alternativ:** Ausprägungen des Merkmals durch Formel)	1	
		Erzeugen einer Stichprobenkollektion	1	
K2	Stichprobenkollektion	Auswahl mit/ ohne Zurücklegen	1	
		Stichprobenumfang (fest oder durch Bedingung)	1	
		Datentabelle	1	
		Messgrößenname	1	
		Fathom-Formel	1	
		Erzeugen einer Messgrößenkollektion	1	
K3	Messgrößenkollektion und Auswertung	Anzahl Messgrößenwerte	1	
		Datentabelle	1	
		Histogramm (oder adäquater Diagrammtyp)	1	
		Histogramm (oder adäquater Diagrammtyp), mit rel. Häufigkeit	1	
		Auswertungstabelle	1	
		Auswertungstabelle mit Formel, mit rel. Häufigkeit	1	
Z	Zusatz	Histogramm mit eingezeichneten Werten	*	kein Score
		Dynamisierung durch Regler-Einsatz	**	kein Score
		Summe	18	

Abb. 6.9: Bewertungsschema zur Qualität der Fathom-Dateien

Mit Hilfe dieser Bewertungsschemata wurden die Lösungsprodukte der Lerndyaden für beide Simulationsaufgaben in U10-11 analysiert. Die Ergebnisse dieser Untersuchung werden nun nachfolgend genauer beschrieben.[126]

---

[126] Die vollständigen Auswertungsdateien sind im Anhang C zu finden, auf den im OnlinePLUS Programm unter www.Springer-Spektrum.de/Buch/978-3-658-00593-1/Das-GESIM-Konzept. html zugegriffen werden kann.

6.2.1   Lösungsqualität Simulationsplanschema

Das Lösungsprodukt Simulationsplanschema wird nun genauer analysiert. In diese Analyse gehen 76 Simulationspläne (40 konsekutiv und 36 integrativ) ein, vier Simulationspläne liegen nicht vor (Kurs B - integrativ: CHDI30_JOMI26).[127] Zur Illustration der nachfolgenden Ausführungen sei an dieser Stelle ein vollständig ausgefülltes Simulationsplanschema für Aufgabe 1 als Muster angegeben.

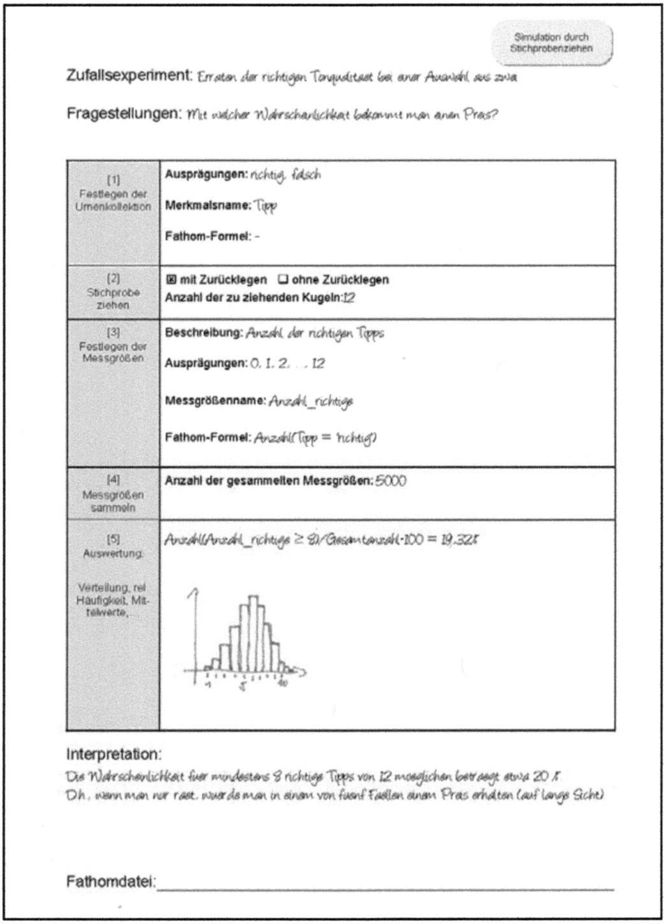

Abb. 6.10 U10-11: Simulationsplanschema gefüllt

---

[127] Die vier Simulationspläne dieser Lerndyade (je zwei pro Schüler) sind beim Einsammeln übersehen worden.

Die Analyse der Simulationspläne nach dem Bewertungsschema (Abb. 6.8) ergibt folgendes Ergebnis: Über beide Aufgaben hinweg erreichte die integrative Gruppe 11,25 Score-Punkte, die konsekutive Gruppe 11,325 Score-Punkte im Mittel. Das entspricht einer durchschnittlichen Lösungsquote von 75 % bzw. 75,5 %. Schaut man sich die Verteilungen der erreichten Punktzahlen bezüglich der beiden Vorgehensweisen (gruppiert nach Merkmal Arbeitsweise, Angabe in Prozent) an, dann fällt auf, dass die Modale Klasse bei der konsekutiven Vorgehensweise um einen Score-Punkt gegenüber der integrativen Vorgehensweise nach oben hin verschoben ist. Darüber hinaus gibt es einen zweiten Peak bei 13 Score-Punkten.

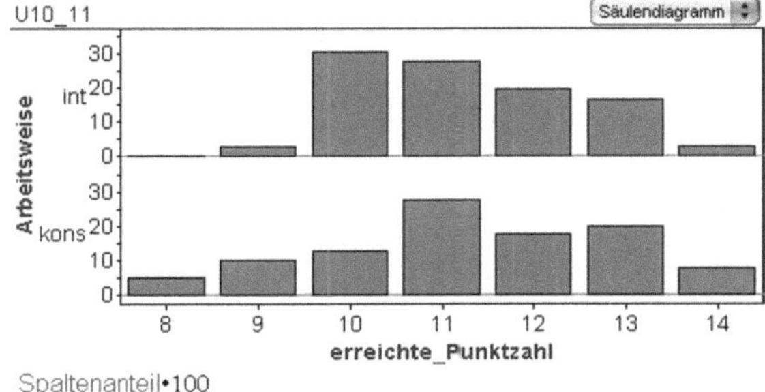

Abb. 6.11 Qualität der Simulationspläne nach Arbeitsweise – Verteilung Score-Punkte

Die Score-Punkte der konsekutiven Vorgehensweise sind eher symmetrisch verteilt, die der integrativen Vorgehensweise eher linkssteil. Die Standardabweichung bei der konsekutiven Vorgehensweise (s = 1,59 Score-Punkte) ist leicht höher als bei der integrativen Vorgehensweise (s = 1,21 Score-Punkte). Allerdings sind die Unterschiede in der Lösungsqualität über beide Aufgaben hinweg nicht so groß. Ein Chi-Quadrat-Wert von $\chi^2 \approx 7{,}2$ stützt die Vermutung, dass die Lösungsqualität der Simulationspläne über beide Aufgaben hinweg unabhängig von der Vorgehensweise ist. Unterscheidet man nach den beiden Aufgaben, ergibt sich ein differenzierteres Bild (Abb. 6.12)

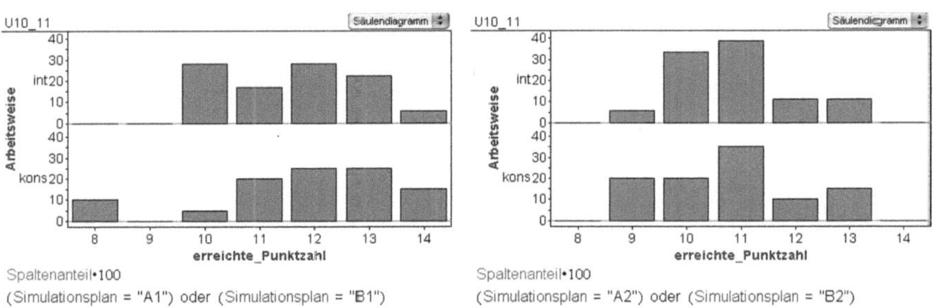

Abbildung 6.12 Qualität der Simulationspläne nach Arbeitsweise – Verteilung Score-Punkte

Es fällt auf, dass die Verteilungen bei Aufgabe 2 nach den Vorgehensweisen ähnlicher sind als bei Aufgabe 1. Sie haben die gleichen Ausprägungen (9 bis 13 Score-Punkte) und die gleiche Modale Klasse (11 Score-Punkte). Bezieht man die Kennwerte (arithmetisches Mittel und Standardabweichung) mit ein, lässt sich auch numerisch belegen, dass die Aufgabe 2 bezüglich des Simulationsplans in beiden Gruppen nahezu mit gleichem Erfolg bearbeitet wurde (vgl. Abb. 6.13).

Simulationsplan_U10-11

| | Arbeitsweise | | Zeilen-zusammenfassung |
	int	kons	
erreichte_Punktzahl	72,59	72	72,28
	18	20	38
	1,0482201	1,2884099	1,181576

$$S1 = \text{runde}\left(\frac{\text{aMittel}\,(\ )\bullet100}{15};2\right)$$

S2 = Anzahl ( )

S3 = PopStdAbw ( )

(Simulationsplan = "A2") oder (Simulationsplan = "B2")

Abb. 6.13 Qualität der Simulationspläne nach Arbeitsweise – Kennwerte Aufgabe 2

Schaut man sich die Lösungsqualität in den einzelnen Bearbeitungsschritten des Simulationsplans genauer an, lassen sich Rückschlüsse auf die inhaltliche Bearbeitungsqualität ziehen. Dies ist insofern interessant, da der Simulationsplan neben technisch-formalen Angaben auch inhaltliche Überlegungen, z. B. in Bezug auf Messgrößen oder die Interpretation des Simulationsergebnisses, erfordert. Gleichzeitig muss man sich vergegenwärtigen, dass ein gut ausgefüllter Simulationsplan nicht nur eine Dokumentationsfunktion hat, sondern auch als worked example für die Bearbeitung weiterer Simulationsprobleme dienen kann. Aus den Studien von Meyfarth (2008b) und Maxara (2009) ist bekannt, dass die Schritte „Festlegen der Messgrößen" und „Auswertung" den Lernenden größere Probleme bereiten. Daher werden diese Schritte in ihrer Lösungsqualität genauer untersucht.

U10_11

| | | S3_Beschreibung | | S3_Ausprägungen | | S3_Messgrößenname | | S3_FathomFormel | |
		0	1	0	1	0	1	0	1
Arbeitsweise	int	5,56	94,44	0	100	16,67	83,33	25	75
	kons	2,5	97,5	0	100	5	95	50	50
Spaltenzusammenfassung		3,95	96,05	0	100	10,53	89,47	38,16	61,84

S1 = runde (Zeilenanteil•100; 2)

Abbildung 6.14 Qualität der Simulationspläne – Schritt [3] Festlegen der Messgrößen

Die inhaltlichen Überlegungen bezüglich der Messgrößen (Beschreibung und Ausprägungen) wurden demnach in beiden Gruppen sehr gut dokumentiert. Bei der FATHOM-Formel hat die konsekutive Gruppe nur in 50 % der Fälle eine korrekte Angabe gemacht. Das ist vor allem darauf zurückzuführen, dass beim planerischen Eintrag der Formel nicht von allen Lerndyaden auf syntaktische Kleinigkeiten, wie z. B. Hochkommas, geachtet wurde. Ein unmittelbares FATHOM-

Feedback stand dieser Gruppe in ihrer Planungsphase nicht zur Verfügung. Während der Arbeit am Computer wurden diese Notationsfehler dann offenbar nicht mehr revidiert. In der nachfolgenden Abb. 6.15 sind die Ergebnisse hinsichtlich der Auswertung (Schritt [5] im Simulationsplanschema) aufgeführt.

U10_11

		S5_Ergebnis		S5_Auswertungsformel		S5_Verteilung	
		0	1	0	1	0	1
Arbeitsweise	int	11,11	88,89	69,44	30,56	66,67	33,33
	kons	15	85	55	45	70	30
Spaltenzusammenfassung		13,16	86,84	61,84	38,16	68,42	31,58

S1 = runde (Zeilenanteil•100; 2)

Abbildung 6.15 Qualität der Simulationspläne – Schritt [5] Auswertung

Anhand des Auswertungsschrittes lässt sich erkennen, dass die Schüler eine hohe Wertschätzung für die Angabe des Ergebnisses zeigen. Wesentlich geringere Aufmerksamkeit wird der Angabe einer Auswertungsformel bzw. einer Verteilung beigemessen. Das lässt sich möglicherweise dadurch begründen, dass die Schüler nicht die entsprechende Notwendigkeit einsehen, z. B. aufgrund der Verfügbarkeit der FATHOM-Datei. Dadurch geht das Alleinstellungsmerkmal des Simulationsplans als worked example verloren. Offenbar muss Schülern genau diese Funktion des Simulationsplanschemas, nämlich vollständig ausgefüllt ein wertvolles Dokumentationsinstrument für die weitere Arbeit zu sein, erst nahe gebracht werden. Ein ähnliches Bild ergibt sich bei der Analyse der Interpretation der Auswertung. Erfreulich ist, dass 70 % der konsekutiven Gruppe und 75 % der integrativen Gruppe einen Bezug zur Ausgangsfrage herstellen.

U10_11

		SI_Beziehung_zur_Fragestellung		SI_Ergebnis_beurteilen	
		0	1	0	1
Arbeitsweise	int	25	75	83,33	16,67
	kons	30	70	82,5	17,5
Spaltenzusammenfassung		27,63	72,37	82,89	17,11

S1 = runde (Zeilenanteil•100; 2)

Abb. 6.16 Qualität Simulationspläne nach Arbeitsweise – Schritt [I] Interpretation

Eine Beurteilung des Ergebnisses wird aber nur von jedem sechsten Schüler formuliert. Möglicherweise wird die Angabe eines Antwortsatzes gemeinhin als Interpretation der Auswertung verstanden. In der unterrichtlichen Umsetzung ist diesem Aspekt aber auch nicht genügend Aufmerksamkeit gewidmet worden (vgl. Kap. 5.6 und 5.7). Will man eine Bewertung des Simulationsergebnisses, muss dies explizit eingefordert werden bzw. der inhaltliche Gehalt von Interpretation vorab abgesprochen werden. Dazu können entsprechende worked examples hilfreich sein, die im Sinne des *Design-Based Research* weiter zu entwickeln sind.

6.2.2 Lösungsqualität FATHOM-Dateien

Das Lösungsprodukt FATHOM-Datei wird nun genauer analysiert. In diese Analyse gehen insgesamt 40 Simulationsdateien (20 konsekutiv und 20 integrativ) für die beiden Aufgaben ein. Für das dieser Analyse zugrundeliegende Bewertungsschema sei auf Abb. 6.9 verwiesen. Bei jeder der beiden Aufgaben waren maximal 18 Score-Punkte zu erreichen.

Über beide Aufgaben hinweg erreichte die integrative Gruppe im Mittel 16,3 Score-Punkte, die konsekutive Gruppe im Mittel 16,75 Score-Punkte. Das entspricht einer durchschnittlichen Lösungsquote von 90,6 % bzw. 93,1 %. Grundsätzlich kann man dies zunächst als eine sehr erfolgreiche Bearbeitung der Simulationsaufgabe in beiden Gruppen bewerten. Die überwiegende Mehrzahl der Schüler besitzt offenbar zu diesem Zeitpunkt bereits das notwendige prozedurale Wissen für die Simulationsmethode *Simulation durch Stichprobenziehen* und kann dieses auf stochastische Problemstellungen (mit niedrigem Transfer) anwenden.

Schaut man sich die Verteilungen der erreichten Punktzahlen bezüglich der beiden Vorgehensweisen (gruppiert nach Merkmal Arbeitsweise, Angabe in Prozent) an, dann fällt auf, dass die Modale Klasse bei beiden Vorgehensweisen bei 18 Score-Punkten (Maximalzahl) liegt. Bei der konsekutiven Vorgehensweise ist diese Klasse ausgeprägter als bei der integrativen Vorgehensweise: 60 % aller Werte gegenüber 40 % aller Werte in der jeweilige Gruppe.

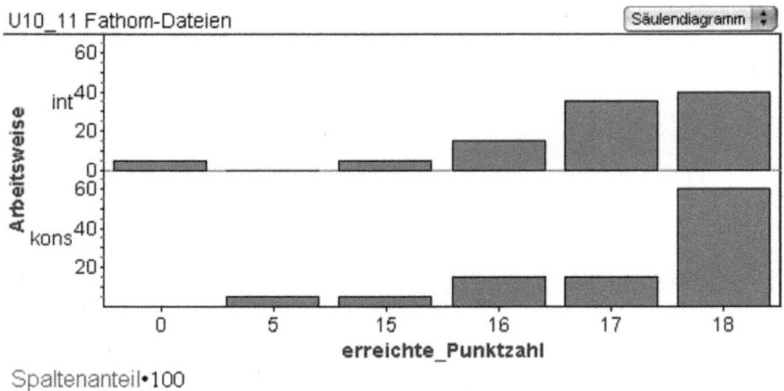

Abb. 6.17 Qualität FATHOM-Dateien – Verteilung Score-Punkte, Säulendiagramm

Insgesamt lässt sich bezüglich der Vorgehensweisen kaum ein Unterschied feststellen. Man muss konstatieren, dass diese beiden Simulationsaufgaben offenbar einen gewissen Deckeneffekt erzeugt haben. Es gibt sehr viele sehr gute Lösungsprodukte in beiden Gruppen. Dieser Deckeneffekt wird noch deutlicher, wenn man sich die Verteilungen im Boxplot-Diagramm anschaut.

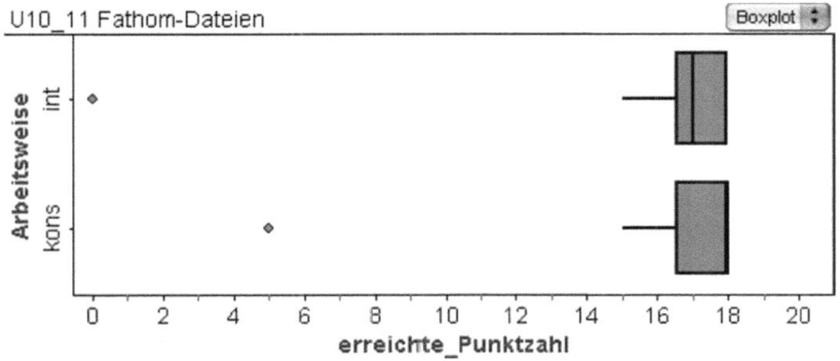

Abbildung 6.18 Qualität FATHOM-Dateien – Verteilung Score-Punkte, Boxplot-Diagramm

Man kann sehr gut erkennen, dass 75 % der Verteilung beider Gruppen eine Score-Punktzahl von 16,5 und mehr Punkten aufweist. Das obere Viertel (rechte Antenne) geht in die Box ein. Daher spricht man auch von einem Deckeneffekt.

Trotz dieses Deckeneffekts lassen sich die Ergebnisse der Lerndyaden in Detailanalysen nach Aufgaben und nach Bearbeitungsschritten weiter differenzieren. Wie die nachfolgende Verteilungsgraphik[128] zeigt, scheint die Bearbeitung von Aufgabe 2 (Abb. 6.19 rechts) nicht in der gleichen hohen Qualität erfolgt zu sein. Das liegt nicht nur an den beiden Lerndyaden, die diese Aufgabe gar nicht (Bewertung mit 0 Score-Punkten) oder nur im Ansatz (Bewertung mit 5 Score-Punkten) bearbeitet haben. Es zeigt sich auch in der modalen Klasse, die bei der integrativen Gruppe nunmehr bei 17 Score-Punkten liegt, bei der konsekutiven Gruppe weiter bei 18 Score-Punkten, allerdings weniger ausgeprägt als bei Aufgabe 1 (Abb. 6.19 links)

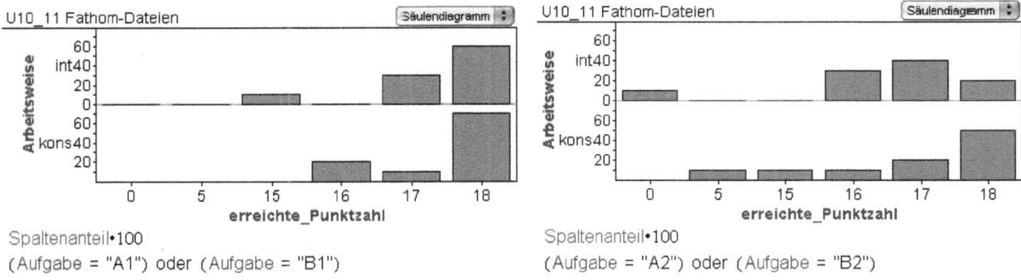

Abbildung 6.19 Qualität FATHOM-Dateien –Verteilung Score-Punkte, nach Aufgaben

---

[128] Zur Unterscheidung der beiden Aufgaben wurden in FATHOM den Graphiken Filter zugeordnet. Dabei bedeutet der Filter (Aufgabe = "A1") oder (Aufgabe = "B1"), dass, unabhängig von der Vorgehensweise, nur die Bewertungen für die erste Aufgabe aus den Daten herausgefiltert werden.

Schaut man sich einzelne Bearbeitungsschritte genauer an, lassen sich weitere Besonderheiten erkennen:

Während in der konsekutiven Vorgehensweise der Urneninhalt der Ausgangskollektion (oder Urnenkollektion) immer durch Eintrag in eine Datentabelle erfolgte, ist dies bei der integrativen Vorgehensweise in zwei Fällen anders. Da wird der Inhalt der Urne durch eine Formel erzeugt. Dies deutet bereits daraufhin, dass bei der integrativen Vorgehensweise andere Modellierungsmöglichkeiten gewählt wurden (vgl. Kap. 6.4).

Da die Auswertung von der konsekutiven Gruppe explizit auf dem Simulationsplanschema nicht vorgeplant wurde[129], ist es interessant zu sehen, wie beide Gruppen hinsichtlich der definierten Kriterien für die Lösungsqualität im Auswertungsinterface von FATHOM abgeschnitten haben. Dazu werden alle Bearbeitungsschritte betrachtet, die mit der Messgrößenkollektion durchgeführt werden sollen. Schaut man sich die nachfolgende Übersicht (Abb. 6.20) genau an, dann fällt ein Schritt auf, der in der Qualitätsquote etwas geringer ausfällt als bei den anderen Schritten: Die Skalierung auf relative Häufigkeiten im Histogramm bei der inte-grativen Gruppe. Dies ist vor allem dann notwendig, wenn man anhand des Histogramms qualitative Aussagen im Vergleich treffen möchte und man nicht weiß, wie hoch die Wiederholungszahlen bei anderen Lerndyaden gewählt wurden. In eFATHOM wurde dieser Bearbeitungsschritt in den Videos gezeigt und entsprechend kommentiert.

Bearbeitungsschritt	Max. Score	konsekutiv	integrativ
Anzahl Messgrößenwerte	1	90 %	95 %
Datentabelle	1	95 %	95 %
Histogramm (oder adäquater Diagrammtyp)	1	95 %	90 %
Histogramm (oder adäquater Diagrammtyp), mit rel. Häufigkeit	1	80 %	70 %
Auswertungstabelle	1	85 %	85 %
Auswertungstabelle mit Formel, mit rel. Häufigkeit	1	80 %	85 %

Abb. 6.20 Lösungsqualität der FATHOM-Dateien: Bearbeitungsschritte K3 Messgrößenkollektion und Auswertung

---

[129] Die Schüler wechselten spätestens dann an den Computer, wenn sie Schritt [4] im Simulationsplanschema ausgefüllt hatten. Dies lässt sich durch die unterschiedliche Stiftfarbe belegen.

6.2.3 Zusammenfassung

Aus den Lösungsprodukten kann man schlussfolgern, dass die Bearbeitung der beiden Aufgaben den Lernenden gut bzw. sehr gut gelungen ist. Die mittlere Lösungsquote über beide Vorgehensweisen hinweg beträgt bei den Simulationsplänen $\bar{x} = 75,3\,\%$ und bei den FATHOM-Dateien $\bar{x} = 91,8\,\%$. Nur eine von 20 Gruppen hat eine der beiden Aufgaben, nämlich Aufgabe 2, überhaupt nicht bearbeiten können. In Abb. 6.21 sind in der Tabelle die mittleren Lösungsraten für beide Produkte in den einzelnen Phasen, nach Vorgehensweise getrennt, dargestellt (vgl. Abb. 6.8 und 6.9).

Simulationsplanschema			FATOM-Dateien		
	integrativ	konsekutiv		integrativ	konsekutiv
	Mittlere Lösungsrate (Anteil an Max. Score)			Mittlere Lösungsrate (Anteil an Max. Score)	
M	22 %	33 %	K1	90 %	99 %
S1	97 %	100 %	K2	95 %	93 %
S2	100 %	100 %	K3	87 %	88 %
S3	88 %	86 %			
S4	100 %	100 %			
S5	51 %	53 %			
I	46 %	44 %			
gesamt	75 %	76 %	gesamt	91 %	93 %

Abb. 6.21 Lösungsqualität der Lösungsprodukte – Übersicht

Die unterschiedliche Vorgehensweise in der Schülerarbeitsphase scheint offenbar keinen wesentlichen Einfluss auf die Lösungsqualität der Aufgabenbearbeitung zu haben, denn die Unterschiede in den Lösungsprodukten fallen meist sehr gering aus. Auffällig ist, dass die Schritte M, S5 und I im Simulationsplanschema eine deutlich geringere Lösungsrate aufweisen. Dies kann als Beleg dafür gewertet werden, dass das Simulationsplanschema von einigen Schülern nicht so ausgefüllt wurde, wie es eigentlich erwartet wurde. Es kann damit nur bedingt als Lösungsbeispiel für die weitere Arbeit im Unterricht verwendet werden.

6.3   Handlungsbezogene Analyse der Lösungsprozesse in U10-11

Beobachtungen im Unterricht und erste Analysen der Camtasia-Aufzeichnungen deuteten darauf hin, dass durch die Vorgabe der Vorgehensweise, konsekutiv **mit** offline-Planungsphase und integrativ **ohne** offline-Planungsphase, gruppenspezifische Lösungsprozesse hervorgerufen werden. Dieser Aspekt wurde in einer handlungsbezogenen Analyse entlang der Simulationsschritte genauer untersucht. Im Zentrum dieser Untersuchung stand die Fragestellung: Welche Auswirkungen hat das instruktionale Design auf die Lösungsprozesse der Lerndyaden? Untersucht wurde dabei die Arbeitsphase am Computer. Dazu wurden alle 18 verwertbaren Transkripte (9 von jeder Gruppe, konsekutiv bzw. integrativ) nach drei Aspekten in MAXQDA codiert:[130]

- Vorgehen nach Simulationsplanschema
- Problemhafte Phasen
- Anforderung der Hilfe von außen

Im Vorfeld der Untersuchung wurden zwei Hypothesen formuliert:

- Die Phase der Vorplanung führt zu einem einheitlicheren und weniger problematischen Vorgehen bei der Umsetzung in FATHOM.

- Die integrative Gruppe benötigt insgesamt mehr Hilfen von außen, vor allem in der Anfangsphase.

Anhand des mehrstufigen, unabhängig voneinander aufgebauten Codesystems sollten diese Hypothesen bestätigt bzw. widerlegt werden. Als Werkzeug zur graphischen Analyse des Lösungsprozesses wurden Textporträts eingesetzt. Darüber hinaus wurden die Codes in einer Häufigkeitsauswertung ausgezählt. Die drei Codierungssysteme unterscheiden sich in der Länge der jeweiligen Analyseeinheit. Es können Überschneidungen, also Doppelcodierungen, vorkommen. Dieses, in der Arbeitsgruppe Biehler entwickelte, Codesystem soll nun im Überblick beschrieben werden.

---

[130] Das Auswertungsschema wurde vom Autor mitentwickelt und von Franz (2009) in seiner Staatsexamensarbeit mit jeweils fünf Lerndyaden umgesetzt.

6.3.1 Beschreibung des Codesystems

Codierung der Simulationsschritte

Dieses Codesystem orientiert sich an den sieben Simulationsschritten des Simulationsplanschemas (vgl. Kap. 2.3). Die einzelnen Kategorien sind daher theoriegeleitet entwickelt und angewendet worden. Die Codierung der Simulationsschritte wurde für eine graphische Darstellung der FATHOM-Handlungen in einem sogenannten Textporträt verwendet. Für eine idealtypische Lösung der Aufgaben in FATHOM sollten die Simulationsphasen in einer genauen Reihenfolge durchlaufen werden. Durch das Visualisieren der Codes in einem Textportrait können Abweichungen von der idealtypischen Abfolge der Aufgabenbearbeitung erkannt und anschließend genauer untersucht werden. Neben den reinen FATHOM-Handlungen wurden in den angereicherten Transkripten auch die Redebeiträge der einzelnen Schüler codiert. Daher wurde jede einzelne Schüleraussage und jede beschriebene Handlung in der Werkzeugsoftware FATHOM untersucht und einer Codierung zugeordnet. So gibt es drei verschiedene Codearten der Simulationsphasen: Simulationsphasen mit Handlung in FATHOM (H F), Simulationsphasen von Schüler 1 (S 1) und Simulationsphasen von Schüler 2 (S 2). Das Codesystem von Schüler 1 und Schüler 2 beinhaltet alle sieben Simulationsschritte des Simulationsplanschemas, einschließlich Modellbildung und Interpretation. Die Handlungen in FATHOM beziehen sich nur auf die Schritte [1] bis [5] in der linken Tabellenspalte des Simulationsplanschemas. Die Aussagen der Schüler werden genau dann codiert, wenn sie unter Berücksichtigung des Kontextes klar einer Simulationsphase zuzuordnen sind. Eine Analyseeinheit ist daher eine Schüleraussage, die von einem Wort bis hin zu mehreren Sätzen reichen kann. Es können innerhalb einer Schüleraussage auch mehrere verschiedene Codes vergeben werden, allerdings ohne Überschneidung.[131] Handlungen in FATHOM werden codiert, wenn unter Berücksichtigung des Kontextes die Beschreibungen eindeutig einer Simulationsphase zuzuordnen sind. Die Handlungen sind in den angereicherten Transkripten kursiv geschrieben und beginnen mit dem Wort „FATHOM". Eine Analyseeinheit ist ein ganzer Absatz. In einem Absatz können auch mehrere verschiedene Codes vergeben werden, ohne Überschneidung. MAXQDA erlaubt die Vergabe von Farbattributen. Daher kann jeder der sieben Simulationsphasen eine Farbe zugeordnet werden. Dies ist für die graphische Darstellung als Textporträt notwendig.[132]

---

[131] Vgl. Franz (2009, S. 50 ff.).

[132] Für nähere Erläuterungen zum Visualisierungswerkzeug Textporträt sei auf Kapitel 4.4 verwiesen.

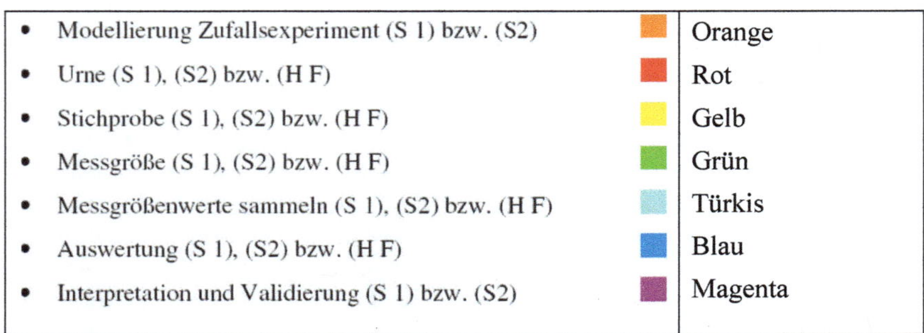

Abb. 6.22 Farbcodes – FATHOM-Handlungen bzw. Schüleraktivitäten (Franz 2009, S. 54)

Franz (2009, S. 63 ff.) hat verschiedene Kombinationen von Textporträts untersucht. Dabei hat sich herausgestellt, dass für eine handlungsbezogene Analyse ein Textporträt mit den FATHOM-Handlungen entlang der fünf Simulationsschritte am besten zur Visualisierung geeignet ist.

Codierung der Hilfen von außen

Werden von den Lerndyaden Hilfen von außen in Anspruch genommen, dann werden diese Eingriffe im Transkript codiert (vgl. Abb. 6.23). Zu diesen Hilfen von außen zählt jegliche Kommunikation mit außenstehenden Personen: anderen Lerndyaden oder Lehrpersonen. Die Analyseeinheit ist meist ein ganzer Abschnitt mit mehreren Aussagen oder Handlungen, in denen dazugekommene Personen im Transkript auftauchen. Mit einer weiteren Codierung wird die Art der Hilfen von außen erfasst: aufgabenbezogene Hilfen oder nicht aufgabenbezogene Hilfen. Bei aufgabenbezogenen Hilfen handelt es sich um inhaltliche Hilfen zur Umsetzung der Simulation. Hinweise zum Speichern oder organisatorische Hilfen zählen zu den nicht aufgabenbezogenen Hilfen. Durch dieses Codesystem lassen sich mit MAXQDA 2007 die Arten der Hilfen von außen auch quantitativ erfassen und bezüglich der beiden Vorgehensweisen und der einzelnen Simulationsschritte auswerten (vgl. Franz 2009, S. 54 ff.).

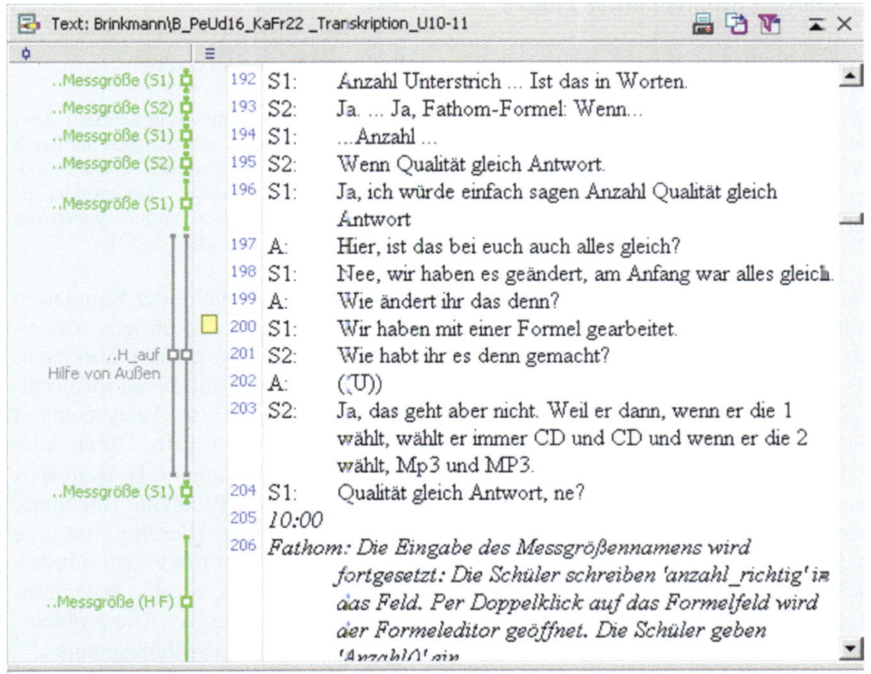

Abb. 6.23 Transkriptausschnitt – Hilfen von außen (vgl. Anhang C)

Die Zeilen *197-203* sind als Phase mit Hilfen von außen codiert. Gleichzeitig wird durch die Art der Hilfestellung, hier aufgabenbezogen, eine Doppelcodierung in diesem Transkript vorgenommen. Als Farbattribut der *Hilfe von Außen* wurde die Farbe „Grau" gewählt. Folgende Codes und Subcodes wurden definiert[133]:

- Hilfe von Außen

    - H_nicht_auf: nicht aufgabenbezogene Hilfe, z. B. Organisatorisches,

    - H_auf: aufgabenbezogene, inhaltliche Hilfe.

---

[133] Vgl. MAXQDA-Datei: *Codierung aller Transkripte.mx3* (Anhang C), auf den im OnlinePLUS Programm unter www.Springer-Spektrum.de/Buch/978-3-658-00593-1/Das-GESIM-Konzept. html zugegriffen werden kann.

Codierung problemhafter Phasen

Franz (2009, S. 57) definiert eine problemhafte Phase folgendermaßen:

„Eine problemhafte Phase tritt auf, wenn die Schülerinnen und Schüler nicht weiter kommen. Aber auch dann, wenn sie sehr lange für einen Schritt brauchen und bei diesem zum Beispiel nur durch Probieren ihr Ziel erreichen. Auch wenn Simulationsphasen übersprungen werden, können Probleme auftauchen, sowie bei Einigungsprozessen der Schülerinnen und Schüler untereinander. Es könnten zum Beispiel Probleme beim Umgang mit den Graphen auftauchen, beim Eingeben von Formeln in den Formeleditor oder beim Erstellen einer Kollektion." (Franz 2009, S. 57)

Damit ist sehr klar festgelegt, was eine problemhafte Phase bei einer Simulation mit FATHOM sein kann. Zwar wird mit dieser Festlegung praktisch jede Abweichung vom idealtypischen Lösungsweg als problemhafte Phase codiert, aber gerade für einen Vergleich der Lösungsprozesse von Lerndyaden mit einem idealtypischen Vorgehen erweist sich dieses Codesystem als sinnvoll. Eine Analyseeinheit ist ein ganzer Abschnitt, in dem das Problem klar erkennbar auftritt. Durch Auszählen der durch den Code erfassten problemhaften Phasen kann z. B. analysiert werden, welche Lerndyade im Lösungsprozess die meisten Probleme (im Sinne von Abweichungen vom idealtypischen Lösungsweg) hatte. Allerdings ist eine hohe Anzahl von Problemen nicht automatisch gleichzusetzen mit einem minderwertigen Lösungsprozess oder einem geringen Schülerwissen, wie die kommunikationsbezogenen Analysen von Transkripten in Kapitel 6.4.zeigen. Alle problemhaften Phasen sind mit der Art des auftretenden Problems doppelcodiert.[134] Dadurch ist eine detailliertere Analyse der problemhaften Phasen möglich. Ist ein Problem durch eine Lerndyade nicht allein lösbar und sie benötigt Hilfe von außen oder beendet die Aufgabenbearbeitung, dann wird dieses Problem mit einem dritten Code als unlösbar eingestuft (vgl. Abb. 6.24). Folgende Codes und Subcodes wurden für die handlungsbezogene Analyse des Lösungsprozesses am Computer definiert:

- Problem
    - P_Formel: Probleme bei der Eingabe einer Formel
    - P_Koll: Probleme im Umgang mit einer der drei Kollektionen
    - P_Simu: Probleme in der Ausführung von Simulationsschritten
    - P_schZu: Probleme mit dem Zufall
    - P_Graph: Probleme mit der graphischen Auswertung
    - P_Komm: Probleme in der Kommunikation der Lerndyade

---

[134] Für eine tabellarische Übersicht des Codesystems der problemhaften Phasen sei auf Anhang C verwiesen (vgl. auch Franz 2009, S. 57 ff.).

- P_Urne: Probleme beim Füllen der Urne in der Ausgangskollektion
- P_Unlösbar: Probleme nur mit Hilfe von außen lösbar

Für die offline-Planungsphase wurden folgende Codes und Subcodes definiert:

- Probleme in der Vorphase
  - P_V_Formel: Probleme beim Festlegen/ Aufschreiben einer Formel
  - P_V_Komm: Probleme in der Kommunikation der Lerndyade
  - P_V_Urne: Probleme beim Festlegen/ Aufschreiben des Urneninhaltes

Ein Beispiel für eine Dreifachcodierung ist in der folgenden Abbildung zu sehen.

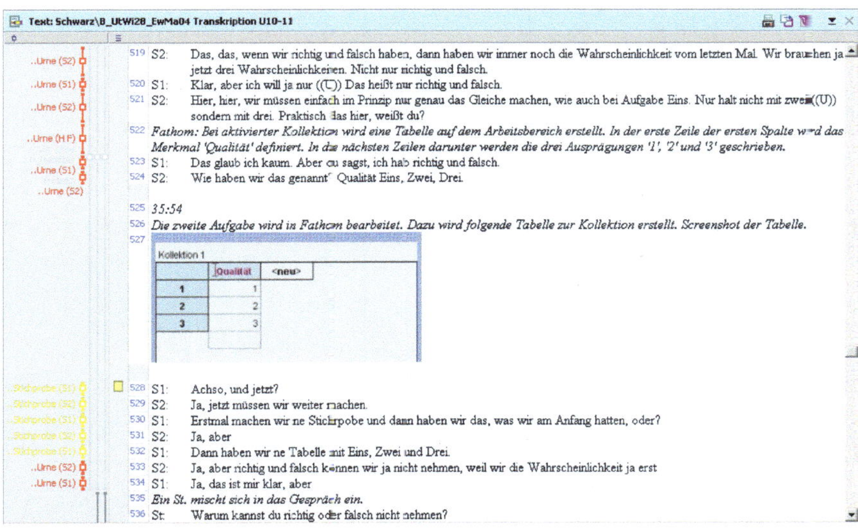

Abb. 6.24 Transkriptausschnitt – Problemhafte Phasen (vgl. Anhang C)

Die Phase von Zeile *508-534* ist hellgrau zum ersten als *Problem* codiert, zum zweiten als *P_Urne*, da es sich um ein Problem beim Füllen der Urne handelt, und zum dritten als *P_Unlösbar*, da die Lerndyade dieses Problem nicht allein lösen kann.

6.3.2 Ergebnisse der handlungsbezogenen Analyse

Für einen qualitativen Vergleich der Lösungsprozesse entlang der Simulations-schritte wurden Textporträts der FATHOM-Handlungen von allen integrativen (I1 bis I9) und konsekutiven Lerndyaden (K1 bis K9) erzeugt und gegenüber gestellt (Abb. 6.25 und 6.26).

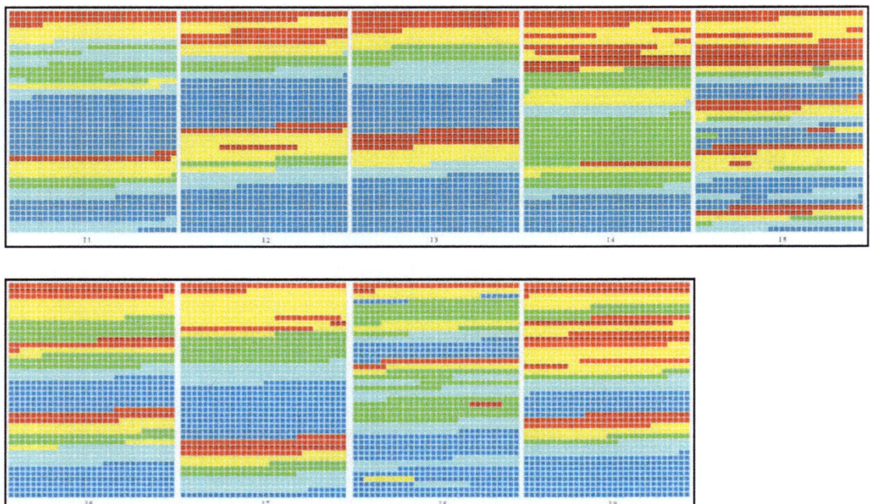

Abb. 6.25 U10-11: Textporträts, integrative Bearbeitung, I1 bis I9

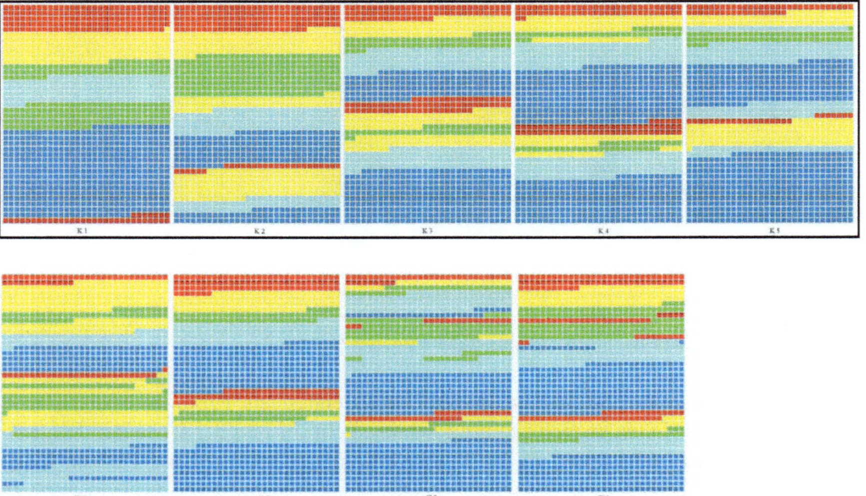

Abb. 6.26 U10-11: Textporträts, konsekutive Bearbeitung, K1 bis K9

Man erkennt deutlich, dass jedes Schülerpaar die Simulationsaufgabe unterschiedlich bearbeitet hat, denn Reihenfolge und Dauer der einzelnen Simulationsschritte
sind jeweils verschieden. Darüber hinaus erkennt man aber auch, dass die konsekutive Gruppe ein in sich einheitlicheres Lösungsbild hat als die integrative Grup-

pe. Dies bestätigt die eingangs formulierte Hypothese und lässt sich im Ergebnis so deuten, dass eine offline-Planungsphase vor Beginn der Umsetzung einer Simulation mit FATHOM offenbar zu einer Minderung von Unterschieden in den Lösungsprozessen führen kann. Dies mag insbesondere bei Simulationsanfängern ein sinnvolles Vorgehen sein. Allerdings belegen die Aufzeichnungen auch, dass alle Schülerpaare der konsekutiven Gruppe den gewährten Zeitrahmen voll ausschöpfen mussten (vgl. auch Franz 2009, S. 138 ff.).

Für die Codierung der Transkripte mit den Codes der Hilfen von außen wurden die folgenden Häufigkeiten ermittelt (Abb. 6.27).

Code	konsekutiv	integrativ	Gesamt
Hilfe von Außen	29	61	90
H_nicht_auf	7	28	35
H_auf	22	33	55

Abb. 6.27 U10-11: Häufigkeiten der Hilfen von außen

Die Hilfeanforderungen bei konsekutiver Vorgehensweise sind etwa halb so hoch, wie bei integrativer Vorgehensweise. Bezieht man sich nur auf die inhaltlichen Hilfestellungen bzw. Hilfeanforderungen, dann ergibt sich ein Verhältnis von 2:3. Insgesamt waren wenig inhaltliche Hilfen von außen nötig: im Mittel 2,4 pro Lerndyade bei konsekutiver Bearbeitung und im Mittel 3,67 pro Lerndyade bei integrativer Bearbeitung. Dieses Ergebnis ist konsistent mit der hohen Lösungsquote (Kap. 6.2) und zeigt, dass die Lerndyaden relativ selbständig die notwendigen Simulationsschritte durchführen und die Simulationsergebnisse auswerten und interpretieren konnten. Interessant ist, wie oft inhaltsbezogene Hilfen von außen entlang der Simulationsschritte angefordert wurden.

	H_auf gesamt	H_auf konsekutiv	H_auf integrativ
Modellbildung	2	0	2
Urne	7	1	6
Stichprobe	5	2	3
Messgröße	7	6	1
Messgrößenwerte sammeln	4	2	2
Auswertung	23	10	13
Interpretation	1	0	1

Abb. 6.28 U10-11: Verteilung inhaltsbezogener Hilfen auf die Simulationsschritte[135]

---

[135] Häufigkeiten ohne Lerndyade PEUD16_KAFR22 (vgl. Franz 2009, S. 144 ff.).

Schaut man sich die Hilfen von außen nach Lerndyaden an, dann fällt auf, dass sich auf die beiden (fett markierten) Schülergruppen PEUD16_KAFR22 (I5) und UTWI28_EWMA04 (I9) etwa die Hälfte aller Hilfen verteilen.

Gruppe	kurz	H_nicht_auf	H_auf	Hilfen von außen
BAKL24_CLMI21	I 1	2	0	2
CLHA03_ULWA08	I 2	4	2	6
INNO09_MAPE30	I 3	2	0	2
JOMI26_CHDI30	I 4	1	3	4
PEUD16_KAFR22	**I 5**	**5**	**6**	**11**
JURE11_MaEC26	I 6	1	0	1
TAVI23_IRED13	I 7	4	4	8
ULRI21_SAHO01	I 8	2	6	8
UTWI28_EWMA04	**I 9**	**7**	**12**	**19**
ANTH30_ANFR06	K 1	0	1	1
CHRO24_ANMA19	K 2	1	1	2
ELST09_SURÜ15	K 3	1	0	1
INWE25_REKA05	K 4	1	3	4
ULIR12_IRFR13	K 5	2	0	2
KAHE02_ILED13	K 6	0	8	8
LIBO11_BIWE03	K 7	1	2	3
MAHE19_IRAL26	K 8	0	4	4
NAAB17_ALKA01	K 9	1	3	4

Abb. 6.29 U10-11: Häufigkeiten der Hilfen von außen, nach Lerndyaden

Problemhafte Phasen während der Computerarbeitsphase ließen sich insgesamt 87 Mal identifizieren. Auch bei dieser quantitativen Auswertung ist es so, dass etwa doppelt so viele problemhafte Phasen bei integrativer Bearbeitung zu verzeichnen sind, wie bei konsekutiver Bearbeitung.

Probleme	konsekutiv	integrativ	gesamt
Probleme gesamt	28	59	87
P_Formel	15	20	35
P_Koll	6	9	15
P_Simu	3	6	9
P_schZu	2	0	2
P_Graph	2	3	5
P_Kom	0	8	8
P_Urne	0	13	13
davon P_Unlösbar	6	9	15

Abb. 6.30 U10-11: Häufigkeiten problemhafter Phasen

Für einen direkten Vergleich beider Vorgehensweisen hinsichtlich der Anzahl problemhafter Phasen muss man die Probleme der konsekutiven Gruppen bei der offline-Planungsphase mit einbeziehen. Insgesamt sind dies elf, so dass sich mit 39 problemhaften Phasen gegenüber 59 problemhaften Phasen in etwa wieder ein Verhältnis von 2:3 von konsekutiv zu integrativ ergibt. Für eine Analyse des Lösungsprozesses ist es sinnvoll, die Problemhaften Phasen entlang der Simulationsschritte zu betrachten (Abb. 6.31). Dabei kann sich ein und dasselbe Problem auch über mehrere Simulationsschritte erstrecken (vgl. Franz 2009, S. 158).

Simulationsschritte	konsekutiv	integrativ	gesamt
Modellbildung	0	3	3
Urne	1	16	17
Stichprobe	8	12	20
Messgröße	7	11	18
Messgrößenwerte sammeln	4	7	11
Auswertung	14	18	32
Interpretation	0	1	1

Abb. 6.31 U10-11: Häufigkeiten problemhafter Phasen, nach Simulationsschritten

6.3.3 Zusammenfassung

Die handlungsbezogene Analyse hat eine Reihe von Erkenntnissen hinsichtlich des Lösungsprozesses der konsekutiv bzw. integrativ arbeitenden Lerndyaden hervorgebracht. Obwohl die Qualität der Lösungsprodukte bei beiden Vorgehensweisen in etwa gleich gut ist, ergaben sich Unterschiede im Lösungsprozess:

– Lerndyaden mit offline-Planungsphase (konsekutiv) zeigen einen in sich ähnlicheren Lösungsprozess als Lerndyaden ohne offline-Planungsphase (integrativ).

– Lerndyaden mit integrativem Vorgehen haben im Lösungsprozess mehr problemhafte Phasen als Lerndyaden mit konsekutivem Vorgehen.

– Lerndyaden mit integrativem Vorgehen fordern mehr Hilfe von außen an als Lerndyaden mit konsekutivem Vorgehen.

– Bei Lerndyaden mit integrativem Vorgehen verteilen sich die problemhaften Phasen auf alle Simulationsschritte, bei konsekutivem Vorgehen konzentrieren sich die problemhaften Phasen eher auf die (nicht offline geplante) Auswertung.

Mit den verwendeten Codierungs-Methoden lassen sich zwar Häufigkeiten auszählen. Offen bleibt aber die Frage nach den Ursachen der unterschiedlichen Häufigkeiten. Aus diesem Grund ist es notwendig, die Kooperation und Kommunikation der Lerndyaden genauer zu untersuchen (vgl. Kap. 6.4).

6.4 Kommunikationsbezogene Analyse der Lösungsprozesse in U10-11

Die Analyse der Lösungsprodukte (Kap. 6.2) und die handlungsbezogene Analyse der Lösungsprozesse (Kap. 6.3) haben wichtige Erkenntnisse zum prozeduralen Wissen der Schüler bezüglich der Simulationsmethode *Simulation durch Stichprobenziehen* hervorgebracht. Allerdings haben die bisher verwendeten Methoden auch deren Grenzen aufgezeigt. Die Lerndyaden haben bei beiden instruktionalen Vorgehensweisen, konsekutiv mit offline-Planungsphase und integrativ ohne offline-Planungsphase, in etwa vergleichbar gute Lösungsprodukte erarbeitet, zeigen aber deutliche Unterschiede in den Lösungsprozessen. Das bisherige methodische Vorgehen kann dies nicht erklären. Dafür ist es notwendig, sich die Transkripte genauer anzuschauen, um herauszufinden, wie die Schüler in einer Lerndyade miteinander kooperieren und kommunizieren. Die in diesem Kapitel beschriebene kommunikationsbezogene Analyse von Transkripten beruht auf der Interaktionsanalyse von Voigt (1984).[136]

Die kommunikationsbezogene Analyse der Transkripte erfolgt mit Hilfe von fünf Analysefragen, die hier noch einmal angegeben werden (vgl. Kap. 6.1):

– Welches Modellzufallsexperiment wählen die Schülerpaare zur Modellierung der stochastischen Problemsituation?

– Wie gehen die Schülerpaare mit Messgrößen um? In welcher Weise werden dabei Simulationsplanschema und worked examples eingesetzt bzw. genutzt?

– Werden die durch die Aufgabenstellung intendierten Kontextbezüge hergestellt?

– Greifen die Schülerpaare in der Auswertungsphase auf die Darstellung und Beschreibung von Verteilungen zurück?

– In welcher Weise wird das Simulationsplanschema bei der Computerarbeit verwendet?

Die Analyse der Transkripte erfolgt auf zwei Ebenen. Zunächst werden die Kommunikations- und Kooperationsprozesse von drei Schülerpaaren in einer Feinanalyse untersucht. Dabei werden Kommunikation und Kooperation dieser Lerndyaden über den gesamten Bearbeitungsprozess hinweg explorierend analysiert. Der spezifische Bearbeitungsprozess wird anschließend anhand der fünf Analysefragen zusammengefasst. In einer zweiten Ebene werden die Transkripte aller Lerndyaden entlang der fünf Analysefragen untersucht.

---

[136] Zum methodischen Vorgehen vgl. Kapitel 4.4.

Die Feinanalyse bezieht sich jeweils auf das gesamte Transkript der Video- bzw. Audioaufzeichnung. Bei diesen Transkripten handelt es sich um mit Bildern, Zeiten und Kommentaren angereicherte Transkripte. Da für die Analyse die Äußerungen der Schüler im Zentrum stehen, sind in den Ausschnitten der Transkripte diese Anreicherungen z. T. herausgenommen und durch „…" gekennzeichnet. Für die Überblicksanalyse werden die relevanten Transkriptausschnitte als Belegstellen herangezogen.

Die Auswahl der Schülerpaare für die Feinanalyse lässt sich wie folgt begründen: Für jede Vorgehensweise (konsekutiv mit offline-Planungsphase und integrativ ohne offline-Planungsphase) wurde ein prototypisches Schülerpaar ausgewählt. Die Auswahl wurde nach zwei Kriterien getroffen: erstens sollte sich die Kommunikation der konsekutiven Lerndyade in der offline-Planungsphase als interessant und lohnenswert für eine Analyse erweisen und zweitens sollte die integrative Lerndyade in ihren Leistungen in etwa vergleichbar sein. Grundlage dafür bildete das Klausurergebnis. Anhand dieser Kriterien wurden die folgenden Schülerpaare ausgewählt: konsekutive Bearbeitung - ULIR12_IRFR13 und integrative Bearbeitung - CLMI21_BAKL24. Als dritte Lerndyade wurde das Schülerpaar PEUD16_KAFR22 in die Feinanalyse mit einbezogen. Diese Lerndyade hat bei integrativer Vorgehensweise erfolgreich ein anderes Simulationsmodell zur Lösung der beiden Aufgaben umgesetzt. Die damit verbunden Kommunikations- und Kooperationsprozesse erschienen für eine tiefgründige Analyse besonders lohnenswert.

Die gewählte Untersuchungsmethode soll die beobachteten Unterschiede im Lösungsprozess der konsekutiven und integrativen Lerndyaden erklären und einen vertiefenden Einblick in die Konstruktion von prozeduralem und konzeptuellen Wissen ermöglichen. Darüber hinaus soll die kommunikationsbezogene Analyse klären, ob die Vorgehensweise (konsekutiv vs. integrativ) typische Bearbeitungsmuster hervorruft. Das Vorgehen in den nächsten Unterkapiteln sei an dieser Stelle noch einmal kurz zusammengefasst:

- Unterkapitel 6.4.1 bis 6.4.3: Feinanalyse von drei Lerndyaden der Kommunikation und Kooperation während des gesamten Bearbeitungsprozesses
- Unterkapitel 6.4.4 bis 6.4.8: Qualitative Überblicksanalyse entlang der fünf Analysefragen für alle Lerndyaden

  (1) Wahl des Modellzufallsexperiments
  (2) Verständnis von Messgrößen
  (3) Kontextbezug
  (4) Umgang mit Verteilungen
  (5) Nutzung des Simulationsplanschemas

- Aufzeigen von Zusammenhängen und Ableiten von Bearbeitungsmustern.

6.4.1 Schülerpaar ULIR12_IRFR13 – konsekutive Bearbeitung

Voraussetzungen

Aufgezeichnet wurde das Schülerpaar ULIR12_IRFR13. Dieses Schülerpaar hat zunächst eine offline-Planungsphase, bei der sie soweit als möglich das Simulationsplanschema ausfüllen sollen. Anschließend bearbeitet das Schülerpaar die Aufgabe am Computer. Aus der Befragung zum Vorwissen und zur Selbsteinschätzung[137] ist folgendes bekannt:

ULIR12 (weiblich, S1) schätzt ihre mathematischen Fähigkeiten als gut ein, das Vorwissen in Stochastik als ganz schlecht. Von den im Eingangstest aufgeführten Inhalten und Begriffen aus der Sekundarstufe I hat ULIR12 nur Kreisdiagramme und Streifen- oder Säulendiagramme angekreuzt.

IRFR13 (männlich, S2) schätzt seine mathematischen Fähigkeiten ebenfalls als gut ein, das Vorwissen in Stochastik als schlecht. Von den im Eingangstest aufgeführten Inhalten und Begriffen aus der Sekundarstufe I hat IRFR13 Zufallsexperimente und das Ermitteln von Wahrscheinlichkeiten durch Experimentieren und durch Auszählen angekreuzt.

Es ist von Interesse, wie die Kommunikation und Kooperation dieses Schülerpaares im Bearbeitungsprozess der Aufgaben über die gesamte Schülerarbeitsphase hinweg funktioniert. Das vollständige Transkript ist in Anhang C zu finden. Sämtliche Äußerungen, Handlungen, Screenshots und organisatorische Angaben sind in MAXQDA mit Paragraphennummern erfasst, die hier kurz als Zahlenangaben aufgeführt werden. Für die den Ausführungen zugrundliegenden Aufgabenstellungen sei auf die Abb. 6.1 und 6.2 in Kapitel 6.1.1 verwiesen.

6.4.1.1 Planungsphase

Die Schüler bearbeiten zunächst offline die folgenden beiden Aufgabenstellungen:

Mit welcher Wahrscheinlichkeit erhält jemand, der nur rät, einen Preis (mindestens 8 von 12 Übereinstimmungen bei einer Auswahl aus zwei Tonqualitäten)?

Wie sollte der Moderator die „Preisgrenze" festlegen, damit die Wahrscheinlichkeit, dass ein Studiogast allein durch Raten einen Preis bekommt, höchstens 1 % beträgt (12 Musiktitel bei einer Auswahl aus drei Tonqualitäten)?

---

[137] Vgl. Kapitel 7.2.

In *1-31* werden organisatorische Dinge abgehandelt. Anschließend füllen die beiden Schüler in *32-94* das Simulationsplanschema für die Aufgabe 1 und in *33-173* für die Aufgabe 2 aus.

Umgang mit dem Messgrößenkonzept in der Planungsphase von Aufgabe 1

S1 und S2 haben das Simulationsplanschema (Abb. 6.32) bis einschließlich Schritt „[2] Stichprobe ziehen" ausgefüllt.

[1] Festlegen der Urnenkollektion	Ausprägungen: *richtig / falsch* Merkmalsname: *Antwort* Fathom-Formel:
[2] Stichprobe ziehen	☒ mit Zurücklegen ☐ ohne Zurücklegen Anzahl der zu ziehenden Kugeln: *12*
[3] Festlegen der Messgrößen	Beschreibung: *Anzahl der richtigen Antworten* Ausprägungen: *0–12* Messgrößenname: *Anzahl_richtig* Fathom-Formel: *Anzahl (Antwort = richtig)*
[4] Messgrößen sammeln	Anzahl der gesammelten Messgrößen: *5000*

Abb. 6.32 U10-11: Ausschnitt Simulationsplan 1 - ULIR12

Der darauffolgende Schritt „[3] Festlegen der Messgrößen" soll anhand des Transkriptausschnittes *52-62* genauer untersucht werden. Es sind Beschreibung, Ausprägung, Name und Formel der Messgröße einzutragen.

Transkriptausschnitt 52-62

52 S1: Anzahl der zu ziehenden Kugeln... Beschreibung... Festlegen... Ich check das noch nicht mit dem Festlegen der Messgrößen! Also was ich messen will. Anzahl der richtigen Antworten, ich versteh es doch

53 *Beschreibung wird eingetragen.*

54 S1: (zu sich selber) Anzahl der richtigen Antworten. (Jetzt laut) Ausprägungen. ... Ja, 0 bis 12.

55 *Ausprägung wurde eingetragen.*

56 S2: Ja.

57 S1: Messgrößenname.

58 S2: Ja, Anzahl Unterstrich Richtig. Das hatten wir beim letzten Mal auch.

59 S1: Warum?

60 S2: Ja, weil wir das jetzt einfach so nennen.

61 *Beide tragen als Messgrößenname: 'Anzahl_richtig' ein.*

62 S1: Ach, das ist jetzt so ne neue Spalte, die wir so nennen, ne?! Das ist ja noch keine Formel. FATHOM-Formel können wir doch einfach machen...

In *52* meint S1, das Konzept der Messgrößen noch nicht verstanden zu haben. Die intuitive Interpretation mit „was ich messen will" erscheint zunächst tragfähig, da S1 eine korrekte Beschreibung für die Messgröße und deren Ausprägungen (*54*) angeben kann. S2 bestätigt die Eintragungen von S1, indem er sie bejaht (*56*). Diese beiden inhaltlichen Aspekte sind nun in die FATHOM-spezifische Sprachstruktur Messgrößenname und FATHOM-Formel zu übertragen. S2 beantwortet in *58* die von S1 in den Raum gestellte Äußerung „Messgrößenname" (*57*) mit „Anzahl Unterstrich Richtig. Das hatten wir beim letzten Mal auch." Offenbar handelt S2 hier ganz im Sinne eines Analogieprinzips, d. h. er überträgt seine Kenntnisse aus U8-9 auf diese Aufgabe. Für S1 ist das nicht offensichtlich, deshalb die Nachfrage in *59*. Mit seiner Antwort in *60* will S2 vermitteln, dass die Wahl des Namens willkürlich erfolgen kann. In *62* benennt S1, dass die Festlegung des Namens der Erzeugung einer neuen Spalte in FATHOM entspricht und das dies noch nichts mit dem Festlegen einer Formel zu tun hat. S1 hat offenbar verstanden, dass eine Messgröße einerseits aus einem Namen und andererseits aus einer Formel besteht.

Die Schüler sind sich unsicher, ob sie auch die Formel eintragen sollen, daher fragen sie einen Studenten in *63*. Der bejaht diese Frage. Der folgende Ausschnitt bezieht sich auf das Aufschreiben einer adäquaten FATHOM-Formel für die Messgröße im Simulationsplanschema.

Transkriptausschnitt 64-79

64	S1:	Ok, dann machen wir es mit dem blauen Stift. … Ja, dann müssen wir das doch eigentlich einfach Summe Anzahl richtig, oder?
65	S2:	Äh, Anzahl.
66	S1:	Ja.
67	S2:	Ist doch genau das gleich, wie bei dem, was wir hier hatten.
68	S1:	Achso, ja, ich hab das da gerade angeguckt.
69	S2:	Ja da geht es ja darum, das irgendwie zusammenzuzählen.
70	S1:	Und da zählen wir nur, wie oft wir…
71	S2:	… ja, wie viele der 12 gezogenen Kugeln, … also auf wie vielen der 12 gezogenen Kugeln richtig drauf steht, sozusagen. Das entspricht ja dann den richtig Beantworteten.
72	S1:	Und das da: Messgrößenname. Ist damit nur aufgeführt. Das ist die Überschrift von der Spalte, wo das da reinkommt, ne?!
73	S2:	Ja.
74	S1:	Womit wir das hier modellieren, quasi. Anzahl …
75	S2:	Ja, dann steht dann in der nächsten Tabelle halt Anzahl richtig und da ist dann mit der Formel das ausgerechnet.
76		*S1 trägt bei FATHOM-Formel: 'Anzahl(Anzahl_richtig)' ein.*
77		*S2 trägt: 'Anzahl(Antwort=richtig)' ein.*
78	S1:	Ja, also Anzahl Anzahl richtig. … Oder? … Aber…
79		*S1 sagt etwas falsches, S2 reagiert nicht und trägt das Richtige bei sich ein.*

S1 gibt in *64* an, dass man die Anzahl der richtigen Antworten einfach nur zusammenzählen muss und schlägt als Formel für die Messgröße *Summe Anzahl richtig* vor. S2 wirft daraufhin in *65* ein, dass FATHOM dafür die Funktion *Anzahl()* zur Verfügung stellt. In *67* weist S2 noch einmal darauf hin, dass dies doch genauso wie bei dem besprochenen 10er-Test sei. Möglicherweise hat sich S1 in *68* gerade das Aufgabenblatt mit der Tippschein-Abbildung (siehe Abb. 6.33) angeschaut und S2 meint in *69*, dass es ja gerade darum gehe, die richtigen Tipps „irgendwie zusammenzuzählen" und versucht dies in *72* durch Kugeln mit entsprechender Beschriftung zu veranschaulichen. Die Äußerung von S1 in *72* ist wohl so zu interpretieren, dass S1 sich versucht klar zu machen, worin der Unterschied zwischen Messgrößenname und FATHOM-Formel besteht. Der Messgrößenname wird als Spaltenüberschrift für eine Tabellenspalte genannt, „wo das da reinkommt", nämlich die FATHOM-Formel bzw. die durch diese Formel erzeugten Werte. S2 formuliert in *75* präziser, dass die Messgröße erst in einer weiteren Tabelle zur Spaltenüberschrift wird. S1 trägt als Formel *Anzahl(Anzahl_richtig)* auf dem Simulationsplanschema ein und verbalisiert dies in *78* mit gewissen Zweifeln, die zunächst unbeantwortet bleiben.

Beispiel für einen Tippschein

	Musikstück	1	2	3	4	5	6	7	8	9	10	11	12
Schätzung	CD-Qualität												
	MP3-128												
Auswertung	richtig/ falsch												
Anzahl der richtigen Tipps													

Abb. 6.33 U10-11: Ausschnitt Arbeitsblatt 1, Tippschein

Das Problem dieser von S1 gewählten Festlegung besteht darin, dass die *Anzahl()*-Formel direkt auf die Messgröße angewendet wird. Das Phänomen eines Zirkelbezuges in der Deklaration der Messgröße (Name der Messgröße als Argument der *Anzahl()*-Formel) fällt S1 zunächst nicht auf. Eine mögliche Deutungshypothese besteht darin, dass S1 Merkmal und Messgröße gleichsetzt.

In *80-94* verständigen sich S1 und S2 darauf, dass das Zufallsexperiment 5000-mal wiederholt werden soll und dass eine Auswertung auf dem Simulationsplanschema noch nicht möglich ist.

Modellierung des Zufallsexperimentes in der Planungsphase von Aufgabe 2

Mit *95* beginnen die beiden Schüler mit der Bearbeitung von Aufgabe 2 in der offline-Phase. Nach organisatorischen Nachfragen und dem Lesen der Aufgabe wird das Simulationsplanschema während *106-126* bis einschließlich Schritt „[2] Stichprobe ziehen" ausgefüllt (vgl. Abb. 6.34). Aus diesem Abschnitt soll einen Transkriptausschnitt genauer angeschaut werden, in dem es um die Modellierung des Zufallsexperiments geht.

[1] Festlegen der Urnenkollektion	Ausprägungen: *richtig, falsch, falsch* Merkmalsname: *Antwort* Fathom-Formel: */*
[2] Stichprobe ziehen	☒ mit Zurücklegen ☐ ohne Zurücklegen Anzahl der zu ziehenden Kugeln: *12* •
[3] Festlegen der Messgrößen	Beschreibung: *Anzahl der richtigen Antworten* Ausprägungen: *0–12* Messgrößenname: *Anzahl-richtig* Fathom-Formel: *Anzahl (Antwort = richtig)*
[4] Messgrößen sammeln	Anzahl der gesammelten Messgrößen: *5000*

Abb. 6.34 U10-11: Ausschnitt Simulationsplan 2 - ULIR12

Transkriptausschnitt 109-119

109   S1:   Ok, Ausprägung richtig und falsch wieder, ne?! … ne?!
110   S2:   Mh… Ja.
111   *S1 liest nochmals leise die Fragestellung durch.*
112   S1:   Hier wie ist denn das gemeint mit diesen Dingern?
113   S2:   Ne, aber wir müssen richtig, falsch, falsch. Es gibt ja diesmal drei Möglichkeiten. Dann ist halt…
114   S1:   Es kann zweimal falsch sein und einmal richtig. Weil es nur einen gibt.
115   *Beide tragen 'richtig, falsch, falsch' bei Ausprägung ein.*
116   S2:   Ja…. Und dann hast du nur noch einen 33,33 sonst was prozentige Chance, also von einem Drittel…
117   S1:   … aber kann man nicht… äh …
118   S2:   Ja, kann man bestimmt, wenn du mir sagt, was wir machen.
119   S1:   Bei nem Würfel tun wir sechs Kugeln rein, ne?! …

In *109* will S1 zunächst wieder die gleichen Ausprägungen wie bei Aufgabe 1 (*richtig* und *falsch*) verwenden. Die Frage von S1 in *112* kann man so deuten, dass diese sich auf die drei verschiedenen Musikqualitäten beziehen könnte. S2 äußert in *113*, dass die Urne aufgrund dieser drei Möglichkeiten korrekterweise mit „richtig, falsch, falsch" zu füllen ist. S1 bestätigt dies in *114* durch eine als Kontextbezug zu interpretierende Äußerung: „Es", das Ergebnis des Tipps, „kann zweimal falsch und einmal richtig" sein. S2 bestätigt S1 und vertieft den Kontextbezug dahingehend, dass man nun nur noch die Chance von 1/3 auf einen richtigen Tipp hat. Die Äußerungen in *117/119* lassen u. a. folgende Deutungshypothese zu: S1 fragt sich, ob man die Urne nicht auch anders füllen könnte. Der Bezug zum Würfel und dessen sechs gleichmögliche Ausprägungen wirken als Bestätigung des bisherigen Vorgehens. In *120-126* wird Schritt „[2] Stichprobe ziehen" bearbeitet.

Umgang mit dem Messgrößenkonzept in der Planungsphase von Aufgabe 2

Im Simulationsplanschema wird in *127-163* der Schritt „[3] Festlegen der Messgrößen" bearbeitet.

Transkriptausschnitt 127-134

127 *[3] Festlegen der Messgrößen' wird behandelt.*
128 S1:   Ich werd es nie lernen mit diesen Messgrößen. *(leise)* Anzahl der richtigen Antworten. ... Ausprägung... auch 0 bis 12, oder?!
129 S2:   Ja. ... Glaub es wird schwieriger, dass du die da richtig ziehst, aber es bleibt trotzdem bei 0 bis 12.
130 S1:   Messgrößenname... Anzahl richtig.... aaaaah .... Warum muss es denn eigentlich
nicht Antwort richtig heißen, sondern Anzahl richtig?
131 S2:   Ja, muss es ja gar nicht. Du kannst es dir ja aussuchen, wie du das da nennst.
132 S1:   Was?
133 S2:   Ja, das hier. Das ist ein Name, den du dir einfach so ausdenkst.
134 S1:   Achso...

S1 gesteht in *128*, Schwierigkeiten „mit diesen Messgrößen" zu haben. Beschreibung und Ausprägung werden im Simulationsplanschema eingetragen. Die Äußerung von S1 „auch 0 bis 12, oder?!" bejaht S2 in *129* und verknüpft dies mit einer
Erläuterung, die man im stochastischen Sinne so deuten kann: Die Wertemenge
der Zufallsgröße bleibt unverändert, nur deren Eintrittswahrscheinlichkeiten ändern sich. In *130* hat S1 bei der Vergabe eines Messgrößennamens das gleiche
Problem wie in Aufgabe 1. S1 möchte offenbar, dass der Name der Messgröße
besser zur Modellsituation passt, da es ja um richtige Antworten geht. S2 versucht
in *131/133* noch einmal deutlich zu machen, dass die Wahl des Namens egal sei
und man sich diesen so ausdenken könne, dass man damit etwas anfangen kann.

Während S2 in *135* bereits die FATHOM-Formel für die Messgröße in sein Simulationsplanschema einträgt, lenkt S1 vom Thema ab. Bis *145* spielt das Autofahren
eine Rolle. Dann erst geht S1 auf den Eintrag der Formel bei S2 ein.

Transkriptausschnitt 146-156

146 S1:   Anzahl... Jetzt hast du ja Antwort geschrieben, ich hab davor Anzahl geschrieben.
(lacht) ... Ist das falsch? ... Ja, das ist falsch!
147 *S1 ändert auf dem ersten Simulationsplan ihren eigenen Eintrag bei FATHOM-Formel und
trägt die Formel auf dem zweiten Simulationsplan ein.*
148 S2:   Aber Anzahl richtig sagt ja
149 S1:   Das das so heißt ja nur die Spalte. Da sagt er mir ja, wie viele ich in dieser Spalte
hab, oder?!
150 S2:   Ja, ich glaub schon.
151 S1:   ((U)) ... *(liest laut, die Anweisungen auf dem Aufgabenblatt durch)* Überlegen sie
wirklich, ob sie richtig und falsch testen. Wir müssen irgendwie vorher festlegen... Ach,
ist bestimmt nur bei FATHOM so. ... Antwort gleich richtig. Also diese Spalte hier, ne?! Ja,
die Spalte, wo ... Äh ... Ich muss mir das immer noch mal theoretisch ... Die Spalte, wo
die Antwort heißt. Da steht doch immer richtig, falsch, falsch drin, oder?!
152 S2:   Ja.
153 S1:   Ja und dann...
154 S2:   Ja, aber durch die Stichprobenziehung hast du dann ja automatisch verschiedene...
155 S1:   Ja, wird schon, also...
156 S2:   ... dieses hier...

In *146* bemerkt S1 ihren Fehler bei der FATHOM-Formel für die Messgröße und ändert den Eintrag im Simulationsplanschema (siehe Abb. 6.32). Die kurze Diskussion in *148-150* lässt sich so deuten, dass S1 der Zirkelbezug in der eigenen Definition der Messgröße bewusst zu werden scheint. „Anzahl richtig" heißt ja nur die Spalte bzw. das Merkmal, aber mit dieser Formel: *Anzahl (Antwort = "richtig")* würde man ein Ergebnis erhalten, dass angibt, „wie viele ich in dieser Spalte hab". In *151* wird das Problem von S1 ganz offensichtlich. Diese Äußerung lässt sich so deuten, dass S1 meint, dass die Messgröße sich auf die Spalte Antwort in der Urnen- bzw. Quellkollektion bezieht (*151*: S1: „...Die Spalte, wo die Antwort heißt..."). Dies würde die Irritation von S1 erklären, denn was soll in einer Urne mit richtig, falsch, falsch gemessen werden. In *154/156* erklärt S2, dass erst durch die Stichprobenziehung verschiedene Ergebnisse zustande kommen.

In *157-159* werden die Eintragungen zur Wiederholung des Zufallsexperimentes gemacht. S2 versucht anschließend S1 noch einmal den Unterschied in den Formeln verständlich zu machen.

Transkriptausschnitt 160-163

160	S2:	Guck mal hier, das hier gibt's ja sozusagen noch gar nicht, wenn du dann diese neue Kollektion dann halt öffnest, dann lässt du es halt...
161	S1:	Die mit der Stichprobe?
162	S2:	Ja, du nennst es einfach Anzahl richtig. Und durch diese Formel wird die Anzahl richtig berechnet. Danach bekommst du erst die Spalte Anzahl richtig, wo dann drin steht, was richtig und was falsch ist. Darum kannst du nicht Anzahl von Anzahl richtig machen, weil das gibt's einfach noch gar nicht.
163	S1:	Ja, ... dann sind wir fertig, oder?

S2 versucht in *160/162* die Zirkeldefinition S1 dadurch zu erklären, dass man nicht etwas messen kann, was noch nicht da ist. Man kann die Erklärung von S2 so deuten, dass auf die Aufeinanderfolge von Stichprobenkollektion mit Deklaration der Messgrößen und das nachfolgende Erzeugen der Messgrößenkollektion Bezug genommen wird. Konkret verständigen S1 und S2 sich in *160-162* darauf, dass S2 mit „neue Kollektion" die Stichprobenkollektion meint. Weiter zeigt S2 in *162* klar die Trennung von Bezeichnung der Messgröße und Formel zur Berechnung des Wertes einer Messgröße auf. Erst durch das Sammeln der Messgrößenwerte in einer eigenen Kollektion wird die Messgröße Anzahl_richtig zum Spaltenmerkmal und wäre dann z. B. durch die Funktion *Anzahl(Anzahl_richtig)* auswertbar. Diese inhaltlichen Informationen bringt S2 in *162* mit dem Halbsatz „weil das gibt's einfach noch gar nicht." auf den Punkt. Die Bestätigung von S1 in *163* lässt vermuten, dass die Erklärung von S1 akzeptiert wurde.

In *164-174* werden noch organisatorische Dinge geregelt, dann gehen S1 und S2 an den Computer. Insgesamt hat die Planungsphase 14 Minuten und 22 Sekunden gedauert.

6.4.1.2 Computerarbeitsphase – Aufgabe 1

Die beiden Schüler bearbeiten von *175-361* Aufgabe 1 des Arbeitsblattes: *Mit welcher Wahrscheinlichkeit erhält jemand, der nur rät, einen Preis (mindestens 8 von 12 Übereinstimmungen bei einer Auswahl aus zwei Tonqualitäten)?*

Computerarbeitsphase – Umgang mit dem Modellierungsinterface Aufgabe 1

Ab *175* beginnt die Camtasia-Aufzeichnung. Die Planungen werden in ein adäquates Modellzufallsexperiment mit Urnen- und Stichprobenkollektion umgesetzt (*175-195*). Bemerkenswert ist der Kontextbezug, den die Schüler für die Stichprobe herstellen.

Transkriptausschnitt 190-195

190 S1: Warte mal, sind das jetzt 12?
191 S2: Ja das sind 12 Fälle, alle mit richtig oder falsch.
192 S1: Das ist jetzt ein Quiz quasi.
193 *FATHOM: In der Tabelle der Stichprobenkollektion werden mit Hilfe der Seitenleiste alle Werte betrachtet.*
194 S2: Ja, das erste.
195 S1: Und jetzt?

In *192* identifiziert S1 die Stichprobe als ein Quiz. S2 bestätigt dies und präzisiert, dass es das erste Quiz sei. Beide Schüler benutzen die gleiche Kontextualisierung der Computersimulation. Der in eine Spielsituation eingekleidete Hörtest wird als Frage- und Antwortspiel (= Quiz) interpretiert. Dies ist eine wichtige Begriffsbildung im Sinne eines konzeptuellen Wissenserwerbs.

Computerarbeitsphase – Umgang mit dem Messgrößeninterface Aufgabe 1

In *196-223* werden durch die FATHOM-Handlungen von S2 Messgrößen definiert und gesammelt. Interessant ist, dass sich der Kontextbezug bei beiden Schülern fortsetzt, wie die Äußerungen in *208-212* und *222-223* zeigen.

Transkriptausschnitt 205-223

205 *FATHOM: Im Infofenster zur Stichprobenkollektion wird im Kartenreiter 'Messgrößen' der Eintrag <neu> durch 'Anzahl_richtig' überschrieben. Der Name der Messgröße wird also festgelegt. Dann wird über das Formelfeld der Formeleditor geöffnet. Dort geben die Schüler die Formel 'Anzahl(Antwort="richtig") ein.*
206 S1: Ich verstehe nicht... wie, wo ((U))
207 *FATHOM: Im Infofenster zur Stichprobenkollektion ist im Kartenreiter 'Messgrößen' neben der definierten Messgröße der Wert '5' zu lesen.*
208 S2: Ja, jetzt steht hier 5 ma gleich richtig.
209 S1: Der hat nicht gewonnen
210 S2: Und jetzt machen wir... Hier ist doch gar nicht angegeben, wann man gewonnen hat.
211 S1: Doch mit 8 Liedern!
212 S2: Achso, ja.
213 S1: Jetzt machen wir...
214 S2: ... wie viele Messgrößen wir sammeln.
215 *FATHOM: Das Infofenster zur Stichprobenkollektion wurde geschlossen. Über das Kon-*

textmenü der Stichprobenkollektion wird der Eintrag 'Messgrößen sammeln' ausgewählt.
Eine Messgrößenkollektion mit dem Namen 'Messgrößen von Stichprobe von Urne' er-
scheint auf dem Arbeitsbereich.
216   S1:   So, und wie viel sind da jetzt rüber geflogen? Fünf Dinger!
...   ...
221

Messgrößen von Stichprobe von Urne

	Anzahl_...	<neu>
1	5	
2	7	
3	7	
4	6	
5	5	

222   S1:   Was ist das jetzt? Warte, warte, lass mich überlegen. Das sind 5 Quizze und so
              viele wurden jeweils richtig beantwortet.
223   S2:   Ja, genau und er ist kein einziges Mal durchgekommen.

S2 kommentiert in *208* den Wert der Messgröße. Es ist das Ergebnis des ersten durch die Stichprobenziehung simulierten Quiz. S1 übersetzt sofort in die Sachsituation „Der hat nicht gewonnen.". Der Inhalt der Messgrößenkollektion wird in *222* durch S1 kontextualisiert und von S2 in *223* in den Bezug zur Preisgrenze gesetzt. Wie schon bei der Stichprobenkollektion angeführt, wird auch hier deutlich, dass beide Schüler eine adäquate Kontextualisierung der Simulationsumgebung für Aufgabenstellung benutzen.

In *224-227* werden die notwendigen Dinge für das 5000-malige Wiederholen des Zufallsexperiments in FATHOM besprochen und in dem entsprechenden Kartenreiter eingestellt. In *227-232* vergegenwärtigen sich S1 und S2 noch einmal die Aufgabenstellung und warten auf die Fertigstellung der Messgrößenkollektion. In der Wartezeit werden Witze erzählt (*233-249*, vgl. Transkript Anhang C).

Computerarbeitsphase – Umgang mit dem Auswertungsinterface Aufgabe 1

In *250-315* geht es um die Auswertung der Ergebnisse in der Messgrößenkollektion und deren Interpretation. Dies entspricht den Stufen 5 und 6 im allgemeinen Simulationsplan. Das Schülerpaar nimmt die erforderlichen numerischen und graphischen Auswertungen vor und überträgt die Ergebnisse in das Simulationsplanschema. In diesem Abschnitt werden einige Transkriptausschnitte bezüglich der Analysefragen genauer betrachtet. Die Schüler ziehen in *250-256* das Merkmal der Messgrößenkollektion in eine numerische Auswertungstabelle und möchten die Auswertung *aMittel()* abändern.

Transkriptausschnitt 257-264

257   S1:   Ähh ... Anzahl richtig durch Anzahl, oder so?
258   *FATHOM: Durch Doppelklick auf die Formel 'aMittel( )' in der Auswertungstabelle öffnet*

sich der Formeleditor, darin steht bereits die Formel 'aMittel( )'. Diese wir gelöscht und die Schüler beginnen damit eine neue Formel einzutragen.

259 S2: Ja, also ich würde zwei Formeln machen. Wir können erstmal Anzahl von Anzahl gleich richtig, äh von Anzahl gleich richtig größer gleich 8. Und dann haben wir erstmal die Leute, die ((U)) gewonnen haben.

260 S1: Gewonnen haben.

261 S2: Und dann teilen wir das durch die Gesamtanzahl und dann haben wir die relative Häufigkeit.

262 S1: Ja. ((U)) Aber wir woller auch noch aMittel haben. … Was heißt das? Im Durchschnitt hat man 6,3 richtige Antworten?

263 S2: 6,03.

264 *FATHOM: Die Schüler geben in den Formeleditor der Auswertungstabelle die Formel 'Anzahl(Anzahl_richtig$\geq$8)' ein.*

Dieses Schülerpaar arbeitet sowohl mit der absoluten als auch mit der relativen Häufigkeit, wie auch aus dem nachfolgenden Transkriptausschnitt ersichtlich ist. Für den Umgang mit dem Aufgabenkontext ist es hilfreich, auf der Basis von absoluten Häufigkeiten zu agieren. In Bezug zur Wiederholungszahl $N = 5000$ gesetzt, ergibt sich dann die relative Häufigkeit. S2 schlägt in *259/261* vor, zwei Auswertungen vorzunehmen, eine bezüglich der Anzahl und eine bezüglich des Anteils. Dies ist eine prima Idee, denn dadurch lässt sich das Ergebnis der Auswertung anschaulicher auf den Kontext beziehen und entsprechend als „Leute die gewonnen haben" interpretieren. In *262* nimmt S1 auf einen Kennwert der Verteilung, das arithmetische Mittel, Bezug. Auch dieser Wert wird in den als Quiz interpretierten Kontext der Aufgabe gestellt.

In den folgenden Abschnitten arbeiten die Schüler parallel am Simulationsplanschema und am Computer.

Transkriptausschnitt 268-276

268 S1: Ja, also sagen wir Auswertung. Ich schreib schon mal auf. Das ist jetzt die absolute Häufigkeit?

269 S2: Von 5000 Versuchen halt.

270 S1: Ist gleich 1016, die dazugehören. Müssen wir ihm das auch sagen, wie wir das gemacht haben? Wie wir die bestimmt haben, die relative Häufigkeit? … Ich kann es ja noch mal drunter schreiben.

271 *FATHOM: Während S1 geredet hat, hat S2 über das Kontextmenü der Auswertungstabelle den Menüpunkt 'Formel hinzufügen' geklickt und einen Formeleditor geöffnet. Darin trägt er nun als zweite Formel für die Auswertungstabelle 'Anzahl(Anzahl_richtig$\geq$8)/Gesamtanzahl' ein.*

…

274

Messgrößen von Stichprobe von Urne	
Anzahl_richtig	1016
	0,2032

S1 = Anzahl (Anzahl_richtig $\geq$ 8)

$$S2 = \frac{\text{Anzahl (Anzahl\_richtig} \geq 8)}{\text{Gesamtanzahl}}$$

275 S2: Oh, ca. 20 % haben bestanden. … Soll ich noch so einen Graphen machen?

276 S1: Ja, da können wir die Verteilung aufschreiben.

Auf die Frage von S1 in *268* zum Ergebnis der Häufigkeitsauswertung erweitert in *269* S2 die Rahmung des bisherigen Kontextes Quiz auf „von 5000 Versuchen...". Die Äußerung von S1 in *270* ist so zu deuten, dass mit den „...1016, die dazuge- hören", diejenigen Leute bzw. Personen gemeint sind, die gewonnen haben. In *275* erweitert S2 den Kontextbezug, indem nun nicht nur von Gewinnen sondern auch von Bestehen die Rede ist. Dies lässt den Schluss zu, dass S2 eher an eine Testsituation denkt. Bemerkenswert ist, dass die Lerndyade einen Zusammenhang von Graph und Verteilung herstellt, wie er in *275-276* zum Ausdruck kommt.

In *277-305* erstellen die Schüler ein Histogramm als graphische Auswertung und lassen sich das arithmetische Mittel in die Verteilungsgraphik einzeichnen. Nebenbei werden im Simulationsplanschema die Schritte „[5] Auswertung" und „Interpretation der Auswertung" weiter ausgefüllt (vgl. Abb. 6.35).

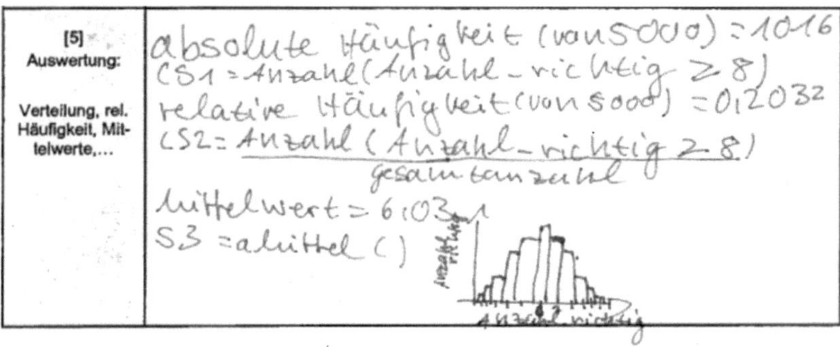

Interpretation der Auswertung:

Abb. 6.35 U10-11: Ausschnitt Simulationsplan 1 - ULIR12

Interessant in diesem Abschnitt der Aufgabenbearbeitung sind zwei Dinge: die Unsicherheit im Umgang mit dem Begriff Wahrscheinlichkeit und die Unsicherheit über das Simulationsergebnis. Dies soll der folgende Transkriptausschnitt verdeutlichen.

Transkriptausschnitt 304-309

304   S1:   Ich überleg schon mal was. Ähm, soll ich schreiben, es besteht zu 20 % die Chance, dass man nur durch Raten einen Preis gewinnt? ... (ca. 30 Sekunden) Besteht zu 20 % die Wahrscheinlichkeit oder die Chance? Die Chance, oder?! ... Muss man da auch noch was zu der Wahrscheinlichkeit sagen, ne, oder?!

...

308   S2:   Ähm, ist nur Zufall, aber es gibt kein einiges Mal 12, oder ist das so klein, dass man das da gar nicht erkennen kann?
309   S1:   Ja mach doch mal Zufall erneuern... Ja, guck, warte mal. Nein, nein, nein, geh mal weg.

Offenbar ist sich S1 *304* unsicher, wie mit den Begriffen Chance und Wahrscheinlichkeit umzugehen ist. Die Äußerungen von S1 lassen den Schluss zu, dass die Begriffe unterschiedlich verwendet werden. Eine Deutung wäre, dass S1 der Begriff Chance im Sinne von relativer Häufigkeit gebraucht. S2 ist in *308* ein Phänomen beim Analysieren der Häufigkeitsverteilung im Histogramm aufgefallen: „...es gibt kein einiges Mal 12, oder ist das so klein, dass man das da gar nicht erkennen kann?". Dies ist ein Beleg für den inhaltlichen Umgang mit durch Simulation erzeugten Häufigkeitsverteilungen. Denn die Frage von S2 lässt sich so deuten, dass sie auf die Wahrscheinlichkeit von 12 Übereinstimmungen abzielt. Bei 5000 Versuchen käme dies lt. Binomialverteilung ungefähr einmal vor, und das ist im Histogramm kaum zu erkennen. Das können die Schüler aber nicht wissen. Die Strategie, die sie deshalb verfolgen, ist die nach einer Wiederholung der Simulation, um ggf. Zufallsabhängigkeiten zu erkennen. S1 schlägt in *309* daher vor, zunächst noch einmal „per Zufall" eine neue Häufigkeitsverteilung zu erzeugen. Allerdings wird auf das Ergebnis nicht mehr verbal eingegangen.

In *310-361* werden organisatorische Dinge abgehandelt, u. a. Speicherort und Speichername der Datei.

6.4.1.3　Computerarbeitsphase – Aufgabe 2

Die Schüler bearbeiten von *362-522* Aufgabe 2 des Arbeitsblattes: *Wie sollte der Moderator die „Preisgrenze" festlegen, damit die Wahrscheinlichkeit, dass ein Studiogast allein durch Raten einen Preis bekommt, höchstens 1 % beträgt (12 Musiktitel bei einer Auswahl aus drei Tonqualitäten)?*

Das Schülerpaar entscheidet sich, die vorhandene Simulationsumgebung an die geänderte Aufgabenstellung entsprechend ihres Simulationsplanes anzupassen (*362-389*) und dann weitere Messgrößen zu sammeln. Interessant ist wieder der Abschnitt der Auswertung der Messgrößenkollektion. Hier sind Entdeckungen zu machen, die ein spannendes Bild kooperativen Lernens zeigen.

Computerarbeitsphase – Umgang mit dem Auswertungsinterface Aufgabe 2

In *390* wird deutlich, dass S1 eher eine graphische Auswertung favorisiert, während sich S2 in *391* für eine numerische Lösung ausspricht. Organisatorische Dinge werden durch die Lehrperson in *393-418* ausgeführt.

Transkriptausschnitt 390-427

390	S1:	Hier wie geht denn das jetzt gleich mit den, ähm, diesem diesem ein Prozent das versteh ich nicht. ((U)) (liest leise die Aufgabenstellung durch) Achso, dann kann man gucken bei dem Histogramm, wo... bis wann ein Prozent ist, ne? Bis wie viele Antworten richtig. Also da jetzt könnte man das da anklicken und dann wüsste man das, oder?
391	S2:	Also genauso geht das halt mit so einer Auswertung.
392	S1:	Wie geht das denn?

...

419   S1:   Hier, … wieso kann ich das jetzt gerade nicht markieren?
420   *FATHOM: Die Schüler versuchen im Graphen einzelne Säulen mit der Maus zu markieren. Dabei wird mit Doppelklick auf den Graphen gedrückt und es erscheint das Infofenster zum Graphen.*
421   S2:   Weil da die Hand sein muss, damit du es markieren kannst.
422   *FATHOM: Die Säule über dem Wert '0' der waagerechten Achse wird mit der Maus angeklickt und die Säule ist nun rot hervorgehoben. Das Infofenster vom Graphen wird wieder geschlossen.*
423   S1:   Wie krieg ich jetzt davon nen Info Ding? …Nur von dem Roten? Damit ich mir nur das Rote anzeigen
424   S2:   ((U))
425   S1:   Was ist? Aber ich meine… Ich will wissen, wie viele… ob das unter Null Komma
426   S2:   Was bringt dir denn, wie viele Leute Null beantwortet haben? Es geht doch darum, wie viele sie beantworten müssen, um einen Preis zu gewinnen. Das wird bestimmt nicht Null werden.
427   S1:   Richtig. Aber… wie, wo machen wir denn das jetzt?

Offenbar hat S1 Schwierigkeiten, das Histogramm zu lesen und verwechselt die Achsen (*425*). Die Äußerung von S1 lässt sich so deuten, dass sie die waagerechte Achse irgendwie als Prozentachse betrachtet. Daher markiert S1 die Säule über der Null. S2 erkennt das Problem von S1 und setzt in *426* die Säule über der Null im Histogramm in den Aufgabenkontext: „Was bringt dir denn, wie viele Leute Null beantwortet haben? Es geht doch darum, wie viele sie beantworten müssen, um einen Preis zu gewinnen. Das wird bestimmt nicht Null werden." Offenbar hilft S1 diese Erläuterung von S2 (*427*).

Da S1 mit der graphischen Lösung begonnen hatte, arbeitet S2 mit dem Graphikfenster weiter und lässt als Wert das dritte Quartil einzeichnen (*428-436*).

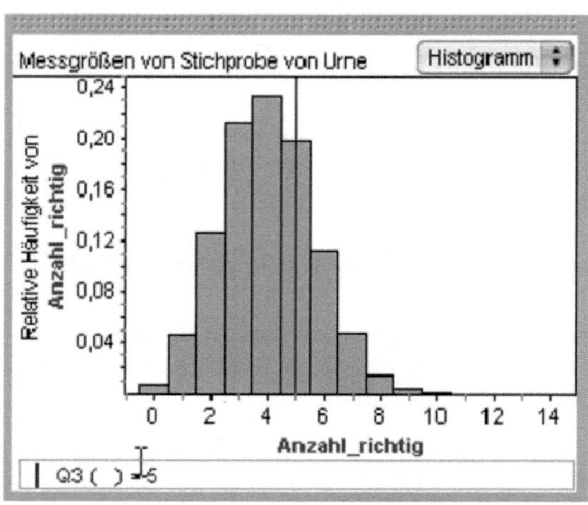

Abb. 6.36 U10-11: Häufigkeitsverteilung Aufgabe 2 - ULIR12_IRFR13

Transkriptausschnitt 437-455

437   S1:   Und was heißt das jetzt? … Das war der Mittelwert.
438   S2:   Ja, das hier sind jetzt rechts davon sind halt 25 Prozent jetzt. Aber ((U))

439   *FATHOM: Mit Doppelklick auf die Formel 'Q3( )' unter dem Graphen wir der Formeleditor 'Formel für Wert' wieder angezeigt.*
440   S1:   25 was Prozent?
441   S2:   Ja, 25 Prozent von all den Werten liegen jetzt rechts davon.
442   S1:   25 Prozent von richtigen Antworten.
443   S2:   Nicht von richtigen Antworten.
444   S1:   Sondern von Anzahl von richtigen Antworten.
445   S2:   Nein! Einfach von den 5000. Hier sind jetzt 25 Prozent der 5000
446   S1:   Was denn?!
447   S2:   Dinger drin.
448   S1:   Was denn Dinger?
449   S2:   Ja, einfach von diesen ähm, also hier sind ja wie viele Leute, die das richtig beantwortet haben.
450   S1:   Wie viele Leute vier richtig beantwortet haben. Wie viele Leute fünf richtig beantwortet...
451   S2:   Ja, genau. Und das sind jetzt die höchsten 25 Prozent sozusagen.
452   S1:   Ja, da stehen jetzt all die Leute, die ...
453   S2:   ((U))
454   S1:   Die ab da, ab sieben, fünf richtige Antworten haben.
455   S2:   Ja.

S1 ringt mit einer adäquaten Interpretation der Häufigkeitsdarstellung. In *440* fragt S1 praktisch 25 % von was, also nach der Bezugsgröße. Dies ist ein typisches Beispiel für die immer wieder auftretende Begriffsverwirrung beim Umgang mit Prozenten (vgl. auch Gigerenzer 2002). Erst die Kontextualisierung der 5000 Fälle der Messgrößenkollektion mit „Leute" (*449*) lässt S1 verstehen, dass sich die 25 % auf $N = 5000$ beziehen, also 25 % der Teilnehmer des durchgeführten Tests. Der erste Teil der Äußerung von S1 in *454* kann so gedeutet werden, dass die 25 % alle Säulen ab der siebten Säule umfassen. Allerdings wird $Q3() = 5$ nicht korrekt verbalisiert, denn dieser Wert heißt, dass in höchstens 25 % aller Fälle sechs und mehr richtige Antworten allein durch Raten gegeben werden.

Transkriptausschnitt 458-463

458   S2:   Das sind ja 500, äh 50.
459   S1:   Ach so, wir müssen hierhin, wir müssen diesen Strich da soweit kriegen, dass nur noch ein Prozent rechts davon liegt, oder?
460   S2:   Ja, also bei uns müssten jetzt 50 Leute gewinnen eigentlich. ... Ich weiß jetzt nicht, wie man das in einer Formel ausdrückt.
461   S1:   So, von 5000 Leuten sollen 50 gewinnen.
462   S2:   Ja.
463   S1:   Und wie machen wir das bitte?

In *464-486* versuchen S1 und S2 durch Probieren eine Antwort auf die Fragestellung zu finden. Sie suchen nach einer Formel, die in einer Auswertungstabelle das Gewünschte ausgibt: „Irgendwas muss dann gleich 50 sein..." (*479*). S2 kommt letztendlich durch Eingabe der Formel *Anzahl(Anzahl_richtig ≥ 9)* auf einen Wert von 20. Der darauffolgende Dialog lohnt sich für eine genauere Analyse.

Transkriptausschnitt 487-496

487   S2:   Ja, ich hab jetzt hier nen bisschen probiert.
488   S1:   Hä, warum?
489   S2:   Weil die Anzahl von Anzahl richtig größer gleich 8 ist gleich 88, das heißt, es sind noch zu viele. Es sind mehr als ein Prozent, die ((U))
490   S1:   Was? Die Anzahl von Anzahl richtig

491   S2:   Größer gleich acht. Das ist das gleiche, was wir vorher gemacht haben. Das ist
              der Anteil der Leute, die mehr als acht Fragen richtig hätten. Und das sind über acht
              Prozent. Äh über …
492   S1:   Über 50 Leute.
493   S2:   Äh, ja genau, über ein Prozent mein ich. Und bei größer gleich neun. Also man
              kann ja immer nur Fragen ganz oder gar nicht richtig haben, es gibt ja keine Kommazah-
              len dazwischen. Das heißt, man kann dann mit neun ausprobieren und dann mit Anzahl
              richtig größer gleich neun sind es dann nur noch 20.
494   S1:   Aha.
495   S2:   Das heißt, man muss mindestens neun Fragen beantworten, damit, damit also
              dieser ein Prozent ((U))
496   S1:   Ja wir können ja, warte, warte, warte ((U))

In diesem Ausschnitt wird wiederum deutlich, wie die beiden Schüler mit einer
gemeinsamen Rahmung des Kontextes arbeiten. In *489-492* verständigen sich
beide Schüler darauf, dass bei acht und mehr Übereinstimmungen noch über 50
Leute (also mehr als 1 %) einen Preis allein durch Raten bekommen würden. In
493 beschreibt S2 sein Vorgehen, wie er auf die Zahl 9 als Lösung durch Probieren gekommen ist.

Anschließend werden in *497-522* in der Auswertungstabelle die relative Häufigkeit ermittelt, die verbleibenden Schritte auf dem Simulationsplanschema ausgefüllt und die Datei abgespeichert. Die Aufzeichnung endet nach 31:29 Minuten.

6.4.1.4   Zusammenfassung für das Schülerpaar ULIR12_IRFR13

Die Lerndyade ULIR12_IRFR13 hat die beiden Simulationsaufgaben nach konsekutiver Vorgehensweise, also mit offline-Planungsphase, ohne Hilfe von außen
erfolgreich bearbeitet. Bei der explorierenden Analyse der Kommunikation und
Kooperation sind folgende Aspekte besonders aufgefallen:

–   S1 und S2 kooperieren sehr gut miteinander. S2 bemüht sich, die Ver-
    ständnisprobleme von S1 insbesondere im Umgang mit Messgrößen
    durch verschiedene Erklärungen zu beheben.

–   Bereits in der offline-Planungsphase ist das Name-Formel-Problem
    von Messgrößen Gegenstand der gemeinsamen Diskussion. S2 zeigt
    durch seine antizipierende Beschreibung, dass er das Messgrößenkon-
    zept von FATHOM inhaltlich verstanden hat.

–   Durch die Kontextualisierung von Kollektionen, Stichprobenkollektion
    als Quiz und Messgrößenkollektion als Auswertung von mehreren
    Quizzen, haben die Schüler kein Problem mit der n-N-Zuordnung.

–   Die beiden Schüler übersetzen die Ergebnisse der Simulation in natür-
    liche Häufigkeiten und können sich somit die Resultate besser vorstel-
    len.

Insgesamt gesehen kann man die Kommunikation und Kooperation der beiden
Schüler als beispielhaft bezeichnen. Probleme, insbesondere im Umgang mit

Messgrößen, können durch die inhaltliche Ausrichtung des Simulationsplanschemas bereits in der offline-Planungsphase behoben werden.

In der Analyse des Bearbeitungsprozesses hat sich darüber hinaus folgendes für das Design von Software und Simulationsplanschema gezeigt:

- Die Übersetzung des *count()*-Kommandos mit *Anzahl()* ist nicht optimal, denn dadurch ist der Zählvorgang nicht so offensichtlich wie bei einem Kommando zähle() bzw. zählewenn(), wie es in anderen Programmen verwendet wird.
- Das Feld „*Ausprägungen*" in der Urnenkollektion des Simulationsplanschemas ist semantisch problematisch, da ein Urneninhalt mit $\Omega_U = \{richtig, falsch, falsch\}$ verschieden von der Menge der Ausprägungen mit $\Omega_A = \{richtig, falsch\}$ ist.

Für die fünf Analysefragen ergibt sich folgende Zusammenfassung:

1. Das Schülerpaar wählt das normative Modell für die Modellierung als Zufallsexperiment.
2. Das Schülerpaar benutzt mehrfach Kontextbezüge zur Verdeutlichung der Situation und zum Verstehen der Simulationsumgebung. Dabei werden Begriffe wie Quiz, Versuche, Leute, Personen verwendet, um Inhalte der Stichproben- bzw. Messgrößenkollektion zu beschreiben.
3. Das Verständnis des Messgrößenkonzeptes ist bei beiden Schülern unterschiedlich ausgeprägt: S1 zeigt ein intuitives Verständnis für den Begriff Messgröße, hat aber keine hinreichenden Kenntnisse zur Realisierung in FATHOM (Name-Formel-Problem). S2 verfügt über diese Kenntnisse und er kennt die Notwendigkeit der Unterscheidung von Name und Formel. S2 kann zudem den Unterschied zwischen Merkmal und Messgröße verbalisieren. Das Simulationsplanschema verdeutlicht die Problematik zwischen intuitiven inhaltlichen Verständnis und Realisierung in FATHOM bei Schüler S1.
4. Die Schüler beziehen die graphische Darstellung von Verteilungen in ihre Auswertungen mit ein. Sie arbeiten bei beiden Teilaufgaben mit den Häufigkeitsverteilungen im Histogramm. Es wird explizit auf die Ränder der Verteilung Bezug genommen und *Q3()* als Wert in die Verteilung eingezeichnet und diskutiert.
5. Das Simulationsplanschema dient während der Computerarbeitsphase offenbar nur als Dokumentationsmittel. Eine darüber hinausgehende Nutzung als Handlungsanleitung ist explizit anhand der Kommunikation nicht feststellbar.

6.4.2 Schülerpaar CLMI21_BAKL24– integrative Bearbeitung

Voraussetzungen

Aufgezeichnet wurde das Schülerpaar CLMI21_BAKL24. Dieses Schülerpaar hat keine offline-Planungsphase, sondern bearbeitet die Aufgaben sofort am Computer. Die Schüler haben Simulationsplanschemata zur Verfügung, die nach Vorgabe schrittweise nebenher auszufüllen sind. Eine konkrete Instruktion zu deren Verwendung haben die Schüler, dem Design entsprechend, nicht erhalten. Aus der Befragung zum Vorwissen und zur Selbsteinschätzung[138] ist folgendes bekannt:

CLMI21 (männlich, S1) schätzt seine mathematischen Fähigkeiten als gut ein, das Vorwissen in Stochastik als durchschnittlich. Von den im Eingangstest aufgeführten Inhalten und Begriffen aus der Sekundarstufe I hat CLMI21 Kreisdiagramme, Streifen- oder Säulendiagramme, Spannweite, relative Häufigkeit, Zufallsexperimente, Berechnungen von Würfelexperimenten oder Münzwurfexperimenten, eigenes Experimentieren, Baumdiagramme und Ermitteln von Wahrscheinlichkeiten durch Experimentieren, durch Auszählen sowie mit Hilfe von Baumdiagrammen angekreuzt.

BAKL24 (männlich, S2) schätzt seine mathematischen Fähigkeiten als durchschnittlich ein, das Vorwissen in Stochastik ebenfalls als durchschnittlich. Von den im Eingangstest aufgeführten Inhalten und Begriffen aus der Sekundarstufe I hat BAKL24 Auswerten von statistischen Daten, Kreisdiagramme, Streifen- oder Säulendiagramme, Spannweite, relative Häufigkeit, Berechnungen von Würfelexperimenten oder Münzwurfexperimenten, eigenes Experimentieren, Simulieren von Zufallsversuchen, Baumdiagramme und Ermitteln von Wahrscheinlichkeiten durch Experimentieren, durch Auszählen, mit Hilfe von Baumdiagrammen sowie mit Hilfe von Simulationen angekreuzt.

Es ist von Interesse, wie die Kommunikation und Kooperation dieses Schülerpaares im Bearbeitungsprozess der Aufgaben über die gesamte Schülerarbeitsphase hinweg funktioniert. Das vollständige Transkript ist in Anhang C zu finden. Sämtliche Äußerungen, Handlungen, Screenshots und organisatorische Angaben sind in MAXQDA mit Paragraphennummern erfasst, die hier kurz als Zahlenangaben aufgeführt werden. Für die den Ausführungen zugrundliegenden Aufgabenstellungen sei auf die Abb. 6.1 und 6.2 in Kapitel 6.1.1 verwiesen:

---

[138] Vgl. Kapitel 7.2.

6.4.2.1 Computerarbeitsphase – Aufgabe 1

Die beiden Schüler bearbeiten von *1-390* Aufgabe 1 des Arbeitsblattes: *Mit welcher Wahrscheinlichkeit erhält jemand, der nur rät, einen Preis (mindestens 8 von 12 Übereinstimmungen bei einer Auswahl aus zwei Tonqualitäten)?*

Umgang mit dem Modellierungsinterface - Aufgabe 1

In *1-33* werden organisatorische Dinge abgehandelt und die Schüler lesen sich in die Aufgabe ein.

Transkriptausschnitt 34-36

34	S1:	Ok, das hab ich verstanden
35	S2:	Jo ... Ah, ist bestimmt das gleiche wie eben, nur eben anders.
36	S1:	Genau. ... Genau das Gleiche, nur anders.

S1 äußert in *34*, dass er den Inhalt der Aufgabe, die sie bearbeiten sollen, verstanden hat. S2 bestätigt dies und meint in *35*, dass die Aufgabe „bestimmt das gleiche wie eben" besprochen sei, nur in einer anderen Einbettung. S2 sieht dies in *36* genauso. Offenbar ist beiden Schülern klar, dass es sich um ein strukturgleiches Problem handelt, nur ist dieses in einen anderen Kontext eingebettet. Sie haben sich möglicherweise damit über die weitere Vorgehensweise bereits verständigt, ohne dies weiter auszuführen.

In *37-55* starten die Schüler zunächst eine Vorgängerversion von FATHOM, merken dies aber sofort, schließen FATHOM 1 und starten FATHOM 2 und ziehen eine neue Kollektion in den Arbeitsbereich, arbeiten dann aber zunächst am Simulationsplanschema (*60-66*).

Transkriptausschnitt 56-66

56	S1:	((U)) ... Wir nennen das mal - Komm, warte mal, machen wir schnell erst einen Simulationsplan. Wollen wir den erst mal schnell machen?
57	S2:	Jo.
...	...	
60	S1:	Äh, Ausprägungen ... Da sagen wir mal ... Wie machen wir das denn am besten?
61	S2:	Einfach so ne ((U)). ... Ja, richtig und falsch, oder?
62	S1:	Ja, eigentlich schon, oder? Warte mal ... Ja, stimmt eigentlich. Ausprägungen ... richtig ... falsch.
63	S2:	Ist auch Antwort wieder Merkmalsname?
64	S1:	Ähm ... Ja. ... Ok, mit zurücklegen würde ich sagen ja,
65	S2:	Ja das ((U)) ... na gut
66	S1:	Anzahl der zu ziehenden Kugeln wäre dann ja wohl 12.

In *56* hat S1 plötzlich die Idee, zuerst das Simulationsplanschema auszufüllen. Er formuliert diese Idee zweimal, einmal als Aufforderung und dann noch einmal als Frage. Interessant erscheint, dass die Schüler das Simulationsplanschema hier tatsächlich auch als Planungsinstrument zur Herstellung eines Modellzufallsexperimentes einsetzen. In *60-62* verständigen sich die Schüler auf das Füllen der Urne. S1 ist sich nicht sicher und fragt daher S2, wie man am besten vorgehen sollte. Dieser schlägt in *61* daher „richtig und falsch" vor. S1 findet diesen Vorschlag okay, welche Kriterien ihn zur Zustimmung bewegen, werden allerdings nicht transparent. In *67-87* übertragen die Schüler ihre Planungen in FATHOM und überlegen anschließend, was sie im Weiteren für die Durchführung der Simulation benötigen. Sie erstellen in *88-98* eine Tabelle für die Stichprobenkollektion und lassen sich alle zwölf Fälle anzeigen.

Umgang mit dem Messgrößeninterface - Aufgabe 1

Die Schüler arbeiten im Messgrößeninterface von *99-181*. Interessant ist dieser Abschnitt, weil die Schüler bei der integrativen Bearbeitung keine offline-Planungsphase haben und sich die dazu nötigen Dinge während der Computerarbeitsphase klarmachen müssen. Es scheint ihnen auch zunächst klar, was als nächstes getan werden muss. Allerdings offenbart die Interaktion beider Schüler in dieser Phase ein sehr fragiles und zum Teil inadäquates Verständnis des Messgrößenkonzeptes. Das soll mit verschiedenen Textstellen belegt werden.

Transkriptausschnitt 99-115

99	S1:	So, das ham wir schön gemacht. ... Ähm, wann war denn das noch mal? ... Ey, Messgrößen sammeln. Ja richtig ((U)) da.
...	...	
102	S1:	Wieso geht das jetzt nicht? (*lacht*). Wieso geht das jetzt nicht? (*lacht wieder*)
103	S2:	Ach so, wir müssen ja da Mess- Mess- Mess-
104	S1:	Ach so, richtig.
105	S2:	Ach genau, da müssen wir erst hier ((U))
...	...	
107	FATHOM:	*Das Fenster 'Info Stichprobe von Kollektion 1' wird durch einen Doppelklick auf das Icon von 'Stichprobe von Kollektion 1' geöffnet. Die Schüler wechseln zum Kartenreiter 'Messgrößen'. In der Spalte 'Messgröße' wird 'Anzahl_richtig' eingegeben. Der Name der Messgröße ist somit festgelegt.*
108	S1:	Ähm
109	S2:	Anzahl richtig. ... Unterstrich richtig.
110	S1:	Komm, dann machen wir's aber ((U))
111	S2:	Nun übertreib aber nicht.
112	S1:	(lacht)
113	S2:	Na!
114	S1:	So, sehr schön. ...
115	S2:	So jetzt machst du da mal die eine Simulation auf ((U)) ... Fällen. Weil sonst ... Vorhandene Fälle ersetzen. Sehr schön.

S1 meint zunächst in *99*, dass der nächste Bearbeitungsschritt „Messgrößen sammeln" wäre und wundert sich, warum dies nicht geht (*102*). Die Auswahl Messgrößen sammeln im Kontextmenü der Stichprobe ist inaktiv (grau), wenn noch keine Messgröße deklariert wurde. In *103-105* entsinnen sich beide Schüler, wo die Deklaration der Messgröße erfolgen muss, rufen den entsprechenden Kartenreiter auf und legen den Namen der Messgröße mit *Anzahl_richtig* fest (*106-109*). In *110-115* wird eine Messgrößenkollektion erzeugt, die Anzahl der Fälle auf 5000 erhöht und die vorhandenen Fälle ersetzt. Den Schülern fällt zunächst nicht auf, dass sie mit der Festlegung des Namens der Messgröße praktisch nur das „Nichts" sammeln.

Die Software wirkt zunächst als Korrektiv, da der entsprechende Befehl inaktiv ist (*102*). Das führt in der Folge dazu, dass die Schüler einen Namen für die Messgröße festlegen (*107-109*). Dadurch allein wird das Sammeln von Messgrößen in der Software möglich. Möglicherweise denken die Schüler, dass die Festlegung des Namens allein schon reichen würde. Dadurch setzen sie das Ziehen einer Stichprobe und das Sammeln von Messgrößen praktisch gleich.

In *116-121* wird der Bearbeitungsfortschritt beim Erzeugen der Messgrößenkollektion beobachtet, und die Schüler wenden sich dann zunächst dem Ausfüllen des Simulationsplanschemas zu (*122-128*).

Transkriptausschnitt 122-130

122	S1:	So, dann machen wir noch mal ganz kurz weiter. Beschreibung. Anzahl ...
123	S2:	richtige Antworten.
124	S1:	Ja, Anzahl richtig erkannter Musikstücke. ...Nein – Qualitäten
125	S1:	Anzahl richtig ... jaa. ... Qualitäten
126	S2:	0 bis 10, oder? 0 bis 12.
127	S1:	0 bis 12, genau.
128	S2:	Messgröße wäre dann Anteil Antwort richtig
129	S1:	Nee, warte mal. Wie war denn das mit der Formel noch mal? Wo musste man die Formel denn eingeben? Hier ne? Ja.
130	S2:	Hier bei ... Ja, oder?

[1] Festlegen der Urnenkollektion	Ausprägungen: *richtig ; falsch* Merkmalsname: *Antwort* Fathom-Formel:
[2] Stichprobe ziehen	☒ mit Zurücklegen ☐ ohne Zurücklegen Anzahl der zu ziehenden Kugeln: *12*
[3] Festlegen der Messgrößen	Beschreibung: *Anzahl richtig erkannter Qualitäten* Ausprägungen: *0 ...12* Messgrößenname: *antwort_richtig* Fathom-Formel: *Anzahl (Antwort: „richtig")*
[4] Messgrößen sammeln	Anzahl der gesammelten Messgrößen: *5000*

Abb. 6.37 U10-11: Ausschnitt Simulationsplan Aufgabe 1 - BAKL24

In *122-125* verständigen sich beide Schüler auf die Beschreibung der Messgröße. Es ist in *123-125* erkennbar, dass sich die Schüler um einen inhaltlichen Bezug zum Kontext der Aufgaben bemühen. Die Äußerung von S2 „richtige Antworten" übersetzt S1 in *124/125* in den Kontext der zu erkennenden Qualität der Musikstücke. Die Ausprägungen der Messgröße werden in *126/127* diskutiert und mit 0 bis 12 festgelegt. In *128* formuliert S2, was aus seiner Sicht die Messgröße wäre: „Anteil Antwort richtig". Dies ist unpräzise formuliert und lässt die Deutung zu, dass S2 wieder nicht zwischen Name und Formel der Messgröße unterscheidet. S2 meint mit „Messgröße" aber wahrscheinlich die FATHOM-Formel der Messgröße. Offenbar wird S1 in *129* klar, dass sie bei der Festlegung der Messgröße in FATHOM etwas vergessen haben. Man kann dies so deuten, dass das Simulationsplanschema den Schülern an dieser Stelle weiterhilft, um den eigenen Fehler zu erkennen. Von *131-151* suchen die beiden Schüler nach dem richtigen Ort des Eintragens der Formel der Messgröße. Zunächst wählen die Schüler den Kartenreiter Messgrößen in der gerade erzeugten Messgrößenkollektion aus und zeigen auf das Formelfeld.

Transkriptausschnitt 132-137

132	S1:	Ja, stimmt. ... Ähm. Stimmt... Ja, die Formel.
133	S2:	Nee, musst du doch gar nicht, oder?
134	S1:	Doch, ich glaub schon.
...	...	
137	S2:	Die musst du ...

Man kann diese Szene so deuten, dass S2 in *133* meint, an dieser Stelle sei die entsprechende Formel nicht einzutragen. Vermutlich erkennt er, dass kein Messgrößenname eingetragen ist. Die Schüler schließen dieses Fenster wieder und öffnen stattdessen den Kartenreiter Messgrößen in der Stichprobenkollektion. In *137* bestätigt S2, dass dies der richtige Ort wäre.

In *138-145* wissen die Schüler noch nicht genau, was und wo sie etwas eintragen müssen, denn sie geben in die Spalte Wert die Formel *Anzahl(antwort)* ein. Dieser Eintrag wird aber sofort wieder gelöscht und das Info-Fenster der Stichprobenkollektion geschlossen.

In *146-161* erkennen die Schüler, dass sie das „Nichts" gesammelt haben und komplettieren ihre Messgrößendeklaration durch die entsprechende Formel.

Transkriptausschnitt 146-161

146	S2:	Nee, jetzt guck mal, mach doch mal hier die Tabelle von der...
147	S1:	Ach genau, da ging das.
...	...	
149	S2:	Guck mal jetzt hat er was hat er denn, jetzt gar nichts gemacht. Du musst ja erst noch da die Stichprobe ändern, äh die Messgröße ändern.
150	S1:	Welche Messgröße?
151	S2:	Da geh doch mal auf... Wie ging das noch mal? Doppelklick drauf, oder so ... genau, da geht's ... Ja, nee Fo ... Bei der Formel. Formel Formel.
...	...	
158	S1:	So, und jetzt

159 S1:   Ähm. Antwort äh. Gleich
160 S2:   richtig.
161 S1:   richtig. ... Das ist ja peinlich. Jemand der 15 Punkte in Mathe hat.. Äh in Musik,
         äh in Informatik.

In *146* möchte S2, dass S1 eine Tabelle der Messgrößenkollektion erstellt. In *149* fällt S2 auf, dass gar keine Messgrößenwerte gesammelt wurden: „...jetzt hat (er) gar nichts gemacht." Er meint zu S1 in *149*, dass dieser erst noch die Messgröße ändern muss. Die Frage von S1 in *150* „Welche Messgröße?" lässt sich verschieden interpretieren. Es könnte eine Frage nach dem Ort sein, wo die Messgröße geändert werden soll. Es kann aber auch die Frage nach der Messgröße selbst sein, also nach der als Merkmal in der Tabelle der Messgrößenkollektion auftauchenden Messgröße. S2 interpretiert die Frage von S1 als Frage nach dem Ort der Definition der Messgröße und beschreibt S1 in *151* genau, wo die Formel der Messgröße einzutragen ist. In *158-161* tragen die Schüler gemeinsam die Bestandteile der einzutragenden Formel zusammen. Die Schreibweise der Formel der Messgröße wird mit *Anzahl(antwort="richtig")* korrekt eingegeben. In *162-173* versuchen die Schüler, das Messgrößensammeln zu wiederholen.

Transkriptausschnitt 162-168

162 S2:   ((U)) Jetzt musst du noch mal neue Stichproben ziehen.
...   ...
164 S1:   Ähm
165 S2:   Stichprobe.
166 S1:   Nein
167 S2:   Nein. Mit Doppelklick drauf, oder? ... Ja, genau. ... Vorhandene Fälle ersetzen
         wäre ganz toll gewesen.
168 S1:   Ham wir doch.

S2 gibt in *162* die Anweisung: „Jetzt muss Du noch mal neue Stichproben ziehen.". Verschiedene Deutungen sind möglich. Eine wäre, dass S2 damit das Sammeln von Messgrößen meint, aber unabsichtlich eine falsche Benennung verwendet. Eine weitere Deutung wäre, dass S2 Stichprobenziehen und Sammeln von Messgrößen praktisch gleichsetzt und noch kein hinreichendes Konzept für eine Unterscheidung besitzt. Auf dem Bildschirm wird eine Kollektion Stichprobe von Messgrößen von Stichprobe von Kollektion 1 erstellt. In dem kurzen Dialog in *164-166* kommt zu Ausdruck, dass S1 mit diesem Ergebnis nicht einverstanden ist. In *167* hat S2 die Idee, durch Doppelklick auf die Messgrößenkollektion das zugehörige Info-Fenster zu öffnen. Sie wechseln zum Kartenreiter Messgrößen sammeln und klicken auf den Button Weitere Messgrößen sammeln.

In *169-172* geht es um das weitere Ausfüllen des Simulationsplanschemas, an dem die Schüler ca. 20 Sekunden still arbeiten. Im weiteren Verlauf äußern sich die Schüler off-Task zu den Aufnahmen mit der Camtasia-Software (*173-182*).

Umgang mit dem Auswertungsinterface - Aufgabe 1

Von *183-375* dauert insgesamt die Phase der Auswertung zu Aufgabe 1. Entsprechend der Analysefragen habe ich aus dieser langen Passage die relevanten Abschnitte ausgewählt. In *183-194* wird die Datentabelle der Messgrößenkollektion erstellt und die Häufigkeitsverteilung der Messgröße in einem Histogramm dargestellt.

Transkriptausschnitt 195-198

195	S1:	Wie ist das jetzt mit der Tabelle? ((U))
196	S2:	Hier Skala ... Skala und ((U)) relative Häufigkeit.
197	S1:	Wo ist denn der Unterschied?
198	S2:	So zählen nur insgesamt die, wie viel wie oft du relative Häufigkeit machst – klick mal drauf – dann zeigt er dir ... hmm und so ... Kannst auch Prozent machen vielleicht noch ... toller.

In *195* fragt S1 bereits nach der Auswertungstabelle. S2 möchte aber noch die Skala im Histogramm auf relative Häufigkeit umgestellt haben (*196*). S1 will nun von S2 wissen, worin der Unterschied besteht. In *198* erklärt S2 diesen Unterschied jedoch nicht wirklich, sondern gibt nur die Anweisung, wie dies in FATHOM praktisch umzusetzen sei. (Im späteren Verlauf wird diese Frage noch einmal erörtert.)

In *199-206* wird eine Auswertungstabelle erstellt und das Merkmal *anzahl_richtig* der Messgrößenkollektion in diese Tabelle hineingezogen. Das arithmetische Mittel für dieses Merkmal wird mit *5,9808* angezeigt.

Transkriptausschnitt 204-205

204	S1:	Das aber nicht so der Hammer.
205	S2:	Nee, da haben sie ganz schlecht geraten.

Möglicherweise ist den Schülern gar nicht klar, was diese Zahl aussagt. Denn die erwartete Anzahl richtiger Antworten wäre theoretisch sechs. Inhaltlich hätten die Schüler demzufolge ganz anders argumentieren müssen, etwa, dass die Simulation ein Ergebnis liefert, bei dem das arithmetische Mittel nahe am Erwartungswert liegt, wie in der Unterrichtseinheit U7 behandelt. Das tun beide aber nicht.

In einer langen Passage (*207-263*) versuchen die Schüler eine numerische Auswertung für die Aufgabenstellung zu erstellen. Sie erzeugen dabei eine Reihe von syntaktischen Fehlern, auf die ich nicht weiter eingehe. Wesentlich ist der semantische Fehler, denn als Auswertungsmerkmal wird zunächst das Merkmal *antwort* benutzt und nicht *anzahl_richtig*. Die Beseitigung der syntaktischen Fehler führt zu einem Ergebnis von Null. In dem Transkriptausschnitt versuchen die Schüler nun den Fehler zu finden.

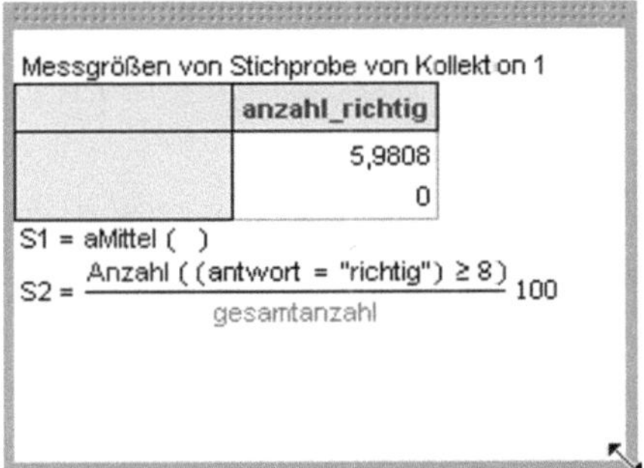

$$S2 = \frac{\text{Anzahl} \left(\left(\text{antwort} = \text{"richtig"} \right) \geq 8 \right)}{\text{gesamtanzahl}} \cdot 100$$

Abb. 6.38 U10-11: Auswertungstabelle Aufgabe 1 - BAKL24_CLMI21

Transkriptausschnitt 264-281

264	S1:	Ok, egal … So. … Oh, Null Prozent
…	…	
267	S2:	((U)) Da sind Klammern zu viel. Mach die Klammern mal weg, das sind – genau
268	S1:	Aber die hat der doch automatisch ((U))
269	S2:	Ja, mach's auf jeden Fall weg
…	…	
272	S1:	Ich hab keine Ahnung. . . Also ich würde sagen das kommt außerhalb dahinten
273	S2:	Nein!
274	S2:	((U)) Falsch. …
275	S1:	Guck doch mal, also ich
…	…	
277	S2:	Ja klar. … Anzahl von … wie heißt das?
278	S1:	Antwort?
279	S2:	Braucht man da gar nicht.
280	S1:	Ach Gott.
281	S2:	So, und jetzt … passt das auch.

In *267-271* wird S1 von S2 dazu bewegt, Klammern um die Formel *Anzahl()* herum zu entfernen. Das gelingt jedoch zunächst nicht. In *272* sagt S1 offen, er habe keine Ahnung, wie das zu bewerkstelligen sei. Seiner Meinung nach müsste „das", womit er den Ausdruck „≥ 8" meint, außerhalb der *Anzahl()*-Formel stehen. Das wird von S2 vehement verneint. Dieser Schüler ist es auch, der in *277* plötzlich die Idee hat, dass es gar nicht um das Merkmal *antwort* geht. Offenbar verändert dieser Schüler in *277-284* die bisherige Formel in einen korrekten Ausdruck, denn in *285* wird das Ergebnis von 19 % durch S1 bereits kommentiert. Das den Schülern eine gewisse Zeitspanne nicht auffällt, dass sie mit einem falschen Argument operieren, lässt sich verschieden deuten. Naheliegend ist, dass die Schüler die Messgröße zunächst nicht als Auswertungsmerkmal identifizieren (Messgrößen-Merkmal-Problem).

Transkriptausschnitt 285-291

285	S1:	19 Prozent. … Das ist nicht so der Hammer, ne?
286	S2:	Nee.
287	S1:	Ok.. War's das?
288	S2:	((U)) Formeln da hin, ne?

289   S1:   Was?
290   S2:   Bei der Auswertung noch hier ((U))
291   S1:   Ähm, also, der Mittelwert ... liegt ja bei 5 Komma ... Also bei bei ca. 6 richtig
             erkannten ((U))

In *285* stellt S1 fest, dass 19 % relative Häufigkeit für einen Gewinn „nicht so der Hammer" sind, was *S2* in *286* bestätigt. Offenbar geht es in *287-291* darum, wie die Auswertung im Simulationsplanschema dokumentiert werden sollte. Von *292-308* arbeiten die Schüler weiter an der Vervollständigung ihres Simulationsplanes (Schritt [5] Auswertung).

Transkriptausschnitt 309-310

309   S2:   Also per Zufall ist es sehr unwahrscheinlich, dass man es schafft.
310   ·S1:   Ja. ... Aber wer ein gutes Ohr hat, der kriegt das doch hin. ...

In *309* setzt S2 die Ratesituation dem Zufall gleich und interpretiert das Simulationsergebnis von 19 % als „sehr unwahrscheinlich". Im Allgemeinen würde man wohl eher Situationen, in denen die Gewinnwahrscheinlichkeit wesentlich geringer ist, als sehr unwahrscheinlich bezeichnen. S1 wendet ein, dass jemand mit einem guten Gehör das schaffen kann. Er scheint überzeugt, dass man den Unterschied zwischen CD-Qualität und MP3-Qualität heraushören kann.

In *311-318* geht es u. a. um den Speicherort für die erzeugte Simulation. Anschließend füllen die Schüler in *319-325* weiter das Simulationsplanschema aus.

Transkriptausschnitt 319-322

319   Wie heißt das? Ftm. ... Interpretation ihrer Auswertung.
320   S2:   Ja, es ist unwahrscheinlich, den Preis zu erhalten, wenn du einfach nur am Raten
             bist.
...   ...
322   S1:   Ja. ... Äh, was kann man denn da noch reininterpretieren? ... Also vielleicht noch
             zur Verteilung, also die ((U)) warte mal. Wir ziehen das mal ein bisschen auseinander. ...
             So ist doch schön, oder? Ich find's gut. ... Also die meisten liegen so bei 6 richtigen Ant-
             worten. ... Komm, das schreiben wir auf. ... Interpretation

Interessant ist der Aspekt, dass S1 in *322* einen Verteilungsbezug herstellen möchte. Es scheint ihm darum zu gehen, für einen Teil der Interpretation auf die Verteilung zurückzugreifen. S1 erkennt sofort, dass die modale Klasse, als die Klasse mit der größten Häufigkeit, bei sechs richtigen Antworten ist. Der Schüler setzt damit praktisch arithmetisches Mittel und Modalwert gleich (vgl. Abb. 6.39). In diesem Fall ist das zwar korrekt, allgemein gilt dieser Zusammenhang aber nicht.

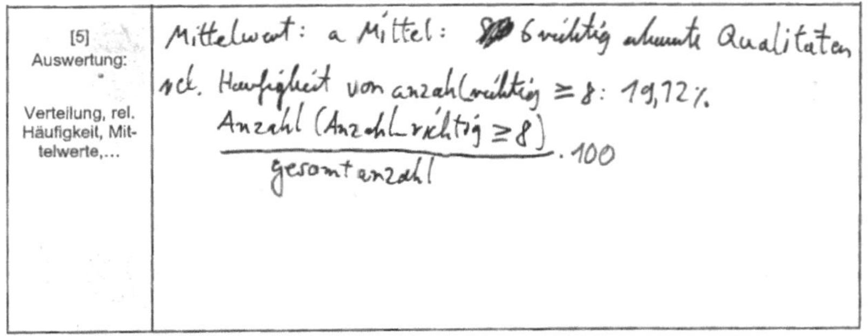

Interpretation der Auswertung: *wenn man rät ist es sehr unwahrscheinlich (20%) einen Preis zu erhalten*

Abb. 6.39 U10-11: Ausschnitt Simulationsplan Aufgabe 1 - BAKL24

Die Schüler markieren die Säule über der Zahl 7 im Histogramm und variieren dann durch Ziehen mit der Maus die Breite der Klassen. Dabei stellt S1 die Frage nach dem Unterschied zwischen relativer und absoluter Häufigkeit (*326*).

Transkriptausschnitt 326-332

326   S1:   Wo ist denn der Unterschied zwischen der relativen und der absoluten Häufigkeit?
327   S2:   Abs Relative ist im Verhältnis zueinander so.
328   S1:   Warte mal, ich guck noch mal.
329   20:25
330   *FATHOM: Schüler stellen die Skala des Graphen auf 'absolute Häufigkeit' um und anschließend wird wieder auf 'relative Häufigkeit' zurück.*
331   S2:   Also ... Genau, jetzt wird, wenn der ... mach noch mal absolute. Da hast du jetzt hier direkt jeweils die Zahlen, für welches Ergebnis das ist. ... Und bei relativer hast du dementsprechend wie viel Prozent das quasi nur wie viel Verhältnis, ne zu den ((U)) einzeln.
332   S1:   Ach so, ok, das verstehe ich natürlich. ... Ähm. Ok, komm.

Möglicherweise bringt das Variieren am Histogramm S1 in *326* noch einmal dazu, seine Frage zum Unterschied zwischen relativer und absoluter Häufigkeit aufzuwerfen. S2 beantwortet in *327* ganz knapp, was er unter relativer Häufigkeit versteht, geht aber noch nicht auf den Unterschied ein. S1 will es in *328* genauer wissen und schaut deshalb im Histogramm nach. Die Skalen werden über das entsprechende Auswahlfeld im Kontextmenü der Graphik umgestellt (*330*). Anhand dieser Umstellungen erklärt S2 dann den Unterschied zwischen relativer und absoluter Häufigkeit in *331*. Die Software wird an dieser Stelle direkt als Hilfsmittel für die Klärung einer inhaltlichen stochastischen Fragestellung benutzt.

Von *333-364* werden die Objekte auf der Oberfläche geordnet, Mittelwert und der Wert 8 in das Histogramm eingezeichnet und die waagerechte Skala auf 0 bis 12 eingestellt.

Transkriptausschnitt 349-360

349	S1:	Komm, wir zeichnen jetzt mal schnell den Mittelwert ein.
350	S2:	Geil.
351	S1:	Und dann zeichnen wir noch schnell diese 8 ein, ab der man ja ... ne?
..	..	
354	S2:	Schön.
355	S1:	Super, oder? Damit kann man bestimmt irgendwo was ((U)). ... Bei Null und bei 12. Boar ist das schön.
356	S2:	Hmm..
357	S1:	Ein Bisschen mehr Begeisterung bitte. ... Ich find das wirklich schön.
358	S2:	Ja
359	S1:	8 ist gleich 8.
360	S2:	ja...

Die Aktivitäten in dieser Szene werden fast ausschließlich von S1 kommentiert. Den Schülern geht es offenbar nur um eine optische Aufbesserung der Graphik. Inhaltliche Aussagen zur Graphik werden nicht gemacht.

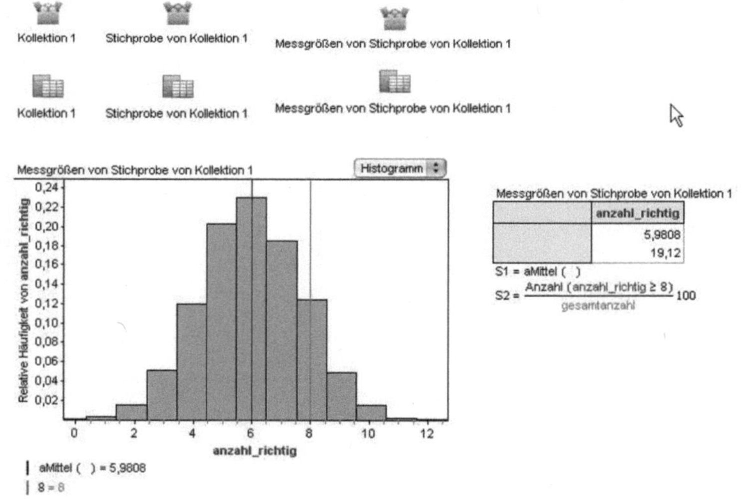

Abb. 6.40 U10-11: FATHOM-Umgebung zu Aufgabe, letzter Stand - 1 BAKL24_CLMI21

Anschließend wird inhaltlich nichts mehr an der Aufgabenlösung geändert. Die Schüler unterhalten sich off-task und fragen die Lehrkraft nach der nächsten Aufgabe, die die Schüler nach entsprechendem Hinweis auf der Rückseite ihres Arbeitsblattes finden (*365-390*).

6.4.2.2 Computerarbeitsphase – Aufgabe 2

Die Schüler bearbeiten von *391-591* Aufgabe 2 des Aufgabenblattes: *Wie sollte der Moderator die „Preisgrenze" festlegen, damit die Wahrscheinlichkeit, dass ein Studiogast allein durch Raten einen Preis bekommt, höchstens 1 % beträgt (12 Musiktitel bei einer Auswahl aus drei Tonqualitäten)?*

Umgang mit Modellierungsinterface und Messgrößeninterface - Aufgabe 2

Nach einer kurzen Abstimmung über die veränderte Zusammensetzung der Urne werden innerhalb von zwei Minuten die ersten 4 Schritte der Simulationsumgebung durchgeführt (*391-419*).

Transkriptausschnitt 392-396

392　S1:　Ok, warte mal, dann machen wir eine Kollektion, und da gibt's ja dann im Prinzip drei Möglichkeiten, und zwar richtig nein nein, erst mal nennen wir das Antworten.

..　　...

395　S2:　Es gibt ja richtig, richtig. also richtig, falsch, falsch.

396　S1:　Ja.

Während des Sammelns der Messgrößenwerte beginnen die Schüler den Simulationsplan auszufüllen. Sie erstellen praktisch nebenbei die zur Messgrößenkollektion gehörende Tabelle sowie ein Histogramm der Häufigkeitsverteilung der Messgröße (*420-437*).

Transkriptausschnitt 420-437

420　S1:　So, komm, ähm – Simulationsplan B2. ... Merkmalsname Antwort. ... Ähm – beschreiben. .... Die Leute, die das dann auswerten, die denken sich dann auch 'wie doof'.

...　　...

424　S1:　*(lacht)* ... Warte mal, 1 bis 12, ok, das haben wir gemacht. ... Ähm, ... so. ...

...　　...

426　*Fathom: Das Infofenster wird geschlossen. Die Schüler aktivieren die Tabelle 'Messgrößen von Stichprobe von Kollektion 1' und ziehen eine Auswertungstabelle in den Arbeitsbereich. Gleich anschließend wird ein Graph in den Arbeitsbereich gezogen und das Merkmal 'antwort_richtig' aus der Tabelle wird auf die waagerechte Achse des Graphen gezogen. Es wird ein Punktdiagramm dargestellt. Der Graph wird durch die Auswahl im Pull-Down-Menü von 'Punktdiagramm' auf 'Histogramm' umgestellt. Die Skala des Graphen wird über das Kontextmenü auf 'relative Häufigkeit' umgestellt.*

427　S2:　Also 12 richtig gibt's kein einziges mal. (lacht)

428　S1:　Echt nicht?　　.

429　S2:　Das ist ja hart.

...　　...

436　S1:　Ok, warte mal, machen wir das erst mal fertig, Anzahl ... ähm, ... Äh, Antwort ((U)) Richtig ((U)). Was hatten wir denn überhaupt für eine Formel? ... Anzahl ... Antwort gleich richtig, ne?

437　S2:　Jo.

Interessant an diesem Ausschnitt ist der Bezug zur Häufigkeitsverteilung der Messgröße. In *427* äußert S2, dass es zwölf Erfolge kein einziges Mal gäbe. Möglicherweise hatte er aufgrund der im Simulationsplan notierten möglichen Werte der Messgröße eine andere Realisierung erwartet. Allerdings wird dieses Phänomen nur zur Kenntnis genommen und nicht weiter hinterfragt. Aus der Äußerung von S2 in *436* wird ersichtlich, dass Name und Formel der Messgröße in den Simulationsplan eingetragen werden.

Umgang mit Auswertungsinterface - Aufgabe 2

In *438-523* führen die Schüler verschiedene Aktivitäten aus, um das Simulationsergebnis bezüglich der Aufgabenstellung auszuwerten und dies auf dem Simulationsplanschema entsprechend zu dokumentieren.

Transkriptausschnitt 439-463

439   *Fathom: Die Schüler wählen im Kontextmenü der Auswertungstabelle 'Formel hinzufügen' und tragen in das Formelfeld mit Hilfe des Formeleditors die Formel 'Anzahl()' ein
und bestätigen mit einem Klick auf den Button 'OK'. Als Wert für die Formel S2 zeigt die
Auswertungstabelle '5000' an. Die Schüler öffnen den Formeleditor durch Doppelklick auf
die Formel und verbessern diese entsprechend (siehe Abbildung).*

440

Messgrößen von Stichprobe von Kollektion 1

	antwort_richtig
	3,9928
	2

$$S1 = \text{aMittel}(\ )$$

$$S2 = \frac{\text{Anzahl (antwort\_richtig} \geq 8)}{\text{Gesamtanzahl}} \cdot 100$$

441   S1:   So, also, und dann sollen wir ja ausrechnen.
442   S2:   wie es durch raten ((U)) höchstens ein Prozent.
443   S1:   Ok, was entspricht denn ein Prozent, warte mal.
444   S2:   Sind dann...
445   S1:   Warte mal, erst mal ganz kurz hier diese ... Warte mal die Formel, was hatte ich
denn hier unten stehen? Ja, genau, das ist die da. Und die darf maximal ein Prozent
((U))
446   S2:   Ja.
...   ...
450   S1:   Meinst du das sollten wir durch ausprobieren ? Ja, wir probieren das einfach mal
aus, ok? ... Also. ... Ähm, wie hab ich das genannt? Ja, Antwort richtig, ne ((U)) Äh, was
solln wir jetzt machen?
451   S2:   Hast du Anzahl genommen?
452   S1:   Jaja, genau. Anzahl ... Antwort richtig, und jetzt größer gleich ... Machen wir erst
noch mal 8, ... durch Gesamtanzahl ... mal Einhundert. Ach. ... ok. So, da ham wir jetzt
2 Prozent.
453   S2:   Ja, das heißt es ist zu viel.
454   S1:   Ja.
455   S2:   Das heißt nehmen wir einfach mal 10.
...   ...
460   S1:   Danke. ... Also ich finde bei 9 sind wir ganz gut.
461   S2:   Ja, machen wir mal Zufall erneuern. Kann sein, dass diese ((U)) super schlecht
ist. ... Hey, erneuere den Zufall.
462   S1:   Hä, wieso? Stop. ... Ah.
463   S2:   Erneuere den Zufall!

Die Schüler vergewissern sich gegenseitig, was jetzt genau ausgerechnet werden
soll (*441/442*). In *443* fragt S1, was denn einem Prozent entsprechen würde. Offenbar bezieht sich S1 in *445* auf die Auswertungsformel im Simulationsplan zur
ersten Aufgabe. In *450* fragt S1 seinen Lernpartner, ob man das durch Ausprobieren herausbekommen solle. Ohne dessen Antwort abzuwarten, entschließt sich S1
so vorzugehen. Sie geben die Formel zunächst genau so ein wie bei der ersten
Aufgabe und erhalten 2 % (*452*). Dieses Ergebnis wird von S2 so interpretiert,
dass es zu viel sei, man solle 10 nehmen (*453/455*). S1 scheint diesen Vorschlag

zu ignorieren, denn die Formel wird auf 9 geändert. In *460* meint S1, dass dies ganz gut passen würde. S2 wendet in *461* ein, dass dieses Ergebnis von 0,36 auch durch einen „schlechten Zufall" erzeugt worden sein könnte und regt dazu an, den „Zufall" zu erneuern.

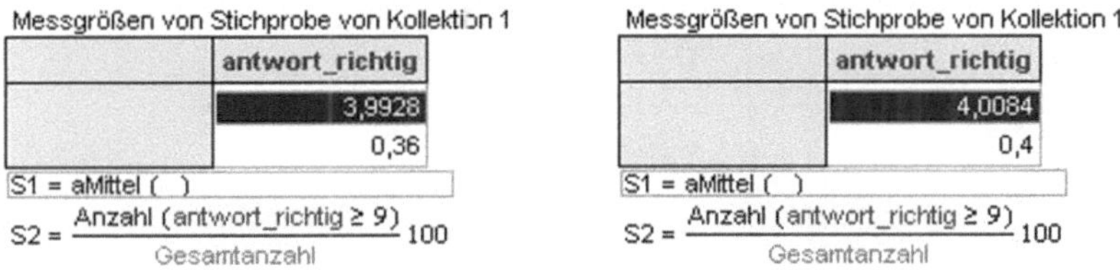

Abb. 6.41 Auswertungstabellen Aufgabe 2 - BAKL24_CLMI21

Schaut man sich die zugehörige Videoaufzeichnung genau an, dann geht aus der FATHOM-Handlung hervor, dass die Schüler zunächst über das Kontextmenü von Auswertungstabelle und Datentabelle der Messgrößenkollektion den Befehl Zufall erneuern wählen, aber keine Veränderung in den Daten eintritt. Erst danach wird das Kommando Messgrößen sammeln über die Messgrößenkollektion ausgeführt und die Werte in der Auswertungstabelle ändern sich (siehe Abb. 6.41). Eine Deutung dieses Vorgehens wäre, dass den Schülern die Kopplung des Befehls Zufall erneuern an eine innerhalb einer Kollektion definierten Zufallsmaschine nicht bewusst ist. Eine andere Deutung wäre, dass den Schülern die Bedeutung der Messgrößenkollektion als Auswertungskollektion nicht klar ist. Diese fungiert nur als Datencontainer für die Auswertung der Stichprobenziehungen.

Von *464-523* füllen die Schüler im Simulationsplanschema die Schritte Auswertung und Interpretation der Auswertung aus. In dieser Phase gibt es eine Reihe von off-task Äußerungen und es werden organisatorische Dinge geregelt. Am Ende dieser Phase ist ein kleiner Transkriptausschnitt interessant, da für die Interpretation der Auswertung im Simulationsplanschema ein Kontextbezug hergestellt wird (*520* und *522*).

Transkriptausschnitt 519-522

519   S1:   Was schreibst du da noch hin?
520   S2:   Wo er die Preisgrenze hinsetzen soll, damit das, ne?
521   (ca. 40 Sekunden Pause)
522   S1:   Richtig erkannten Qualitäten.

Der nachfolgende Ausschnitt des Simulationsplans verdeutlicht dies noch einmal. Darüber hinaus erkennt man bei genauerer Betrachtung des ausgefüllten Schemas einige Unstimmigkeiten. Die wesentlichste Ungereimtheit ist, dass eine Messgröße mit der Bezeichnung *antwort_richtig* in Schritt [3] deklariert wurde, in der Auswertung (Schritt [5]) allerdings die Messgröße mit *Anzahl_richtig* bezeichnet wird. Man könnte dies als Übertragungsfehler interpretieren, denn in der Simulationsumsetzung von Aufgabe 2 wurde als Messgröße tatsächlich *antwort_richtig* verwendet, in Aufgabe 1 hingegen *anzahl_richtig*. Man kann dies aber auch als Beleg dafür werten, dass der Simulationsplan durch den Schüler nicht mit der für eine Dokumentation nötigen Sorgfalt ausgefüllt wurde.

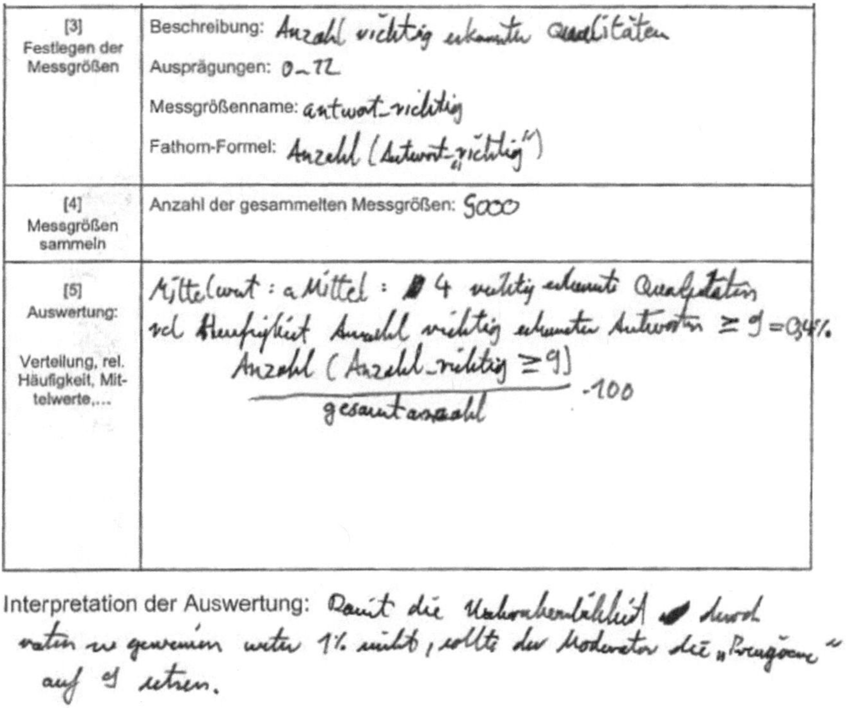

[3] Festlegen der Messgrößen	Beschreibung: *Anzahl richtig erkannter Qualitäten* Ausprägungen: *0 – 72* Messgrößenname: *antwort_richtig* Fathom-Formel: *Anzahl (Antwort_richtig")*
[4] Messgrößen sammeln	Anzahl der gesammelten Messgrößen: *5000*
[5] Auswertung: Verteilung, rel. Häufigkeit, Mit- telwerte,...	*Mittelwert : aMittel : 4 richtig erkannte Qualitäten* *rel. Häufigkeit Anzahl richtig erkannter Antworten ≥ 9 = 0,4%* $$\frac{Anzahl\ (Anzahl\_richtig\ \geq 9)}{gesamtanzahl} \cdot 100$$

Interpretation der Auswertung: *Damit die Unbrauchbarkeit durch raten zu gewinnen unter 1% sinkt, sollte der Moderator die „Prengören" auf 9 setzen.*

Abb. 6.42 U10-11: Ausschnitt Simulationsplan Aufgabe 2 - BAKL24

Ab *524* experimentieren die Schüler off-task etwa 5 Minuten mit der Regler-Funktionalität von FATHOM. Die Aufzeichnung der Schülerarbeit endet mit dem Abspeichern der FATHOM-Dateien nach 44:22 Minuten.

6.4.2.3 Zusammenfassung für das Schülerpaar CLMI21_BAKL24

Die Lerndyade CLMI21_BAKL24 hat die beiden Simulationsaufgaben nach integrativer Vorgehensweise, also ohne offline-Planungsphase, ohne Hilfe von außen erfolgreich bearbeitet. Die Kommunikation und Kooperation der beiden Schüler kann man als konstruktiv bezeichnen. Probleme, insbesondere im Umgang mit

Messgrößen, werden gemeinsam bewältigt. Bei der explorierenden Analyse sind folgende Aspekte besonders aufgefallen:

- Die beiden Schüler gehen bei Problemlösungen weniger zielgerichtet sondern eher nach dem Versuch-Irrtum-Prinzip vor.
- Beide Schüler haben Probleme mit dem Messgrößenkonzept. In der Bearbeitung der Simulationsaufgaben tauchen sowohl das Name-Formel-Problem als auch das Messgrößen-Merkmal-Problem auf.

Für die fünf Analysefragen ergibt sich folgende Zusammenfassung:

1. Das Schülerpaar wählt das normative Modell zur Modellierung der stochastischen Problemsituation. Sie argumentieren mit Analogiebetrachtungen bzgl. des zuvor behandelten 10er-Test-Problems.

2. Ein Kontextbezug wird nur lokal hergestellt. Es ist auffällig, dass dies genau dann geschieht, wenn die Schüler mit dem Simulationsplanschema arbeiten. Drei Stellen sind dafür lokalisierbar: (1) Beschreibung der Messgrößen, (2) Auswertung der Simulation und (3) Interpretation der Auswertung. Während der Arbeit am Computer wird dieser Bezug allerdings nicht explizit hergestellt. Die spezifischen Objekte bzw. Prozesse der Simulation werden nicht kontextualisiert.

3. Aus der Vorgehensweise der Schüler bei Aufgabe 1 kann man durchaus ableiten, dass sie zunächst wenige Kenntnisse bezüglich des Messgrößenkonzeptes haben. Mit Hilfe heuristischer Strategien gelingt es ihnen jedoch selbständig Messgrößen geeignet zu definieren und deren Werte in einer Messgrößenkollektion zu sammeln. Damit gelingt auch die Lösung von Aufgabe 2 problemlos. Das Simulationsplanschema hilft den beiden Schülern, einen Fehler in ihrer Simulation zu erkennen. Sie haben zunächst nur einen Namen und noch keine Formel festgelegt. Das merken die Schüler, als es um den Eintrag der FATHOM-Formel in Schritt [3] des Simulationsplanschemas geht.

4. Bei beiden Simulationen werden entsprechende Histogramme erstellt. Für die erste Aufgabe werden Mittelwert und der Wert 8 in die Graphik eingetragen. Die Skala wird auf relative Häufigkeit umgestellt. Für die Auswertung und deren Interpretation werden die Verteilungen allerdings nicht genutzt.

5. Bei Aufgabe 1 wird das Simulationsplanschema simultan zur Arbeit in FATHOM eingesetzt, d. h. die Schüler arbeiten praktisch gleichzeitig bzw. wechselseitig die Schritte [1] bis [4] ab. Für Aufgabe 2 setzen die Schüler das Schema ausschließlich zur Dokumentation ein, die aber nicht bei beiden Schülern konsistent ist.

6.4.3 Schülerpaar PEUD16_KAFR22 – integrative Bearbeitung

Voraussetzungen

Aufgezeichnet wurde das Schülerpaar PEUD16_KAFR22. Dieses Schülerpaar hat keine offline-Planungsphase, sondern bearbeitet die Aufgaben sofort am Computer. Die Schüler haben, dem Design entsprechend, die Simulationsplanschemata zur Verfügung, jedoch keine konkrete Instruktion zum Ausfüllen erhalten. Aus der Befragung zum Vorwissen und zur Selbsteinschätzung[139] ist folgendes bekannt:

PEUD16 (männlich, S1) schätzt seine mathematischen Fähigkeiten als sehr gut ein, das Vorwissen in Stochastik als gut. Von den im Eingangstest aufgeführten Inhalten und Begriffen aus der Sekundarstufe I hat PEUD16 bis auf Boxplots, Modalwert, Simulieren von Zufallsversuchen und Ermitteln von Wahrscheinlichkeiten mit Hilfe von Simulationen alle Auswahlfelder angekreuzt.

KAFR22 (männlich, S2) schätzt seine mathematischen Fähigkeiten als sehr gut ein, das Vorwissen in Stochastik als durchschnittlich. Von den im Eingangstest aufgeführten Inhalten und Begriffen aus der Sekundarstufe I hat KAFR22 folgende Auswahlfelder angekreuzt: Kreisdiagramme, Streifen- oder Säulendiagramme, Boxplots, arithmetisches Mittel, relative Häufigkeit, Berechnungen mit Würfelexperimenten oder Münzwurfexperimenten, eigenes Experimentieren und Ermitteln von Wahrscheinlichkeiten durch Auszählen.

Es ist von Interesse, wie die Kommunikation und Kooperation dieses Schülerpaares im Bearbeitungsprozess der Aufgaben über die gesamte Schülerarbeitsphase hinweg funktioniert. Das vollständige Transkript ist in Anhang C zu finden. Sämtliche Äußerungen, Handlungen, Screenshots und organisatorische Angaben sind in MAXQDA mit Paragraphennummern erfasst, die hier kurz als Zahlenangaben aufgeführt werden. Für die den Ausführungen zugrundliegenden Aufgabenstellungen sei auf die Abb. 6.1 und 6.2 in Kapitel 6.1.1 verwiesen:

6.4.3.1 Computerarbeitsphase – Aufgabe 1

Die beiden Schüler bearbeiten von *1-303* Aufgabe 1 des Arbeitsblattes: *Mit welcher Wahrscheinlichkeit erhält jemand, der nur rät, einen Preis (mindestens 8 von 12 Übereinstimmungen bei einer Auswahl aus zwei Tonqualitäten)?*

---

[139] Vgl. Kapitel 7.2.

Umgang mit dem Modellierungsinterface - Aufgabe 1

In *1-58* werden organisatorische Dinge abgehandelt. Das Schülerpaar sitzt bereits am Computer, hat FATHOM geöffnet und wartet auf die Aufgaben. Die Lehrperson erläutert den Arbeitsauftrag. Dann lesen die beiden Schüler die Aufgabe. In dem anschließenden Dialog *59-64* diskutieren die Schüler über die Situation.

Transkriptausschnitt 59-64

59	S2:	Ist gar nicht so einfach... Das ist voll hart.
60	S1:	Hey, das ist doch genau dasselbe, oder?
61	S2:	Ja, aber du hast 2 Merkmale ... Du hast ein mal 12 Lieder und dann CD-Qualität und MP3-128. ... Komprimiert und ... nicht.
62	S1:	Stimmt, das haben wir so noch gar nicht gemacht.
63	S2:	Ja, aber für ... Nee, aber du musst einfach mal hier...
64	S1:	Wir können das ja hier an unserem Simulationsplan nebenher machen.

Beide Schüler einigen sich darauf, dass so ein Aufgabentyp noch nicht besprochen wurde und eine andere Modellierung erfordert. S2 erklärt in *61*, warum die Sache nicht so einfach sei: die Umsetzung der Situation erfordere nämlich zwei Merkmale. S1 stimmt dem in *62* zu, dass man so etwas bisher noch nicht gemacht habe. Er schlägt in *64* vor, das Simulationsplanschema nebenher auszufüllen. Es wird somit als Handlungsgrundlage für die Umsetzung in FATHOM genommen.

In *67-90* erstellen die Schüler eine Kollektion mit einem Merkmal *qualität* und den Ausprägungen *CD* und *MP3*. Sie ziehen eine Stichprobe im Umfang $n = 12$ mit Zurücklegen. Nebenbei wird das Simulationsplanschema ausgefüllt. Interessant ist der Dialog zur Stichprobenziehung.

Transkriptausschnitt 76-82

76	S1:	Äh, das ist aber ohne Zurücklegen, oder?
77	S2:	Ja... ... Nein, mit Zurücklegen! ... Du rätst ja jedes Mal neu.
78	FATHOM:	*Die Schüler öffnen per Rechtsklick das Kontextmenü der Kollektion.*
79	S1:	Kriegst doch nicht die gleichen Lieder gespielt.
80	FATHOM:	*Die Schüler wählen die Option 'Stichprobe ziehen'. Es wird eine 'Stichprobe von urne' gezogen.*
81	S2:	Nein, aber du rätst jedes Mal zwischen MP3 und CD.
82	S1:	Ach so, dann ist OK.

S1 hat offenbar eine andere Vorstellung davon, wie und woraus die Stichprobe in dieser Situation generiert wird. Bezogen auf den Kontext heißt das für ihn, dass 12 verschiedene Lieder nach einer zufällig erzeugten Reihenfolge nacheinander abgespielt werden müssten. Und das ginge nur, wenn man eine Stichprobe ohne Zurücklegen ziehen würde, da sonst gleiche Lieder dabei sein könnten (*76/79*). S2 löst diesen Modellierungskonflikt in *77/81* durch den Hinweis, dass es nicht auf die Lieder ankomme, sondern darauf, dass man in einer Ratesituation immer zwischen CD und MP3 entscheiden müsse. Diese Erklärung scheint S1 in *82* zu akzeptieren.

In *84-90* wird der Stichprobenumfang angepasst. Der nächst Transkriptausschnitt ist sehr interessant, weil er das Modellierungsproblem noch einmal verdeutlicht.

Transkriptausschnitt 91-108

91	S1:	Mach doch hier einfach ne zweite Spalte rein, vielleicht geht das ja.
92	S2:	Mit was denn?
93	S1:	Na hier.
94	S2:	Wir müssen zwei Mal ziehen, oder? Wir müssen einmal sagen, was das Stück ist und dann muss man noch mal sagen...
95	S1:	...die Entscheidung, ob es richtig oder falsch ist.
96	S2:	Genau.
97	S1:	Vielleicht kannst du sie einfach hier hinzufügen?
...	...	
100	S2:	Stück?
101	S1:	Antwort!...
...	...	
103	S1:	Äh, richtig oder falsch, oder?
104	S2:	Nee...
...	...	
106	S2:	Ich würd sagen der antwortet ja auch CD oder MP3, und dann wenn die übereinstimmen, ist es richtig oder falsch.
...	...	
108	S1:	So könnte man es auch machen.

S1 hat in *91/93* die für die Simulation durch Stichprobenziehen zielführende Idee für das Modellieren zweier Urnen: Hinzufügen eines Merkmals in die Stichprobenkollektion (siehe auch Modelllösung 2, 6.1.1). Die Stichprobe würde somit im Sinne des Kontextes prozessorientiert interpretiert: Der Moderator „wählt" mit der Stichprobe die zwölf Musiktitel aus und der Gast muss deren Qualität raten. Dass man Merkmale in einer Stichprobenkollektion definieren kann, wissen die Schüler allerdings noch nicht. Anhand es Videos lässt sich belegen, dass sich die Äußerungen von S1 auch tatsächlich auf die Stichprobenkollektion beziehen: Der Mauszeiger wandert über die Tabelle der Stichprobenkollektion. Allerdings greift S2 diesen Modellierungsgedanken nicht auf, sondern verweist in *94* darauf, dass man doch zwei Mal ziehen müsse, einmal das Stück und das andere Mal die Antwort. S1 unterbreitet offenbar in *97* den Vorschlag, das zweite Merkmal bereits in der Urnenkollektion hinzuzufügen. Man einigt sich in *100/101* auf den Merkmalsnamen *antwort*, die Ausprägungen des Merkmals werden in *103-108* diskutiert und umgesetzt. S1 meint zunächst, dass die Ausprägungen für dieses Merkmal „richtig oder falsch" seien (*103*). Damit ist S2 nicht einverstanden und erläutert in *106* auch warum. Die Antwort des Studiogastes sei ja auch CD bzw. MP3 und nur wenn die Ausprägungen der beiden Merkmale übereinstimmen, ist das Ergebnis richtig. Offenbar hat S1 diese Modellierungsidee nun verstanden und hält diese für akzeptabel (*108*). Die Aufgabe wird zunächst in die in der Abbildung dargestellte Urnenkollektion umgesetzt.

urne

	qualität	antwort
1	CD	CD
2	MP3	MP3

Abb. 6.43 Urnenkollektion Aufgabe 1 - PEUD16_KAFR22

In *112* stellt sich S2 selbst die Frage: „Geht das denn, mehrere zu ziehen?" Offenbar hat er Zweifel an seinem Modellierungsansatz. Der nachfolgende Transkriptausschnitt zeigt, wie die Schüler mit dem Ergebnis ihrer Stichprobenziehung umgehen.

Transkriptausschnitt 114-124

114	S2:	Macht der das? ... ja.
115	S1:	Zieht aber genau Identisch.
116	S2:	Ach so.
...		
119	S1:	Macht der das immer? ... Mach mal Zufall erneuern.
120	S2:	Ja, macht der immer, weil der hier die eins zieht, und dann ist es CD und CD und dann zieht er die 2 und er hat MP3 und MP3. ... Er soll aber verschieden ziehen.
...	...	
122	S1:	Dann machen wir da auch noch mal...
...	...	
124	S1:	Wir können doch auch ne Random-Wahl machen einfach, oder?

Die beiden Schüler stoßen bei Ihrer Modellierung nun auf ein Problem: Die Stichprobenziehung wählt aus der Urnenkollektion einen Fall zufällig aus. Ein Fall wird in FATHOM durch eine Zeile repräsentiert. Damit kommt es aufgrund der Urnenfüllung zu identischen Ausgaben in der Stichprobenkollektion. S2 benennt in *120* das Problem genau in diesem Sinne. Man kann sich die Urne auch folgendermaßen vorstellen: 2 Kugeln mit jeweils einer bestimmten Farbe und jeweils einer bestimmten Beschriftung. Farbe und Beschriftung einer Kugel können dann nicht verschieden gezogen werden, da sie Eigenschaften dieser Kugel sind. In *124* äußert S1 eine Idee, wie dieses verschiedene Ziehen realisiert werden könnte, nämlich durch eine Zufallsauswahl in der Kollektion. Der Schüler stellt damit eine Verbindung zur simultanen Simulation her, die im Einführungskurs bereits behandelt wurde (Bausteine 3 und 4 im GESIM-Konzept, vgl. Kap. 2.2).

urne

	qualität	antwort
=	ZufallsWahl ("CD"; "MP3")	ZufallsWah|
1	MP3	CD
2	MP3	MP3

Abb. 6.44 U10-11: Urnenkollektion mit Zufallswahl-Funktion - PEUD16_KAFR22

In *126-148* werden beide Merkmale der Urnenkollektion durch den Zufallsgenerator *Zufallswahl("CD";"MP3")* neu definiert. Offen ist noch die Frage nach der Anzahl der Fälle, die in der Urnenkollektion benötigt werden.

Transkriptausschnitt 149-157

149   S1:   Nicht zwei, einen.

...   ...

151   S2:   Naja. ... Aber erneuert das immer, wenn er danach das macht und nicht ... doch, wenn wir zurücklegen machen.

...   ...

153   S1:   Mach mal ‚Fall löschen'...

...   ...

155   S1:   Gucken wir doch einfach mal.

156   S2:   Wenn man jetzt mit Zurücklegen macht, müsste es gehen.

157   S1:   Stichprobe ziehen, mal sehen was dann passiert.

S1 meint in *149*, dass ein Fall reichen würde und drängt S2 einen Fall zu löschen. S2 muss sich das noch einmal genauer überlegen, weil er sich nicht sicher ist, ob sich der Kollektionsinhalt nach einer einzelnen Stichprobenziehung auch immer wieder erneuert. Er kommt aber zu der Überzeugung, dass dies bei „Zurücklegen" der Fall sein müsste (*156*). Die Schüler löschen den zweiten Fall und ziehen eine Stichprobe. In *158-171* ziehen die Schüler eine Stichprobe mit Zurücklegen, ändern den Umfang auf 12 und prüfen mehrfach durch Betätigen des Buttons Stichprobe verändern, ob sich die Fälle in der Stichprobe ändern. Das ist der Fall und die Schüler sind sehr zufrieden mit ihrer eigenständig entwickelten Umsetzung in ein Modellzufallsexperiment. Durch diese Umsetzung wird praktisch eine Zufallsurne (ohne festen Inhalt) generiert. Diese enthält immer nur eine Kugel mit zwei Zufallseigenschaften. Diese Kugel wird dann durch das Ziehen einer Stichprobe mit Zurücklegen gezogen. Der Zufall ist damit in die Urnenkollektion verlagert. Ein derartiger Modellierungsansatz über den Vergleich zweier Urnenziehungen mit Zurücklegen lässt sich eleganter mit der sequenziellen Simulation realisieren. Diese Simulationsmethode haben die Schüler im Unterricht aber nicht kennengelernt.

Umgang mit dem Messgrößeninterface - Aufgabe 1

Das von den Schülern entwickelte Modellzufallsexperiment erfordert eine andere Auswertung der Stichprobe. In *172-220* beschäftigen sich die beiden Schüler genau mit diesem Sachverhalt. In einem ersten Transkriptausschnitt geht es um den Entwurf einer Idee für solch eine Auswertung.

Transkriptausschnitt 172-181

172	S2:	Und jetzt Merkmal wenn's übereinstimmt, oder? Qualität gleich Antwort. … Wenn Qualität Antwort, dann ja,
173	S1:	Mmh.
174	S2:	wenn nicht dann nicht.
175	S1:	Genau.
…	…	
178	S2:	Anzahl richtig, oder …
179	S1:	… ja, nennen wir das auch einfach wieder…
180	S2:	… Ach so, schreiben wir es erst mal hin, oder?
181	*FATHOM:*	*Die Schüler schreiben 'anzahl' in das Feld für den Messgrößenname und wenden sich dann offenbar ihren Simulationsplänen zu.*

Die Äußerung von S2 in *172* ließe sich so interpretieren, dass in der Stichprobenkollektion ein weiteres Merkmal definiert werden soll. Eine andere Deutung wäre, dass S2 Merkmal und Messgröße in diesem konkreten Fall synonym verwendet, d. h. er meint die Messgröße und sagt aber Merkmal dazu. Der direkte Aufruf des Kartenreiters Messgröße in der Stichprobenkollektion lässt die letztere Deutung erst einmal als wahrscheinlicher erscheinen. Die Schüler orientieren sich in *178/179* an den bisher im Unterricht üblichen Deklarationen für Messgrößen. Allerdings unterbrechen die Schüler ihre Eingabe in FATHOM, um zunächst das Simulationsplanschema weiter auszufüllen. Ein Ausschnitt des ausgefüllten Schemas ist in der nachfolgenden Abbildung zu sehen. Der rote Eintrag „irgendwie anders" ist nachträglich in der Besprechungsphase hinzugefügt worden.

Abb. 6.45 U10-11: Ausschnitt Simulationsplan - KAFR22, Schritte [1] bis [3]

In *182-196* bearbeiten die Schüler nun Schritt „[3] Festlegen der Messgrößen" im Simulationsplanschema. Interessant ist dieser Transkriptausschnitt deshalb, weil er Aufschluss über das Denkschema von S2 geben kann.

Transkriptausschnitt 184-196

184   S1:   Ja, ok. ... Festlegen der Messgrößen ... Wie war denn das noch mal bei dem anderen Simulationsplan?
185   S2:   Ja, Anzahl richtig ist die Beschreibung, Ausprägung ist richtig oder falsch.
186   S1:   Nee. ... 0 bis 10 ... 0 bis 12
187   S2:   Nein
188   S1:   Doch
189   S2:   Ja, doch.
190   S1:   Messgrößenname Anzahl richtig, ne?
191   S2:   Ja
192   S1:   Anzahl Unterstrich ... Ist das in Worten.
193   S2:   Ja. ... Ja, FATHOM-Formel: Wenn...
194   S1:   ...Anzahl ...
195   S2:   Wenn Qualität gleich Antwort.
196   S1:   Ja, ich würde einfach sagen Anzahl Qualität gleich Antwort

Zunächst fragt S1 in *184*, wie denn das bei dem Simulationsplan zum 10er-Test gewesen sei. Die Antwort von S2 in *185* bestätigt eher die Gleichsetzung von Merkmal und Messgröße, denn die Ausprägungen „richtig oder falsch" sind nur in einer Merkmalsdefinition verständlich. In *186-189* entspinnt sich ein kleiner Disput über die Ausprägungen der Messgröße. S2 stimmt dann doch dem Vorschlag von S1 zu, dass die Ausprägungen 0 bis 12 seien. Interessant ist auch die Auseinandersetzung um die Formel der Messgröße in *193-196*. Auch hierbei wird noch einmal deutlich, dass S2 ein anderes Denkschema verfolgt. Man kann die Äußerung von S2 in *193/195* so deuten, dass die Formel der Messgröße mit einer *wenn()*-Bedingung beginnen müsse. Das wäre nicht zielführend und würde zu einer Fehlermeldung führen. Folgerichtiger ist der Einsatz von Auswertungsfunktionen, wie *Anzahl()* oder *Anteil()*. Schüler S1 hat dies verinnerlicht (*194/196*).

In *197-203* erkundigt sich eine andere Schülergruppe, die einen vergleichbaren Modellierungsansatz gewählt hat, nach der weiteren Umsetzung. Die Schüler geben den Hinweis, dass sie ein Urnenmodell mit Formel entwickelt haben und erläutern, warum das Modellzufallsexperiment der anderen Schülergruppe nicht funktionieren kann. Weitere Hilfe wird nicht gegeben.

Die Schüler setzen nun in *204-224* ihre Planung von Schritt [3] in FATHOM um, und überprüfen durch Nachzählen in der Tabelle der Stichprobenkollektion, ob der Wert der Messgröße korrekt ist. Da dies der Fall ist, wird eine Messgrößenkollektion erzeugt und das Zufallsexperiment $N = 5000$-mal wiederholt (*225-245*). Interessant ist eine kleine Diskussion um die Wiederholungszahl des Zufallsexperimentes.

Transkriptausschnitt 225-227

225   S2:   Äh, wie viel machen wir denn mal? 5000?
226   S1:   Warte mal, vielleicht steht das hier ja drauf?
227   S2:   Nö, wir sollen ja die Wahrscheinlichkeit ausrechnen, dass er gewinnt oder nicht

S2 fragt in *225* zunächst nach der Wiederholungszahl und schlägt 5000 vor. S1 meint daraufhin in *226*, dass diese vielleicht auf dem Aufgabenblatt vorgegeben sein könnte, was aber nicht der Fall ist. Die Äußerung von S2 in *227* lässt sich verschieden deuten. Eine Sichtweise ist die, dass dem Schüler möglicherweise der Zusammenhang zwischen Wiederholungszahl und der Güte einer Schätzung für die theoretische Wahrscheinlichkeit nicht deutlich ist. Eine andere wäre die, dass für den Schüler klar ist, dass allein die Aufgabenstellung („Mit welcher Wahrscheinlichkeit erhält man einen Preis?") eine so hohe Wiederholungszahl wie $N = 5000$ impliziert und diese deshalb in der Aufgabenstellung nicht explizit aufgeführt werden muss. Man muss an dieser Stelle anführen, dass den Schülern die Faustregeln für die Genauigkeit von Simulationen aus Modul 3 von ɜFA-THOM für $N = 50, 100, 1000, 5000$ *und* 10000 bekannt sind. Möglicherweise ist ihnen dieses Wissen aber an dieser Stelle nicht präsent und wird durch die Aufgabenstellung auch nicht eingefordert.

Umgang mit dem Auswertungsinterface - Aufgabe 1

In *246-303* gehen die beiden Schüler zielstrebig voran und wählen zur Auswertung ihrer Simulation ein fehlerloses Vorgehen. Sie speichern ihre Datei ab und vervollständigen das Simulationsplanschema für Aufgabe 1. Im Detail gehen die Schüler so vor: In *246-273* machen die Schüler eine numerische Auswertung der Messgröße mittels Auswertungstabelle. Die Formel wird schrittweise aufgebaut, bis sie ein Ergebnis in Prozent auf 2 Nachkommastellen gerundet ausgibt. S1 meint in *273*, dass ein Simulationsergebnis von 19,48 % eine ganz gute Gewinnchance darstellt. Eine graphische Auswertung mittels Histogramm wird in *274-275* erzeugt. Mit dieser Verteilungsgraphik wird aber nicht weiter gearbeitet.

Nebenher füllen die Schüler den Simulationsplan aus (*275-290*). Dabei ergibt sich noch ein interessanter Gesprächsabschnitt, der im Folgenden angeben ist.

Transkriptausschnitt 286-290

286	S1:	Eigentlich reicht das doch vollkommen, Anzahl richtig entspricht 19,48 Prozent.
287	S2:	Nee, Anzahl richtig besta. ... äh. ... Test richtig – nicht Anzahl richtig. Anzahl richtig gibt's ja fast immer, außer er nimmt Null.
288	S1:	Wir haben das Ding aber Anzahl richtig genannt.
289	S2:	Anzahl richtig größer 8.
290	S1:	Ach, genau. ... Hast du größer gleich genommen eigentlich? Ja, ne? Ja.

S1 meint in *286*, dass die Anzahl der richtigen Antworten 19,48 Prozent sei. Daraufhin antwortet S2 in *287*, dass dies nicht korrekt sei, da es ja fast immer richtige Antworten gäbe, außer wenn es überhaupt keine Übereinstimmung gibt. Hieran wird deutlich, dass für eine Prozentzahl bei einem Sachproblem die Angabe der Bezugsgröße nötig ist. Mit „Test richtig" meint S2 in *287* wahrscheinlich den Hörtest bestanden (und den hätte ein Studiogast mit 8 oder mehr Übereinstimmungen bestanden).

Beide Schüler lassen den Schritt „Interpretation der Auswertung" weg. Möglicherweise sind sie der Meinung gewesen, dass sie unter Schritt „[5] Auswertung" des Simulationsplanschemas bereits alle wesentlichen Dinge aufgeführt haben.

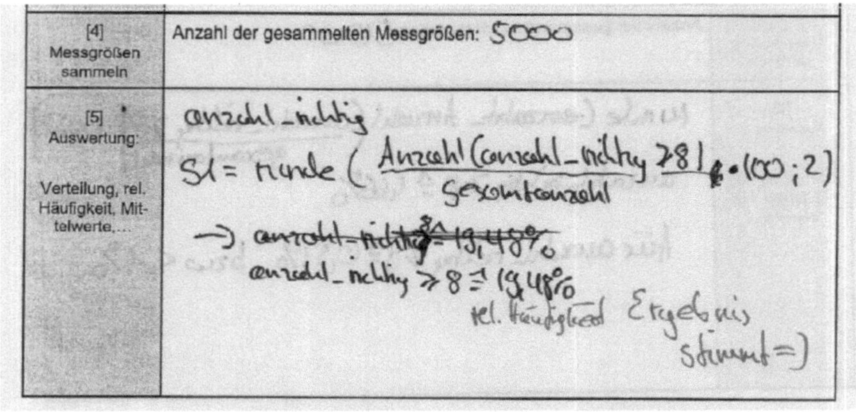

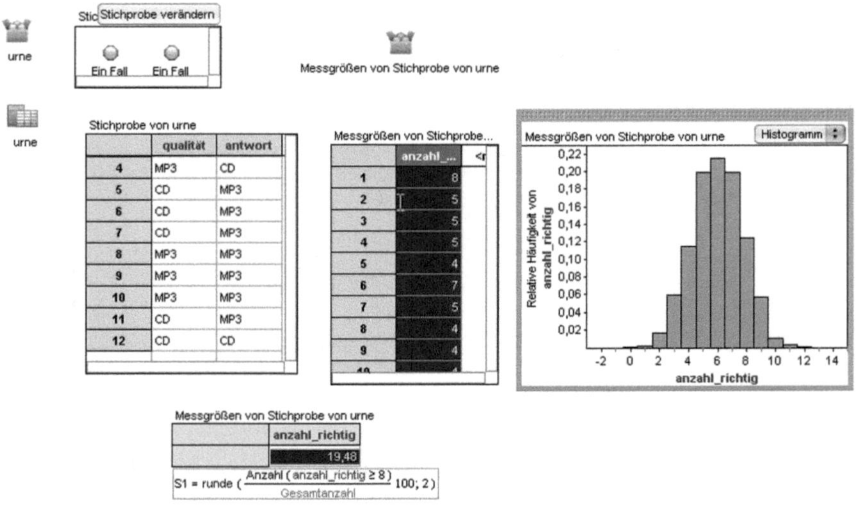

Abb. 6.46 U10-11: Ausschnitt Simulationsplan - KAFR22, Schritte [4] bis [5]

In *292-303* wird die Datei gespeichert. Für die Bearbeitung der ersten Aufgabe benötigten die Schüler 16:01 Minuten. Die komplette Arbeitsumgebung für Aufgabe 1 ist in der Abb. 6.47 zu sehen.

Abb. 6.47 U10-11: Aufgabe 1 komplett bearbeitet - PEUD16-KAFR22

6.4.3.2 Computerarbeitsphase – Aufgabe 2

Die Schüler bearbeiten von *304-820* die Aufgabe 2: *Wie sollte der Moderator die „Preisgrenze" festlegen, damit die Wahrscheinlichkeit, dass ein Studiogast allein durch Raten einen Preis bekommt, höchstens 1 % beträgt (12 Musiktitel bei einer Auswahl aus drei Tonqualitäten)?*

Umgang mit dem Modellierungsinterface – Aufgabe 2

In *304-359* modellieren die beiden Schüler den Sachverhalt von Aufgabe 2 als Modellzufallsexperiment in FATHOM. Zu Beginn dieser Phase gibt es folgenden Dialog.

Transkriptausschnitt 305-308

305	S2:	Als ob man den Unterschied zwischen MP3 96 und 128 über ein Radio erkennen könnte... (lacht)
306	S1:	Das macht doch jetzt eigentlich keinen Unterschied...
307	S2:	Wenn der Zuhörer das über Radio hört, erkennt er doch keinen Unterschied, ob der Moderator es mit 96 oder 128 ... abspielt. ... Außerdem ist es doch genau dasselbe, oder?
308	S1:	Ja, man muss jetzt hier nur ein Merkmal hinzufügen.

In *305/307* kritisiert S2 den Kontext der Aufgabenstellung. Allerdings hat dieser Schüler den inhaltlichen Bezug für sich so modifiziert, dass er meint, ein Zuhörer bekäme die Lieder über ein Radio eingespielt. Davon ist in der Aufgabenstellung aber nicht die Rede. Die Äußerungen von S1 in *306/308* lassen sich so deuten, dass dieser Schüler sich bereits auf einer anderen Ebene der Problemlösung bewegt. Ihn interessiert die Umsetzung in FATHOM. Man könnte die Äußerung „Das macht doch jetzt eigentlich keinen Unterschied..." mit „...in der Umsetzung" ergänzen. In *308* liefert S1 den entscheidenden Ansatz, dass man nur ein Merkmal in die bestehende FATHOM-Formel hinzufügen müsse. Mit Merkmal meint S1 wahrscheinlich ein Argument der Formel *ZufallsWahl()*.

Die Schüler löschen alle FATHOM-Objekte im Arbeitsbereich bis auf die Urnenkollektion und die zugehörige Tabelle. Sie ändern die Formeln für beide Merkmale der Urnenkollektion und ziehen eine Stichprobe mit Zurücklegen im Umfang von $n = 12$ (vgl. Abb. 6.48). Nebenher wird Schritt „[1] Festlegen der Urnenkollektion" des Simulationsplanschemas ausgefüllt und die Datei wird abgespeichert *(309-359)*.

urne

	qualität	antwort	<neu>
=	ZufallsWahl ("CD"; "MP3_96"; "MP3_128")	ZufallsWahl ("CD"; "MP3_96"; "MP3_128")	
1	MP3_96	CD	

Stichprobe von urne

	qualität	antwort	<neu>
1	MP3_96	MP3_96	
2	MP3_96	CD	
3	MP3_96	CD	
4	CD	MP3_96	
5	MP3_128	MP3_96	
6	CD	CD	
7	MP3_96	CD	
8	MP3_96	MP3_96	
9	MP3_96	MP3_128	
10	MP3_96	MP3_96	
11	MP3_128	MP3_96	
12	CD	MP3_128	

Abb. 6.48 U10-11: Urnenkollektion und Stichprobenkollektion - PEUD16-KAFR22

Umgang mit dem Messgrößeninterface – Aufgabe 2

Von *360-372* wird in der Stichprobenkollektion die Messgröße definiert und durch das Kommando Messgrößen sammeln das Zufallsexperiment wiederholt. Anschließend füllen die Schüler von *373-396* im Simulationsplanschema den Schritt „[3] Festlegen der Messgrößen" aus und wiederholen das Zufallsexperiment in FATHOM $N = 5000$-mal. Interessant ist der Abschnitt, indem sich die Schüler über das Ausfüllen des Schemas unterhalten.

Transkriptausschnitt 374-380

374	S2:	Beschreibung.
375	S1:	Anzahl richtig.
376	S2:	Anzahl der richtigen Antworten
377	S1:	Übereinstimmungen.
378	S2:	Ausprägung 0 bis 12.
379	S1:	Wie ham wir den Kasten genannt – Anzahl richtig Unterstrich wieder, ne?
380	S2:	Ja.

Die Schüler diskutieren über eine präzise Beschreibung der Messgröße (*374-377*). Die Formulierung *Anzahl Übereinstimmungen* beschreibt die Messgröße im gewählten Modellierungsansatz am besten. Danach werden noch die Ausprägungen erwähnt und der Messgrößenname. Die FATHOM-Formel wird nicht diskutiert. Insgesamt erscheint der Dialog eher auf eine schnelle und technische Abarbeitung hin ausgerichtet. Wahrscheinlich ist den Schülern klar, dass sich in diesem Schritt gegenüber Aufgabe 1 keine Änderung ergibt.

[1] Festlegen der Urnenkollektion	Ausprägungen: Merkmalsname: Fathom-Formel:
[2] Stichprobe ziehen	mit Zurücklegen ohne Zurücklegen Anzahl der zu ziehenden Kugeln:
[3] Festlegen der Messgrößen	Beschreibung: Ausprägungen: Messgrößenname: Fathom-Formel:

Abb. 6.49 U10-11: Simulationsplan Schritte [1] bis [3] Aufgabe 2 - KAFR22

Wie der Ausschnitt des Simulationsplans zeigt, sind die Eintragungen für Schritt „[3] Festlegen der Messgrößen" zu dieser Aufgabe identisch mit den Eintragungen zu Aufgabe 1.

In *380-396* wiederholen die beiden Schüler das Zufallsexperiment $N = 5000$-mal. Während der Fortschrittsbalken für das Messgrößensammeln angezeigt wird, unterhalten sie sich darüber, dass der Computer nun länger brauchen könnte, weil zwischen „drei Sachen" auszuwählen ist. In *397* fragt die Lehrperson (Student) die beiden Schüler, bei welcher Aufgabe sie seien. In der Folge entsteht eine interessante Diskussion um die gewählte Modellierung, die nun nachgezeichnet wird.

6.4.3.3 Lehrer-Schüler-Dialog zum Modellierungsansatz

In *398-524* entspinnt sich ein längeres Gespräch zwischen der Lehrperson (Student) und dieser Schülergruppe. Die Schüler sind von ihrem Modellierungsansatz überzeugt und erläutern der Lehrperson ihren Ansatz. Dabei ergeben sich zum Teil interessante Dialogsequenzen, auf die im Folgenden genauer eingegangen wird. Es lassen sich dabei mehrere Teilphasen unterscheiden: (1) Die Schüler erläutern ihren Ansatz, (2) genaueres Hinterfragen des Stichprobenziehens durch die Lehrperson, (3) in Frage stellen dieses Ansatzes durch die Lehrperson und Erkenntnis der Schüler, dass die Aufgabe gar keinen „Knackpunkt" hat. Die Teilphase (1) geht von *402-440*. Interessant ist, durch welche Argumente die Schüler die Lehrperson von der Richtigkeit ihrer Lösung überzeugen wollen.

Transkriptausschnitt 402-437

402 L: Sind sie sicher, dass ihr Modell funktioniert?
403 S1:   Ja.
404 S2:   Ja.
405 L: Ja?
406 *FATHOM: Die Schüler ziehen das Formeleditorfenster so weit nach unten, dass die gesamte Stichprobentabelle zu sehen ist.*
407 S1:   Funktioniert super.
...   ...
409 S2:   Sind sie sich da unsicher oder was?
410 L: Hmm...
411 S1:   Wir schon, wir sind uns sicher.
412 L: Also sie müssen überlegen, was ihre zweite Spalte bedeutet.
413 S2:   Das ist ja die Stichprobe schon.
...   ...
417 S1:   Sie können auch gerne die normale sehen.
418 *FATHOM: Die Schüler ziehen ihre Urnenkollektionstabelle größer, so dass man alle Einträge sehen kann. Anschließend wird die Spaltenbreite der beiden Spalten so verändert, dass die Formeln komplett zu sehen sind*
419 L: Und jetzt ziehen sie...
420 S1:   Stichproben davon. ... Und der wählt ja jedes mal zwischen diesen 3...
...   ...
423 L: ... ja, ist schon klar.
424 S2:   Es sah ganz ok aus...
425 L: Das heißt sie zählen dann die Übereinstimmungen hier?
426 S2:   Ja.
427 S1:   Genau, wir setzen das dann gleich und gucken ... Ja, das ist halt die Qualität, die der Moderator auswählt – zufällig
428 L: Ja.
429 S1:   Und das ist die Antwort, die der ... Zuhörer gibt.
430 L: Ja.
431 S2:   Und wenn die übereinstimmen, dann ist es ja richtig.
432 S1:   Und das kann man doch eigentlich ganz gut benutzen... und auswerten. ... Und es hat funktioniert!
433 S2:   Und es sah ganz gut aus ((U)) Mach mal einen Graphen. ((U))
...   ...
436 *FATHOM: Die Schüler verkleinern die Kollektionstabelle auf Icongröße und ziehen einen Graphen in den Arbeitsbereich. Sie ziehen das Merkmal 'anzahl_richtig' aus der Messgrößentabelle auf die waagerechte Achse des Graphen und wählen im Pull-Down-Menü 'Histogramm' aus.*
437 S1:   Genau... Beim letzten Graphen war das ganze noch ein Bisschen mehr nach rechts verschoben. ... Da waren die Spitzen ein Bisschen anders, aber es sieht eigentlich ganz plausibel aus.

402-413 lässt sich so deuten, dass die Lehrperson zunächst der Schülerlösung skeptisch gegenübersteht, denn diese weicht von der normativen Lösung ab. Die Schüler argumentieren anhand ihrer Stichprobenkollektionstabelle, dass ihr Modell funktionieren würde und äußern, dass sie sich sehr sicher seien, dass ihre Lösung richtig ist. Offenbar ist die Lehrperson aber nicht so recht überzeugt und S1 bietet in *417* an, sich die Urnenkollektion genauer anzuschauen. Die Schüler zeigen ihre verwendeten Formeln und erläutern, wie die Stichprobe gezogen wird (*418-420*). Im Abschnitt *423-432* geht es um die Auswertung der Stichprobe. Die Schüler erläutern, dass sie durch eine Messgröße (ohne allerdings diesen Begriff zu verwenden) die Übereinstimmungen zwischen der Qualität, die der Moderator auswählt, und der Antwort, die der Zuhörer gibt, zählen. In *433* führt S2 noch ein weiteres Argument auf: Es (die Verteilung) hätte ganz gut ausgesehen. Als Bestätigung dafür wird ein Histogramm erstellt, das die Verteilung der Messgröße zeigt.

S1 argumentiert abschließend in *437*, dass der Graph bei Aufgabe 1 zwar mehr nach rechts verschoben war und die „Spitzen" ein bisschen anders ausgesehen hätten. Aber ansonsten würde es ganz plausibel aussehen. Woher die Schüler allerdings diese Plausibilitätsbegründung nehmen, bleibt unklar. Festzuhalten ist, dass die Schüler mit der Stichprobe, der Urnenkollektion und einer graphischen Auswertung argumentieren.

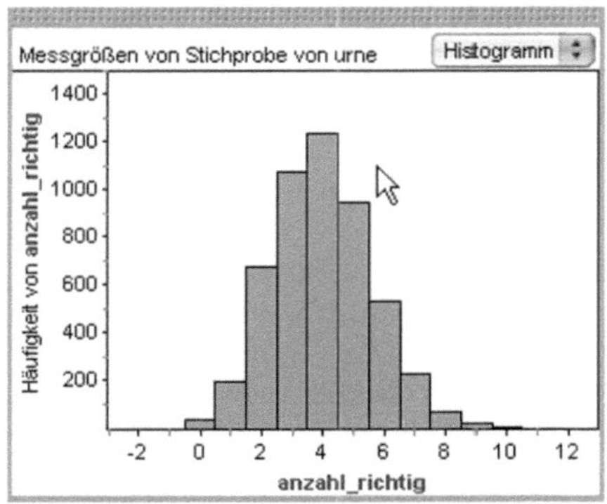

Abb. 6.50 U10-11: Verteilungsgraphik zur Aufgabe 2 - PEUD16-KAFR22

In Teilphase (2) von *441-461* lässt sich die Lehrperson genauer erklären, wie die eigentliche Stichprobenziehung erfolgt.

Transkriptausschnitt 443-459

443   S1:   10 Fälle hier von.
444   S2:   ((U)) jeweils da was aus, und wenn's übereinstimmt...
445   L: Darf ich ihre ... ihre ... ähm ... Was ist denn in der Urne?
446   S2:   Das ist die Urne.
447   S1:   Das ist die Urne.
448   L: Da haben wir die Stichprobe
449   S2:   Man erneuert es ja immer, und dann kann es übereinstimmen, oder es kann auch nicht übereinstimmen.
450   *FATHOM: Die Schüler klicken mehrfach auf den Button 'Zufall erneuern' der Kollektion 'urne'.*
451   S1:   Und davon zieht er 10-mal. ... Oder....
452   S2:   Ach, das war...
453   S1:   ... genau, 12 mal, in dem Fall
454   S2:   Ach so, warte mal.
455   L: Das heißt er zieht dann 12-mal,
456   *FATHOM: Die Schüler klicken einige Male auf den Button 'Stichprobe verändern' der Stichprobenkollektion.*
457   S2:   Er zieht 12-mal... und je nach dem wie er es erneuert, das gibt ja die Antworten dann, und dann hat man die Messgrößen...
458   *FATHOM: Die Schüler öffnen per Doppelklick das Infofenster der Stichprobenkollektion.*
459   S2:   Dann die Anzahl, die Übereinstimmen ... steht dann hier, und wenn die größer ist als 8, dann hat er bestanden.

Auch bei diesem Transkriptausschnitt ist die Argumentationslinie der Schüler interessant. S1 erklärt in *443*, dass die Stichprobe von der Ausgangskollektion gezogen wird. Die Lehrperson fragt in *445* berechtigterweise nach, was denn dann in der Urne sei. Die Schüler antworten in *446/447* nur indirekt auf diese Frage, denn sie zeigen auf die Ausgangskollektion und sagen, dass sei die Urne. Sie sagen aber nicht, was sich in der Urne befindet. In *449/450* zeigen die Schüler, wie sich der Inhalt der Urne immer wieder verändert. Sie argumentieren weiter, dass dann davon 12 Fälle gezogen werden und bestätigen ihre Argumentation, indem sie die Stichprobe mehrfach verändern (*451/456*). Um der Lehrperson zu zeigen, wie die Ergebnisse der Stichprobe gezählt werden, öffnen sie das entsprechende Info-Fenster und wechseln auf den Kartenreiter Messgrößen. Sie erläutern nun die Formel, die die Übereinstimmungen zählt (*457/459*). Die Schüler benutzen als Argumentationsweg die Realisierungsschritte des Modellzufallsexperimentes einschließlich der Festlegung der Messgröße.

Die Lehrperson ist ein bisschen irritiert, da dieser Modellierungsansatz so nicht im Voraus eingeplant war. Zudem handelt es sich ja nicht um eine virtuelle Urne im eigentlichen Sinne, sondern eher um eine Zufallsurne. Das versucht die Lehrperson den beiden Schülern, die unterdessen an der numerischen Auswertung weiterarbeiten (*460/498*), in der Teilphase (3) näher zu bringen (*499-535*). Dafür ist der folgende Transkriptausschnitt aufschlussreich.

Transkriptausschnitt 499-514

499	L:	Haben sie ne Urne? ... Also haben sie wirklich ne Urne vorliegen?
500	S2:	Naja, nein.
501	S1:	Hehe, weiß ich nicht, was ist denn ne Urne?
502	S2:	Nein, da stehen ja keine festen Sachen zur Auswahl, aber wir hatten es auch erst so, dass wir – also keine Formel gemacht haben, und dann die Merkmale reingeschrieben haben und die Antwort, aber dann zieht er ja immer das selbe.
...		
505	L:	Das heißt sie gehen über einer simultane Simulation, so wie wir das bis jetzt gemacht haben
506	S2:	Und arbeiten dann wie mit einer Urne.
507	L:	Und arbeiten dann aber wie mit einer Urne.
508	S2:	Jo.
509	S1:	Ja, und wo ist das Problem? ... Sie können ja ... Was wäre denn bei der zweiten Aufgabe die...
510	S2:	... die Wahrscheinlichkeiten bleiben doch die selben.
511	L:	Das hab ich selbst grad noch nicht, also da muss ich ganz ehrlich sagen, bin ich mir grad noch nicht so ganz sicher, ob das von den Wahrscheinlichkeiten her jetzt das gleiche ist. ... Ähm... Das müssten wir dann uns noch mal genauer angucken.
512	S2:	Aber wie würden wir es denn sonst machen, wenn man zwei Merkmale hat? ... Man muss ja dann zwei Urnen haben quasi. ... Man hat ein mal die Urne, wo der Moderator draus zieht, und ein mal die Urne, wo der Antworten-Typ draus zieht.
513	L:	Die Frage - ohne dass ich das jetzt verwerfen will - ist es entscheidend, was der Moderator zieht? Müssen sie das wissen, was der zieht?
514	S2:	Nee, wahrscheinlich nicht. ... Es reicht ja eigentlich dass der ... äh Zuschauer hat ja eine Chance von 100 Prozent. ((U)) Aber es reicht, wenn ja nur der ... nur der Zuschauer zieht. Der Zuschauer hat ja eine Chance von einem Drittel, dass es richtig ist. Und wenn nur der Zuschauer zieht, dann reichts genau so.

Die entscheidende Frage stellt die Lehrperson in *499*, ob das denn tatsächlich eine Urne sei, die die beiden Schüler da realisiert haben. S2 beschreibt in *502* sehr präzise, dass die von ihnen realisierte Urne keinen festen Inhalt habe, sie aber auf dem anderen Weg (mit festem Inhalt und zwei Merkmalen) zu keinem befriedigenden Ergebnis gekommen wären. In *505-508* wird von der Lehrperson völlig korrekt erkannt, dass die Schüler von der simultanen Simulationsmethode ausgehen und diese mit der Simulation durch Stichprobenziehen verbinden. In *512* fragt S2 die Lehrperson konkret, wie man denn sonst eine Umsetzung mit zwei Merkmalen, Moderatorverhalten und Zuhörerverhalten, realisieren könne. Die Frage der Lehrperson, ob das Moderatorverhalten denn wichtig sei, beantwortet sich S2 selbst: Es würde auch reichen, wenn nur der Zuschauer zieht (*513/514*). Die beiden Schüler erkennen, dass die Aufgabe praktisch so modelliert werden kann, wie die bisherigen Aufgaben auch. Es fällt auf, dass sich Schüler S2 konstruktiver an der Diskussion mit der Lehrperson zu beteiligen scheint. Die Lehrperson motiviert die Schüler, die Simulation für die Aufgabe 2 auf dem von ihr ins Spiel gebrachten Weg nachzubauen, um die Tauglichkeit der Modellansätze überprüfen zu können.

Konstruktion auf der Basis eines Urnenmodells - Aufgabe 2

In *536-750* erstellen die Schüler ein neues FATHOM-Dokument, in dem sie den von der Lehrperson ins Spiel gebrachten Weg für Aufgabe 2 nachbauen. Einige Dialogsequenzen daraus seien genauer analysiert. Die Schüler haben eine neue Urnenkollektion mit einem Merkmal und den festen Ausprägungen *CD, MP3-128* und *MP3-96* erstellt (*536-561*).

Transkriptausschnitt 562-591

562	L:	Ja, es ist nicht ganz dasselbe, aber vom Aufbau her natürlich. ... Also, die Frage ist doch ... Der Moderator spielt mir was vor. Versetzen sie sich doch mal in die Lage des Anhörers.
563	S2:	Ja, für den, wenn er rät, ist es eine Chance von einem Drittel zu zwei Drittel.
564	L:	Genau.
565	S2:	Aber es ist doch trotzdem nicht ganz unrelevant, was der Moderator auswählt.
566	L:	Warum?
567	S2:	Weil es ja unwahrscheinlich ist, dass der Moderator per Zufall genau dasselbe wählt, wie der Zuschauer.
568	S1:	Ja, das weiß aber der Zuschauer nicht, was der ...
569	S2:	Nee, das weiß er nicht.
570	S1:	Die wissen ja voneinander nicht.
571	S2:	Nee.
572	L:	Was wäre denn, wenn der Telefonanrufer erst seinen Tipp abgibt, und dann der Moderator zufällig auf einen Knopf drückt.
573	S2:	Aber es müsste doch dasselbe rauskommen.
...	...	
575	S1:	Wir haben das irgendwie falsch benannt jetzt grade... Jetzt kommt grade richtiger Kokolores raus, wir hätten das nicht CD, MP3 und ((U)) nennen können. Wie willst du das denn jetzt auswerten?
587	L:	Was muss ich jetzt sagen?
588	S2:	Ja, richtig oder falsch von nem Drittel
589	L:	Genau.
590	S2:	Richtig, Falsch, Falsch, oder?
591	L:	Zum Beispiel. ... Das ist ja ihre Urne, also die sich jetzt nicht verändert...

Die Schüler sind zunächst gar nicht davon überzeugt, dass der Weg über eine feste virtuelle Urne besser ist. Vor allem interessiert S2 die Frage, ob es nicht doch von

Bedeutung ist, was der Moderator auswählt (*565*). Offenbar lässt sich S2 aber in
566-573 davon überzeugen, dass der Zuhörer keine Informationen über das Moderatorverhalten besitzt und daher dessen Verhalten nicht relevant ist. Während dieses Gespräches bemerkt S1 in *575*, dass sie die Urne mit *CD* und *MP3* falsch gefüllt haben. Im Dialog mit der Lehrperson kommen die Schüler darauf, wie die
Urne für diesen Fall zu füllen sei. Die Schüler ändern ihre Ausgangskollektion
entsprechend und führen die Simulation weiter bis zum Sammeln der Messgrößenwerte (*592-624*).

Transkriptausschnitt 625-627

625   S1:   ...Aber wenn überhaupt haben wir ((U)) übereinstimmt, haben wir eine wichtige
              stochastische Erkenntnis gemacht, dass die Unwissenheit vom anderen...
626   S2:   ...egal ist
627   S1:   genau.

In *625-627* äußern S1 und S2 eine interessante Erkenntnis. Diese ist insofern gül-
tig, wenn der „andere" auch nur der Zufallsauswahl unterliegt. Von *628-672* werten die Schüler die Messgrößenkollektion erst graphisch und anschließend numerisch aus.

Transkriptausschnitt 634-640

634   S2:   Sieht halt genau so aus, ne?
635   S1:   Das ist ((U))
636   S2:   Hä?
637   S1:   Das ist schlecht.
638   S2:   Wieso, ist doch gut.
639   S1:   Das ist schlecht für unsere Überlegung
640   S2:   Ja, weil unsere komplizierter ist.

Die Schüler betrachten die Verteilung im Histogramm und vergleichen diese qualitativ mit der zuvor über den anderen Modellierungsansatz erzeugten Verteilung.
S2 kommt in *634* zu dem Schluss, dass die Verteilung genauso aussieht, damit
können beide Wege als praktisch äquivalent betrachtet werden. Offenbar ersetzt
die qualitative Beurteilung über eine Verteilungsäquivalenz die Argumentation
über eine stochastische Modelläquivalenz. Die Erkenntnis, dass beide Wege zum
gleichen Ergebnis führen, ruft unterschiedliche Reaktionen hervor: eher positive,
weil der eigene Weg dadurch bestätigt wird (*638*), eher kritische (*637, 639/640*),
weil der eigene Weg als komplizierter eingeschätzt wird.

Die Schüler haben die numerische Auswertung wie in Aufgabe 1 durchgeführt
und müssen sich nun überlegen, wie ihr Ergebnis auf die Aufgabenstellung zu
Aufgabe 2 in Beziehung gesetzt werden kann.

Transkriptausschnitt 673-681

673   S2:   Aber hier, wir sollen was ganz anderes – bei der zweiten ist nämlich die Frage, wie
              viel muss er hinzufügen, damit es unter einem ... äh – unter einem ... Prozent liegt oder
              so was. ... Was heißt denn Preisgrenze?
674   S1:   Wo steht denn das mit einem Prozent? Ich seh da nichts mit einem Prozent. ...

675 S2:   Ach so.
675 S2:   (lacht) Ganz fett gedruckt.
676 S1:   ((U))
677 S2:   Jetzt sollen wir sagen, wie ... Müssen nur noch ne Formel aufstellen, und wenn das größer als x ist, und dann ein Prozent.
678 S1:   ((U))
679 S2:   Weißt du, was ich meine? ... Dass man mehr als 8 Fragen richtig beantworten muss, quasi, ne?
680 S1:   Hmm. ... Also 9 Fragen richtig beantworten muss, oder was war das, ne? Da müsste es eigentlich runterfallen. Weil jetzt sind wir schon bei 1,76 Prozent.
681 S2:   Ja, ((U)) mehr als 9, mehr als ...achteinhalb geht ja nicht, ne? ... Kann man es mal 9 probieren. ...

In *673* fällt S2 erst einmal auf, dass sie „was ganz anderes" machen sollen und erläutert anhand der Aufgabenstellung auch, was zu tun sei. Gleichzeitig stellt er die Frage, was denn Preisgrenze in diesem Zusammenhang heißen würde. Darauf geht S1 aber nicht ein, sondern er muss sich erst vergewissern, wo in der Aufgabenstellung etwas von einem Prozent stehen würde (*674*). In *677* übersetzt S2 die Aufgabe intuitiv in einen mathematischen Zusammenhang, den man folgendermaßen ausdrücken kann: $P(X \geq k) < 1\%$. Damit wird auch klar, was die Preisgrenze sein soll, nämlich das kleinste k für das dieser Zusammenhang gilt. Die praktische Übersetzung liefert S2 in *679*, nämlich dass man mehr als 8 Fragen richtig beantworten muss. Er kontextualisiert das Problem in dem bereits behandelten Multiple-Choice-Kontext und nicht im Hörtest-Kontext.

In *689-740* werden die Ergebnisse beider Wege numerisch verglichen. Die Schüler wechseln von einer Simulationsumgebung in die andere, wiederholen das Sammeln von Messgrößen und vergleichen die Ergebnisse in den Auswertungstabellen miteinander.

Transkriptausschnitt 690-691, 693-711

690 S2:   Was schreiben wir jetzt hier hin? ... Ich finde unseres besser, irgendwie, ... Muss ich echt sagen.
691 S1:   Jo, wenigstens haben wir da schön gelernt, wie man das kombinieren könnte, wenn's wichtig wäre, mit der simultanen Simulation und so... ... Wenn man 2 Merk- ... Wie nennt sich das denn überhaupt, noch mal dieses, was man in der Spalte hat? ... Wenn man 2 Spalten hat.
...
693 S2:   Fall. ... Aber es kommt dasselbe raus.
694 L: Ja, das ist gut.
695 S1:   Es scheint so.
696 S2:   1,7 sowas...
697 S1:   Phys- ... der Physiker wäre zufrieden.
698 L: (lacht) Stimmt. Bewiesen ist es natürlich nicht. Aber ihr Modell sieht so aus, als würde es funktionieren, also auch ich muss da immer erst mal ein bisschen länger drüber nachdenken, ... ähm ... Entscheidend ist halt, dass wir da keine Urne ... also wir haben nicht die Vorstellung der Urne, also es bezieht nicht wirklich was aus ner Urne heraus.
699 S2:   Ne ne.
700 L: Und dadrum gings ja.
701 S2:   Wir ziehen aber was anderes raus (lacht)
702 L: Aber es ist natürlich ne Leistung, da auch so, so äh ... darzustellen.
703 S2:   Die Idee, die dahinter steckt, war ja, dass man aus zwei Urnen zieht.
704 L: Genau.
705 S2:   Und diese beiden werden dann vergleicht.
706 L: Ja.

707   S1:   Und da er das nicht in einer Tabelle machen konnte, haben wir es halt über diese Formel gemacht.
708   L: Genau, mmhh.
709   S1:   Das wäre ja die Sache dahinter.

In *691* formuliert S1 die für ihn wichtige Erkenntnis, nämlich wie man beide Simulationsmethoden gewinnbringend miteinander verknüpfen könnte. Im Weiteren kommen die Schüler zu der Erkenntnis, dass beide Wege zu etwa gleichen Ergebnissen führen und daher beide legitim sind (*693-697*). S2 bringt die dahinterliegende Idee in *703/705* noch einmal auf den Punkt: gleichzeitiges Ziehen aus zwei Urnen und Vergleichen der Ziehungsergebnisse. Anschließend wird die Arbeit mit FATHOM kurzzeitig beendet und das Anwendungsfenster geschlossen.

Konstruktion auf der Basis eines Urnenmodells - Aufgabe 1

In *740-796* werden zunächst organisatorische Dinge geregelt. Dann entschließen sich die Schüler, FATHOM wieder zu starten und auch die Aufgabe 1 auf dem von der Lehrperson favorisierten Weg zu bearbeiten. Dies gelingt reibungslos und ohne größere inhaltliche Beiträge von Seiten der Schüler. Sie erhalten als Ergebnis der numerischen Auswertung 19,38 % und vergleichen dieses Ergebnis mit dem Ergebnis des von ihnen entwickelten Modells bei der ersten Aufgabe. Die Einschätzung ist offensichtlich, auch für Aufgabe 1 wird über diesen zweiten Weg ein ähnliches Ergebnis festgestellt. In *804-820* werden noch organisatorische Dinge geregelt. Eine Interpretation der Auswertung wird im Simulationsplanschema nicht vorgenommen (vgl. Abb. 6.51).

Die Aufzeichnung endet nach 46:17 Minuten.

[4] Messgrößen sammeln	Anzahl der gesammelten Messgrößen: 5000
[5] Auswertung: Verteilung, rel. Häufigkeit, Mittelwerte,...	Runde (–anzahl– Anzahl (anzahl_richtig ≥ 8]·100; 2) / gesamtanzahl anzahl_richtig ≥ 8 ≙ 1,66 % für anzahl_richtig ≥ 9 ≙ 0,51 % bzw < 1 %

Interpretation der Auswertung:

Abb. 6.51 U10-11: vollständiger Simulationsplan Aufgabe 2 - KAFR22

6.4.3.4 Zusammenfassung für das Schülerpaar PEUD16_KAFR22

Die Lerndyade PEUD16_KAFR22 hat die beiden Simulationsaufgaben nach integrativer Vorgehensweise, also ohne offline-Planungsphase, erfolgreich mit einem eigenen Modellierungsansatz bearbeitet. Die Kommunikation und Kooperation der beiden Schüler kann man als konstruktiv und kreativ bezeichnen. Bei der explorierenden Analyse sind folgende Aspekte besonders aufgefallen:

- Die beiden Schüler konstruieren einen eigenen Modellierungsansatz und setzen diesen erfolgreich in der Simulation um.
- Die Schüler entwickeln ihre Kenntnisse zur Simulation mit FATHOM weiter und konstruieren durch die Verbindung mit stochastischen Konzepten konzeptuelles Wissen.

Für die fünf Analysefragen ergibt sich folgende Zusammenfassung:

1. Das Schülerpaar wählt ein anderes als das normative Modell zur Modellierung der stochastischen Problemsituation. Sie argumentieren damit, dass man das Moderatorverhalten und das Hörerverhalten einbeziehen müsse. Die sollte man mit dem gleichzeitigen Ziehen aus zwei Urnen und dem Vergleich der Ziehungsergebnisse modellieren. Die Schüler kombinieren daher die simultane Simulationsmethode mit der Simulation durch Stichprobenziehen. Sie definieren dazu eine spezielle Zufallsurne, eine Urne mit variablem Inhalt, aus der Stichproben gezogen werden. Der Zufall ist damit vom Stichprobenzieher auf die Ausgangskollektion verlagert.

2. Ein Kontextbezug wird von den Schülern vor allem im Zusammenhang mit der Modellbildung, d. h. mit dem Aufstellen des Modellzufallsexperimentes, hergestellt. Allerdings werden spezifische Objekte und Prozesse der Simulation nicht kontextualisiert. Darüber hinaus erfolgt eine Auseinandersetzung mit dem Kontext eher auf einer Metaebene, besonders zu beobachten in der Modelldiskussion mit der Lehrkraft. Konkret lokalisierbar sind zudem (1) die Beschreibung der Messgröße als Anzahl der Übereinstimmungen und (2) die verbale Interpretation der Ergebnisse. Auffällig ist die starke Affinität zum Multiple-Choice-Text-Kontext beim Nachbau der normativen Lösung.

3. Schüler S2 scheint zunächst Messgröße und Merkmal synonym zu verwenden. Das lässt sich aus der merkmalsfixierten Auswertung der Stichprobe ableiten, die sich u. a. auch beim Ausfüllen des Simulationsplanschemas (Ausprägungen: *richtig, falsch*) zeigt. Die passende Beschreibung der Messgröße mit *Anzahl Übereinstimmungen* und die versierte Umsetzung in FATHOM hingegen lassen den Schluss zu, dass beide Schüler durchaus über ein über die formale Abarbeitung hinausgehendes Verständnis vom Messgrößenkonzept verfügen.

4. Bei beiden Simulationen werden entsprechende Histogramme erstellt. Für die Argumentation mit der Lehrperson und auch für den qualitativen Vergleich der beiden Modellierungsansätze werden Verteilungsgraphiken hinzugezogen. Für

die weitere Auswertung der Simulationen und deren Interpretation werden die Verteilungen allerdings nicht genutzt.

5. Bei beiden Aufgaben wird das Simulationsplanschema simultan zur Arbeit in FATHOM eingesetzt, d. h. die Schüler arbeiten praktisch gleichzeitig bzw. wechselseitig die Schritte [1] bis [5] ab. Für Schritt „[3] Festlegen der Messgrößen" wird für Aufgabe 1 sogar der Umsetzungsprozess in FATHOM unterbrochen, um zunächst das Simulationsplanschema auszufüllen. Da für Aufgabe 2 dieser Schritt praktisch identisch ist, wird der Umsetzungsprozess nicht mehr unterbrochen. Eine Interpretation der Auswertung nehmen die Schüler nicht vor, der Platz unterhalb der Tabelle bleibt frei.

6.4.4 Überblicksanalyse - Wahl des Modellzufallsexperimentes

Es lassen sich für die Bearbeitung der beiden Simulationsaufgaben grundsätzlich zwei Modellierungs-Typen unterscheiden:

- **Typ A** verfolgt einen normativen Ansatz mit den Merkmalsausprägungen *richtig* und *falsch* bzw. vergleichbare Eintragungen, wie *r* bzw. *f* oder *0* bzw. *1*.

- **Typ B** verfolgt einen kontextbezogenen Ansatz mit den Merkmalsausprägungen *CD* und *MP3*. Typ B beinhaltet vom stochastischen Modell her gesehen das zufällige Ziehen aus zwei Urnen. Eine erfolgreiche Umsetzung von Typ B kann z. B. durch das gleichzeitige Ziehen aus Zufallsurnen (Urnen ohne festen Inhalt) oder durch Sequenzierung des Ziehungsprozesses realisiert werden (vgl. Kap. 6.1.1).

Durch Intervention innerhalb der Lerndyade oder von außen kann sich der Modellierungsansatz der Lerndyade ändern. Folgende Wechsel wurden beobachtet:

- **Typ B-a-A** bezeichnet eine Modellierungsänderung, die explizit auf Anforderung der Gruppe oder durch Informationen von außen herbeigeführt wurde. Erst wurde Typ B gewählt und dann durch Hilfe von außen in Typ A gewechselt.

- **Typ B-i-A** beinhaltet eine Modellierungsänderung innerhalb der Gruppe ohne erkennbaren Einfluss von außen. Erst wurde Typ B gewählt und dann durch Kommunikation innerhalb der Gruppe in Typ A gewechselt.

In Abb. 6.52 wird zunächst ein tabellarischer Überblick über die Modellierungs-Typen der Lerndyaden gegeben. Alle Angaben beziehen sich auf Aufgabe 1. Für

Aufgabe 2 wurde der umgesetzte Modellierungstyp beibehalten. Die Modellierungs-Typen der konsekutiven Vorgehensweise wurden unter Einbeziehung der Planungsphase rekonstruiert.[140]

Lerndyade	kurz	Vorgehen	Typ A	Typ B	Typ B-a-A	Typ B-i-A
BAKL24_CLMI21	I1	integrativ	x			
CLHA03_ULWA08	I2	integrativ	x			
INNO09_MAPE30	I3	integrativ	x			
JOMI26_CHDI30	I4	integrativ			x	
PEUD16_KAFR22	I5	integrativ		x		
JURE11_MaEC26	I6	integrativ				x
TAVI23_IRED13	I7	integrativ				x
ULRI21_SAHO01	I8	integrativ	x			
UTWI28_EWMA04	I9	integrativ			x	
ANTH30_ANFR06	K1	konsekutiv				x
CHRO24_ANMA19	K2	konsekutiv				x
ELST09_SURÜ15	K3	konsekutiv				x
INWE25_REKA05	K4	konsekutiv	x			
ULIR12_IRFR13	K5	konsekutiv	x			
KAHE02_ILED13	K6	konsekutiv	x			
LIBO11_BIWE03	K7	konsekutiv	x			
MAHE19_IRAL26	K8	konsekutiv	x			
NAAB17_ALKA01	K9	konsekutiv	x			

Abb. 6.52 U10-11: Modellierungstypen (einschließlich offline-Planungsphase für konsekutive Vorgehensweise), Übersicht nach Lerndyaden

Aus der Tabelle lässt sich schlussfolgern, dass eine integrative Vorgehensweise tendenziell eher zunächst zu Modellierungen vom Typ B führt. Die Vermutung liegt nahe, dass die sofortige Zugriffsmöglichkeit auf den Computer als Medium dafür förderlich sein könnte. Die Tatsache, dass überhaupt Modellierungen vom Typ B gewählt werden, ist an sich sehr erfreulich. Dadurch zeigt sich das kreative Potential der Schüler in der Aufgabeninterpretation und deren Umsetzung. Die interessanten Fälle sind die Lerndyaden, die den Modellierungs-Typ wechseln, also die Wechseltypen B-a-A und B-i-A. Es stellt sich die Frage, wodurch genau solch ein Wechsel im Modellierungsansatz der Lerndyaden ausgelöst wurde. Zur Beantwortung dieser Frage werden nun relevante Ausschnitte der Transkripte als Belegstücke herangezogen.

---

[140] In der Umsetzung mit FATHOM trat bei konsekutiver Vorgehensweise ausschließlich Typ A in Erscheinung (vgl. Transkripte U10-11 Anhang C).

Portrait (1_1) - JOMI26_CHDI30 (I4 – Typ B-a-A) - integrativ

JOMI26 (weiblich) schätzt ihre Fähigkeiten in Mathematik als durchschnittlich und ihre Vorkenntnisse in Stochastik als schlecht ein. CHDI30 (männlich) schätzt sowohl seine Fähigkeiten in Mathematik als auch seine Vorkenntnisse in Stochastik als durchschnittlich ein (vgl. Befragung zu Vorwissen und Selbsteinschätzung der Schüler, Kap. 7.2). Die für das Verständnis des Modellierungsverlaufs wesentlichen Passagen sind aus dem Transkript ausgewählt worden und sollen kurz beschrieben werden.

Transkriptausschnitt 23-27

23	S1:	Mach doch schon mal FATHOM auf.
24	S2:	FATHOM.
25	S1:	So, mach doch schon mal ne Kollektion
26	S2:	Warum denn, wir wissen doch noch gar nicht, was wir machen sollen.
27	S1:	Na und, die brauchen wir doch so oder so.

Offenbar benutzt diese Lerndyade den Computer unmittelbar noch vor irgendeiner Information über die Aufgabenstellung (*26*). Die Lerndyade benennt in *27-130* die Kollektion in *Musikqualität* um, erstellt ein Merkmal *Qualität* mit den Ausprägungen *cd* und *mp3* und zieht eine Stichprobe von dieser Kollektion und verändert den Umfang auf 12.

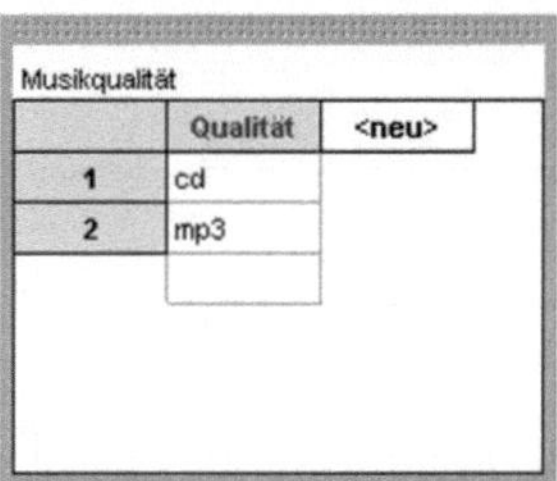

Abb. 6.53 U10-11: JoMi26_ChDi30 (I4 – Typ B-a-A), erste Kollektion

Der folgende Transkriptausschnitt verdeutlicht noch einmal ganz klar, warum die Lerndyade den Modellierungsansatz vom Typ B wählt (*133/135*).

Transkriptausschnitt 133-151

133	S1:	Ja, du musst das da quasi zwei mal machen. ... Glaub ich. ...
...	...	
135	S1:	Weil du hast ja ein mal, sucht der Moderator ja quasi zufällig aus, welche Qualität, und dann musst du ja noch den Tipp irgendwie mit drinne haben. ... Oder?
...	...	
137	S2:	Hmm. ... Stimmt. ... Dann bist du schlauer.
...	...	
139	S1:	So, und das ist dann auch CD / MP3. ... Ähm. ... Kann ich das jetzt irgendwie noch mal erneuern?
...	...	

141	S2:	Stichprobe verändern...
142	S1:	Mmm. Abbrechen. ...
...	...	
144	S1:	Ah... Na toll, das ist ja gleich. ... Das will ich aber so gar nicht. ... Wieso ist das gleich?
...	...	
147	S2:	Keine Ahnung, mach noch mal neu.
...	...	
149	S1:	Doch, das ist immer gleich.
150	S2:	Dann mach ...
151	S1:	Das ist Scheiße, das wollen wir nicht.

Musikqualität

	Qualität	Tipp	<n
1	cd	cd	
2	mp3	mp3	

Stichprobe von Musikqualität

	Qualität	Tipp
1	cd	cd
2	cd	cd
3	cd	cd
4	cd	cd
5	cd	cd
6	cd	cd
7	mp3	mp3
8	cd	cd
9	mp3	mp3
10	mp3	mp3
11	mp3	mp3
12	cd	cd

Abb. 6.54 U10-11: JoMi26_ChDi30 (I4 – Typ B-a-A), Ausgangskollektion mit zwei Merkmalen und Stichprobenkollektion

Offenbar führt die gewählte Umsetzung nicht zu dem Ergebnis, was die Lerndyade sich vorgestellt hat, nämlich eine automatische Randomisierung der Merkmalsausprägungen. In *152-196* wird die bisherige Realisierung nach einem Hinweis einer Nachbargruppe abgeändert. Die Lerndyade verfolgt aber weiter den kontextbezogenen Ansatz vom Typ B.

Transkriptausschnitt 153-161

153	S1:	(zu einem Schüler einer anderen Gruppe) Hier, ist das bei euch auch alles gleich? Immer?
154	A:	Nee? Wir haben's geändert, am Anfang war alles gleich. ... Wir haben mit einer Formel gearbeitet. ... Wie habt ihr es denn gemacht?
...	...	
156	S1:	((U)) Ja, ich hab einfach, ne?
157	A:	Ja, das geht aber nicht, weil er dann, wenn er die 1 wählt, wählt er immer CD und CD und wenn er die 2 wählt MP3.
158	S1:	Aha. ... Und wie mach ich dann ... Hä?. ... Formel. ... Toll.
...	...	
160	*FATHOM: Die Schüler aktivieren die Kollektionstabelle und löschen aus der Spalte 'Tipp' die Einträge 'cd' und 'mp3'*		
161	S2:	Mach einfach Zufallswahl. ... Zufallswahl und dann CD / MP3.

Die Lerndyade implementiert in *162-196* einen Zufallsgenerator für das Merkmal *Tipp* in der Ausgangskollektion (***Zufallswahl("cd";"mp3")***). Allerdings meinen die Schüler, dass dies auch zu keinem anderen Ergebnis in der Stichprobenkollektion führen würde (vgl. Abb. 6.54). Daher wird das Merkmal *Tipp* in der Ausgangskollektion gelöscht und eine neue Realisierungsmöglichkeit wird versucht (*197-213*).

Transkriptausschnitt 203-213

203   S1:   Ja weil, das ... Die sind ja immer gleich. Also es sind ja praktisch nur die Möglich-
              keiten, und die sind immer nur CD und MP3. Und wenn du sagst Zufallswahl, kann es ja
              sein, dass die Tipps dann immer ... Dass nur CDs getippt werden können. ... Dann
              machst du das hier rein ...

...   ...
205   S1:   Tipp ...

...   ...
207   S1:   Machst hier jetzt das mit der Zufallswahl. ... Oder?
208   S2:   Keine Ahnung, probieren wir aus. ... Ob das funktioniert, weiß ich nicht.

...   ...
213   S1:   Na geil.

Die Lerndyade realisiert die Idee, die Ausprägungen des Merkmals *Tipp* nun in der Stichprobenkollektion zufällig den Liedqualitäten zuzuordnen. Dass dieser Ansatz zielführend wäre, erkennen die beiden Schüler am Ergebnis der Stichpro-bentabelle. Bis zu diesem Zeitpunkt lässt sich das Modellierungskonzept dieser Lerndyade eindeutig Typ B zuordnen (vgl. Abb. 6.55).

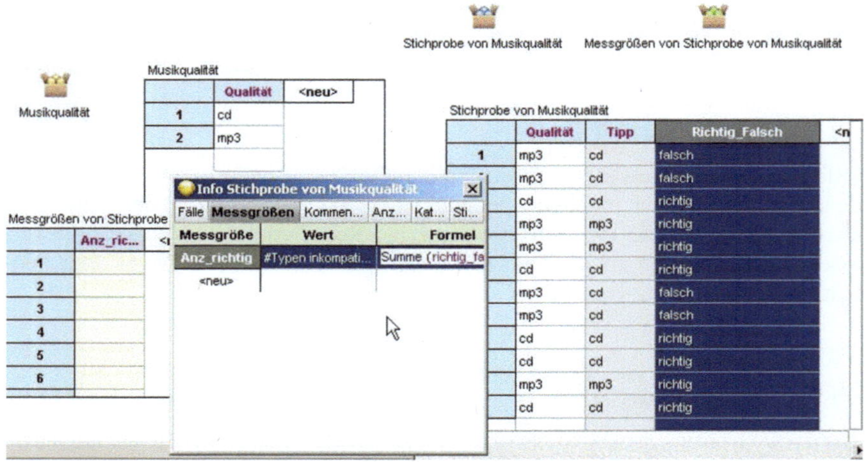

Abb. 6.55 U10-11: JoMi26_ChDi30 (I4 – Typ B-a-A), letzter Stand Typ B

Die Nachfolgenden Bemühungen (*214-427*) der Lerndyade beziehen sich auf das Messgrößeninterface (siehe Überblicksanalyse der entsprechenden Forschungs-frage). Es gelingt den Schülern jedoch nicht, eine korrekte Formel für die Mess-größe festzulegen. Verschiedene Versuche, die allesamt nicht erfolgreich waren, führten zu dem in der Abb. 6.55 zu sehenden Realisierungsstand der Modellierung nach Typ B. Erst nach knapp einer halben Stunde Aufgabenbearbeitungszeit bekommt S1 durch das Mithören von Gesprächen in den Nachbargruppen mit, dass das Modellzufallsexperiment auch anders realisiert werden kann (*431*).[141]

Transkriptausschnitt 428-433

428	S1:	Oh, wir sind auch so doof, ne?
429	S2:	Wieso?
...	...	
431	S1:	Weil wir uns das hätten sparen können, glaub ich. ... Wenn ich hier grade so zuhöre... ... Das ist ja wurscht, was es hier letztendlich ist, du musst ja nur wissen, ob es richtig oder falsch ist.
432	S2:	Aha. ... Das heißt wir haben es viel zu kompliziert gemacht?
433	S1:	Richtig. Dann können wir es im Prinzip noch mal von vorne machen.

Die Änderung des Modellierungsansatzes erfolgt demnach erst bei der Bearbeitung der Messgrößen (innerhalb des Messgrößeninterface). Die Informationen erhält die Lerndyade eher zufällig von außen.

Portrait (1_2) - UTWI28_EWMA04 (I9 – Typ B-a-A) - integrativ

UTWI28 (männlich) schätzt seine Fähigkeiten in Mathematik als gut und seine Vorkenntnisse in Stochastik als durchschnittlich ein. EWMA04 (männlich) schätzt seine Fähigkeiten in Mathematik als durchschnittlich und seine Vorkenntnisse in Stochastik als ganz schlecht ein (vgl. Befragung zu Vorwissen und Selbsteinschätzung der Schüler, Kap. 7.2). Die für das Verständnis des Modellierungsverlaufs wesentlichen Passagen sind aus dem Transkript ausgewählt worden und sollen kurz beschrieben werden.

Transkriptausschnitt 20-26

20	S2:	Ich glaub, heute kennst du dich besser damit aus als ich.
21	S1:	Ne, glaub ich kaum, du hast die Aufgaben wenigstens gemacht.
22	S2:	Ja, aber nicht vollständig.
...	...	
24	FATHOM:	Eine Kollektion wird auf dem Arbeitsbereich erstellt. Diese behält den Namen 'Kollektion 1'. Bei aktivierter Kollektion wird dann eine Tabelle auf die Arbeitsfläche gezogen.
25	S1:	So, jetzt haben wir erst mal ne Kollektion und ne Tabelle. ... Ich würde sagen, wir lesen uns erst mal die Aufgaben durch, oder?
26	S2:	Ja.

Diese Lerndyade legt den Grad ihrer Vorbereitung offen (*20-22*). Dies mag auf die nachfolgenden Handlungen und Lernprozesse wesentlichen Einfluss haben. Die

---

[141] Die Äußerung von S1 bezieht sich auf das Mithören des Schüler-Lehrerdialoges der Lerndyade PEUD16_KAFR22 mit der studentischen Lehrperson (vgl. Kap. 6.4.3).

Lerndyade erzeugt sofort Kollektion und zugehörige Datentabelle in FATHOM (*25*), noch bevor sie die Aufgabenstellung gelesen haben.

Transkriptausschnitt 56-61

56	S1:	Gut, wir wissen eben gar nicht, was richtig oder falsch ist
57	S2:	Stimmt.
58	S1:	Sozusagen... ja.
59	S2:	Also wir brauchen erstmal Zwölf Fälle. Wo durch Zufall entschieden wird, ob es CD-Qualität oder MP3-Qualität ist. ... Oder?
60	S1:	Mh. Ja.
61	S2:	Dann mach mal.

Nach dem Lesen der Aufgabenstellung diskutieren die beiden Schüler über die Umsetzung in ein Modellzufallsexperiment. Die Aussage von S2 deutet an, dass eine Umsetzung im Sinne von Typ B angestrebt wird. Diese Idee von S2 wird dann so umgesetzt, dass ein Merkmal *Qualität* mit den Ausprägungen *Mp3* und *CD* in der Ausgangskollektion festgelegt, eine Stichprobe gezogen und deren Umfang von 10 auf 12 geändert wird.

Transkriptausschnitt 114-121

114	S2:	So, jetzt müssen wir. MP3, CD, MP3, CD, MP3. Dass diese Reihenfolge richtig ist.
115	S1:	Ja.
116	S2:	Nun gut.
117	S1:	Die Summe der richtig geratenen, oder?
118	S2:	Ja und jetzt muss einer äh richtig und falsch festlegen.
119	S1:	Ja, das ist das hier. Das ist richtig, die Tabelle ist richtig.
120	S2:	Ja, aber wie legst du das fest?
121	S1:	Anzahl, ... ne.

Kollektion 1

Stichprobe von Kollektion 1

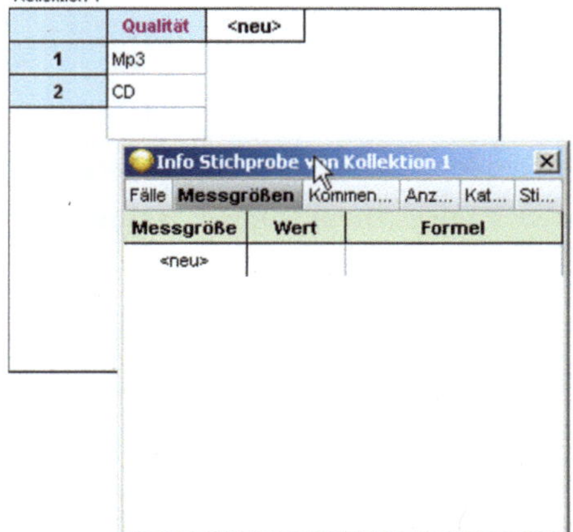

Kollektion 1

	Qualität	<neu>
1	Mp3	
2	CD	

Info Stichprobe von Kollektion 1

Fälle | Messgrößen | Kommen... | Anz... | Kat... | Sti...

Messgröße	Wert	Formel
<neu>		

Stichprobe von Kollektion 1

	Qualität	<neu>
1	Mp3	
2	CD	
3	Mp3	
4	CD	
5	CD	
6	Mp3	
7	CD	
8	Mp3	
9	Mp3	
10	Mp3	
11	Mp3	
12	Mp3	

Abb. 6.56 U10-11: UTW28_EWMA04 (I4 – Typ B-a-A), Urnen- und Stichprobenkollektion

Der obige Transkriptausschnitt (*114-121*) offenbart, dass sich die beiden Schüler darin einig sind, dass sie mit der Stichprobentabelle zunächst die Reihenfolge der Tonqualitäten festgelegt haben (*119-120*). Die Datentabelle der Stichprobenkollektion zeigt die Reihenfolge, die der Moderator durch Zufall erzeugt hat (vgl. Abb. 6.56).

Die Lerndyade probiert zunächst eine Formeleingabe im Kartenreiter Messgrößen, um die Stichprobenkollektion auszuwerten. Die Formel *Qualität = "richtig"* führt zu einer Fehlermeldung. Die Schüler kommen nicht weiter und bitten die Lehrperson um Hilfe (*151-182*).

Transkriptausschnitt 154-165

154　S2:　Wir haben mal ne Frage. Wie kann man denn jetzt... Also man kann ja jetzt... muss ja jetzt festlegen, dass diese Tabelle jetzt richtig ist. Das sind jetzt die Zufalls, was nacheinander für eine Qualität kommt. Muss man da jetzt einzeln festlegen, was bei jeder Spalte richtig ist? Oder kann man das alles zusammenfassen?

155　L:　Versucht das mal anders zu modellieren. Vielleicht gibt's da ja auch was anderes.

156　S2:　Ja, aber.

157　L:　Erinnert euch mal an den Multiple Choice Test. Da habt ihr ja auch nicht Antwort Eins und Antwort Zwei hingeschrieben. Sondern ((U)).

158　S2:　Achso.

159　S1:　Mh. Achso, äh, richtig oder falsch könnte man hier hinschreiben. Zum Beispiel.

160　St:　Der Punkt ist ja, ihr wisst ja selber nicht, ob die Eins CD oder MP3 ist oder wie ihr darauf kommt.

161　S2:　Ja, ja, da haben wir ja grad ne Stichprobe gezogen. Das heißt ja hier, dass dieser Veranstalter entscheidet, was grad dran ist.

162　St:　Und der hat jetzt so entschieden?

163　S2:　Ja, der hat jetzt so entschieden.

164　St:　Und was passiert jetzt?

165　S2:　Jetzt müssen wir festlegen, dass die Tabelle hier richtig ist. Jetzt wissen wir eben nicht, wie es geht. Dass die Reihenfolge von MP3, CD richtig ist.

Die Lehrperson gibt in *155/157* den Hinweis auf einen anderen Modellierungsansatz mit dem Verweis auf den Multiple-Choice-Test. Allerdings bleiben die Schüler hartnäckig und erläutern den Sinn ihrer Stichprobe (*161/163*), die die die Entscheidung des Moderators widerspiegelt.

Transkriptausschnitt 166-182

166　St:　((U))

167　S2:　Ja, es muss ja festgelegt sein, dass bei, dass bei Antwort Eins MP3-Qualität, bei Antwort Zwei CD-Qualität.

168　St:　((U))

169　S1:　Ja, ich denk mal schon, weil ich mein, wenn wir jetzt sagen, wir hier CD hat und ich meine, es ist ja nicht richtig und dann hat, wir müssen ja irgendwie Acht von Zwölf Liedern richtig geraten haben.

170　St:　Ja, muss er jeden geraten haben?

171　S1:　Richtig geraten haben.

172　St:　Ist es egal, ob da zwölf Mal MP3 kam? Und er dann acht Mal MP3 erkannt hat?

173　S1:　Ähm.

174　St:　Oder ist diese Reihenfolge, die ihr da jetzt über ne Stichprobe festgelegt habt, ist die wichtig für denjenigen, der da anruft?

175　S1:　Äh.

176　St:　Oder was ist für den wichtig?

177　S1:　Ja schon, das entscheidet ja darüber, ob er acht Lieder richtig hat oder nicht. Weil das ja die richtige Reihenfolge ist.

178   S2:   Wenn jetzt, ich weiß nicht...((U)) Mal ne andere Frage. Ist das so, dass wir die Reihenfolge vielleicht gar nicht am Anfang festlegen müssen?
179   St: ((U)) So, was willst du denn festlegen?
180   S2:   Ähm, ob das richtig oder falsch ist.
181   St: Genau!
182   S2:   Ja, dann...

Die Lehrperson versucht in *174* die Aufmerksamkeit der Schüler auf die Frage zu lenken, ob die Reihenfolge der Qualitäten für die Testperson relevant sei. S1 scheint in *177* davon überzeugt zu sein. Die Äußerung von S2 in *178/180* lässt sich verschieden deuten: Möglicherweise soll die Festlegung *richtig* bzw. *falsch* bereits in der Ausgangskollektion erfolgen, vielleicht aber auch in der Stichprobenkollektion durch Hinzufügen eines weiteren Merkmals.

Transkriptausschnitt 166-182

188   S2:   So richtig checken tu ich es grad immer noch nicht, aber...
189   S1:   Die haben gesagt, du sollst... (lacht)
190   S2:   Also müssen wir jetzt richtig oder falsch erst mal festlegen, oder? ... Guck mal, die machen es auch falsch.
191   S1:   Normal. Ich mein, es war ungefähr genau das Gegenteil davon, was wir jetzt in ((U)) hatten. Kann das sein?
192   S2:   Ja.
193   S1:   ((U)) hatte es dann gehabt... und es... ich weiß nicht.
194   S2:   Es ging wesentlich einfacher als das hier.
195   Ca. 30 Sekunden wird nichts gesagt.
196   S2:   Ich hab die Idee. Das lassen wir so.
197   S1:   Aha.
198   S2:   Und zwar. ((U))

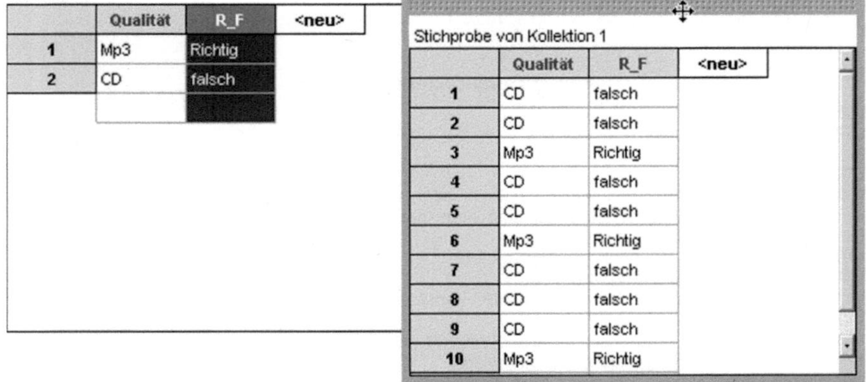

Kollektion 1

	Qualität	R_F	<neu>
1	Mp3	Richtig	
2	CD	falsch	

Stichprobe von Kollektion 1

	Qualität	R_F	<neu>
1	CD	falsch	
2	CD	falsch	
3	Mp3	Richtig	
4	CD	falsch	
5	CD	falsch	
6	Mp3	Richtig	
7	CD	falsch	
8	CD	falsch	
9	CD	falsch	
10	Mp3	Richtig	

Abb. 6.57 U10-11: UTW28_EWMA04 (I4 – Typ B-a-A), letzter Stand Typ B

Die Lerndyade ist sich offenbar noch nicht im Klaren darüber, wie sie nun weiter vorgehen soll. Die Idee, die S2 in *196* äußert, wird in den folgenden FATHOM-Handlungen klar. Die Schüler erzeugen in der Ausgangskollektion ein neues Merkmal *R_F* mit den Ausprägungen *richtig* und *falsch* und wiederholen das Stichprobenziehen. Das Ergebnis zeigt die obige Abbildung (Abb. 6.57).

Die Umsetzung der Idee entpuppt sich zunächst als Irrweg, wie die Schüler richtigerweise erkennen.

Transkriptausschnitt 209-212

209	S2:	Ja. ... So, das ist jetzt das ((U)). Obwohl es auch scheiße ist.
210	S1:	Wieso?
211	S2:	(lacht) Weil CD immer falsch und MP3 immer richtig ist.
212	S1:	Ah, scheiße.

Daraufhin ändert die Lerndyade ihre Ausgangskollektion, die dann nur noch das Merkmal *R_F* mit den Ausprägungen *richtig* und *falsch* enthält. Der Modellierungsansatz entspricht nunmehr dem normativen Ansatz vom Typ A. Der Wechsel von Typ B nach Typ A wurde durch die Intervention der Lehrkraft initiiert. Damit entspricht der Ansatz dem Modellierungs-Typ **B-a-A**. Nach ca. 18 Minuten Bearbeitungszeit im Typ B arbeitet diese Lerndyade weiter nach Typ A.

Portrait (1_3) – JURE11_MAEC26 (I6 – Typ B-i-A) - integrativ

JURE11 (weiblich) schätzt ihre Fähigkeiten in Mathematik als durchschnittlich und ihre Vorkenntnisse in Stochastik als ganz schlecht ein. MAEC26 (weiblich) schätzt ihre Fähigkeiten in Mathematik als durchschnittlich und ihre Vorkenntnisse in Stochastik als schlecht ein (vgl. Befragung zu Vorwissen und Selbsteinschätzung der Schüler, Kap. 7.2). Die für das Verständnis des Modellierungsverlaufs wesentlichen Passagen wurden aus dem Transkript ausgewählt und sollen kurz beschrieben werden.

Die Lerndyade füllt den Simulationsplan vorab bis einschließlich Schritt [2] aus, und beginnt dann ihre Eintragungen in FATHOM umzusetzen.

Transkriptausschnitt 27-50

27	S1:	Tonqualität oder Musikqualität. Wie auch immer du willst. (...) Ok, Tabelle. (...) Qualität.
...	...	
29	S2:	Für das Merkmal?
30	S1:	Da steht Musikqualität ((U))
31	S2:	Ups. (...) Jetzt steht da Musikqualität.
...	...	
33	S1:	Und jetzt bei dem einen MP3 und bei dem anderen CD hinschreiben.
34	S2:	CD?
35	S1:	Ja. (...) Ha. Ok. Und jetzt fertig?
36	S2:	Gleich.
...	...	
42	S1:	Ok und jetzt wollten wir die Stichprobe oder so, ne?

43   S2:   Er will nicht. ((U))
...   ...
45   S1:   Das haben wir ja schon gemacht.
46   S2:   Ne, warte. Das müssen wir umstellen.
47   S1:   Aber das gilt ja eh nur für das hier.
48   S2:   Mit zurücklegen.
49   S1:   Und hier wollten wir zwölf Fälle haben.
50   S2:   Zwölf, genau. (...) Hallo. (lacht)

Musikqualität

Stichprobe von Musikqualität

Musikqualität

	Qualität
1	MP3
2	CD

Stichprobe von Musikqualität

	Qualität	<neu>
1	MP3	
2	CD	
3	CD	
4	MP3	
5	MP3	
6	MP3	
7	MP3	
8	CD	
9	CD	
10	CD	
11	CD	
12	CD	

Abb. 6.58 U10-11: JURE11_MAEC26 (I6 – Typ B-i-A), letzter Stand Typ B

Die beiden Schüler erstellen eine Kollektion und benennen diese in *Musikqualität*
um (*27*). In dieser Kollektion wird ein Merkmal *Qualität* mit den Ausprägungen
MP3 und *CD* erstellt, eine Stichprobe gezogen und deren Umfang auf 12 geändert
(vgl. Abb. 6.58). Der nachfolgende Transkriptausschnitt zeigt, wie die beiden
Schüler anhand des bisherigen Standes ihr weiteres Vorgehen diskutieren.

Transkriptausschnitt 77-82

77   S2:   Also machen wir jetzt Definieren der Messgröße. (...) Und was wollen wir heraus-
             finden? Wie viele MP3 oder wie viele CDs gemacht wurden?
78   S1:   Jetzt will man mehr richtige Antworten als falsche Antworten.
79   S2:   ((U)) (...)
80   S1:   Ähm, Aufgabe lesen. Ähm, man muss Acht von Zwölf Liedern erkennen. (...) Ok.
             Nein. Das heißt, wir müssen das hier verändern.
81   S2:   Ja. ((U))
82   S1:   Nicht MP3 und CD sondern wir müssen hier sagen: Erkannt, nicht erkannt oder
             richtig und falsch oder... (...) Außerdem haben wir hier die Fragestellung gar nicht beach-
             tet.

S1 hat in *80* die richtige Idee. Nach dem Lesen der Aufgabenstellung wird klar, dass die Ausgangskollektion zu ändern ist. Wie das geschehen soll, erläutert S1 in *82* klar und verständlich. In der Kollektionstabelle werden die Ausprägungen des Merkmals *Qualität* von *MP3* und *CD* auf *richtig* und *falsch* umbenannt. Über das Kontextmenü der Stichprobenkollektion wird eine neue Stichprobe gezogen. Die Lerndyade ändert selbständig ihren Ansatz vom Typ B auf die normative Lösung von Typ A. Da ein äußerer Einfluss nicht zu erkennen ist, lässt sich die Lerndyade dem Modellierungs-Typ B-i-A zuordnen.

Portrait (1_4) – TAVI23_IRED13 (I7 – Typ B-i-A) - integrativ

TAVI23 (weiblich) schätzt ihre Fähigkeiten in Mathematik als durchschnittlich und ihre Vorkenntnisse in Stochastik als schlecht ein. IRED13 (weiblich) schätzt ihre Fähigkeiten in Mathematik als gut und ihre Vorkenntnisse in Stochastik als durchschnittlich ein (vgl. Befragung zu Vorwissen und Selbsteinschätzung der Schüler, Kap. 7.2). Die für das Verständnis des Modellierungsverlaufs wesentlichen Passagen wurden aus dem Transkript ausgewählt und sollen kurz beschrieben werden.

Diese Lerndyade beginnt, obwohl sie am Computer sitzt, als erstes den Simulationsplan auszufüllen. Die beiden Schüler arbeiten damit quasi-konsekutiv.

Transkriptausschnitt 69-98

69	S1:	Also die Ausprägung ist ähm CD oder MP3.
70	S2:	Ja.
71	S1:	Also es reicht ja, wenn wir CD, MP3 schreiben, oder? Oder müssen wir jetzt CD-Qualität und MP3_123 schreiben?
72	S2:	Schreiben wir doch einfach MP3_128 und CD.
73	S1:	Es reicht doch MP3.
74	S2:	Ok, dann machen wir MP3.
75	S1:	Gut.
76	S2:	Merkmalsname Tonqualität, ne? Qualität.
77	S1:	Zwei Frageste lungen, zwei Fragestellungen. Auf zwei. Fragestellungen.
78	S2:	Braucht man da eine?
79	S1:	Ja, ne. Wie wahrscheinlich ist es was zu gewinnen. (...) Also wie wahrscheinlich ist ein Gewinn?
80	S2:	Wie hoch ist die Wahrscheinlichkeit, dass man gewinnt?
81	S1:	Ja, genau.
82	S2:	Ok, dann fangen wir mal an.
83	S1:	So, Merkmalsname. Wie wollen wir das nennen?
84	S2:	Ach, einfach Antwort, oder? Oder Gewinn, oder so. (...) Wieso machen wir denn hier Antwort?
85	S1:	Ja, weil wir nach einer Antwort gesucht haben. Nach richtig oder falsch, ne?
86	S2:	Ne, nach Gewinn.
87	S1:	Ups. Messgrößenname. Ich weiß nicht so genau.
88	S2:	Bei dem einen MP3 und bei dem anderen CD.
89	S1:	Oder wir schreiben einfach Qualität.
90	S2:	Ja.
91	S1:	MP3 oder CD.
92	S2:	Klangqualität. Probieren wir Klangqualität.
93	S1:	Aber das ist zu lange, wenn man das in FATHOM eingeben muss. Dann kann man auch ((U))
94	S2:	Klangqualität.
95	S1:	Und FATHOM-Formel. Mit Zurücklegen machen wir wieder?

96	S2:	Mhmh.
97	S1:	Und Anzahl der zu ziehenden Kugeln waren 12 oder? (...) Genau 12. Oh. (...) Wollen wir das noch bis dahin machen? Und dann
98	S2:	Ja.

Die beiden Schüler einigen sich darauf, das Merkmal in der Ausgangskollektion *Klangqualität* zu benennen mit den Ausprägungen *CD* und *MP3* (*69-76, 83-94*). Im Simulationsplan ist noch zu erkennen, dass die Schüler ihre Eintragungen im Nachhinein verändert haben. Mit dem Festlegen der Stichprobe ist die Planung für das Modellzufallsexperiment abgeschlossen (*95-98*). Dieser Entwurf vom Typ B wird nun in FATHOM realisiert. Eine Ausgangskollektion wird erzeugt und in *Ton Gewinnspiel* umbenannt. In der zugehörigen Tabelle wird ein Merkmal *Tonqualität* mit den Ausprägungen *Mp3* und *CD* festgelegt.

Transkriptausschnitt 118-132

118	S1:	Das reicht schon.
119	S2:	Und warum machst du das dann nicht daneben?
120	S1:	Was? Wo?
121	S2:	Warum machst du das jetzt da drunter?
122	S1:	Weil das sind zwei verschiedene Angaben, die ich suche sozusagen. Wenn ich es hier hätte, dann hätte ich schon... Also unter... Wenn ich jetzt ne Eins nehme, dann hab ich nur MP3 und nicht MP3 und CD.
123	S2:	Ja.
124	S1:	Also das kommt halt darauf an, wie du die Tabelle aufgebaut hast.
125	S2:	Achso, ok. Und wo geben wir die 1 bis 12 ein?
126	S1:	Das machen wir nachher in der Stichprobenziehung.
...	...	
129	S1:	Da haben wir jetzt Stichprobe ziehen. Jetzt wird da eine gezogen. Also meistens 10. Und jetzt kommt das, was du meinst.
130	S2:	Ah, ja.
131	S1:	CD, CD, CD, CD, CD, MP3, MP3
132	S2:	Wir brauchen aber 12.

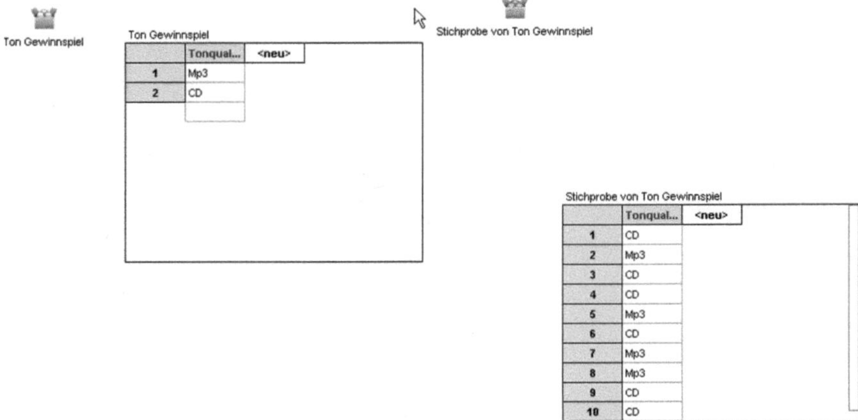

Abb. 6.59 U10-11: TAVI23_IRED13 (I7 – Typ B-i-A), letzter Stand Typ B

Der Transkriptausschnitt *118-132* ist interessant, weil er die unterschiedlichen Konzepte der beiden Schüler illustriert. S1 ist klar auf das Stichprobenziehen aus einer Urne mit zwei Kugeln fokussiert (*122/126*). Bei S2 ist das gar nicht so klar. Man kann das Konzept von S2 so deuten, dass es eher TK-orientiert ist (*119/121/125*). Eine Tabellenkalkulation ermöglicht nämlich einen direkten Zellzugriff, der Aufbau der Tabelle ist dadurch in beide Richtungen möglich.

Nach Erzeugen der Stichprobenkollektion wird der Stichprobenumfang über das entsprechende Info-Fenster auf 12 geändert (vgl. Abb. 6.59).

Transkriptausschnitt 158-173

158	S2:	Ähm. Beschreibung. Anzahl. Was suchten wir noch mal?
159	S1:	Wir suchten die Klangqualität. MP3 oder CD.
160	S2:	Ok.
161	S1:	Also richtig oder falsch.
162	S2:	Nein.
163	S1:	Richtig, die müssen ja nur in ihrer Qualität erkannt werden und es gibt ja nicht ein Richtig oder Falsch.
164	S2:	Genau.
165	S1:	Ob MP3 oder CD. Mh... Das hab ich auch gerade gedacht. Zonk!
166	S2:	(lacht)
167	S1:	Ok, also Kommando zurück.
168	S2:	Ähm. (...) Könnte man jetzt nicht im Prinzip hier ne zweite Spalte anlegen, was die Schätzungen der Zuhörer sind? Wieder mit CD und MP3 durchlaufen lassen und wenn das übereinstimmt, dann ist das richtig. (...) Und wenn nicht, dann ist es falsch.
169	S1:	Ja, es geht doch viel einfacher.
170	S2:	Wie denn?
171	S1:	Im Grunde genauso wie das Erste mit richtig und falsch.
172	S2:	Meinst du das hier?
173	S1:	Mhmh.

Offenbar hat sich S2 in *158* wieder dem Simulationsplan zugewendet, denn es geht nun um die Beschreibung der Messgrößen. Darüber gibt es eine kleine Diskussion (*158-165*), die man so deuten kann, dass die beiden Schüler unsicher sind, wie sie mit ihrem Modellierungsansatz weiter machen können. In *168* macht S2 dazu einen Vorschlag, den man durchaus als zielführenden Lösungsansatz interpretieren kann. Leider bleibt offen, ob S2 mit „hier" die Ausgangskollektion oder die Stichprobenkollektion meint. Nur im letzteren Fall käme man bekanntlich zu einer korrekten Lösung. Allerdings wird dieser Ansatz von S1 nicht aufgegriffen, sondern in *169/171* auf den bekannten Fall des 10er-Tests zurückgeführt. Woher diese plötzliche Erkenntnis kommt, macht S1 nicht offensichtlich. Die Schüler ändern daraufhin ihre Ausgangskollektion und auch ihren Simulationsplan (vgl. Abb. 6.60) und arbeiten im Typ A weiter.

Fragestellungen: *Wie hoch ist die Wahrscheinlichkeit, dass man gewinnt?*

[1] Festlegen der Urnenkollektion	Ausprägungen: *richtig, falsch*
	Merkmalsname: *Gewinn*
	Fathom-Formel:
[2] Stichprobe ziehen	☒ mit Zurücklegen ☐ ohne Zurücklegen
	Anzahl der zu ziehenden Kugeln: *12*

Abb. 6.60 U10-11: TAVI23_IRED13 (I7 – Typ B-i-A), Ausschnitt Simulationsplan TAVI23

Da keine explizite Einwirkung von außen belegbar ist, wird der Wechsel der Lerndyade von Typ B in den Typ A dem Modellierungs-Typ B-i-A zugeordnet.

Portrait (1_5) – ANTH30_ANFR06 (K1 – Typ B-i-A) – konsekutiv

ANTH30 (weiblich) schätzt ihre Fähigkeiten in Mathematik als gut und ihre Vorkenntnisse in Stochastik als schlecht ein. ANFR06 (weiblich) schätzt ihre Fähigkeiten in Mathematik als durchschnittlich und ihre Vorkenntnisse in Stochastik als ganz schlecht ein (vgl. Befragung zu Vorwissen und Selbsteinschätzung der Schüler, Kap. 7.2). Die für das Verständnis des Modellierungsverlaufs wesentlichen Passagen sind dem Transkript entnommen und sollen kurz beschrieben werden.

Die Lerndyade arbeitet zunächst offline und füllt den Simulationsplan schrittweise aus. Nach dem Eintragen der Fragestellung werden die in die Tabelle vorzunehmenden Einträge diskutiert.

Transkriptausschnitt 40-57

40	S2:	Ausprägung ist doch Musikqualität, oder? ((U))
41	S1:	Da steht aber Merkmalsname.
42	S2:	Ach so ((U)). Also haben wir Ausprägungen CD Qualität und MP3
43	S1:	Dann ist Merkmalsname eben Musikqualität.
44	S2:	(…) Nein.
45	S1:	Aber was soll es sein?
…	…	
48	S2:	Also bei Stichprobe ziehen kann man ja auch zurücklegen, oder?
49	S1:	Hä? Ich weiß das nicht. … Ja, aber warum? ((U))
50	S2:	((U)) Wir haben doch zwei Möglichkeiten?
51	S1:	Wir haben nicht zwei Möglichkeiten. In der Hausaufgabe haben wir nicht mit Zurücklegen.
52	S2:	Da hast du aber nur zwei Möglichkeiten, die du ziehen kannst. Und wenn du jetzt eine ziehst, die ist richtig und du es nicht zurücklegst…
53	S1:	…Ja.
54	S2:	… Dann ziehst du automatisch mit hundertprozentiger Wahrscheinlichkeit… ((U))
55	S1:	Also sind die Möglichkeiten, die du ziehen kannst, sind Musikqualität und MP3?
56	S2:	Ja, also richtig oder falsch. … Also mit Zurücklegen, Anzahl der zu ziehenden Kugeln … 12.
57	S1:	Ja.

Die Schüler diskutieren im ersten Teil über die Festlegungen, die für die Urnenkollektion zu treffen sind, nämlich die Ausprägungen und den Merkmalsnamen. Offenbar unterscheidet S2 bei den Ausprägungen zwischen *CD Qualität* und *MP3-128* (*42*). Das bestätigt auch der Simulationsplan (siehe Abb. 6.61). In *48/49* geht es um das Ankreuzen der Auswahlfelder mit Zurücklegen bzw. ohne Zurücklegen beim Festlegen der Stichprobenkollektion. S1 bestätigt zwar den Vorschlag für das Zurücklegen, fragt aber nach einer Erklärung dafür. In *52/54* versucht S2 dies zu begründen. Die Äußerungen in *55/56* sind nur im Kontext mit nachfolgenden Textstellen verständlich. S2 meint wahrscheinlich mit „richtig oder falsch" die Ausprägungen einer wie auch immer noch zu definierenden Messgröße als Bewertung der Stichprobe. Der nachfolgende Simulationsplanausschnitt bestätigt die Äußerungen und Eintragungen von S2.

Fragestellungen: Mit welcher Wahrscheinlichkeit erhält jemand, der nur rät, einen Preis?

[1] Festlegen der Urnenkollektion	Ausprägungen: CD-Qualität, MP3-128 richtig/falsch Merkmalsname: Musikqualität - Antwort Fathom-Formel:
[2] Stichprobe ziehen	☒ mit Zurücklegen ☐ ohne Zurücklegen Anzahl der zu ziehenden Kugeln: 12

Abb. 6.61 U10-11: ANTH30_ANFR06 (K1– Typ B-i-A), Ausschnitt Simulationsplan ANFR06

Der nachfolgende Transkriptausschnitt zeichnet den Wechsel von S2 zum Modellierungstyp A nach. Die Lerndyade befindet sich gerade im Schritt „[3] Festlegen der Messgrößen" des Simulationsplanschemas.

Transkriptausschnitt 61-72

61	S2:	Beschreibung... Oh, ich bin mir da nicht sicher da. ... Ausprägung... Doch, ich hab oben den Merkmalsnamen das ist Musikqualität, dann hab ich da in den Spalten
62	S1:	Richtig oder falsch.
63	S2:	Musikqualität und MP3.
64	S1:	Ne, richtig oder falsch.
65	S2:	Ja, da drunter dann.
66	S1:	Direkt.
67	S2:	((U))
68	S1:	Ja, wenn du CD Qualität oder MP3 Dings dann hast, dann hast du ja praktisch nur, ((U)) ob du was richtig oder falsch hast.
69	S2:	((U))
70	S1:	Oh, gestern konnte ich das noch und da war auch richtig oder falsch.
71	S2:	Bei Ausprägungen?
72	S1:	Mhh.

In *68* erklärt S1 warum es Sinn macht, *richtig* und *falsch* als Ausprägungen des Merkmals in der Urnenkollektion festzulegen. S2 ändert daraufhin (blauer Stift) die Eintragungen im Simulationsplan. Die grünen Änderungen stammen aus der Besprechungsphase. Diese Lerndyade realisiert anschließend ihre Planungen in FATHOM im Modellierungsansatz Typ A.

Portrait (1_6) – CHRO24_ANMA19 (K2 – Typ B-i-A) - konsekutiv

CHRO24 (männlich) schätzt sowohl seine Fähigkeiten in Mathematik als auch seine Vorkenntnisse in Stochastik als durchschnittlich ein. ANMA19 (männlich) schätzt sowohl seine Fähigkeiten in Mathematik als auch seine Vorkenntnisse in Stochastik als gut ein (vgl. Befragung zu Vorwissen und Selbsteinschätzung der Schüler, Kap. 7.2). Die für das Verständnis des Modellierungsverlaufs wesentlichen Passagen sind dem Transkript entnommen und sollen kurz beschrieben werden.

Transkriptausschnitt 33-47

33	S2:	Jetzt müssen wir erst den Simulationsplan. (...) ((U)) Ausprägungen: mp3 und CD.
34	S1:	Ja, Ausprägungen sind ja richtig, falsch.
35	S2:	Nein, mp und CD, hast doch zwei Möglichkeiten.
36	S1:	Ja, ja, ok. Oder richtig oder falsch.
37	S2:	Stimmt, du hast ja, nein. Ja, richtig oder falsch, genau.
38	S1:	Ja.
39	S2:	Schwör.
40	S1:	Ja, ich schwör. (...) Merkmalsname kann man auch wieder Antwort nehmen.
41	S2:	Jo. (...)
...	...	
44	S1:	Ähm, ... mit Zurücklegen?
45	S2:	Ja, klar.
46	S1:	Und Anzahl der zu ziehenden Kugeln...
47	S1: + S2:	12.

S2 äußert in *33*, dass als Ausprägungen *Mp3* und *CD* in den Simulationsplan einzutragen seien. S1 meint in *34*, dass die Ausprägungen *richtig* bzw. *falsch* seien. Das verneint S2 in *35* und argumentiert mit den zwei Möglichkeiten. Das bestätigt S1 in 37 und bringt als Alternative „richtig oder falsch" ins Spiel. Offenbar macht sich daraufhin S1 in *37* klar, dass dies die passenden Ausprägungen sind, *richtig* für ja und *falsch* für nein. Damit wechselt diese Gruppe praktisch schon zu Beginn in den Typ A. Nur bei den Ausprägungen der Ausgangskollektion wurde kurz über den möglichen Eintrag im Sinne von Typ B diskutiert. Im Simulationsplan tragen beide Schüler das Modell von Typ A ein und setzen dies dann in FATHOM um.

[1] Festlegen der Urnenkollektion	Ausprägungen: *richtig / falsch* Merkmalsname: *Antwort* Fathom-Formel:
[2] Stichprobe ziehen	☒ mit Zurücklegen ☐ ohne Zurücklegen Anzahl der zu ziehenden Kugeln: *12*
[3] Festlegen der Messgrößen	Beschreibung: *Anzahl der richtigen Antworten* Ausprägungen: *0 − 12* Messgrößenname: *An _ richtig* Fathom-Formel: *Anzahl (Antwort ="richtig")*

Abb. 6.62 U10-11: CHRO24_ANMA19 (K2 – Typ B-i-A), Ausschnitt Simulationsplan ANMA19

Portrait (1_7) – ELST09_SURÜ15 (K3 – Typ B-i-A) - konsekutiv

ELST09 und SURÜ15 (beide männlich) schätzen sowohl ihre Fähigkeiten in Mathematik als auch ihre Vorkenntnisse in Stochastik als durchschnittlich ein (vgl. Befragung zu Vorwissen und Selbsteinschätzung der Schüler, Kap. 7.2). Die für das Verständnis des Modellierungsverlaufs wesentlichen Passagen wurden aus dem Transkript ausgewählt und sollen kurz beschrieben werden.

Transkriptausschnitt 28-39

28	S1:	Jo. (...) Ok, Ausprägungen sind dann MP3 128 und CD.
29	S2:	Ja, genau. (...) Merkmalsname. Nennen wir das dann auch Antwort, Schätzung. Ne, nicht Schätzung.
30	S1:	Ja, nehmen wir Antwort.
31	S2:	Jo, ist gut.
32	S1:	Ok, wie war das mit... hast du das letztes Mal mitgeschrieben?
33	S2:	Ne, hab ich nicht mitgeschrieben. Hatten wir auch, glaub ich, nicht aufgeschrieben.
...	...	
36	S1:	Ok, müssen wir mit Zurücklegen machen.
37	S2:	Japp. (...) Anzahl der zu ziehenden Kugeln.
38	S1:	Zwölf.
39	S2:	Ja.

Offenbar sind sich beide Schüler über den Modellierungsansatz einig, S1 gibt in *28* die Ausprägungen nach Typ B vor. Diese Äußerung wird daraufhin von S2 in *29* bestätigt. Im Weiteren wird die Planung für das Modellzufallsexperiment angeschlossen. Die Planungsphase für Aufgabe 2 schließt sich an.

Transkriptausschnitt 65-82

65	S2:	Müssen wir ja im Prinzip ((U)) Kugeln haben. Immer noch genauso viele Kugeln ziehen quasi. Oder?
66	S1:	Was meinst du?
67	S2:	Im Prinzip ja immer noch genauso viele Kugeln, oder? ((U))
68	S1:	Es sind genauso viele Kugeln, aber es sind mehr Kugeln drin.

69	S2:	Mehr Kugeln drin, ja. Es sind halt mehr Ausprägungen. (...) Ja, jetzt müssen wir Simulationsplan führen. (ca. 20 Sekunden Pause) Merkmalsname Antwort wieder.
70	S1:	Mh.
…	…	
75	S2:	Dann sind wir doch jetzt fertig, oder?
76	S1:	Jo. (ca. 20 Sekunden Pause) Ja, müssen wir… müssen wir das so machen, oder müssen wir…? Ich überlege gerade, weil guck mal hier oben steht ja richtig, falsch, ne? Da kann man die Anzahl der Richtigen ((U)). Da wissen wir nicht, ob das richtig oder falsch ist. Da müssen wir doch eigentlich, ähm, richtig… also ein Merkmal richtig, falsch, falsch machen, oder?
77	S2:	Ja, stimmt eigentlich.
78	S1:	Ja, müsste doch… Eins davon ist richtig und dann müssten wir nur die Wahrscheinlichkeit herausfinden. Wir wissen ja nicht, ob das jetzt MP3 ist oder CD ist.
79	S2:	Wobei hier waren ja richtig und falsch ja auch nur die vier Namen für die Kugeln, oder? Also hätte jetzt auch grün und blau stehen können.
80	S1:	Aber dann hätten wir nicht gewusst, welche Frage jetzt richtig oder falsch beantwortet war. Die Antworten auf die Fragen waren ja: ja oder nein.
81	S2:	Das stimmt. ((U)) Also richtig, falsch, falsch.
82	S1:	Genau.

In *65-70* diskutieren die Schüler, wie sich die Situation in Aufgabe 2 ändert. Sie kommen zu dem Schluss, dass die Stichprobe noch vom Umfang 12 ist (*65/67*), in der Urne jedoch mehr Kugeln (Ausprägungen) sind (*68/69*). Die Schüler füllen offenbar anschließend den Simulationsplan zur zweiten Aufgabe aus. S1 meint in *75* schon, dass man dann ja fertig sei. Interessant sind nun die Überlegungen von S2 in *76*: „Müssen wir das so machen,…". Mit „da wissen wir nicht, ob das richtig oder falsch ist…" meint S2 wahrscheinlich, dass sie mit der bisherigen Wahl der Ausprägungen noch nicht wissen, ob etwas falsch oder richtig ist. Daher lautet der Vorschlag von S2, stattdessen ein Merkmal mit den Ausprägungen *richtig, falsch, falsch* zu definieren. In *77-82* wird diese Idee gemeinsam diskutiert. Grundlage bildet offenbar der zuvor behandelte 10er-Test (*79/80*), der hier zu Analogiebetrachtungen herangezogen wird. Die Schüler ändern im Ergebnis ihrer Diskussion die Ausprägungen auf beiden Simulationsplänen. Dort steht nun *richtig, falsch* bzw. bei der zweiten Aufgabe *richtig, falsch, falsch*.

[1] Festlegen der Urnenkollektion	Ausprägungen: ~~MP3=96, MP3=128~~, CD *richtig, falsch, falsch* Merkmalsname: *Antwort* Fathom-Formel:
[2] Stichprobe ziehen	☒ mit Zurücklegen ☐ ohne Zurücklegen Anzahl der zu ziehenden Kugeln: *12*
[3] Festlegen der Messgrößen	Beschreibung: *Anzahl der richtigen Antworten* Ausprägungen: *0–12* Messgrößenname: *anzahl_richtig* Fathom-Formel: *Anzahl (Antwort=„richtig")*

Abb. 6.63 U10-11: ELST09_SURÜ15 (K3 – Typ B-i-A), Ausschnitt Simulationsplan ELST09

Zusammenfassung

Ein Ergebnis dieser Analyse ist, dass in den Lerndyaden unterschiedliche Anlässe zum Abbruch des gewählten Modellierungsansatzes führten:

- Die integrative Lerndyade JOMI26_CHDI30 ist am weitesten gekommen. Das zweite Merkmal in der Stichprobenkollektion wurde durch *Zufallswahl()* erzeugt und die Übereinstimmung mit dem ersten Merkmal in einem weiteren Merkmal festgehalten. Die Gruppe scheitert einzig daran, dass für die Messgröße nicht die Funktion *Anzahl()* benutzt wird, sondern die Funktion *Summe ()*. Dies führt aber zu einer Fehlermeldung bzgl. der Typinkompatibilität.

- Die integrative Lerndyade UTWI28_EWMA04 fragt bereits nach dem Erzeugen der Stichprobenkollektion die Lehrkraft um Hilfe. Der Hinweis auf den Multiple-Choice-Test führt letztlich zu einer Änderung des Modellierungsansatzes.

- Die integrative Lerndyade JURE11_MaEC26 weiß nach Erzeugen der Stichprobenkollektion nicht, wie diese ausgewertet werden soll. Nach dem Lesen der Aufgabenstellung wird der gewählte Modellierungsansatz selbständig geändert.

- Die integrative Lerndyade TAVI23_IRED13 fragt sich nach Erzeugen der Stichprobenkollektion beim Abarbeiten des Simulationsplans was denn eigentlich gesucht sei. Über die Diskussion zu dieser Frage kommen die Schüler zu der Erkenntnis, dass der Modellierungsansatz analog zum 10er-Test-Problem gewählt werden kann.

- Die konsekutive Lerndyade ANTH30_ANFR06 gerät bei der Planung von Schritt „[3] Festlegen der Messgrößen" in eine Diskussion über deren Ausprägungen. Darüber gelangen die Schüler zu der Einsicht, dass in der Ausgangskollektion andere Ausprägungen (*wahr, falsch*) festzulegen sind.

- Die konsekutive Lerndyade CHRO24_ANMA19 einigt sich bei der Planung von Schritt „[1] Festlegen der Urnenkollektion" bereits nach kurzer Diskussion auf die Ausprägungen *wahr* und *falsch*.

- Die konsekutive Lerndyade ELST09_SURÜ15 hat die Planungen für beide Aufgaben praktisch abgeschlossen, als ein Schüler auf den Tippschein und dessen Ausprägungen „wahr/falsch" verweist. Dadurch kommen die Schüler zur Erkenntnis, dass die Ausgangskollektion anders aufgebaut werden sollte.

Diese Ergebnisse lassen sich in der folgenden Übersicht zusammenfassen.

Lerndyade	kurz	Vorgehen	Wechsel, hervorgerufen durch
JOMI26_CHDI30	I4	integrativ	Problem mit der Messgrößenformel, Mithören von Lehrer-Schüler-Gespräch
UTWI28_EWMA04	I5	integrativ	Problem mit der Auswertung der Stichprobe, Anfordern von Lehrerhilfe
JURE11_MaEC26	I6	integrativ	Problem mit der Auswertung der Stichprobe, Lesen der Aufgabenstellung
TAVI23_IRED13	I7	integrativ	Problem mit der Auswertung der Stichprobe, Bearbeiten des Simulationsplans Schritt [3]
ANTH30_ANFR06	K1	konsekutiv	Problem beim Festlegen der Messgrößen, Bearbeiten des Simulationsplans Schritt [3]
CHRO24_ANMA19	K2	konsekutiv	Problem beim Festlegen der Urnenkollektion, Bearbeiten des Simulationsplans Schritt [1]
ELST09_SURÜ15	K3	konsekutiv	Problem nach Abschluss der Planungen, Bezug zum Tippschein auf Arbeitsblatt

Abb. 6.64 Ursachen für den Wechsel im Modellierungsansatz der Typen B-a-A und Typ B-i-A

Das Gemeinsame der integrativen Gruppen besteht darin, dass sehr schnell eine Kollektion mit einem Merkmal mit den Ausprägungen *CD* und *Mp3* erstellt und eine Stichprobe von diesem Merkmal gezogen wird. Das dabei entstehende Ergebnis wirft in den Gruppen die Frage nach dem weiteren Vorgehen auf. Die Gruppen wissen nicht, wie sie in diesem Modell erfolgreich weiterarbeiten können und suchen zunächst mit Versuch-Irrtum-Strategien, die Stichprobe geeignet auszuwerten. Da dies nicht gelingt, wird die Simulation mit einem anderen Modellierungsansatz (Typ A) neu aufgebaut. Im normativen Modell Typ A arbeiten die integrativen Gruppen dann erfolgreich. Im Unterschied dazu wechseln die konsekutiven Gruppen bereits in der offline-Planungsphase zum Modellierungsansatz Typ A. In der anschließenden Umsetzung arbeiten alle konsekutiven Gruppen erfolgreich im Modell Typ A.

Der Modellierungsansatz Typ B führt zu Problemen in der weiteren Umsetzung der Simulation. Da mehr integrative Gruppen diesen Modellierungsansatz als konsekutive Gruppen (und die nur in ihrer offline-Planungsphase) gewählt haben, lässt sich die größere Anzahl von problemhaften Phasen bei den integrativen Gruppen aufklären. Die sofortige Verfügbarkeit des Mediums Computer scheint eher dazu zu führen, dass Simulationsschritte, die sich in FATHOM schnell realisieren lassen, unmittelbar umgesetzt werden, ohne die stochastische Situation vorab hinreichend zu diskutieren.

6.4.5 Überblicksanalyse - Verständnis von Messgrößen

Das Messgrößeninterface ist der innovative Kern des Softwarekonzeptes von FATHOM. Daher ist ein adäquates Verständnis von Messgrößen von enormer Bedeutung für die Konstruktion von komplexen Simulationsumgebungen mittels der Simulationsmethode *Simulation durch Stichprobenziehen* (vgl. Kap. 2.3.2). Allerdings bereitet gerade das Messgrößenkonzept den Schülern zu Beginn der Simulationen eine Reihe von Problemen (vgl. 6.1).

In Anlehnung an Meyfarth (2008b, S. 239) werden drei Problembereiche bezüglich des Messgrößenkonzeptes unterschieden: Bedeutungsproblem, Lokalisierungsproblem und Formelproblem. Die Kriterien zur Unterscheidung sind nachfolgend angegeben:

Bedeutungsproblem (BP): Ein Problem wird als Bedeutungsproblem gekennzeichnet, wenn:

- der Name-Formel-Zusammenhang nicht beachtet wird, u. a.
  - o wenn nur ein Messgrößenname vergeben wird und keine Formel,
  - o wenn der Messgrößenname als Argument der Formel verwendet wird (Zirkelschluss),
  - o wenn ein Messgrößenname vergeben wird, aber die Messgrößenformel einem Merkmal der Stichprobenkollektion oder der Messgrößenkollektion zugeordnet wird,
- wenn nicht erkannt wird, dass die Messgröße eine Auswertung der Stichprobe ist,
  - o z. B. wenn im Simulationsschritt „Messgrößen festlegen" eine Stichprobe von der Stichprobe gezogen wird noch bevor eine Messgröße festgelegt wurde.

Lokalisierungsproblem (LP): Ein Problem wird als Lokalisierungsproblem gekennzeichnet, wenn das Auffinden des Ortes für die Definition einer Messgröße Schwierigkeiten bereitet. Bei der Simulationsmethode *Simulation durch Stichprobenziehen* ist dies der Kartenreiter Messgrößen im Info-Fenster der Stichprobenkollektion.

Formelproblem (FP): Ein Problem wird als Formelproblem gekennzeichnet, wenn die adäquate Auswahl von Formeln aus dem Formelvorrat von FATHOM und deren Anpassung an die vorliegende Situation Schwierigkeiten bereitet.

Sowohl das Lokalisierungsproblem als auch das Formelproblem scheinen eher FATHOM-spezifische technische Probleme zu umfassen, die sich durch entsprechendes Einüben vermeiden lassen.

Zur Veranschaulichung der Kriterien werden die in der Feinanalyse der Lerndyade BAKL24_CLMI21 aufgetretenen Probleme den drei Problembereichen zugeordnet (vgl. 6.4.2).

Bedeutungsproblem

- Aus dem Kontextmenü der Stichprobenkollektion wird versucht, das Kommando Messgrößen sammeln auszuwählen, noch bevor eine Messgröße festgelegt wurde.

- Im Kartenreiter Messgrößen der Stichprobenkollektion wird nur der Name aber keine Formel festgelegt.

Lokalisierungsproblem

- Der Kartenreiter Messgrößen in der Messgrößenkollektion wird aufgerufen, um dort eine Messgrößen-Formel festzulegen.

- Im Kartenreiter Messgrößen der Stichprobenkollektion wird versucht, die Formel in das Wert-Feld einzutragen und nicht in das Formel-Feld.

- Um das Messgrößensammeln zu wiederholen, wird eine Stichprobe von der Messgrößenkollektion erzeugt.

Ein Formelproblem hatte diese Lerndyade nicht.

In diesem Kapitel wird nun dargelegt, welche Probleme bezüglich der Messgrößen bei den Schülerpaaren auftauchen und wie diese den drei Problembereichen zuzuordnen sind. Die Vorgehensweise ist explorativ, d. h. es werden alle vorkommenden Probleme auf der Basis der Transkripte dokumentiert. Von besonderem Interesse ist, ob das instruktionale Design (Simulationsplanschema, eFATHOM) dazu beitragen kann, die bereits aus anderen Studien bekannten „Start-Probleme" im Umgang mit Messgrößen zu reduzieren. Dabei soll auch untersucht werden, ob die unterschiedlichen Vorgehensweisen (konsekutiv vs. integrativ) eine gewisse Problempräferenz hervorrufen. Die für das Verständnis relevanten Transkriptausschnitte werden angegeben und kommentiert. In der nachfolgenden Abb. 6.65 sind die identifizierten Problembereiche der Lerndyaden bezüglich der Messgrößen aufgeführt.

Lerndyade	kurz	Vorgehen	Bedeutungs-problem	Lokalisierungs-problem	Formel-problem
BAKL24_CLMI21	I1	integrativ	x	x	-
CLHA03_ULWA08	I2	integrativ	x	x	-
INNO09_MAPE30	**I3**	**integrativ**	-	-	-
JOMI26_CHDI30	I4	integrativ	x	-	x
PEUD16_KAFR22	**I5**	**integrativ**	-	-	-
JURE11_MAEC26	I6	integrativ	-	x	x
TAVI23_IRED13	I7	integrativ	x	-	x
ULRI21_SAHO01	I8	integrativ	x	x	-
UTWI28_EWMA04	I9	integrativ	x	-	x
ANTH30_ANFR06	**K1**	**konsekutiv**	-	-	-
CHRO24_ANMA19	K2	konsekutiv	x	x	x
ELST09_SURÜ15	**K3**	**konsekutiv**	-	-	-
INWE25_REKA05	**K4**	**konsekutiv**	-	-	-
ULIR12_IRFR13	**K5**	**konsekutiv**	-	-	-
KAHE02_ILED13	K6	konsekutiv	-	x	-
LIBO11_BIWE03	**K7**	**konsekutiv**	-	-	-
MAHE19_IRAL26	K8	konsekutiv	x	x	x
NAAB17_ALKA01	K9	konsekutiv	x	x	x

Abb. 6.65 U10-11: Probleme mit dem Messgrößenkonzept, Übersicht nach Lerndyaden

Aus der Abb. 6.65 kann man sofort erkennen, dass insgesamt 7 von 18 Lerndyaden keine Probleme im Umgang mit Messgrößen hatten. Das ist für die erste Unterrichtseinheit nach Einführung der Simulationsmethode *Simulation durch Stichprobenziehen* ein gutes Ergebnis. Bezüglich der Vorgehensweisen kann man feststellen, dass die Lerndyaden der konsekutiven Gruppe mit offline-Planungsphase weniger Probleme hatten. Allein 5 von 9 Lerndyaden dieser Gruppe kamen problemlos mit dem Messgrößenkonzept zurecht. Bei der integrativen Vorgehensweise waren es nur 2 Lerndyaden.

Nachfolgend sollen die in Abb. 6.65 aufgeführten Probleme anhand von Transkriptausschnitten belegt werden. Die in Kapitel 6.2 ausführlich analysierten Schülerpaare werden hier nicht noch einmal ausführlich dargestellt, sind aber mit den festgestellten Problemen im Umgang mit dem Messgrößenkonzept in der obigen Tabelle aufgeführt. Das betrifft die drei Schülerpaare BAKL24_CLMI21 (I1), PEUD16_KAFR22 (I5) und ULIR12_IRFR13 (K5).

Portrait (2_1) – CLHA03_ULWA08 – I2

Dieses Schülerpaar hat ein Modellzufallsexperiment mit Ausgangskollektion und Stichprobenkollektion erstellt und diskutiert nun über das weitere Vorgehen.

Transkriptausschnitt 156-158

156	S2:	Ach so, und jetzt ... Stichprobe ziehen.
157	S1:	Nee .. doch. ... Das ham wir doch schon...
158	S2:	Nein, das ist doch jetzt von der Stichprobe von der Stichprobe. Da kommt so ein grünes Ding glaub' ich

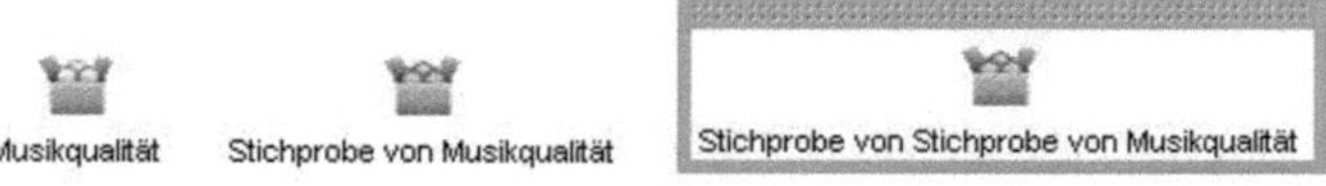

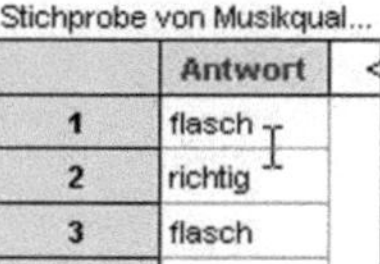

Abb. 6.66 U10-11: Probleme mit dem Messgrößenkonzept, CLHA03_ULWA08 – I2

Das Schülerpaar öffnet das Kontextmenü der Stichprobenkollektion und wählt die Option Stichprobe ziehen. Sie ziehen somit eine Stichprobe von der Stichprobe (Abb. 6.66). S2 äußert in *158* ihre Skepsis und meint, da müsse so „ein grünes Ding" entstehen. Daraufhin wird die zweite „blaue" Kollektion wieder gelöscht und S2 wirft in *167* das Stichwort Messgröße ein. Nach dem Kriterienkatalog ist das beschriebene Problem als **Bedeutungsproblem** zu kennzeichnen.

Die Schüler öffnen nun das Kontextmenü der Stichprobenkollektion und bewegen den Mauszeiger auf die Option Messgrößen sammeln. Diese Option ist jedoch grau geschrieben und lässt sich nicht betätigen, da noch keine Messgrößen definiert sind. Nach dem Kriterienkatalog ist das beschriebene Problem als **Lokalisierungsproblem** zu kennzeichnen.

Transkriptausschnitt 169-173

169	S1:	Ja... Ja, das
170	S2:	Wieso geht das nicht?
171	S1:	Warte, vielleicht haben wir irgendwas vergessen?
...	...	
173	S1:	Ach ja, wir müssen jetzt ja Doppelklick machen, ...

Die Äußerung von S1 in *171* kann auch als Beleg für das Bedeutungsproblem genommen werden, denn zunächst scheint den beiden Schülern nicht klar zu sein, dass sie zunächst eine Messgröße definieren müssen, ehe sie Messgrößen sammeln können. In *173* hat S1 offenbar eine Idee für das weitere Vorgehen, ohne dies allerdings explizit zu benennen. Mit Doppelklick auf das Icon der Stichprobenkollektion öffnet sich das zugehörige Info-Fenster.

Transkriptausschnitt 177-184

177	S1:	Hier. Das müssen wir erst mal machen.
178	S2:	Ham wir doch.
179	S1:	Das da passt mir hier nicht.
180	*FATHOM: Der Kartenreiter 'Messgrößen' wird gewählt.*	
181	S2:	Ah, gut.
182	S1:	Ja.
183	S2:	Also die Formel...
184	S1:	Ja.. Nee, das ... Hier hinten... Messgröße war Anzahl_richtig, oder?

S1 überzeugt in *177/179* durch ihre Handlungen S2 davon, dass im Kartenreiter Messgrößen der Stichprobenkollektion die Messgröße zu definieren ist. Möglicherweise ist S2 zunächst nur auf den Formeleintrag fokussiert (*183*). In *184* bringt S1 einen Namen der Messgröße ins Spiel, der dann auch in das Feld Messgröße eingetragen wird. Wie aus dem Videomitschnitt hervorgeht, gelingt es den Schülern den Formeleditor des Feldes Formel erst nach mehreren Versuchen zu öffnen. Nun wird die korrekte Formel eingetragen, die Schüler erhalten das passende Ergebnis und arbeiten weiter an der Simulation.

Portrait (2_2) – JOMI26_CHDI30 – I4

Diese Lerndyade hat zunächst ein anderes Modellzufallsexperiment als das typische erstellt (vgl. Kap. 6.4.4) und möchte nun die entsprechende Messgröße definieren.

Transkriptausschnitt 216-247

216	S1:	Jetzt mach ich ne Messgröße ...
217	*FATHOM: Als Messgrößenname wird 'Anz_richtig' eingegeben.*	
218	S1:	Anzahl richtig. ...
219	*FATHOM: Die Schüler öffnen per Doppelklick auf das Formelfeld den Formeleditor.*	
220	S1:	Und da vergleicht der dann halt, ... immer ob die gleich sind.
221	S2:	Ja.
222	S1:	Wie geht denn das, mit dem 'wenn', ne?
223	*FATHOM: Die Schüler geben 'wenn' ein.*	
224	S2:	Ja, ich glaub schon. ... 'wenn', und jetzt muss diese große Klammer, dann musst du oben hinschreiben ...
225	S1:	Wie mache ich die große Klammer?
226	S2:	Keine Ahnung...
227	*FATHOM: Die Schüler geben '(' ein, FATHOM vervollständigt die Eingabe, so dass eine '( )' und danach eine große geschweifte Klammer zu sehen ist.*	
228	S2:	Ja.
229	S1:	Ah.
230	S2:	Und dann musst du sagen Qualität gleich Tipp, dann...
231	*FATHOM: Die Schüler schreiben 'Qualität = Tipp' in die Klammern der 'wenn'-Funktion. Anschließend bewegen sie den Eingabecursor hinter die geschweifte Klammer (obere Position).*	
232	S1:	Ähm. Wie mach ich das dann? (Anm: S1 weiß nicht, was die 'wenn'-Funktion als Ergebnis zurückgeben soll.)
233	14:12	
234	S2:	Das weiß ich auch nicht.
235	(ca. 10 Sekunden Pause)	

236   *FATHOM: Die Schüler schreiben '+ 1'. Im Eingabefeld steht hinter der geschweiften Klammer '? + 1'.*
237   S1:   Muss er dann plus 1 machen? Oder so?
238   S2:   Ich hab keine Ahnung.
239   S1:   Nein, bestimmt nicht.
240   *FATHOM: Die Schüler löschen die Eingabe, so dass der Bereich hinter der geschweiften Klammer wieder leer ist.*
241   (ca. 15 Sekunden Pause)
242   S2:   Ja, doch, ich glaube schon, oder? Plus 1...
243   *FATHOM: Die Schüler geben den Wert '1' in das obere Feld hinter der geschweiften Klammer ein.*
244   S2:   und wenn man dann 12 hat dann ist gut.
245   S1:   Ja.
246   S2:   Und ansonsten halt ... Äh ...
247   *FATHOM: In das untere Feld hinter der geschweiften Klammer wird '0' eingegeben. Der 'OK'-Button wird betätigt, was zu dem folgenden Ereignis führt (siehe Abbildung):*

Die Schüler suchen den Ort, an dem die Messgröße festgelegt wird und geben als Name für die Messgröße Anz_richtig ein. Problematisch ist die Idee, an dieser Stelle mit der *wenn()*-Funktion arbeiten zu wollen (vgl. Abb. 6.67). Nach dem Kriterienkatalog ist dies als **Formelproblem** zu kennzeichnen.

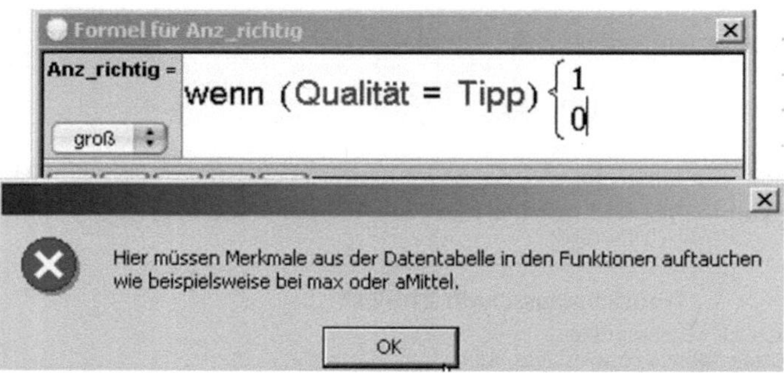

Abb. 6.67 U10-11: Probleme mit dem Messgrößenkonzept, JOMI26_CHDI30 – I4

Die Formel, die die Schüler entwickelt haben, würde zu einer Spaltenauswertung passen. Diesen Weg gehen die Schüler nach einigen Fehlversuchen auch im Folgenden.

Transkriptausschnitt 273

273   S1:   Ja, wenn ich das einfach in die dritte Spalte mache und sage ... ob dann richtig oder falsch, dann mit dem Messprobengelirre, dann die zusammenzählen

Die dritte Spalte der Stichprobentabelle mit der Bezeichnung *Richtig_Falsch* zeigt die Ausprägungen *wahr* und *falsch* an, abhängig davon, ob die jeweiligen Zeileneinträge von *Qualität* und *Tipp* übereinstimmen oder nicht. Nun wählen die Schüler aus dem Kontextmenü der Stichprobenkollektion Messgrößen sammeln.

Transkriptausschnitt 310-320

310 S1:   Messgrößen sammeln.
311 18:50
312 *FATHOM: Die Schüler öffnen per Doppelklick das Infofenster der Messgrößenkollektion. Sie stellen die Animation aus, wählen die Option 'Vorhandene Fälle ersetzen' und geben die Zahl '5000' für die Anzahl der Messgrößen ein.*
313 S2:   Was macht man da, Messgrößen sammeln?
314 S1:   Ja halt ... quasi ... das hier (S1 läßt den Mauszeiger über der Stichprobentabelle kreisen) jetzt 1000, nee 5000 mal machen.
315 S2:   Was sammelt der jetzt? Immer richtig und falsch, oder was?
316 S1:   Ja. ... Nein.
317 S2:   Woher weiß der ...
318 S1:   Das hab ich ihm noch gar nicht gesagt glaube ich...
319 *FATHOM: Die Schüler klicken sie auf den Button 'weitere Messgrößen sammeln'. Es erscheint ein Fenster, in dem der Bearbeitungsfortschritt angezeigt wird.*
320 S1:   Na egal, wir machen einfach mal. ... Müssen wir hier gleich noch mal machen.

Die Frage von S2 ist vollkommen berechtigt: „Was sammelt der jetzt?" (*315*). Nachdem die Schüler die zugehörige Tabelle erstellt haben, wird klar, dass sie das „Nichts" gesammelt haben, denn die Tabelle enthält keine Daten. Nach dem Kriterienkatalog ist dieses Problem als **Bedeutungsproblem** zu kennzeichnen, denn hier liegt ein Name-Formel-Problem vor.

Man wechselt wieder zum Kartenreiter Messgrößen in der Stichprobenkollektion. Die Formel wird geändert (siehe Abb. 6.68). Es erscheint die gleiche Fehlermeldung wie bereits oben angegeben (**Formelproblem**).

$$\text{Anz\_richtig} = \text{wenn (richtig\_falsch} = \text{wahr)} \begin{cases} \text{anz\_richtig} + 1 \\ \text{anz\_richtig} + 0 \end{cases}$$

Abb. 6.68 U10-11: Probleme mit dem Messgrößenkonzept, JOMI26_CHDI30 – I4

Immerhin entnehmen die Schüler aus der Fehlermeldung, dass ein Merkmal benötigt wird (S1-*364*). Daraufhin wird der Formelkatalog durchsucht.

Transkriptausschnitt 362-371

362 S1:   Was will der denn von uns? ... I don't understand that. ... Toll. ... Und jetzt?
363 S2:   Ja, weiß ich nicht.
364 S1:   Ich brauch ein Merkmal...
...   ...
366 S1:   Ja, hab ich. ...
...   ...
370 S1:   Anzahl plus 1, oder?
371 S2:   Ja, mach einfach. ... Was auch immer Anzahl ist.

Aus der Unterkategorie Ein Merkmal wird die Formel *Anzahl()* ausgewählt, allerdings per Hand und ohne Klammer eingetragen.

wenn (richtig_falsch = wahr) $\begin{cases} \text{anzahl} + 1 \\ \text{anzahl} + 0 \end{cases}$

Abb. 6.69 U10-11: Probleme mit dem Messgrößenkonzept, JOMI26_CHDI30 – I4

Auf der weiteren Suche nach einer passenden Formel stoßen die Schüler auf die Formel *Summe()*. Die Schüler löschen die bisherige Formel und geben die Formel komplett neu ein. Die Formel lautet jetzt *Summe (richtig_falsch = wahr)*. Nach Schließen des Formeleditors erscheint die bekannte Fehlermeldung im Wert-Feld. Dort steht #Typen inkompatibel#. Auch dies ist als **Formelproblem** zu kennzeichnen.

Transkriptausschnitt 383, 389-391

383	S1:	Hmm... ... Summe? ... Wenn ich einfach sage ...
389	S2:	Was ist bei Wert?
...	...	
391	S1:	Wie denn Typeninkompatibel? ... Leck mich doch!

Die Schüler sind ein bisschen ratlos und wissen zunächst nicht, wie sie mit dieser Fehlermeldung umgehen müssen. S2 fragt in *415*, was denn Wert eigentlich machen würde. Die Antwort von S1 ist völlig korrekt (*416*).

Transkriptausschnitt 415-416

415	S2:	((U)) Wert denn nicht verändert? ..., oder was macht Wert denn überhaupt?
416	S1:	Ja ... da ... kommt ... nur das Ergebnis quasi. ... Warum geht das nicht? Weiß ich nicht.

Dann fragt S2, ob man denn in dem Feld des Messgrößennamens etwas ändern müsse. S1 bestätigt die Meinung von S2, dass der Messgrößenname keine Rolle für die Formel spielt. Das können beide gut auseinanderhalten.

Transkriptausschnitt 423-425

423	S2:	Vielleicht muss man erst Anzahl richtig machen. ... Eigentlich egal.
424	S1:	Nein, das ist egal. ... Das kannst du so nennen wie du es willst. Das kannst du auch JoMi26 nennen.
425	S2:	Jaa!

Die Lerndyade ändert bekanntlich etwa an dieser Stelle ihren Modellierungsansatz, kommt aber zu dem Problem der Formel für die Messgrößen wieder zurück. (vgl. 6.4.4). Sie haben nun die Formel *Summe(Antwort = "richtig")* benutzt, die aber zu der ebenso zur Typeninkompatibilität führt (**Formelproblem**).

Transkriptausschnitt 468-478

468   S1:   Es geht trotzdem nicht.
469   S2:   Das verstehe ich aber nicht.
470   S1:   Hä? …
471   (S2 liest scheinbar etwas in ihren Unterlagen nach)
472   S2:   Ah, ok. … Hier. … Einfach Anzahl Antwort gleich richtig… Weil es ist ja im Prinzip das Gleiche.
473   32:16
474   *FATHOM: Die Schüler öffnen wieder den Formeleditor für die Messgrößenformel und löschen die gesamte bisherige Formel.*
475   S1:   (stöhnt)
476   S2:   Anzahl Klammer auf Antwort gleich richtig …
477   *FATHOM: Die Schüler geben die Formel 'Anzahl(Antwort = "richtig")' ein. Per Klick auf 'OK' wird die Formeleingabe beendet. Das Feld 'Wert' zeigt den Wert '5'.*
478   S1:   Toll.

S2 hat offenbar in den eigenen worked examples eine geeignete Formel gefunden, da klar ist, dass es sich um ein vergleichbares Problem handelt (*472*). In *476* diktiert S2 diese Formel. Das gewünschte Auswertungsergebnis erscheint und die Schüler arbeiten erfolgreich weiter an der Simulation.

Portrait (2_3) – JURE11_MaEC26 – I6

Diese Lerndyade ist sich zunächst unsicher, wo sie die Messgrößen festlegen müssen. Sie haben die Stichprobenkollektion einschließlich der zugehörigen Tabelle erstellt. In *53-58* suchen die Schüler offenbar zunächst im Kontextmenü der Stichprobenkollektion einen Eintrag, der ihnen in irgendeiner Weise weiterhilft. Das Kommando Messgrößen sammeln ist nicht aktiv und S1 fragt, wie man denn da hin käme (*58/59*). Der entsprechende Kartenreiter wird geöffnet (*61*).

Transkriptausschnitt 53-73

53   S1:   Achso. (…) Jetzt müssen wir die
…   …
55   S2:   Auswertung. Warte, wie müssen wir das noch mal machen? (…) Mach du mal.
56   S1:   (lacht) Mach, mach, mach.
58   S2:   Messgrößen sammeln, oder?
59   S1:   Ja, aber wie komm ich da noch mal hin? (…) Ach, bei den Fällen. ((U)) Egal, ok
60   S2:   War das hier?
61   S1:   Ja. Info. Info Kollektion. (…) Und jetzt da. ((U))
…   …
64   S1:   Ok. Beschreiben der Messgrößen erst mal. (…) Wir müssen jetzt die Messgrößen festlegen. Also ok.
65   S2:   Dann müssen wir das doch nicht bei der Stichprobe, sondern erst ((U))
66   S1:   Hä? (…) Ach stimmt. Wir müssen ja erst mal die Messgrößen.
…   …
68   S2:   War das hier schon?
69   S1:   Aber sicher? Aber guck mal, wir haben das doch schon gemacht. Das ist doch richtig. Wir müssen das jetzt ((U))
70   S2:   ((U))
71   S1:   Oder müssen wir das doppelt machen? (…) Wo dann noch da die Dinger waren.
72   S2:   Messgrößen sammeln. Ermitteln der Stichprobe.
73   S1:   Nein, aber erst mal das hier, ne? Messgrößen definieren. Das war ((U)) bei der Stichprobe.

Allerdings äußert S2 einen Einwand in *65*. Diese Äußerung führt dazu, dass S1 unsicher wird und das Info-Fenster zunächst wieder geschlossen wird. Möglicherweise denken die Schüler, dass zuerst eine Messgrößenkollektion erzeugt werden muss und die Deklaration der Messgrößen dann erst in dieser Messgrößenkollektion erfolgt. Nach dem Kriterienkatalog handelt es sich bei diesem Problem um ein **Lokalisierungsproblem**. Erst in *73* ist sich S1 dann sicher, mit dem Kartenreiter Messgrößen in der Stichprobenkollektion den richtigen Ort zum Definieren der Messgrößen gefunden zu haben.

Ein weiteres Problem taucht auf, als die Formel für die Messgröße festgelegt werden soll. Die Messgröße hat den Namen *Qualität_richtig* erhalten.

Transkriptausschnitt 107-115

107	S1:	Dann können wir ja da den Namen verändern. Wir können das ja jetzt Anzahl... Ne. Oder wir nennen es Musikqualität richtig.
108	S2:	Ja genau. (...) Qualität richtig. (...) Anzahl Musikqualität gleich richtig.
109	*FATHOM:*	*Der Formeleditor zu der Messgröße 'Qualität_richtig' wird geöffnet.*
110	S2:	Wir können es ja jetzt so einfügen.
111	S1:	Ja, ja, ich weiß.
112	S2:	Ich nenn es jetzt einfach mal Anzahl.
..	...	
114	S1:	Oh nein!
115	S2:	Das geht nicht.

Die Äußerung von S2 in *110* bezieht sich darauf, die Formel direkt über die Tastatur einzugeben und nicht im Auswahlfeld des Formeleditors zu suchen. Allerdings wird zunächst nur das Wort *Anzahl* eingegeben, was zu einer Fehlermeldung und den Äußerungen in *114/115* führt. Nach dem Kriterienkatalog ist dies als **Formelproblem** zu kennzeichnen. Die Schüler sind jedoch sofort in der Lage, diesen Fehler durch den korrekten Formeleintrag *Anzahl(Qualität="richtig")* zu beheben.

Abb. 6.70 U10-11: Probleme mit dem Messgrößenkonzept, JURE11_MaEC26 – I6

Portrait (2_4) – TAVI23_IRED13 – I7

Diese Lerndyade hat kein Problem, den Ort der Deklaration für die Messgröße der Stichprobenkollektion zu finden. Es ist auch bekannt, dass Name und Formel festzulegen sind. Allerdings treten aufgrund des gewählten Modellzufallsexperimentes Schwierigkeiten auf (vgl. 6.4.4).

Transkriptausschnitt 190-197

190	S2:	So, was ist jetzt die Messgröße?
191	S1:	Ja, ok. Anzahl richtig. ((U)) (...)
...	...	
194	S1:	Summe Anzahl richtig. (...) Das hat er auch gefressen. Ahh.
195	S2:	Nicht wirklich. (...) Was ist das denn?
196	S1:	Keine Ahnung. Was? Zirkuläre Verweise?
197	S2:	Was sind zirkuläre Verweise?

Die Äußerung von S1 in *194* ist problematisch, wie auch Abb. 6.71 zeigt. Der Name der Messgröße wird als Argument der Formel benutzt (Zirkelschluss). Nach dem Kriterienkatalog ist dieses Problem als **Bedeutungsproblem** zu kennzeichnen. Die Schüler erkennen in *195-197* das Problem, können es aber nicht beheben und fragen die Lehrperson.

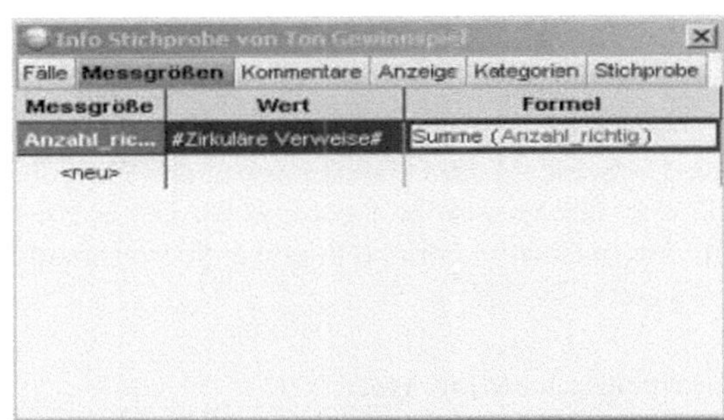

Abb. 6.71 U10-11: Probleme mit dem Messgrößenkonzept, TAVI23_IRED13 – I7

Deren Äußerung ist akustisch unverständlich, bezieht sich aber vermutlich auf das Merkmal der Stichprobe, das als Argument der Messgrößen-Formel dienen soll.

Transkriptausschnitt 204-218

204	S1:	Was heißt braucht man das? Das kommt einfach da. (...) Aber er hat doch beides erkannt. Wenn es unterlegt ist, ist es doch erkannt.
205	S2:	Anzahl Antwort gleich richtig.
206	S1:	Oder man muss irgendwie das da hier umbenennen.
207	S2:	Denkst du?
208	S1:	Eigentlich nicht.
209	S2:	Nenn das mal mit Gleich und den Anführungsstrichen gleich richtig.
...	...	
211	S1:	Ach, das mit den Anführungsstrichen kann sein, vielleicht. (...) Oh, ich hasse das.
212	S2:	Das ist voll doof.

213   S1:   Also Summe
214   S2:   Und dann Antwort gleich richtig oder Anzahl Antwort gleich richtig.
215   S1:   Ähäh, Tonqualität gleich richtig.
216   S2:   Ja, weil er es sonst gar nicht erkennt. Weil wir dann nicht ähm. (...) Gleich. Erst
            mal Gleich in Anführungsstrichen.
217   S1:   Ja. Gleich in Anführungsstrichen. Richtig.
218   S2:   Oh.

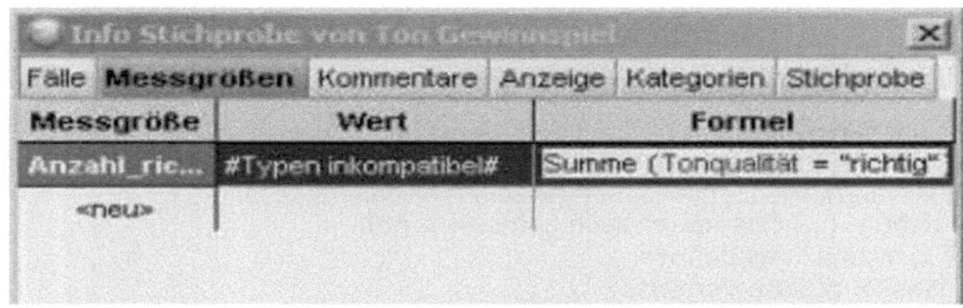

Abb. 6.72 U10-11: Probleme mit dem Messgrößenkonzept, TAVI23_IRED13 – I7

S2 äußert in *205* und *214* schon den korrekten Lösungsansatz, vermutlich versteht
S1 diesen aber nicht sofort. Das Argument in der Messgrößenformel wird korrigiert und ist nun richtig. Dies führt nun zu der Fehlermeldung, dass die Typen
nicht kompatibel sind. Durch die Wahl der Funktion *Summe()* tritt ein **Formelproblem** auf.

Die Fehlermeldung (vgl. Abb. 6.72) führt dazu, dass die beiden Schüler den Namen der Messgröße in *Tonqualität_richtig* umbenennen. Dies lässt sich als **Bedeutungsproblem** charakterisieren, da den Schülern die Unabhängigkeit der Wahl des
Namens der Messgröße von der Formel der Messgröße nicht klar ist. Die Schüler
benennen das Merkmal der Stichprobe in *Gewinn* um und erkennen, dass sich die
Messgrößenformel entsprechend anpasst (*230-231*).

Transkriptausschnitt 230-244

230   S2:   Der ändert das ja von alleine um.
231   S1:   Das wollte ich nämlich gerade testen.
232   *FATHOM: Im Infofenster der Stichprobenkollektion wird der Name der Messgröße wieder
      zu 'Anzahl_richtig' umbenannt.*
233   S1:   Was aber heißt, wenn er es da nicht ändert, dann ist es hier total irrelevant.
234   S2:   Vielleicht müssen wir hier Anzahl Gewinn hinschreiben?
235   S1:   Ne, kann auch nicht sein.
236   S2:   Wieso?
237   S1:   ((U))
...   ...
239   S1:   Haha.
240   S2:   Sag ich doch Anzahl.
241   S1:   Ja, dann sag mir doch, dass ich es falsch hingeschrieben hab. Ich hab es doch
            nicht gesehen.
242   S2:   Hast du das extra gemacht?
243   S1:   Nein, ich hab es total verpennt.
244   S2:   Ok.

Die Schüler ändern den Namen der Messgröße (*232*) und S1 kommt zu der Erkenntnis, dass dieser für die Formel irrelevant ist (*233*). Daraufhin gibt S2 in *234*

erneut den Hinweis, es mit der Formel *Anzahl ()* zu versuchen. S1 ändert daraufhin die Formel in *Anzahl(Gewinn="richtig")* ab und die Schüler erhalten eine korrekte Lösung. Positiv lässt sich festhalten, dass diese Lerndyade durch die gemachten Fehler und die Strategien zu deren Beseitigung eine Menge gelernt haben. Der Unterschied zwischen Messgrößenname und Messgrößenformel dürfte ihnen dadurch klar geworden sein.

Portrait (2_5) – ULRI21_SAHO01 – I8

Diese Lerndyade möchte nach dem Ziehen einer Stichprobe nun Messgrößen festlegen. Dabei ergibt sich eine Reihe von problemhaften Situationen.

Transkriptausschnitt 47-58

47 S1: Messgrößen ((U))
48 S2: Genau.
... ...
50 S2: Ja, Formel Anzahl Anzahl Antwort gleich richtig. (...) Ne ne, in der Ebene, in der du eben warst.
... ...
52 S1: Formel bearbeiten?
53 S2: Mach noch mal mit Messgrößen ((U))
54 S1: Anzahl und dann Antwort gleich richtig.
55 S2: Antwort gleich richtig (..) gleich richtig. (...) Da müssen noch Anführungszeichen hin.
56 S1: Ja. Wie macht man das?
57 S2: Hier über die Tastatur. (...) So geht's, glaub ich, auch. (...) Jetzt mach mal Anführungszeichen und jetzt tipp es mal an.
58 S1: Ha. Scheiße ((U))

Die Schüler legen im Kartenreiter Messgrößen der Stichprobenkollektion den Namen der Messgröße fest. Die Formel *Anzahl(Antwort="richtig")* allerdings wird dem Merkmal *Antwort* der Stichprobenkollektion zugeordnet (*50-52*). Nach dem Kriterienkatalog ist dieses Problem als **Bedeutungsproblem** zu charakterisieren, da der Name-Formel-Zusammenhang nicht beachtet wurde. Darüberhinaus ist die Formel zunächst ohne Anführungszeichen eingegeben worden (*54-55*). Das Problem ist **nicht** als Formelproblem zu kennzeichnen, da die Formel noch vor Abschluss der Eingabe korrigiert wird (*56-57*). Der Abschluss der Eingabe führt zu Fehlermeldungen in der Stichprobentabelle und der entsprechenden Äußerung von S1 in *58*. Daraufhin wird diese Formel gelöscht.

Die nachfolgenden Handlungen werden nur teilweise kommentiert. Daher gebe ich den Ablauf im Vorhinein an: Das Info-Fenster der Ausgangskollektion wird geöffnet. Die Schüler wechseln auf den Kartenreiter Messgrößen. Dort geben sie in die Spalte Messgröße den Namen ein. In die zweite Spalte Wert wird die Zahl *12* eingegeben. In die Formelspalte wird mit etwas Probieren die Formel *Anzahl(Antwort="richtig")* eingegeben. Die Angabe in der Spalte Wert ändert sich auf *1*. Dieses Problem ist als **Lokalisierungsproblem** zu kennzeichnen.

Transkriptausschnitt 65-72

65	S1:	Wert Zwölf, oder?
66	S2:	Jetzt gib da mal an. Anzahl gleich Antwort (...) gleich richtig. (...) Antwort gleich richtig.
67	S1:	Achso, Anzahl richtig.
68	S2:	Antwort gleich... Nein, nein, in die Klammer.
69	S1:	((U))
70	S2:	Gleich ((U))
71	S1:	((U))
72	S2:	Nein, nein, das ist schon richtig. ((U))

Klar ist anhand dieser zwei Ausschnitte, dass diese Lerndyade sich über den Ort der Definition der Messgröße nicht im Klaren ist. Durch die Einträge, insbesondere des Wertes 12 wird auch klar, dass die Schüler keine (oder besser gesagt eine andere) Vorstellung von einer Messgröße haben. Sie kommen nicht weiter und bitten die Lehrperson um Hilfe. Gemeinsam werden die bisher erstellten Objekte analysiert. Schließlich wird die Stichprobe erneut gezogen, indem die Schüler im Kartenreiter Stichprobe des Info-Fensters der Stichprobenkollektion auf den Button Stichprobe verändern drücken (*98-99*).

Transkriptausschnitt 65-72

98	S2:	Aber jetzt haben wir ja nichts verändert.
99	S1:	Ja, aber ja.
...	...	
104	L:	Ihr wollt... was wollt ihr jetzt machen? Ihr wollt jetzt ein Merkmal festlegen, oder was?
105	S1:	Ja, wir wollen
106	L:	Ne Messgröße oder was?
107	S1:	Ja, genau.
108	L:	Ja, genau. Dann geh doch mal rechte Maus.
109	S2:	((U))
...	...	
111	L:	Hast du doch schon.
112	S1:	((U))

Dabei stellt sich heraus (*111*), dass in der Stichprobenkollektion die Messgröße nun durch die neue Stichprobenziehung komplett mit Formel deklariert ist. Das verwundert die Schüler zu Recht, denn an dieser Stelle hatten sie definitiv nichts eingetragen. Dieses Phänomen lässt sich so erklären: Die in der Ausgangskollektion definierte Messgröße (wie auch alle anderen Eigenschaften der Ausgangskollektion, wie Kategorienlisten etc.) werden in der Stichprobe aufgehoben.

Portrait (2_6) – UTWI28_EWMA04 – I9

Diese Lerndyade hat zunächst eine andere Modellierung des Zufallsexperiments gewählt: mit *CD* und *MP3* als Merkmalsausprägungen des Merkmals *Qualität*. Nun wollen die Schüler eine Messgröße deklarieren. Dazu haben sie den Kartenreiter Messgrößen im Info-Fenster der Stichprobenkollektion gewählt. Die Schüler tragen als erstes in das Namensfeld der Messgrößen *Qualität* = ein. Dieser Eintrag wird aber sofort wieder gelöscht (*124*). Zu dieser Szene ergibt sich der folgende Dialog.

Transkriptausschnitt 124-127

124	S2:	Qualität. Das geht auch nicht, oder?
125	S1:	Was? Ja, das ist ja ne Messgröße. Die Formel hast du ja da.
126	S2:	Was heißt jetzt Messgröße?
127	S1:	Messgröße kannst du nennen, wie du willst.

Man kann diesen Transkriptausschnitt und die Tatsache, dass zunächst nur ein Messgrößenname ohne Formel eingegeben wurde, als Beleg für ein **Bedeutungsproblem** ansehen. In *126* fragt S2 direkt nach der Bedeutung der Messgröße: „Was heißt jetzt Messgröße?" Die Antwort von S1 (*127*) bezieht sich nur auf die Bezeichnung der Messgröße und spiegelt somit nur einen Teil der inhaltlichen Bedeutung wider.

Die Schüler bezeichnen die Messgröße daraufhin mit A (*129*) und geben als Formel in das zugehörige Formelfeld *Qualität="richtig"* ein.

Transkriptausschnitt 129-133

129	S2:	((U)) A und jetzt... Qualität gleich... Wie macht man diese...
130	S1:	Was denn?
131	S2:	Anführungsstriche?
132	S1:	Hier, oder?
133	S2:	Stimmt. ... Qualität gleich Richtig.

Dabei vergessen die Schüler, dass ein Merkmal nur in einer Auswertungsfunktion, wie z. B. *Anzahl()*, auswertbar ist. Die Schüler erhalten eine Fehlermeldung, probieren einen anderen Formeleintrag, auch ohne Erfolg. Diese Probleme lassen sich als **Formelproblem** kennzeichnen. Der Formeleditor wird ohne Formeleintrag geschlossen und die Schüler fragen um Hilfe nach (vgl. Kap. 6.5.1, Porträt 1_2). Die Schüler füllen nach Hinweisen durch die Lehrperson erst einmal ihren Simulationsplan aus, ehe sie sich der weiteren Umsetzung der Simulation widmen.

Portrait (2_7) – CHRO24_ANMA19 – K2

Nach der Erzeugung des Modellzufallsexperimentes wechseln die Schüler auf den Kartenreiter Messgrößen der Stichprobenkollektion. Die Schüler versuchen nun die Messgröße festzulegen.

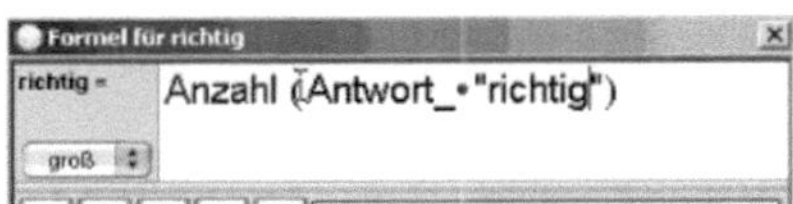

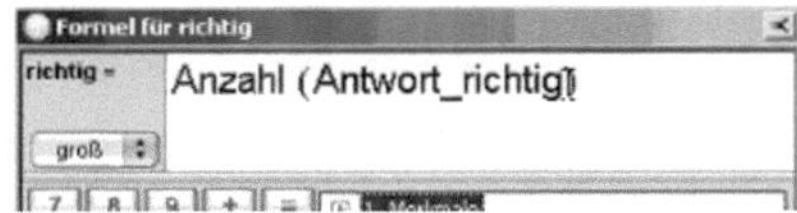

Abb. 6.73 U10-11: Probleme mit dem Messgrößenkonzept, CHRO24_ANMA19 – K2

Zunächst wird ein Name für die Messgröße (*richtig*) festgelegt und anschließend erfolgt ein Formeleintrag in das zugehörige Formelfeld.

Transkriptausschnitt 287-302

287   S1:   So, jetzt sind wir auf dem Formeleditor, alles klar. Anzahl, Antwort, Unterstrich. Stopp, das war auch nicht meine Absicht. Hä? ((U)) Weil das nen Merkmal ist.
288   S2:   Aber warum hat der denn hier nen Mal rein geworfen? Mach das mal ohne das Ding.
...
293   S1:   Ok. Macht gerade irgendwie nichts mehr.
294
295   S1:   Ne, das ist falsch. Hä? Ok, jetzt, so.
296   S2:   Moment, ich diktiere dir.
...
302   S1:   Nein, ist immer noch falsch.

Offenbar haben die Schüler zunächst die folgende Formel eingegeben: *Anzahl(Antwort_*●*"richtig")*. S2 möchte, dass dieses Zeichen zwischen Unterstrich und Hochkommas verschwindet (*288*). S1 versucht das zwar, aber offenbar gelingt das nicht und die Formel wird zunächst bestätigt (*293*). Es erscheint der Wert Null. S1 kommentiert dies in *295* so, dass dies falsch sei. Im nächsten Versuch wird die Formel abgeändert (siehe Abb. 6.73 rechts). Allerdings stellt S1 in *302* fest, dass die Formel immer noch falsch ist. Diese Probleme lassen sich als **Formelproblem** klassifizieren.

Transkriptausschnitt 305-321

305   S2:   Anzahl richtig. Probier es einfach mal.
306   S1:   Ja, aber die wollten ja auch nicht nur die Richtigen haben, oder? Ich schreib es erstmal hin.
307
308   S1:   Das kann doch irgendwie nicht sein. Die hatten auf jeden Fall irgendsowas genommen, ich bin mir so sicher. (...) Mh, ich hätte das doch mal zu Hause machen sollen. (...) Ja, ok, vielleicht machen wir das doch mal so. Anzahl Antwort, oder was?
309
310   S1:   Das hat ja eigentlich gar keine Rollen, weil hier müsste ja... Oder meinst du hier einfügen? So, oder was?
311   *FATHOM: Der Formeleditor wird geöffnet und die Formel wird zu 'Anzahl(Antwort)' geändert. Die Eingabe wird jedoch nicht bestätigt.*
312   S2:   Nein, da müsste das mit dem richtig, falsch.
313   S1:   Eigentlich schon. Aber das macht der irgendwie nicht. Vielleicht... Hast du diesen Simulationsplan auch hier?
314   S2:   Was wir mit ihr gemacht hatte, das war das?
315   S1:   Oh, (lacht und setzt ein Gleichzeichen in die Formel) jetzt muss man aber auch Anführungszeiten machen. Oh man, an so einem Scheiß.
...
317   S2:   ((U)) Und hier muss jetzt Anzahl_richtig hin.
318   FATHOM: Im Infofenster der Stichprobenkollektion wird der Name der Messgröße 'Anzahl_Antwort' gelöscht und als neuer Name 'Anzahl_richtig' eingegeben.
319   S1:   Ja, ist eigentlich egal.
320
321   S2:   Und hier muss jetzt richtig mit Anführungszeichen hin. Geh rein und mach das komplett weg. Setz die Anführungszeichen und jetzt in die Mitte.

Das interessante an diesem Ausschnitt ist, dass die Schüler nun den Namen der Messgröße auf *Anzahl_richtig* ändern. Man kann dies als **Bedeutungsproblem** deuten, da den Schülern nicht klar ist, dass es zwischen Messgrößenname und Messgrößenformel keinen syntaktischen Zusammenhang gibt. Erst durch die Zuhilfenahme des worked examples (*313-315*) des 10er-Tests finden die Schüler ihren Fehler und korrigieren ihre Formel. Nun geht es um das Sammeln von Werten der eben definierten Messgröße. Dabei offenbaren die Schüler weitere Schwierigkeiten, die sich dem **Lokalisierungsproblem** zuordnen lassen.

Transkriptausschnitt 327-338

```
327   S2:   Jetzt Tabelle.
328   S1:   Stichprobe sammeln.
...
330   S2:   Ne, du brauchst erstma  ne Tabelle.
331   S1:   Das ist doch die.
332   S2:   Ja, ne das war falsch.
...
334   S1:   Nein, nein.
335   S2:   Doch, das war falsch.
...
338   S1:   Messgrößen sammeln, wo war das? Achso, ja, jetzt ist es auch richtig. Ja  ist
            schon richtig so.
```

Die Schüler wählen aus dem Kontextmenü der Stichprobenkollektion Stichprobe ziehen (*328*). In *330-332* kommentieren die Schüler diese Aktion als falsch und löschen die so entstandene Kollektion wieder. Aus der Videoaufzeichnung geht hervor, dass die Schüler sämtliche Kartenreiter der Stichprobenkollektion durchklicken, offenbar auf der Suche nach einem Fensterinhalt für das Messgrößensammeln. In *338* hat S1 das Gewünschte offenbar gefunden und die entsprechende Messgrößenkollektion wird erstellt.

Portrait (2_8) – KAHE02_ILED13 – K6

Dieses Schülerpaar hat die entsprechende Stichprobe aus der Ausgangskollektion gezogen und will nun die Simulationsumgebung weiter aufbauen. Eine passende Idee hat S1 in *126*: es geht um das Sammeln (der Ergebnisse) von vielen Stichproben.

Transkriptausschnitt 126-128

```
126   S1:   Warum denn ((U)) Ja, wir müssen ja ganz viele Stichproben sammeln... Machen
            wir mal hier... ... Hä, ich komm damit überhaupt nicht klar...
...
128   S2:   (zu Nachbargruppe) S.? Wie machst du ne Stichprobensammlung?
```

Offenbar erhält das Schülerpaar Hinweise zur weiteren Vorgehensweise, denn Name und Formel der Messgröße werden ohne Probleme korrekt festgelegt.

$$\boxed{\text{Anzahl\_richtig} =} \; \text{Anzahl (Antwort = "richtig")}$$

Abb. 6.74 U10-11: Probleme mit dem Messgrößenkonzept, KAHE02_ILED13 – K6

Das Schülerpaar will nun eine Stichprobensammlung durchführen. Allerdings haben sie vergessen, wie man vorgehen muss. Die Schüler ziehen zunächst eine weitere Stichprobe aus der bereits vorhandenen Stichprobe. Man kann dies als **Lokalisierungsproblem** deuten, da die Schüler bereits eine Messgröße definiert haben. Die Schüler erkennen den Irrtum und löschen diese Kollektion wieder.

Transkriptausschnitt 152-155

152   S1:   Das war schwer... Kann ich jetzt Stichproben sammeln? ... Nein, kann ich nicht...
153   *FATHOM: Im Kontextmenü der Stichprobenkollektion wird der Eintrag 'Stichprobe ziehen' ausgewählt. Auf der Arbeitsfläche erscheint eine neue Stichprobenkollektion mit dem Namen 'Stichprobe von Stichprobe von Urne'.*
154   S1:   Stichprobe ziehen.... Wow, kann man jetzt neue Fälle machen?
155   S2:   Ich bin mir nicht sicher, was man jetzt machen muss, ich hab's irgendwie auch vergessen.

Das Kontextmenü der Stichprobenkollektion und anschließend alle Kartenreiter im Info-Fenster dieser Kollektion werden nach dem passenden Befehl durchsucht. Dann wird über das Kontextmenü der Stichprobenkollektion der Eintrag Messgrößen sammeln ausgewählt.

Transkriptausschnitt 163-164

163   S: Da musst du jetzt Rechtsklick – Messgrößen sammeln.
164   S1:   Ok...

Portrait (2_9) – MAHE19_IRAL26 - K8

Dieses Schülerpaar hat das Modellzufallsexperiment mit einem Merkmalsnamen merkmal (in der Ausgangskollektion) korrekt erstellt und will nun die Messgröße für die Stichprobenkollektion festlegen. Die Schüler haben keine Probleme damit, den Ort dafür zu finden. Sie bezeichnen die Messgröße mit *Anzahl_richtig* und legen als zugehörige Formel *Anzahl("richtig")* fest. Da sich das Argument in der Formel auf kein Merkmal bezieht, wird es praktisch ignoriert und die Anzahl der Ziehungen wird als Wert der Messgröße ausgegeben. Dieses Formelproblem fällt den Schülern aber nicht auf, da sie den Wert anhand der Tabelle nicht überprüfen und die Software auch keine Fehlermeldung ausgibt. Nach dem Erzeugen der Messgrößenkollektion wird sofort die Anzahl der zu sammelnden Messgrößen-werte auf 10000 erhöht. Erst nach Beendigung des Sammelns wird bei aktivierter Messgrößenkollektion die zugehörige Datentabelle erzeugt. Dies kann man als **Formelproblem** kennzeichnen, da eine unbrauchbare Formel eingegeben wurde.

Transkriptausschnitt 183-202

183   S1:   Anzahl... richtig... erst mal musst du machen...
184   *FATHOM: Das Kontextmenü der Messgrößentabelle wird aufgerufen und der Eintrag 'Formel anzeigen' ausgewählt. Eine zusätzliche Zeile erscheint, in der die Formeln ange-zeigt werden. Momentan sind noch keine eingegeben.*
185   S2:   Ach so, nee, wir müssen ja erst mal... doch! Wir sagen einfach – das heißt... ja, aus... nee.
186   S1:   Preis

187	*FATHOM: In der Messgrößentabelle wird neben die Messgröße 'Anzahl_richtig' eine neue Messgröße mit dem Namen 'Preis' definiert. Dann wird der Formeleditor zu dieser Messgröße geöffnet.*
188	S2: Preis... Jetzt war das doch mit dem Anzahl
189	S1: So, Anzahl Antwort richtig
	S2: Anzahl_richtig ... größer als
190	S1: Größer gleich 8 (schreibt kleiner gleich...) ... nee, andersrum ... 8
...	
197	S2: Warum denn 10000?
198	((U))
199	S2: Das sind auch irgendwie alle. Wir haben da irgendwas falsch gemacht...
200	((U))
201	*FATHOM: Die Schüler scrollen in der Messgrößentabelle hoch und runter.*
202	S2: Warum denn?

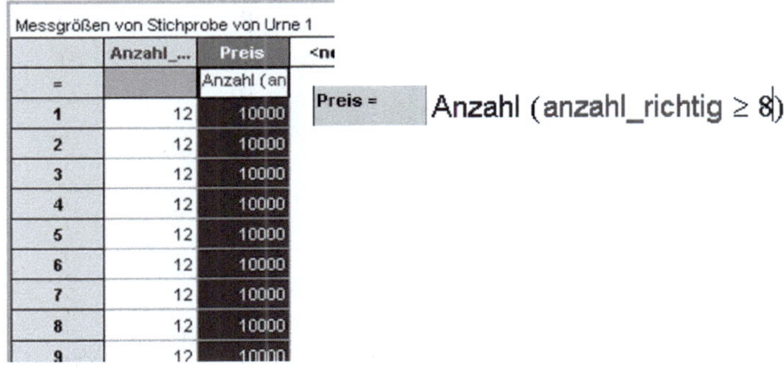

Abb. 6.75 U10-11: Probleme mit dem Messgrößenkonzept, MAHE19_IRAL26 – K8

Offenbar sind die Schüler so von ihrer Auswertungsidee eingenommen, dass sie die Ergebnisse der ersten Spalte zunächst gar nicht registrieren. Erst in *197/199* kommt den Schülern das Auswertungsergebnis komisch vor, da die 10000 ja alle Fälle umfassen. Die Schüler versuchen nun den Fehler zu finden und zu beheben. Dazu benennen sie zunächst die Messgröße in *Antwort_richtig* um. Dies lässt sich als **Bedeutungsproblem** kennzeichnen, da ein Zusammenhang von Name und Formel der Messgröße unterstellt wird. Zumal als Formel in das Formelfeld *Anzahl(Antwort_richtig="richtig")* eingegeben wird. Im Info-Fenster ist nun der Wert Null zu lesen. Gemeinsam mit einem weiteren Schüler (S), der nicht zu dieser Gruppe gehört, versucht man dies zu ergründen.

Transkriptausschnitt 246-257

246	S2: Genau... Muss man das hier eingeben vielleicht? Warte mal...
247	*FATHOM: Im Infofenster der Messgrößenkollektion wird im Kartenreiter 'Messgrößen' begonnen eine Messgröße zu definieren. Diese Aktion wird aber sofort wieder gelöscht und das Infofenster der Messgrößenkollektion wird geschlossen.*
248	S: Nee, da ((U)) keine Messgrößen eingeben... Da hast du ja schon ne Messgröße.
249	S2: Warum geht das nicht?
250	S: So, das ist ja die Tabelle... (Die Tabelle ‚Messgrößen von Stichprobe von Urne 1' ist gemeint, die weiter oben schon abgebildet wurde.)
251	S2: Genau...
252	((U))
253	S2: Dann müssen wir auch hier ne Messgröße eingeben.

254 *FATHOM: Erneut wird das Infofenster der Messgrößenkollektion geöffnet und versucht eine Messgröße einzugeben. Aber auch diesmal wird die Aktion abgebrochen und das Infofenster wieder geschlossen.*
255 S: Nein, du hast die Messgröße doch schon ((U))
256 S1: ((U)) das steht hier.
257 S: Die Messgrößen musst du nur bei Stichprobe angeben.

Auf der Suche nach dem Fehler ergibt sich ein weiteres Problemfeld, das sich als **Lokalisierungsproblem** kennzeichnen lässt: S2 versucht in *246* und *252* eine Messgröße in der Messgrößenkollektion zu definieren. Schüler S verweist allerdings in *257* darauf, dass dies nur bei den Stichproben anzugeben sei. Nach einigen Diskussionen wird die vorhandene Messgrößenkollektion gelöscht und es werden noch einmal neue Messgrößenwerte gesammelt (wiederum $N = 10000$).

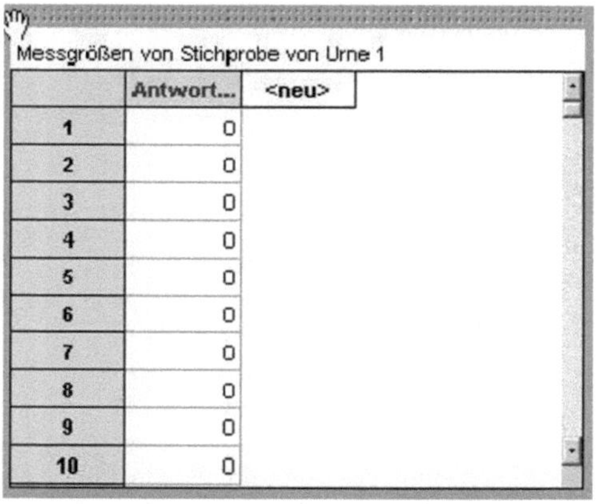
Messgrößen von Stichprobe von Urne 1

	Antwort...	<neu>
1	0	
2	0	
3	0	
4	0	
5	0	
6	0	
7	0	
8	0	
9	0	
10	0	

Abb. 6.76 U10-11: Probleme mit dem Messgrößenkonzept, MAHE19_IRAL26 – K8

In der zugehörigen Datentabelle erscheinen lauter Nullen.

Transkriptausschnitt 300-306

300 S2: Mann, was macht der denn?
301 S1: Hä? Überall schöne Nullen?
302 S2: Ich verstehe den Computer nicht.
303 S: Der Fehler muss liegen in der Formel. Von euren Messgrößen.
304 S2: Da ne?
305 S: Ja. Die Formel muss einen Fehler haben.
306 S2: Antwort richtig. ... Ja, ne? Und dann Anzahl antwort richtig gleich richtig

Schüler S verweist in *303/305* klar darauf, wo die Ursache für den Fehler liegt, nämlich in der Formel der Messgröße.

Transkriptausschnitt 311-314

311 S: Nee, Merkmal muss richtig sein. ((U)) Merkmal.
312 S1: Unsre Formel ist falsch.
313 Anderer S: Eigentlich schon.
314 S: Merkmal muss richtig.

Schüler S erkennt nun den falschen Merkmalsbezug (*311*). Die Schüler ändern daraufhin ihre Messgrößen-Formel in *Anzahl(merkmal="richtig")* ab und arbeiten damit erfolgreich weiter. Interessant ist der Blick auf den Simulationsplan, den dieses Schülerpaar in der Planungsphase ausfüllen sollte.

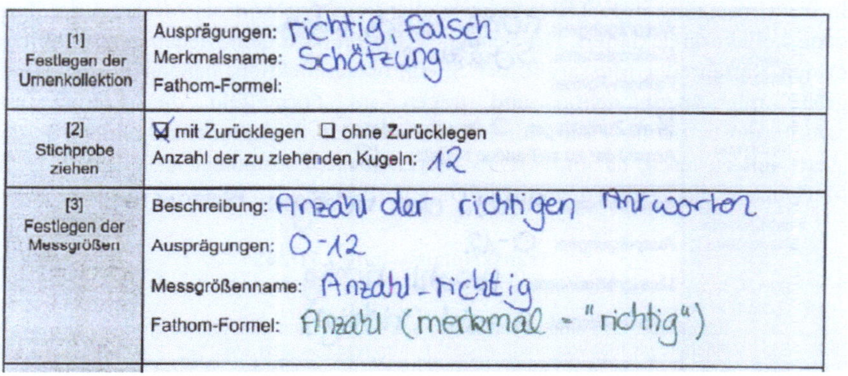

[1] Festlegen der Urnenkollektion	Ausprägungen: *richtig, falsch* Merkmalsname: *Schätzung* Fathom-Formel:
[2] Stichprobe ziehen	☒ mit Zurücklegen ☐ ohne Zurücklegen Anzahl der zu ziehenden Kugeln: *12*
[3] Festlegen der Messgrößen	Beschreibung: *Anzahl der richtigen Antworten* Ausprägungen: *0-12* Messgrößenname: *Anzahl_richtig* Fathom-Formel: *Anzahl (merkmal = "richtig")*

Abb. 6.77 U10-11: Probleme mit dem Messgrößenkonzept, Ausschnitt Simulationsplan MAHE19

Es fallen sofort zwei Dinge auf: Erstens haben die Schüler in der Planung mit Schätzung einen anderen Merkmalsnamen gewählt als dann in der tatsächlichen Umsetzung mit FATHOM und zweitens wurde die Formel nicht in der Planungsphase entwickelt, sondern erst nachträglich vervollständigt. Der Simulationsplan ist somit in sich nicht konsistent.

Portrait (2_10) – NAAB17_ALKA01 – K9

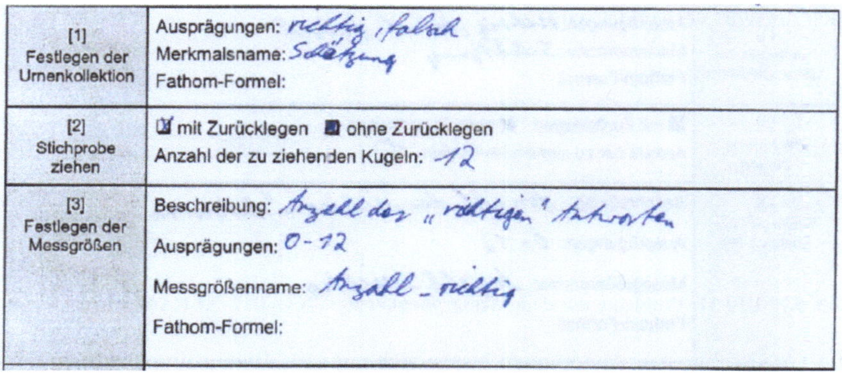

[1] Festlegen der Urnenkollektion	Ausprägungen: *richtig, falsch* Merkmalsname: *Schätzung* Fathom-Formel:
[2] Stichprobe ziehen	☒ mit Zurücklegen ☒ ohne Zurücklegen Anzahl der zu ziehenden Kugeln: *12*
[3] Festlegen der Messgrößen	Beschreibung: *Anzahl der "richtigen" Antworten* Ausprägungen: *0-12* Messgrößenname: *Anzahl_richtig* Fathom-Formel:

Abb. 6.78 U10-11: Probleme mit dem Messgrößenkonzept, Ausschnitt Simulationsplan ALKA01

Dieses Schülerpaar hat ein Problem, das sich bereits mit dem Simulationsplan andeutet. Auch hier wurde, wie bei der Lerndyade MAHE19_IRAL26, der Merkmalsname *Schätzung* benutzt und die Formel für die Messgröße in der Planungsphase nicht eingetragen (vgl. Abb. 6.78).

In der Umsetzung in FATHOM wurde allerdings *Ergebnis* als Merkmal der Ausgangskollektion deklariert. Die Schüler wechseln nach dem Ziehen der Stichprobe in den Kartenreiter Messgröße der Stichprobenkollektion, benennen eine Messgröße mit *Anzahl_richtig* und tragen im Formelfeld die Formel *Anzahl(Antwort="richtig")* ein. Im Info-Fenster der Stichprobenkollektion ist der Wert Null zu lesen, da *Antwort* als Merkmal nicht festgelegt ist. Dieser falsche Merkmalsbezug ist als **Formelproblem** aufzufassen.

Transkriptausschnitt 251-265

251	S2:	((U)) warte, Messgrößen oder so was? Kam das hier jetzt mit den Messgrößen? ((U)) hier jetzt...
252	S1:	Ich glaube noch eine neue Tabelle, oder? Oder kann man hier schon machen?
257	S1:	Machen wir mal von hier... Anzahl richtig war das jetzt hier, ne?
258	S2:	Anzahl Unterstrich richtig. Oder müssen wir vorher was anderes eingeben? Formel?
259	S1:	Nein... Anzahl...
260	S2:	Anzahl... Klammern...
261	S:	Antworten...
262	S1:	Antwort
263	S2:	Antwort gleich richtig... richtig
264	S1:	Es leuchtet nicht.
265	S2:	Weil wir vorher was vergessen haben, einzugeben... Ja, weil du hier Anzahl_richtig nicht eingegeben hast...

S1 stellt in *264* fest, dass sich das Argument in der Formel nicht einfärbt. Daraufhin verändern die Schüler die Merkmalsbezeichnungen in Stichprobentabelle und Ausgangskollektionstabelle in *Anzahl_richtig*. Allerdings bringen diese Änderungen nicht den erhofften Erfolg, da als Argument der Messgrößenformel immer noch *Antwort* verwendet wird.

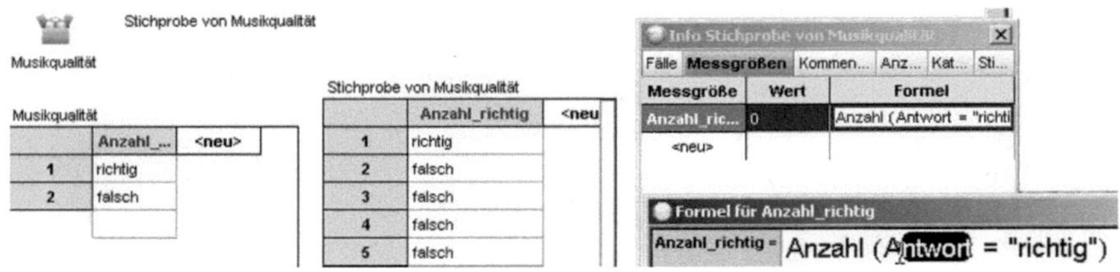

Abb. 6.79 U10-11: Probleme mit dem Messgrößenkonzept, NAAB17_ALKA01 – K9

Die vorgenommenen Änderungen lassen sich auch als **Bedeutungsproblem** auffassen, da hier ein Zusammenhang zwischen Merkmalsnamen und Messgrößennamen unterstellt wird.

Transkriptausschnitt 283-290

283	S1:	Uns fehlt was, ich weiß nicht mehr, wie's geht...
284	S2:	((U)) Anzahl ((U)) richtig... Ich hab hier angegeben Anzahl Antwort gleich richtig.
285	S1:	Ja.
286	S2:	(zu anderem Schüler) ((U)) weil wir glaub ich irgendwas vergessen haben.
287	S:	Warum habt ihr denn hier Anzahl...
288	S2:	Was muss man denn da hin schreiben?
289	S:	Ja, dann musst du hier auch Anzahl gleich richtig hinschreiben.
290	S2:	Statt Antwort?
294	S:	Ihr habt doch gar nichts mit Antwort...
295	S1:	Ich dachte das macht er automatisch... .. Anzahl Klammer Antwort ((U)) das andere Ding ((U))

Diese Ansicht wird auch durch die Äußerung von S1 in *295* gestützt, der meint, dass da irgendetwas automatisch erfolgen würde. Anstatt jedoch in der Formel das Argument abzuändern, passen die Schüler die Merkmalsbezeichnungen in Stichprobenkollektion und Ausgangskollektion an. Nun wird der korrekte Wert 5 ausgegeben.

Transkriptausschnitt 304-307

304	S1:	Ich probier einfach mal... ... 5 ... Ist richtig. ((U)) Lieber mal'n Graph.
305	S2:	Nee, jetzt musst du erst mal hier die Fälle ziehen lassen. Keine Ahnung, wie habt ihr das gemacht?
306	*FATHOM:*	*Über das Kontextmenü der Stichprobentabelle wird der Eintrag 'Neue Fälle' ausgewählt. Das sich öffnende Fenster wird sofort wieder geschlossen. Dann wechseln die Schüler auf den Kartenreiter 'Fälle' im Infofenster der Stichprobenkollektion.*
307	S1:	Neue Fälle? ... Nein... Wo mach ich jetzt 1000 Fälle?

Die Äußerung von S2 in *305* lässt sich so deuten, dass es nun um die Erzeugung einer Messgrößenkollektion geht. Offenbar gibt es dabei ein **Lokalisierungsproblem**, da zunächst versucht wird, neue Fälle hinzuzufügen (*306*). Die Frage von S1 in *307*: „Wo mach ich jetzt 1000 Fälle?" führt dazu, dass über das Kontextmenü der Stichprobenkollektion das richtige Kommando ausgewählt wird.

Zusammenfassung

Es sind eine Reihe von Fehlern im Umgang mit Messgrößen beobachtet worden. Von den 18 Lerndyaden hatten 11 Lerndyaden Probleme. Diese Probleme lassen sich nach dem Kriterienkatalog als Bedeutungsproblem, Lokalisierungsproblem oder als Formelproblem klassifizieren (vgl. Abb. 6.80).

Es hat sich aber auch gezeigt, dass sieben Lerndyaden keine Probleme im Umgang mit Messgrößen hatten. Das ist für die Anfangsphase der *Simulation mit Stichprobenziehen* sehr erfreulich. Dieser Erfolg kann bis zu einem gewissen Grad sicher auch dem instruktionalen Design zugeschrieben werden. Bemerkenswert ist, dass von den neun konsekutiven Paaren fünf Schülerpaare keine Probleme in der praktischen Umsetzung hatten, von den integrativen Paaren waren das nur zwei Schülerpaare.

Typ	Problem	Beschreibung
Formel ohne Auswertungsfunktion	FP	Deklaration einer Messgrößenformel ohne Auswertungsfunktion, wie *Anzahl()* oder *Max()*; z. B. *Qualität = "richtig"*.
Formel mit falscher Funktion	FP	Deklaration einer Messgrößenformel mit Funktion *Summe()* für die Auswertung eines kategorialen Merkmals.
Formel mit Zirkelbezug	BP	Als Argument der Messgrößenformel wird der Name der Messgröße benutzt.
Formel mit falschem Merkmalsbezug	BP	Als Argument in der Formel wird ein anderes Merkmal angegeben.
Formel mit falschem Bezug	FP	Als Argument wird beispielsweise nur die Merkmalsausprägung *richtig* eingegeben.
Formeleintrag in Tabellenspalte der Stichprobenkollektion	BP	Die Formel der Messgröße wird, getrennt vom Namen der Messgröße, in einer falschen Ebene deklariert und zwar zur Erzeugung der Ausprägungen des Stichprobenmerkmals der Stichprobenkollektion.
Formeleintrag im Wert-Feld der Stichprobenkollektion	LP	Die Formel wird in der Spalte Wert eingetragen.
Formeleintrag im Formelfeld der Ausgangskollektion	LP	Die Formel wird in der Ausgangskollektion definiert. Prinzipiell führt das zu keiner Fehlermeldung, da die Messgröße in die Stichprobenkollektion übernommen wird.
Erzeugen einer Stichprobe von der Stichprobe	BP	Statt der Definition einer Messgröße wird eine weitere Stichprobenkollektion von der bereits vorhandenen Stichprobenkollektion erzeugt.
Formeleintrag in Messgrößenkollektion	LP	Nach Erzeugen der Messgrößenkollektion wird im Kartenreiter Messgrößen dieser Kollektion eine Messgröße definiert.
Erzeugen einer Messgrößenkollektion über *Neue Fälle*	LP	Das Erzeugen einer Messgrößenkollektion wird über Neue Fälle versucht.

Abb. 6.80 U10-11: Probleme mit dem Messgrößenkonzept, Übersicht

6.4.6   Überblicksanalyse – Kontextbezug

Eine wichtige Hilfe für das Erlernen einer komplexen Simulationsmethode, wie der *Simulation durch Stichprobenziehen*, stellt die Kontextualisierung der in der Konstruktion einer Simulationsumgebung erzeugten Objekte und deren Ergebnisse dar. Eine Interpretation im Aufgabenkontext unterstützt die Instrumental Genesis einer Werkzeugsoftware (vgl. Kap. 2.4), indem Verständnisprobleme wie z. B. das n-N-Problem, das Messgrößen-Problem oder das Prozent-von-was-Problem minimiert werden können. Möglich wären im Zusammenhang mit den beiden Aufgabenstellungen folgende Interpretationen der Kollektionen:

- Die Ausgangskollektion steht für die möglichen Ergebnisse eines zufälligen Tipps.

- Eine Stichprobenkollektion steht für einen einzelnen Quiz mit $n = 12$ Tipps. Eine Person kann in der Auswertung der richtigen Tipps einen Preis gewinnen oder nicht.

- Eine Messgrößenkollektion steht für die Auswertung mehrere Quizze. Man kann sich unter der Wiederholungsanzahl $N = 1000$ z. B. 1000 Personen vorstellen, die jeweils ein Quiz ausgefüllt haben. Man kann dann ermitteln, wie viele von diesen 1000 Personen einen Preis gewonnen haben.

Lerndyade	kurz	Vorgehen	Ausgangs-kollektion	Stichproben-kollektion	Messgrößen-kollektion
BAKL24_CLMI21	I1	integrativ	-	-	-
CLHA03_ULWA08	I2	integrativ	-	x	-
INNO09_MAPE30	I3	integrativ	-	-	-
JOMI26_CHDI30	I4	integrativ	x	-	-
PEUD16_KAFR22	I5	integrativ	x	-	-
JURE11_MaEC26	I6	integrativ	-	-	-
TAVI23_IRED13	I7	integrativ	-	-	-
ULRI21_SAHO01	I8	integrativ	-	-	-
UTWI28_EWMA04	I9	integrativ	-	x	x
ANTH30_ANFR06	K1	konsekutiv	-	-	-
CHRO24_ANMA19	K2	konsekutiv	-	-	-
ELST09_SURÜ15	K3	konsekutiv	-	x	x
INWE25_REKA05	K4	konsekutiv	-	-	-
ULIR12_IRFR13	K5	konsekutiv	-	x	x
KAHE02_ILED13	K6	konsekutiv	-	-	-
LIBO11_BIWE03	K7	konsekutiv	-	-	-
MAHE19_IRAL26	K8	konsekutiv	-	-	-
NAAB17_ALKA01	K9	konsekutiv	-	-	-

Abb. 6.81 U10-11: Kontextbezug gegliedert nach FATHOM-Kollektionen, Übersicht nach Lerndyaden

In Abb. 6.81 sind die Ergebnisse nach Auswertung der Transkripte im Überblick dargestellt. Nur bei 6 von 18 Lerndyaden wurden explizite Kontextbezüge in der Kommunikation der Lerndyaden festgestellt. Im Folgenden werden 5 der 6 Lerndyaden anhand von Transkriptausschnitten ausführlicher besprochen. Die sechste Lerndyade ULIR12_IRFR13 ist bereits in 6.4.1 ausführlich dargestellt worden.

Portrait (3_1) – CLHA03_ULWA08 – I2

Für die Ausgangskollektion und die Messgrößenkollektion konnte in keiner der beiden Aufgaben ein Kontextbezug festgestellt werden.

Stichprobenkollektion Aufgabe 1

Nach dem Festlegen der Messgröße in der Stichprobenkollektion ergibt sich der folgende Dialog:

Transkriptausschnitt 200-203

200	S2:	Ah gut, 8 hat er richtig. Ist schon mal nicht schlecht.
201	S1:	Das genau...
202	S2:	Dann hat er es gewonnen, oder?
203	S1:	Ja.

S2 kommentiert das Ergebnis der Auswertung der Stichprobenkollektion, indem er es personalisiert (*200:* „...8 hat er richtig...") und auf einen Spielkontext bezieht (*202*: „Dann hat er es (Anm.: das Quiz, Spiel) gewonnen...").

Portrait (3_2) – JOMI26_CHDI30 – I4

Ausgangskollektion Aufgabe 1

S1 verwendet für die Ausgangskollektion bzw. für die Einzelergebnisse in der Stichprobenkollektion den Kontext Tipps (*203*). Diese Kontextualisierung ist der Ausgangskollektion zuzuordnen.

Transkriptausschnitt 203-207

203	S1:	Ja weil, das ... Die sind ja immer gleich. Also es sind ja praktisch nur die Möglichkeiten, und die sind immer nur CD und MP3. Und wenn du sagst Zufallswahl, kann es ja sein, dass die Tipps dann immer ... Dass nur CDs getippt werden können. ... Dann machst du das hier rein ...
..	..	
205	S1:	Tipp ...
..	..	
207	S1:	Machst hier jetzt das mit der Zufallswahl. ... Oder?

Weitere Kontextbeziehungen bezüglich der Stichproben bzw. Messgrößenkollektion gibt es nicht.

Portrait (3_3) – PEUD16_KAFR22 – I5

Ausgangskollektion Aufgabe 1 und Aufgabe 2

Die kontextnahe Modellierung führt zu einem anderen Kontextbezug der Ausgangskollektion. Diese wird von den Schülern als Moderator-Urne und Antwortentyp-Urne aufgefasst.

Transkriptausschnitte 106, 140-143, 512

106 S2: Ich würd sagen der antwortet ja auch CD oder MP3, und dann wenn die übereinstimmen, ist es richtig oder falsch.

...

140 S1: Einen Fall brauchst du schon.

...

142 S2: Wie? einen Fall?
143 S1: Du brauchst ja dann mindestens einen Fall, den er gewählt hat.

512 S2: Aber wie würden wir es denn sonst machen, wenn man zwei Merkmale hat? ... Man muss ja dann zwei Urnen haben quasi. ... Man hat einmal die Urne, wo der Moderator draus zieht, und einmal die Urne, wo der Antworten-Typ draus zieht.

Weitere Kontextbeziehungen bezüglich der Stichproben bzw. Messgrößenkollektion gibt es nicht.

Portrait (3_4) – UTWI28_EWMA04 – I9

Für die Ausgangskollektion ist bei beiden Aufgaben kein Kontextbezug feststellbar. Das Gleiche gilt für Stichprobenkollektion und Messgrößenkollektion von Aufgabe 2.

Stichprobenkollektion Aufgabe 1

Diese Lerndyade stellt erst in der Auseinandersetzung mit der Lehrperson den Inhalt der Stichprobenkollektion (Datentabelle der Stichprobenkollektion) in einen Kontextbezug. Es geht zunächst darum, dass die Schüler nur wissen wollen, wie man festlegen kann „dass diese Tabelle jetzt richtig ist" (S2-*154*).

Transkriptausschnitt 161-165

161 S2: Ja, ja, da haben wir ja grad ne Stichprobe gezogen. Das heißt ja hier, dass dieser Veranstalter entscheidet, was grad dran ist.
162 St: Und der hat jetzt so entschieden?
163 S2: Ja, der hat jetzt so entschieden.
164 St: Und was passiert jetzt?
165 S2: Jetzt müssen wir festlegen, dass die Tabelle hier richtig ist. Jetzt wissen wir eben nicht, wie es geht. Das die Reihenfolge von MP3, CD richtig ist.

Die vorliegende Stichprobentabelle wird so interpretiert, dass sie die aktuelle Entscheidung des Veranstalters über die Reihenfolge der Liedqualitäten widerspiegelt. In dem nachfolgend geänderten Modellierungsansatz wird die Datentabelle der Stichprobenkollektion nicht noch einmal kontextualisiert, sondern gleich das Auswertungsergebnis über die Messgröße personalisiert.

Transkriptausschnitt 304

304   S1:   ((U)) Alles klar. Anzahl richtig Acht. Glückspilz. Also das erste mal hat er schon mal gewonnen.

Messgrößenkollektion Aufgabe 1

Die Schüler erstellen eine Messgrößenkollektion mit fünf Werten und lassen sich die zugehörige Datentabelle anzeigen (*313-315*). Der Kontext der Messgrößenkollektion wird als Gewinn in 5 Ziehungen umschrieben.

Transkriptausschnitt 304, 313-315

313   S2:   Lol, der hat dreimal gewonnen.
314   S1:   Was für ein Glückspilz.
315   S2:   Echt mal. Gewinnt einfach schon dreimal bei fünf Ziehungen. ... So, jetzt müssen wir Anzahl der zu sammelnden Messgrößen machen wir mal 10, oder?

Die Schüler sammeln anschließend insgesamt 5000 Messgrößenwerte. In dem zugehörigen Säulendiagramm wird die Säule bei 12 im Kontext so interpretiert, dass eine Person (unter den 5000) sogar 12 der Lieder richtig erkannt hat.

Transkriptausschnitt 341

341   S2:   Einer hat sogar Zwölf. Mach mal richtig. ((U)) Anzahl hier durch Hundert. Ja, durch Gesamtgröße mein ich.

Portrait (3_5) – ELST09_SURÜ15 – K3

Für die Ausgangskollektion ist bei beiden Aufgaben kein Kontextbezug feststellbar.

Messgrößenkollektion Aufgabe 1

Transkriptausschnitt 129

129   S1:   ((U)) ... Tabelle. Ja, bei der ersten Ziehung waren sieben richtig, bei der zweiten sieben, unten sechs.

Die Ergebnisse der Messgrößenkollektion werden als Ziehungen interpretiert.

Stichprobenkollektion Aufgabe 2

Transkriptausschnitt 189-191

189   S1:   Eigentlich müsste es so gehen. (...) Stichprobe, dann werden wir es ja dann gleich sehen. *(Als die Stichprobe gezogen wurde, liest er die Ergebnisse vor)* Falsch, falsch, ...
190   *FATHOM: In der Tabelle werden durch Scrollen an der Seitenleiste alle Werte angezeigt.*

191   S2:   Er hat es ja nen paar Mal richtig gemacht. Nicht schlecht.

Die Ergebnisse in der Tabelle der Stichprobenkollektion werden von S2 in *191* personalisiert: „Er hat es ja ein paar Mal richtig gemacht...". Die Eigenschaften der Stichprobe werden modifiziert und der Button Stichprobe verändern gedrückt. Diesmal setzt S1 die Ergebnisse der Stichprobe in einen Personenkontext (*211*).

Transkriptausschnitt 211-213

211   S1:   Da hat er aber am Anfang ganz schön rein gehauen.
212   S2:   ((U))
213   S1:   Ey, das ist so cool. Richtig, richtig, richtig, richtig, richtig, falsch, falsch, falsch, falsch, falsch , falsch, falsch.

Messgrößenkollektion Aufgabe 2

Nach dem Erstellen der Datentabelle zur Messgrößenkollektion werden die Werte in dieser Tabelle wiederum in einen Personenkontext gestellt. In *239* stellt S1 fest, dass es die 953. Person offenbar geschafft hat, den Preis zu gewinnen.

Transkriptausschnitt 236-239

236   S1:   ((U)) Mal schauen, ob auch größere Zahlen dabei sind. Sechs, ... Zehn.
237   S2:   Zehn.
238   *FATHOM: In der Tabelle der Messgrößenkollektion werden mit Hilfe von Hoch- und Runterscrollen der Seitenleiste die einzelne Werte angezeigt.*
239   S1:   Ja, der hat es geschafft. ((U)) Ey, 953.

Zusammenfassung

Ein Ergebnis dieser Analyse ist, dass nur ein Drittel der Lerndyaden eine oder mehrere der verschiedenen Kollektionen und der Ergebnisse kontextualisiert. Eine Präferenz der konsekutiven Gruppe für die Herstellung von Kontextbeziehungen ist nicht feststellbar. Offenbar werden Zusammenhänge zwischen den FATHOM-Objekten und der realen stochastischen Problemsituation nicht explizit hergestellt. Will man solche Vernetzungen stärken, so muss man besondere Anstrengungen darauf verwenden, z. B. durch entsprechende Aufgabenstellungen auf dem Arbeitsblatt. So könnten auch geeignete Anknüpfungspunkte für die nachfolgende Besprechungsphase geschaffen werden.

6.4.7   Überblicksanalyse – Umgang mit Verteilungen

Das Erzeugen einer Messgrößenkollektion ordnet einer Messgröße eine Häufigkeitsverteilung zu. Von der stochastischen Seite her gesehen wird damit der in einer Stichprobe definierten Zufallsgröße ihre Verteilung zugeordnet. Die graphische Darstellung solcher Verteilungen trägt dazu bei, stochastische Situationen besser zu verstehen, da deren spezifische Charakteristika in den Blick genommen werden. Die durch Simulation erzeugten Stichprobenverteilungen sind Häufigkeitsverteilungen und erfüllen eine Brückenfunktion zwischen den theoretischen

Wahrscheinlichkeitsverteilungen und den empirischen Häufigkeitsverteilungen der Statistik. Den Umgang mit solchen Verteilungen von Anfang an in den Blick zu nehmen, ist ein wesentliches Anliegen des GESIM-Konzeptes. Daher ist zu untersuchen, ob und wie Schülerpaare den Umgang mit Stichprobenverteilungen in FATHOM pflegen. Dies ist Inhalt dieses Kapitels. Dabei kann man zwei Ebenen des Umgangs mit simulierten Stichprobenverteilungen unterscheiden:

– **Inhaltliche Aktivitäten** liegen vor, wenn die Häufigkeitsverteilungen idealtypisch als Histogramm oder Säulendiagramm erstellt werden und **inhaltliche Äußerungen** zu den Verteilungen bzw. zu Veränderungen an den Verteilungen gemacht werden, wie z. B. zu Gestalt und Kenngrößen oder zum Vergleich etc.

– **Technische Aktivitäten** liegen vor, wenn die Verteilungen idealtypisch als Histogramm oder Säulendiagramm erstellt werden und **nur technische Äußerungen** zum Erstellen der Graphiken erfolgen. Es können z. B. Werte eingezeichnet werden oder Veränderungen an der Darstellung vorgenommen werden, ohne dies explizit in einen inhaltlichen Zusammenhang zu stellen.

Mit technischen Aktivitäten können auch inhaltliche Ziele verbunden sein. Der Unterschied zwischen beiden Aktivitäten besteht in der Art und Weise der Kommunikation technischer Aktivitäten. Ist diese Kommunikation inhaltlich geprägt, dann wird die Aktivität der Lerndyade als inhaltliche Aktivität gekennzeichnet.

Lerndyade	kurz	Vorgehen	Umgang mit Verteilungen - Auswertungsbezug	
			inhaltlich	technisch
BAKL24_CLMI21	I1	integrativ	x	x
CLHA03_ULWA08	I2	integrativ	x	x
INNO09_MAPE30	I3	integrativ	x	x
JOMI26_CHDI30	I4	integrativ	-	-
PEUD16_KAFR22	I5	integrativ	x	-
JURE11_MaEC26	I6	integrativ	-	x
TAVI23_IRED13	I7	integrativ	x	-
ULRI21_SAHO01	I8	integrativ	x	x
UTWI28_EWMA04	I9	integrativ	x	x
ANTH30_ANFR06	K1	konsekutiv	-	x
CHRO24_ANMA19	K2	konsekutiv	-	-
ELST09_SURÜ15	K3	konsekutiv	x	-
INWE25_REKA05	K4	konsekutiv	x	-
ULIR12_IRFR13	K5	konsekutiv	x	-
KAHE02_ILED13	K6	konsekutiv	x	x
LIBO11_BIWE03	K7	konsekutiv	x	-
MAHE19_IRAL26	K8	konsekutiv	x	-
NAAB17_ALKA01	K9	konsekutiv	x	x

Abb. 6.82 U10-11: Umgang mit Verteilungen, Übersicht nach Lerndyaden

Aus der Übersicht (Abb. 6.82) ist ablesbar, dass 14 von 18 Lerndyaden den Umgang mit Verteilungen durch verbale Äußerungen, die inhaltliche Aktivitäten beinhalten, unterstützen. Dies ist unabhängig von der Vorgehensweise, denn sowohl bei den konsekutiven als auch bei den integrativen Gruppen gibt es jeweils sieben Lerndyaden mit inhaltlichen Aktivitäten. Bei zwei Lerndyaden konnten keine Äußerungen ermittelt werden, die sich auf Aktivitäten im Umgang mit Verteilungen beziehen.

Der Unterschied dieser beiden Typisierungen soll zunächst an einigen Ankerbeispielen verdeutlicht werden. Dabei sei auf die ausführlichen Bearbeitungsporträts der Schülerpaare BAKL24_CLMI21, PEUD16_KAFR22 und ULIR12_IRFR13 zurückgegriffen (vgl. Kap. 6.4.1 bis 6.4.3):

Inhaltliche Aktivitäten - Ankerbeispiele

- Erläuterung des Unterschieds zwischen relativer und absoluter Häufigkeit am Histogramm (BAKL24_CLMI21 I1, siehe Transkriptausschnitt *326-332*),
- Äußerung zur Verteilung der Werte der Zufallsgröße (Messgröße) anhand des Histogramms (BAKL24_CLMI21 I1, siehe Transkriptausschnitt *426-429*),
- Markieren von Säulen, um Werte ablesen zu können (ULIR12_IRFR13 K5, siehe Transkriptausschnitt *419-428*),
- Erläuterung, wie viel Prozent der Verteilung rechts vom dritten Quartil liegen (ULIR12_IRFR13 K5, siehe Transkriptausschnitt *430-456*).
- Vergleich der Gestalt der beiden Verteilungen von Aufgabe 1und 2 sowie für die unterschiedlichen Modellansätze (PEUD16_KAFR22, siehe Transkriptausschnitte *433-437* und *633-640*).

Technische Aktivitäten - Ankerbeispiele

- Eintragen des arithmetischen Mittels und des Wertes 8 ohne nähere inhaltliche Erläuterung warum die Werte eingetragen werden und was man damit anfangen könnte. (BAKL24_CLMI21 I1, siehe Transkriptausschnitt *348-362*),
- Animieren von Werten in einem idealtypischen Histogramm mittels Regler (BAKL24_CLMI21 I1, siehe Transkriptausschnitt *524-536*).

Die in Abb. 6.82 getroffenen Zuordnungen sollen nun für die restlichen 13 Lerndyaden durch entsprechende Transkriptausschnitte belegt werden.

Portrait (4_1) – CLHA03_ULWA08 – I2

Die Schüler klicken die Säule über der Zahl 6 an (die modale Klasse im Histogramm). Hier liegt eine **inhaltliche Aktivität** vor, da S2 diese Aktion in *278* inhaltlich kommentiert.

Transkriptausschnitt 276-278

276   S1:   Rechtsklick. Ja, Skala. ... Mmm... Toll.
277   *FATHOM: Über' Skala'-> 'relative Häufigkeit' wird das Histogramm so eingestellt, dass es die relative Häufigkeit anzeigt. Anschließend wird im Histogramm die Säule über dem Wert 6 angeklickt. Diese Säule wird von FATHOM in der Farbe rot dargestellt.*
278   S2:   Also man hat ungefähr 6 Antworten richtig... Das war ja klar.

Das durch eine Auswertungsformel bestimmte Simulationsergebnis wird mit Hilfe des Histogramms überprüft. Dabei übersehen die Schüler allerdings, dass die Säule über dem Wert 7 nicht mit dazugezählt werden darf (*376*). Trotzdem ist dies ist auch als **inhaltliche Aktivität** zu werten.

Transkriptausschnitt 375-378

375   *FATHOM: Im Histogramm klicken die Schüler auf die Säule, die sich über dem Wert 7 befindet. Die Säule wird von FATHOM in der Farbe rot dargestellt.*
376   S1:   Weil guck mal, das hier alleine ist ja schon 19. (Die Säule für 7 richtige Antworten im Histogramm hat den Wert 0,19) ... Und das hier ... (*S1 klickt auf die Säule, die sich über dem Wert 8 befindet.*) ist ja auch schon wieder was, das muss ja eigentlich Plus gerechnet werden, oder? Das doch viel zu wenig für 19 Prozent.
377   S2:   Ja, aber durch Gesamtanzahl. ... Oder? Man nimmt diese Sachen hier, (*S1 markiert im Histogramm gleichzeitig die Säulen, die sich über den Werten von 7 bis 11 befinden, also alle Säulen, die sich über den Werten größer gleich 7 befinden.*) und rechnet die Plus, und durch Gesamtanzahl
378   S1:   Ja. Das müsste doch irgendwie hinkommen.

Bei Aufgabe 2 werden im Zusammenhang mit dem Diagramm nur **technische Aktivitäten** vollzogen.

Transkriptausschnitt 565-568

565   S1:   Ja, genau. Und jetzt Graph
566   36:10
567   *FATHOM: Die Schüler ziehen einen Graphen auf den Arbeitsbereich. Das Merkmal 'Anzahl_richtig' aus der Tabelle wird auf die waagerechte Achse des Graphen gezogen. Es wird ein Punktdiagramm dargestellt. Der Graph wird durch die Auswahl im Pull-Down-Menü von 'Punktdiagramm' auf 'Histogramm' umgestellt. Die Skala des Graphen wird über das Kontextmenü auf 'relative Häufigkeit' umgestellt.*
568   S2:   Wie schnell das jetzt schon geht, ha! Und Auswertung?

Portrait (4_2) – INNO09_MAPE30 – I3

Auch bei dieser Gruppe gibt es **inhaltliche,** aber auch **nur technische Aktivitäten** im Umgang mit Verteilungen. Der folgende Ausschnitt dokumentiert einen Teil der Auswertungsphase von Aufgabe 1.

Transkriptausschnitt 205-228

205	*FATHOM:*	*Die Schüler öffnen das Kontextmenü des Graphen und wählen 'Skala'-> 'relative Häufigkeit' aus*
206	S2:	((U)) Skala, Relative Häufigkeit. Das heißt – das ist ja dreist.
207	S1:	Das sind nur 20 Prozent.
208	S2:	Also los, malen. ... Malen nach Zahlen.
...	...	
212	S1:	Wo kommt das jetzt hin?
213	S2:	Da. ... Jetzt malst du den Graphen ab und malst du den Durchschnitt... Was ist eigentlich ... Das arithmetische Mittel müsste bei 6 ungefähr liegen. Warte, ich mach noch mal kurz die Tabelle ...
...	...	
218	S1:	Also deins sieht irgendwie schöner aus, als meins.
219	S2:	Wunderschön. Wie kommt das?
...	...	
223	S1:	Aber hier ist es irgendwie immer jeweils die Hälfte. ... In etwa.
224	S2:	Ja, aber nur in etwa.
225	(ca. 20 Sekunden Pause)	
226	S1:	So, bei mir sieht das schön aus.
227	S2:	Jo
228	S1:	(lacht, singt) Ich hab den Graphen schön, ich hab den Graphen schön, ich hab ich hab, ich hab den Graphen schön.

Die Kennzeichnung als **inhaltliche Aktivität** lässt sich am stichhaltigsten durch die Äußerung von S2 in *223* begründen. Da bezieht sich dieser Schüler eindeutig auf die Gestalt der Verteilung, die er gerade vom FATHOM-Histogramm auf seinen Simulationsplan überträgt. Zur Illustration seien die entsprechenden Ausschnitte der beiden Simulationspläne angeführt.

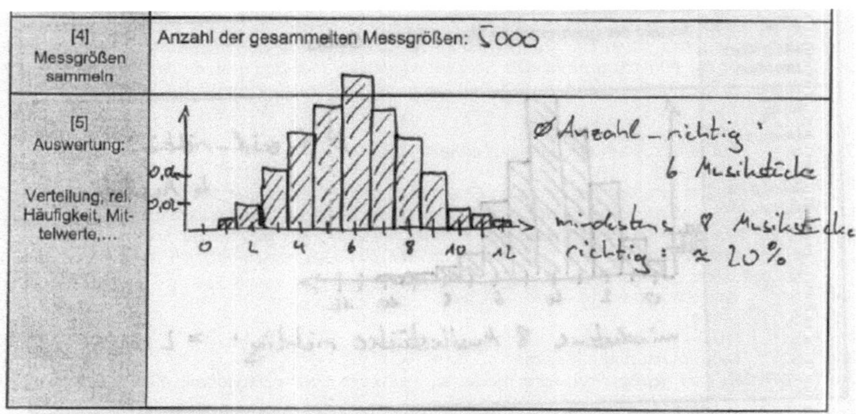

Abb. 6.83 U10-11: Simulationsplanausschnitt Aufgabe 1, INNO09 - I3

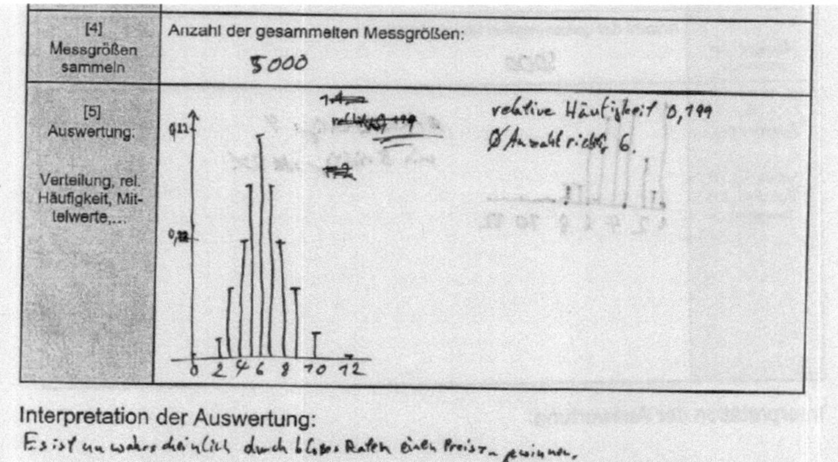

Abb. 6.84 U10-11: Simulationsplanausschnitt Aufgabe 1, MAPE30 – I3

Die nächsten beiden Aktivitäten lassen sich eher den **technischen Aktivitäten** zuordnen, da die Äußerungen von S1 und S2 nicht von inhaltlicher Substanz sind (*352/353, 409*) bzw. sich nur auf technische Aspekte beziehen (*397/400*).

Transkriptausschnitt 351-353 und 393-409

351	FATHOM:	*Das Infofenster der Messgrößenkollektion wird geschlossen. Die Schüler ziehen die Messgrößentabelle so groß auf, dass die ersten 10 Zeilen zu sehen sind. Sie ziehen einen Graphen in den Arbeitsbereich. Anschließend aktivieren sie die Messgrößentabelle und ziehen das Merkmal 'Anzahl_richtig' auf die waagerechte Achse des Graphen. Es erscheint ein Punktdiagramm. Die Schüler wählen im Pull-Down-Menü des Graphen 'Histogramm' aus und stellen den Graphen dann über das Kontextmenü auf 'relative Häufigkeit' um.*

351 FATHOM: *Das Infofenster der Messgrößenkollektion wird geschlossen. Die Schüler ziehen die Messgrößentabelle so groß auf, dass die ersten 10 Zeilen zu sehen sind. Sie ziehen einen Graphen in den Arbeitsbereich. Anschließend aktivieren sie die Messgrößentabelle und ziehen das Merkmal 'Anzahl_richtig' auf die waagerechte Achse des Graphen. Es erscheint ein Punktdiagramm. Die Schüler wählen im Pull-Down-Menü des Graphen 'Histogramm' aus und stellen den Graphen dann über das Kontextmenü auf 'relative Häufigkeit' um.*

352 S2: Ooooh...

353 S1: Auf geht's. Ham wir das jetzt erwartet? Ja!

... ...

393 FATHOM: *Der Schüler aktiviert den Graphen und zieht eine neue Tabelle in den Arbeitsbereich. So wurde eine zweite Messgrößentabelle erstellt. Der Mauszeiger wird auf die Skala des Graphen bewegt und der Schüler versucht, bei gedrückter linker Maustaste, etwas nach rechts aus dem Graphen zu ziehen. Dadurch verschiebt sich das Histogramm so weit, dass es nicht mehr zu sehen ist.*

394 S1: Warte warte warte warte. ... Ups

395 S2: (lacht)

396 S1: ((U))

397 S2: Dann mach mal näher ran.

398 FATHOM: *Das Histogramm wird wieder so weit nach links verschoben, dass es komplett zu sehen ist.*

399 S1: Wie?

400 S2: Einfach nach da schieben. ...

401 FATHOM: *Der Schüler zieht den Balken des Histogramms, der sich oberhalb des Wertes '5' befindet, auf die Position '3'.*

402 S2: Nein, ohh. (lacht). Gib her.

403 S1: (lacht) Das macht aber Spaß.

404 FATHOM: *Der Schüler spielt mit der Skala und verschiebt Balken im Histogramm...*

405 S2: Danke. ... Hörst du auf?

406 (ca. 20 Sekunden Pause)

407	31:08	
408	*FATHOM: Die Schüler aktivieren im Histogramm den Balken, der sich oberhalb des Wertes '4' befindet.*	
409	S2:	So, dann weiter. … Durchschnitt. …

Portrait (4_3) — JURE11_MaEC26 – I6

Bei diesem Schülerpaar lässt sich eine **technische Aktivität** bei der Bearbeitung von Aufgabe 1 konstatieren.

Transkriptausschnitt 137-140

137	*FATHOM: Ein Graph wird auf dem Arbeitsbereich erstellt. Auf die waagerechte Achse dieses Graphen wird die Messgröße 'Qualität_richtig' gezogen. Ein Punktdiagramm wird ausgegeben. Über das Pull-Down-Menü wird der Eintrag 'Histogramm' ausgewählt. Entsprechend verändert sich der Graph zu einem Histogramm. Dann wird über das Kontextmenü des Graphen die Skala so verändert, dass sie die relative Häufigkeit wiedergibt.*	
138	S1:	Und jetzt machen wir nen Graphen dazu. (…) Histogramm.
139	S2:	((U))
140	S1:	Äh. Relative Häufigkeit.

Die Äußerungen von S1 in *138/140* lassen sich eindeutig der **technischen Aktivität** von Diagrammwahl und des Umstellen der Skala zuordnen. Inhaltliche Äußerungen gibt es nicht. Bei Aufgabe 2 führt dieses Schülerpaar die gleichen technischen Aktivitäten durch, dann sogar ohne irgendwelche Kommentierungen.

Portrait (4_4) — TAVI23_IRED13 – I7

Dieses Schülerpaar bringt einige neue Aspekte in die Auswertung ein. Durch das Drücken der Shift-Taste können numerische Merkmale in kategoriale umgewandelt werden. Dieses Vorgehen erlaubt beispielsweise die Darstellung der Messgrößenwerte in einer Verteilungstabelle.

Messgrößen von Stichprobe von Ton …	
0	1
1	15
2	73
3	271
4	565
5	947
Spaltenzusammenfassung	5000

S1 = Anzahl ( )

Abb. 6.85 U10-11: Verteilungstabelle zu Aufgabe 1, TAVI23_IRED13 – I7

Die zugehörige Äußerung kann man als **inhaltliche Aktivität** werten, auch wenn sie in diesem Fall von der Lehrperson kommt.

Transkriptausschnitt 319-320

319   S1:   Das hab ich nämlich in der Hausaufgabe nicht hingekriegt diese Tabelle. Das wusste ich nämlich nicht, wie es geht und dann ((U))

320   L: Es gibt Tabellen und Auswertungstabellen. Und die Auswertungstabelle funktioniert wie ein Graph nur, dass du es dir viel besser numerisch vorstellen kannst.

Im weiteren Verlauf erstellen die Schüler einen Graphen für das Merkmal *Gewinn_mit_min_8* der Messgrößenkollektion. Für dieses kategoriale Merkmal wird automatisch ein Säulendiagramm erstellt.

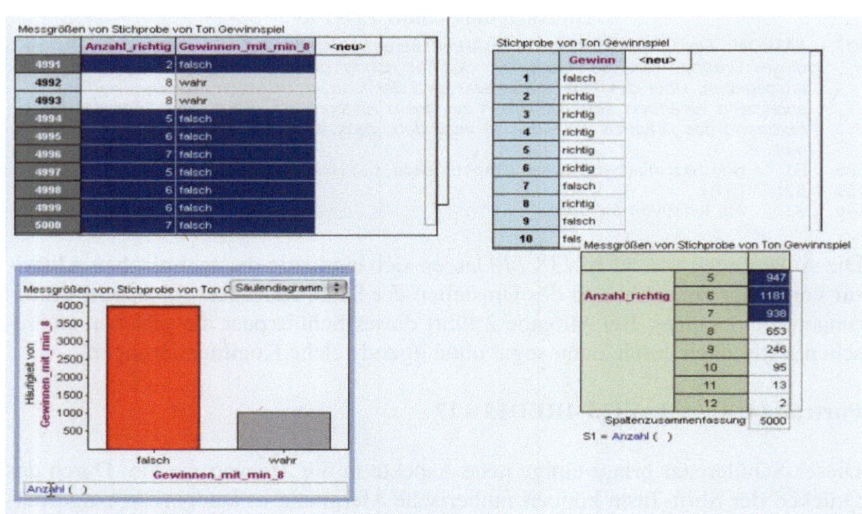

Abb. 6.86 U10-11: Verteilungsgraphik zu Aufgabe 1, TAVI23_IRED13 – I7

Transkriptausschnitt 346-349 und 356-358

346   S1:   Das und nichts anderes. Mensch kommunizier doch mit mir! Ganz schön wenig oder?

347   S2:   Für 5000 schon.

348   *FATHOM: Vom Graphen wird nun der Formeleditor der Formel 'Anzahl( )' geöffnet. Die Formel wird geändert zu 'Anzahl( )/Gesamtanzahl', wodurch die relativen Häufigkeiten abzulesen sind.*

349   S1:   Das und nichts anderes wollt ich haben.

...   ...

356   *FATHOM: Über das Kontextmenü der Formel des Graphen wird ein Formeleditor geöffnet, indem die vorhandene Formel verändert wird. Diese lautet nun '(Anzahl( )/Gesamtanzahl)*100'. Jetzt werden also die Prozentwerte angezeigt.*

357   S2:   Fast 80, ne?

358   S1:   Ja. (*zum Lehrer*) Das wollte ich eigentlich damit bezwecken. Dass das dann so aussieht.

Die Äußerungen in *346/347* und *357* sind eindeutig inhaltliche Äußerungen (**inhaltliche Aktivität**), die sich auf das Säulendiagramm beziehen. Verschiedene **technische Aktivitäten** gehen damit einher: Änderung der Skaleneinteilung in relative Häufigkeit und auf Prozent, Markieren einer Säule. Im weiteren Verlauf benutzt diese Lerndyade die Verteilungstabelle zur Ermittlung des Ergebnisses, allerdings unter Mithilfe der Lehrperson.

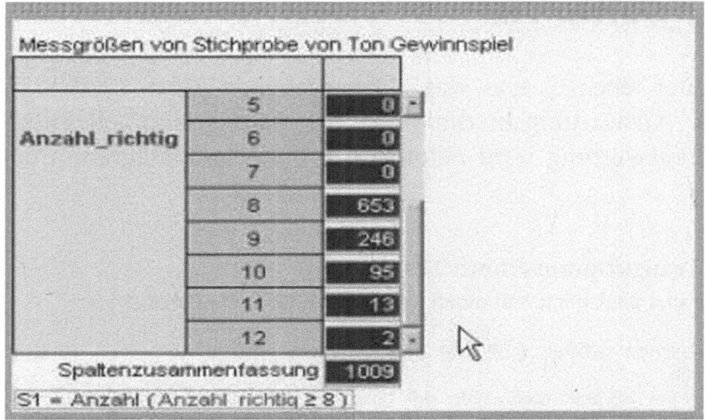

Abb. 6.87 U10-11: Verteilungstabelle der Häufigkeiten zu Aufgabe 1, TAVI23_IRED13 – I7

Die beiden Schüler teilen die Zahl 1009 durch Gesamtanzahl und multiplizieren mit der Zahl 100. Somit erhalten sie das gesuchte Ergebnis in Prozent. Dies ist ein interessantes Beispiel der Nutzung der Verteilungstabelle für Auswertungen. So eine Verteilungstabelle benutzen die Schüler auch für Aufgabe 2, stoßen allerdings auf ein Problem, da die Kategorien 11 und 12 nicht angezeigt werden.

Transkriptausschnitt 586-602

586	S2:	Warum zeigt der uns hier nur Zehn und nicht Zwölf an?
587	L:	Ah, ja. Anzahl richtig, ne?
588	S2:	Ja.
589	L:	Also. Vier richtige Antworten gab es 23,4 Prozent Mal. Fünf Richtige gab's... Zehn Richtige gab's nur 0,02...
590	S1:	Zu gering, oder was?
591	L:	Elf und Zwölf.
592	S2:	Gab es gar nicht.
593	L:	Niemand hat Elf oder Zwölf richtig mit einem Mal bestanden?
594	S1:	Aber rein theoretisch... rein theoretisch, auch wenn es nur eine ganz geringe Wahrscheinlichkeit ist, existiert sie doch.
595	L:	Ja, klar. Sie existiert. Die Möglichkeit existiert. Richtige
596	S1:	((U))
597	L:	ziehen 12 Mal bei einem Durchgang richtig. Aber ihr seht... Ja, ich weiß nicht, wie viel Fälle habt ihr simuliert? 1000?
598	S1:	5000.
599	S2:	5000.
600	L:	5000. Siehst du? Also, ne? Unter 5000 war keins.
601	S2:	Ok, das heißt, bei unter einem Prozent
602	S1:	Ah, das heißt, nur die

Die Schüler sind auf ein interessantes Problem in der Betrachtung von Stichprobenverteilungen gestoßen. Die „Ungenauigkeit" der Simulation mit Wiederholungszahl $N = 5000$ führt dazu, dass die theoretisch existierenden geringen

Wahrscheinlichkeiten für 11 oder 12 Übereinstimmungen in der simulierten Häufigkeitsverteilung nicht repräsentiert sind. Diese interessante Diskussion zu diesem Thema ist als **inhaltliche Aktivität** zu kennzeichnen.

Portrait (4_5) — ULRI21_SAHO01 – I8

Dieses Schülerpaar arbeitet ebenso wie das vorhergehende Paar (TAVI23_ IRED13– I7) mit einem Auswertungsmerkmal in der Messgrößenkollektion. Durch die Wahrheitswerteauswertung wird automatisch ein Säulendiagramm erstellt.

Transkriptausschnitt 134-137

134 S2:   Ist doch gut. Lass uns jetzt noch mal einen ganz normalen Graphen zeichnen.
135 S1:   ((U))
136 S2:   Mach mal nen bisschen größer. (...) Und bearbeite die Formel noch mal durch Gesamtanzahl. ((U)) Durch.
137 FATHOM: Der Graph wird vergrößert. Dann wird der Formeleditor des Graphen geöffnet. Die vorhandene Formel 'Anzahl( )' wird durch 'Gesamtanzahl' geteilt. Nun wird die relative Häufigkeit im Graphen angezeigt.

Die Äußerungen sind technischer Art (*136*), so dass dies eher als **technische Aktivität** zu kennzeichnen ist. Die Schüler wechseln noch in die Banddiagramm-Ansicht und müssen nach Zurückwechseln in die Säulendiagramm-Ansicht ihren Formeleintrag wiederholen. Ein ähnliches Beispiel bietet dann die Auswertung von Aufgabe 2. Die Schüler erstellen diesmal ein Histogramm (*320-326*) zur Darstellung der Verteilung und versuchen anschließend direkt die Balken des Histogramms in eine Auswertungstabelle zu ziehen (*338-339*). Dabei verändern sie Werte.

Messgrößen von Stichprobe von Musi...		
	0	5
	1	42
	2	120
	3	228 ←
	4,07471	260
anzahl_richtig	5	163
	6	120
	7	42
	8	18
	9	6
	10	1
Spaltenzusammenfassung		1005
S1 = Anzahl ( )		

Abb. 6.88 U10-11: Verteilungstabelle der Häufigkeiten zu Aufgabe 1, ULRI21_SAHO01 – I8

Transkriptausschnitt 320-326 und 338-339

320	S2:	Ähm. Wir können doch jetzt. Wir machen mal einen Graph und ziehen da die Anzahl rein. (...) Alles klar.
321	FATHOM:	*Eine Graph wird erstellt. Auf die waagerechte Achse wird das Merkmal 'anzahl_richtig' aus der Messgrößentabelle gezogen. Es erscheint ein Punktdiagramm. Über das Pull-Down-Menü wird das Diagramm zu einem Histogramm verändert.*
322	S1:	((U))
323	S2:	So und jetzt mach. Ähm. So und jetzt mach
324	S1:	((U))
325	S2:	Mach die doch einfach größer. ((U))
326	FATHOM:	*Der Graph wird mehrfach vergrößert. Dann wird das Kontextmenü mehrfach geöffnet und geschlossen. Auch das Infofenster wird geöffnet und geschlossen.*
...	...	
338	S2:	Zieh mal das da rein.
339	FATHOM:	*Es wird versucht, die Balken aus dem Histogramm in die Auswertungstabelle zu ziehen. Dabei verschieben die Schüler den Balken mit dem Wert '4'.*

Alle diese Äußerungen beziehen sich eher auf technische Aspekte (**technische Aktivität**), auch die nachfolgende Diskussion ist zunächst nicht als inhaltlich anzusehen. Erst durch die Einhilfe des Lehrers lassen sich dann auch inhaltliche Aspekte in den Äußerungen der Schüler feststellen. Zunächst allerdings gibt die Lehrperson den Hinweis, eine Verteilungstabelle zu dem numerischen Merkmal mit der Shift-Taste (*387*) zu erstellen.

Transkriptausschnitt 369-370 und 387-392

369	S2:	Ne du... du löscht nur die Kollektion. Eine Frage wir hatten eben nen Graphen und wollten das in ne Auswertungstabelle ziehen. Da kommt ein Wert raus ((U)) Nicht vier richtige Antworten sondern 4,07 irgendwas.
370	L:	Ich versteh jetzt nicht ((U))
...	...	
387	L:	Shift.
388	S1:	Ja.
389	L:	Nur die ((U))
390	S2:	Ok. (...) Alles klar.
391	L:	((U))
392	S2:	Dann können wir jetzt weiter arbeiten.

Mit der nun korrekten Verteilungstabelle ergibt sich ein neues Problem. Die Werte 11 und 12 sind nicht in der Auswertungstabelle vorhanden.

Transkriptausschnitt 396-400 und 428-433

396	S1:	Ja, aber guck mal, wir haben nur Zehn, ne?
397	S2:	Ja zufällig
398	S1:	Zwölf... Achso, du meinst ((U))
399	S2:	Du hattest doch mal ne neue Stichprobe gezogen, ne?
400	S1:	((U))
...	...	
428	S2:	Jetzt sind es nur Zehn.
429	L:	Wo zehn? Ach da. Soll ich euch sagen, woran das liegt? Es hat keiner größer als Elf geraten.
430	S1:	Achso, jetzt seh ich es auch.
431	S2:	Achso, ja.
432	L:	Das ist unheimlich unwahrscheinlich. Guck mal selbst zehn richtige hat nur einer.
433	S2:	Ja. (...) Ok. Das ist natürlich... das war der Fehler.

Die in diesem Zusammenhang gemachten Äußerungen lassen sich als **inhaltliche Aktivitäten** kennzeichnen, wie auch die nachfolgenden Äußerungen (*444/445*).

Transkriptausschnitt 441-445

441   *FATHOM: Die Formel 'S1' aus der Auswertungstabelle wird erneut bearbeitet. Dazu wird der Formeleditor geöffnet und die vorhandene Formel mit '100' multipliziert. Die Werte in der Auswertungstabelle ändern sich entsprechend nach der Bestätigung der Formel um.*

442   S1:   Warte mal. Ich mach gerad noch mal in Klammern. (...) Mal. (...) Fünf mal richtig ist 20 Prozent. (...) Wir brauchen Acht. Acht mal richtig.

443   S2:   Warte mal. Die ähm Fragestellung. Die Firma bietet

444   S1:   Also Anzahl viermal richtig zu bekommen ist am Größten.

445   S2:   Nein, nein. Wir sollen jetzt sagen, ähm... Wie sollte der Moderator die Preisgrenze festlegen, damit die Wahrscheinlichkeit, dass ein Studiogast alleine durch Raten einen Preis gewinnt, kleiner als ein Prozent beträgt. (...) Und äh, das bedeutet, dass man mindestens Zehn richtig erraten muss. (...) Äh, mindestens neun richtig erraten muss. (...) Man muss mindestens neun richtig haben. Dann liegt es unter

Portrait (4_6) — UTWI28_EWMA04 – I9

Dieses Schülerpaar erzeugt in der Auswertungsphase von Aufgabe 1 ein Säulendiagramm, da das numerische Merkmal *Anzahl_richtig* bei gedrückter Shift-Taste unterhalb der waagerechten Achse platziert wird.

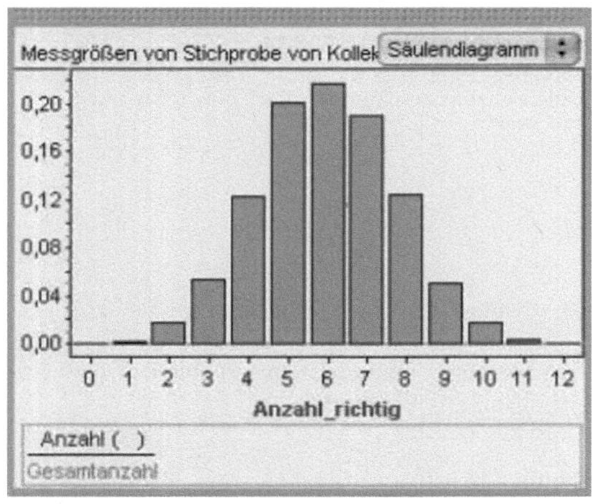

Abb. 6.89 U10-11: Verteilungsgraphik zu Aufgabe 1, UTWI28_EWMA04 – I9

Die sich anschließende Diskussion hat auch inhaltliche Aspekte (*341*). Daher kann man diese auch als **inhaltliche Aktivität** kennzeichnen.

Transkriptausschnitt 339-344

339   *FATHOM: Auf die waagerechte Achse des Graphen wird das Merkmal 'Anzahl_richtig' aus der Messgrößentabelle gezogen. Es entsteht ein Säulendiagramm.*

340   S1:   Jo, ja ok. ((U))

341   S2:   Einer hat sogar Zwölf. Mach mal richtig. ((U)) Anzahl hier durch Hundert. Ja,

	durch Gesamtgröße mein ich.
342	*FATHOM: Der Formeleditor des Graphen wird geöffnet. Darin ist bereits die Formel ,Anzahl( )' vorhanden, diese wird durch 'Gesamtanzahl' geteilt. In dem Graphen werden nun also die relativen Häufigkeiten ausgegeben.*
343	S1: Ja, ((U)) durch Gesamtzahl.
344	S2: Wir wollen die Prozentzahl haben.

Die Achsenskalierung wird durch Multiplikation der Formel mit der Zahl 100 auf Prozent umgestellt. Ein ähnliches Bild ergibt sich bei Aufgabe 2 (*650*).

Transkriptausschnitt 649-668 und 674-679

649	*FATHOM: Ein Graph wird auf dem Arbeitsbereich erstellt. Auf die waagerechte Achse des Graphen wird die Messgröße 'Anzahl_richtig' aus der Messgrößentabelle gezogen. Es entsteht ein Säulendiagramm.*
650	S2: Zieh es rein. Bumm. Da sind hinten aber ganz schön Wenige, ne? So.
651	S1: Warte, Anzahl. Wie ging das nochmal?
652	*FATHOM: Zu dem Graphen wird der Formeleditor geöffnet. Die bisherige Formel 'Anzahl ( )' wird geändert.*
653	S2: Anzahl Minus richtig.
654	S1: Ja. ... Anzahl Anzahl richtig größer gleich acht, oder?
655	S2: Ja, das größer gleich krieg ich so nicht hin.
656	S1: Klar.
657	S2: Größer gleich.
658	S1: Das hast du eben auch geschafft, also stell dich nicht so an. ... Hä. Nein.
659	*FATHOM: In den Formeleditor haben die Schüler die Formel 'Anzahl (Anzahl_richtig="richtig")' eingetragen. Dies wird jedoch nicht bestätigt.*
660	S2: Ne?
661	S1: Ne.
662	S2: Ah, Quatsch, die Formel kennt überhaupt kein richtig, ey. Größer gleich Acht.
663	S1: Anzahl richtig größer gleich Acht.
664	*FATHOM: Die Formel im Formeleditor wird geändert zu 'Anzahl(Anzahl_richtig=8)'. Dann wird diese Formel durch 'Gesamtanzahl' geteilt und mit '100' multipliziert. Nach Bestätigung der Formel ändert sich das Säulendiagramm. Es werden nun nur noch die Säulen größer gleich 8 angegeben.*
665	S2: Ja.
666	S1: Und da durch Gesamtanzahl.
667	S2: Mal Hundert.
668	S1: Ja, mal Hundert.
...	...
674	S1: Hahaha. Abgekackt!
675	S2: (lacht) Zwei Prozent, ey.
676	S1: Mh.
677	Ein anderer S. mischt sich ein.
678	S: Was zwei Prozent habt ihr?
679	S1: Weniger, weniger sogar.

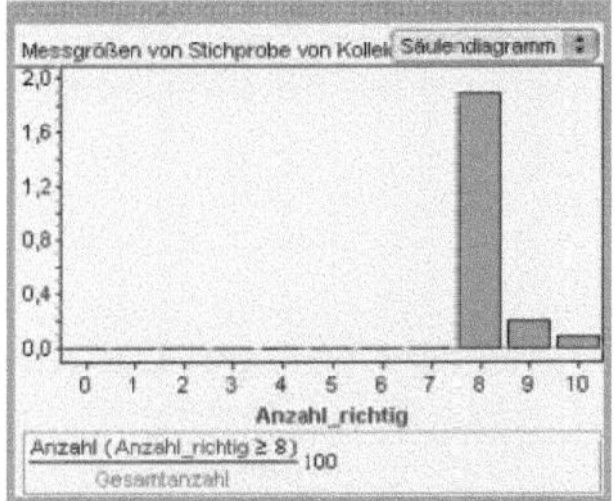

Abb. 6.90 U10-11: Verteilungsgraphik mit Auswertungsformel, UTWI28_EWMA04 – I9

Im Folgenden versuchen die Schüler über den Formeleditor des Säulendiagramms den Mittelwert als Kenngröße einzutragen. Das führt dazu, dass alle Säulen verschwinden. Die Äußerungen dazu sind technischer Natur und werden daher als **technische Aktivität** charakterisiert.

Transkriptausschnitt 684-693

684 S2: Jetzt Auswertung.
685 S1: Ist ja eigentlich genau das Gleiche wie der Graph, oder? Das war, warte mal
686 S2: Anzahl. ... Ah warte mal. Ne, warte mal, warte mal, wart mal kurz.
687 S1: Was denn?
688 S2: Bei dem Graphen müssen wir das hier doch überhaupt nicht machen!
689 S1: Wieso nicht?
690 S2: Da war doch aMittel genau richtig.
691 *FATHOM: Der Formeleditor für die Säulenhöhe im Graphen wird erneut aufgerufen. Die vorhandene Formel wird gelöscht und durch 'aMittel( )' ersetzt. Das Säulendiagramm ist nach Bestätigung dieser Formel leer.*
692 S1: Ah, ne warte, warte. Ne, Quatsch.
693 S2: Hä?

Ebenso verhält es sich mit dem nachfolgenden Transkriptausschnitt. Hier wird ein Säulendiagramm erststellt und die Formel entsprechend der Prozentskalierung geändert, ohne jedoch auf die Verteilung inhaltlich Bezug zu nehmen.

Transkriptausschnitt 697-708

697 S1: Mach den Graph nochmal weg.
698 S2: (lacht) Ja. Hab ich auch grad gedacht. ... Shift vergessen.
699 *FATHOM: Der gesamte Graph wird gelöscht. Dann wird ein neuer Graph auf dem Arbeitsbereich erstellt. Auf die waagerechte Achse des Graphen wird ohne die Taste Shift zu drücken die Messgröße 'Anzahl_richtig' aus der Messgrößentabelle gezogen. Es entsteht ein Punktdiagramm.*
700 S1: Ja, du musst erstmal draufklicken. Jetzt Shift.
701 *FATHOM: Wieder wird der Graph gelöscht. Ein neuer Graph wird auf dem Arbeitsbereich erstellt. Auf die waagerechte Achse wird die Messgröße 'Anzahl_richtig' aus der Messgrößentabelle mit angehaltener Shift-Taste gezogen. Es entsteht ein Säulendiagramm, indem die absoluten Häufigkeiten angezeigt werden.*
702 S2: Nein.
703 S1: So, ja. Gedrückt halten.
704 S2: Warte, hä?
705 S1: Gedrückt halten, jetzt, ja.
706 S2: Ah. ... Ja, genau. So ist doch richtig. ((U)) Die Formel, die wir hier eingeben, muss hier rein.
707 S1: Nein, das müssen wir auch nicht. Ich weiß was, wir müssen das durch Gesamtanzahl mal Hundert. So, dann haben wir es.
708 *FATHOM: Der Formeleditor zum Graphen wird geöffnet. Dort wird die Formel bearbeitet, diese lautet nun 'Anzahl*100/Gesamtanzahl'. Im Säulendiagramm werden also nun die relativen Häufigkeiten in Prozent angegeben.*

Portrait (4_7) — ANTH30_ANFR06 – K1

Dieses Schülerpaar erstellt für Aufgabe 1 ein idealtypisches Histogramm. Die Äußerung von S2 in *217* ist technischer Art (**technische Aktivität**). Andere Äußerungen, die als Verteilungsbezug interpretiert werden könnten, treten nicht auf.

Transkriptausschnitt 216-217

216   *FATHOM: Ein Graph wird in den Arbeitsbereich gezogen. Dann wird das Merkmal Anzahl_richtig' aus der Tabelle der Messgrößenkollektion 'Messgrößen von Stichprobe von Tonqualität' auf die waagerechte Achse der Graphik gezogen. Über das Pull-Down-Menü in dem Graphen wird von den Schülern 'Histogramm' ausgewählt. Außerdem stellen sie über das Kontextmenü der Graphik die' Skala' auf 'relative Häufigkeit' um.*

217   S2:   Rechte Mausklick Skala... Hier, hier rechte Mausklick rein. Skala... relative Häufigkeit.

Portrait (4_8) — ELST09_SURÜ15 – K3

Dieses Schülerpaar zeichnet sich dadurch aus, dass es den Verteilungsaspekt auch inhaltlich ausfüllt. Zunächst werden aus der Graphik näherungsweise relative Häufigkeiten ermittelt (S1 - *139*).

Transkriptausschnitt 134-141

134   *FATHOM: Ein Graph wird in den Arbeitsbereich gezogen. Dann wird das Merkmal Anzahl_richtig' aus der Tabelle der Messgrößenkollektion 'Messgrößen von Stichprobe von Urne' auf die waagerechte Achse der Graphik gezogen.*

135   S2:   Das heißt, wir müssen jetzt die Anzahl von Richtigen größer als acht durch die Gesamtanzahl teilen.

136   *FATHOM: Über das Pull-Down-Menü in dem Graphen wird von den Schülern 'Histogramm' ausgewählt. Außerdem stellen sie über das Kontextmenü der Graphik die' Skala' auf 'relative Häufigkeit' um.*

137   S1:   Bei der relativen Häufigkeit ist die Chance, dass man...acht Lieder muss man richtig?

138   S2:   Mh.

139   S1:   Dass man acht Lieder richtig hat bei Null Komma eins zwei oder Null Komma eins vier oder so, ne?

140   S2:   Mh.

141   S1:   Das muss man hier noch mal vernünftig ausrechnen. Weißt du noch wie das ging?

Die relative Häufigkeit für 8 und mehr Übereinstimmungen wird durch die entsprechende Formel in einer Auswertungstabelle berechnet. Daran anschließend erfolgt eine Überprüfung des Ergebnisses anhand der Verteilungsgraphik. Diese Äußerungen sind als **inhaltliche Aktivitäten** zu charakterisieren.

Transkriptausschnitt 150-152

150   *FATHOM: Die Schüler wandern mit dem Mauszeiger über die einzelnen Säulen in dem Histogramm.*

151   S1:   Ja, jetzt haben wir hier 0,12 plus 0,06 plus 0,18... Ja, kommt ungefähr hin, ne?

152   *Ein S. rechnet die Zahlen, die in der Tabelle zu erkennen sind, zusammen, um die ausgegebene Zahl in der Auswertungstabelle zu überprüfen.*

Im weiteren Verlauf erstellen diese beiden Schüler noch eine Verteilungstabelle. Dabei fällt ihnen auf, dass sie 5005 Messgrößen gesammelt haben und ändern ihren Eintrag auf dem Simulationsplan. Auch wenn es nicht so ganz offensichtlich ist, kann man diese Äußerungen als **inhaltliche Aktivität** kennzeichnen, da sich die Schüler inhaltlich mit den Ergebnissen in der Verteilungstabelle auseinandersetzen (*161/163*).

Transkriptausschnitt 155-156 und 160-165

155   S1:   ((U)) Wie sind die denn verteilt? (...) Neue Auswertung. Wie war das dann? Shift. (...) Ich glaub, das war die Verteilung, ne?

156   *FATHOM: Eine Auswertungstabelle wird in den Arbeitsbereich gezogen. Das Merkmal 'Anzahl_richtig' wird bei gedrückter Shift-Taste aus der Tabelle der Messgrößenkollektion in die Auswertungstabelle gezogen. Danach wird die Auswertungstabelle so vergrößert, dass alle Werte zu sehen sind.*

...   ...

160   S2:   Ja.

161   S1:   Ähm, 5005?

162   S2:   Oh, naja.

163   S1:   Wie kam das denn jetzt zustande? Achso, kacke, da waren ja schon welche drinne. Da waren doch schon fünf Stichproben drinne.

164   S2:   Ja, dann machen wir halt ((U)) 5005.

165   *Beide S. haben bei '[4] Messgrößen sammeln' '5005' in den Simulationsplan eingetragen.*

Messgrößen von Stichprobe von Urne		
	0	1
	1	11
	2	83
	3	249
	4	608
	5	976
Anzahl_richtig	6	1163
	7	945
	8	602
	9	269
	10	83
	11	13
	12	2
Spaltenzusammenfassung		5005
S1 = Anzahl ( )		

Abb. 6.91 U10-11: Verteilungstabelle der Häufigkeiten zu Aufgabe 1, ELST09_SURÜ15 – K3

Auch bei der Bearbeitung von Aufgabe 2 lassen sich **inhaltliche Aktivitäten** belegen.

Transkriptausschnitt 240-247 und 251-252

240   *FATHOM: Ein Graph wird in den Arbeitsbereich gezogen. Dann wird das Merkmal 'Anzahl_richtig' aus der Tabelle der Messgrößenkollektion 'Messgrößen von Stichprobe von urne' auf die waagerechte Achse der Graphik gezogen.*

241   S1:   Jetzt dürfte sich das leicht anders verteilt werden. ((U)) Hier richtig über Acht ist das ganz gering. ((U))

242   *FATHOM: Über das Pull-Down-Menü in dem Graphen wird von den Schülern 'Histogramm' ausgewählt. Außerdem stellen sie über das Kontextmenü der Graphik die' Skala' auf 'relative Häufigkeit' um.*

243   S1:   Und die relative Häufigkeit. Jetzt liegt es nur noch bei ungefähr Sechs, Sieben Prozent.

244   S2:   Und jetzt sollen wir das ja so legen, dass es bei ein Prozent liegt. Dazu brauchen wir jetzt ne Auswertung zu dem Dings.

245   S1:   ((U))

246   S2:   Ne, ich würd jetzt einfach ne Auswertung zu dem, zu dem Teil da. Also ((U)), dass er mir anzeigt, wie oft immer richtig war ((U)).

247   FATHOM: Die Schüler ziehen eine Auswertungstabelle in den Arbeitsbereich. Das Merk-
        mal 'Anzahl_richtig' wird aus der Tabelle der Messgrößenkollektion in die Auswertungsta-
        belle gezogen. Es erscheint der Wert für 'aMittel( )'. Eine zweite Auswertungstabelle wird
        in den Arbeitsbereich geschoben, in die wird das Merkmal 'Anzahl_richtig' aus der Tabelle
        der Messgrößenkollektion mit gedrückter Shift-Taste gezogen. In dieser zweiten Auswer-
        tungstabelle werden durch Hoch- und Runterscrollen die einzelnen Werte betrachtet.
...   ...
251   S1:   Mit Shift. (...) Äh, den Einzelnen mit Zehn hatten wir gefunden.
252   S2:   Ok und jetzt müssen wir gucken ein Prozent nur noch. Was sind denn ein Prozent
        von 5005? (...) Was sind ein Prozent von 5005? Fünf Komma...

Bemerkenswert sind die inhaltsbezogenen Verteilungsvergleiche von S1 in *241*
und *243*. Zu dem Histogramm erstellen die Schüler wieder eine Verteilungstabelle
(*247*) und beschäftigen sich inhaltlich mit den Werten in dieser Tabelle (*251/252*).

Portrait (4_9) — INWE25_REKA05 – K4

Auch dieses Schülerpaar beschäftigt sich inhaltlich mit dem von ihnen erstellten
Histogramm bei der Bearbeitung von Aufgabe 2. Hintergrund ist, dass die Schüler
zunächst nicht wissen, wie sie eine entsprechende Formel finden können. Daher
versuchen sie eine graphische Lösung.

Transkriptausschnitt 436-448

436   S1:   Achso, jo. (...) Wir können ja eigentlich gucken, welche Balken... welcher Balken.
        Probier mal ab Acht.
437   FATHOM: Im Graphen wird die Säule über dem Wert '7' auf der waagerechten Achse
        durch anklicken rot markiert. Dann wird die Säule über der '8' markiert.
438   S2:   Ja, hier halt die Klappe. Haben wir da auch ((U)). Konnten man nicht hier auch die
        relative Häufigkeit anzeigen lassen? (...)
439   FATHOM: Mehrfach wird das Kontextmenü des Graphen geöffnet und geschlossen.
440   Wie man die relative Häufigkeit an einem Graphen anzeigen kann, wurde ihnen vom
        Nachbartisch mitgeteilt.
441   FATHOM: Das Kontextmenü des Graphen wird geöffnet und in dem Eintrag 'Skala' die
        'relative Häufigkeit' gewählt.
442   S2:   Oh super. Ah.
443   S1:   Ah. (...) Eigentlich... Das ist immer noch zu viel, ne? Wird das auch irgendwo an-
        gezeigt, wenn wir es so markieren?
444   FATHOM: Mehrere Säulen werden einzeln rot markiert. Die Schüler öffnen mehrmals das
        Infofenster des Graphen, weil sie Doppelklick auf einen Balken ausführen.
445   S2:   0,25.
446   S1:   Ne, das ist was anderes.
447   S2:   Hat sogar ner Ende.
448   FATHOM: Mit Hilfe der 'Hand', die beim Anwählen der Maus auf den Achsen angezeigt
        wird, wird in den Graphen gezoomt. Die Werte für '9' und '10' werden besonders genau
        betrachtet.

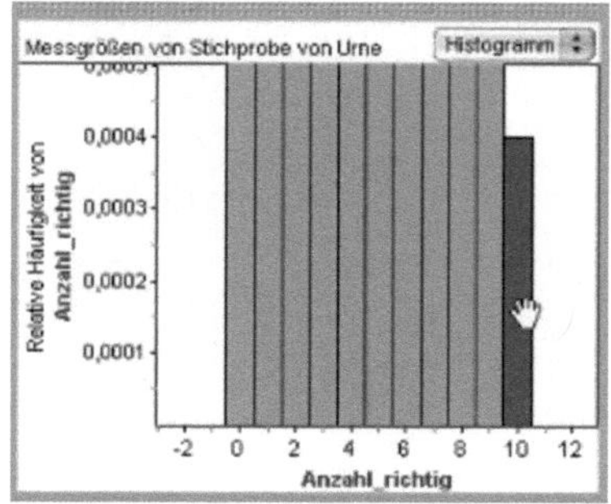

Abb. 6.92 U10-11: Verteilungsgraphik zu Aufgabe 2, INWE25_REKA05 – K4

Nachdem die Schüler durch Hilfe der Nachbargruppe erfahren haben, wie man die Skala auf relative Häufigkeit umstellt, zoomen sie soweit in die Graphik, dass sie die relevanten Werte möglichst genau ablesen können.

Transkriptausschnitt 453-462

453	S1:	Das war jetzt zu weit, glaub ich. Wir brauchen nur die dritte Nachkommastelle.
454	S2:	Achso, scheiße.
455	S1:	Ich glaub, das war jetzt wieder zu…
456	S2:	Ja.
457	S1:	Ja, nen Stückchen niedriger.
458	S2:	Ja hier.
459	S1:	Ja. Neun.
460	S2:	Ja. Neun, ne?
461	S1:	Ich denke, wir brauchen ne Grenze von Neun, ne? (Neun wird in die Formel eingeben) Ja, das wär bei 0,5 Prozent.

462   *FATHOM: Der Graph wird so dargestellt, dass die Werte für '9' und '10' gut zu erkennen sind. Dann wird per Doppelklick auf die Formel 'S2' der Auswertungstabelle der Formeleditor geöffnet und eine '9' eingefügt, so dass nun die Formel 'Anzahl(Anzahl_richtig≥9) /Gesamtanzahl' lautet. Diese Eingabe wird bestätigt und die Auswertungstabelle gibt einen Wert aus.*

Die Schüler ermitteln auf diesem Wege, dass die Bestehensgrenze bei 9 festzulegen ist (*461*). In der anschließenden Diskussion geht es darum, dass man bei einer Bestehensgrenze von 8 noch über der Ein-Prozent-Marke liegen würde. Dazu werden noch einmal nacheinander die Balken über der 8 und der 9 im Histogramm markiert. All diese Äußerungen sind als **inhaltliche Aktivität** zu kennzeichnen.

Transkriptausschnitt 466-470

466	S2:	Wenn man Acht, dann ist man doch drüber, ne?
467	S1:	Ja. Auf jeden Fall.
468	S2:	((U)) Bisschen wenig. 8,5 vielleicht?

469   *FATHOM: Im Graphen werden die Säulen von den Werten '8' und '9' nacheinander durch Anklicken rot markiert.*

470   S1:   Ne, Neun. Gibt's ja nicht. Du kannst ja nicht das eine so halb richtig haben. Ja.

Portrait (4_10) — KAHE02_ILED13 – K6

Dieses Schülerpaar hat in der Messgrößenkollektion ein Auswertungsmerkmal *Gewonnen* mit den Merkmalsausprägungen *wahr* bzw. *falsch* definiert und erstellt das zugehörige Säulendiagramm.

Transkriptausschnitt 209-216

209　*FATHOM: An verschiedenen Stellen des Graphen wird das Kontextmenü geöffnet. Die Schüler scheinen einen Eintrag zu suche, mit dem der Formeleditor zu öffnen ist.*

210　S1:　Warum geht das hier nicht mehr? Irgendwo ging das...

211　S2:　Hier... Klick einfach drauf! Doppelklick... Durch Gesamtanzahl...

212　S1:　T. das weiß ich. Ich hab hier auch schon mal so'n Ding gefunden, wo du einfach umschalten konntest...

213　*FATHOM: Durch Doppelklick auf die Formel 'Anzahl( )' unter dem Säulendiagramm wird ein Formeleditor geöffnet.*

214　S2:　Ja, konntest du, aber firdest du jetzt wohl nicht...

215　S1:　Dann mach ich's jetzt hier mit... (Bearbeitet die Formel des Diagramms) Ich mach das jetzt einfach

216　*FATHOM: In dem Formeleditor wird der vorhandene Ausdruck 'Anzahl( )' durch 'gesamtanzahl' geteilt. In dem Säulendiagramm wird nun die relative Häufigkeit angezeigt.*

Die Äußerungen sind nur technischer Art und beziehen sich auf die Skalierung des Diagramms. Offenbar sucht S1 in *210/212* nach einem Menüpunkt Skala, den der Schüler vom Histogramm her kennt. Durch Formeleintrag wird dann die Skalierung auf relative Häufigkeiten geändert. Eine weitere Aktivität ist das Verschieben der Balken im Säulendiagramm. Inhaltliche Äußerungen zum Diagramm gibt es nicht. Daher sind die Äußerungen als **technische Aktivität** zu kennzeichnen.

Bei der Bearbeitung von Aufgabe 2 gibt es eine inhaltlich zu deutende Äußerung zum Säulendiagramm (*376*). Schüler S1 meint damit, dass die Säulenhöhe über wahr kleiner geworden ist (vgl. Abb. 6.93). Dies lässt sich als **inhaltliche Aktivität** werten.

Transkriptausschnitt 373 und 376-378

373　*FATHOM: Ein Graph wird in den Arbeitsbereich gezogen. Dann wird das Merkmal 'Gewonnen' aus der Tabelle der Messgrößenkollektion 'Messgrößen von Stichprobe von Urne' auf die waagerechte Achse der Graphik gezogen. Die Formel 'Anzahl( )' wird mit Hilfe des Formeleditors geändert, indem durch 'gesamtanzahl' geteilt wird. Dadurch wird die relative Häufigkeit im Säulendiagramm angezeigt.*

...　...

376　S1:　Das ist klein geworden.

377　((U))

378　*FATHOM: Die Schüler versuchen den Mauszeiger auf den kleineren Balken zu bewegen, um die relative Häufigkeit abzulesen. Da es nicht gelingt, wird das Diagramm größer gezogen. Auch das reicht nicht. Man versucht, den Balken größer zu ziehen, als dies auch nicht funktioniert, wird eine Auswertungstabelle auf dem Arbeitsbereich erstellt. Das Merkmal 'Gewonnen' wird in die Auswertungstabelle gezogen. Dann wird der Formeleditor durch Doppelklick auf die Formel 'Anzahl( )' geöffnet. Die Formel wird geändert, so dass nun 'Anzahl( )*100/gesamtanzahl' eingegeben ist.*

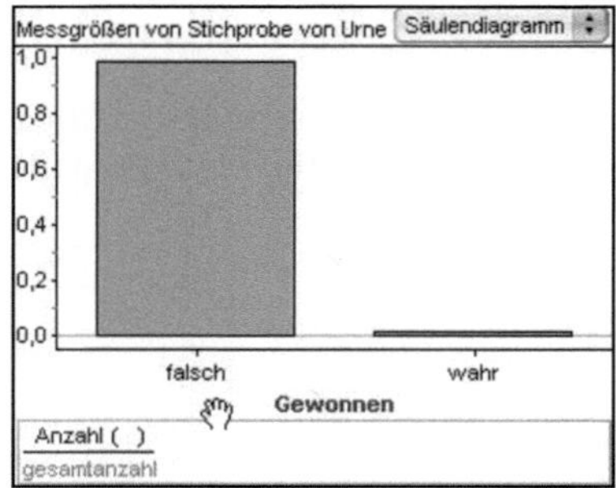

Abb. 6.93 U10-11: Verteilungsgraphik zu Aufgabe 2, KAHE02_ILED13 – K6

Portrait (4_11) — LIBO11_BIWE03 – K7

Wie aus der Abbildung der Simulationsumgebung hervorgeht, hat auch dieses Schülerpaar ein Auswertungsmerkmal *gewonnen* in der Messgrößenkollektion definiert. Ein Histogramm bezüglich der Messgröße wurde bereits erstellt. Für das Auswertungsmerkmal wird ein Säulendiagramm erstellt.

Transkriptausschnitt 129 und 132

129   *FATHOM: Ein zweiter Graph wird auf den Arbeitsbereich gezogen. Auf der waagerechten Achse wird das Merkmal 'gewonnen' aus der Messgrößentabelle platziert. Ein Säulendiagramm entsteht.*

...   ...

132   S2:   Tja... Eindeutig...

Die Äußerung von S2 in *132* lässt sich inhaltlich deuten. Mit „Eindeutig" ist das Ergebnis bzgl. eines möglichen Preisgewinns aufgrund der Säulenhöhen gemeint. Das kann man als **inhaltliche Aktivität** charakterisieren.

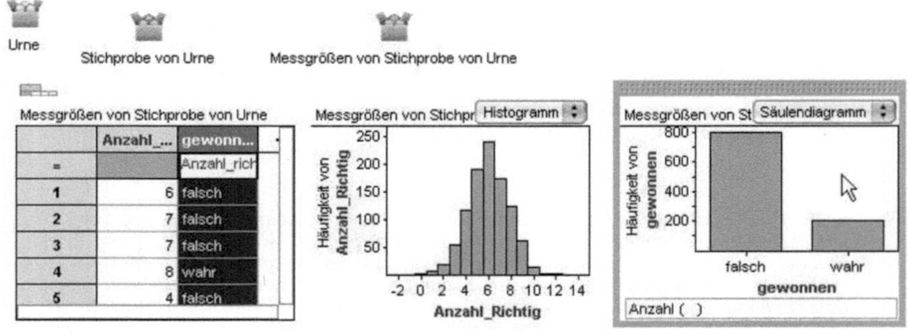

Abb. 6.94 U10-11: Simulationsumgebung zu Aufgabe 1, LIBO11_BIWE03 – K7

Bei der Bearbeitung von Aufgabe 2 gehen die Schüler ähnlich vor. Der Graph und die Auswertungstabelle werden auf dem Arbeitsbereich verschoben. Dann wird der Formeleditor in der Auswertungstabelle geöffnet, in den die Schüler die Formel *Anzahl( )/Gesamtanzahl* eingeben. Dieselbe Formel wird danach auch in den Formeleditor des Säulendiagramms eingegeben. Sowohl Graph als auch Auswertungstabelle zeigen nun die relativen Häufigkeiten an.

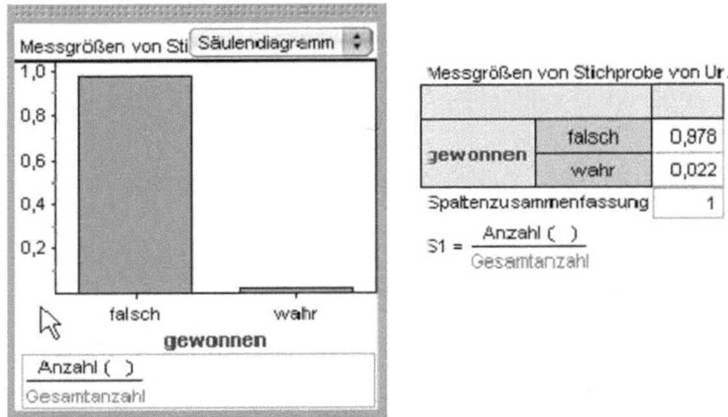

Abb. 6.95 U10-11: Auswertungsgraphik und -tabelle zu Aufgabe 2, LIBO11_BIWE03 – K7

Transkriptausschnitt 286-288

286   S2:   Alles klar, ((L))
287   S1:   Ja, noch unwahrscheinlicher...
288   S2:   Zwei Prozent sind das. Wir brauchen ein Prozent, steht in der Aufgabenstellung....
       Indem wir vielleicht 9 verwenden. ((U)) Neun.

Die Äußerung von S1 in *287* bezieht sich vermutlich sowohl auf die Ergebnisse im Säulendiagramm als auch in der Auswertungstabelle. Daher kann man diese Äußerung als **inhaltliche Aktivität** kennzeichnen.

Portrait (4_12) — MAHE19_IRAL26 – K8

Dieses Schülerpaar erstellt ein idealtypisches Histogramm mit relativer Häufigkeit als Skalierung.

Transkriptausschnitt 345-347 und 350-352

345   S2:   Aber, warte mal, die gewinnen ja erst ab 8 mal. Also müssen wir alle angucken, die über 8 sind.
346   *FATHOM: Der Graph wird in der Höhe verkleinert und in der Breite gestreckt.*
347   S1:   Ja, das machen wir ... Das machen wir in der Auswertung. ... Also hier würde ich den Graphen erst mal abzeichnen. ... Grob skizzieren.
...   17:49
350   S1:   Ok, jetzt machen wir so eine Auswertung.
351   S2:   Du musst die markieren, ne?
352   S1:   Nein.

Die Äußerungen von S2 in *345* und *351* lassen sich als **inhaltliche Aktivität** interpretieren, da hierbei die Verteilung bezüglich der Fragestellung in den Blick genommen wird. Mit „Du musst die markieren…" sind die entsprechenden Säulen gemeint, deren relative Häufigkeiten dann zusammengezählt werden müssen. Für Aufgabe 2 ist gleiches zu konstatieren, auch wenn die inhaltlichen Äußerungen eher knapp ausfallen. Der Mauszeiger wird über den Bereich bewegt, der zusammen kleiner als 0,01 sein soll.

Transkriptausschnitt 512-515

512	S2:	Guck mal, da muss es ja bei 0,001 sein, ne?
513	S1:	8.
514	S2:	Nee, bei 0,01. … Ne?
515	S1:	Ja. … Das ist weniger als ((U)) 0,25.. Das liegt ungefähr in dem Bereich von der 8.

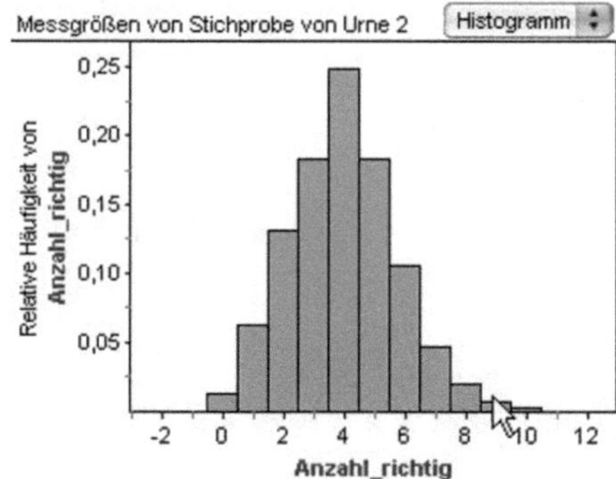

Abb. 6.96 U10-11: Verteilungsgraphik zu Aufgabe 2, MAHE19_IRAL26 – K8

Portrait (4_13) — NAAB17_ALKA01 – K9

Dieses Schülerpaar erstellt als Verteilungsgraphik zunächst ein Histogramm, allerdings beziehen sich die Äußerungen nur auf **technische Aktivitäten.**

Transkriptausschnitt 322-328

322	S2:	Jetzt machst du'n Graphen und ziehst das da rein… Graph machen, ja…
323	FATHOM:	*Ein zweiter Graph wird auf die Arbeitsfläche gezogen. Das Merkmal 'Anzahl_richtig' aus der Messgrößentabelle wird auf der waagerechten Achse des neuen Graphen platziert. Es entsteht ein Punktdiagramm.*
324	S1:	Ziehs hier rein, oder was?
325	S2:	Nein nein nein, da hin. ((U)) Graph. … Jetzt ziehst du das da unten rein. .. Da komplett Anzahl. (*S2 meint die Spalte Anzahl_richtig der Messgrößentabelle…*)
326	S1:	Einfach Anzahl?
327	S2:	Ja, Anzahl markieren… unten unten unten…. x-Achse. Nicht Mitte. … Markier noch mal. Das Programm ist ein Bisschen schwul… … So, jetzt machst du Histogramm. … Und jetzt sieht man, dass man … man… man…
328	FATHOM:	*Über das Pull-Down-Menü des Graphen wird der Eintrag 'Histogramm' ausgewählt. Der Graph ändert sich entsprechend.*

Im weiteren Verlauf erstellen die Schüler in der Messgrößenkollektion ein Auswertungsmerkmal, dass die Messgrößenwerte aggregiert. Die Schüler erzeugen ein Säulendiagramm zum Merkmal gewonnen.

Transkriptausschnitt 386-389

386   FATHOM: *Die Formel des Säulendiagramms wird geändert. In dem Formeleditor wird die Formel 'Anzahl( )/Gesamtanzahl' eingegeben. Statt der absoluten Häufigkeiten zeigt das Säulendiagramm jetzt die relative Häufigkeiten an.*
387   S1:   Jetzt muss man hier Formel ((U)). Anzahl durch
388   S2:   Ach Scheiße ((U))
389   S1:   durch Gesamtanzahl... 80 Prozent falsch...

Die Äußerungen zur Definition des Auswertungsmerkmals lassen sich eher **technischen Aktivitäten** zuordnen. Interessant ist, dass die Schüler dabei auch die Auswertungsmöglichkeiten über die Statuszeile nutzen (*503*). Dies ist als **inhaltliche Aktivität** zu kennzeichnen. Es fällt auf, dass S1 in *502* die Frage von S2 (*501*) nach der Übereinstimmung von Säulendiagramm und Histogramm bejaht. Das kann man durchaus so deuten, dass den Schülern der Unterschied nicht wirklich klar ist.

Transkriptausschnitt 491-497 und 501-508

491   S1:   Mach mal Graph, auf Graph legen.... Jetzt holst du dir'n Graph runter... Und ziehst du den Graphen- Ei ja yeah... Und jetzt machst du einfach durch Gesamtanzahl.
492   S2:   Durch – nein – muss durch.
493   S1:   Ey komm... Du musst markieren, das komplette Ding...
494   S2:   ((U))
495   S1:   Gesamtanzahl ... OK
496   S2:   Ok.
497   S1:   ... Machen wir noch nen Graphen?
...   ...
501   S2:   Ist Histogramm Säulendiagramm?
502   S1:   Jaja, ((U))
503   S2:   Ok, und jetzt, ähm... Soll er uns das mal anzeigen... Anzeigen, wie viel Prozent das ist, genau.
504   FATHOM: *Die Schüler zeigen mit dem Mauszeiger auf die einzelnen Balken und betrachten unten links im Programm FATHOM die angezeigten Prozentwerte.*
505   S1:   97,4.
506   S2:   ((U))
507   S1:   Nein, immer wenn du da drauf... Ach das meinst du, das brauchst du nicht.
508   S2:   Ja, ich will aber wissen, wie es geht.

Ein weiteres technisches Detail der Aktivitäten der Lerndyaden sei noch angeführt: Nach der Änderung der Formel des Auswertungsmerkmals in der Messgrößenkollektion ziehen die Schüler dieses Merkmal in die Mitte des bereits vorhandenen Säulendiagramms und fügen so (eher unbewusst) dieses Merkmal noch einmal als Legendenmerkmal hinzu.

Transkriptausschnitt 538-547

538   S2:   Größer gleich 9.
539   S: Und dann haben wir nur noch ((U))
540   S1:   Neun.
541   S2:   Ja, neun.
542   S1:   Jetzt ziehen wir die Sche ße da rein...

543	*FATHOM:*	*Die Messgröße 'Gewonnen' aus der Messgrößentabelle wird in den Graphen gezogen, indem bereits diese Messgröße vorhanden ist. An den Werten ändert dies jedoch nichts.*
544	S2:	99,6.
545	S1:	Ja.
546	S2:	Das war's. Die haben 99,7, aber es muss ja nicht alles dasselbe rauskommen…
547	S1:	Wir sind besser, wir haben 99,6 ((U)) sechs neun, verstehst du?

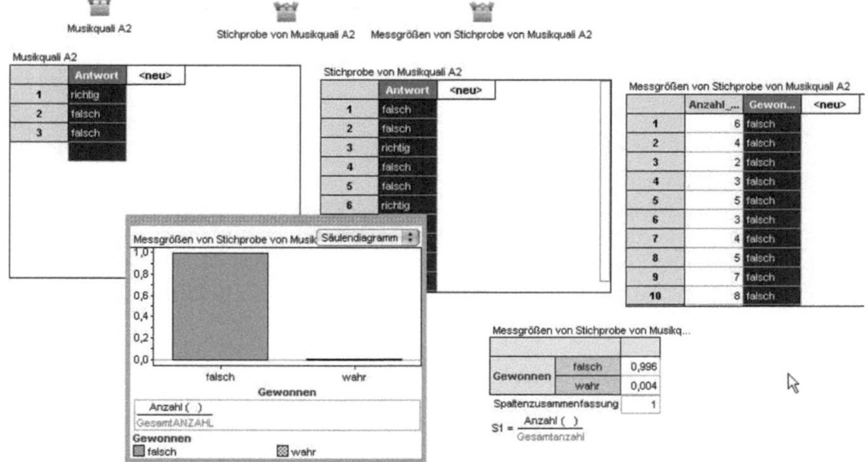

Abb. 6.97 U10-11: Simulationsumgebung zu Aufgabe 2, NAAB17_ALKA01 – K9

Zusammenfassung

Die Ausführungen in diesem Unterkapitel haben deutlich gemacht, dass die Schüler eine Vielzahl von Aktivitäten im Umgang mit Häufigkeitsverteilungen durchführen. Dabei geht es nicht nur um die zur Herstellung einer Diagrammform oder einer Verteilungstabelle notwendigen technischen Aktivitäten, denn die schnelle und einfache Verfügbarkeit von Graphiken ist eine Stärke der Werkzeugsoftware FATHOM. Vielmehr geht es darum, wie die Lerndyaden mit den jeweiligen Objekten arbeiten und diese zur Auswertung ihrer Simulation nutzen. Die Einbeziehung graphischer Darstellungen in inhaltliche Überlegungen bietet die Möglichkeit, qualitative Aspekte von Stichprobenverteilungen mehr in den Mittelpunkt zu rücken.

Zur Unterscheidung der Arbeitsweise wurde die Kommunikation der Lerndyaden als Entscheidungskriterium herangezogen. Stehen die Äußerungen der Schüler in einem explizit inhaltlichen Zusammenhang zur Aufgabenstellung, dann zählt diese Kommunikation als inhaltliche Aktivität, sonst als technische Aktivität. Dabei können technische Aktivitäten auch inhaltliche Ziele haben, was aber in der Kommunikation der Lerndyaden nicht explizit zum Ausdruck kommt. In der folgenden Übersicht sind explorativ die durch die Transkript-Analyse belegbaren Aktivitäten der Lerndyaden zusammengefasst (Abb. 6.98).

Technische Aktivitäten (ohne explizit inhaltliche Kommunikation)

Histogramm	Umstellen der Skala auf relative Häufigkeiten
	Markieren einer einzelnen Säule
	Markieren von mehreren Säulen
	Verändern des Anzeigebereiches der waagerechten Achse durch Verschieben der Skala oder durch Zoomen
	Verschieben einzelner Balken im Histogramm
	Einzeichnen des arithmetischen Mittels
	Einzeichnen von weiteren Werten ($Q3()$, 8 etc.)
	Verändern des Anzeigebereiches der senkrechten Achse durch Verschieben der Skala oder durch Zoomen
	Animieren von eingezeichneten Werten mittels Regler
Säulendiagramm (mit Shift-Taste oder für aggregiertes Auswertungsmerkmal)	Anzeige relativer Häufigkeiten bzw. Prozente durch Formeländerung
	Markieren einer Säule
	Verschieben einer Säule
	Erzeugen eines Legendenmerkmals
	Anzeige einzelner Säulen (oder im Extremfall keine) durch Formeländerung
Verteilungstabelle für Messgrößenwerte (mit Shift-Taste)	Anzeige relativer Häufigkeiten bzw. Prozente durch Formeländerung
	Anzeige der Ausprägungen einzelner Werte (sonst 0) durch Formeländerung

Inhaltliche Aktivitäten (mit explizit inhaltlicher Kommunikation)

Histogramm	Bestimmen der modalen Klasse
	Addieren der relativen Häufigkeiten für mehrere Werte
	Gestalt einer Verteilung beschreiben
	Ablesen der relativen Häufigkeit einzelner Werte
	Erläuterung des Unterschieds zwischen relativer und absoluter Häufigkeit
	Vergleich der Gestalt von Verteilungen (Aufgabe 1 vs. Aufgabe 2)
Säulendiagramm (mit Shift-Taste oder für aggregiertes Auswertungsmerkmal)	Qualitative Beschreibung der Größenverhältnisse der beiden Säulen
	Ablesen der Eintrittshäufigkeit einzelner Werte im Diagramm
	Ablesen der Eintrittshäufigkeit einzelner Werte aus der Statuszeile
Verteilungstabelle (mit Shift-Taste)	Ablesen absoluter Häufigkeiten einzelner Werte
	Diskrepanz zwischen simulierten Werten (0-10) und theoretisch möglichen Werten (0-12)
	Ablesen von Prozenten bzw. relativen Häufigkeiten für einzelne Werte
	Spaltenzusammenfassung als Anzahl der gesammelten Messgrößenwerte erkennen

Abb. 6.98 U10-11: Aktivitäten im Umgang mit Verteilungen, Übersicht

Die verteilungsbezogene Kommunikation der Lerndyaden wurde 16 verschiedenen technischen Aktivitäten und 13 verschiedenen inhaltlichen Aktivitäten zugeordnet. Dies kann als ein Indiz dafür gewertet werden, dass Simulationen durch die Lerndyaden nicht allein nur technisch abgearbeitet werden, sondern auch von einer inhaltsbezogenen Kommunikation begleitet werden.

6.4.8 Überblicksanalyse - Nutzung des Simulationsplanschemas

Die Lerndyaden mit konsekutiver Vorgehensweise haben eine klare Vorgabe zum Umgang mit dem Simulationsplanschema erhalten. Für beide Aufgaben sollten die Schüler soweit als möglich ihre FATHOM-Handlungen vorplanen. Für die integrative Gruppe gab es eine solche dirigistische Vorgehensweise nicht. In der Aufgabenstellung war lediglich vermerkt, dass das Schema nebenher auszufüllen sei. Daher soll anhand der Kommunikation der integrativen Lerndyaden untersucht werden, wie sie das Simulationsplanschema eingesetzt haben. Dafür gibt es praktisch drei Möglichkeiten:

- Simultanes Vorgehen, d. h. schrittweise im ständigen Wechsel mit FATHOM wird das Simulationsplanschema ausgefüllt.

- Planungsinstrument, d. h. das Simulationsplanschema wird ähnlich wie in der konsekutiven Gruppe soweit als möglich ausgefüllt, bevor diese Planungen in FATHOM umgesetzt werden.

- Dokumentationsinstrument, d. h. zunächst wird die Simulation soweit als möglich erstellt, erst dann erfolgt eine Dokumentation der FATHOM-Handlungen.

Einschränkend muss man erwähnen, dass die beiden letztgenannten Vorgehensweisen in Reinform kaum vorkommen, wenn Schülerpaare am Computer arbeiten. Um mögliche Unterschiede in den Vorgehensweisen der integrativen Gruppe festzustellen, bietet sich folgendes Verfahren der Transkript-Analyse an:

- Bearbeitungsphasen, in denen erkennbar **vor** der FATHOM-Handlung der Simulationsplan ausgefüllt wird, werden als Planungsphasen gekennzeichnet (P).

- Bearbeitungsphasen, in denen erkennbar **nach** der FATHOM-Handlung der Simulationsplan ausgefüllt wird, werden als Dokumentationsphasen gekennzeichnet (D).

- Bearbeitungsphasen, in denen aus dem Transkript **nicht erkennbar** ist, ob es sich um eine Dokumentations- oder Planungsphase handelt, werden als Simultane Bearbeitungsphasen gekennzeichnet (S).

Wechseln die Schülerpaare zwischen Simulationsplan und FATHOM-Handlung, entsteht eine spezifische Bearbeitungsserie, die dokumentiert werden kann. Grundsätzlich wäre nach dem Simulationsplanschema eine Serie mit sieben Phasen analysierbar. Auf Basis der Transkripte lassen sich jedoch nur drei Bearbeitungsschritte gut unterscheiden:

- Modellierung des Zufallsexperimentes (bis Schritt [2] des Simulationsplanschemas),

- Festlegen der Messgrößen und Wiederholung des Modellzufallsexperimentes (Schritt [3] und [4] des Simulationsplanschemas),

- Auswertung (Schritt [5] und Interpretation im Simulationsplanschema).

Jedem dieser drei Bearbeitungsschritte im Simulationsplanschema kann auf der Basis der Transkripte eindeutig eine Bearbeitungsphase zugeordnet werden. Die Bearbeitungsserien der konsekutiven Lerndyaden zeigen prinzipiell folgende Abfolgen: P-P-D oder P-P-S, d. h. Planung-Planung-Dokumentation bzw. Planung-Planung-Simultan. Die Frage ist, inwieweit auch bei integrativem Vorgehen Planungsphasen eine Rolle gespielt haben. In der folgenden Tabelle sind die Bearbeitungsszenarien aller 9 integrativen Lerndyaden aufgeführt (vgl. Abb. 6.99).

Lerndyade	kurz	Serie Aufgabe 1	Serie Aufgabe 2
BAKL24_CLMI21	I1	S-S-D	S-D-D
CLHA03_ULWA08	I2	D-S-S	D-S-S
INNO09_MAPE30	I3	P-P-S	D-D-D
JOMI26_CHDI30	I4	D-S-D	-
PEUD16_KAFR22	I5	P-P-D	S-D-D
JURE11_MaEC26	I6	P-S-D	S-S-D
TAVI23_IRED13	I7	P-D-D	S-D-D
ULRI21_SAHO01	I8	S-S-S	D-D-D
UTWI28_EWMA04	I9	S-S-S	S-S-S

Abb. 6.99 U10-11: Bearbeitungsphasen des Simulationsplanschemas, Übersicht nach Lerndyaden

Die Tabelle ist sehr aufschlussreich hinsichtlich der planerischen Elemente bei integrativem Vorgehen, immer vom Blickwinkel des Simulationsplanschemas her gesehen. Interessanterweise kann man bei 4 von 9 der integrativen Lerndyaden für Aufgabe 1 Planungsphasen feststellen. Bei Aufgabe 2 treten keine Planungsphasen auf. Das lässt sich mit der großen Ähnlichkeit der Modellierungsansätze in beiden Aufgaben begründen. Im Umkehrschluss heißt dies, dass die konsekutiven Lerndyaden durch die Vorplanung beider Aufgaben mittels Simulationsplanschema in gewisser Weise „ausgebremst" wurden. Es ist somit nicht verwunderlich, dass diese Gruppen im Mittel insgesamt eine etwas längere Bearbeitungszeit benötigt haben (vgl. Franz 2009, S. 141).

Nutzung von worked examples

Die Simulationsmethode Simulation durch Stichprobenziehen ist anhand des ̈0er-Test-Problems eingeführt worden. Die Schüler haben in diesem Zusammenhang auch das Simulationsplanschema kennengelernt. Ein ausgefülltes Schema kann für Schüler als ausgearbeitetes Lösungsbeispiel (worked example) für die Bearbeitung weiterer Simulationsaufgaben dienen. Treten beispielsweise Probleme auf, kann man anhand solcher worked examples das eigenen Vorgehen überprüfen und gegebenenfalls korrigieren. Bei der Bearbeitung der beiden Aufgaben in U10-11 konnte eine Reihe von problemhaften Phasen analysiert werden (vgl. Kap. 6.3). Interessant ist daher, inwieweit Lerndyaden auf die ihnen vorliegenden Beispiele in solchen Fällen zurückgegriffen haben. Anhand der vorliegenden Transkripte lässt sich dies nur dann feststellen, wenn von den Schülern explizit Äußerungen gemacht wurden, die sich in einem solche Sinne interpretieren lassen (vgl. Abb. 6.100).

Brinkmann\A_ANTH30_ANFR06_Transkription_U10-11 (72-76)
simulationsplan
S1:   Mhh.
S2:   Das haben wir doch bei diesem anderen Simulationsdings… ((U))
Einer der S. hat auf dem Simulationsplan bei Ausprägung „ CD-Qualität, MP3-125 " eingetragen gehabt, diese wurde durchgestrichen und auf „ richtig/falsch " geändert.

Brinkmann\A_CHRO24_ANMA19_Transkription_U10-11 (311-315)
simulationsplan
Fathom: Der Formeleditor wird geöffnet und die Formel wird zu 'Anzahl(Antwort)' geändert. Die Eingabe wird jedoch nicht bestätigt.
S2:   Nein, da müsste das mit dem richtig, falsch.
S1:   Eigentlich schon. Aber das macht der irgendwie nicht. Vielleicht… Hast du diesen
       Simulationsplan auch hier?
S2:   Was wir mit ihr gemacht hatte, das war das?
S1:   Oh, *(lacht und setzt ein Gleichzeichen in die Formel)* jetzt muss man aber auch
Anführungszeiten machen. Oh man, an so einem Scheiß.

Schwarz\B_UtWi28_EwMa04 Transkription U10-11 (318-322)
simulationsplan
S2:   Ok.
Die '5000' Messgrößen werden gesammelt. Eine Nachbargruppe fragt, ob sie schon fertig sind.
S2:   Danke Simulationsplan.
S: Fertig?
S2:   Ja, wir müssen noch nen Graphen machen und ne Auswertung.

Abb. 6.100 Explizite Äußerungen von Lerndyaden zur Nutzung von worked examples

Im Ergebnis einer lexikalischen Suche (MAXQDA 2007) lassen sich nur drei Schülerpaare identifizieren, die explizit auf worked examples bei ihrer Arbeit zurückgegriffen haben. Offenbar konnten die Lerndyaden in problemhaften Phasen andere Hilfen in Anspruch nehmen, wie durch die Lehrperson oder durch Schüler von Nachbargruppen. Dies ist durch die Auswertung der Inanspruchnahme der *Hilfe von außen* dokumentiert (vgl. Kap. 6.3).

6.5 Zusammenfassung der Teilstudie in U10-11

Mit der Teilstudie *Simulation durch Stichprobenziehen* wurden in der Unterrichtseinheit U10-11 drei Forschungsfragen untersucht:

- Wo liegen Schwierigkeiten und Probleme in den Schülerarbeitsphasen?
- Wie beeinflusst das Simulationsplanschema die Arbeit der Schülerpaare?
- Wie können Schülerkompetenzen hinsichtlich des Umgangs mit FATHOM, des Aufbaus von Simulationen und des stochastischen Wissens ermittelt und beschrieben werden?

In der Unterrichtseinheit U10-11 erfolgte die erste unterrichtliche Beschäftigung mit der *Simulation durch Stichprobenziehen,* nachdem die Schüler sich diese Simulationsmethode in Hausarbeit mit eFATHOM erarbeiten sollten. Die Schüler bekamen zwei Simulationsaufgaben und sollten diese in Lerndyaden bearbeiten (vgl. Kap. 6.1). Für die Schülerarbeitsphase wurde ein spezielles Design erprobt: Eine Gruppe von neun Lerndyaden bearbeitete die Aufgaben mit offline-Planungsphase und die andere Gruppe, ebenfalls neun Lerndyaden, bearbeitete die Aufgaben sofort am Computer. Beide Gruppen hatten als instruktionales Hilfsmittel ein Simulationsplanschema für jede Aufgabe zur Verfügung.

Um Antworten auf die Forschungsfragen zu finden, wurden verschiedene Analysen durchgeführt:

- Eine Produktbezogene Analyse, um die Qualität der Lösungsprodukte zu ermitteln (vgl. Kap. 6.2).
- Eine Handlungsbezogene Analyse, um Probleme und Schwierigkeiten in der Schülerarbeitsphase zu erkennen (vgl. Kap. 6.3).
- Eine Kommunikationsbezogene Analyse, um die Kooperation und Kommunikation der Lerndyaden zu bewerten (vgl. Kap. 6.4).

Diese Analysen haben zu einer Reihe von Ergebnissen geführt. Die bedeutsamsten seinen nachfolgend angeführt:

1. Die Schüler können mit ihren Modellierungs- und Simulationskompetenzen die an sie gestellten Simulationsaufgaben erfolgreich bearbeiten. Sie verfügen über das für die *Simulation durch Stichprobenziehen* notwendige prozedurale Wissen. Ein Beleg dafür ist die hohe mittlere Lösungsquote bei den FATHOM-Dateien von ca. 90 %.

2. In der Schülerarbeitsphase treten auch Probleme und Schwierigkeiten auf, bei der konsekutiven Gruppe allerdings weniger häufig als bei der integra-

tiven Gruppe. Dieser Effekt lässt sich durch die offline-Planungsphase der konsekutiven Gruppe begründen.

3. Die konsekutive Gruppe zeigt ein in sich einheitlicheres Lösungsverhalten als die integrative Gruppe. Dies zeigen die Textporträts der FATHOM-Handlungen entlang der Simulationsschritte. Die integrative Gruppe arbeitet häufiger mit Versuch-Irrtum-Strategien.

4. Die konsekutive Gruppe fordert weniger häufig inhaltliche Hilfe von außen an als die integrative Gruppe.

5. Schwierigkeiten und Probleme bereiten vor allem das Messgrößeninterface und das Auswertungsinterface. Die Probleme und Schwierigkeiten konzentrieren sich bei der konsekutiven Gruppe eher auf das (nicht offline vorgeplante) Auswertungsinterface, während sich die Probleme und Schwierigkeiten bei der integrativen Gruppe über alle Simulationsschritte erstrecken.

6. Das Simulationsplanschema wird von den Schülern in erster Linie als Planungsinstrument bzw. Handlungsorientierung verwendet. Die Dokumentationsfunktion wird von den Schülern weniger ernst genommen. Davon zeugen inkonsistente bzw. unvollständig ausgefüllte Simulationspläne. Diese können nicht als ausgearbeitetes Lösungsbeispiel dienen.

7. Das Simulationsplanschema scheint auch zu einer verstärkten inhaltlichen Kommunikation beizutragen, da es offline vor Durchführung der Simulation bzw. simultan während der Simulation ausgefüllt wird. Dies steht im Unterschied zu Meyfarth (2008b), der die eher technische Abarbeitung von Simulationen beklagt hatte.

8. Die Mehrzahl der integrativen Paare hat einen anderen Modellierungsansatz gewählt, der zu Schwierigkeiten und Problemen in der weiteren Simulation führte. Dies lässt sich wahrscheinlich durch die fehlende offline-Planungsphase begründen.

9. Die Mehrzahl der Lerndyaden hat noch Probleme und Schwierigkeiten mit dem Messgrößenkonzept. Das Simulationsplanschema scheint aber dazu beizutragen, dass bestimmte Probleme, wie das Name-Formel-Problem, weniger häufig auftauchen bzw. selbständig behoben werden können.

10. Einige integrative Schülerpaare arbeiten auch ohne offline-Planungsphase quasi-konsekutiv, d. h. sie beginnen zunächst damit, das Simulationsplanschema auszufüllen.

Grundsätzlich kann man diese ASPB-Phase als durchaus gelungen bezeichnen. Die Lerndyaden haben, insgesamt gesehen, sehr gut miteinander kooperiert. Schwierigkeiten und Probleme, die bei der Umsetzung der Simulation auftreten, sind meist auch ein Lernanlass und können zum Aufbau konzeptuellen Wissens führen. Dafür ist die Unterstützung der Schülergruppen durch die Lehrperson gerade in der Schülerarbeitsphase besonders wichtig.

6.6 Die Teilstudie *sample size effect* in U12-13

Als eine weitere Teilstudie wird in diesem Kapitel die Schülerarbeitsphase in der Unterrichtseinheit U12-13 genauer untersucht. Diese Unterrichtseinheit ist so konzipiert worden, dass Erkundungen zur Problematik des *sample size effect* im Zentrum von verschiedenen Schüleraktivitäten stehen. Dies ist ein wichtiger Aspekt im Phänomenkomplex des empirischen Gesetzes der großen Zahlen (vgl. Kap. 3.2.2).

In dieser Unterrichtseinheit gibt es zwei ASPB-Phasen, ASPB8 und ASPB9. Beide Phasen beziehen sich auf die Bearbeitung des Arbeitsblattes 1, das mit seinen Arbeitsaufträgen in Kapitel 6.6.1 vorgestellt wird. Daran anschließend werden die Ziele und Methoden dieser Teilstudie beschrieben (Kap. 6.6.2).

6.6.1 Aufgaben

Der Einfluss des Stichprobenumfanges auf die Überschreitungswahrscheinlichkeit zu einer vorgegebenen Grenze wird von Lernenden oftmals ignoriert. Die Unterrichtseinheit soll dazu beitragen, genau dieses Phänomen für die Schüler erfahrbar zu machen. Dazu wurde in der Arbeitsgruppe ein Arbeitsblatt[142] konzipiert, das mit verschiedenen Teilaufgaben die Problematik aus unterschiedlichen Blickwinkeln thematisiert. Dieses prozessorientierte Arbeitsblatt umfasst vier Seiten und ist in den Abb. 6.101 bis Abb. 6.104 abgebildet. Die Schüler sollen sich mit einer dem *maternity ward problem* verwandten Aufgabe beschäftigen, dem 10-20-Testproblem. Einen Test allein durch Raten zu bestehen, wird dabei als die „Null-Lerner-Chance" bezeichnet. Es soll nun untersucht werden, wie die „Null-Lerner-Chance" aus Sicht des Lehrers verringert werden kann bzw. aus Sicht der Schüler erhöht werden kann. Die Arbeitsaufträge[143], die die Schüler zur Erkundung bearbeiten sollen, werden anhand einer Lösungsskizze und einer tatsächlichen Schülerlösung nachfolgend illustriert. Die Schüler sollen in **Teilaufgabe a.** Chancen intuitiv schätzen, in den **Teilaufgaben b. und c.** Verteilungen qualitativ schätzen, in den **Teilaufgaben d1. und d2.** Simulationen planen, durchführen und auswerten, in **Teilaufgabe d3.** ihre Ergebnisse mit ihren intuitiven Schätzungen vergleichen und in **Teilaufgabe d4.** eine Umkehraufgabe bearbeiten.

---

[142] Ursprünglich wurden für diese Unterrichtseinheit drei Arbeitsblätter konzipiert. In der unterrichtlichen Realisierung wurden diese aufgeteilt: Arbeitsblatt 1 in U12-13 und Arbeitsblatt 2 und 3 in U14-15.

[143] Das vollständige Arbeitsblatt und die zugehörigen Materialien (Simulationsplan, Handout) finden sich im Anhang D.

U12-13
Personenkennung: [ ][ ][ ][ ][ ][ ]   Partnerpersonenkennung: [ ][ ][ ][ ][ ][ ]

Ersten zwei Buchstaben der Mutter und des Vaters + eigener Geburtstag, z.B. Erika, Bernd, 03.10.1988→ ErBe03

Hinweise:
- *Tragen Sie bitte Ihre Kennung und die Ihres Teampartners oben in die Felder und auf den Simulationsplänen ein.*
- *Das Arbeitsblatt wird zusammen mit den Simulationsplänen am Ende der Stunde zwecks Kopieanfertigung eingesammelt.*
- *Ihre Arbeit am Computer wird mit einer Software aufgezeichnet.*

Arbeitsblatt 1 A – Einzelarbeit bis einschließlich d1

Wir haben uns mit dem Problem beschäftigt, wie wahrscheinlich es ist, einen Multiple-Choice-Test mit 10 Fragen und 2 Antwortmöglichkeiten allein durch Raten zu bestehen.
Wir wollen jetzt sehen, was passiert, wenn man einen längeren Test, z.B. mit 20 Fragen stellt.
Es wird ein solcher Test mit 10 und mit 20 Fragen angeboten. Man hat bestanden, wenn man mindestens 60% der Fragen richtig beantwortet hat. Wir bezeichnen die Wahrscheinlichkeit, den Test nur durch Raten zu bestehen, als die „Null-Lerner-Chance" für diesen Test.

Wir wollen untersuchen, wie der Lehrer die „Null-Lerner-Chance" verringern kann und die Schüler diese erhöhen können.

a. Bei welchem Test ist die Null-Lerner-Chance größer?

☐ Test mit 10 Fragen   ☐ mit 20 Fragen   ☐ Chance ist gleich
Begründen Sie mit intuitiven Argumenten.

b. Bei dem Test können wir die **Anzahl** der richtig gelösten Fragen als Zufallsgröße (Messgröße in Fathom) betrachten. Im 10er-Test schwankt diese zufallsabhängige Größe zwischen 0 und 10, im 20er-Test zwischen 0 und 20.
Skizzieren Sie in der folgenden Graphik qualitativ, welche Wahrscheinlichkeiten Sie für die einzelnen Ergebnisse (**Anzahl** richtiger Lösungen) erwarten würden.

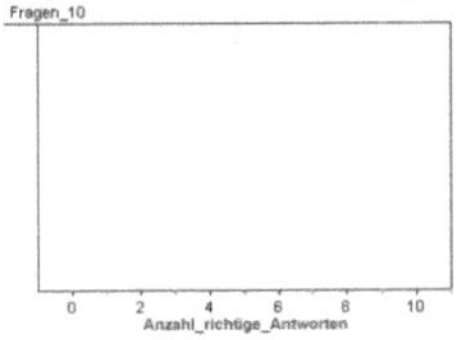

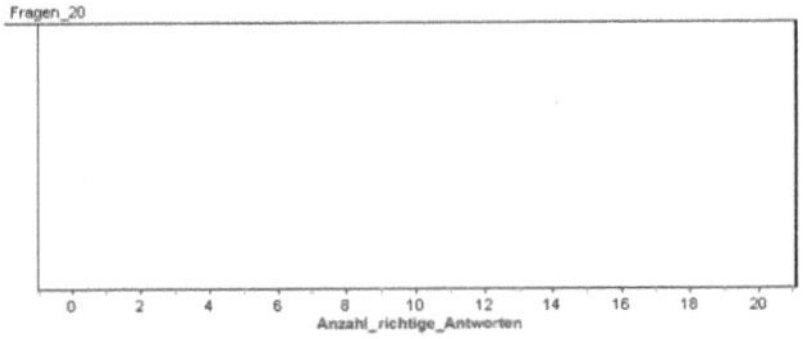

Fragen_10

0   2   4   6   8   10
Anzahl_richtige_Antworten

Fragen_20

0   2   4   6   8   10   12   14   16   18   20
Anzahl_richtige_Antworten

Abb. 6.101 U12-13: Arbeitsblatt 1 – Seite 1

c. Bei dem Test wollen wir jetzt auch den **Anteil** der richtig gelösten Fragen als Zufallsgröße betrachten.

Im 10er-Test schwankt der Anteil zwischen $\frac{0}{10}, \frac{1}{10}, \ldots, \frac{9}{10}, \frac{10}{10}$, im 20er-Test zwischen $\frac{0}{20}, \frac{1}{20}, \ldots, \frac{19}{20}, \frac{20}{20}$, also beide zwischen einem Anteil von 0 und 1.

Skizzieren Sie in der folgenden Graphik qualitativ, welche Wahrscheinlichkeiten Sie für die einzelnen Ergebnisse (**Anteil** richtiger Lösungen) erwarten würden.

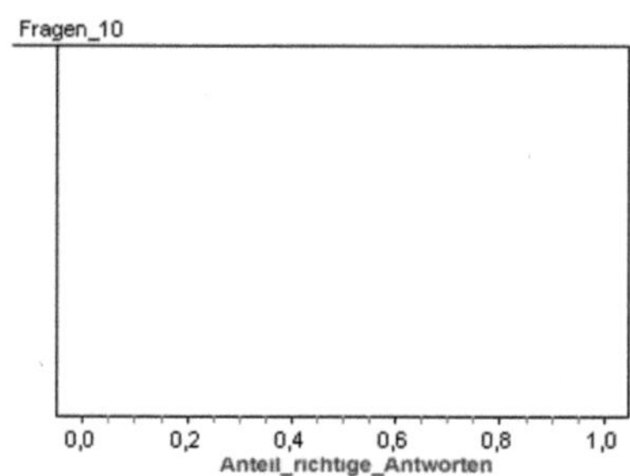

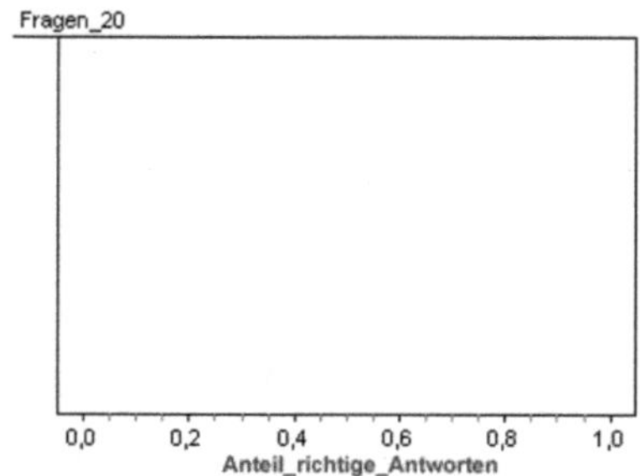

Platz für Notizen aus der Ergebnispräsentation

Abb. 6.102 U12-13: Arbeitsblatt 1 – Seite 2

U12-13
Personenkennung: ☐☐☐☐☐   Partnerpersonenkennung: ☐☐☐☐☐

Ersten zwei Buchstaben der Mutter und des Vaters + eigener Geburtstag, z.B. Erika, Bernd, 03.10.1988→ ErBe03

d. Simulieren Sie nun beide Tests mit Fathom, und zwar soll es um die Verteilung des relativen Anteils richtiger Lösungen gehen.

Tipp: Wenn Sie das Merkmal für die zufällig gegebenen Antworten mit `Antworten` bezeichnet haben, welches die Ausprägungen „richtig", „falsch" hat, dann können Sie z.B: folgende Formel verwenden:

Name für die Messgröße: `Anteil_Richtig`

Formel für die Messgröße: $\dfrac{\text{Anzahl (Antworten="richtig")}}{\text{Anzahl()}}$.

d1. Erstellen Sie einen Simulationsplan. (siehe Vorlage **Simulationsplan A-1**)

d2. Führen Sie die Simulation für beide Tests mit der Wiederholungszahl N = 5000 durch und stellen Sie die Verteilung des **Anteils** der richtig gelösten Fragen in je einem Histogramm dar.

Ermitteln Sie die Null-Lerner-Chance für verschiedene Tests und Bestehensgrenzen und tragen Sie sie in die Tabelle ein

Null-Lerner-Chance in %

	bei Bestehensgrenze von			
	0,6	0,7	0,8	Anteil richtiger Fragen
10er-Test	37%			
20er-Test				

d3. Vergleichen Sie die Resultate mit Ihren intuitiven Schätzungen in Aufgabenteilen a, b, c.

Abb. 6.103 U12-13: Arbeitsblatt 1 – Seite 3

d4. Ihre Lehrerin möchte die Bestehensgrenze so festsetzen, dass die Null-Lerner-Chance höchstens 10% (5%) beträgt. Ermitteln Sie die Grenzen für die beiden Tests und verwenden Sie dafür Ihre Simulation. Tragen Sie die Bestehensgrenzen (als Anteil) in die Tabelle ein.

Tipp: Die Bestehensgrenze bei 25% können Sie mit Fathom durch das Kommando Q3(Anteil_Richtige) ermitteln, Q3 teilt die Datenmenge so, dass mindestens 75% der Ergebnisse kleiner gleich Q3 und höchstens 25% größer als Q3 sind.

Dasselbe liefert das Kommando Perzentil (75; Anteil_Richtige). Für andere Null-Lerner-Chancen muss man statt der 75(%) entsprechend andere Werte einsetzen, z.B. 90 für eine Null-Lerner-Chance von 10%.

2000 Simulationen des 10er-Tests
(dieses Ergebnis wurde bereits in die Tabelle unten eingetragen)

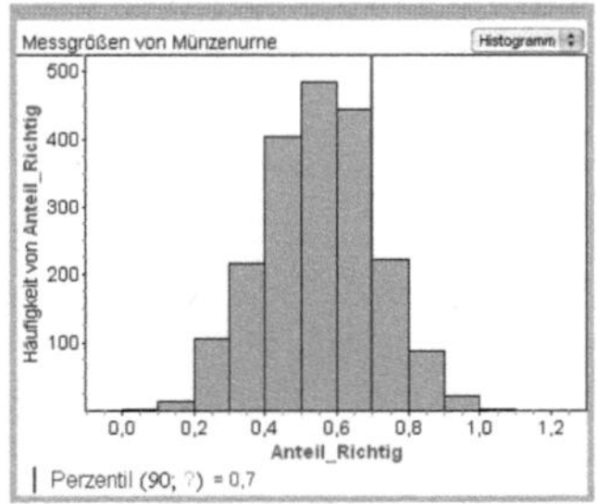

Bestehensgrenzen (als Anteil)

	bei folgenden Null-Lerner-Chancen	
	10%	5%
10er-Test	>0,7	
20er-Test		

Platz für Notizen aus der Ergebnispräsentation

Abb. 6.104 U12-13: Arbeitsblatt 1 – Seite 4

Lösungsskizzen zu den Teilaufgaben

Nachfolgend werden für die einzelnen Teilaufgaben die Lösungsskizzen beschrieben. Zur besseren Nachvollziehbarkeit der mit den Teilaufgaben verbundenen Ideen und deren Umsetzung ist in jedem Schritt auch die Schülerlösung einer Lerndyade als prototypisches Beispiel angegeben (ELFR16_IRAL26).

Schritt 1 – Chancen intuitiv schätzen

Die Schüler sollen zunächst eine Schätzung abgeben und diese mit intuitiven Argumenten begründen. Die Schüler könnten intuitiv mit ihrer Erfahrung aus der Simulation eventuell mit dem empirischen Gesetz der großen Zahlen argumentieren, obwohl 10 und 20 eigentlich keine „großen" Zahlen sind: Je kleiner die Wiederholung, desto mehr erwartet man Abweichungen vom theoretischen Wert.

Nach den Erfahrungen auch aus anderen Studien (vgl. Kap. 3.2) kann man aber davon ausgehen, dass ein Großteil der Schüler die Bestehenschancen bei beiden Tests als gleich wahrscheinlich einschätzt. Eine typische Begründung bezieht sich auf die gleiche Bestehensgrenze (Abb. 6.105).

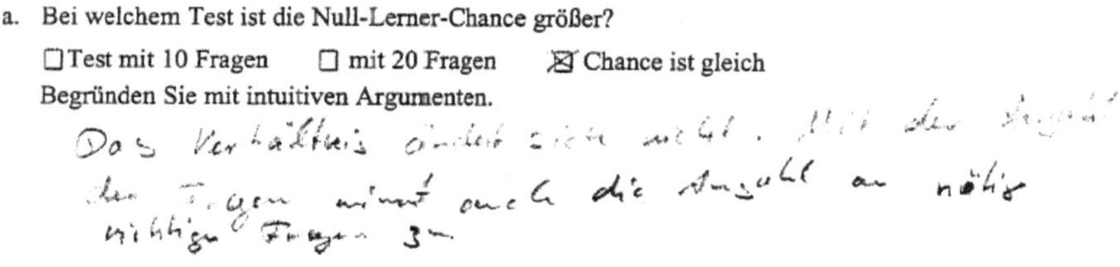
a. Bei welchem Test ist die Null-Lerner-Chance größer?

☐ Test mit 10 Fragen ☐ mit 20 Fragen ☒ Chance ist gleich

Begründen Sie mit intuitiven Argumenten.

Das Verhältnis ändert sich nicht. Mit der Anzahl der Fragen nimmt auch die Anzahl an nötig richtigen Fragen zu

Abb. 6.105 U12-13: Arbeitsblatt 1, Teilaufgabe a., ELFR16 (ELFR16_IRAL26)

Im Eingangstest (vgl. Kap. 7) haben etwa Dreiviertel aller Schüler beim *maternity ward problem* eine falsche Auswahl getroffen. Die intensive unterrichtliche Auseinandersetzung mit den eigenen primären Intuitionen soll dazu beitragen, dass Schüler ihre Fehlvorstellung wahrnehmen und in der Auseinandersetzung mit den erzeugten Simulationsergebnissen revidieren. Dazu ist es notwendig, dass diese Fehlvorstellung auch expliziert wird.

Schritt 2 – Verteilungen qualitativ skizzieren

Es ist sinnvoll, die Vorstellungen der Schüler nicht nur verbal beschreiben zu lassen, sondern auch in anderen Repräsentationsformen zu erfragen. Bei **Teilaufgabe b.** sind die die Wahrscheinlichkeiten für die **Anzahl der Erfolge** und bei **Teilaufgabe c.** die Wahrscheinlichkeiten für den **Anteil der Erfolge** jeweils für $n = 10$ und $n = 20$ zu skizzieren. Man kann vermuten, dass die Schüler bei **Teilaufgabe b.** das Maximum der Verteilung bei 5 bzw. 10 setzen, und von da an nach beiden Seiten gleichmäßig abfallend die Verteilung skizzieren. Es könnten „glockenförmige Verteilungen entstehen", da sie diese bereits in der 10er-Test-Simulation gesehen haben. Bei **Teilaufgabe c.** müssten sich beide Verteilungen um 0,5 konzentrieren, wobei beim 20er-Test die Konzentration um 0,5 größer sein müsste. Für die Schüler müsste die Antwort konsistent mit ihrer Antwort zu Teilaufgabe a. sein: d. h. wenn man gleiche Wahrscheinlichkeit erwartet, könnten auch die Verteilungen gleich sein.

Die Beschäftigung mit dem Anteil an Erfolgen für konkrete Wiederholungsanzahlen n ist für Schüler ungewohnt Für den Phänomenkomplex des empirischen Gesetzes der großen Zahlen ist dieser Zugang jedoch äußerst bedeutungsvoll. Wie in Kapitel 3.2 ausführlich dargestellt, erlaubt die Transformation des Wertebereichs der Zufallsgröße Y durch $Y = X/n$ auf das Intervall [0; 1] das Sichtbarmachen des Zusammenziehens einer Verteilung für wachsende Wiederholungsanzahlen n um den Erwartungswert p.

Abb. 6.106 zeigt eine Schülerlösung zur Teilaufgabe b.

b.   Bei dem Test können wir die **Anzahl** der richtig gelösten Fragen als Zufallsgröße (Messgröße in Fathom) betrachten. Im 10er-Test schwankt diese zufallsabhängige Größe zwischen 0 und 10, im 20er-Test zwischen 0 und 20.
Skizzieren Sie in der folgenden Graphik qualitativ, welche Wahrscheinlichkeiten Sie für die einzelnen Ergebnisse (**Anzahl** richtiger Lösungen) erwarten würden.

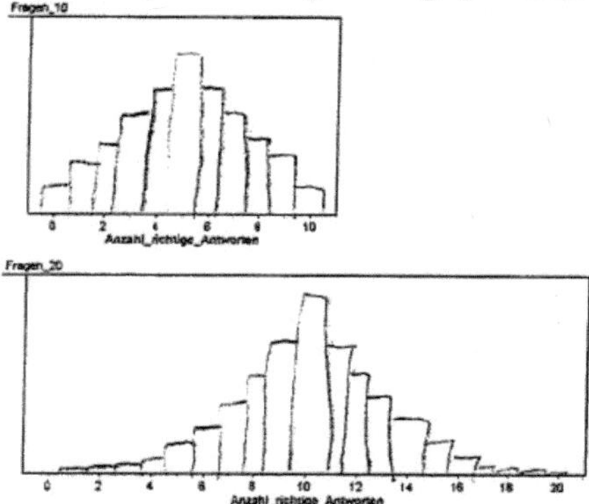

Abb. 6.106 U12-13: Arbeitsblatt 1, Teilaufgabe b., ELFR16 (ELFR16_IRAL26)

Die Verteilungsskizze der Schüler ist jeweils ein unimodales und symmetrisches Histogramm mit Klassenbreite 1. Das Maximum liegt bei 5 bzw. 10 (wie in der Lösungsskizze vermutet), davon ausgehend fällt die Wahrscheinlichkeitsverteilung nach rechts und links ab. Ansatzweise ist ein glockenförmiger Typus skizziert worden. Wie man Abb. 6.106 entnehmen kann, sind in beiden Graphikfenstern die vertikalen Achsen nicht skaliert, jedoch von der Ausdehnung her gleich groß. Das ist bewusst so gewählt worden, damit Schüler tatsächlich auch qualitativ skizzieren. Allerdings schränkt dies den Vergleich der Histogramme ein. Denn streng genommen müsste bei gleicher Skalierung der vertikalen Achse die Verteilurg für $n = 20$ etwas flacher verlaufen als die für $n = 10$. Darüberhinaus fällt auf, dass die Wahrscheinlichkeiten an den Rändern, insbesondere für $n = 10$, überhöht dargestellt sind im Vergleich zu den tatsächlichen Wahrscheinlichkeiten. Zum Vergleich sind die simulierten Häufigkeitsverteilungen in Abb. 6.107 dargestellt.

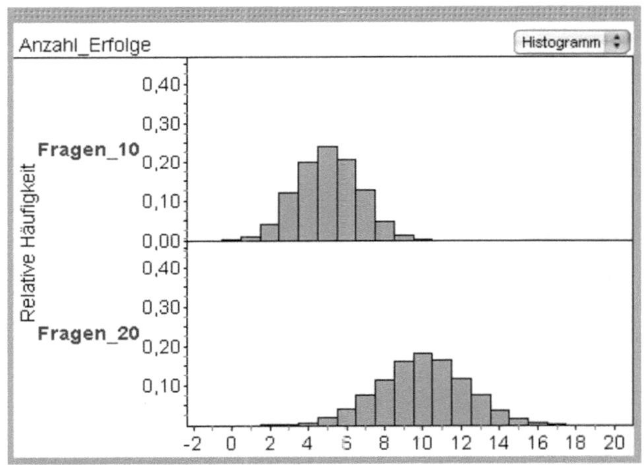

Abb. 6.107 U12-13: Häufigkeitsverteilungen für *n = 10* **und** *n = 20, p = 0,5,* **Teilaufgabe b.**[144]

Abb. 6.108 zeigt eine Schülerlösung zur Teilaufgabe c. Die Schüler haben jeweils ein unimodales und symmetrisches Histogramm mit Klassenbreite 1/10 skizziert. Vom Maximum 0,5 ausgehend fällt die Wahrscheinlichkeitsverteilung nach rechts und links ab. Beide Histogramme sind, wie erwartet, praktisch gleich skizziert. Wie man Abb. 6.108 entnehmen kann, sind in den Graphikfenstern die vertikalen Achsen nicht skaliert, jedoch von der Ausdehnung her gleich groß. Das ist bewusst so gewählt worden, damit Schüler tatsächlich auch qualitativ skizzieren. Abhängig von der Wahl der Klassenbreite können allerdings unterschiedliche Verteilungen skizziert werden. Abb. 6.109 zeigt die beiden simulierten Häufigkeitsverteilungen im Histogramm für die Klassenbreite $1/n$ (vertikale Skalene nteilung: relative Häufigkeit).

---

[144] Simulierte Häufigkeitsverteilungen mit *ZufallBinomial()* und $N = 5000$.

c. Bei dem Test wollen wir jetzt auch den **Anteil** der richtig gelösten Fragen als Zufallsgröße betrachten.

Im 10er-Test schwankt der Anteil zwischen $\frac{0}{10}, \frac{1}{10}, \ldots, \frac{9}{10}, \frac{10}{10}$, im 20er-Test zwischen

$\frac{0}{20}, \frac{1}{20}, \ldots, \frac{19}{20}, \frac{20}{20}$, also beide zwischen einem Anteil von 0 und 1.

Skizzieren Sie in der folgenden Graphik qualitativ, welche Wahrscheinlichkeiten Sie für die einzelnen Ergebnisse (**Anteil** richtiger Lösungen) erwarten würden.

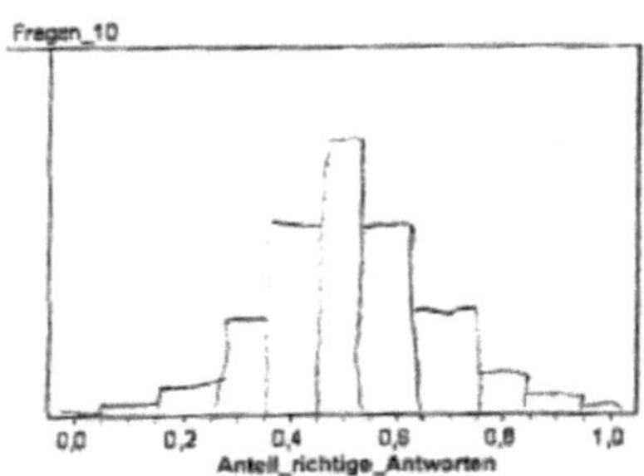

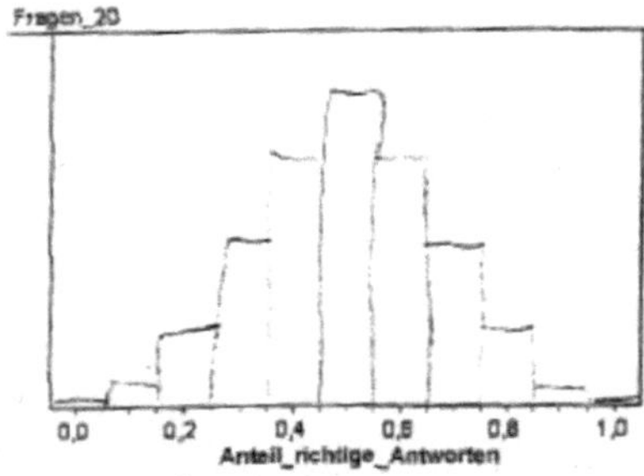

Abb. 6.108 U12-13: Arbeitsblatt 1, Teilaufgabe c., ELFR16 (ELFR16_IRAL26)

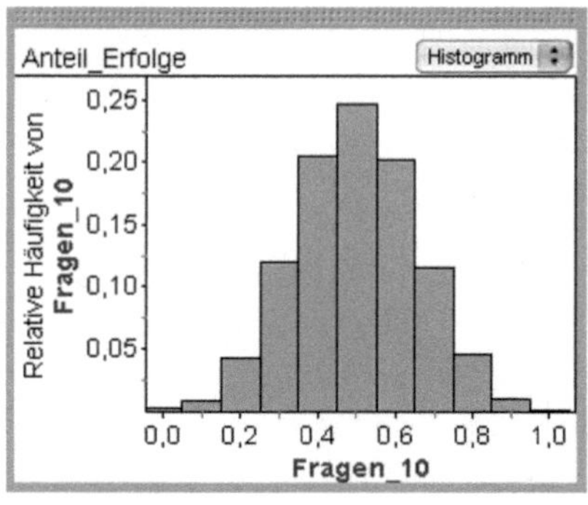

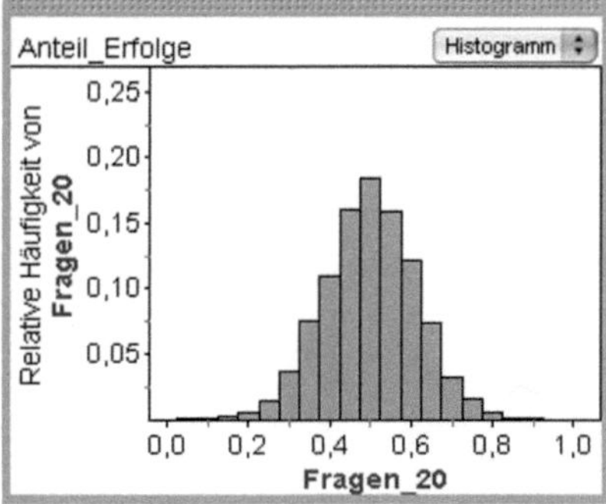

Abb. 6.109 U12-13: Häufigkeitsverteilungen für *n = 10* und *n = 20*, *p = 0,5*, Teilaufgabe c.

Um den Effekt des Zusammenziehens der Verteilung um $p = 0{,}5$ für größere n noch deutlicher im Histogramm darzustellen, sollte man die gleiche Klassenbreite benutzen. In Abb. 6.110 sind die simulierten Häufigkeitsverteilungen für die Klassenbreite $b = 0{,}1$ in einem gemeinsamen Histogramm übereinander dargestellt.

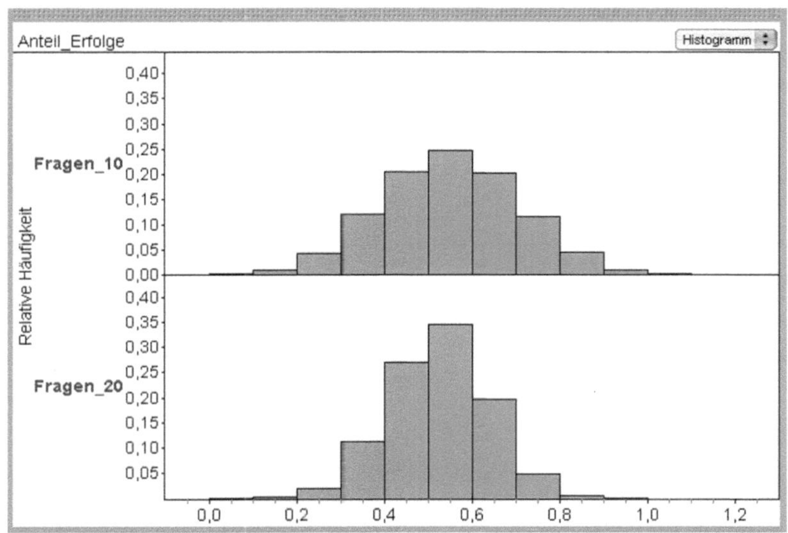

Abb. 6.110 Häufigkeitsverteilungen für $n = 10$ und $n = 20$, $p = 0{,}5$, Teilaufgabe c. mit gleicher Klassenbreite $b = 0{,}1$

Schritt 3 – Simulationen planen, durchführen und auswerten

Nach den offline-Vorüberlegungen zur „Null-Lerner-Chance" in den Teilaufgaben a. bis c. sollen die Schüler ihre intuitiven Ergebnisse mit Hilfe von Simulationen überprüfen. Als Unterstützung sind Messgrößenname und Messgrößenformel auf dem Arbeitsblatt bereits vorgegeben (vgl. Abb. 6.103). In Aufgabe d1. soll in einer Art Planungsphase zunächst offline ein Simulationsplan erstellt werden. Dann soll in d2. die Simulation für den relativen Anteil richtiger Lösungen sowohl für $n = 10$ als auch für $n = 20$ in FATHOM erstellt und sowohl graphisch als auch numerisch ausgewertet werden.

Eine Lösungsskizze für den Simulationsplan ist in Abb. 6.111a dargestellt. In Abb. 6.111b ist eine Schülerlösung des Simulationsplans abgebildet.

Personenkennung: [ ][ ][ ][ ][ ][ ]   Partnerpersonenkennung: [ ][ ][ ][ ][ ][ ]

Ersten zwei Buchstaben der Mutter und des Vaters + eigener Geburtstag, z.B. Erika, Bernd, 03.10.1988 → ErBe03

Simulationsplan B-1

Simulation durch Stichprobenziehung

Zufallsexperiment: *10er Test und 20er Test (Ziehen mit Zuruecklegen aus einer Urne mit 2 Kugeln)*

Fragestellungen: *Bei welchem Test ist die Null-Lerner-Chance groesser? Wie hoch sind die Bestehenschancen bei verschiedenen Bestehensgrenzen?*

[1] Festlegen der Urnenkollektion	Ausprägungen: *richtig, falsch* Merkmalsname: *Antworten* Fathom-Formel: -
[2] Stichprobe ziehen	☒ mit Zurücklegen ☐ ohne Zurücklegen Anzahl der zu ziehenden Kugeln: *10 bzw. 20*
[3] Festlegen der Messgrößen	Beschreibung: Anteil der richtigen Antworten Ausprägungen: *0, 1/10,…, 9/10, 1 bzw. 0, 1/20,…, 19/20, 1* Messgrößenname: *Anteil_richtig* Fathom-Formel: *Anzahl(Antworten = "richtig")/Anzahl()*
[4] Messgrößen sammeln	Anzahl der gesammelten Messgrößen: *5000*
[5] Auswertung: Verteilung, rel. Häufigkeit, Mittelwerte,…	Formel: *Anzahl(Anteil_richtig ≥ 0,6)/Gesamtanzahl·100* *10er Test: ca. 37%* und *20er Test: ca. 26%* Messgrößen von Test 10 — Histogramm; Messgrößen von Test 20 — Histogramm; Relativer Prozentsatz von Anteil_Richtig; 35% 30% 25% 20% 15% 10% 5%; 0,2 0,4 0,6 0,8 1,0; Anteil_Richtig

Interpretation der Auswertung: *Die Null-Lerner-Chance ist beim Test mit 10 Fragen um etwa 11%Punkte groesser als beim Test mit 20 Fragen. Die Bestehenschancen nehmen mit Erhoehung der Bestehensgrenzen bei beiden Tests deutlich ab (siehe Tabelle AB1).*

Fathomdatei:____

Abb. 6.111a U12-13: Lösungsskizze Simulationsplan, Teilaufgabe d1.

Personenkennung: ELFR16 Partnerpersonenkennung: JRAL26

Ersten zwei Buchstaben der Mutter und des Vaters + eigener Geburtstag, z.B. Erika, Bernd, 03.10.1988 → ErBe03

Simulationsplan B-1

Simulation durch Stichprobenziehung

Zufallsexperiment:

Fragestellungen:

[1] Festlegen der Urnenkollektion	Ausprägungen: richtig, falsch. Merkmalsname: Antwort Fathom-Formel: –
[2] Stichprobe ziehen	☒ mit Zurücklegen ☐ ohne Zurücklegen Anzahl der zu ziehenden Kugeln: 10 / 20
[3] Festlegen der Messgrößen	Beschreibung: Anteil der richtigen Antworten Ausprägungen: 0, …, 10 / 0, …, 20 Messgrößenname: Anteil_richtig Fathom-Formel: Anzahl(Antwort = "richtig") / Gesamtanzahl
[4] Messgrößen sammeln	Anzahl der gesammelten Messgrößen: 5000
[5] Auswertung Verteilung, rel. Häufigkeit, Mittelwerte	Für 10 Fragen 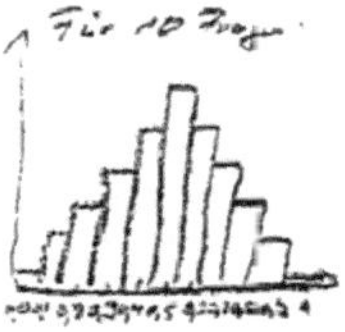 Anzahl(Anteil_richtig ≥ 0,6/0,7/0,8) / Gesamtanzahl Für 20 Fragen 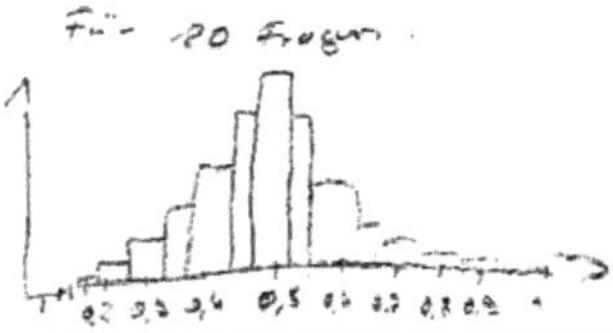

Interpretation der Auswertung:

s. Aufgabenblatt

Fathomdatei:

Abb. 6.111b U12-13: Schülerlösung Simulationsplan, Teilaufgabe d1., ELFR16_IRAL26

Die Schritte „[5] Auswertung" und „Interpretation der Auswertung" haben die Schüler erst nach erfolgreicher Durchführung der Simulation komplettieren können. Die Schülerlösung des Simulationsplans zeigt aber offene Stellen und Fehler, auf die in Kapitel 6.7. eingegangen wird. Durch manuelles Verändern der Bestehensgrenzen in der Simulationsumgebung kann die auf dem Arbeitsblatt vorgegebene Tabelle zur Null-Lerner-Chance in % ausgefüllt werden (vgl. Abb. 6.112).[145]

d. Simulieren Sie nun beide Tests mit Fathom, und zwar soll es um die Verteilung des relativen Anteils richtiger Lösungen gehen.

Tipp: Wenn Sie das Merkmal für die zufällig gegebenen Antworten mit Antworten bezeichnet haben, welches die Ausprägungen „richtig", „falsch" hat, dann können Sie z.B. folgende Formel verwenden:

Name für die Messgröße: Anteil_Richtig

Formel für die Messgröße: $\dfrac{\text{Anzahl (Antworten="richtig")}}{\text{\sout{Gesamtanzahl}}} \cdot$

 Anzahl ( )

d1. Erstellen Sie einen Simulationsplan. (siehe Vorlage **Simulationsplan B-1**)

d2. Führen Sie die Simulation für beide Tests mit der Wiederholungszahl N = 5000 durch und stellen Sie die Verteilung des **Anteils** der richtig gelösten Fragen in je einem Histogramm dar.

Ermitteln Sie die Null-Lerner-Chance für verschiedene Tests und Bestehensgrenzen und tragen Sie sie in die Tabelle ein

Null-Lerner-Chance in %				
	bei Bestehensgrenze von			
	0,6	0,7	0,8	Anteil richtiger Fragen
10er-Test	37%	_18,02%_	_5,4%_	
20er-Test	_25%_	_6%_	_1%_	

Abb. 6.112 U12-13: Arbeitsblatt 1, Teilaufgabe d2., ELFR16_IRAL26

Ein Vergleich mit der Lösungsskizze (Abb. 6.113) bestätigt die Korrektheit der Ergebnisse der Schülerlösung.

Messgrößen von Münzenurne

Anteil_Richtig	0,3786
	0,1684
	0,0534

$$S1 = \frac{\text{Anzahl (Anteil\_Richtig} \geq 0{,}6)}{\text{Gesamtanzahl}}$$

$$S2 = \frac{\text{Anzahl (Anteil\_Richtig} \geq 0{,}7)}{\text{Gesamtanzahl}}$$

$$S3 = \frac{\text{Anzahl (Anteil\_Richtig} \geq 0{,}8)}{\text{Gesamtanzahl}}$$

10er-Test

Messgrößen von Münzenurne

Anteil_Richtig	0,2594
	0,0594
	0,0062

$$S1 = \frac{\text{Anzahl (Anteil\_Richtig} \geq 0{,}6)}{\text{Gesamtanzahl}}$$

$$S2 = \frac{\text{Anzahl (Anteil\_Richtig} \geq 0{,}7)}{\text{Gesamtanzahl}}$$

$$S3 = \frac{\text{Anzahl (Anteil\_Richtig} \geq 0{,}8)}{\text{Gesamtanzahl}}$$

20er- Test

Abb. 6.113 U12-13: Lösungsskizze Teilaufgabe d2.

---

[145] Die Formel der Messgröße enthält in dieser Fassung des Arbeitsblattes einen Fehler. Die Schüler erhielten durch die Lehrperson den Hinweis, *Gesamtanzahl* durch *Anzahl()* zu ersetzen.

Schritt 4 – Ergebnisse mit intuitiven Schätzungen vergleichen

In Teilaufgabe d3. sollen die Schüler ihre Simulationsergebnisse mit ihren Vorüberlegungen vergleichen. Wahrscheinlich bereitet es Schwierigkeiten, die Verteilungen genau gleich zu formatieren. Macht man das, kommt im Vergleich der beiden Tests folgendes heraus:

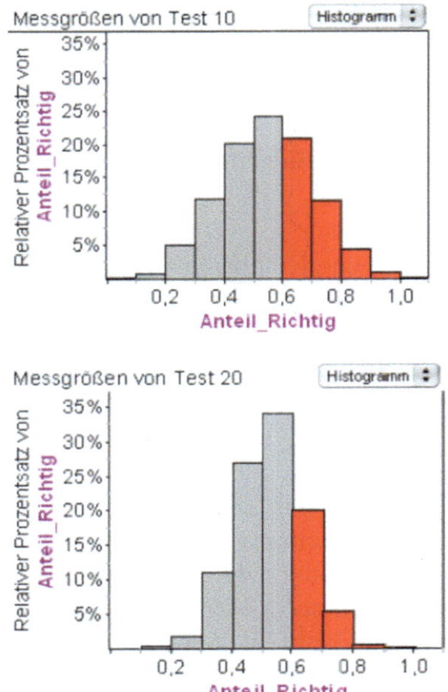

Abb. 6.114 U12-13: Lösungsskizze Teilaufgabe d3.

Der Vergleich der Resultate mit der intuitiven Schätzung aus Teilaufgabe a. ist relativ leicht. Man kann sofort feststellen, dass die Bestehenswahrscheinlichkeiten für die beiden Tests nicht gleich sind (vgl. Abb. 6.115).

Abb. 6.115 U12-13: Arbeitsblatt 1, Teilaufgabe d3., ELFR16_IRAL26

Schwieriger gestaltet sich der Vergleich mit den Aufgabenteilen b.und c. Hierzu müssten die entsprechenden Histogramme nicht nur erstellt, sondern auch vergleichbar gemacht werden. Die Herstellung dazu könnte folgendermaßen vor sich gehen:

- Gleiche Größe der Graphikfenster (in der gleichen Datei) herstellen.
- In Graphikfenster des 20er-Test sowohl für waagerechte als auch senkrechte Achse über das Kontextmenü Achsenverknüpfungen zeigen aktivieren.
- Das Verknüpfungssymbol auf die entsprechenden Achsen des anderen Graphikfensters ziehen.
- Gleiche Klassenbreite der Histogramme einstellen über Kontextmenü Info Graph > Eigenschaften.

In der Aufgabestellung ist notwendige Herstellung vergleichbarer Graphiken allerdings nicht explizit angegeben. Die Schüler haben zwar in eFATHOM gelernt, wie man Histogramme sowohl in der Klassenbreite als auch in der Skalierung anpasst. Allerdings ist dies im Unterricht nicht weiter geübt worden. Daher muss mit Schwierigkeiten bei der der Anpassung der Histogramme gerechnet werden.

Schritt 5 – eine Umkehraufgabe bearbeiten

Haben sich die Schüler in d1. bis d3. mit der Überschreitungswahrscheinlichkeit zu einer bestimmten Bestehensgrenze beschäftigt, steht in d4. der umgekehrte Aspekt im Mittelpunkt der Betrachtungen: Die Bestimmung der Bestehensgrenze zu einer vorgegebenen Überschreitungswahrscheinlichkeit (vgl. Abb. 6.117).

Die Schüler sollen mit Hilfe der Perzentil-Funktion in FATHOM Bestehensgrenzen für Null-Lerner-Chancen von 5 % bzw. 10 % ermitteln für beide Tests (10er-Test und 20er-Test ermitteln). Problematisch könnte über die rein technische Abarbeitung die inhaltliche Interpretation sein. Das liegt an der vorgegebenen Tabelle, die für diese Teilaufgabe auszufüllen ist. Korrekterweise müsste diese Tabelle nämlich die folgende Gestalt haben, wie Abb. 6.116 zeigt.

	Bestehensgrenze (als Anteil) bei folgenden Null-Lerner-Chancen	
	≤ 10 %	≤ 5 %
10er-Test	> 0,7	> 0,8
20er-Test	>0,65	> 0,7

Abb. 6.116 U12-13: Arbeitsblatt 1 U12-13, Teilaufgabe d4.

Der Ausdruck Perzentil (90;?) = 0,7 bedeutet, dass **höchstens** 10 % **größer** als 0,7 sind. Überträgt man das in Anzahlen, dann bedeutet dies für den 10er Test, dass die Null-Lerner-Chance erst bei **mehr als** 7 richtigen Antworten unter 10 % liegt. Die Bestehensgrenze, die dies erfüllt, liegt demnach bei 8 richtigen Antworten.

> d4. Ihre Lehrerin möchte die Bestehensgrenze so festsetzen, dass die Null-Lerner-Chance höchstens 10% (5%) beträgt. Ermitteln Sie die Grenzen für die beiden Tests und verwenden Sie dafür Ihre Simulation. Tragen Sie die Bestehensgrenzen (als Anteil) in die Tabelle ein.
>
> Tipp: Die Bestehensgrenze bei 25% können Sie mit Fathom durch das Kommando Q3(Anteil_Richtige) ermitteln, Q3 teilt die Datenmenge so, dass mindestens 75% der Ergebnisse kleiner gleich Q3 und höchstens 25% größer als Q3 sind.
>
> Dasselbe liefert das Kommando Perzentil (75; Anteil_Richtige). Für andere Null-Lerner-Chancen muss man statt der 75(%) entsprechend andere Werte einsetzen, z.B. 90 für eine Null-Lerner-Chance von 10%.

2000 Simulationen des 10er-Tests
(dieses Ergebnis wurde bereits in die Tabelle unten eingetragen)

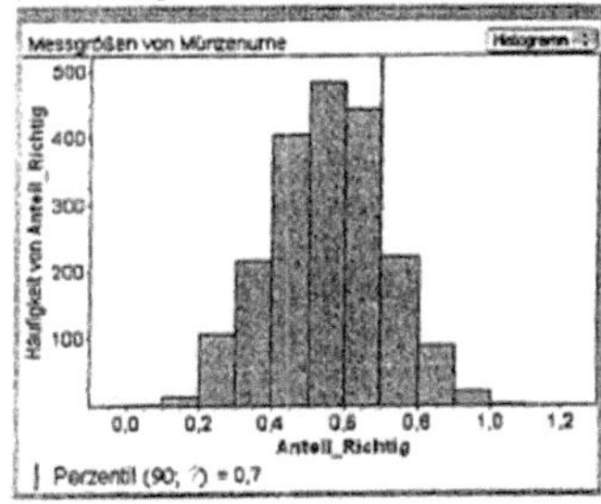

Bestehensgrenzen (als Anteil)		
bei folgenden Null-Lerner-Chancen		
	10%	5%
10er-Test	0,7	0,8
20er-Test	0,65	0,9

Abb. 6.117 U12-13: Arbeitsblatt 1, Teilaufgabe d4., ELFR16_IRAL26

Die hier gewählte Einführung des Perzentil-Begriffs (Abb. 6.117) greift auf die Quartile aus U1-2 zurück und definiert diese als spezielle Perzentile einer Häufigkeitsverteilung. Die Begriffserweiterung ist notwendig, da in den nachfolgenden Arbeitsblättern 2 und 3 (vgl. U14-15) die mittleren 90 % bzw. 95 % einer Häufigkeitsverteilung über Perzentile bestimmt werden. Vertiefende Betrachtungen zum Perzentil-Begriff sind bei der Planung des Einführungskurses durch die Arbeitsgruppe nicht vorgesehen worden.

6.6.2   Ziele und Methoden

Für eine Analyse des Unterrichtsverlaufs von U12-13 und speziell der Schülerarbeitsphase wurden verschiedene Daten gesammelt:

- Produkte der Lerndyaden: [146]

  Arbeitsblätter (Gruppe A und B), Simulationspläne (Gruppe A und B) und FATHOM-Dateien,

- Unterrichtsaufnahmen:

  Camtasia-Aufzeichnungen der Schülerarbeitsphase am Computer, Audio-Aufzeichnungen der Schülerarbeitsphase (Gruppe B, Aufgaben a. bis d1. in Partnerarbeit) und Audio-Aufzeichnungen des Unterrichts (ohne Schülerarbeitsphase),

- Transkripte und Protokolle:

  Die Camtasia-Aufzeichnungen wurden transkribiert und die Audioaufzeichnungen des Unterrichts wurden als Protokolle angefertigt.

Ziel der Untersuchung der Schülerarbeitsphase in der Teilstudie *sampling distribution and sample size effect* ist die Beantwortung der folgenden drei Forschungsfragen:

- Wo liegen Schwierigkeiten und Probleme in den Schülerarbeitsphasen?
- Wie beeinflusst das Simulationsplanschema die Arbeit der Schülerpaare?
- Wie können Schülerkompetenzen hinsichtlich des Umgangs mit FATHOM, des Aufbaus von Simulationen und des stochastischen Wissens ermittelt und beschrieben werden?

Für die Beantwortung der Frage nach den Schülerkompetenzen werden die Schülerprodukte ausgewertet: Arbeitsblatt, Simulationsplanschema und FATHOM-Dateien. Dazu wird ein Kategorienschema (vgl. Abb. 6.118) benutzt, das in der Arbeitsgruppe diskutiert und entwickelt wurde.[147] Leitprodukt ist das Arbeitsblatt mit den Teilaufgaben a. bis d4. Dazu werden die Eintragungen auf dem Simula-

---

[146] Es wurden zwei Versionen für das Arbeitsblatt 1 konzipiert: Die Version A – Einzelarbeit bis d1 und die Version B – Partnerarbeit. In der unterrichtlichen Realisierung haben sich diese beiden Designs jedoch durchmischt, so dass keine Design-spezifische Auswertung erfolgt.

[147] Vgl. auch Roderburg (2010, S. 54 ff.).

tionsplanschema und der Stand der FATHOM-Dateien analysiert. Die Analyse bezieht sich auf 16 Lerndyaden[148], aus jedem Kurs 8:

- Kurs S:

IRED13_MAEC26, MAHE10_IRAL08, SUUL11_ILED13, ALKA01_NAAB17, LIBO11_TAVI23, GUKL23_BIWE03, ELFR16_IRAL26, SAHO01_MAHE_9

- Kurs B:

JOMI26_CHDI30, PEUD16_KAFR22, ANMA19_CHRO24, ANTH30_JULE03, IRFR13_KHHA88, INWE25_REKA05, INN009_MAPE30, CLHA03_ULWA08

Die Auswertung der Schülerprodukte erfolgt kategoriengeleitet, d. h. für jede Lerndyade wird für die jeweilige Kategorie die Ausprägung erfasst und deren Häufigkeit des Auftretens ausgezählt und bewertet. Die Ausprägungen zu den einzelnen Kategorien sind bei der Analyse der Teilaufgabe erläutert (vgl. Kap. 6.7). Die Ausprägungen zu den einzelnen Kategorien werden in Analysen mit aufgeführt, soweit es für das Verständnis notwendig erscheint.[149]

Aus der Analyse der Schülerprodukte, speziell des Simulationsplanschemas und der FATHOM-Datei(en) lassen sich auch Rückschlüsse auf Probleme und Schwierigkeiten in der Schülerarbeitsphase ziehen und die Art und Weise des Umgangs mit dem Simulationsplanschemas bewerten.

Die Teilaufgabe d3 nimmt innerhalb des prozessorientierten Arbeitsblattes einen besonderen Platz ein. Die Aufgabe dient dazu, dass der Schüler seine Simulationsergebnisse in Bezug zu seinen ursprünglichen Schätzungen setzt. Wie bereits erwähnt, legen die Ergebnisse aus anderen Studien (Meyfarth 2008b, Sedlmeier 1999) den Schluss nahe, dass viele Schüler den *sample size effect* zu Beginn negieren. Die Simulation führt zu anderen Ergebnissen, nämlich dass bei gleicher Bestehensgrenze die Überschreitungswahrscheinlichkeit bei $n = 20$ geringer ausfällt als bei $n = 10$. Die Schüler sollen dies dokumentieren und den Rückbezug zu ihren Primärintuitionen explizit herstellen. Inwieweit genau dieser Rückbezug zu den Teilaufgaben a. bis c. gelungen ist, wird in einer Detailanalyse genauer untersucht. Möglicherweise können daraus Rückschlüsse für eine Optimierung der Arbeitsaufträge gezogen werden (vgl. Kap. 6.7.6).

---

[148] Für diese 16 Schülerpaare liegen alle erhobenen Daten komplett vor (vgl. auch Foderburg 2010, S.10 f.).

[149] Vgl. auch Anhang D.

In der nachfolgenden Abbildung sind die Kategorien für die Analyse der Teilaufgaben a. - d4. zu Arbeitsblatt 1 aus U12-13 im Überblick angegeben.

Aufgabe	Kategorie
a. intuitive Schätzung	Art der Auswahl aus vorgegebenen Antwortmöglichkeiten
	Art der Begründung
b. Graphen skizzieren	Typisierung der Graphen für Anzahl der richtigen Lösungen
c. Graphen skizzieren	Typisierung der Graphen für Anteil der richtigen Lösungen
d1. Simulationsplan erstellen	Benennen des Zufallsexperiments
	Angeben von Fragestellungen
	Urnenkollektion - Ausprägungen angeben
	Urnenkollektion - Merkmalsnamen vergeben
	Stichprobe ziehen - mit/ohne Zurücklegen ankreuzen
	Stichprobe ziehen - Anzahl der zu ziehenden Kugeln angeben
	Messgrößen festlegen - Messgrößenbeschreibung
	Messgrößen festlegen - Ausprägungen der Messgröße angeben
	Messgrößen festlegen - Messgrößennamen vergeben
	Messgrößen festlegen - FATHOM-Formel für Messgröße
	Messgrößen sammeln - Anzahl der zu sammelnden Messgrößen angeben
	Auswertung - Verteilungen skizzieren oder beschreiben
	Auswertung - Angeben der Auswertungsformeln
	Interpretation der Auswertung
d2. Durchführung der Simulation 10er- und 20er-Test	Urnenkollektion
	Stichprobe ziehen
	Messgröße definieren
	Messgrößen sammeln
	Methode zur Auswertung für die Bestehensgrenzen
	Darstellung des Anteils der richtig gelösten Fragen in einem Histogramm:
	Eintragen der Ergebnisse in die Tabelle des Arbeitsblattes
	Urnenkollektion
	Stichprobe ziehen
	Messgröße definieren
	Messgrößen sammeln
	Methode zur Auswertung für die Bestehensgrenzen
	Darstellung des Anteils der richtig gelösten Fragen in einem Histogramm:
	Eintragen der Ergebnisse in die Tabelle des Arbeitsblattes
d3. Vergleich Resultate/Schätzungen	Vergleich Simulationsergebnisse/Schätzungen aus Aufgabe a:
	Vergleich der Graphen der Simulationsphase mit den Skizzen aus Aufgabe b
	Vergleich der Graphen der Simulationsphase mit den Skizzen aus Aufgabe c
d4. Perzentile	Eintragen der Ergebnisse in die Tabelle des Arbeitsblattes

Abb. 6.118 U12-13: Kategorienschema zu den Teilaufgaben von Arbeitsblatt 1

6.7   Analyse der Lösungsprodukte in U12-13

Die Lösungsprodukte werden nun entlang der Teilaufgabe a. bis d. analysiert. Der Kontext der Aufgabe sei vorab noch einmal angegeben. In der Bearbeitung wird entsprechend des Arbeitsblattes nach zwei Typen unterschieden: Typ A - Einzelarbeit bis Teilaufgabe d1 und Typ B - Partnerarbeit für alle Teilaufgaben.

Arbeitsblatt 1 B – Partnerarbeit

Wir haben uns mit dem Problem beschäftigt, wie wahrscheinlich es ist, einen Multiple-Choice-Test mit 10 Fragen und 2 Antwortmöglichkeiten allein durch Raten zu bestehen.
Wir wollen jetzt sehen, was passiert, wenn man einen längeren Test, z.B. mit 20 Fragen stellt.
Es wird ein solcher Test mit 10 und mit 20 Fragen angeboten. Man hat bestanden, wenn man mindestens 60% der Fragen richtig beantwortet hat. Wir bezeichnen die Wahrscheinlichkeit, den Test nur durch Raten zu bestehen, als die „Null-Lerner-Chance" für diesen Test.

Wir wollen untersuchen, wie der Lehrer die „Null-Lerner-Chance" verringern kann und die Schüler diese erhöhen können.

Abb. 6.119 U12-13: Aufgabenstellung Arbeitsblatt 1

6.7.1   Analysen zu Teilaufgabe a.

	a. Bei welchem Test ist die Null-Lerner-Chance größer?
Aufgaben-stellung	☐ Test mit 10 Fragen ☐ mit 20 Fragen ☐ Chance ist gleich
	Begründen Sie mit intuitiven Argumenten.

Mit dieser Teilaufgabe sollen intuitive Schätzung und deren Begründung zu der Test-Aufgabe festgehalten werden. Die korrekte Auswahl wäre der Test mit 10 Fragen, eine mögliche Begründung dafür wäre mit dem empirischen Gesetz der großen Zahlen möglich. Im Eingangs- und Ausgangstest ist mit der Krankenhaus-Aufgabe ein vergleichbares Item abgefragt worden. Daher werden für die Kategorisierung der beobachteten Begründungen die gleichen Codes verwendet. Zur näheren Beschreibung der Codes sei auf Kapitel 7.3.6 verwiesen.

Code	Bedeutung
GGZ	Begründung mit dem empirischen Gesetz der großen Zahlen
AA	Begründung mit der absoluten Abweichung
GA	Begründung mit dem gleichen Anteil von 60 %
RFG	Begründung mit 50-50-Chance für richtig bzw. falsch bei jeder Frage

Abb. 6.120 U12-13: Codes der Begründungen, Teilaufgabe a. von Arbeitsblatt 1

Die folgende Tabelle (Abb. 6.121) gibt Auskunft darüber, welche Auswahl die Lernenden getroffen (dritte Spalte) und wie sie diese Auswahl begründet haben (vierte Spalte). Die obere Begründung gehört dabei zur ersten Personenkennung in der Schülerpaarkennung (erste Spalte).

Schülerpaar	Typ	Auswahl	Begründung zur Auswahl	Code
IRED13_MAEC26	A	gleich	60 % sind 60 %, von wie viel ist dabei egal. 10/6 = 5/3, 20/12 =5/3	GA
			Da bei beiden Tests 60 % der Fragen richtig beantwortet werden müssen. Ob es nun 10, 20 oder mehr Fragen sind, ist egal.	GA
MAHE10_IRAL08	A	gleich	Die Chance ist gleich, weil wir die 60 % zum Bestehen des Tests nicht verändern. Und bei jeder Antwort haben wir eine 50/50 Chance.	GA
			Die Chance ist gleich, da sowohl bei 10 als auch bei 20 Fragen der Test bei einer Wahrscheinlichkeit von 60 % bestanden ist. Die Anzahl der Fragen ist von daher egal.	GA
TAVI23_LIBO11	A	gleich	Bleibt gleich, da man bei dem Test mit 10 Fragen 4 falsche, dafür aber 6 richtige haben muss und bei dem Test mit 20 Fragen 8 falsch aber 12 richtige haben muss.	GA
			Da man mindestens 60 % der Fragen richtig beantworten muss, ist das Verhältnis sowohl bei dem Test mit 10 als auch bei dem mit 20 Fragen gleich.	GA
SUUL11_ILED13	A	gleich	60 % ist ein relativer Wert, hier ist es also egal wie viele Fragen gestellt werden, wenn auch die richtigen Antworten im selben Verhältnis wie zuvor stehen.	GA
		10er-Test	Mit steigender Zahl nähert es sich 50/50-Ausgleich von falschen und richtigen.	GGZ
MAHE19_SAHO01	B	gleich	Die Wahrscheinlichkeit bleibt gleich, es werden lediglich doppelt so viele Fragen gestellt und man muss auch doppelt so viele richtig haben. Das bedeutet, dass die Chance gleich bleibt.	GA
			Die Wahrscheinlichkeit bleibt gleich, da zwar mehr Antworten richtig beantwortet werden müssen, aber es auch mehrere Antworten gibt. Das Verhältnis von möglichen zu günstigen Fällen bleibt gleich und somit auch die Chance.	GA

ELFR16_IRAL26	B	gleich	*Das Verhältnis ändert sich nicht. Mit der Anzahl der Fragen nimmt auch die Anzahl an nötigen richtigen Fragen zu.*	GA
			Die Ws. bleibt gleich, da man zwar doppelt so viele Fragen hat, aber auch doppelt so viele Fragen richtig beantworten kann.	GA
BIWE03_GUKL23	B	gleich	*Die Chance bleibt gleich, weil sich die Wahrscheinlichkeit nicht ändert.*	GA
			Bei jeder Frage hat man eine 50:50 Chance, eine größere Anzahl von Fragen macht nur visuell den Anschein einer geringeren Chance. Am prozentualen Ergebnis ändert sich nichts.	RFG
NAAB17_ALKA01	B	gleich	*60 % bei 10 Fragen = 6 richtige Antworten* *60 % bei 20 Fragen = 12 richtige Antworten* *?*	GA
IRFR13_KHHA88	A	10er-Test	*Die absolute Häufigkeit, um 60 % zu erreichen, weicht beim 20-Fragen-Test stärker von der Wahrscheinlichkeit ab. Nach dem Gesetz der großen Zahlen nähert sich außerdem die relative Häufigkeit der Wahrscheinlichkeit an und somit sinken die Chancen.*	GA
		gleich	*Beides Mal die Ws 6:10 ist. 6/10, 12/20=6/10*	GA
INNO09_MAPE30	A	gleich	*Man braucht bei beiden 60 %, so gleicht es sich aus. Man kann bei 20 Fragen doppelt so viele falsch machen, muss aber auch doppelt so viele richtig ankreuzen.*	GA
			Man beachte, dass bei 10 Fragen 6 richtig sein müssen und bei 20 (Fragen) 12.	GA
KAFR22_PEUD16	A	gleich	*Jede Frage hat richtig oder falsch als Möglichkeit, man beantwortet im Mittel immer gleich viele richtig und falsch.*	RFG
			Da prozentual gleich viele Fragen richtig beantwortet werden müssen, ist egal ob 10, 20 oder 100 Fragen im Test sind.	GA
REKA05_INWE25	B	gleich	*Das Verhältnis von Fragen und richtigen Antworten bleibt gleich.*	GA
			Das Verhältnis von richtigen Antworten und Fragen bleibt gleich.	GA

CHDI30_JOMI26	B	10er-Test	*Um 60 % von 20 Fragen richtig zu beantworten, müssen mehr Fragen richtig beantwortet werden als bei 10 Fragen (doppelt so viele)! Deshalb ist die NLC bei 10 Fragen größer.*	AA
			Man muss bei einem Test mit 20 Fragen mehr Fragen richtig beantworten als bei einem Test mit 10 Fragen, bei 60 % von 20 Fragen nun mal 12 Fragen richtig beantworten muss und bei 10 nur 6 Fragen.	AA
ANMA19_CHRO24	B	gleich	*Die Anzahl richtiger Fragen ist in % angegeben, die Menge der Fragen ist also theoretisch irrelevant.*	GA
		10er-Test	*Bei weniger Fragen ist die Chance höher, 60 % richtig zu beantworten, da je mehr Fragen kommen, sich die relative Häufigkeit der Wahrscheinlichkeit 50 % richtig zu beantworten nähert.*	GGZ
JUDE03_ANTH30	B	gleich	*Der Anteil (60 %) bleibt gleich. Die Gesamtanzahl der Fragen verdoppelt sich und damit auch die Anzahl der obligatorischen richtigen Antworten.*	GA
			Der Anteil, den man an Fragen beantworten muss, bleibt gleich. 60 % bei 10 Fragen verdoppelt sich proportional bei 20 Fragen.	GA
CLHA03_ULWA08	B	gleich	*Wenn man bei beiden Tests 60 % erreichen muss, ist die Wahrscheinlichkeit gleich. Gleiches Verhältnis = gleiche Chance*	GA
			Jedes Mal 60 % von den Fragen. Also gleiches Verhältnis, gleiche Chance.	GA

Abb. 6.121 U12-13: Begründungen der 16 Lerndyaden, Teilaufgabe a. von Arbeitsblatt 1

Zusammenfassung

Von den 16 Schülerpaaren haben 12 Paare gemeinsam die „Chance ist gleich" angekreuzt. 3 Schülerpaare haben jeweils gemischt einmal „Chance ist gleich" und einmal „Test mit 10 Fragen" angekreuzt, zwei im Typ A und ein Schülerpaar im Typ B. Eine Lerndyade hat gemeinsam die Auswahl „10er-Test" angekreuzt. Die Erwartungen, dass der *sample size effect* bei dieser Aufgabenstellung überwiegend nicht in den Blick genommen wird, haben sich somit erfüllt. Bei 15 Schülerpaaren geben beide Schüler eine Begründung. Bei einem Schülerpaar hat nur ein Schüler eine Begründung seiner Auswahl gegeben, der andere Schüler jedoch nicht. Mit den gleichen Kategorien wie bei Aufgabe 6 (*maternity ward problem*) im Eingangs- und Ausgangstest (vgl. Kap. 7.3.6) ergibt sich folgende Häufigkeitsverteilung für die 31 Begründungen:

Begründungscode	Anzahl
Begründung mit dem empirischen Gesetz der großen Zahlen (GGZ)	3
Begründung mit der absoluten Abweichung (AA)	2
Begründung mit dem gleichen Anteil von 60 % (GA)	**24**
Begründung mit 50-50-Chance für richtig bzw. falsch bei jeder Frage (RFG)	2

Abb. 6.122 U12-13: Häufigkeiten der Begründungscodes, Teilaufgabe a. von Arbeitsblatt 1

Dieses Ergebnis spiegelt wider, was die verschiedenen Studien zum *maternity ward problem* (vgl. Kap. 3.2) zeigen: Der *sample size effect* wird überwiegend durch die Prozentangabe zur Bestehensgrenze, die bei beiden Tests bei 60 % liegt, überlagert.

6.7.2 Analysen zu Teilaufgabe b.

Aufgaben-stellung	Bei dem Test können wir die **Anzahl** der richtig gelösten Fragen als Zufallsgröße (Messgröße in FATHOM) betrachten. Im 10er-Test schwankt diese zufallsabhängige Größe zwischen 0 und 10, im 20er-Test zwischen 0 und 20. Skizzieren Sie in der folgenden Graphik qualitativ, welche Wahrscheinlichkeiten Sie für die einzelnen Ergebnisse (**Anzahl** richtiger Lösungen) erwarten würden.

Die Skizzen der Schüler zu Teilaufgabe b. sind in Abb. 6.123 analysiert. Die Kategorie „wie erwartet" bedeutet, dass beide Verteilungen als Histogramm mit Klassenbreite 1 oder Stabdiagramm unimodal und symmetrisch skizziert werden. Die modale Klasse liegt bei 5 bzw. 10 und die Wahrscheinlichkeiten fallen nach links und rechts symmetrisch ab (vgl. 6.6.1). Abweichungen davon sind entsprechend kategorisiert. Unterschiedliche Lösungsansätze der Lerndyaden sind in der Tabelle dadurch gekennzeichnet, dass zwei Codes angegeben sind. Der erste Code gehört jeweils zur ersten Personenkennung des Schülerpaares.

Schülerpaar	Typ	Code Teilaufgabe b.	
IRED13_MAEC26	A	wie erwartet	
MAHE10_IRAL08	A	wie erwartet	unsymmetrisch
TAVI23_LIBO11	A	wie erwartet (aber Klassenbreite 2 bei $n = 20$)	
SUUL11_ILED13	A	wie erwartet	
MAHE19_SAHO01	B	wie erwartet	
ELFR16_IRAL26	B	wie erwartet	
BIWE03_GUKL23	B	wie erwartet	
NAAB17_ALKA01	B	wie erwartet	
IRFR13_KHHA88	A	wie erwartet	Graphen als Dreieck
INNO09_MAPE30	A	wie erwartet	Graphen als Kurve („Glocke")
KAFR22_PEUD16	A	wie erwartet (aber Klassenbreite 2 bei $n = 20$)	
REKA05_INWE25	B	wie erwartet	
CHDI30_JOMI26	B	Graphen als Kurve („Glocke")	
ANMA19_CHRO24	B	wie erwartet	
JUDE03_ANTH30	B	wie erwartet	
CLHA03_ULWA08	B	wie erwartet	

Abb. 6.123 U12-13: Codes der Skizzen, Teilaufgabe b. von Arbeitsblatt 1

Zusammenfassung

Neun der 16 Lerndyaden haben die Verteilungen so skizziert, wie es den Erwartungen entsprach. Abweichungen davon sind entsprechend gekennzeichnet. Die fehlende Skalierung der vertikalen Achse macht es allerdings schwierig, die skizzierten Verteilungen für $n = 10$ und $n = 20$ zu vergleichen. Einige Erscheinungen lassen sich trotzdem festhalten, die praktisch schülerübergreifend zu beobachten waren (vgl. Abb. 6.124).

Diese Beobachtungen legen den Schluss nahe, dass die Schüler über zu wenig experimentelle Erfahrungen verfügen, um zu wissen, dass die Ränder bei $n = 20$ eine so geringe Wahrscheinlichkeit haben, dass sie praktisch „nicht besetzt sind". Weiterhin kann man vermuten, dass zu Aufgabenteil a. typischerweise keine direkte Vernetzung hergestellt wird, sonst müsste sich das Ergebnis der Auswahl aus Teilaufgabe a. („gleich wahrscheinlich") idealerweise direkt in den gleichen Bereichswahrscheinlichkeiten für $k \geq 12$ ($n = 20$) und $k \geq 6$ ($n = 10$) widerspiegeln. Darüber hinaus wird typischerweise ignoriert, dass die Summe der Flächeninhalte der Säulen für $n = 10$ und $n = 20$ gleich ist. Möglicherweise lasser sich diese „Ungenauigkeiten" zu einem Großteil durch die fehlenden Skalen begründen.

- Die Wahrscheinlich-
  keiten an den Rändern,
  insbesondere für
  $n = 20$ werden ten-
  denziell überschätzt.
- Die Summe der Wahr-
  scheinlichkeiten für
  $k \geq 12$ ($n = 20$) ist
  typischerweise größer
  als die Summe der
  Wahrscheinlichkeiten
  für $k \geq 6$ ($n = 10$).
- Der Flächeninhalt der
  Säulen für $n = 20$ ist
  tendenziell größer als
  der Flächeninhalt für
  $n = 10$.

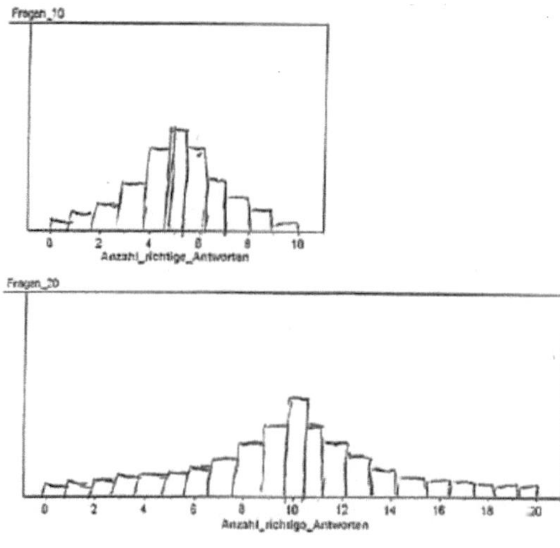

Abb. 6.124 U12-13: Verteilungsskizzen, Teilaufgabe b. von Arbeitsblatt 1, REKA05_INWE25

6.7.3 Analysen zu Teilaufgabe c.

Aufgaben- stellung	Bei dem Test wollen wir jetzt auch den **Anteil** der richtig gelösten Fragen als Zufallsgröße betrachten. Im 10er-Test schwankt der Anteil zwischen $\frac{0}{10}, \frac{1}{10}, ..., \frac{9}{10}, \frac{10}{10}$, im 20er-Test zwischen $\frac{0}{20}, \frac{1}{20}, ..., \frac{19}{20}, \frac{20}{20}$, also beide zwischen einem Anteil von 0 und 1. Skizzieren Sie in der folgenden Graphik qualitativ, welche Wahrschein-lichkeiten Sie für die einzelnen Ergebnisse (**Anteil** richtiger Lösungen) erwarten würden.

Die Skizzen der Schüler zu Teilaufgabe c. sind in Abb. 6.125 analysiert. Die Kategorie „wie erwartet" bedeutet, dass beide Verteilungen mit Klassenbreite $1/n$ unimodal, symmetrisch skizziert werden. Die modale Klasse liegt bei 0,5 und die Wahrscheinlichkeiten fallen nach links und rechts symmetrisch ab. Abweichungen davon sind entsprechend kategorisiert. Unterschiedliche Lösungsansätze der Lerndyaden sind in der Tabelle dadurch gekennzeichnet, dass zwei Codes angegeben sind. Der erste Code gehört jeweils zur ersten Personenkennung des Schülerpaares.

Schülerpaar	Typ	Code Teilaufgabe c.	
IRED13_MAEC26	A	wie erwartet (aber gleiche Klassenbreite 1/20)	wie erwartet (aber gleiche Klassenbreite 1/10)
MAHE10_IRAL08	A	wie erwartet (aber gleiche Klassenbreite 1/10)	wie erwartet (aber gleiche Klassenbreite 1/10 und nur jede 2. Klasse als Säule)
TAVI23_LIBO11	A	wie erwartet (aber gleiche Klassenbreite 1/10)	
SUUL11_ILED13	A	Graphen als Kurve („Glocke")	
MAHE19_SAHO01	B	wie erwartet (aber gleiche Klassenbreite 1/10)	
ELFR16_IRAL26	B	wie erwartet (aber gleiche Klassenbreite 1/10)	
BIWE03_GUKL23	B	Graphen als Kurven („Glocke")	
NAAB17_ALKA01	B	wie erwartet (aber gleiche Klassenbreite 1/10)	
IRFR13_KHHA88	A	wie erwartet (aber gleiche Klassenbreite 1/10)	Graphen als Dreieck
INNO09_MAPE30	A	Graphen als Dreieck	
KAFR22_PEUD16	A	wie erwartet (aber gleiche Klassenbreite 1/10)	keine Skizze (nur siehe b.)
REKA05_INWE25	B	Graphen als Kurve („Glocke")	
CHDI30_JOMI26	B	Graphen als Kurve (falsche Achse)	Graphen als Kurve (für $n = 20$ unklar)
ANMA19_CHRO24	B	Graphen als Kurve („Glocke")	
JUDE03_ANTH30	B	wie erwartet (aber gleiche Klassenbreite 1/10)	
CLHA03_ULWA08	B	wie erwartet	wie erwartet (aber gleiche Klassenbreite 1/10)

Abb. 6.125 U12-13: Codes der Skizzen- Teilaufgabe c. von Arbeitsblatt 1

Zusammenfassung

Sieben der 16 Lerndyaden haben nicht auf die durch die Angabe der Ausprägungen vorgegebene Klassenbreite 1/n zurückgegriffen, sondern für beide Skizzen die gleiche Klassenbreite gewählt. Alle Schüler, auch die vier Schüler, die in Teilaufgabe a. die Auswahl „10er-Test" angekreuzt hatten, skizzierten praktisch identische Verteilungen für $n = 10$ und $n = 20$. Dafür dürfte auch die fehlende experimentelle Erfahrung entscheidend sein. Die beobachteten Phänomene bei den Verteilungsskizzen decken sich mit den Erfahrungen, die Kahneman & Tversky (1972, S.438 f.) in ihren Studien gemacht haben. Dieses Phänomen praktisch gleicher Verteilungsskizzen unabhängig vom Stichprobenumfang steht in Relation zu einer (imaginären) universellen Stichprobenverteilungskurve (vgl. Kap. 3.2.3 und Kahneman & Tversky 1972).

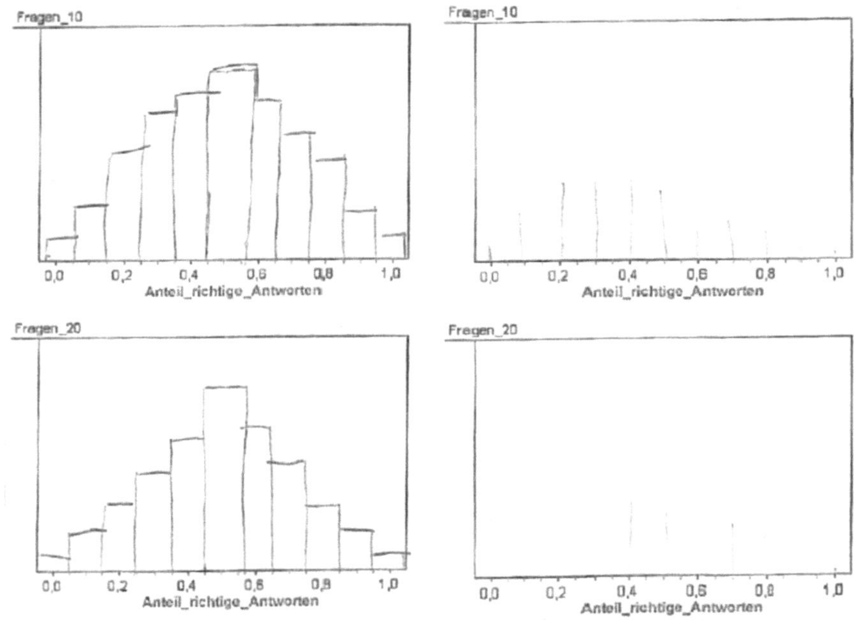

Abb. 6.126 U12-13: Verteilungsskizzen, Teilaufgabe c. von Arbeitsblatt 1, MAHE10 (links) und TAVI23 (rechts)

Man sieht an Abb. 6.126 wieder das typische Phänomen der Überschätzung der Randwahrscheinlichkeiten, insbesondere bei $n = 20$.

Für die Visualisierung des *sample size effect* wäre die Vorgabe einer gleichen Klassenbreite, wie bei Kahneman & Tversky, hilfreich. Die Säulen in der Mitte wären für $n = 20$ dann höher zu skizzieren und zu den Rändern hin deutlich niedriger. Die Anzahl der Säulen für $n = 20$ würde gegenüber $n = 10$ kleiner sein (vgl. auch Kahneman & Tversky 1972, S.438 ff.).

6.7.4   Analysen zu Teilaufgabe d1.

Aufgaben- stellung	Erstellen Sie einen Simulationsplan. (siehe Vorlage **Simulati- onsplan A-1 bzw. B-1**)

Aus den Vorgaben auf dem Arbeitsblatt (vgl. 6.1.1) kann man u. a. alle nötigen Angaben zu dem Schritt „[3] Messgrößen festlegen" entnehmen. Es sind die Beschreibung und die Ausprägungen unter Teilaufgabe c. und der Messgrößenname und die entsprechende Formel als Tipp im Vorspann zu Teilaufgabe d. angegeben.[150] Darüberhinaus sind auch die Angaben für den Schritt „[1] Urnenkollektion festlegen" mit angegeben. Aufgrund dieser Vorgaben wird auch auf eine Score-Bewertung des Simulationsplans verzichtet.[151] In der folgenden Tabelle sind die Eintragungen der 16 Lerndyaden[152] in ihr Simulationsschema nach *richtiger Eintrag, falscher Eintrag*[153] und *kein Eintrag* zusammengefasst.[154]

Aufgabe	Kategorie	richtiger Eintrag	falscher Eintrag	kein Eintrag
d1.	Benennen des Zufallsexperiments	1	-	15
	Angeben von Fragestellungen	1	-	15
	Urnenkollektion - Ausprägungen angeben	16	-	-
	Urnenkollektion – Merkmalsnamen vergeben	16	-	-
Simulations-plan erstellen	Stichprobe ziehen - mit / ohne Zurücklegen ankreuzen	15	-	1
	Stichprobe ziehen - Anzahl der zu ziehenden Kugeln angeben	12	2	2
	Messgrößen festlegen - Messgrößenbeschreibung für Anteil	4	9	3
	Messgrößen festlegen - Ausprägungen der Messgröße angeben	4	11	1
	Messgrößen festlegen - Messgrößennamen vergeben	14	2	-
	Messgrößen festlegen - FATHOM-Formel für Messgröße	11	4	1
	Messgrößen sammeln - Anzahl der zu sammelnden Messgrößen angeben	12	1	3
	Auswertung - Verteilungen skizzieren oder beschreiben	4	-	12
	Auswertung - Angeben der Auswertungsformeln	4	1	11
	Interpretation der Auswertung	-	-	16

Abb. 6.127 U12-13: Auswertung Teilaufgabe d1. von Arbeitsblatt 1, 16 Simulationspläne

---

[150] Auf dem Arbeitsblatt ist als Formel *Anzahl(Antworten ="richtig")/Gesamtanzahl* als Tipp vorgegeben (vgl. 6.1.1).

[151] Die Vergleichbarkeit dieser Analyse mit den Analysen der Simulationspläne aus U10-11 und dem GESIM-Leistungstest ist aufgrund der Strukturgleichheit des Simulationsplanschemas gewährleistet.

[152] Bei 14 der 16 Lerndyaden stimmen die Einträge auf den beiden Simulationsplänen überein, so dass jeweils nur ein Simulationsplan pro Lerndyade für die Häufigkeitsauswertung herangezogen wurde, und zwar der am vollständigsten ausgefüllte.

[153] Die Kategorie „falsch" umfasst auch unvollständige Einträge und solche, die sich auf die Zufallsgröße „Anzahl der richtigen Antworten" bezieht.

[154] Für eine ausführliche Dokumentation sei auf Anhang D und auf Roderburg (2010, S. 77 ff.) verwiesen.

Zusammenfassung

Auffällig ist, dass die Bereiche des Simulationsplanschemas außerhalb der Tabellenstruktur nicht bearbeitet werden. Es gibt überhaupt nur einen Eintrag einer Lerndyade für die Fragestellung. Eine Interpretation der Auswertung ist vor keiner Lerndyade dokumentiert. Dies lässt sich möglicherweise damit erklären, dass diese Bereiche für das erfolgreiche Simulieren nicht relevant sind und daher weniger Beachtung finden. Im Bereich Messgrößen festlegen (Schritt [3] des Simulationsplanschemas) gibt es eine Reihe von falschen Eintragungen. Diese lassen sich so begründen, dass die Schüler die Beschreibung und die Ausprägungen der Messgröße auf die **Anzahl der Erfolge** beziehen. Zwei Lerndyaden beschreiben die Messgrößen zwar richtig als Anteil der Erfolge, geben aber als Wertebereich 0-10 bzw. 0-20 an. Unter den elf Lerndyaden mit richtigen Formeln für die Messgrößen sind auch die sechs Lerndyaden gefasst, die in ihrer Formel durch *Gesamtanzahl* teilen. Offenbar haben sie ihren Simulationsplan während der Durchführung der Simulation nicht korrigiert. Auch für den Bereich der Auswertung der Simulation (Schritt [5] des Simulationsplanschemas) muss man feststellen, dass wenige Einträge gemacht wurden. Auf den Simulationsplänen ist z. T. ein Hinweis vermerkt, dass sich die Ergebnisse auf dem Arbeitsblatt befinden. Möglicherweise meinten die Schüler, dass dies zur Ergebnissicherung reicht.

6.7.5   Analysen zu Teilaufgabe d2.

Aufgabenstellung	Führen Sie die Simulation für beide Tests mit der Wiederholungszahl $N = 5000$ durch und stellen Sie die Verteilung des **Anteils** der richtig gelösten Fragen in je einem Histogramm dar. Ermitteln Sie die Null-Lerner-Chance für verschiedene Tests und Bestehensgrenzen und tragen Sie sie in die Tabelle ein

Die Lerndyaden sollten nach der Aufgabenstellung beide Tests für die Zufallsgröße „Anteil der richtig gelösten Fragen" simulieren (für $n = 10$ und $n = 20$). Idealerweise haben die Lerndyaden die Simulation in einer Datei, z. B. mit zwei Stichprobenkollektionen durchgeführt. In der folgenden Tabelle sind die einzelnen

Schritte in den FATHOM-Dateien der 16 Lerndyaden nach *richtig, falsch*[155] und *kein* zusammengefasst.[156]

Aufgabe	Kategorie	richtig	falsch	kein
d2. Durchführung der Simulation 10er-Test und 20er-Test	Urnenkollektion	16	-	-
	Stichprobe ziehen	16	-	-
	Messgröße definieren	14	2	-
	Messgrößen sammeln	13	3	-
	Methode zur Auswertung für die Bestehensgrenzen	15	1	-
	Darstellung des Anteils der richtig gelösten Fragen in einem Histogramm	14	2	-
	Eintragen der Ergebnisse in die Tabelle des Arbeitsblattes	16	-	-

Abb. 6.128 U12-13: Auswertung Teilaufgabe d2. von Arbeitsblatt 1, Simulation

Zusammenfassung

Aus der obigen Tabelle gehr hervor, dass die Lerndyaden beide Simulationen nahezu vollständig durchführen konnten und in ihrer Auswertung zu entsprechenden Ergebnissen kamen, die auf dem Arbeitsblatt geeignet dokumentiert wurden. Die zwei Lerndyaden mit falscher Formel für die Messgrößen haben als Messgröße die **Anzahl der Erfolge** simuliert. Eine dieser Lerndyaden kommt trotzdem numerisch zum richtigen Ergebnis, indem die Bestehensgrenze von 60 % in Anzahlen (mind. 6 von 10 bzw. mind. 12 von 20) übersetzt wird. Einschränkend muss man sagen, dass mit der gewählten Auswertungsmethode keine Aussagen darüber

---

[155] Die Kategorie „falsch" umfasst auch unvollständige Einträge und solche, die sich auf die Zufallsgröße „Anzahl der richtigen Antworten" beziehen bzw. Abweichungen von der normativen Vorgabe beinhalten (z. B. nur $N = 1000$ Wiederholungen statt $N = 5000$).

[156] Für eine ausführliche Dokumentation sei auf Anhang D und auf Roderburg (2010, S. 77 ff.) verwiesen.

getroffen werden können, ob es beim Lösungsprozess der Simulation Probleme gab und inwieweit auf Hilfen von außen zurückgegriffen werden musste.[157]

6.7.6   Analysen zu Teilaufgabe d3.

Aufgaben-stellung	Vergleichen Sie die Resultate mit Ihren intuitiven Schätzungen in Aufgabenteilen a., b., c.

Die Schüler sollten in dieser Teilaufgabe ihre Simulationsergebnisse mit ihren offline-Überlegungen zu den Teilaufgaben a. bis c. vergleichen. In der folgenden Tabelle sind die Angaben der 16 Lerndyaden auf dem Arbeitsblatt nach *richtig*, *falsch*[158] und *kein* zusammengefasst.[159]

Aufgabe	**Kategorie**	**richtig**	**falsch**	**ke n**
d3. Vergleich Resultate/ Schätzungen	Vergleich Simulationsergebnisse / Schätzungen aus Aufgabe a.	11	-	5
	Vergleich der Graphen der Simulationsphase mit den Skizzen aus Aufgabe b.	-	2	14
	Vergleich der Graphen der Simulationsphase mit den Skizzen aus Aufgabe c.	-	2	14

Abb. 6.129 U12-13: Auswertung Teilaufgabe d3. von Arbeitsblatt 1, Vergleich mit Teilaufgaben a-c, Übersicht

Der Rückbezug zu den eingangs gemachten Schätzungen auf der Basis der eigenen Simulationsergebnisse ist eine wichtige Reflexionsaufgabe. Darüber können die Schüler ihren konzeptuellen Wissenszuwachs bezüglich des *sample size effect* dokumentieren. Daher soll in einer Detailanalyse die Bearbeitungsqualität dieser Teilaufgabe genauer untersucht werden.

---

[157] Der Schwerpunkt der Untersuchung in dieser Schülerarbeitsphase lag **nicht** auf der Analyse des prozeduralen Wissens der Schüler bezüglich der Simulationsmethode Simulation durch Stichprobenziehen, sondern auf der Entwicklung konzeptuellen Wissens im Zusammenhang mit dem Phänomenkomplex des empirischen Gesetzes der großen Zahlen. Daher wurde auf eine zeitintensive handlungsbezogene Analyse des Lösungsprozesses zu d2. (Simulation) verzichtet.

[158] Die Kategorie „falsch" umfasst auch Einträge auf dem Arbeitsblatt, die aufgrund unangepasster Graphen getroffen wurden.

[159] Für eine ausführliche Dokumentation sei auf Anhang D und auf Roderburg (2010, S. 77 ff.) verwiesen.

6.7.6.1 Detailanalyse zu d3. – Vergleich mit Teilaufgabe a.

Die Aufgabe der Schüler war es, Rückbezüge zu den Teilaufgaben a., b. und c. herzustellen. Der Rückbezug zu Teilaufgabe a. ist aufgrund des Tabelleneintrages zu Teilaufgabe d2. des Arbeitsblattes relativ leicht möglich. Wie aus den Analysen der Lösungsprodukte hervorging, hatten bei Teilaufgabe a. elf der 16 Lerndyaden gemeinsam die Auswahl „Chance ist gleich" angekreuzt. Bei drei Lerndyaden gab es ein gemischtes Votum und eine Lerndyade votierte für die Auswahl „10er-Test". In der nachfolgenden Tabelle (Abb. 6.130) sind die Darlegungen der Schüler, die sie unter Teilaufgabe d3. zum Vergleich ihrer Ergebnisse mit ihrer Schätzung aus Teilaufgabe a. niedergeschrieben hatten, dokumentiert.

Schülerpaar	Typ	Auswahl	Vergleich mit Teilaufgabe a.
IRED13_MAEC26	A	gleich	Die Chancen bei 10er-Tests zu bestehen stehen besser als bei 20er-Tests. Die Bestehenschancen bei 10 % sind besser.
MAHE10_IRAL08	A	gleich	Die Null-Lerner-Chance ist bei 10 Fragen besser. Nicht so wie wir es gedacht haben. Die Null-Lerner-Chance ist beim 10er-Test größer.
TAVI23_LIBO11	A	gleich	-- a. ist bei mir falsch, denn die Null-Lerner-Chance ist bei dem 10er-Test größer.
SUUL11_ILED13	A	gleich 10er-Test	--
MAHE19_SAHO01	B	gleich	--
ELFR16_IRAL26	B	gleich	Die Ws. sind nicht gleich. Die Ws. entspricht nicht der intuitiven Vermutung.
BIWE03_GUKL23	B	gleich	--
NAAB17_ALKA01	B	gleich	--
IRFR13_KHHA88	A	10er-Test gleich	Die Resultate geben die Schätzungen recht gut wieder und bestätigen sie. Meine Schätzungen waren falsch, da ich die Null-Lerner-Chance bei beiden Tests gleich geschätzt habe.
INNO09_MAPE30	A	gleich	Die Wahrscheinlichkeit, den 10er-Test zu bestehen, ist doch deutlich größer. War ne 50-50 Chance und ich hab verloren.

KAFR22_PEUD16	A	gleich	*lagen falsch*
			--
REKA05_INWE25	B	gleich	*falsch*
			falsch
CHDI30_JOMI26	B		Die Wahrscheinlichkeit, den Test mit 20 Fragen zu bestehen, ist geringer, unsere Vermutungen waren also richtig.
		10er-Test	Die Wahrscheinlichkeit den Test mit 20 Fragen zu bestehen ist, nach meiner Vermutung, geringer als mit 10 Fragen.
ANMA19_CHRO24	B	gleich	--
		10er-Test	
JUDE03_ANTH30	B		--
		gleich	Bei dem 10-Fragen-Test ist die Wahrscheinlichkeit höher zu bestehen, als bei dem Test mit 20 Fragen.
CLHA03_ULWA08	B	*gleich*	Unsere Vermutung war falsch.
			Unsere Vermutung vom Anfang war falsch.

Abb. 6.130 U12-13: Teilaufgabe d3. von Arbeitsblatt 1, Vergleich mit Schätzung aus Teilaufgabe a.

Das Schülerpaar CHDI30_JOMI26 fühlt sich durch die Ergebnisse ihrer Simulation in ihren Vermutungen, die sie bereits in Teilaufgabe a. geäußert hatten, bestätigt. Eine Lerndyade mit einer gemischten Auswahl in Teilaufgabe a. (IRFR13_KHHA88) dokumentiert die Ergebnisse in dem Sinne, dass ihre Vermutungen durch die Simulationsergebnisse jeweils bestätigt bzw. widerlegt werden. Bei neun weiteren Lerndyaden wird in unterschiedlicher Ausführlichkeit auf die eigenen Vermutungen zumindest von einem der beiden Schüler in der Lerndyade Bezug genommen. Es gibt jedoch auch fünf Lerndyaden, bei denen keinerlei Aussage zu Teilaufgabe d3. auf dem Arbeitsblatt dokumentiert ist, obwohl die Tabelle zu Teilaufgabe d2. ausgefüllt ist. Schaut man sich den Lösungsprozess dieser fünf Lerndyaden während der Simulationsphase genauer an, dann fällt folgendes auf:[160]

     – Bei zwei Lerndyaden (SUUL11_ILED13 und NAAB17_ALKA01) lässt sich anhand der Kommunikation der Schüler untereinander prak-

---

[160] Vgl. Camtasia-Aufzeichnungen und Transkripte zu U12-13 in Anhang D.

tisch kein inhaltlicher Vergleich zu den eingangs gemachten Schätzungen rekonstruieren.

- Die Lerndyade MAHE19_SAHO01 kommt aufgrund eines Auswertungsfehlers zu der Einschätzung, dass die Null-Lerner-Chance beim 10er-Test in etwa so groß ist wie beim 20er-Test.[161]
- Zwei Lerndyaden (BIWE03_GUKL23 und ANMA19_CHRO24) setzen sich mit den Ergebnissen ihrer Simulation und ihren eingangs gemachten Vermutungen intensiv auseinander.

Für die Illustration der inhaltsbezogenen Kommunikation des Vergleichs von Simulationsergebnissen mit eigenen Vermutungen werden exemplarisch die Lerndyaden BIWE03_GUKL23 und ANMA19_CHRO24 ausgewählt. Diese kommunikationsbezogene Analyse trägt zur Rekonstruktion des Unterstützungspotenzials von Simulationen bei der Entwicklung von prozeduralem Wissen bei.

Lerndyade BIWE03_GUKL23

Die beiden Schüler arbeiten die Simulation von 10er-Test und 20er-Test bis zur Auswertung praktisch parallel ab. D.h. sie erzeugen in einer Lernumgebung von einer Ausgangskollektion ausgehend zwei Stichprobenkollektionen und weiterführend entsprechend zwei Messgrößenkollektionen; für jeden Test jeweils eine der Kollektionen. Erst nachdem für jede Messgrößenkollektion $N = 5000$ Fälle gesammelt wurden, wird die Auswertung entsprechend der Fragestellung angegangen. Die aufbereitete Simulationsumgebung ist in Abb. 6.131 zu sehen. Dazu werten die beiden Schüler zunächst den 20er-Test aus, wie aus dem folgenden Transkriptausschnitt hervorgeht und kopieren dann die Formel in die Auswertungstabelle für den 10er-Test.

---

[161] Die beiden Schüler arbeiten in der Auswertung für beide Tests mit der Größer-Relation. Für eine Bestehensgrenze von 60 % wird mit der Relation „> 0,5" gearbeitet. Für den 10er-Test ist das korrekt, für den 20er-Test aber nicht, da in diesem Fall auch die Häufigkeiten für 11 richtige Antworten gezählt werden.

Transkriptausschnitt 276-287

276   *FATHOM: Die Schüler verändern die Formel folgendermaßen:*

277    $\dfrac{\text{Anzahl (Anteil\_Richtig} \geq 0.6)}{\text{Gesamtanzahl}}$

278   *FATHOM: Anschließend wird die Formeleingabe durch einen Klick auf 'OK' beendet. Die Auswertungstabelle zeigt den Wert 0,2526 an.*

279   L: Das ist schön.

280   S2:   Schön

281   S1:   Die kann ich jetzt einfach kopieren.

282   S2:   Wäre praktisch.

283   *FATHOM: Die Schüler öffnen per Doppelklick auf die 10er Auswertungstabelle der Formeleditor. Dann versuchen sie per Doppelklick auch den Formeleditor für die 20er Auswertungstabelle zu öffnen, was jedoch nicht funktioniert, da FATHOM immer nur einen Editor gleichzeitig zulässt. Die Schüler schließen den geöffneten Editor wieder und öffnen per Doppelklick auf die 20er Auswertungstabelle den Formeleditor. Sie markieren die Formel und fügen sie durch eine Tastenkombination in die Zwischenablage ein. Per Klick auf 'OK' wird der Editor geschlossen und per Doppelklick auf die 10er Auswertungstabelle deren Formeleditor geöffnet. Dort wird durch eine Tastenkombination die Formel aus der Zwischenablage eingefügt. Durch Klick auf 'OK' wird der Editor beendet. Die Auswertungstabelle zeigt den Wert 0.387 an.*

284   S1:   Aber interessant... anscheinend ändert sich ja doch was?

285   S2:   Das kann gar nicht sein (lacht).

286   S1:   Hätte ich auch zuerst gedacht... Beim 20er-Test ist es wie viel? 25?

287   S2:   Moment.

S1 erkennt in *284/286*, dass die Null-Lerner-Chance beim 10er-Test und beim 20er-Test womöglich verschieden voneinander ist. S2 sagt, dass dies gar nicht sein könne (*285*). In der Folge übernimmt aber S1 die kommunikative Initiative, S2 arbeitet möglicherweise am PC. Für die weiteren Bestehensgrenzen der Tabelle werden die Null-Lerner-Chancen ermittelt.

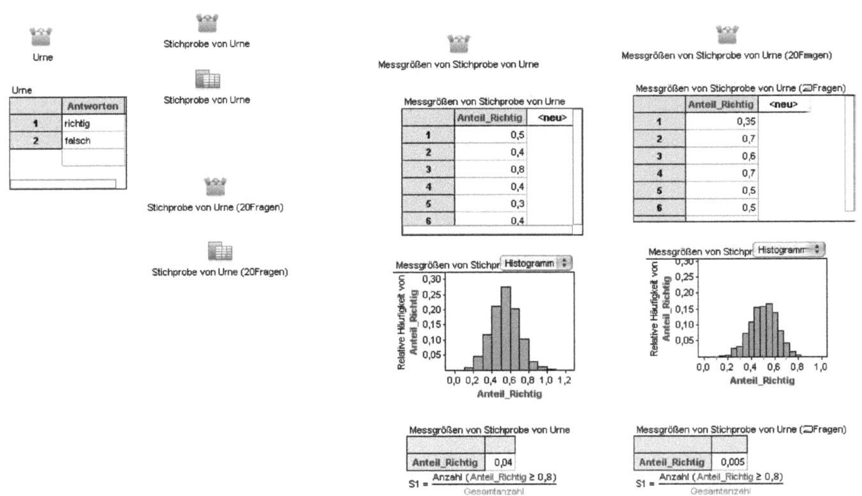

Abb. 6.131 U12-13: Simulationsumgebung (aufbereitet), BIWE03_GUKL23

Transkriptausschnitt 316-323

316   FATHOM: *Die 10er Auswertungstabelle zeigt nun den Wert 0,04 an, die 20er Auswer-*
      tungstabelle zeigt den Wert 0,005 an.
317   S1:   Einmal 4.... Interessant, interessant... Vergleichen sie die Resultate mit ihren
      intuitiven Schätzungen.
318   S2:   Damn.
319   S1:   Intuitive Schätzung war Scheiße... Aber hatten wir nicht irgendwie so was? Wo
      war das denn? Wir hatten doch schon mal so was mit a oder b, und wenn man 60 Pro-
      zent kommt man weiter... Erinnerst du dich dran?
320   S2:   Hm.
321   S1:   Und da war's doch so, dass es bei 40 Prozent liegt...
322   S2:   Hm.
323   S1:   Warum ändert sich hier die prozentuale... Richtigkeit... bei einer höheren Anzahl
      von Fragen? .. Können wir irgendwo 'nen Fehler gemacht haben?

In *317/319* stellt S1 den Vergleich der Ergebnisse mit seinen intuitiven Schätzungen her. Es ist ihm aber noch nicht klar, warum es zu diesen Ergebnissen kommt,
wie die Aussage in *323* zeigt. Möglicherweise habe man ja irgendwo einen Fehler
gemacht. In dem folgenden Auszug wird dieser Aspekt noch deutlicher.

Transkriptausschnitt 339

339   S1:   Aber es kann doch nicht sein, dass es schwieriger ist, acht... also dass es einfa-
      cher ist, 8 von 10 zu kriegen, als 16 von 20, oder? ... Sagt mir so meine Logik.

Dieses Problem lässt S1 keine Ruhe und er bittet die Lehrperson um Hilfe. Dabei
kommt es zu folgender Diskussion.

Transkriptausschnitt 347-360

347   S1:   Bei uns ist irgendwie rausgekommen, dass man ne geringere Wahrscheinlichkeit
      hat, 16 von 20 zu kriegen, als 8 von 10.
348   L: (zustimmend) Hm.
349   S1:   Aber das kann doch irgendwie gar nicht sein.
350   L: Warum nicht?
351   S1:   Ja, weil es ist doch so: Es ist doch dieselbe Wahrscheinlichkeit, wenn ich zweimal
      10 Fragen habe. Und außerdem hatten wir früher, hatten wir doch, wie war das denn...?
      Auch mit zwei Antworten, 10 Fragen, und bei einer Wahrscheinlichkeit von 60 kommt
      man weiter, also wie hier. Und da haben wir ermittelt, dass es 40 % war...
352   L: Pass 'mal auf, ich mache dir mal einen anderen Vorschlag... Diese Tabelle habt ihr
      ja noch nicht ganz fertig ausgefüllt, oder?
353   S1:   Doch.
354   L: Doch... Das zieht sich ja durch, ne? Das ist ja nicht nur bei einem... bei 0,6 oder
      0,7 der Fall
355   S1:   Ja, deswegen ja, das ist doch merkwürdig... Warum ist das denn weniger?
356   21:29
357   L: Das würde ich dann gleich im Unterrichtsgespräch gerne mal ansprechen... Ich
      will das jetzt nicht verraten, vielleicht haben andere ne Idee.
358   S1:   Ja, wahrscheinlich wenn man irgendwas... weil die Chance, zwei mal drüber zu
      kommen, dann wieder geringer ist... Also schon merkwürdig.
359   L: Hm. Ja, du hättest erwartet, dass es genau gleich ist, ne?
360   S1:   Ja, dass ich es addieren kann, so.

In *347/349/351* schildert S1 sein Problem, wobei er in *347* sicherlich mindestens
16 von 20 und mindestens 8 von 10 meint. Denn diese Wahrscheinlichkeiten haben die beiden Schüler ja ermittelt. Die Aussage von S1 in *351* könnte man im

Zusammenhang mit *339* möglicherweise so deuten: Das Ziehen einer blauen Kugel aus einer Urne mit 8 blauen und 2 roten Kugeln ist genauso wahrscheinlich wie das Ziehen einer blauen Kugel aus einer Urne mit 16 blauen und vier roten Kugeln. Das wäre aber ein ganz anderes stochastisches Problem, das der Schüler vor Augen hätte. Diese Deutung würde jedoch auch die Äußerung von S1 in *360* erklären: Man würde die gleiche Anzahl an Kugeln hinzuaddieren, das Verhältnis bliebe gleich. Offenbar hat sich in dieser Lerndyade zumindest der Schüler S1 sehr intensiv mit dieser Problematik in der Schülerarbeitsphase auseinandergesetzt, auch wenn die letztendliche Aufklärung des Phänomens auf die Besprechungsphase verschoben wird.

Lerndyade ANMA19_CHRO24

Die beiden Schüler haben unterschiedliche Einschätzungen in Teilaufgabe a. abgegeben, ANMA19 hat „Chance ist gleich" und CHRO24 hat „10er-Test" ausgewählt. Von einer gemeinsamen Ausgangskollektion werden zwei Stichprobenkollektionen erzeugt, einmal für den 10er-Test und einmal für den 20er-Test. Die entsprechenden Messgrößen in diesen beiden Stichprobenkollektionen werden definiert und Messgrößen gesammelt. Die Wiederholungsanzahl wird in beiden Messgrößenkollektionen auf $N = 5000$ erhöht. Die aufbereitete Simulationsumgebung dieser Lerndyade ist in Abb. 6.132 zu sehen. Der nachfolgende Transkriptausschnitt zeigt die Auswertung für die Bestehensgrenze 0,6 für beide Tests.

Transkriptausschnitt 316-329, 339

316 *FATHOM: In Auswertungstabelle erfolgt die Eingabe: Anzahl(Anteil_Richtig≥ 0,6)/Gesamtanzahl.*

317 S1:   Da bin ich mal gespannt, ob das stimmt.

318 *FATHOM: Die Eingabe wird bestätigt. Es wird der Wert 0,3714 erhalten.*

319 S2:   Hoffen wir mal.

320 S1:   ... Also vierzig Prozent schaffen es, ja das passt ja

321 S2:   Ja

322 S1:   Das hatten wir ja schon mal

323 S2:   Ja ok, dann machen wir das ganze jetzt noch dafür.

324 *FATHOM: Das Fenster „Formel für Wert" für die eben eingegebene Formel wird wieder geöffnet. Dann wird das Fenster wieder geschlossen.*

325 15:29

326 S2:   Wie macht man das noch mal? Steuerung c, ne?

327 *FATHOM: Zu der Auswertungstabelle „Messgrößen von Stichprobe von Uschis-Urne 20" wird auch eine Formel hinzugefügt. In eine Auswertungstabelle wird die Formel aus der anderen Auswertungstabelle eingefügt. Die Eingabe wird bestätigt und es wird der Wert 0,2454 erhalten.*

328 S1:   Steuerung c und Steuerung v zum Einfügen.

329 S2:   Ok, gut. ...

... ...

339 S2:   Du kannst ja noch mal, du kannst ja jetzt hier noch mal hier Fall erneuern. Dann wird's, dann wird's bestimmt gleich

Offenbar geht es den beiden Schülern zunächst einmal darum, die richtige Formel für die Auswertung einzugeben. Die Aussage von S1 in *371* lässt sich in dieser Hinsicht deuten, denn die in den vorangegangenen Abschnitten haben die beiden Schüler verschiedene falsche Ansätze für die Auswertungsformel ausprobiert. Das

Ergebnis scheint zu passen, offenbar erinnern sich die Schüler an das Ergebnis des 10er-Tests aus U8-9 (*320-322*). Nun wird die Formel auch in die Auswertungstabelle für den 20er-Test kopiert, um die Null-Lerner-Chance bei gleicher Bestehensgrenze für diesen Test zu ermitteln. Die beiden Ergebnisse werden an diesem Abschnitt nicht explizit miteinander verglichen. Die Aussage von S2 in *339* scheint aber darauf hinzudeuten, dass er etwas anderes erwartet hätte, nämlich dass die Null-Lerner-Chance bei beiden Tests gleich groß ist. Dies wird in einem anderen Gesprächsabschnitt deutlich. In einem Gespräch mit einer Lehrperson (Student) wird klar, welche Meinung die beiden Schüler S1 und S2 hinsichtlich der Null-Lerner-Chance vertreten. Diese Äußerungen sind ein Spiegelbild ihrer Auswahl bei Teilaufgabe a. (*366-368*).

Transkriptausschnitt 366-369

366   S1:   Genau. Er meinte, dass es gleich ist und ich meinte, dass die Chance bei 20 ist größer ist halt durchzufallen.
367   St: Ehm, also dass der 10er-Test leichter ist.
368   S1.   Genau. Und er meinte, wenn wir das jetzt noch mal erneuern, dann ist sein Ergebnis wahrscheinlich richtig.
369   S2:   Genau, das war nämlich nur ein Zufall

S2 scheint dem Ergebnis der Simulation nicht zu trauen und glaubt, dass ein erneutes Durchführen der Simulation einem anderen Ergebnis führen würde (*368/369*).

Transkriptausschnitt 374-378

374   *FATHOM: Die Messgrößen wurden erneuert und diesmal wurde in der Auswertungstabelle „Messgrößen von Stichprobe von Uschis-Urne" der Wert 0,3796 erhalten.*
375   S1:   Ja jetzt ist es total anders geworden (lacht)
376   S2:   (lacht) aber es geht doch in Prozent, es müssen doch Prozent von Antworten richtig sein
377   S1:   Das war das, was mich auch ein bisschen orientiert hat.
378   S2:   Ob ich jetzt tausend Fragen stelle, oder zehn, es geht doch um die Prozent.

Für das erneute Durchführen der Simulation des 10er-Tests erhalten die Schüler ein Ergebnis von 0,3796. Eher ironisch ist die Aussage von S1 zu S2 in *375* zu deuten, dass das Ergebnis ja nun total anders geworden sei. S2 scheint aber die Situation noch nicht zu verstehen, denn er meint, dass die Anzahl der Fragen doch unerheblich sei, es gehe schließlich nur um die mindestens 60 % an richtigen Antworten, die bei beiden Tests die Bestehensgrenze sind. Offenbar überdeckt diese Ansicht den Blick auf die Überschreitungswahrscheinlichkeit, die bei beiden Tests verschieden ist. Im weiteren Verlauf des Gesprächs möchte S2 sich die Personen anzeigen lassen, die in der Simulation alle Testfragen richtig bzw. falsch beantwortet haben. Dazu werden die entsprechenden Merkmale mit der Shift-Taste in eine Auswertungstabelle gezogen. Der nachfolgende kurze Ausschnitt zeigt abschließend, dass S2 anhand dieser Verteilungstabellen und der erstellten Histogramme erkennt, dass Extremwerte beim 20er-Test seltener auftreten als beim 10er-Test (vgl. Abb. 6.132). Die Kontextualisierung des Sachverhaltes mit absoluten Häufigkeiten ist dabei offenbar hilfreich.

Transkriptausschnitt 483-489

483 *FATHOM: Eine neue Auswertungstabelle wird in das Fenster gezogen.*

484 *FATHOM: Das Merkmal „Anteil_Richtig" des Graphen „Messgröße von Stichprobe von Uschis-Urne 10" wird mit gedrückter Shift-Taste in der Auswertungstabelle platziert.*

485 S2:   Hier haben drei alles falsch beantwortet und sieben alles richtig und das fehlt hier zum Beispiel. Hier hat keiner alle falsch, aber auch keiner alle richtig.

486 St: Das ist eine wichtige Erkenntnis. Das heißt konzentrieren auf das, was ich hinaus wollte, ich will jetzt hier auch kein Frage-Antwort-Spiel machen. Auf das was ich hinaus muss, es konzentriert sich doch hier wesentlich stärker auf die 0,5 in der Mitte als hier.

487 S1:   Ja

488 St: Also hier gibt es doch wesentlich mehr Abweicher als

489 S2:   Hier gibt's Extrema (zeigt auf Histogramm des 10ner Tests) und die gibt's ja hier nicht (zeigt auf Histogramm des 20er-Tests)

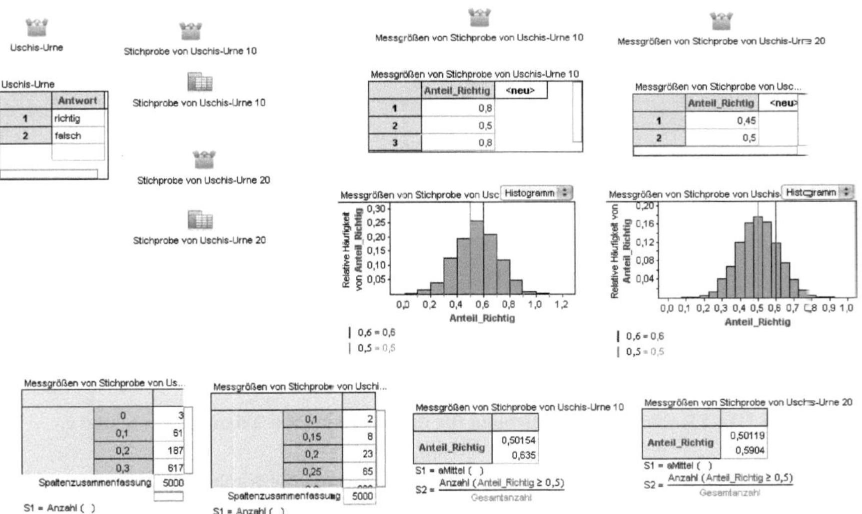

Abb. 6.132 U12-13: Simulationsumgebung (aufbereitet), ANMA19_CHRO24

6.7.6.2 Detailanalyse zu d3. – Vergleich mit den Teilaufgabe b. und c.

Für einen Vergleich der Simulationsergebnisse mit den skizzierten Verteilungen in den Teilaufgaben b. und c. hätten die Schüler idealerweise folgendes Vorgehen für den Aufbau der Simulationsumgebung wählen sollen (vgl. Abb. 6.133):

1) Ausgangskollektion definieren (z. B. Merkmal: *Antwort*, Urneninhalt: *richtig, falsch*).

2) Zwei Stichproben aus dieser Ausgangskollektion ziehen (Stichprobenumfang $n = 10$ bzw. $n = 20$).

3) In jeder der Stichprobenkollektionen zwei Messgrößen definieren (z. B. Messgröße *Anz_richtig*, Formel: *Anzahl(Antwort = "richtig")* und Messgröße *Ant_richtig*, Formel: *Anteil (Antwort = "richtig")*.

4) Zwei Messgrößenkollektionen erzeugen (für jede Stichprobenkollektion eine Messgrößenkollektion) und die Simulation $N = 5000$ Mal wiederholen.

5) Für jedes Merkmal der Messgrößenkollektion (Messgröße als Auswertungsmerkmal) ein Histogramm erstellen und paarweise für die Anzahl bzw. den Anteil für den Vergleich einrichten (vgl. 6.6.1).

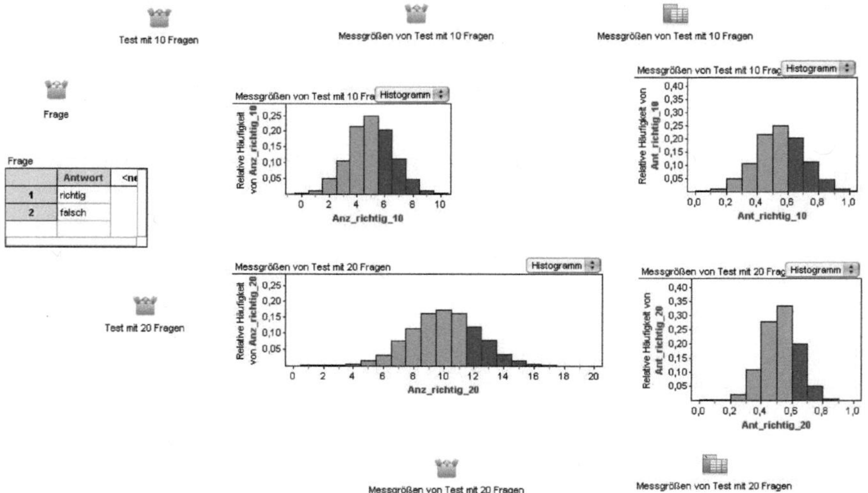

Abb. 6.133 U12-13: Simulationsumgebung für den Vergleich mit Teilaufgaben b. und c.

Wie bereits aus den exemplarischen Simulationsumgebungen von zwei Lerndyaden (vgl. Abb. 6.131 und Abb.6.132) hervorgeht, wird der für den Vergleich von Verteilungen notwendige Schritt des Einrichtens von Histogrammen nicht vollzogen. Dies trägt auch zur Erklärung bei, warum 14 der 16 Lerndyaden keinen Vergleich zu ihren eingangs gemachten Skizzen angeben und zwei Lerndyaden bei ihrem Vergleich zu falschen Einschätzungen kommen und dies auf dem Arbeitsblatt dokumentieren. Um zu ergründen, wie diese beiden Schülerpaare zu ihrer Feststellung gelangten, sind nachfolgend Simulationsumgebungen und Transkriptausschnitte als Belegstellen angeführt.

MAHE10_IRAL08

Dieses Schülerpaar erstellt in einer Datei für den 10er-Test und den 20er-Test eine eigene Kollektion (vgl. Abb. 6.134). Problematisch für den Vergleich der Verteilungsskizzen ist, dass für den 10er-Test nur die Anzahl der Erfolge ausgewertet wird (obwohl die Messgröße mit *Anteil_richtig* benannt wurde) und für den 20er-Test nur der Anteil an Erfolgen. Es fehlt praktisch immer das Histogramm-Pendant des anderen Tests. Ein Vergleich wäre somit nicht möglich.

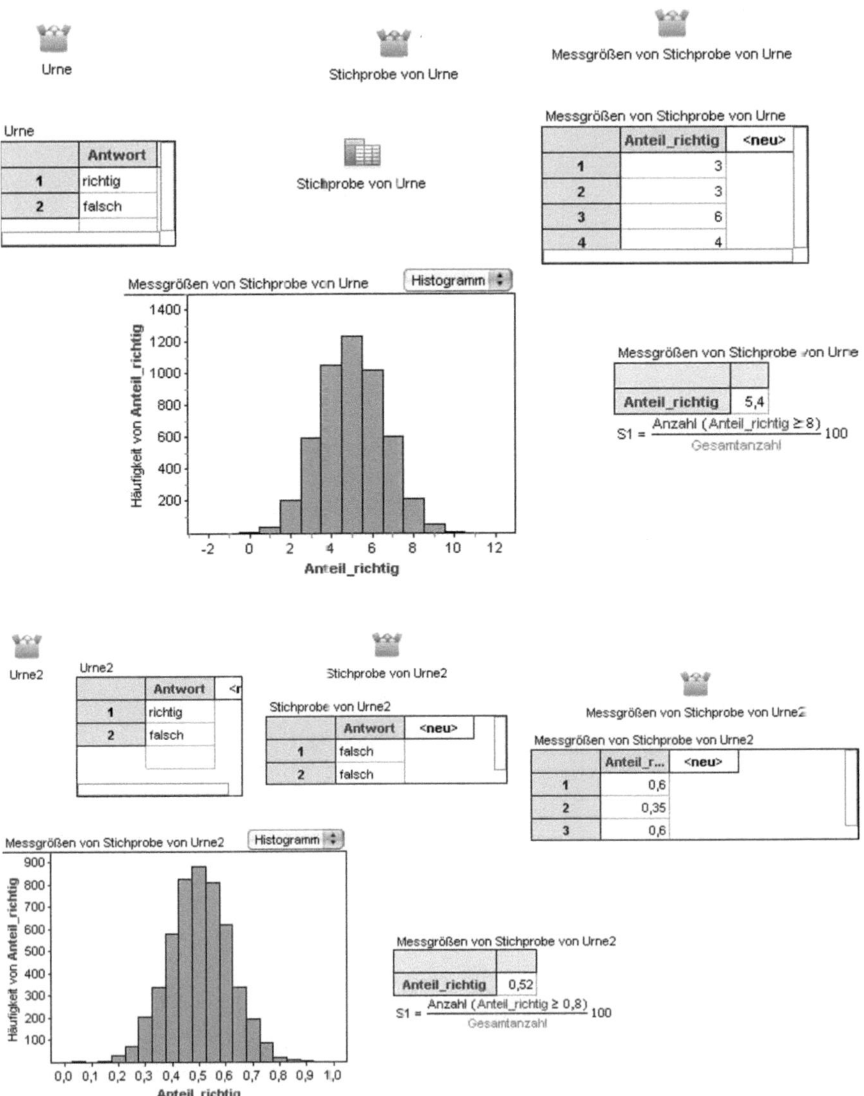

$$S1 = \frac{\text{Anzahl}\,(\text{Anteil\_richtig} \geq 8)}{\text{Gesamtanzahl}}\,100$$

$$S1 = \frac{\text{Anzahl}\,(\text{Anteil\_richtig} \geq 0{,}8)}{\text{Gesamtanzahl}}\,100$$

Abb. 6.134 U12-13: Schülerlösung Simulationsumgebung, MAHE10_IRAL08

Trotz der fehlenden Vergleichsverteilung wird in der Bearbeitung von Teilaufgabe d3. ein Bezug zu den eingangs gemachten Skizzen hergestellt (*256*).

Transkriptausschnitt 254-262

254	25:22		
255	Die Schüler bearbeiten offensichtlich das Arbeitsblatt.		
256	S1:	Also bei beiden Graphen lag ich schon ... lagen wir schon mal nicht falsch, aber bei	
257	der ersten Einschätzung. ((U)) Bei welchem Test ist die Null-Dingsda – Lernerchance größer? ... Bei den 10er-Fragen.		
258	S:	((U)) beide gleich...	
259	S1:	Ja, aber das ist falsch?	
260	S:	Wieso?	
261	S1:	Guck dir die Tabelle an.	
262	S:	Ach soo... Ja, stimmt.	

Dieser Rückbezug wird auch auf dem Arbeitsblatt von einem der beiden Schüler dokumentiert, obwohl ein Vergleich der Verteilungen für $n = 10$ und $n = 20$ praktisch unmöglich ist (Abb. 6.135).

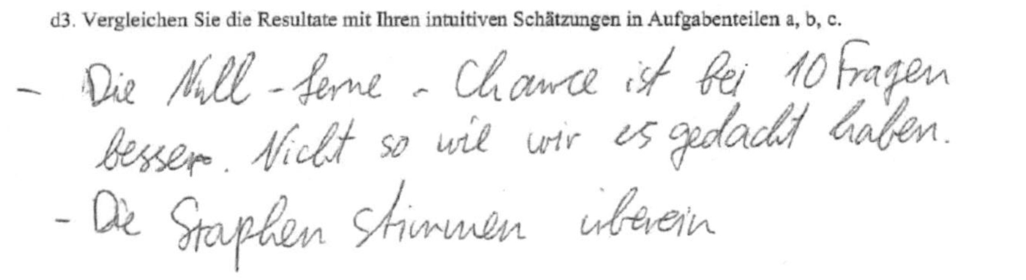

d3. Vergleichen Sie die Resultate mit Ihren intuitiven Schätzungen in Aufgabenteilen a, b, c.

– Die Null-Lerne-Chance ist bei 10 Fragen besser. Nicht so wie wir es gedacht haben.
– Die Graphen stimmen überein

Abb. 6.135 U12-13: Schülerlösung Teilaufgabe d3., MAHE10

CLHA03_UlWA08

Auf ihrem Arbeitsblatt haben die beiden Schüler als Ergebnis zu Teilaufgabe d3. das Folgende dokumentiert:

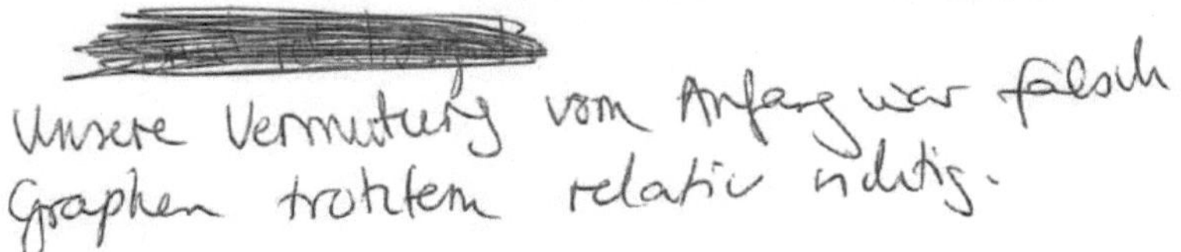

d3. Vergleichen Sie die Resultate mit Ihren intuitiven Schätzungen in Aufgabenteilen a, b, c.

Unsere Vermutung vom Anfang war falsch.
Graphen trotztem relativ richtig.

Abb. 6.136 U12-13: Schülerlösung Teilaufgabe d3., ULWA08

Wie kommen die Schüler zu dieser Einschätzung? Zieht man die Simulationsumgebung als Belegstück mit heran, dann fällt auf, dass die Schüler die Ergebnisse des 10er-Tests mit den Ergebnissen zum 20er-Test „überschrieben" haben (vgl. Abb. 6.137). Es gibt nur eine Stichprobenkollektion und nur eine Messgrößenkollektion. Damit ist ein weder ein Vergleich mit den Skizzen in Teilaufgabe b. noch in Teilaufgabe c. möglich.

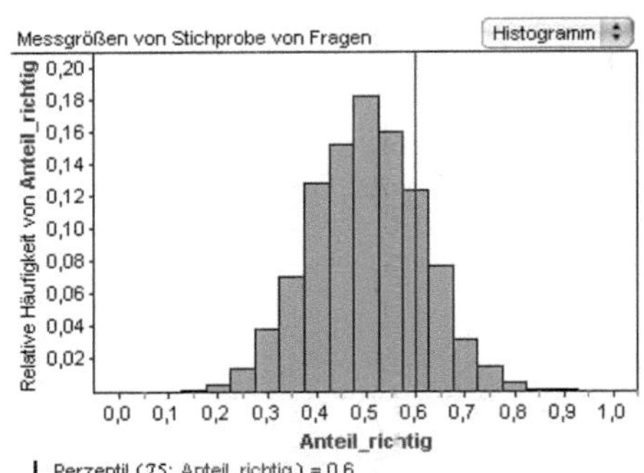

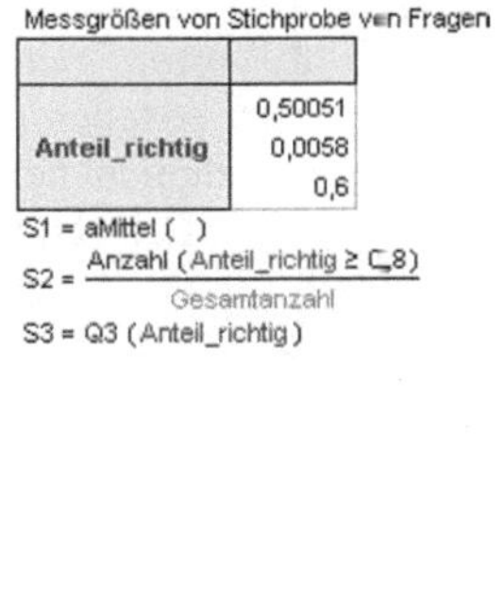

Abb. 6.137 U12-13: Schülerlösung Simulationsumgebung, CLHA03_ULWA08

Aus dem nachfolgenden Transkriptausschnitt geht hervor, dass die beiden Schüler ihre Simulationsergebnisse zwar richtig in Bezug zu ihren Vermutungen in Teilaufgabe a. setzen, aber fälschlicherweise meinen, dass die simulierten Häufigkeitsverteilungen mit ihren in b. und c. skizzierten Graphen übereinstimmen.

Transkriptausschnitt 455-464

455	S2:	... Wieso ist denn das jetzt anders?
456	S1:	Ein Prozent ungefähr .. was ist anders? Ja bei den zwanzig Fragen, ach so.
457	S2:	Ja schon, aber wir hatten ja am Anfang gesagt, dass
458	S1:	.. Au ja
459	S2:	Fuck
460	S1:	Ja gut, die Vermutung ist falsch, ne?
...	...	
462	23:49	
463	S2:	Aber die Tabellen waren richtig.
464	S1:	... Nee, Graphen.

Zusammenfassung

Elf von 16 Lerndyaden dokumentieren ihren Vergleich zu Teilaufgabe a. auf dem Arbeitsblatt. Das ist sehr positiv zu bewerten, denn offenbar hilft die Simulation die eingangs gemachten Vermutungen selbstkritisch zu bewerten. Ein Vergleich zu den in b. und c. skizzierten Graphen wird allerdings nicht bzw. nicht korrekt vorgenommen, da die Histogramme nicht angepasst werden. Dies lässt sich auch anhand der exemplarisch aufgeführten FATHOM-Dateien belegen. Offenbar hat es den meisten Schülern genügt, ein Histogramm für den 10er-Test und ein Histogramm für den 20er-Test zu erstellen, ohne diese für einen Vergleich aufzubereiten. Die dabei auftretenden unterschiedlichen Klassenbreiten und Skalierungen der vertikalen Achse wurden ignoriert. Ein sinnvoller Vergleich zu den Skizzen aus Teilaufgabe c. ist dadurch nicht herzustellen. In der Lösungsskizze wurde dies bereits als mögliche Schwierigkeit benannt (vgl. Kap. 6.1.1). Darüberhinaus hätte man für den Vergleich mit Teilaufgabe b. zusätzlich die Histogramme für eine Messgröße *Anzahl_richtig*, die die Anzahl der richtigen Antworten bei beiden Tests erfasst, erstellen müssen. Dies wurde von den 14 Lerndyaden, die eine Simulation bezüglich der Messgröße *Anteil_richtig* (für den Anteil an richtigen Antworten) erstellt hatten, ignoriert. Hier offenbart sich eine Schwäche im Arbeitsblatt, die diese Arbeitsschritte als Hinweis bzw. Tipp hätten mit aufnehmen sollen (vgl. Kap. 6.1.1).

6.7.7 Analysen zu Teilaufgabe d4.

Aufgabenstellung	Ihre Lehrerin möchte die Bestehensgrenze so festsetzen, dass die Null-Lerner-Chance höchstens 10 % (5 %) beträgt. Ermitteln Sie die Grenzen für die beiden Tests und verwenden Sie dafür Ihre Simulation. Tragen Sie die Bestehensgrenzen (als Anteil) in die Tabelle ein.

Die Schüler sollten in dieser Teilaufgabe die Bestehensgrenzen mittels Perzentilen ermitteln und in die Tabelle eintragen. In der Tabelle sind die Angaben der 16 Lerndyaden auf dem Arbeitsblatt nach *richtig*, *falsch*[162] und *kein* zusammengefasst.

---

[162] Die Kategorie „falsch" umfasst Einträge auf dem Arbeitsblatt, bei denen an den korrekten Anteil ein Prozentzeichen angehängt wurde.

Aufgabe	Kategorie	richtig	falsch	kein
d4. Perzentile	Eintragen der Ergebnisse in die Tabelle des Arbeitsblattes	13	1	2

Abb. 6.138 U12-13: Auswertung Teilaufgabe d4. von Arbeitsblatt 1, Bestehensgrenzen

Zusammenfassung

Grundsätzlich scheint diese Aufgabe kaum Probleme bereitet zu haben. Inwieweit allerdings die Einträge selbständig erarbeitet wurden, lässt sich nur mit einem Blick in die FATHOM-Dateien aufklären. Dabei kann man feststellen, dass zehn der 16 Lerndyaden diese Teilaufgabe tatsächlich in FATHOM mittels Perzentil-Funktion bearbeitet haben. Einige wenige Schüler haben auf ihrem Arbeitsblatt die Eintragungen der Tabelle durch das Setzen von Relationszeichen verbessert (vgl. Kap. 6.1.1 zur Analyse dieses Sachverhaltes).

2000 Simulation des 10er-Tests
(dieses Ergebnis wurde bereits in die Tabelle unten eingetragen)

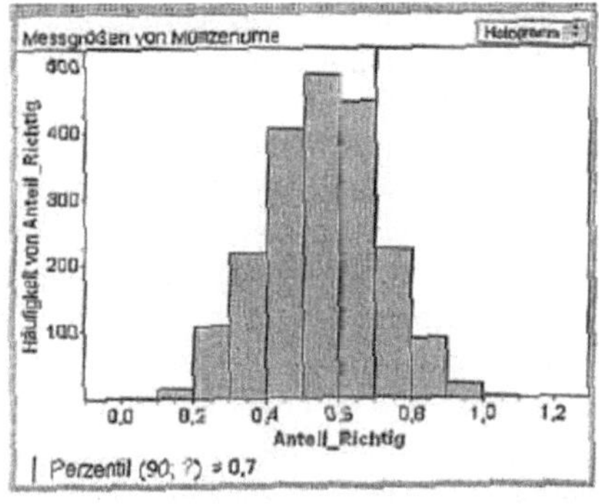

Bestehensgrenzen (als Anteil)			
	bei folgenden Null-Lerner-Chancen		
		≤ 10%	≤ 5%
10er-Test		> 0,7	> 0,8
20er-Test		> 0,6	> 0,7

Abb. 6.139 U12-13: Auswertung Teilaufgabe d4. von Arbeitsblatt 1, Schülerlösung CHRO24

6.8 Zusammenfassung der Teilstudie in U12-13

Schaut man auf die Zielsetzung dieser Unterrichtseinheit, kann man in der Zusammenschau durchaus konstatieren, dass ein wesentliches Ziel erreicht wurde: Von den 12 Schülerpaaren, die intuitiv eine gleiche Null-Lerner-Chance für den 10er-Test und den 20er-Test geschätzt hatten, haben alle bis auf ein Schülerpaar ihre falschen Vermutungen allein durch ihre eigenen Simulationsergebnisse revidieren können. Diese Aussage lässt sich sowohl durch die Lösungsprodukte als auch anhand der kommunikationsbezogenen Lösungsprozesse belegen. Auch die drei Schülerpaare mit unterschiedlicher Auswahl in Teilaufgabe a. haben durch die Simulationsergebnisse ihre Vermutungen entweder bestätigt gesehen oder aber entsprechend revidiert. Der grundsätzliche Aufbau dieser Unterrichtseinheit scheint geeignet, dass Schüler im Zusammenspiel von offline-Aktivitäten und Simulationen fachlich adäquate Vorstellungen gegenüber eigenen Primärintuitionen kontrastierend sichtbar machen können. Der *sample size effect* lässt sich durch eigene Simulationsaktivitäten der Schüler offenbar sinnvoll erfahrbar machen. Allerdings haben sich auch Schwächen offenbart, die den Umgang mit dem Simulationsplanschema und mit den graphischen Darstellungen betreffen. Hier besteht Optimierungsbedarf.

Alle Schüler haben das Simulationsplanschema nur teilweise ausgefüllt. Insbesondere die Bereiche oberhalb und unterhalb der Tabelle wurden praktisch ignoriert. Möglicherweise müssen mehr Anstrengungen unternommen werden, damit Schüler ein vollständig ausgefülltes Simulationsplanschema auch in seiner Funktion als ausgearbeitetes Lösungsbeispiel verstehen. Bisher dient es als Planungsinstrument, wenn es in einer offline-Planungsphase verwendet wird, und als Handlungsorientierung während der Computerarbeitsphase. Die Dokumentations-Funktion wird von den Schülern als nicht so bedeutsam für die unmittelbare Aufgabenbearbeitung wahrgenommen. Ein weiterer Aspekt betrifft die Einrichtung von Histogrammen, um Verteilungsvergleiche zu ermöglichen. Da die Schülerpaare durchweg eine solche Einrichtung nicht vorgenommen haben, können auf dieser Basis durchgeführte Verteilungsvergleiche nur zu falschen Ergebnissen führen. Ein Vorschlag, wie man Verteilungsaspekte in das Arbeitsblatt optimaler integrieren könnte, wird nun unterbreitet (Abb. 6.140 bis Abb. 6.143). Die wesentlichen Änderungen lassen sich so zusammenfassen:

- Das Nebeneinanderstellen der Graphikfenster für Vorabskizzen und Skizzen auf der Basis der Simulationsergebnisse ermöglicht direkte Verteilungsvergleiche.

- Die Aufgabenstellungen für d2 und d3 wurde präzisiert und um Tipps für das Einrichten von Histogrammen erweitert.

- Die in der Durchführung sichtbar gewordenen Fehler auf dem Arbeitsblatt wurden bereinigt.

U12-13

Personenkennung: ☐☐☐☐☐☐   **Partnerpersonenkennung:** ☐☐☐☐☐

Ersten zwei Buchstaben der Mutter und des Vaters + eigener Geburtstag, z.B. Erika, Bernd, 03.10.1988→ ErBe03

Hinweise:
- *Tragen Sie bitte Ihre Kennung und die Ihres Teampartners oben in die Felder und auf den Simulationsplänen ein.*
- *Das Arbeitsblatt wird zusammen mit den Simulationsplänen am Ende der Stunde zwecks Kopieanfertigung eingesammelt.*
- *Ihre Arbeit am Computer wird mit einer Software aufgezeichnet.*

Arbeitsblatt 1 A – Einzelarbeit bis einschließlich d1.

Wir haben uns mit dem Problem beschäftigt, wie wahrscheinlich es ist, einen Multiple-Choice-Test mit 10 Fragen und 2 Antwortmöglichkeiten allein durch Raten zu bestehen.
Wir wollen jetzt sehen, was passiert, wenn man einen längeren Test, z. B. mit 20 Fragen stellt.
Es wird ein solcher Test mit 10 und mit 20 Fragen angeboten. Man hat bestanden, wenn man mindestens 60 % der Fragen richtig beantwortet hat. Wir bezeichnen die Wahrscheinlichkeit, den Test nur durch Raten zu bestehen, als die „Null-Lerner-Chance" für diesen Test.

Wir wollen untersuchen, wie der Lehrer die „Null-Lerner-Chance" verringern kann und die Schüler diese erhöhen können.

a. Bei welchem Test ist die Null-Lerner-Chance größer?

    ☐ Test mit 10 Fragen   ☐ mit 20 Fragen   ☐ Chance ist gleich
    Begründen Sie mit intuitiven Argumenten.

b. Bei dem Test können wir die **Anzahl** der richtig gelösten Fragen als Zufallsgröße (Messgröße in Fathom) betrachten. Im 10er-Test schwankt diese zufallsabhängige Größe zwischen 0 und 10, im 20er-Test zwischen 0 und 20.
    1) Skizzieren Sie in der **linken Graphik** qualitativ, welche Wahrscheinlichkeiten Sie für die einzelnen Ergebnisse (**Anzahl** richtiger Lösungen) erwarten würden.
    2) Skizzieren Sie (**nach Durchführung der Simulation**) in der **rechten Graphik** zum Vergleich die relativen Häufigkeiten, die Sie bei Ihrer Simulation erhalten haben.

Vorab ausfüllen	**Nach Simulation ausfüllen**

Abb. 6.140 U12-13: Arbeitsblatt 1 – Seite 1, Überarbeitung

c. Bei dem Test wollen wir jetzt auch den **Anteil** der richtig gelösten Fragen als Zufallsgröße betrachten.

Im 10er-Test schwankt der Anteil zwischen $\frac{0}{10}, \frac{1}{10}, ..., \frac{9}{10}, \frac{10}{10}$, im 20er-Test zwischen

$\frac{0}{20}, \frac{1}{20}, ..., \frac{19}{20}, \frac{20}{20}$, also beide zwischen einem Anteil von 0 und 1.

1) Skizzieren Sie in der **linken Graphik** qualitativ, welche Wahrscheinlichkeiten Sie für die einzelnen Ergebnisse (**Anteil** richtiger Lösungen) bei **gleicher Klassenbreite b = 0,1** erwarten würden.

2) Skizzieren Sie (**nach Durchführung der Simulation**) in der **rechten Graphik** zum Vergleich die relativen Häufigkeiten, die Sie bei Ihrer Simulation erhalten haben.

<table>
<tr><td align="center">**Vorab ausfüllen**</td><td align="center">**Nach Simulation ausfüllen**</td></tr>
</table>

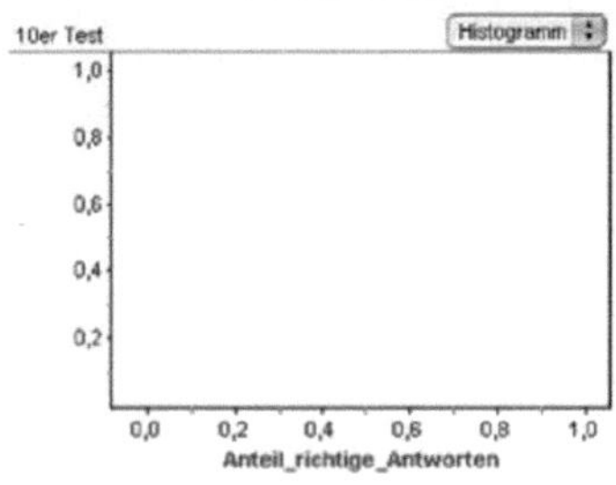

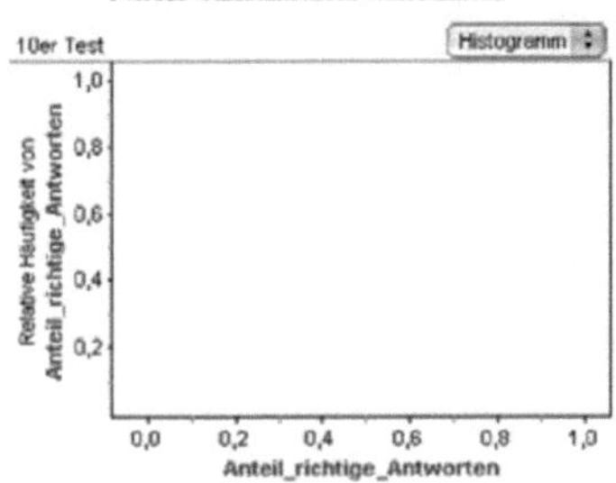

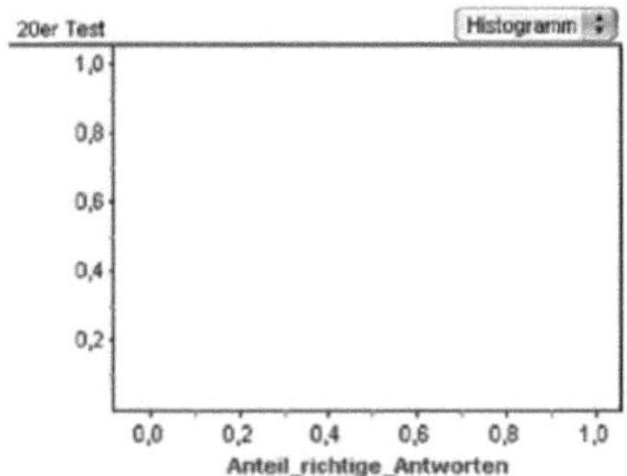

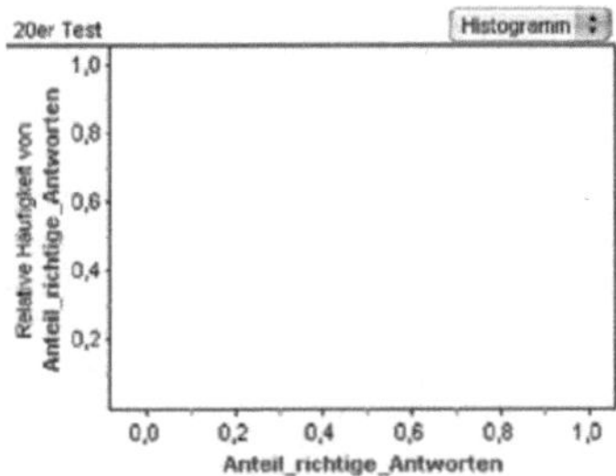

Platz für Notizen aus der Ergebnispräsentation

Abb. 6.141 U12-13: Arbeitsblatt 1 – Seite 2, Überarbeitung

U12-13
Personenkennung: ☐☐☐☐☐☐   Partnerpersonenkennung: ☐☐☐☐☐☐

Ersten zwei Buchstaben der Mutter und des Vaters + eigener Geburtstag, z.B. Erika, Bernd, 03.10.1988→ ErBe03

d.   Simulieren Sie nun beide Tests mit Fathom, und zwar soll es **sowohl um die Verteilung der Anzahl richtiger Lösungen als auch des relativen Anteils richtiger Lösungen** gehen.

Tipp: Wenn Sie das Merkmal für die zufällig gegebenen Antworten mit `Antworten` bezeichnet haben, welches die Ausprägungen „richtig", „falsch" hat, dann können Sie z. B. für den relativen Anteil richtiger Lösungen folgende Formel verwenden:

> Name für die Messgröße: `Anteil_Richtig`
>
> Formel für die Messgröße: Anteil (`Antworten="richtig"`)

d1.   Erstellen Sie **vorab** einen Simulationsplan **für den relativen Anteil richtiger Lösungen**. Vervollständigen Sie diesen Simulationsplan während ihrer Simulation zu einem ausgearbeiteten Lösungsbeispiel. (siehe Vorlage **Simulationsplan A-1**).

d2.   Führen Sie die Simulation für beide Tests mit der Wiederholungszahl $N = 5000$ durch und stellen Sie sowohl die Verteilung des **Anteils der richtigen Lösungen** als auch die der **Anzahl richtiger Lösungen** in je einem Histogramm dar.

Tipp: Richten Sie die Histogramme für einen Vergleich ein. Achten Sie auf gleiche Skaleneinteilung und auf gleiche Klassen- bzw. Säulenbreiten.

Ermitteln Sie mit einer Auswertungstabelle die Null-Lerner-Chance für verschiedene Tests und Bestehensgrenzen für den **Anteil der richtigen Lösungen** und tragen Sie sie in die Tabelle ein.

Null-Lerner-Chance in %

	bei Bestehensgrenze von			
	0,6	0,7	0,8	Anteil richtiger Fragen
10er-Test	37%			
20er-Test				

d3.   Vergleichen Sie die Resultate aus d2. mit Ihren intuitiven Schätzungen in Aufgabenteilen a., b., c. Skizzieren Sie dazu auch die simulierten Häufigkeitsverterteilungen in die vorgegebenen Graphiken der Teilaufgaben b. und c. Was fällt auf?

Abb. 6.142 U12-13: Arbeitsblatt 1 – Seite 3, Überarbeitung

d4. Ihre Lehrerin möchte die Bestehensgrenze so festsetzen, dass die Null-Lerner-Chance höchstens 10 % (5 %) beträgt.

1) Ermitteln Sie die Grenzen für die beiden Tests und verwenden Sie dafür Ihre Simulation. Tragen Sie die Bestehensgrenzen (als Anteil) in die untenstehende Tabelle ein.

Tipp: Die Bestehensgrenze bei 25 % können Sie mit Fathom durch das Kommando Q3(`Anteil_Richtige`) ermitteln, Q3 teilt die Datenmenge so, dass mindestens 75 % der Ergebnisse kleiner gleich Q3 und höchstens 25 % größer als Q3 sind.

Dasselbe liefert das Kommando Perzentil (75; `Anteil_Richtige`). Für andere Null-Lerner-Chancen muss man entsprechend statt der 75 andere Werte einsetzen, z. B. 90 für eine Null-Lerner-Chance von 10 %.

2) Das Ergebnis bei 2000 Simulationen des 10er-Tests für den Anteil richtiger Lösungen wurde bereits in die Tabelle unten eingetragen. Was bedeutet dieses Ergebnis? Finden Sie eine möglichst einfache Formulierung.

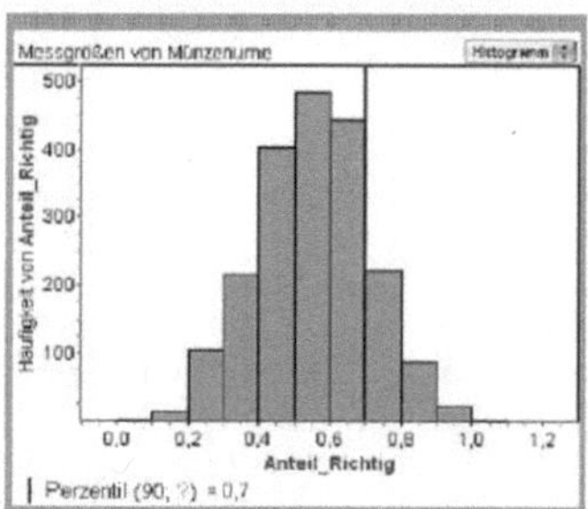

Bestehensgrenzen (als Anteil)

	bei folgenden Null-Lerner-Chancen	
	<=10%	<=5%
10er-Test	> 0,7	
20er-Test		

Platz für Notizen aus der Ergebnispräsentation

Abb. 6.143 U12-13: Arbeitsblatt 1 – Seite 4, Überarbeitung

7 Analysen zum Lernzuwachs

Um den mit dem Unterrichtsdesign verbundenen Lernzuwachs zu messen, wurden in der empirischen Begleitstudie des GESIM-Konzeptes drei Tests eingesetzt und in der hier vorliegenden Arbeit analysiert:

- Befragung zur Einstellung und zum Vorwissen
- identischer Eingangs- und Ausgangstest
- GESIM-Leistungstest.

In diesem Kapitel wird zunächst in Kapitel 7.1 das Testdesign erläutert. In Kapitel 7.2 werden die Ergebnisse der Eingangsbefragung vorgestellt. Die Resultate des identischen Eingangs- und Ausgangstest werden in Kapitel 7.3 beschrieben. Der GESIM-Leistungstest wird in Kapitel 7.4 analysiert. Eine Zusammenfassung der Test-Ergebnisse zum Lernzuwachs findet sich in Kapitel 7.5.

7.1 Erläuterungen zum Testdesign

Mit einem gleichen Test (identischer Eingangs- und Ausgangstest) unmittelbar vor Beginn und unmittelbar nach Ende des Einführungskurses wurden die stochastischen Kenntnisse der Schüler erfasst. Aufgrund des geringen Zeitumfangs wurden nur acht Items getestet. Item 6, eine Aufgabe im Kontext des *maternity ward problem*, spielte dabei eine besondere Rolle. Die Problematik dieser Aufgabe aus psychologischer Sicht wurde bereits in Kapitel 3.2 diskutiert. In der Unterrichtskonzeption ist mit dem 10-20-Testproblem eine ähnliche Aufgabe implementiert, so dass sich ein gewisser Lernzuwachs, auch in der Begründungsqualität, zeigen sollte. Drei Wochen nach Ende der Interventionsstudie wurde innerhalb der Klausur eine Aufgabe mit drei Teilaufgaben gestellt, die sich explizit auf Inhalte des GESIM-Konzeptes bezogen (GESIM-Leistungstest). Die Schüler sollten ein Simulationsplanschema ergänzen, zu einer vorgegebenen Verteilung ($n = 10$) in einem Histogramm mit gleicher Klassenbreite eine weitere Verteilung ($n = 20$) skizzieren und schließlich das Intervall der mittleren 95 % dieser Verteilung berechnen. In allen drei Teilaufgaben wurden die Schülerergebnisse mit einem Punktescore bewertet. Dieser ermöglicht Aussagen über die mittlere Lösungsrate und erlaubt Rückschlüsse zum Kenntnisstand der Schüler zum Erhebungszeitpunkt. Der Umfang der Tests war den zeitlichen Gegebenheiten anzupassen, d. h. es standen effektiv jeweils nicht mehr als 30 Minuten Bearbeitungszeit für die Schüler zur Verfügung. Daher und auch vor dem Hintergrund der Tatsache, dass geeignete und passgenaue Testinstrumente erst auf der Basis der Ergebnisse der empirischen Begleitstudie entwickelt werden sollten, fiel die Entscheidung, sich bei der Auswahl der Items von Eingangs- und Ausgangstest eng an den von Meyfarth (2008b, S. 175-177) verwendeten Testaufgaben zu orientieren. Dies bietet allerdings auch die Möglichkeit, Ergebnisse direkt miteinander zu vergleichen.

Die Schüler haben bei allen Tests eine Personenkennung angegeben. Diese besteht aus insgesamt sechs Zeichen, den ersten beiden Buchstaben des Vornamens der Mutter und des Vaters und dem Geburtstag.[163] Alter und Geschlecht wurden in Eingangs- und Ausgangstest erfasst. Im Eingangstest gaben die Schüler zusätzlich eine Selbsteinschätzung ihrer Leistungen in Mathematik und ihres Vorwissens in Stochastik an. Zudem wurde ähnlich wie bei Meyfarth (2008b) der Bekanntheitsgrad von Inhalten und Begriffen aus der Sekundarstufe I erfragt, um einen Eindruck von den Vorerfahrungen der Schüler zu bekommen. Insgesamt nahmen am Eingangstest 48 und am Ausgangstest 40 Schüler teil. In den Analysen werden nur die Schüler berücksichtigt, die beide Tests mitgeschrieben haben. Das sind insgesamt aus beiden Kursen 39 Schüler (26 männlich und 13 weiblich). Für die Auswertung wurden nur die ersten sieben Items berücksichtigt.[164] In jedem Item mussten die Schüler eine Auswahl treffen oder eine Antwort geben und dies jeweils begründen. (vgl. Abb. 7.1 und Abb. 7.3). Den GESIM-Leistungstest haben insgesamt 46 Schüler mitgeschrieben (33 männlich, 13 weiblich). Dieser Test bestand aus einer Aufgabe mit drei Teilaufgaben innerhalb der Klausur, deren inhaltliche Anforderungen sich konkret auf innerhalb des GESIM-Konzeptes behandelte Sachverhalte bezogen.

Eingangs- und Ausgangstest

Die Items in Eingangs- und Ausgangstest wurden sowohl qualitativ als auch quantitativ mit Hilfe von MAXQDA und FATHOM ausgewertet. Dazu wurden die Daten der Schüler aus beiden Tests in MAXQDA eingegeben und kodiert (vgl. Abb. 7.1). Die Kategorien (Codes) leiten sich aus den Antwortmöglichkeiten einerseits und den vorab festgelegten möglichen Begründungen andererseits ab. Da mit dieser Vorgehensweise aber nicht alle Argumente der Schüler adäquat erfasst werden konnten, wurden anhand der Schülerbegründungen weitere Kategorien definiert.[165] Für eine weitergehende quantitative Auswertung wurden die Codes MAXQDA-spezifisch als Variablen definiert und sowohl für einzelne Items als auch in der Gesamtschau nach FATHOM exportiert. Bezüglich einer vergleichbaren numerischen Auswertung wurden beide Tests nach einem Punktescore bewertet. Dabei wurde ein Score-Punkt auf die korrekte Antwort vergeben. Die Begründung wurde in Abhängigkeit einer korrekten Argumentation mit bis zu zwei Score-Punkten bewertet (vgl. Kap. 7.3).

---

[163] Diese Personenkennung wird im weiteren Verlauf dieses Kapitels verwendet und kursiv gesetzt.

[164] Item 8 bezog sich auf das Auslesen von Daten aus einem Säulendiagramm. Zur Aufgabe siehe Anhang E, auf den im OnlinePLUS Programm unter www.Springer-Spektrum.de/Buch/978-3-658-00593-1/Das-GESIM-Konzept.html zugegriffen werden kann..

[165] Ein Kodierleitfaden ist auch im Anhang E zu finden.

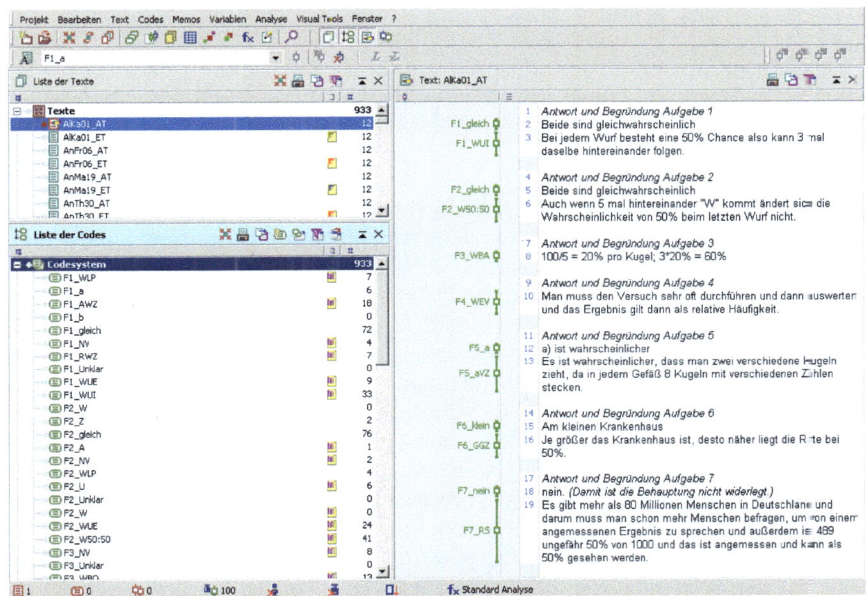

Abb. 7.1 Kodierung von Eingangs- und Ausgangstest in MAXQDA

Das vom Autor entwickelte Kategoriensystem wurde auf seine Reliabilität hin durch ein Interkoderverfahren überprüft. Auf der Grundlage der von Mayring (2008, S. 12 f.) vorgeschlagenen Vorgehensweise wurde das Material von einem Zweitkodierer[166] ausschnittsweise ausgewertet und die Ergebnisse beider Kodierungen in einem diskursiven Verfahren miteinander verglichen. Nichtübereinstimmungen wurden nur dann als solche gewertet und in die Berechnung des Reliabilitätskoeffizienten aufgenommen, wenn der Zweitkodierer dem Autor überzeugend darstellen konnte, dass eine Auswertung nicht den Regeln entsprechend vorgenommen wurde.

Als Berechnungsgrundlage wurde der Reliabilitäts-Koeffizient Cohens Kappa κ (nach Cohen 1960) verwendet. Neben dem beobachteten Anteil an Übereinstimmungen p_o fließt noch der zufällig zu erwartende Anteil an Übereinstimmungen p_e in die Berechnung mit ein. Cohens Kappa κ ist dann wie folgt definiert:

---

[166] Als Zweitkodierer wurde ein Mitglied der Arbeitsgruppe von Prof. Dr. Werner Blum, Universität Kassel, gewählt.

$$\kappa = \frac{p_o - p_e}{1 - p_e} = \frac{H/n - 1/k}{1 - 1/k},$$ wobei k = jeweilige Anzahl an Kategorien, n = Anzahl

der insgesamt zu treffenden Entscheidungen und H = Anzahl der übereinstimmenden Entscheidungen. Als ausreichender Beleg für die Qualität des Kategoriensystems gilt $\kappa \geq 0.7$.

Die Auswahl der Items orientiert sich vor allem an der Vorarbeit von Meyfarth (2008b). Dieser beruft sich für seine Auswahl auf verschiedene Vorarbeiten, insbesondere die Arbeiten von Biehler & Maxara (2005), Rasfeld (2004), Sedlmeier (1999), Sedlmeier & Gigerenzer (1997), Strick (1997). Die Items für den in dieser Studie eingesetzten Eingangs- und Ausgangstest sind in Abb. 7.2 auf der nächsten Seite dargestellt. Für die Einbettung der Items in den wissenschaftlichen Kontext sind diesen jeweils Vorüberlegungen vorangestellt, die sich u. a. auf die Arbeiten und Ergebnisse von Watson (2006), Engel & Sedlmeier (2005), Kapadia & Borovcnik (1991), Bentz & Borovcnik (1985), Green (1983), Scholz (1981) und Kahneman & Tversky (1972) beziehen. Allerdings sind in diesen Studien oft keine Begründungen eingefordert worden. Leistungszuwächse lassen sich aber genau damit besser messen. Daher stehen vor allen auch qualitative Untersuchungen zu den Begründungen im Mittelpunkt der Analysen. Alle Items beschäftigen sich mit der Erfassung von allgemeinen intuitiven Vorstellungen der Schüler zu stochastischen Vorgängen und sind nicht an den speziellen Inhalten des Einführungskurses orientiert.

GESIM-Leistungstest

Bei der Aufgabe im Abschlusstest handelte es sich um eine Aufgabenbearbeitung im Kontext zum *maternity ward problem* (vgl. Abb. 7.4). Die Auswertung erfolgte einer Klausur gemäß so: Für jede Teilaufgabe wurde eine maximal erreichbare Punktezahl vorab festgelegt und entsprechend der Lösungsqualität anteilig vergeben. Diese Aufgabe (Aufgabe 4 in der Klausur) war insgesamt mit elf Rohpunkten bewertet: Teilaufgabe a) Simulationsplanschema vervollständigen - 6 Punkte, Teilaufgabe b) Verteilung skizzieren - 3 Punkte, Teilaufgabe c) Intervall durch Berechnung ermitteln - 2 Punkte. Insgesamt bestand die Klausur aus vier Aufgaben mit einer Gesamtpunktzahl von 50 Rohpunkten.[167] Neben dieser Rohpunkteauswertung von Aufgabe 4 sind auch die Notenpunkte der Klausur erfasst worden (allerdings nicht die erreichten Rohpunkte).

Die folgenden beiden Abbildungen zeigen die Items des identischen Eingangs- und Ausgangstest sowie die Aufgabe des GESIM-Leistungstests im Überblick.

---

[167] Die komplette Klausur findet sich in Anhang E.

1. Eine faire Münze wird sechsmal geworfen. Welche der beiden Versuchsfolgen I oder II halten Sie für wahrscheinlicher? ("W" steht für Wappen und "Z" für Zahl)

   a) Z W Z W W Z

   b) W W W Z Z Z

   ☐ a) ist wahrscheinlicher

   ☐ b) ist wahrscheinlicher

   ☐ Beide sind gleich wahrscheinlich

   Begründung

2. Beim Werfen einer fairen Münze erscheint fünfmal nacheinander Wappen. Wird beim sechsten Wurf eher Wappen oder eher Zahl auftreten?

   ☐ Eher Wappen

   ☐ Eher Zahl

   ☐ Beide sind gleich wahrscheinlich

   Begründung:

3. In einem Gefäß befinden sich drei schwarze und zwei rote Kugeln. Man zieht ohne Hinsehen eine Kugel. Bestimmen Sie die Wahrscheinlichkeit, mit der man eine schwarze Kugel zieht (mit Begründung).

4. Wie kann man die Wahrscheinlichkeit bestimmen, mit der eine Reißzwecke auf den Kopf fällt? (mit Begründung).

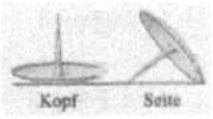

5. In zwei Gefäßen liegen jeweils acht Kugeln, welche mit den Zahlen 1 bis 8 beschriftet sind. Aus beiden Gefäßen wird eine Kugel gezogen. Was ist wahrscheinlicher?

   a) Eine der beiden Kugeln zeigt eine "4", die andere eine "5".

   b) Beide Kugeln zeigen eine "5".

   ☐ a) ist wahrscheinlicher

   ☐ b) ist wahrscheinlicher

   ☐ Beide sind gleich wahrscheinlich

   Begründung:

6. An einem großen Krankenhaus werden durchschnittlich jede Woche etwa 90 Kinder geboren. An einem kleinen Krankenhaus werden durchschnittlich jede Woche etwa 40 Kinder geboren. An welchem Krankenhaus ist es wahrscheinlicher, dass in einer Woche mehr als 65 % der geborenen Kinder Jungen sind?

   ☐ Am großen Krankenhaus

   ☐ Am kleinen Krankenhaus

   ☐ An beiden gleichwahrscheinlich

   Begründung:

7. Eine Verbraucherzentrale behauptet, dass 50 % aller Haushalte in Deutschland eine Espresso-Maschine besitzen. Bei einer Befragung von 1000 zufällig ausgewählten Haushalten gaben 489 an, eine Espresso-Maschine zu besitzen.

   Ist die Behauptung damit widerlegt? (mit Begründung)

   ☐ ja

   ☐ nein

   Begründung

Abb. 7.2 Die sieben Items von Eingangs- und Ausgangstest

Aufgabe

In einer Stadt gibt es zwei Krankenhäuser, ein sehr großes und ein kleineres. In dem kleineren werden pro Woche etwa zehn Kinder geboren und in dem großen etwa 40. Wie Sie wissen, beträgt die Wahrscheinlichkeit für eine Jungengeburt 50 %. Der Jungenanteil schwankt jedoch von Woche zu Woche, manchmal liegt er über 0,5, manchmal auch darunter.

a.   Wie wahrscheinlich ist für eine beliebige Woche ein Jungenanteil von mindestens 0,6 am kleinen Krankenhaus? Planen Sie mit Hilfe des Simulationsplanschemas eine Simulation, mit der man die stochastische Situation am kleinen Krankenhaus modellieren kann und ermitteln Sie einen Schätzwert für die gesuchte Wahrscheinlichkeit anhand der Auswertungstabelle.

Vorgabe Simulationsplanschema (teilausgefüllt) [168]

Wir haben eine Simulation für die Zufallsgröße „Anteil der Jungen" (Ant_Jungen) am kleinen Krankenhaus durchgeführt. Die Graphik unten zeigt die simulierte Verteilung der Zufallsgröße.

b.   Machen Sie nun deutlich, wie sich die Verteilung am großen Krankenhaus davon unterscheidet. Skizzieren Sie dazu die Verteilung der Zufallsgröße für das große Krankenhaus in das vorgegebene Histogramm. Behalten Sie dabei die Säulenbreite von 0,1 bei und begründen Sie kurz Ihr Vorgehen.

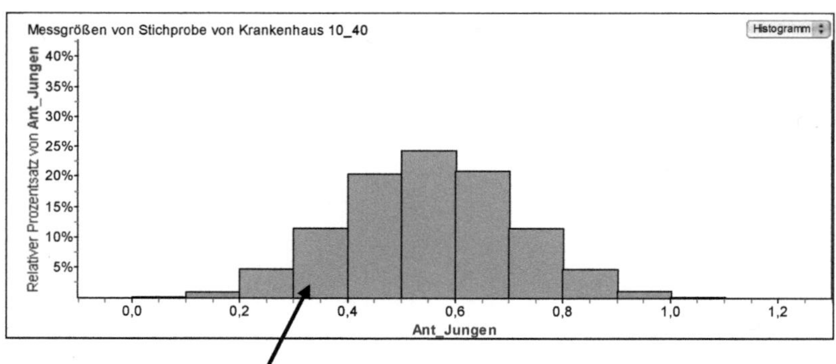

Die Säule beinhaltet das Intervall $[0,3;0,4)$ von Ant_Jungen, d. h. die 0,3 ist enthalten, die 0,4 nicht.

c.   Bestimmen Sie für das große Krankenhaus das Intervall der mittleren 95 % der Verteilung der Zufallsgröße „Anteil der Jungen" (Ant_Jungen) mit Hilfe des $1/\sqrt{n}$-Gesetzes.

Abb. 7.3. Die Aufgabenstellung des Abschlusstests in der Klausur

---

[168]   Die komplette Aufgabenstellung mit Simulationsplanschema findet sich in Anhang E.

7.2 Vorwissen und Selbsteinschätzung der Schüler

Mit dem Eingangstest wurden neben der Selbsteinschätzung zu den Fähigkeiten im Fach Mathematik und dem Vorwissen zur Stochastik entsprechende Vorerfahrungen der Schüler zu Begriffen und Inhalten des Mathematikunterrichtes in der Sekundarstufe I erfragt (Abb. 7.5). Die Skala der Selbsteinschätzung lässt sich gut in eine Notenskala von 1 bis 5 übertragen. Die abgefragten Inhalte und Begriffe sind um vier gegenüber der Meyfarth-Studie (2008b) erweitert worden: Boxplots, Median oder Zentralwert, Modalwert und Spannweite.

Meine Fähigkeiten in Mathematik schätze ich ein als:

☐ Sehr gut   ☐ gut   ☐ durchschnittlich   ☐ schlecht   ☐ ganz schlecht

Mein Vorwissen in Stochastik beurteile ich als:

☐ Sehr gut   ☐ gut   ☐ durchschnittlich   ☐ schlecht   ☐ ganz schlecht

Kreuzen Sie an, welche der aufgeführten Inhalte oder Begriffe Ihnen aus dem Mathematikunterricht der Sekundarstufe I bekannt sind:

☐ Auswerten von statistischen Daten
☐ Kreisdiagramme
☐ Streifen- oder Säulendiagramme
☐ Boxplots
☐ Arithmetisches Mittel
☐ Median oder Zentralwert
☐ Modalwert
☐ Spannweite
☐ Relative Häufigkeit
☐ Zufallsexperimente
☐ Berechnungen mit Würfelexperimenten oder Münzwurfexperimenten
☐ Eigenes Experimentieren (z. B. mit Würfel, Münze etc.)
☐ Simulieren von Zufallsversuchen
☐ Baumdiagramme
☐ Ermitteln von Wahrscheinlichkeiten
    ☐ durch Experimentieren
    ☐ durch Auszählen
    ☐ mit Hilfe von Baumdiagrammen
    ☐ mit Hilfe von Simulationen
    ☐ weiß ich nicht mehr.

Abb. 7.4 Erfragung von Vorerfahrungen und Selbsteinschätzungen

Vergibt man für jedes Kreuz einen Punkt (bis auf die letzte Kategorie), kann man die Summe der Punkte als ein Maß für das schulische Vorwissen im Bereich Stochastik werten, das allerdings sehr subjektiv geprägt ist. Wertet man zunächst nur die auch in der Meyfarth-Studie verwendeten Begriffe und Inhalte aus, so kann man das Vorwissen direkt vergleichen. Durch Hinzunahme der vier Kategorien kann man ein erweitertes Vorwissen (Merkmal Vorwissen_plus) erfassen. In Abb. 7.5 ist die Häufigkeitsverteilung in einer Tabelle dargestellt. Abb. 7.6. zeigt die Auswertung in einem Boxplot (links) und als Fünf-Zahlenzusammenfassung (rechts).

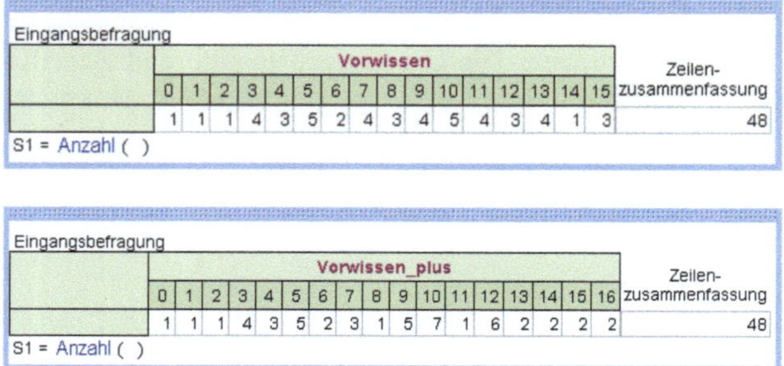

Abb. 7.5 Häufigkeitsverteilung - Vorwissen und Vorwissen plus

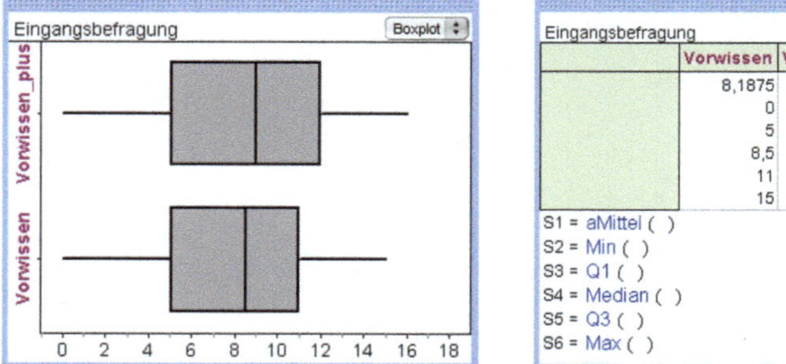

Abb. 7.6 Boxplot und Fünf-Zahlenzusammenfassung - Vorwissen und Vorwissen plus

Legt man die Fünf-Zahlenzusammenfassung zugrunde, dann verfügen die Schüler dieser beiden Kurse bereits zu Beginn des Stochastik-Halbjahres über deutlich höhere Vorerfahrungen im Vergleich zu Meyfarth (2008b, S. 174). In der Meyfarth-Studie lag das untere Quartil bei 1,5, der Median bei 3 und das obere Quartil bei 6,5. In dieser Studie liegt das untere Quartil bei 5, der Median bei 8,5 und das obere Quartil bei 11. Das bedeutet, dass sich die Verteilung der mittleren 50 % im Mittel um 5 Rohpunkte nach rechts verschoben hat. Da ist ein erheblicher Zuwachs an (subjektiv empfundenem) Vorwissen zu konstatieren. Möglicherweise sind dies bereits die Auswirkungen der KMK-Beschlüsse zum mittleren Bildungsabschluss (KMK 2004), mit denen die Leitidee Daten und Zufall über die Rahmenlehrpläne im Fach Mathematik in der Mittelstufe implementiert wurde. Man muss bei dieser Beurteilung allerdings auch berücksichtigen, dass es sich um subjektive Einschätzungen der Schüler handelt, so dass mancher behandelte Inhalt oder Begriff in Vergessenheit geraten sein könnte. Das könnte eine Begründung dafür sein, warum sich bei der Erfragung des um vier Begriffe erweiterten Vorwissens der Median gerade einmal um 0,5 Punkte nach rechts verschoben hat.

In den Selbsteinschätzungen zu ihren Fähigkeiten in Mathematik und zur Stochastik sind beide Kurse in etwa gleich. Daher werden die Selbsteinschätzungen der Schüler nur insgesamt, und nicht nach Kursen getrennt, dargestellt.

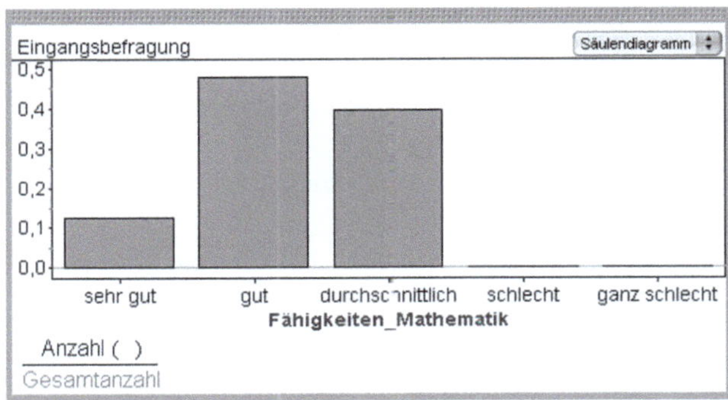

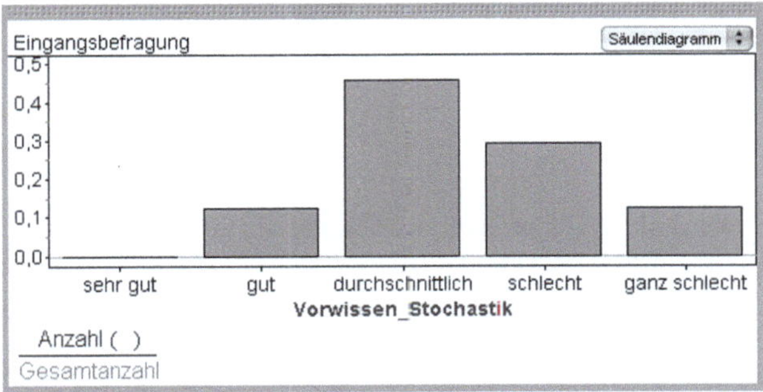

Abb. 7.7. Selbsteinschätzung Fähigkeiten Mathematik oben und Vorwissen Stochastik unten

In Mathematik schätzen knapp 50 % Schüler ihre Fähigkeiten mit „gut" und 12,5 % ihre Fähigkeiten mit „sehr gut" ein. Kein Schüler schätzt seine Fähigkeiten in Mathematik schlechter als „durchschnittlich" ein. Was das Vorwissen an Stochastik anbelangt, so fällt diese Einschätzung etwas anders aus. Etwa 45 % der Schüler schätzen ihr Vorwissen mit „durchschnittlich" ein, aber fast genauso viele schätzen ihr Vorwissen mit „schlecht" oder „ganz schlecht" ein. Ihr Vorwissen mit gut bezeichnen 12,5 % der Schüler. Kein Schüler schätzt sein Vorwissen besser als „gut" ein.

7.3   Analysen der Testaufgaben von Eingangs- und Ausgangstest

In diesem Teilkapitel werden nun die einzelnen Items sowohl qualitativ als auch quantitativ ausgewertet. Die Items von Eingangs- und Ausgangstest können wie in Abb. 7.8 klassifiziert werden.

Item	Gruppe
Vergleich zweier Münzwurffolgen	Frequentistische Interpretation
Vorhersage für den nächsten Münzwurf bei gegebener Folge	Abhängigkeit und Unabhängigkeit
Einmaliges Ziehen aus einer mit verschiedenfarbigen Kugeln gefüllten Urne	Ergebnisraum und Symmetrie
Reißzwecke	Frequentistische Interpretation
Einmaliges Ziehen aus zwei gleichgefüllten Urnen	Ergebnisraum und Symmetrie
Krankenhausproblem	Verteilungscharakteristik
Umfrageproblem	Verteilungscharakteristik

Abb. 7.8 Item-Klassifikation Eingangs- und Ausgangstest

Prinzipieller Aufbau

Das Vorgehen in diesem Kapitel ist für jedes Item fast gleich: Zuerst wird noch einmal die Aufgabenstellung aufgeführt. Daran schließen sich Vorüberlegungen zu diesem Item an, die verbreitete Fehlvorstellungen zu diesem Item aufgreifen und Lösungsraten anderer Untersuchungen als Vergleich dazu anführen. Dann wird ein Lösungsspektrum korrekter Lösungen zu diesem Item beschrieben und der Bezug zum Einführungskurs hergestellt. Anschließend werden die Ergebnisse der Schüler zunächst Score-bezogen als Lösungsquoten und dann qualitativ als Begründungsmuster für Eingangs- und Ausgangstest analysiert.

7.3.1   Aufgabe 1

Aufgabenstellung

Eine faire Münze wird sechsmal geworfen. Welche der beiden Versuchsfolgen I oder II halten Sie für wahrscheinlicher? ("W" steht für Wappen und "Z" für Zahl)

a) Z W Z W W Z

b) W W W Z Z Z

☐ a) ist wahrscheinlicher

☐ b) ist wahrscheinlicher

☐ Beide sind gleich wahrscheinlich

Begründung

Vorüberlegungen

Dieser Aufgabenkontext wird u. a. von Scholz (1981) beschrieben. Bereits in der empirischen Studie von Rasfeld (2004) und im Eingangstest von Meyfarth (2008b) ist die obige Aufgabenstellung eingesetzt worden, allerdings mit dem Unterschied, dass in diesen beiden Tests mit der Kategorie „weiß ich nicht' eine vierte Auswahlmöglichkeit vorgegeben wurde.

Beim Aufgabenverständnis geht es darum, dass die Schüler erkennen, dass es sich genau um die beschriebenen Folgen handelt und nicht um eine Zusammenfassung mehrerer Folgen zu einem Ereignis. Jede Folge ist ein einmaliges Ergebnis, das mit der gleichen Wahrscheinlichkeit eintreten kann. Die Serien der „W" und „Z" sind unerheblich. Die Aufgabenstellung ist insofern vereinfacht, da „Zahl" und „Wappen" in jeder Folge jeweils dreimal auftauchen. Scholz (1981, S. 72) beschreibt, dass das Studium von Münzwurffolgen auch einen großen geschichtlichen Hintergrund hat und solche Experimente einen wichtigen Platz im Anfangsunterricht Stochastik einnehmen. Zentraler Begriff bei dieser Aufgabe ist die stochastische Unabhängigkeit. Gehen die Schüler von einer fairen und unverfälschten Münze aus und modellieren die Versuchsfolgen jeweils intuitiv als Bernoullikette, dann sollten sie beide Versuchsfolgen als gleichwahrscheinlich identifizieren. Die Schwierigkeit dieser Aufgabe könnte aber darin liegen, dass Schüler den Begriff „wahrscheinlicher" mit dem Begriff „zufälliger" verwechseln bzw. gleichsetzen. Damit könnte folgender Fehlschluss einhergehen: Schüler identifizieren die Versuchsfolge a) als wahrscheinlicher, da diese ihrer Meinung nach den Zufall besser repräsentiert (Repräsentativitätsheuristik). Hierin zeigt sich das Bestreben, solche Versuchsfolgen als zufällig zu betrachten, die in kleinen Teilfolgen die theoretische Wahrscheinlichkeit auch als relative Häufigkeit $h = 0{,}5$ besser widerspiegeln Aufgaben diesen Typs können zu Fehlentscheidungen aufgrund der Repräsentativitätsheuristik führen.

Die Lösungsrate, d. h. der Anteil korrekter Lösungen, einer ähnlichen Aufgabenstellung bei Rasfeld (2004) betrug 35 %. Allerdings war in der Aufgabe der Rasfeld-Studie die Anzahl von Wappen und Zahl in den beiden Versuchsfolgen verschieden. Das Item geht auf Kahneman & Tversky (1972) zurück. Shaughnessy (1981) stellte die Testfrage einem Einführungskurs für College-Studenten in der folgenden Form:

„The probability of having a baby boy is about ½. Which of these sequences is more likely to occur for having six children?

    (A) BGGBGB   (B) BBBBGB   (C) about the same chance for each"

    (Borovcnik & Bentz 1991, S.84)

Resultat: 70 % wählten (A), 3 % wählten (B) und 27 % wählten (C).

Offenbar erscheint für viele Menschen die Folge (A) repräsentativer für den Geburtenprozess, weil sich darin das in etwa gleiche Geschlechterverhältnis besser widerspiegelt. Kahneman & Tversky meinen, dass die subjektive Wahrscheinlichkeitsbewertung eines Ereignisses oder einer Stichprobe durch deren Ähnlichkeit zur Ausgangspopulation und zum Entstehungsprozess bestimmt wird. Borovcnik & Bentz (1991, S. 84 f.) diskutieren Probleme beim Verständnis dieser Aufgabe. So könne Auswahl (C) „gleiche Chance für jede" missverstanden werden als Wahrscheinlichkeit 1/2, was im Widerspruch zu der korrekten Vorstellung der sehr geringen Wahrscheinlichkeit von 0,015 für jede Folge steht. Darüberhinaus könne die Pseudo-Realität des vorgegebenen Kontextes zu Schwierigkeiten führen, da ein Geburtsprozess nur annähernd mit dem Wurf einer Münze verglichen werden könne. In anderen Kontexten sei zudem die aktuelle Reihenfolge uninteressant, da es meist auf die Anzahl (3 oder 5 Jungen) ankäme. Daher würde die Aufgabenstellung ein anderes Problemverständnis provozieren: Statt die genaue Abfolge zu betrachten, würde das Ereignis „genau drei Jungen" mit dem Ereignis „genau fünf Jungen" verglichen. In diesem Sinne hätten die Studenten mit Auswahl (A) die Aufgabe mit $P(H(B) = 3) > P(H(B) = 5)$ korrekt gelöst. Die von Borovcnik & Bentz (1991, S. 84 f.) beschriebenen Schwierigkeiten dürften allerdings bei Item 1 nicht beobachtet werden, denn mit den Münzwurffolgen wurde ein unproblematischer Kontext gewählt. Darüberhinaus sind in Item 1 die Anzahlen für „Wappen" und „Zahl" gleich.

Beschreibung des Spektrums korrekter Lösungen

Die korrekte Auswahl ist: Beide sind gleich wahrscheinlich.

Das kann man wie folgt begründen: Beide Versuchsfolgen stellen je ein mögliches Ergebnis von 64 möglichen gleichwahrscheinlichen Ergebnissen des Ergebnisraumes dar. Diese Gleichwahrscheinlichkeit resultiert aus der gleichen Wahrscheinlichkeit des Eintretens von „W" oder „Z" bei jedem der sechs Würfe und der damit verbundenen Unabhängigkeit der einzelnen Würfe untereinander. Die Reihenfolge und die Anzahl des Auftretens von „W" oder „Z" spielen daher keine Rolle.

Die Schüler können die Gleichwahrscheinlichkeit beider Versuchsfolgen mit drei verschiedenen Ansätzen begründen. Dafür werden max. 2 Score-Punkte vergeben.

1. **Gleichwahrscheinlichkeit und Unabhängigkeit** (Kategorie WUE):
   intuitive Begründung über die gleiche Wahrscheinlichkeit von Wappen und Zahl bei einem Wurf und die Unabhängigkeit der jeweiligen Würfe voneinander.
2. **Laplace-Ansatz** (Kategorie WLP):
   Begründung über den zugrundeliegenden Laplace-Raum mit 64 gleichwahrscheinlichen Möglichkeiten, von denen genau zwei Möglichkeiten hier angegeben sind.

3. **Produktregel** (Kategorie WLP):
   Begründung über die Pfadregel bei mehrstufigen Zufallsexperimenten Die Wahrscheinlichkeiten entlang eines Pfades sind miteinander zu multiplizieren.

Die Begründungen der Schüler wurden codiert. In der Tabelle sind die Codes für die Begründungen zu Aufgabe 1 nach Kategorie, Definition und Punkte-Score aufgeführt (Abb. 7.9).

Kategorie	Definition	Max Score
WUE Wahrscheinlichkeit und Unabhängigkeit explizit	Die Unabhängigkeit der Würfe wird explizit im Zusammenhang mit der entsprechenden Wahrscheinlichkeit für Wappen und Zahl genannt.	2
WLP Wahrscheinlichkeit Laplace-Raum, Produktregel	Die Begründung erfolgt auf der Grundlage der Produktregel/Pfadregel oder des zugrundeliegenden Laplace-Raumes.	2
WUI Wahrscheinlichkeit und Unabhängigkeit implizit	Die Begründung ist nicht vollständig, man muss immer etwas hinzudenken. Es wird nur auf die gleiche Wahrscheinlichkeit von Wappen und Zahl Bezug genommen und die Unabhängigkeit bleibt implizit oder umgekehrt.	1
AWZ Gleiche Anzahl von Wappen und Zahl	Bei der Begründung wird explizit auf die gleiche Anzahl von „W" und „Z" in beiden Versuchsfolgen Bezug genommen.	1
RWZ Reihenfolge entscheidend	Bei der Begründung wird explizit genannt, dass die Reihenfolge von „W" und „Z" eine bedeutsame Rolle spielt.	0
NV Nicht auswertbar	keine verwertbare Begründung	0

Abb. 7.9 Codes der Begründungen zu Aufgabe 1

Erläuterung der Kategorien

Der Focus für die Kategorisierung liegt auf einer möglichst genauen Unterscheidung der Schülerbegründungen hinsichtlich der expliziten Verwendung von Wahrscheinlichkeit und Unabhängigkeit auf der einen Seite und der Begründung über den Laplace-Raum bzw. die Produktregel andererseits. Dadurch unterscheiden sich die Codes bei dieser Aufgabe teilweise von den im Test von Meyfarth (2008b, Anhang) verwendeten Begründungskategorien. Zum Beispiel ist die dort verwendete Kategorie „Standard" vergleichbar mit der hier benutzten Kategorie *WUI*. Im Folgenden seien typische Beispiele für jede Begründungskategorie zu deren Illustration angegeben:

- Kategorie WUE

  „Jeder Wurf ist unabhängig von den anderen zu betrachten und die Wahrscheinlichkeit für
  Wappen und Zahl liegt bei jeweils 0,5" (IRFR13_AT)

- Kategorie WLP

  „Jedes Mal neu ist die Chance W oder Z zu erhalten 50:50, und um genau die Kombination
  von a oder b zu erhalten stehen bei beiden die Chancen 1 zu 64 (2·2·2·2·2·2)." (MOTH17_ET)
  „Die Zahl der gesamten Ergebnisse ist 26, bei a) und b) ist jeweils nur eine Möglichkeit berücksichtigt. Die Wahrscheinlichkeit beträgt für beide somit $(1/2)^6$." (PEUD16_AT)

- Kategorie WUI

  „Die Wahrscheinlichkeit bei einem Wurf „W" zu werfen ist 50 %, genauso wie die „Z" zu
  werfen. Somit sind die Wahrscheinlichkeiten beide gleich groß." (JOMI26_AT)
  „Weil die Wahrscheinlichkeit, dass „W" fällt, genauso groß ist, wie das „Z" fällt, 50 zu 50."
  (JOMI26_ET)

- Kategorie AWZ

  „Es handelt sich um festgelegte Reihenfolgen, bei denen W und Z in gleicher Anzahl vorkommen. Die Reihenfolge ist nebensächlich, da bei beiden fest." (ANMA19_ET)

- Kategorie RWZ

  „a) ist wahrscheinlicher, weil sich keine Regelmäßigkeit erkennen lässt, aber theoretisch sind
  beide Fälle gleich." (SURÜ15_AT)

Die Zweitkodierung hat die Reliabilität des Kategoriensystems von Aufgabe 1
gezeigt. Der Cohens-Kappa-Wert beträgt $\kappa = 0,82$ (17 Übereinstimmungen bei 20
Urteilen, Anzahl der Kategorien: 6).

Bezug zum Einführungskurs

Eine solche Aufgabenstellung wurde im Unterricht explizit nicht besprochen. Vergleichbar ist sie jedoch mit dem Kontext des 10er-Tests (vgl. U8-9). Jeder der
durch Raten ausgefüllten Tests mit 10 Fragen stellt eines von 1024 möglichen
gleichwahrscheinlichen Ergebnissen dar, z. B. in der Codierung mit 0 und 1:
0001101010. Darüberhinaus spielte der Begriff der Unabhängigkeit eine wichtige
Rolle gerade beim Ziehen einer Stichprobe bei der *Simulation durch Stichprobenziehen* oder bei Wiederholung von Simulationen, wurde allerdings nicht explizit
erwähnt.

Score-bezogene Analysen zu Aufgabe 1

Für die richtige Antwort bzw. Auswahl (*A_Score*) erhält man einen Score-Punkt und für eine Begründung (*B_Score*) bis zu 2 Score-Punkten.

Frage 1

Test		A_Score 0	A_Score 1	Zeilen-zusammenfassung
Test	Eingangstest	13	87	100
Test	Ausgangstest	3	97	100
Spaltenzusammenfassung		8	92	100

S1 = runde (Zeilenanteil•100; 0)

Frage 1

Test		B_Score 0	B_Score 1	B_Score 2	Zeilen-zusammenfassung
Test	Eingangstest	21	64	15	100
Test	Ausgangstest	8	67	26	100
Spaltenzusammenfassung		14	65	21	100

S1 = runde (Zeilenanteil•100; 0)

Abb. 7.10 prozentuale Verteilung Score-Punkte zu Auswahl und Begründung zu Aufgabe 1

Bereits im Eingangstest ist der Anteil der korrekten Auswahl „gleich wahrscheinlich" mit 87 % sehr hoch, im Ausgangstest gibt es sogar nur noch eine davon abweichende Auswahl. Zum Vergleich: Im Meyfarth-Test (Meyfarth 2008b, S. 185) stieg für die identische Aufgabe die korrekte Auswahl von 59 % auf 81 % aller Antworten. Betrachtet man die mittleren Lösungsraten in Prozent für Auswahl (*A_Score*), Begründung (*B_Score*) und insgesamt (*F1_Score*), ergibt sich für Aufgabe 1 folgendes Bild (Abb. 7.11).

Frage 1

Test		A_Score
Test	Eingangstest	87
Test	Ausgangstest	97
Spaltenzusammenfassung		92

S1 = runde (aMittel ( ) •100)

Frage 1

Test		B_Score
Test	Eingangstest	47
Test	Ausgangstest	59
Spaltenzusammenfassung		53

$S1 = \text{runde} \left(\frac{\text{aMittel ( )} \cdot 100}{2}; 0 \right)$

Frage 1

Test		F1_Score
Test	Eingangstest	61
Test	Ausgangstest	72
Spaltenzusammenfassung		66

$S1 = \text{runde} \left(\frac{\text{aMittel ( )} \cdot 100}{3}; 0 \right)$

Abb. 7.11 Mittlere Lösungsraten zu Aufgabe 1

Offenbar gelingt es den Schülern im Ausgangstest noch besser, ihre Antwort auch korrekt zu begründen. Die mittlere Lösungsrate steigt von 47 % auf 59 %. Insgesamt liegt die mittlere Lösungsrate bei diesem Item im Ausgangstest bei 72 %. Im Mittel haben die Schüler 2,15 von 3 Score-Punkten im Ausgangstest erreicht, im Eingangstest waren es im Mittel 1,83 von 3 Score-Punkten. Der mittlere Lernzuwachs liegt bei 11 Prozentpunkten.

Begründungsbezogene Analysen zu Aufgabe 1

Die absoluten und relativen Häufigkeiten der aufgetretenen Begründungen sind in den beiden folgenden Abbildungen dargestellt.

Frage 1		Code						Zeilen-zusammenfassung
		F1_WUE	F1_WLP	F1_WUI	F1_AWZ	F1_RWZ	F1_NV	
Test	Eingangstest	8	8	38	26	13	8	100
	Ausgangstest	15	10	46	21	5	3	100
Spaltenzusammenfassung		12	9	42	23	9	5	100

S1 = runde (Zeilenanteil•100; 0)

Abb. 7.12 Prozentuale Verteilung der Begründungen zu Aufgabe 1

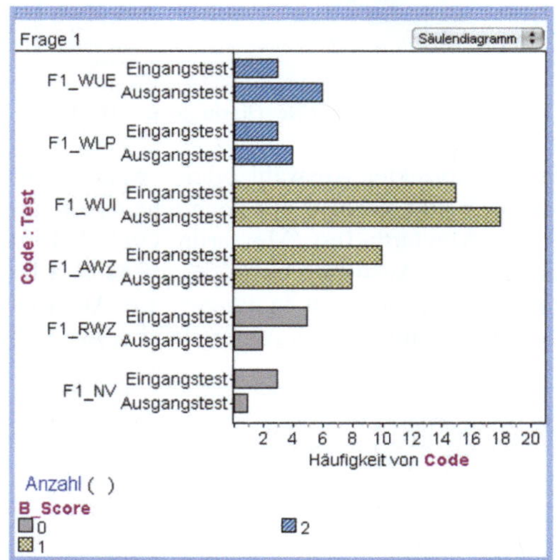

Abb.7.13 Absolute Verteilung der Begründungen zu Aufgabe 1 mit Score als Legenden-merkmal, *n = 39* für Eingangs- und Ausgangstest

Man kann feststellen, dass im Ausgangstest gegenüber dem Eingangstest eine leichte Verlagerung der Häufigkeiten hin zu den ersten drei Begründungskategorien *WUE*, *WLP* und *WUI* erfolgt ist. Während diese Begründungen im Eingangstest bei etwa 55 % der Schüler auftraten, ist dies im Ausgangstest bei 71 % aller Schüler der Fall. Allerdings fallen mehrere Dinge auf:

- Die Modale Klasse ist sowohl in Eingangs- als auch im Ausgangstest die Kategorie *WUI,* bei der in der Schülerbegründung immer ein Teil der Aussage mitgedacht werden muss, da dies nicht explizit formuliert wurde.

- Nur jeder zehnte Schüler begründet im Ausgangstest über den Laplace-Raum oder die Produktregel.

- Die Kategorie *AWZ* ist in Eingangs- und Ausgangstest relativ stabil. Dies lässt sich mit der Aufgabenstellung erklären, die den Bezug auf die gleiche Anzahl von „W" und „Z" in beiden Folgen nahelegt. Offen ist, wie Auswahl und Begründung bei einer diesbezüglich modifizierten Aufgabenstellung ausgefallen wäre.

Die Wanderungsbewegung hin zu den Begründungskategorien mit maximaler Score-Punktezahl kann man der folgenden Abbildung (Abb. 7.14) entnehmen. Markiert man im Ausgangstest die Kategorien WUE und WLP (Merkmale *F1_WUE* und *F1_WLP*) der Schülerbegründungen (Abb. 7.14 links), kann man gleichzeitig veranschaulichen, welchen Kategorien die Begründungen dieser Schüler im Eingangstest zugehörig sind (Abb. 7.14 rechts).

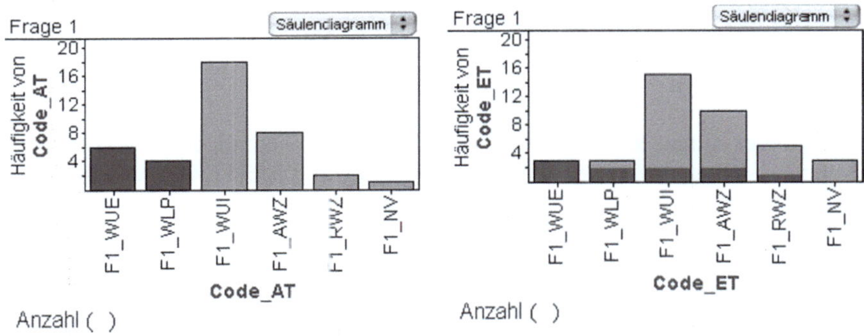

Abb.7.14 Wanderungsbewegung in den Begründungen zu Aufgabe 1

Schülerbegründungen, die den Kategorien WUE und WLP zuzuordnen sind entsprechen dem korrekten Begründungsspektrum. Anhand der Wanderungsbewegung hin zu diesen beiden Kategorien wird auch deutlich, dass eine leichte Verbesserung in den schriftlichen Begründungen zu verzeichnen ist.

Zusammenfassung

Die Bearbeitung der Aufgabe bereitet den Schülern keine Probleme. Die Aufgabenstellung wird korrekt im Sinne eines Gleichwahrscheinlichkeitsmodells interpretiert. Zur Begründung wird zunehmend auch ein intuitiver Unabhängigkeitsbegriff verwendet, der hier zur Erklärung des Modellansatzes für eine korrekte Begründung (Kategorie WUE – 2 Score-Punkte) genügt. Andere Begründungsansätze (z. B. Laplace-Raum, Kategorie WLP – 2 Score-Punkte), spielen auch im Ausgangstest nur eine untergeordnete Rolle. Die Begründung mit Hilfe des Laplace-Ansatzes erfordert möglicherweise einen höheren Aufwand an stochastischer Modellbildung, da man den gesamten Ergebnisraum einbeziehen muss. Hartnäckig halten sich Begründungen, in denen, z. T. neben anderen Argumenten ausdrücklich auf die gleiche Anzahl von Wappen und Zahl in beiden Versuchsfolgen Bezug genommen wird. Offen ist, ob diese Schüler bei einer extremen Modifikation der Versuchsfolgen ihre Auswahl der Gleichwahrscheinlichkeit beibehalten würden.

7.3.2   Aufgabe 2

Aufgabenstellung

> Beim Werfen einer fairen Münze erscheint fünfmal nacheinander Wappen. Wird beim sechsten Wurf eher Wappen oder eher Zahl auftreten?
> ☐ Eher Wappen
> ☐ Eher Zahl
> ☐ Beide sind gleich wahrscheinlich
> Begründung:

Vorüberlegungen

Auch dieser Aufgabenkontext wird bei Scholz (1981) beschrieben. Die identische Aufgabenstellung ist bei der empirischen Studie von Rasfeld (2004) und bei Meyfarth (2008b) verwendet worden. Im Unterschied zur Aufgabe 1, bei der Wahrscheinlichkeiten miteinander verglichen werden sollen, ist bei Aufgabe 2 eine Vorhersage zu treffen. Akzeptiert man das Bernoulli-Modell, das durch die faire Münze nahegelegt wird, dann sollten sich die Schüler gegenüber der Wahl Wappen oder Zahl indifferent zeigen, d. h. auch im sechsten Wurf ändert sich die Wahrscheinlichkeit für das Eintreten dieser beiden möglichen Ergebnisse nicht.

Auch bei dieser Aufgabe ist die stochastische Unabhängigkeit der zentrale Begriff. Die Repräsentationsheuristik ist die naive Strategie, die hier häufig zu Fehlvorstellungen führt. Scholz (1981) fasst diese unter dem Begriff Repräsentativitätsschluss zusammen. Darunter fallen u. a. auch die als „Gamblers fallacy" und „belief in the law of small numbers" (Tversky & Kahneman 1971) bekannten Fehlvorstellungen. Darunter versteht man, dass Individuen glauben, die Wahrscheinlichkeit für Zahl beim sechsten Wurf sei höher als 50 %, denn man hat ja schon eine lange Serie Wappen beobachtet und die Wappen und Zahl müssen sich ausgleichen.

Eine ähnliche Aufgabe hat Watson (2006, S.157) untersucht. Der Münzwurf ist eingebettet in den Kontext der Seitenwahl beim Kricket:

During the recent Australian cricket tour of South Africa, the Australian captain Allan Border had lost 8 out of 9 tosses in his previous 9 matches as captain. Imagine his situation at this point in time.

(a) Suppose Border decides to choose heads from now on. For the next 4 tosses of the coin, what is the chance of the coin coming up tails (and him losing the tosses) 4 times out of 4?

(b1) Suppose tails came up 4 times out of 4. For the 5th toss, should Border choose

    ☐ Heads   ☐ Tails   ☐ Doesn't matter

(b2) What is the probability of getting heads on this next toss?

(b3) What is the probability of getting tails on this next toss?

Abb. 7.15 Aufgabe zum Münzwurf bei Watson (2006, S. 157)

Aufgabenteil (b1) bis (b3) fokussiert ebenso auf den nächsten Wurf und den Einfluss der vorhergehenden Würfe auf den kommenden Münzwurf. Nach der Watson-Studie entscheidet sich die Mehrheit der Schüler[169] unabhängig vom Alter mehrheitlich für die Auswahl „Doesn't matter". Die anderen entscheiden sich in etwa gleich häufig für „Wappen" oder „Zahl". Ein Drittel von diesen Schülern, die sich bei (b1) falsch entschieden haben, geben unter (b2) und (b3) an, dass die Wahrscheinlichkeit für Wappen bzw. Zahl gleich groß ist. Eine Begründung wird allerdings nicht verlangt. Watson führt an, dass selbst in höheren Klassen, die sich bereits mit Wahrscheinlichkeitsrechnung beschäftigt haben, das Modell der Unabhängigkeit immer wieder kontextbezogen diskutiert werden müsse. Dabei sollte explizit auch auf die Alltagserfahrungen und Vorprägungen Bezug genommen werden, da diese einen großen Einfluss auf das Denken der Schüler haben, denn:

„It is possible that students will find it very difficult to forget a belief that „tails" is lucky for them but they must learn to balance that belief with a statistical appreciation of independent compound events and the numerical likelihood they present." (Watson 2006, S. 158)

Watson bezeichnet dies als essentiellen Bestandteil von „statistical literacy" für die Ausprägung eines verständigen Umgangs mit Lotterien und Glücksspielen (Watson 2006, S. 158).

---

[169] Watson (2006, S. 158) benutzt die Beschreibung „the majority of students". Es findet sich leider keine zahlenmäßige Präzisierung für diese Beschreibung.

Das Item (Aufgabe 2) hat Green (1983) in folgender Formulierung untersucht:

„An ordinary coin is tossed five times and „Heads" appears every time. Tick the correct sentence below:

- (H) Next time coin is more likely to turn up "Heads" again.
- (T) Next time the coin is more likely to turn up "Tails".
- (=) Next time "Heads" is as likely as "Tails"
- (?) Don't know.

(Borovcnik & Bentz 1991, S. 96)

Als korrekte normative Lösung sei die Auswahl (=) auszuwählen, wenn Unabhängigkeit und eine ideale Münze unterstellt werden. Bei den 11-jährigen Schülern lag der Anteil korrekter Lösungen (Lösungsrate) bei 67 % und stieg bei den 16-jährigen Schülern auf 80 %. Probleme mit dieser normativen Lösung können z. B. auftreten, wenn eine naive Symmetriestrategie nur auf die angegebene Folge und nicht auf den Ergebnisraum {H, T} angewendet wird. Es könnte aber auch jemand denken, dass es sich bei dieser gewöhnlichen Münze um keine faire Münze handeln könnte, sondern diese gefälscht sei. (Borovcnik & Bentz 1991, S.97)[170]

Beschreibung des Spektrums korrekter Lösungen

Die korrekte Auswahl ist: Beide sind gleich wahrscheinlich. Das kann man wie folgt begründen: Da es sich um eine faire Münze handelt, ist bei jedem Wurf die Wahrscheinlichkeit für das Eintreten von „W" bzw. „Z" gleich groß. Das gilt auch für den sechsten Wurf. Dabei ist es belanglos, welche Wurfergebnisse vorher eingetreten sind, da jeder einzelne Wurf unabhängig von den anderen Würfen ist.

Die Schüler können die Gleichwahrscheinlichkeit für den sechsten Münzwurf mit drei verschiedenen Ansätzen begründen. Dafür werden max. 2 Score-Punkte vergeben.

1. **Gleichwahrscheinlichkeit und Unabhängigkeit** (Kategorie WUE): intuitive Begründung über die gleiche Wahrscheinlichkeit von Wappen und Zahl bei einem Wurf und die Unabhängigkeit der jeweiligen Würfe voneinander.

---

[170] Die Kritik von Borovcnik & Bentz (1991) an diesem und an anderen Items machen sensibel für die Probleme und Schwierigkeiten, die Schüler bei der Item-Bearbeitung ggf. haben können. Aus diesem Grund sind diese kritischen Anmerkungen in die Vorüberlegungen zu den einzelnen Items mit aufgenommen worden. Die Ergebnisse der Items in Eingangs- und Ausgangstest werden zeigen, wieweit die geäußerte Kritik gerechtfertigt sein könnte.

2. **Laplace-Ansatz** (Kategorie WLP):
   Begründung über den zugrundeliegenden Laplace-Raum mit 64 gleich-wahrscheinlichen Möglichkeiten, von denen WWWWWZ und WWWWWW jeweils eine dieser Möglichkeiten darstellt.
3. **Produktregel** (Kategorie WLP):
   Begründung über die Pfadregel bei mehrstufigen Zufallsexperimenten. WWWWW beschreibt einen Pfad im Baumdiagramm mit einer Wahrscheinlichkeit von $(0,5)^5$. Die Wahrscheinlichkeit von 0,5 für Wappen bzw. Zahl im sechsten Wurf ist damit zu multiplizieren.

Die Begründungen der Schüler wurden codiert. In der Tabelle sind die Codes für die Begründungen zu Aufgabe 2 nach Kategorie, Definition und Punkte-Score aufgeführt (Abb. 7.16).

Kategorie	Definition	Max Score
WUE Wahrscheinlichkeit und Unabhängigkeit explizit	Die Unabhängigkeit des sechsten Wurfes von den vorhergehenden wird explizit im Zusammenhang mit der entsprechenden Wahrscheinlichkeit für Wappen und Zahl genannt.	2
WLP Wahrscheinlichkeit Laplace-Raum, Produktregel	Die Begründung erfolgt auf der Grundlage der Produktregel/Pfadregel oder des zugrundeliegenden Laplace-Raumes.	2
W50:50 Wahrscheinlichkeit 50:50, Unabhängigkeit implizit	Es wird nur auf die gleiche Wahrscheinlichkeit von Wappen und Zahl Bezug genommen (50:50-Chance). Die Unabhängigkeit bleibt in der Begründung implizit.	1
U Unabhängigkeit Wurf, Gleichwahrscheinlichkeit implizit	Es wird nur auf die Unabhängigkeit der Würfe Bezug genommen, die Gleichwahrscheinlichkeit bleibt implizit.	1
A Ausgleich	Wappen und Zahl müssen sich nach dem „Gesetz der kleinen Zahlen" ausgleichen	0
NV Nicht auswertbar	keine verwertbare Begründung	0

Abb. 7.16 Kategorien der Begründungen zu Aufgabe 2

Erläuterung der Kategorien

Der Focus für die Kategorisierung liegt auf einer möglichst genauen Unterscheidung der Schülerbegründungen hinsichtlich der expliziten Verwendung von Wahrscheinlichkeit und Unabhängigkeit. Dies ist auch der Ansatz von Meyfarth (2008b, Anhang). Einige wenige Begründungen in dem hier analysierten Test bezogen sich ausdrücklich auf den Laplace-Raum bzw. die Produktregel. Daher ist diese Kategorie hinzugenommen worden. Die Kategorie *W50:50* nimmt alle die Begründungen auf, die sich explizit auf eine 50:50-Chance beziehen. Dabei ist es egal, ob dieser Bezug nur für den sechsten Wurf in diesem Experiment oder jeden

Münzwurf einer idealen Münze hergestellt wird. Wir geben im Folgenden typische Beispiele für jede Begründungskategorie:

- Kategorie WUE

„Würfe sind unabhängig voneinander. Jedes Mal ist die Wahrscheinlichkeit 50 % Z oder W zu werfen." (CLHA03_AT)

„Wahrscheinlichkeit ist vor jedem Wurf wieder ausgeglichen. Der vorangegangene Wurf hat nicht(s) mit dem folgenden Wurf zu tun." (CLHA03_ET)

- Kategorie WLP

„Der 6te Wurf wird separat betrachtet, da der Rest schon eingetreten ist. Die Ws. ist ½. Die Ws für das gesamte Ereignis $(1/2)^6$." (ANMA19_AT)

„Es wird ja vom Zufall bestimmt, ob W oder Z kommt, daher kann man sagen, dass die Kombination WWWWWZ genauso wahrscheinlich ist wie WWWWWW." (CLMI21_AT)

- Kategorie W50:50

„Die Chance ist immer 50:50, also ist beides gleich wahrscheinlich, da jeder Wurf gleich ist." (CLMI21_ET)

„Die Wahrscheinlichkeit entweder „W" oder „Z" zu haben, ändert sich nicht und somit können beide genauso wahrscheinlich sein." (ELFR16_ET)

- Kategorie U

„Die Wahrscheinlichkeiten eines Versuches hängen nicht von den vorherigen Versuchen ab." (COMA17_AT)

„Die Chance „W" oder „Z" zu haben ist bei jedem Wurf unabhängig von vorangegangen Würfen (das weiß die Münze ja nicht)." (KAFR22_ET)

- Kategorie A

„Die Wahrscheinlichkeit ist äußerst hoch Zahl zu werfen, wenn davor fünf Mal hintereinander Wappen geworfen wurde." (EWMA04_ET)

Die Zweitkodierung hat die Reliabilität des Kategoriensystems von Aufgabe 2 gezeigt. Der Cohens-Kappa-Wert beträgt $\kappa = 0{,}82$ (17 Übereinstimmungen bei 20 Urteilen, Anzahl der Kategorien: 6).

Bezug zum Einführungskurs

Eine solche Aufgabenstellung wurde im Unterricht explizit nicht besprochen. Vergleichbar ist sie jedoch mit dem Kontext von Laplace-Experimenten (vgl. U5-6 im Einführungskurs, Kap. 2.2 und Kap. 5.4).

Score-bezogene Analysen zu Aufgabe 2

Für die richtige Antwort bzw. Auswahl (A_Score) erhält man einen Score-Punkt und für eine Begründung (B_Score) bis zu 2 Score-Punkten.

Frage 2

		A_Score		Zeilen-zusammenfassung
		0	1	
Test	Eingangstest	5	95	100
	Ausgangstest	0	100	100
Spaltenzusammenfassung		3	97	100

S1 = runde (Zeilenanteil•100; 0)

Frage 2

		B_Score			Zeilen-zusammenfassung
		0	1	2	
Test	Eingangstest	5	72	23	100
	Ausgangstest	3	54	44	100
Spaltenzusammenfassung		4	63	33	100

S1 = runde (Zeilenanteil•100; 0)

Abb. 7.17 Prozentuale Verteilung Score-Punkte zu Auswahl und Begründung zu Aufgabe 2

Bereits im Eingangstest ist der Anteil der korrekten Auswahl „gleich wahrscheinlich" mit 95 % sehr hoch, im Ausgangstest gibt es keine davon abweichende Auswahl. Zum Vergleich: Im Meyfarth-Test (Meyfarth 2008b, S. 185) stieg für die identische Aufgabe die korrekte Auswahl von 63 % auf 94 % aller Antworten. Betrachtet man die mittleren Lösungsraten in Prozent für Auswahl (A_Score), Begründung (B_Score) und insgesamt ($F2\_Score$), ergibt sich für Aufgabe 2 folgendes Bild (Abb. 7.18):

Frage 2

		A_Score
Test	Eingangstest	95
	Ausgangstest	100
Spaltenzusammenfassung		97

S1 = runde (aMittel ( )•100)

Frage 2

		B_Score
Test	Eingangstest	59
	Ausgangstest	71
Spaltenzusammenfassung		65

$$S1 = \text{runde} \left(\frac{\text{aMittel ( )}•100}{2} \right)$$

Frage 2

		F2_Score
Test	Eingangstest	72
	Ausgangstest	81
Spaltenzusammenfassung		75

$$S1 = \text{runde} \left(\frac{\text{aMittel ( )}•100}{3} \right)$$

Abb. 7.18 Mittlere Lösungsraten zu Aufgabe 2

Offenbar gelingt es den Schülern im Ausgangstest besser, ihre Antwort auch korrekt zu begründen. Die mittlere Lösungsrate steigt von 59 % auf 71 %. Dies ist vergleichbar mit dem Ergebnis in der Meyfarth-Studie (2008b), bei der die mittlere Lösungsquote für die Begründungen von 39 % auf 69 % allerdings viel deutlicher zunahm. Insgesamt liegt die mittlere Lösungsrate bei diesem Item im Ausgangstest bei 81 %. Im Mittel haben die Schüler 2,44 von 3 Score-Punkten im Ausgangstest erreicht, im Eingangstest waren es im Mittel 2,15 von 3 Score-Punkten. Der mittlere Lernzuwachs liegt bei 9 Prozentpunkten.

Begründungsbezogene Analysen zu Aufgabe 2

Die absoluten und relativen Häufigkeiten der aufgetretenen Begründungen sind in den beiden folgenden beiden Abbildungen dargestellt.

Frage 2		Code						Zeilen-zusammenfassung
		F2_WUE	F2_WLP	F2_W50:50	F2_U	F2_A	F2_NV	
Test	Eingangstest	23	0	64	8	3	3	100
	Ausgangstest	38	5	46	8	0	3	100
Spaltenzusammenfassung		31	3	55	8	1	3	100

S1 = runde (Zeilenanteil•100; 0)

Abb. 7.19 Prozentuale Verteilung der Begründungen zu Aufgabe 2

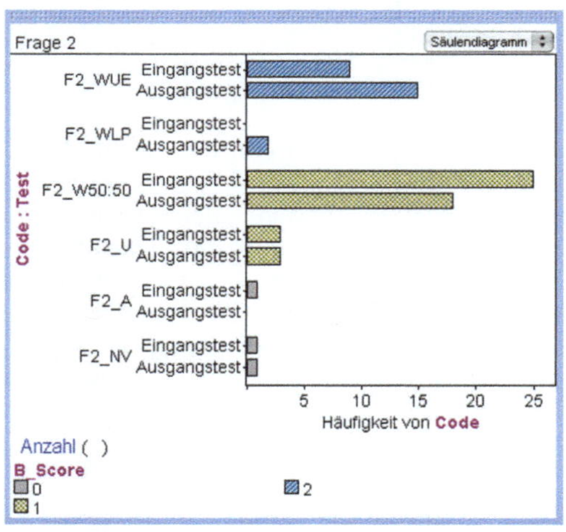

Abb.7.20 Absolute Verteilung der Begründungen zu Aufgabe 2 mit Score als Legendenmerkmal, *n* = *39* für Eingangs- und Ausgangstest

Auffällig in der Verteilung ist die Zunahme der Häufigkeit des Begründungscodes *WUE*. Diesen Effekt hat auch Meyfarth (2008b, S.193) dokumentiert. Allerdings argumentieren in dem dort dokumentierten Test sogar 47 % über die Unabhängigkeit der einzelnen Stufen und die gleiche Wahrscheinlichkeit von Wappen und Zahl (Kategorie UW). Fasst man die hier in dieser Arbeit getrennten Kategorien *WUE* und *WLP* zusammen, kann man ein ähnliches Ergebnis dokumentieren. Allerdings bildet die Kategorie *W50:50* sowohl in Eingangs- und Ausgangstest die modale Klasse. Daher fällt der Zuwachs an Begründungsqualität auch relativ gering aus. Die Wanderungsbewegung hin zu den Begründungskategorien mit maximaler Score-Punktezahl kann man der folgenden Abbildung (Abb. 7.21) entnehmen. Markiert man im Ausgangstest die Kategorien *WUE* und *WLP* (Merk-

male *F2_WUE* und *F2_WLP*) der Schülerbegründungen (Abb. 7.21 links), kann
man gleichzeitig veranschaulichen, welchen Kategorien die Begründungen dieser
Schüler im Eingangstest zugehörig sind (Abb. 7.21 rechts).

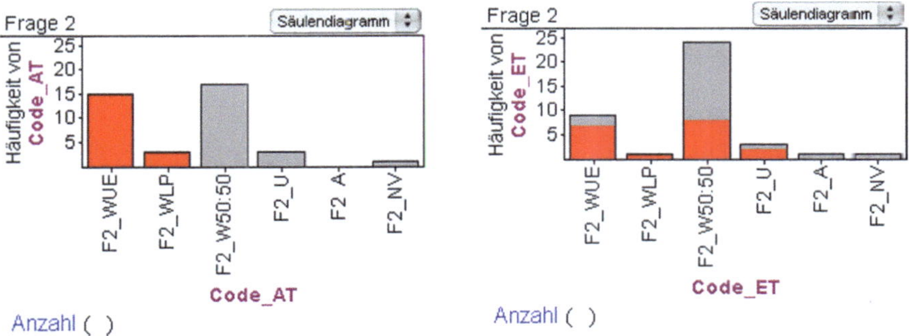

Abb.7.21 Wanderungsbewegung in den Begründungen zu Aufgabe 2

Schülerbegründungen, die den Kategorien WUE und WLP zuzuordnen sind, entsprechen dem korrekten Begründungsspektrum. Anhand der Wanderungsbewegung hin zu diesen beiden Kategorien wird auch deutlich, dass eine leichte Verbesserung in den schriftlichen Begründungen zu verzeichnen ist.

Zusammenfassung

Die Bearbeitung der Aufgabe bereitet den Schülern praktisch keine Probleme. Die
in den Vorüberlegungen aufgeführten möglichen fehlerhaften Strategien finden
sich in den Schülerantworten nicht wieder. Vermutlich verfügt ein Großteil der
Schüler bereits zu Beginn des Stochastikunterrichts in der Oberstufe über unterrichtliche Vorerfahrungen aus der Sekundarstufe I. Zur Begründung wird zunehmend auch ein intuitiver Unabhängigkeitsbegriff verwendet, der für eine überzeugende Erklärung des Modellansatzes hilfreich ist. Allerdings bereitet es vielen
Schülern Probleme, exakt zu formulieren. Das spiegelt sich darin wider, dass die
Kategorie *W50:50* am häufigsten vertreten ist. Möglicherweise ist dies dadurch zu
erklären, dass den Schülern nicht ausreichend bewusst ist, dass Unabhängigkeit
und Wahrscheinlichkeit zwei verschiedene Aspekte darstellen, da sie im Laplace-
Modell gewissermaßen verschmelzen. Eine Begründung über den Laplace-
Ergebnisraum oder die Produktregel wird selbst im Ausgangstest kaum gewählt.
Gerade eine Begründung über die 64 gleichwahrscheinlichen Ergebnisse beim
sechsfachen Münzwurf einer fairen Münze würde aber dazu beitragen, den Mo-
dellierungsaspekt in den Vordergrund zu stellen. Die Annahme, die Münze sei fair,
spielt bei den Begründungen überhaupt keine Rolle.

7.3.3 Aufgabe 3

Aufgabenstellung

> In einem Gefäß befinden sich drei schwarze und zwei rote Kugeln. Man zieht ohne Hinsehen eine Kugel. Bestimmen Sie die Wahrscheinlichkeit, mit der man eine schwarze Kugel zieht (mit Begründung).

Vorüberlegungen

Die Aufgabe bezieht sich auf die Ermittlung der Wahrscheinlichkeit für das Elementarereignis E = „Eine schwarze Kugel wird gezogen" bei einem einstufigen Zufallsexperiment. Die Ergebnismenge Ω = {r, s} umfasst zwei mögliche Ergebnisse: „rote Kugel" bzw. „schwarze Kugel", die mit unterschiedlicher Wahrscheinlichkeit eintreten können. Intuitiv naheliegend kann man bei dieser Aufgabenstellung davon ausgehen, dass jede Kugel die gleiche Wahrscheinlichkeit besitzt, ausgewählt zu werden. Es ist zu vermuten, dass Schüler dies implizit sofort mitdenken, so dass die Aufgabe in dieser Hinsicht praktisch keine Probleme bei der Bearbeitung bereiten dürfte. Möglicherweise kann dies dazu führen, dass in den Begründungen auf die Bedingung der Gleichwahrscheinlichkeit nicht explizit eingegangen wird. Eine weitere Überlegung betrifft die Verwendung des Wahrscheinlichkeitsbegriffs nach Laplace. Es ist zu vermuten, dass die Lernenden im Eingangstest häufiger den umgangssprachlichen Begriff „Chance" verwenden, als bereits von einer (theoretischen) Wahrscheinlichkeit zu sprechen. Im Ausgangstest sollte dagegen häufiger mit dem Gleichwahrscheinlichkeitsargument und der Laplace-Regel in den Begründungen argumentiert werden.

Eine ähnliche Aufgabe stellt Watson (2006, S.142):

> A mathematics class has 13 boys and 16 girls in it. Each pupil's name is written on a piece of paper. All the names are put in a hat. The teacher picks out one name without looking. Is it more likely that
>
> (b) the name is a boy, or
>
> (g) the name is a girl, or
>
> (=) are both a girl and a boy equally likely?
>
> Please explain your answer.

Abb. 7.22 Aufgabe zur Ereigniswahrscheinlichkeit bei Watson (2006, S. 142)

Watson verweist für diese Aufgabe auf Borovcnik und Bentz (1991). Dort ist diese Aufgabe das Item 2 innerhalb des Problemfeldes „Stichprobenraum und Symmetrie". Die dort aufgeführten Ergebnisse beziehen sich auf eine Studie von Green (1983), bei der 3000 Schüler im Alter von 11 bis 16 Jahren befragt wurden. Allerdings wurden bei dieser Studie keine Begründungen eingefordert. Nur etwa 70 % der 16-Jährigen entschieden sich für (g). Dies deutet auf gewisse Schwierigkeiten bei dieser Aufgabe hin, die möglicherweise im Kontext begründet sind. Borovcnik und Bentz (1991, S. 81 f.) beschreiben fünf mögliche Problemlösestrategien, die Schüler angewendet haben könnten:[171]

- Die normative Strategie mit kompletter Auflistung des Stichprobenraumes S führt zur Auswahl (g)

- Die Symmetriebetrachtung des modifizierten Stichprobenraumes $S^* = \{b; g\}$ führt zur Auswahl (=)

- Die Pseudo-Realität des Kontextes könnte zum Ignorieren relevanter bzw. zur Einbeziehung kontextbezogener Informationen und damit zur Auswahl (=) führen.

- Die Kausalitätsheuristik mit der Unmöglichkeit einer sicheren Vorhersage führt zur Auswahl (=), da ja beide Möglichkeiten eintreten können.

- Nichtprobabilistische Strategien führen auf eine durch subjektive Erfahrungen geleitete Auswahl („Unsere Lehrerin ist eine Frau, daher ist es wahrscheinlicher, dass ein Mädchen gezogen wird.")

Bei Watson (2006, S. 142 ff.) werden explizit Begründungen eingefordert. Die Schülerbegründungen zu dieser Aufgabe für Auswahl (g) führten zu folgender Einteilung:[172]

- qualitativ:
„There are more girls"

- qualitativ mit Angabe der Anzahlen:
„Because there are 16 girls and 13 boys and girls have more of a chance."

- quantitativ mit Angabe von Wahrscheinlichkeiten:
„Because girls have 16/29 chances, while boys have only 13/29 chances."

---

[171] Die Aufgabenstellung von Watson (2006, S. 142 ff.) führt im Ergebnis genau zu den von Borovcnik & Bentz (1991) beschriebenen Lösungsstrategien. Die Formulierung von Aufgabe 3 des hier verwendeten Eingangs- und Ausgangstests schließt einige der subjektiven, nichtprobabilistischen Lösungsstrategien von vornherein aus, da kein Chancenvergleich gefordert ist.

[172] Quantitative Ergebnisse zu dieser Aufgabe finden sich bei Watson et al. (1997).

Schwierigkeiten, die vor allem jüngere Schüler mit dieser und ähnlichen Aufgaben haben, könnte man dadurch vermindern, dass man z. B. für diese Aufgabe und für das Werfen eines Würfels jeweils explizit in einer Liste alle möglichen Stichprobenergebnisse aufschreiben ließe.

„Although it is unlikely that the phrase 'sample space' would be introduced, there is the opportunity to produce a list of all possible outcomes from tossing a die (1, 2, 3, 4, 5, 6) or drawing a name from the hat (boy_1, boy_2, ..., boy_{16}, $girl_1$, ..., $girl_{19}$) and discuss their similarities and differences and the probabilities for events that can be defined." (Watson 2006, S. 143)

In der Studie von Meyfarth (2008b, S. 203 ff.) ist die obige Aufgabenstellung als Aufgabe 7 aufgeführt. Bei Meyfarth ist die Aufgabe gelöst, wenn die Angabe der korrekten Ereigniswahrscheinlichkeit durch Rechnung nachvollziehbar oder in Wortform kurz begründet ist. Im Eingangstest haben 80 % und im Ausgangstest 94 % die volle Punktzahl erhalten. Darüber hinaus wurde für diese Aufgabe die Verwendung der verschiedenen Schreibweisen von Wahrscheinlichkeit als Anteil, als Prozentzahl bzw. als Chance dokumentiert. Oft treten diese Darstellungsweisen in Kombination auf. Ein wesentliches Ergebnis ist, dass sich, offenbar durch den Simulationsvorkurs bedingt, die Verwendung des Chancenkonzepts von 31 % auf 6 % reduziert hat. Hingegen ist die Verwendung des Anteilkonzeptes von 38 % auf 81 % gestiegen. Eine Unterscheidung der Begründungen nach Begründungskategorien ist nicht erfolgt.

Beschreibung des Spektrums korrekter Lösungen

Die korrekte Auswahl ist: 3/5 oder 60 %. Das kann man wie folgt begründen: In der Urne befinden sich fünf nur durch die Farbe zu unterscheidende Kugeln. Alle Kugeln haben damit die gleiche Wahrscheinlichkeit, gezogen zu werden, nämlich 1/5. Da drei dieser Kugeln schwarz sind, folgt die oben angegebene Wahrscheinlichkeit nach der Laplace-Regel: „günstige Fälle durch alle Fälle".

Die *Schülerbegründungen* können auf verschiedenen Ansätzen beruhen. Dafür werden max. 2 Score-Punkte vergeben.

1. **Laplace-Regel** (Kategorie WBL):
   Die Begründung erfolgt auf der Basis der Laplace-Regel, mit deren Hilfe die Ereigniswahrscheinlichkeit für das Ereignis A. „Ziehen einer schwarzen Kugel" durch folgenden Quotienten ermittelt wird:
$$P(A) = \frac{\text{Anzahl der für A günstigen Fälle}}{\text{alle möglichen Fälle}}.$$

2. **Additionsregel** (Kategorie WBA):
   Die Begründung erfolgt über die Wahrscheinlichkeit für das Ziehen einer schwarzen Kugel. Da alle Kugeln mit der gleichen Wahrscheinlichkeit gezogen werden können, ist die Wahrscheinlichkeit für jedes Ergebnis e_i des Zufallsversuchs $P(e_i) = 1/5$. Da es aber drei schwarze Kugeln sind, werden die

Ergebniswahrscheinlichkeiten addiert. So erhält man die Ereigniswahrscheinlichkeit $P(A)$.

3. **Quoten-Argumentation** (Kategorie WBQ):
   Im Fokus der Begründung steht das Chancenverhältnis von 3:2 für schwarz. Die Chancen für „schwarz" sind besser, da es eine Kugel mehr zur Auswahl gibt. Rechnet man die Chancen in Anteile um, so ergibt sich Wahrscheinlichkeit von 3/5 für „schwarz" gegenüber 2/5 für „rot" oder von 60 % zu 40 %.

Die Antworten und Begründungen der Schüler wurden codiert. In der Tabelle sind die Codes für die Begründungen zu Aufgabe 3 nach Kategorie, Definition und Punkte-Score aufgeführt (Abb. 7.23).

Kategorie	Definition	Max Score
WBL Begründung Laplace-Regel	Die korrekte Wahrscheinlichkeit wird angegeben und über die Laplace-Regel begründet. Dabei ist es egal, ob die Wahrscheinlichkeit als Anteil oder als Prozentzahl geschrieben wird.	2
WBA Begründung Additionsregel	Die korrekte Wahrscheinlichkeit wird angegeben und über die Additionsregel begründet. Dabei ist es egal, ob die Wahrscheinlichkeit als Anteil oder als Prozentzahl geschrieben wird.	2
WBQ qualitative Begründung	Die Wahrscheinlichkeit ist in Form eines Chancenvergleiches angegeben oder als solcher zu interpretieren. Die Angabe wird qualitativ begründet.	2
WBU Begründung unvollständig	unvollständig: Wahrscheinlichkeitsangabe als Anteil, Prozent oder Chancenvergleich; keine ausreichende Begründung.	1
NV Nicht auswertbar	keine verwertbare Begründung	0

Abb. 7.23 Codes der Begründungen zu Aufgabe 3

Erläuterung der Kategorien

Die Kategorisierungen der Begründungen mit *WBL* und *WBA* leiten sich von den möglichen Begründungsansätzen über die Laplace-Regel und die Additionsregel ab. Die Kategorie *WBQ* leitet sich aus dem möglichen Vergleich über Quoten ab. Eine kategoriale Unterscheidung nach der Verwendung von Anteil/Prozent oder Chance wurde nicht getroffen, da der überwiegende Teil der Schüler bereits im Eingangstest den Anteil meist im Zusammenhang mit der Prozentzahl verwendete. Die umgangssprachliche Form des Chancenvergleichs kam in zu wenigen Fällen vor. Im Folgenden seien typische Beispiele für die Begründungskategorien *WBL*, *WBA* und *WBQ* aufgeführt. Eine komplette Übersicht zu den Begründungskategorien dieser Aufgabe findet sich im Anhang E.

– Kategorie WBL

„3/5, Anzahl der Möglichkeiten schwarz zu ziehen (3) durch Anzahl der Möglichkeiten insgesamt (5)." (ANFR06_AT)

„schwarz: 3/5, günstige Ergebnisse/ gesamte Möglichkeiten." (ANMA19_AT)

„Wahrscheinlichkeit = 3/5. Anzahl der schwarzen Kugeln durch die Gesamtzahl der Kugeln (als der Zugmöglichkeiten)." (ANTH30_AT)

– Kategorie WBA

„60 %, da die Chance eine von 5 Kugeln zu ziehen 20 % beträgt, muss bei einer Chancenerhöhung um das dreifache eine 60 %ige Chance resultieren." (GUKL23_ET)

„Für jede einzelne Kugel besteht eine Wahrscheinlichkeit von 1/5, da es drei schwarze und zwei weiße gibt, ist die Ws 3/5." (ULIR12_AT)

– Kategorie WBQ

„Die Kugeln stehen im Verhältnis 3:2 von insgesamt 5 Kugeln, somit ist es wahrscheinlicher, dass eine schwarze Kugel gezogen wird." (MAPE30_ET)

„3:2 = 60 %, da anteilig mehr schwarze als rote Kugeln vorhanden sind."(CHDI30_ET)

Die Zweitkodierung hat die Reliabilität des Kategoriensystems von Aufgabe 3 gezeigt. Der Cohens-Kappa-Wert beträgt $\kappa = 0{,}94$ (19 Übereinstimmungen bei 20 Urteilen, Anzahl der Kategorien: 5).

Bezug zum Einführungskurs

Laplace-Experimente bzw. die Rückführung von Experimenten und Problemaufgaben auf einen Laplace-Raum haben im Unterricht eine entscheidende Rolle gespielt. Das wird besonders an Arbeitsblatt 2 aus U5/6 deutlich (vgl. Kap. 2.2 und Kap. 5.4).

Score-bezogene Analysen zu Aufgabe 3

Für die richtige Antwort (A_Score) erhält man einen Score-Punkt und für eine Begründung (B_Score) erhält man bis zu 2 Score-Punkten.

Frage 3		A_Score		Zeilen-zusammenfassung
		0	1	
Test	Eingangstest	18	82	100
	Ausgangstest	3	97	100
Spaltenzusammenfassung		10	90	100
S1 = runde (Zeilenanteil•100; 0)				

Frage 3		B_Score			Zeilen-zusammenfassung
		0	1	2	
Test	Eingangstest	21	13	67	100
	Ausgangstest	3	8	90	100
Spaltenzusammenfassung		12	10	78	100
S1 = runde (Zeilenanteil•100; 0)					

Abb. 7.24 Prozentuale Verteilung Score-Punkte zu Auswahl und Begründung für Aufgabe 3

Bereits im Eingangstest ist der Anteil der korrekten Antworten mit 82 % sehr hoch und steigt auf 97 % im Ausgangstest. Der Anteil an korrekten Begründungen steigt von 67 % im Eingangstest auf 90 % im Ausgangstest. Betrachtet man die mittleren Lösungsraten für Antwort (A_Score), Begründung (B_Score) und insgesamt ($F3\_Score$), ergibt sich für Aufgabe 3 folgendes Bild (Abb. 7.25).

Frage 3		A_Score
Test	Eingangstest	82
	Ausgangstest	97
Spaltenzusammenfassung		90

S1 = runde (aMittel ( ) •100)

Frage 3		B_Score
Test	Eingangstest	73
	Ausgangstest	94
Spaltenzusammenfassung		83

$S1 = \text{runde } (\frac{\text{aMittel ( ) •100}}{2})$

Frage 3		F3_Score
Test	Eingangstest	76
	Ausgangstest	95
Spaltenzusammenfassung		85

$S1 = \text{runde } (\frac{\text{aMittel ( ) •100}}{3})$

Abb. 7.25 Mittlere Lösungsraten zu Aufgabe 3

Bereits im Eingangstest ist die mittlere Lösungsrate mit 76 % recht hoch und steigt auf 95 % im Ausgangstest. Das bedeutet, die Schüler haben bei dieser Aufgabe im Ausgangstest im Mittel 2,85 von maximal 3 möglichen Score-Punkten erreicht. Der mittlere Lernzuwachs beträt 19 Prozentpunkte. Zum Vergleich: In der Meyfarth-Studie (Meyfarth 2008b, S. 203) stieg für die identische Aufgabe die mittlere Lösungsquote von 80 % auf ebenfalls 94 %.

Begründungsbezogene Analysen zu Aufgabe 3

Die absoluten und relativen Häufigkeiten der aufgetretenen Begründungen sind in den beiden folgenden beiden Abbildungen (Abb. 7.26 und 7.27) dargestellt.

Frage 3		Code					Zeilen-zusammenfassung
		F3_WBL	F3_WBA	F3_WBQ	F3_WBU	F3_NV	
Test	Eingangstest	39	11	21	13	16	100
	Ausgangstest	69	5	13	8	5	100
Spaltenzusammenfassung		55	8	17	10	10	100

S1 = runde (Zeilenanteil•100; 0)

Abb.7.26 Prozentuale Verteilung der Begründungen zu Aufgabe 3

Insgesamt stellt die Frage nach der Ereigniswahrscheinlichkeit für ein einstufiges Zufallsexperiment für die Schüler praktisch kein Problem dar. Die Begründungen beziehen sich am häufigsten auf die Laplace-Regel (Merkmal $F3\_WBL$). In beiden Tests ist diese Kategorie die modale Klasse. Im Ausgangstest können knapp 70 % aller Begründungen dieser Kategorie zugewiesen werden. Zahlenmäßig zugenommen hat im Ausgangstest auch die Kategorie WBA. Auffällig bei den Begründungen dieser Kategorie ist der Bezug auf das Gleichwahrscheinlichkeitsmodell. Die Verwendung der Additionsregel ist dann naheliegend.

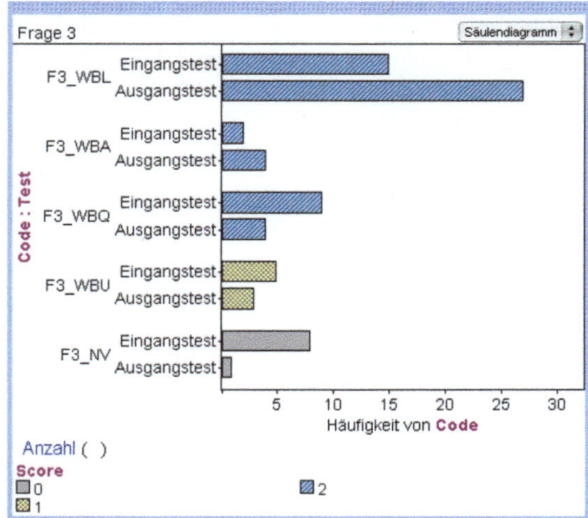

Abb. 7.27 Absolute Verteilung der Begründungen zu Aufgabe 3 mit Score als Legendenmerkmal, *n = 39* für Eingangs- und Ausgangstest

Die inhaltliche Verbesserung in den schriftlichen Begründungen wird auch in der Wanderungsbewegung hin zur dominierenden Begründungskategorie *WBL* deutlich, die man der folgenden Abbildung (Abb. 7.28) entnehmen kann.

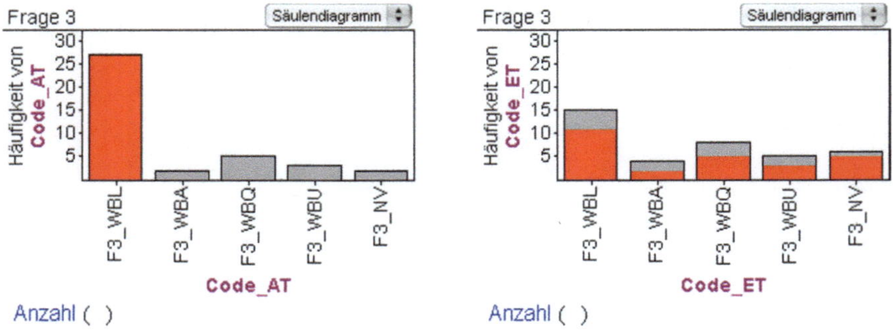

Abb.7.28 Wanderungsbewegung in den Begründungen zu Aufgabe 3

Zusammenfassung

Für diese Aufgabe bleibt festzuhalten, dass sich die Begründungsqualität inhaltlich grundsätzlich verbessert hat. Mit der Laplace-Regel und der Additionsregel stehen den Schülern im Ausgangstest geeignete Begründungsmodelle zur Verfügung. Insbesondere die Begründung über die Laplace-Regel wird allerdings unter der stillen Annahme der Gleichwahrscheinlichkeit des Ziehens einer Kugel verwendet. Dieser Umstand kann dann problematisch werden, wenn sich die Gleichwahrscheinlichkeitsannahme für ein stochastisches Problem als Fehlvorstellung erweist.

7.3.4 Aufgabe 4

Aufgabenstellung

Wie kann man die Wahrscheinlichkeit bestimmen, mit der eine Reißzwecke auf den Kopf fällt? (mit Begründung).

Vorüberlegungen

Diese Fragestellung berührt grundsätzliche Haltungen bzw. Einstellungen von Individuen zum Wahrscheinlichkeitsbegriff. Essentiell für die Beantwortung ist, ob man als Person eher eine frequentistische Haltung einnehmen kann und somit die Wahrscheinlichkeit, mit der eine Reißzwecke auf den Kopf fällt, als Schätzwert einer relativen Häufigkeit bestimmt. Solch eine experimentelle Bestimmung der Wahrscheinlichkeit würde man als „normativen" Lösungsansatz erwarten.[173]

Konold (1989) hat in einer qualitativen Studie untersucht, welche Haltungen Individuen zu ähnlichen Fragestellungen einnehmen, die sich auf die Bestimmung bzw. Vorhersage von Wahrscheinlichkeiten beziehen. Die „Knochenaufgabe" ist der „Reißzweckenaufgabe" am ähnlichsten.

Bone Problem: I have here a bone that has six surfaces. I've written the letters A through F, one on each surface. I you were to roll that, which side do you think would most likely land upright? How likely is it, that x will land upright? [Student is asked to roll the bone to see what happens.]. What do you conclude about your prediction? What do ypu conclude having rolled the bone once? Would rolling the bone more times help to conclude which side is most likely to land upright?

Abb. 7.29 Aufgabe zum Verständnis von Wahrscheinlichkeit, Konold (1989, S. 64)

---

[173] Eine Begründung dafür, das experimentelle Vorgehen als normative Lösung zu betrachten, liefert das Prinzip vom „unzureichenden Grunde". (vgl. Dillmann 1990). Danach wäre die Annahme einer Gleichverteilung der beiden möglichen Ausgänge durch entsprechende Symmetrieeigenschaften oder subjektives Erfahrungswissen gerechtfertigt. Aussehen und Gestalt einer Reißzwecke lassen aber eine Gleichverteilungsannahme nicht vernünftig erscheinen Ebenso wenig erscheint es praktikabel, die gesuchte Wahrscheinlichkeit allein durch Symmetrieüberlegungen bestimmen zu wollen.

Die Ergebnisse der Konold-Studie (1989, S. 67 ff.) zeigen, dass die Studenten neben den experimentellen Vorgehensweisen ein Spektrum an „nichtnormativen" Lösungsansätzen formulieren:

–   Frage des Interviewers:

I: „If you were to roll this [Bone], which side do you think would most likely upright?"

–   Antworten der interviewten Studenten:

S9: „Wow. If I were a math major, this would be easy. B is nice and flat, so if D fell down, B would be up. I'd go with B."

S4: „I could only give my best guess. I'd have to say B up."

–   Nächste Frage des Interviewers:

I: „And about how likely do you think B is to land upright?"

–   Antworten der interviewten Studenten:

S9: „I wouldn't say it's much more likely. It depends on the roll, I think."

S4: "I'll give a big bias to B. I'll say 33 % "

Diese "nichtnormativen" Vorgehensweisen reichen von der Entscheidung für eine Seite aufgrund der Beschaffenheit des Knochens bis hin zur Formulierung von qualitativen Entscheidungsvorhersagen. Daher ist zu vermuten, ein gewisser Teil der Schüler argumentiert, die gesuchte Wahrscheinlichkeit sei eher qualitativ anhand der Eigenschaften einer Reißzwecke zu ermitteln als quantitativ über eine statistische Auswertung mittels relativer Häufigkeiten.[174]

Ein weiteres hypothetisches Erklärungsmodell beruht auf einer Fehlvorstellung: die möglichen Ergebnisse werden als gleichwahrscheinlich angesehen. Dann wäre „Kopf" nur einer von zwei möglichen Fällen und die Wahrscheinlichkeit für das Eintreten von „Kopf" betrüge dann 50 %. Weder die physikalische Beschaffenheit des Objektes noch ein experimentelles Vorgehen werden dabei in Betracht gezogen.

---

[174] Konold argumentiert, dass besonders Studenten mit sogenannter Outcome-Approach Neigung zu diesen physikalisch geprägten Begründungen tendieren würden. Diese Einstellung wäre über Zeit und Aufgaben hinweg sehr stabil (Konold 1989, S.82).

Nach Durchführung des Einführungskurses könnte man im Ausgangstest wesentlich mehr Begründungen für ein experimentelles Vorgehen erwarten, bei dem durch eine große Versuchsanzahl die Wahrscheinlichkeit für „Kopf" numerisch aus deren relativen Häufigkeit ermittelt wird. Diese Erwartungshaltung leitet sich aus dem empirischen Zugang zum Wahrscheinlichkeitsbegriff und den durchgeführten Simulationen ab.

Beschreibung des korrekten Lösungsspektrums

Die Schüler können die Wahrscheinlichkeit für „Kopf" bei einer Reißzwecke mit zwei verschiedenen Ansätzen begründen. Dafür werden max. 2 Score-Punkte vergeben:

1. **Frequentistischer Ansatz** (Kategorien WEV und WEU):
   Die erwartete Begründung ist die einer experimentellen Vorgehensweise, d. h. die Reißzwecke wird sehr oft (mind. 1000 Mal) geworfen und für jeden Wurf wird das Ergebnis notiert. Die Wahrscheinlichkeit für „Kopf" erhält man, indem man die Anzahl der Würfe mit „Kopf" durch die Gesamtanzahl aller Würfe teilt. Die Wahrscheinlichkeit ergibt sich so als Schätzwert aus der relativen Häufigkeit.

2. **Kausaler Ansatz** (Kategorie WTB):[175]
   Die Bestimmung der Wahrscheinlichkeit für „Kopf" kann qualitativ durch die Einbeziehung physikalischer Eigenschaften ermittelt werden. Ein experimentelles, statistisches Vorgehen wird nicht in Betracht gezogen.

Die Antworten und Begründungen der Schüler wurden codiert. In der Tabelle sind die Codes für die Begründungen zu Aufgabe 4 nach Kategorie, Definition und Punkte-Score aufgeführt (Abb. 7.30).

Kategorie	Definition	Max. Score
WEV Ws experimentell vollständig	Es wird die Möglichkeit beschrieben, die Wahrscheinlichkeit experimentell zu ermitteln. Das Vorgehen wird begründet und es wird erläutert, warum man die Wahrscheinlichkeit auf diesem Weg ermitteln kann.	2
WEU Ws experimentell unvollständig	Es wird die Möglichkeit beschrieben, die Wahrscheinlichkeit experimentell zu ermitteln, jedoch wird dies nur unvollständig begründet.Es wird weder eine Begründung dafür angegeben, warum	1

---

[175] In Anlehnung an Meyfarth (2008b, S. 313) wird der kausale Lösungsansatz nur mit 1 Score-Punkt bewertet.

	man experimentell vorgehen muss, noch warum man die Wahr-scheinlichkeit auf diesem Wege ermitteln kann.	
WTB Ws mit theoreti-scher Begründung	Die Wahrscheinlichkeit kann über theoretische Betrachtungen, Vergleich von Flächen oder die Verteilung von Gewichten ermit-telt werden (kausaler Begründungsansatz).	1
WLM Ws mit Laplace-Modell	Es wird mit Hilfe eines Laplace-Modells argumentiert: Es gibt zwei mögliche Ergebnisse, nur eines kann eintreten, also gleichwahr-scheinlich.	0
NV Nicht auswertbar	keine verwertbare Begründung	0

Abb. 7.30 Codes der Antwort zu Aufgabe 4

Erläuterung der Kategorien

Die Kategorisierung folgt den möglichen Lösungsansätzen. In der Meyfarth-Studie (Meyfarth, 2008b) sind vergleichbare Kategorien gewählt worden. Im Folgenden seien typische Beispiele für jede Begründungskategorie zu deren Illustration angegeben:[176]

– Kategorie WEV

„Durch häufiges Ausprobieren, weil man die Wahrscheinlichkeit durch die Form der Reiß-zwecke nicht berechnen kann und sich die relative Häufigkeit bei vielen Versuchen immer mehr stabilisiert und man so einen guten Wert rausbekommt." (IRFR13_AT)

„Experimentell, bei genügend Versuchen kann eine gute Annäherung gefunden werden. Vor-hersagen sind kaum möglich, da man z. B. den Schwerpunkt nicht kennt." (REKA05_ET)

– Kategorie WEU

„Eine Möglichkeit wäre ein Experiment mit anschließender Auswertung, um die Wahrschein-lichkeit möglichst genau zu untersuchen." (INNO09_ET)

„Man macht Experimente und wertet sie aus. Exp.: Man lässt die Reißzwecke 100 mal fallen." (HAKH88_ET)

– Kategorie WTB

„Hier würde ich sagen, dass sowohl die Fläche als auch das Gewicht (insbesondere die Vertei-lung des Gewichtes) wichtig sind." (CLMI21_AT)

---

[176] Eine komplette Übersicht der Begründungskategorien dieser Aufgabe findet sich im Anhang E.

„Auf der einen Seite muss man wissen, wo der Schwerpunkt ist. Außerdem muss man die Fläche des Aufkommens mit einbeziehen." (CLMI21_ET)

– Kategorie WLM

„Beide Ereignisse sind gleich wahrscheinlich, bei 0,5." (IRAL26_ET)

„Entweder die Reißzwecke fällt auf den Kopf oder auf die Seite. Wir haben also zwei Ergebnisse, die gleich wahrscheinlich sind. Bei einem Versuch könnte man unendlich viele Reißzwecken fallen lassen, dann würden 1/2 davon auf den Kopf fallen." (JURE11_AT)

Die Zweitkodierung hat die Reliabilität des Kategoriensystems von Aufgabe 4 gezeigt. Der Cohens-Kappa-Wert beträgt $\kappa = 0{,}81$ (17 Übereinstimmungen bei 20 Urteilen, Anzahl der Kategorien: 5).

Bezug zum Einführungskurs

Realexperimente mit Nicht-Laplace-Geräten haben aufgrund der zeitlichen Beschränkung keinen Eingang in das Unterrichtskonzept gefunden. Allerdings stand es den Lehrpersonen frei, dies in Zusammenhang mit der Laplace-Regel als kontrastierendes Beispiel einzubringen (vgl. Didaktischer Kommentar, Anhang A).

Score-bezogene Analysen zu Aufgabe 4

Für die Beantwortung dieser Aufgabe mit Begründung (*F4_Score*) erhält man bis zu 2 Score-Punkten.

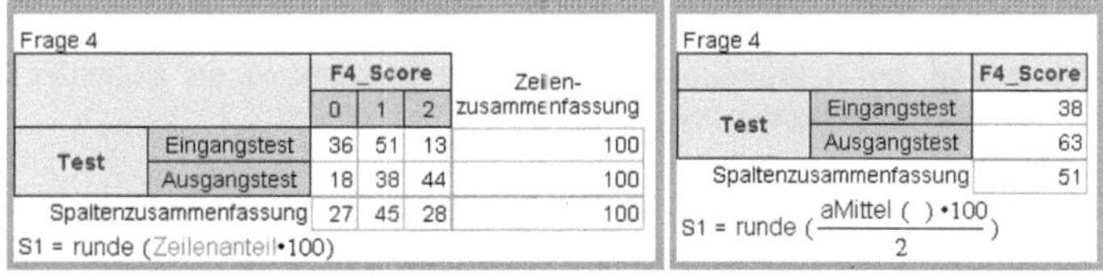

Frage 4

Test		F4_Score			Zeilen-zusammenfassung
		0	1	2	
Test	Eingangstest	36	51	13	100
	Ausgangstest	18	38	44	100
Spaltenzusammenfassung		27	45	28	100

S1 = runde (Zeilenanteil•100)

Frage 4

Test		F4_Score
Test	Eingangstest	38
	Ausgangstest	63
Spaltenzusammenfassung		51

$$S1 = \text{runde} \left(\frac{\text{aMittel ( )} \cdot 100}{2} \right)$$

Abb. 7.31 Prozentuale Verteilung Score-Punkte (links) und mittlere Lösungsrate (rechts)

Im Ausgangstest liegt der Anteil korrekter Lösungen bei 44 %. Die mittlere Lösungsrate beträgt im Eingangstest 38 % und steigt im Ausgangstest auf 63 %. Das bedeutet, die Schüler haben bei dieser Aufgabe im Ausgangstest im Mittel 1,26 von maximal 2 möglichen Score-Punkten erreicht. Der mittlere Lernzuwachs beträgt 25 Prozentpunkte.

Begründungsbezogene Analysen zu Aufgabe 4

Die absoluten und relativen Häufigkeiten der aufgetretenen Begründungen sind in den beiden folgenden beiden Abbildungen dargestellt.

Frage 4		Code					Zeilen-zusammenfassung
		F4_WEV	F4_WEU	F4_WTB	F4_WLM	F4_NV	
Test	Eingangstest	13	26	26	21	15	100
	Ausgangstest	44	15	23	18	0	100
Spaltenzusammenfassung		28	21	24	19	8	100

S1 = runde (Zeilenanteil•100; 0)

Abb. 7.32 Prozentuale Verteilung der Begründungen zu Frage 4

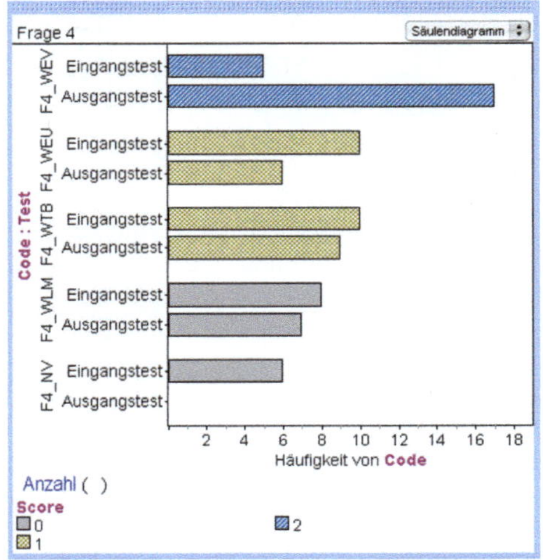

Abb. 7.33 Absolute Verteilung der Begründungen zu Aufgabe 4 mit Score als Legendenmerkmal, *n = 39* für Eingangs- und Ausgangstest

Beim Betrachten der beiden Abbildungen fällt die deutliche Zunahme der Kategorie *WEV* auf. Ein Großteil dieses Zuwachses lässt sich dadurch erklären, dass die Schüler im Ausgangstest auch tatsächlich hinreichende Begründungen angegeben haben. So tritt im Ausgangstest die Kategorie *NV* (keine Begründung) überhaupt nicht mehr auf und die Kategorie *WEU* (unvollständige Begründung) hat sich von der Anzahl her fast halbiert. Dazu kann man sich auch die Wanderungsbewegungen in Abb. 7.34 anschauen, die diese Beobachtungen wiederspiegeln.

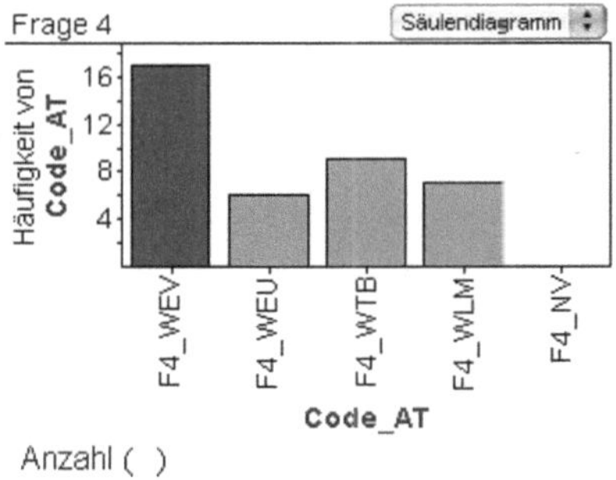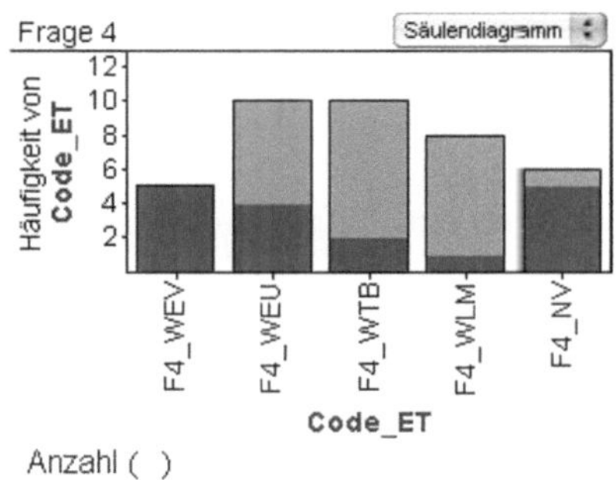

Abb. 7.34 Wanderungsbewegung bezüglich *WEV* zu Frage 4

Zusammenfassung

Fasst man die Begründungs-Kategorien *WEV* und *WEU* zusammen, die sich beide auf einen „normativen" Ansatz beziehen, dann entscheiden sich im Ausgangstest knapp 60 % der Schüler für eine experimentelle Ermittlung der Wahrscheinlichkeit für Kopf durch Werfen der Reißzwecke. Die Schüler begründen ihre Entscheidung im Ausgangstest durch den Näherungsaspekt im Phänomenkomplex des empirischen Gesetzes der großen Zahlen: Die relative Häufigkeit ist bei entsprechend großer Versuchsanzahl ein guter Näherungswert für die zu ermittelnde (unbekannte) Wahrscheinlichkeit. Allerdings bleibt es bei dieser eher qualitativen Einschätzung. Auf den Genauigkeitsaspekt, z. B. mit Hilfe der Faustregeln, wird in den Begründungen kein Bezug genommen.

Bemerkenswert ist der relativ stabile Anteil bei den beiden „nichtnormativen" Lösungsansätzen. Im Ausgangstest sind 41 % der Begründungen den beiden Kategorien *WLM* (Gleichwahrscheinlichkeitsansatz) und *WTB* (Theoretische Begründung) zuzuordnen. Dieses Ergebnis repliziert in gewisser Weise auch die Erkenntnisse der Konold-Studie (1989). Die Antworten von zehn Schülern waren sowohl im Eingangstest als auch im Ausgangstest der jeweils gleichen Kategorie zuzuordnen. Eine mögliche Erklärung für die Wahl des Gleichwahrscheinlichkeitsansatzes (Kategorie *WLM*) im Ausgangstest ist die Fokussierung auf Laplace-Experimente im Einführungskurs. Die Schüler unterstellen dann, es gibt zwei gleichwahrscheinliche Möglichkeiten, von denen eine eintreten wird. Die Schülerbegründungen, die der Kategorie *WTB* zugeordnet wurden, reichen von völliger Unbestimmbarkeit bis zur exakten qualitativen Berechnungsmöglichkeit. Die Art der Begründungen wird im Folgenden mit je einem typischen Beispiel belegt:

– Unbestimmbarkeit aufgrund vieler Einflussfaktoren

„Man kann sie nicht bestimmen, da es von vielen Faktoren abhängt, ob sie auf den Kopf fällt oder nicht, z. B. Wind, Untergrund." (ULME23_AT)

– Berechnung aufgrund physikalischer Gegebenheiten

„Nicht ohne Werte. Man braucht Flächen und Gewichtsverteilung." (ILED13_ET)

– Schätzung aufgrund der Beschaffenheit

„Die Wahrscheinlichkeit ist sehr gering, da die Reißzwecke nur dann auf den Kopf fällt, wenn sie in einem ganz bestimmten Winkel auftrifft. Trifft sie in einem (sehr wahrscheinlich) flacheren Winkel auf, fällt sie auf die Seite." (ULHE14_ET)

Möglicherweise meinen einige der Schüler, deren Antworten in die Kategorie *WTB* einzuordnen sind, dass eine Wahrscheinlichkeitszuordnung unmöglich ist, wie die Antwort von ULME23 exemplarisch zeigt.

7.3.5 Aufgabe 5

Aufgabenstellung

In zwei Gefäßen liegen jeweils acht Kugeln, welche mit den Zahlen 1 bis 8 beschriftet sind. Aus beiden Gefäßen wird eine Kugel gezogen. Was ist wahrscheinlicher?

    a) Eine der beiden Kugeln zeigt eine "4", die andere eine "5".

    b) Beide Kugeln zeigen eine "5".

    ☐ a) ist wahrscheinlicher

    ☐ b) ist wahrscheinlicher

    ☐ Beide sind gleich wahrscheinlich

Begründung:

Vorüberlegungen

Diese Aufgabenstellung ist praktisch identisch mit Aufgabe 3 aus dem Meyfarth-Test (2008b, S. 188). Eine artverwandte Aufgabe formuliert Rasfeld (2004) für den Wurf zweier Münzen.

„Zwei faire Münzen (d. h. Wappen bzw. Zahl treten bei einem Wurf einer solchen Münze gleich wahrscheinlich auf) werden gleichzeitig geworfen. Hältst Du es für wahrscheinlicher, dass zweimal Wappen oder dass einmal Wappen und einmal Zahl erscheint?

    a)   Es ist wahrscheinlicher, dass zweimal Wappen erscheint.

    b)   Es ist wahrscheinlicher, dass einmal Wappen und einmal Zahl erscheint

    c)   Beide Ereignisse sind gleich wahrscheinlich.

    d)   Weiß ich nicht.

Begründung:" (Rasfeld 2004, S.42)

Die Lösungswahrscheinlichkeiten fallen in beiden Untersuchungen sehr unterschiedlich aus. Bei Meyfarth sinkt die mittlere Lösungsquote für die Auswahl von 44 % im Eingangstest auf 34 % im Ausgangstest, für die Begründung steigt die mittlere Lösungsquote von 8 % auf 19 %. Bei Rasfeld beträgt die Lösungsquote für die richtige Antwort nur 16 %. Von diesen Schülern begründet etwa ein Drittel ihre Auswahl richtig. Bei den 79 % der Schüler, die als Antwort c) gewählt haben, wurde im Wesentlichen die Gleichwahrscheinlichkeitsannahme als Fehlvorstellung beobachtet. (Raşfeld 2004, S. 43)

Bei Watson (2006) findet man zu diesem Aufgabentyp die folgende Aufgabenstellung:

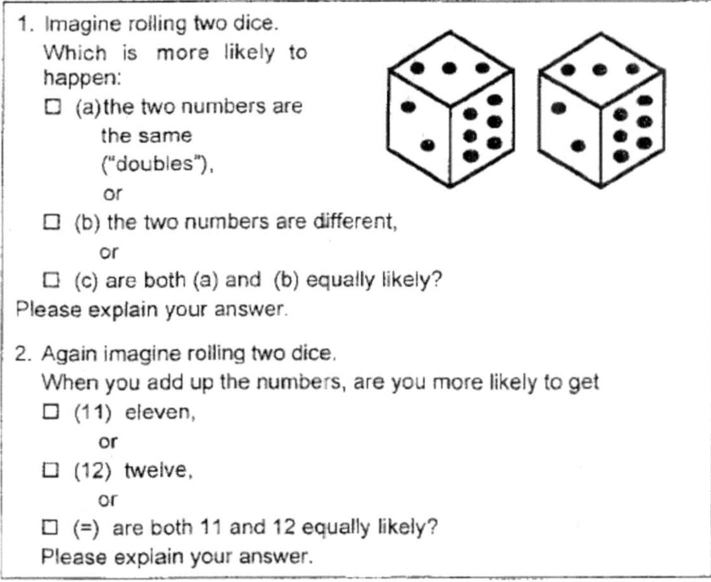

Abb. 7.35 Aufgabe zum Wurf zweier Würfel, Watson (2006, S. 150)

Auch Watson (2006, S. 153) beobachtet, dass Schüler dazu tendieren, die Gleichwahrscheinlichkeit beim einfachen Würfelwurf auf die Augensumme beim zweifachen Würfelwurf zu übertragen und somit die zwei Möglichkeiten für die Augensumme 11 (Aufgabe 2 in Abb. 7.35) negieren.

„(=) Because there's only one way you can get an 11, which is a 5 and a 6, and only one way you can get a 12, two 6s." (Watson 2006, S.153)

Die Problematik der „an sich" trivialen Aufgabenstellungen dieses Typs besteht in der Modellierung eines entsprechenden Ergebnisraumes. Watson (2006, S. 149 und S. 153 f.) plädiert dafür, einerseits das Modell der Unabhängigkeit in allen Altersstufen geeignet zu thematisieren und andererseits durch verschiedene Aktivitäten mit den Schülern immer die gesamte Verteilung entstehen zu lassen. Die zweite Aufgabe aus Abb. 7.35 war in modifizierter Form Bestandteil einer Studie in einer achten Jahrgangsstufe an einer Kasseler Gesamtschule (Biehler & Prömmel, bisher unveröffentlicht). Die Auswertung der Schülerantworten zeigte, dass sich selbst noch im Ausgangstest 66 % der Schüler für die Gleichwahrscheinlichkeit der beiden Ergebnisse „Beide Würfel zeigen eine 1" und „Ein Würfel zeigt eine 1, der andere eine 6" entschieden. Offenbar ist die oben beschriebene Fehlvorstellung über Aufgaben und Unterrichtsinhalte hinweg sehr stabil.[177]

Beschreibung des Spektrums korrekter Lösungen

Die *korrekte Auswahl* ist „a) ist wahrscheinlicher". Dies lässt sich wie folgt begründen: In dem zugrundeliegenden Ergebnisraum (Laplace-Raum) gibt es 64 gleichwahrscheinliche Ergebnisse. Jede Zahlenkombination hat die Wahrscheinlichkeit 1/64 einzutreten. Die Kombination (4|5) und (5|4) tritt zweimal auf und ist deshalb doppelt so wahrscheinlich, wie die Kombination (5|5), die nur einmal auftritt.

Die *Schülerbegründungen* für die korrekte Auswahl „a) ist wahrscheinlicher" können auf verschiedenen Ansätzen beruhen. Dafür werden max. 2 Score-Punkte vergeben.

1. **Laplace-Ansatz** (Kategorie aLM):
   Die Schüler argumentieren über die 64 möglichen gleichwahrscheinlichen Ergebnisse des Ergebnisraumes (Produktraum).

2. **Kombinatorischer Ansatz** (Kategorie aCV):
   Die Schüler begründen die höhere Wahrscheinlichkeit für das Ziehen einer 4 und einer 5 über die Anzahl der Möglichkeiten, die durch die Beachtung der Reihenfolge doppelt so groß ist wie für das Ziehen einer 5 und noch einer 5.

3. **Qualitativer Ansatz** (Kategorie aVZ):
   Die Schüler begründen, dass das Ziehen eines Zahlenpaares weniger wahrscheinlich ist als das Ziehen zweier verschiedener Zahlen.

Die Begründungen der Schüler wurden codiert. In der Tabelle sind die Codes für die Begründungen zu Aufgabe 2 nach Kategorie, Definition und Punkte-Score aufgeführt (Abb. 7.36).

---

[177] Die Unterscheidung nach den verschiedenen Kombinationsmöglichkeiten ist selbst bei Studenten nicht selbstverständlich. Dies zeigen die Untersuchungen von Biehler & Maxara (2005).

Kategorie	Definition	Score
aLM Begründung mit Laplace-Raum	D e Begründung der Auswahl a) erfolgt über den Produktraum der 64 möglichen gleichwahrscheinlichen Ergebnisse.	2
aCV Chancenvergleich mit korrekter Begründung	Es wurde erkannt, dass es zwei verschiedene Möglichkeiten gibt, eine 4 und eine 5 zu ziehen, nämlich $(4\mid5)$ und $(5\mid4)$. Die Wahrscheinlichkeit $(5\mid5)$ zu erlangen ist mit nur einer Möglichkeit geringer.	2
aVZ Chancenvergleich unvollständig	D e Antwort „a) ist wahrscheinlicher" wird damit begründet, dass ein Paar verschiedener Zahlen eine höhere Wahrscheinlichekeit des Eintretens hat als ein Paar gleicher Zahlen	1
gGW gleichwahrscheinlich durch Gleichwahrwahrscheinlichkeit	Es wir darauf Bezug genommen, dass die Wahrscheinlichkeit irgendeine Kugel zu ziehen in beiden Gefäßen jeweils 1/8 beträgt. Es wird nicht unterschieden, ob zuerst eine 4 oder eine 5 gezogen wird. D as Argument der Unabhängigkeit tritt **nur** implizit auf.	0
gUG gleichwahrscheinlich durch Unabhängigkeit	D as Argument der Unabhängigkeit ist explizit aufgeführt. Das Argument der gleichen Wahrscheinlichkeit ist **implizit oder explizit.** H erbei wird u. a. argumentiert, dass die Gefäße unabhängig voneinander sind und damit auch die Ziehungen nicht von einander abhängen.	0
NV Nicht auswertbar	keine verwertbare Begründung	0

Abb. 7.36 Codes der Begründungen zu Aufgabe 5

Die Kategorisierung folgt damit den möglichen Lösungsansätzen. In der Meyfarth-Studie (Meyfarth 2008b) sind vergleichbare Kategorien gewählt worden Die dortigen Kategorien „E" und „Wkt" entsprechen der hier gewählten Kategorie aCV. Im Folgenden sind typische Beispiele für die jeweiligen Begründungskategorien aufgeführt.[178]

– Kategorie aLM

„P(4) = 1/8, P(5) = 1/8 bei beiden Gefäßen. P(4)·P(5), Es gibt zwei Möglichkeiten von 64, die 4 und 5 als Ergebnis haben und nur eine die 5 und 5 hat." (KAFR22_AT)

---

[178] Eine Übersicht zu den Begründungskategorien dieser Aufgabe findet sich im Anhang E.

„zu a) 1/8*1/8 = 1/32, zu b) 1/8*1/8 = 1/64. Da es bei a) beim ersten Ziehen zwei Möglichkeiten gibt, das Passende zu ziehen, ist die Wahrscheinlichkeit, das gewünschte Ergebnis zu erhalten, doppelt so groß." (MOTH17_AT)

– Kategorie aCV

„Man hat so einmal die Möglichkeit 4 und 5 oder 5 und 4 zu ziehen. Bei 5 und 5 gibt es nur eine Möglichkeit." (INNO09_ET)

„Es gibt 2 Möglichkeiten eine 4 und eine 5 zu würfeln: erstens 4|5, zweitens 5|4. Wenn aber beide Kugeln eine 5 sein müssen, dann gibt es für beide Ziehungen nur eine Möglichkeit, eine 5 zu sein." (JUDE03_AT)

– Kategorie aVZ

„Da es so viele Kombinationsmöglichkeiten gibt, ist die Wahrscheinlichkeit ein Paar zu ziehen eher gering." (CLMI21_ET)

„Es ist wahrscheinlicher, dass man zwei verschiedene Kugeln zieht, da in jedem Gefäß 8 Kugeln mit verschiedenen Zahlen stecken." (ALKA01_AT)

– Kategorie gGW

„Die Wahrscheinlichkeit liegt bei beiden Ereignissen bei 1/8 = 0,125, d. h. dass beide Beispiele gleichwertig sind." (IRAL26_ET)

„Laplace-Experiment: Alle Kugeln haben die Wahrscheinlichkeit 1/8. Dadurch ergibt sich, dass alle Zahlen die gleiche Chance haben, gezogen zu werden." (IRED13_AT)

– Kategorie gUG

„Jede der zwei Kugeln hat eine Wahrscheinlichkeit von 1/8 auf ein Ergebnis und sie sind unabhängig." (BIWE03_AT)

„…da für beide Kugeln eine Ws von 1/8 besteht. Die eine Kugel hat nichts mit der anderen zu tun." (CHDI30_AT)

Die Zweitkodierung hat der Reliabilität des Kategoriensystems von Aufgabe 5 zunächst widersprochen. Der Cohens-Kappa-Wert betrug $\kappa = 0{,}64$ (14 Übereinstimmungen bei 20 Urteilen, Anzahl der Kategorien: 6). Als problematisch hat sich die Unterscheidung der Kategorien *gGW* und *gUG* erwiesen. In vier Fällen hat die Zweitkodierung die jeweilige Begründung genau der anderen Kategorie zugeordnet als die Erstkodierung. Daraufhin wurde die Beschreibung dieser beiden Kategorien präzisiert (vgl. Abb. 7.36).

Bezug zum Einführungskurs

Bei verschiedenen Würfelwurfexperimenten, aber insbesondere bei der Herleitung der Laplace-Regel in U3-4 ist auf den Laplace-Raum bei zweifachem Würfelwurf bezug genommen worden. Die 36 möglichen Kombinationen bezüglich der Differenzen der Augenzahlen wurden in einer Tabelle (Mehrfeldertafel) notiert und erst anschließend als Ereignisse bezüglich der Differenzen zusammengefasst. (vgl. Kap. 2.2 und Kap. 5.3).

Score-bezogene Analysen zu Aufgabe 5

Für die richtige Antwort bzw. Auswahl (A_Score) erhält man einen Score-Punkt und für eine Begründung (B_Score) bis zu 2 Score-Punkten.

Frage 5

Test		A_Score 0	A_Score 1	Zeilen-zusammenfassung
Test	Eingangstest	87	13	100
Test	Ausgangstest	59	41	100
Spaltenzusammenfassung		73	27	100

S1 = runde (Zeilenanteil•100; 0)

Frage 5 Begründung

Test		B_Score 0	B_Score 1	B_Score 2	Zeilen-zusammenfassung
Test	Eingangstest	87	3	10	100
Test	Ausgangstest	59	3	38	100
Spaltenzusammenfassung		73	3	24	100

S1 = runde (Zeilenanteil•100; 0)

Abb. 7.37 Prozentuale Verteilung Score-Punkte zu Auswahl und Begründung für Aufgabe 5

Im Eingangstest ist der Anteil der falschen Auswahl „gleich wahrscheinlich" mit 87 % extrem hoch. Nur 13 % treffen die korrekte Auswahl „a) ist wahrscheinlicher". Im Ausgangstest ist eine deutliche Verbesserung zu verzeichnen. Hier treffen immerhin 41 % der Schüler eine korrekte Auswahl. Trotzdem bleibt zu konstatieren, dass mehr als die Hälfte aller Schüler sich für „gleich wahrscheinlich" entscheiden. Bei den Begründungen stieg der Anteil vollständig korrekter Begründungen von 10 % im Eingangstest auf 38 % im Ausgangstest. Betrachtet man die mittleren Lösungsraten in Prozent für Auswahl (A_Score), Begründung (B_Score) und insgesamt ($F5\_Score$), ergibt sich für Aufgabe 5 folgendes Bild (Abb. 7.38).

Frage 5

Test		A_Score
Test	Eingangstest	13
Test	Ausgangstest	41
Spaltenzusammenfassung		27

S1 = runde (aMittel ( ) •100)

Frage 5 Begründung

Test		B_Score
Test	Eingangstest	12
Test	Ausgangstest	40
Spaltenzusammenfassung		26

$$S1 = \text{runde} \left(\frac{\text{aMittel ( )} \cdot 100}{2} \right)$$

Frage 5 Begründung

Test		F5_Score
Test	Eingangstest	13
Test	Ausgangstest	40
Spaltenzusammenfassung		25

$$S1 = \text{runde} \left(\frac{\text{aMittel ( )} \cdot 100}{3} \right)$$

Abb. 7.38 Mittlere Lösungsraten zu Aufgabe 5

Offenbar gelingt es den Schülern im Ausgangstest besser, ihre Auswahl auch mathematisch korrekter zu begründen. Die mittlere Lösungsrate steigt von 12 % auf

40 %. Im Mittel haben die Schüler 1,21 von 3 Score-Punkten im Ausgangstest erreicht, im Eingangstest waren es im Mittel nur 0,38 von 3 Score-Punkten. Der mittlere Lernzuwachs liegt bei 27 Prozentpunkten (vgl. Abb. 743 rechts). Zum Vergleich: Beim Meyfarth-Test (2008b) lagen die Lösungsquoten für die Auswahl im Eingangstest bei 44 % und im Ausgangstest bei 34 % und für die Begründung bei 8 % bzw. 19 %: Das entspricht einem Lernzuwachs von nur vier Prozentpunkten.

Begründungsbezogene Analysen zu Aufgabe 5

Die absoluten und relativen Häufigkeiten der aufgetretenen Begründungen sind in den beiden folgenden beiden Abbildungen dargestellt.

Frage 5 Begründung

Test		Code						Zeilen-zusammenfassung
		F5_aLM	F5_aCV	F5_aVZ	F5_gGW	F5_gUG	F5_NV	
Test	Eingangstest	5	5	3	56	15	15	100
	Ausgangstest	8	31	3	28	26	5	100
Spaltenzusammenfassung		6	18	3	42	21	10	100

S1 = runde (Zeilenanteil•100; 0)

Abb. 7.39 Prozentuale Verteilung der Begründungen zu Aufgabe 5

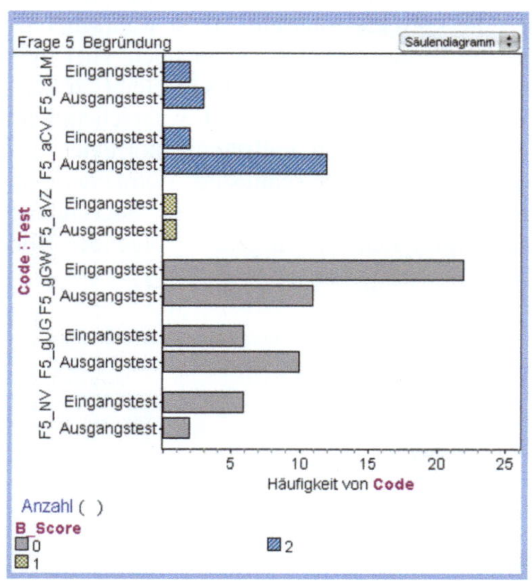

Abb. 7.40 Absolute Verteilung der Begründungen zu Aufgabe 5 mit Score als Legendenmerkmal, *n = 39* für Eingangs- und Ausgangstest

Auffällig ist, dass sich die Begründungen mit dem Gleichwahrscheinlichkeitsmodell (ohne Berücksichtigung der Unterscheidbarkeit) vom Eingangstest zum Ausgangstest praktisch halbiert haben. Positiv ist die deutliche Zunahme an Begründungen der Kategorie *aCV* im Ausgangstest. Woher diese Zunahme kommt, zeigt Abb. 7.41. Man erkennt, dass sich der Zuwachs vor allem auf die Zuwanderungen aus den Kategorien *gGW* und *gUG* zurückführen lässt.

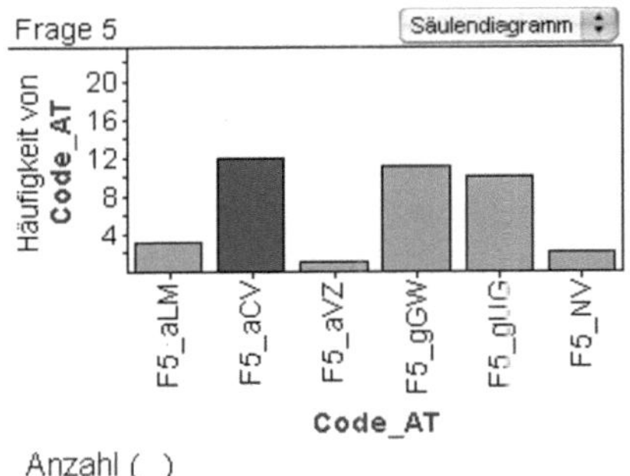

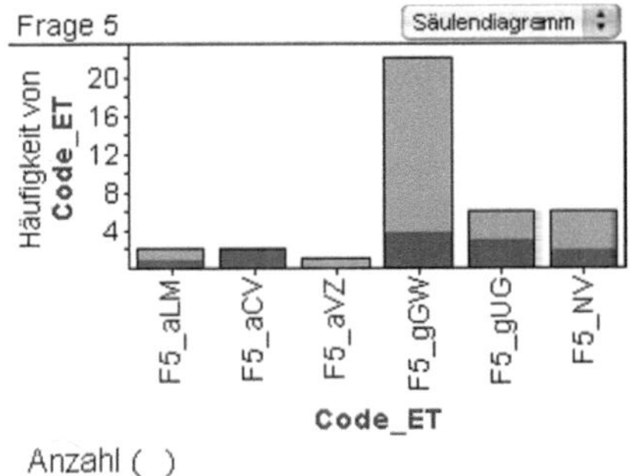

Abb. 7.41 Wanderung der Begründungen zu Aufgabe 5

Die Ergebnisse dieses Items spiegeln die Resultate anderer Studien wieder. Die vereinfachte Gleichwahrscheinlichkeitsannahme ist eine Fehlstrategie, die sehr hartnäckig ist und sich bei den Schülern in gewisser Weise verfestigt hat. Trotzdem zeigen sich auch Erfolge durch die unterrichtliche Konzeption: 40 % korrekte Auswahl ist ein gutes Ergebnis, wenn man bedenkt, dass bei ähnlichen Studien der Lösungsanteil geringer ist (Rasfeld 2004, Meyfarth 2008b). Die Begründungsqualität hat sich insbesondere durch die Verschiebung hin zur Kategorie *aCV* verbessert. Allerdings gibt es nur wenige Schüler, die in ihrer Begründung ganz explizit auf den Produktraum mit 64 gleichwahrscheinlichen Fällen Bezug nehmen. Der Lernzuwachs von 27 Prozentpunkten ist möglicherweise auch auf die intensive Beschäftigung mit Laplace-Experimenten innerhalb des in dieser Arbeit evaluierten Einführungskurses zurückzuführen.

7.3.6 Aufgabe 6

Aufgabenstellung

An einem großen Krankenhaus werden durchschnittlich jede Woche etwa 90 Kinder geboren. An einem kleinen Krankenhaus werden durchschnittlich jede Woche etwa 40 Kinder geboren. An welchem Krankenhaus ist es wahrscheinlicher, dass in einer Woche mehr als 65 % der geborenen Kinder Jungen sind?

☐ Am großen Krankenhaus

☐ Am kleinen Krankenhaus

☐ An beiden gleichwahrscheinlich

Begründung:

Vorüberlegungen[179]

Diese Aufgabe ist seit der Studie von Kahneman und Tversky (1972) über die Repräsentativitätsheuristik unter der Bezeichnung *hospital problem* oder *maternity ward problem* bekannt. In ihrer Studie befragten sie mit einer ganz ähnlichen Aufgabenstellung wie oben aufgeführt 95 Studenten der Stanford-Universität, die keine unterrichtliche Vorerfahrung in Wahrscheinlichkeitsrechnung hatten. Das Ergebnis: 56 % der Studenten entschieden sich für die Auswahl „An beiden Krankenhäusern gleichwahrscheinlich". (Kahneman & Tversky 1972, S. 443)

Kahneman und Tversky werteten dies als starken Befund dafür, dass bei diesen und ähnlichen Aufgaben Individuen intuitiv einem Gesetz der kleinen Zahlen folgen:

„People's intuitions about random sampling appear to satisfy the law of small numbers, which asserts that the law of large numbers applies to small numbers as well." (Tversky & Kahneman 1971, S. 106)

Dieser Aufgabentyp ist über die Jahre hinweg immer wieder in verschiedenen Studien verwendet worden - mit ähnlichen Ergebnissen. Die Erklärungsversuche für das Phänomen der Ignoranz des *sample size effect* fallen differenziert aus. So ist möglicherweise als Erklärung für die Auswahl „gleich wahrscheinlich" ein Proportionalitätsschluss naheliegend, der sich auf den konstanten Prozentsatz bezieht. Ausführlich wurde diese Problematik bereits in Kapitel 3.2.3 dieser Arbeit diskutiert. Das hier verwendete Item ist nach der Klassifizierung von Sedlmeier und Gigerenzer (1997) dem Aufgabentyp zuzuordnen, der sich auf die Häufigkeitsverteilung einer Stichprobe bezieht (vgl. Kap. 3.2.3, S. 88 ff.). Meyfarth (2008b, S. 195) hat die obige Formulierung der Aufgabe 6 in seinen Tests verwendet und konnte eine Steigerung der korrekten Auswahl von 25 % im Eingangstest auf 66 % im Ausgangstest konstatieren.

Beschreibung des Spektrums korrekter Lösungen

Die *korrekte Auswahl* ist „Am kleinen Krankenhaus". Dies kann wie folgt begründet werden: Die Jungenanzahl sei eine binomialverteilte Zufallsgröße X mit Parameter n und $p = 0{,}5$. Dann ist der Jungenanteil die Zufallsgröße Y mit $Y = X/n$. Der Erwartungswert der Zufallsgröße Y ist dann $E(Y) = p$ und die Standardabweichung beträgt $\sigma(Y) = \frac{1}{2 \cdot \sqrt{n}}$. Der Erwartungswert für den Jungenanteil ist unabhängig von der Versuchsanzahl n. Die Standardabweichung hingegen nimmt für größer werdende n proportional zu $1/\sqrt{n}$ ab. Die Streuung der Vertei-

---

[179] Für die Ausführungen zum *maternity ward problem* sei auf Kapitel 3.2.3 verwiesen.

lung der Zufallsgröße $Y = $ „*Jungenanteil*" verändert sich somit in Abhängigkeit vom Stichprobenumfang n. Man kann konstatieren, dass sich mit größer werdendem Stichprobenumfang n die Verteilung der Zufallsgröße Y um den Erwartungswert p zusammenzieht. Daher sind bei kleinerem Stichprobenumfang n „Ausreißer" wahrscheinlicher.

Eine andere, nicht ganz korrekte, Argumentation bezieht sich auf die absoluten Abweichungen der Jungengeburten von der erwarteten Jungenanzahl in den jeweiligen Krankenhäusern. Um ein Ergebnis mit einem Jungenanteil von mehr als 65 % zu erhalten, werden beim kleinen Krankenhaus mindestens 27 Jungengeburten benötigt, das sind 7 mehr als man erwarten würde. Beim großen Krankenhaus werden mindestens 59 Jungengeburten benötigt, das sind 14 mehr als man erwarten würde. Eine so große absolute Abweichung von der erwarteten Jungenanzahl sei unwahrscheinlicher zu erreichen als die notwendige absolute Abweichung am kleinen Krankenhaus. [180] Allerdings berücksichtigt diese Argumentation nicht den Einfluss des Stichprobenumfanges auf die Gestalt der Verteilung, wie die nachfolgende Abb. 7.42 zeigt. [181]

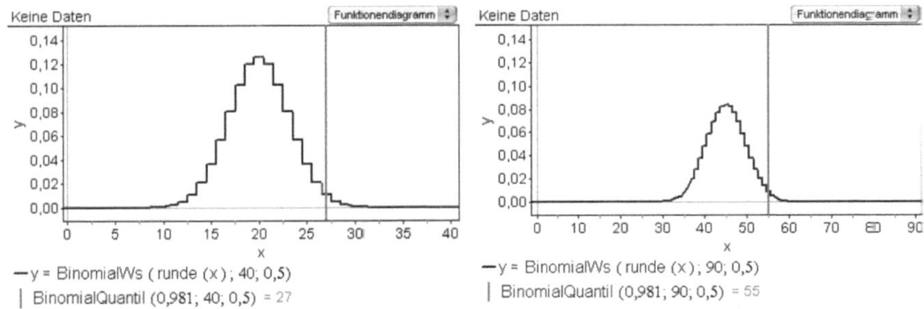

Abb. 7.42 Wahrscheinlichkeitsverteilungen für $p = 0,5$; links $n = 40$ und rechts $n = 90$

Die Überschreitungswahrscheinlichkeit für einen Junganteil von mehr als 65 % beträgt am kleinen Krankenhaus $P(X \geq 27) \leq 0{,}019$. Die gleiche Überschreitungswahrscheinlichkeit erreicht man am großen Krankenhaus bereits bei 55 und mehr Jungengeburten (und nicht erst bei 59 und mehr). In diesem konkreten Fall trägt die Argumentation über die absoluten Abweichungen trotzdem. Man kann aber Fälle konstruieren, z. B. für $n = 10$ und $n = 20$ mit $p = 0,5$ und einem beo-

---

[180] Diese Argumentation folgt der Logik des Gesetzes der kleinen Zahlen: Auch bei einer kleinen Stichprobe soll sich die Charakteristik von einem Jungenanteil $p = 0,5$ widerspiegeln (vgl. Kap. 3.2.3).

[181] Dies entspricht den Beobachtungen von Tversky & Kahneman (1972) über „universal curves" (vgl. Kap. 3.2.3).

bachteten Jungenanteil vom mind. 60 %, wo diese Argumentation nicht hilfreich ist.

Die Schülerbegründungen könnten gemäß dem unterrichtlichen Verlauf auf verschiedenen Ansätzen beruhen. Dafür werden max. 2 Score-Punkte vergeben.

- **Verteilungsansatz** (Kategorie kSD):
  Die Schüler begründen ihre Auswahl für das „kleine Krankenhaus" mit dem Genauigkeitsaspekt des empirischen Gesetzes der großen Zahlen: Je größer der Stichprobenumfang, umso geringer die Streuung der Verteilung. Die Verteilung zieht sich um den Erwartungswert zusammen. Hintergrund ist das $1/\sqrt{n}$-Gesetz.

- **Qualitativer Ansatz** (Kategorie kGZ):
  Die Schüler begründen ihre Auswahl für das „kleine Krankenhaus" mit dem Näherungsaspekt des empirischen Gesetzes der großen Zahlen: Je größer der Umfang einer Stichprobe umso mehr nähern sich die Werte dem erwarteten Wert von $p = 0{,}5$ für eine Jungengeburt an.

- **Intuitiver Ansatz** (Kategorie kAA):
  Die Schüler argumentieren damit, dass bei dem größeren Krankenhaus die mindestens notwendige absolute Abweichung von der erwarteten Jungenzahl für mehr als 65 % Jungenanteil schwerer zu erreichen sei, als bei dem kleinen Krankenhaus.

Die Begründungen der Schüler wurden codiert. In der Tabelle sind die Codes für die Begründungen zu Aufgabe 6 nach Kategorie, Definition und Punkte-Score aufgeführt (Abb. 7.43).

Kategorie	Definition	Max. Score
kSD Sampling Distribution	Die Schüler begründen ihre Auswahl für das „kleine Krankenhaus" mit der größeren Streuung der Verteilung bei einer kleinen Stichprobe. ($1/\sqrt{n}$-Gesetz der Streuung) – Genauigkeitsaspekt	2
kGZ Gesetz der großen Zahlen	Das Gesetz der großen Zahlen wird in der Begründung berücksichtigt.. Es wird argumentiert, dass bei zunehmender Geburtenanzahl der Jungenanteil gegen $p = 0{,}5$ geht. - Näherungsaspekt	2
kAA absolute Abweichung	Hier wird über die größere absolute Abweichung beim größeren Krankenhaus argumentiert, die man benötigt, um auf die 65 % zu kommen. Auf die Gestalt der Verteilungen wird kein Bezug genommen.	1
JMG Gleichwahrscheinlichkeit von Jungen- und Mädchengeburt	Die gleiche Wahrscheinlichkeit für Jungen und Mädchen wird als Begründung für die Auswahl *„An beiden gleichwahrscheinlich"* herangezogen. Der Umfang wird als nicht ausschlaggebend bezeichnet.	0

| GA Gleicher Anteil | Der zu untersuchende Anteil ist mit 65 % gleich. Dieser ist insofern unabhängig von der Anzahl der Geburten, da es sich um einen relativen Wert handelt. Daher erfolgt die Auswahl *„An beiden gleichwahrscheinlich"*. | 0 |
| NV Nicht auswertbar | keine verwertbare Begründung | 0 |

Abb. 7.43 Codes der Begründungen zu Aufgabe 6

Die Kategorisierung folgt grundsätzlich den aufgezeigten möglichen Lösungsansätzen. Im Meyfarth-Test (Meyfarth 2008b, S. 196 f.) sind vom Score her vergleichbare Kategorien gewählt worden. Dadurch lassen sich die Ergebnisse beider Studien gegenüberstellen. Die Begründungen für die Auswahl „An beiden gleichwahrscheinlich" wurde nach den zwei Kategorien *JMG* und *GA* unterschieden. Schüler beziehen sich in ihren Begründungen zum einen auf die gleiche Prozentangabe für den Jungenanteil (*GA*) und zum anderen auf den gleichen Anteil an Jungen und Mädchen bei der Geburt (*JMG*). Für beide Begründungen spielt der Einfluss des Stichprobenumfangs auf die Gestalt der Verteilung keine Rolle. Im Folgenden sind typische Beispiele für jede Begründungskategorie aufgeführt.

– Kategorie kSD

„Da man bei weniger Ergebnissen größere Schwankungen hat, als wenn man sehr viele Ergebnisse hat, ist es in einem kleinen Krankenhaus wahrscheinlicher, dass mehr als 65 % der geborenen Kinder Jungen sind." (JURE11_AT)

„Wegen der Streuung, die dann größer ausfällt." (ULME23_AT)

– Kategorie kGZ

„Nach dem Gesetz der großen Zahlen nähert sich die relative Häufigkeit immer mehr an die Wahrscheinlichkeit an, und somit ist es bei weniger Kindern wahrscheinlicher, dass auch mal mehr als 65 % Jungen geboren werden." (IRFR13_AT)

„Umso mehr Kinder geboren werden, umso mehr nähert sich das Verhältnis 50:50 an." (REKA05_ET)

– Beispiel Kategorie kAA

„Aus dem Bauch heraus entschieden... Die 65 % können bei 40 Kindern schneller erreicht werden als bei 90." (EWMA04_AT)

„Beim großen Krankenhaus müssten mehr Jungen geboren werden als am kleinen Krankenhaus." (INWE_AT)

– Beispiel Kategorie JMG

„Die Geschlechterbestimmung verläuft zufällig, die Anzahl der Geburten ist daher nicht für diesen Faktor ausschlaggebend." (GUKL23_ET)

– Beispiel Kategorie GA

„Es ist gleichwahrscheinlich, da 65 % ein relativer Wert ist, d. h. im großen Krankenhaus müssen zwar mehr Jungen geboren werden als im kleinen, dafür werden auch insgesamt mehr geboren." (SUKL11_ET)

Die Zweitkodierung hat die Reliabilität des Kategoriensystems von Aufgabe 6 gezeigt. Der Cohens-Kappa-Wert beträgt $\kappa = 0{,}7$ (15 Übereinstimmungen bei 20 Urteilen, Anzahl der Kategorien: 6).

Bezug zum Einführungskurs

Das $1/\sqrt{n}$-Gesetz war Gegenstand des Unterrichts in U12-13. Als typisches Beispiel wurde das 10-20-Test-Problem behandelt. Durch entsprechende Simulationsaufträge und Lernumgebungen wurde die Präzisierung des empirischen Gesetzes der großen Zahlen experimentell und theoriearm hergeleitet und formuliert. Darüber hinaus sind den Lernenden aus Modul 3 der Lernumgebung eFATHOM bereits Faustregeln für die Genauigkeit von Simulationen bekannt. Im Unterricht wurden auch die entsprechenden Verteilungen skizziert und diskutiert.

Score-bezogene Analysen zu Aufgabe 6

Für die richtige Antwort bzw. Auswahl (*A_Score*) erhält man einen Score-Punkt und für eine Begründung (*B_Score*) bis zu 2 Score-Punkten.

Frage 6

Test		A_Score		Zeilen-zusammenfassung
		0	1	
	Eingangangstest	74	26	100
	Ausgangstest	23	77	100
Spaltenzusammenfassung		49	51	100

S1 = runde (Zeilenanteil•100; 0)

Frage 6

Test		B_Score			Zeilen-zusammenfassung
		0	1	2	
	Eingangstest	74	8	18	100
	Ausgangstest	28	13	59	100
Spaltenzusammenfassung		51	10	38	100

S1 = runde (Zeilenanteil•100; 0)

Abb. 7.44 Prozentuale Verteilung Score-Punkte zu Auswahl und Begründung zu Aufgabe 6

Im Eingangstest ist der Anteil der richtigen Auswahl „Am kleinen Krankenhaus" mit 26 % relativ niedrig. Im Ausgangstest ist eine deutliche Verbesserung zu verzeichnen. Hier treffen immerhin 77 % der Schüler eine korrekte Auswahl. Damit haben sich die Verhältnisse gegenüber dem Eingangstest nahezu umgekehrt. Bei den Begründungen stieg der Anteil vollständig korrekter Begründungen von 18 % im Eingangstest auf 59 % im Ausgangstest. Betrachtet man die mittleren Lösungsraten in Prozent für Auswahl (*A_Score*), Begründung (*B_Score*) und insgesamt (*F6_Score*), ergibt sich für Aufgabe 6 folgendes Bild (Abb. 7.45).

Frage 6

Test		A_Score
Test	Eingangangstest	26
	Ausgangstest	77
Spaltenzusammenfassung		51

$S1 = \text{runde (aMittel ( )} \cdot 100)$

Frage 6

Test		B_Score
Test	Eingangstest	22
	Ausgangstest	65
Spaltenzusammenfassung		44

$S^{\cdot} = \text{runde } (\frac{\text{aMittel ( )} \cdot 100}{2})$

Frage 6

Test		F6_Score
Test	Eingangstest	24
	Ausgangstest	69
Spaltenzusammenfassung		47

$S1 = \text{runde } (\frac{\text{aMittel ( )} \cdot 100}{3})$

Abb. 7.45 Mittlere Lösungsraten zu Aufgabe 6

Offenbar gelingt es den Schülern im Ausgangstest besser, die richtige Auswahl zu treffen und auch mathematisch korrekt zu begründen. Die mittlere Lösungsrate steigt von 24 % auf 69 %. Im Mittel haben die Schüler 2,08 von 3 Score-Punkten im Ausgangstest erreicht, im Eingangstest waren es im Mittel 0,72 von 3 Score-Punkten. Der mittlere Lernzuwachs liegt bei 45 Prozentpunkten. Zum Vergleich: Beim Meyfarth-Test (2008b) lagen die Lösungsquoten für die Auswahl im Eingangstest bei 25 % und im Ausgangstest bei 66 % und für die Begründung bei 11 % bzw. 55 %.

Begründungsbezogene Analysen zu Aufgabe 6

Die absoluten und relativen Häufigkeiten der aufgetretenen Begründungen sind in den beiden folgenden beiden Abbildungen dargestellt.

Frage 6

Test		Code						Zeilen-zusammenfassung
		F6_kSD	F6_kGZ	F6_kAA	F6_GA	F6_JMG	F6_NV	
Test	Eingangstest	10	8	8	36	23	15	100
	Ausgangstest	21	38	13	10	8	10	100
Spaltenzusammenfassung		15	23	10	23	15	13	100

$S1 = \text{runde (Zeilenanteil} \cdot 100; 0)$

Abb. 7.46 Prozentuale Verteilung der Begründungen zu Aufgabe 6

Auffällig ist die starke Zunahme an Begründungen in den Kategorien *kSD* und *kGZ*. Im Ausgangstest können diesen beiden Kategorien zusammen 59 % aller Begründungen zugeordnet werden. Das ist mehr als eine Verdreifachung gegenüber dem Eingangstest. Neben diesen beiden Kategorien hat im Ausgangstest auch der Code *AA*, bei dem mittels Vergleich der absoluten Anzahlen für das kleine Krankenhaus argumentiert wird, prozentual zugenommen. Alle anderen Begründungscodes traten weniger häufig auf (vgl. auch Abb. 7.47).

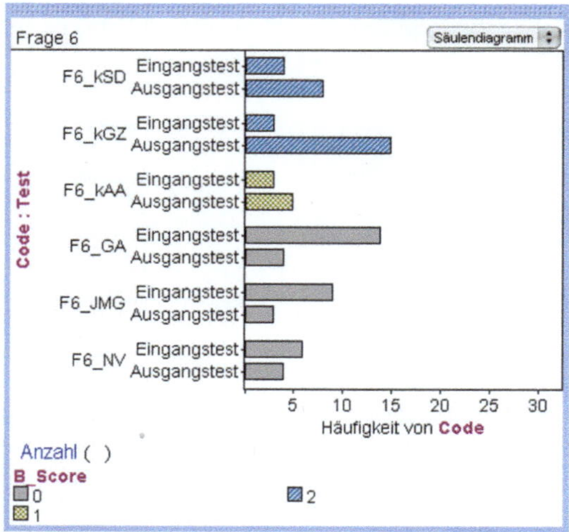

Abb. 7.47 Absolute Verteilung der Begründungen zu Aufgabe 6 mit Score als Legendenmerkmal, $n = 39$ **für Eingangs- und Ausgangstest**

Woher die Zunahme für die Kategorie *kGZ* im Ausgangstest kommt, zeigt die folgende Abb. 7.48. Der Zuwachs resultiert vor allem aus den beiden Kategorien *GA* und *JMG*, die im Eingangstest noch häufig als Begründungskategorien auftraten.

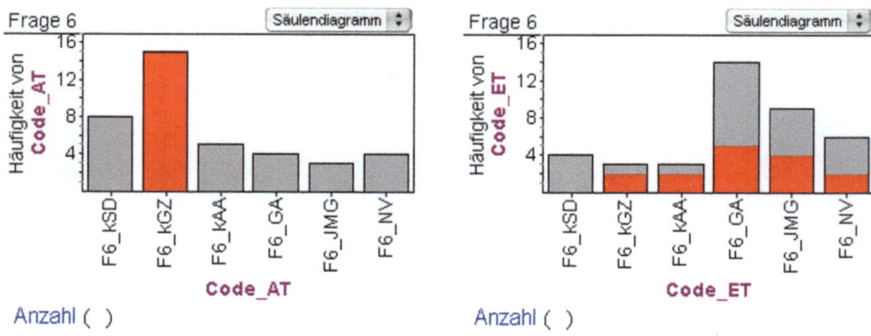

Abb. 7.48 Wanderung der Begründungen zu Aufgabe 6

Zusammenfassung

Das im GESIM-Konzept angelegte Vorhaben, Vorstellungen der Schüler hinsichtlich der stärkeren Gruppierung einer Verteilung um den Erwartungswert mit zunehmendem Stichprobenumfang anzulegen, scheint auf fruchtbaren Boden gefallen zu sein. Der *sample size effect* rückt bei dieser Problemstellung offenbar mehr in das Bewusstsein der Schüler. Die Ergebnisse liegen in etwa in dem Bereich, der in anderen Studien (Meyfarth 2008b, Sedlmeier 1999) dokumentiert wurde. Kritisch anzumerken bleibt, dass im Ausgangstest immer noch 23 % der Schüler eine falsche Auswahl getroffen haben. Darüberhinaus wurde von den Schülern mit korrekter Auswahl weniger mit dem Verteilungsansatz (Genauigkeitsaspekt) argumentiert als mit dem qualitativen Ansatz (Näherungsaspekt). Die Abnahme der Streuung der Stichprobenverteilung wurde in keiner der Begründungen explizit mit dem $1/\sqrt{n}$-Gesetz in Verbindung gebracht. Zu oft wurde beim Näherungsaspekt allgemein mit dem Gesetz der großen Zahlen argumentiert, dabei handelt es sich bei den angegebenen Stichprobengrößen von 40 und 90 noch nicht wirklich um „große" Zahlen. Die Behandlung des 10-20-Test-Problems in U12-13 hat sicher auch zu diesem, insgesamt gesehen, guten Ergebnis beigetragen. Allerdings wird dieser Zusammenhang nur in einer Begründung explizit herausgestellt:

„Diese Aufgabe ähnelt der des Null-Lerner-Tests. Es gilt das Gesetz der großen Zahlen. Beim Null-Lerner-Test haben wir gesehen, dass es einfacher war, von 10 Fragen 60 % zu erreichen, als von 20. Übertragung. Bei 40 Kindern ist es wahrscheinlicher, 65 % Jungen zu erreichen, als bei 90 Kindern." (IRED13_AT)

7.3.7 Aufgabe 7

Aufgabenstellung

Eine Verbraucherzentrale behauptet, dass 50 % aller Haushalte in Deutschland eine Espresso-Maschine besitzen. Bei einer Befragung von 1000 zufällig ausgewählten Haushalten gaben 489 an, eine Espresso-Maschine zu besitzen.

   Ist die Behauptung damit widerlegt? (mit Begründung)

   ☐ ja
   ☐ nein
   Begründung

Vorüberlegungen

Die Aufgabenstellung ist nahezu identisch mit Aufgabe 6 der Meyfarth-Studie (2008b, S. 199). Die Problematik bei der Bewertung dieses Items liegt in der konkreten Formulierung der Aufgabenstellung. Grundsätzlich sind nämlich für die korrekte Auswahl „nein" zwei mögliche Begründungstypen zulässig:

- eine statistische Begründung unter Bezugnahme auf die Stichprobenverteilung bei $n = 1000$

- eine formale Begründung unter Bezugnahme auf eine zur Widerlegung notwendige Vollerhebung.

Den mathematischen Hintergrund für eine *statistische Begründung* liefert ein Hypothesen-Test, z. B. auf dem Signifikanzniveau $\alpha = 5\,\%$. Man konstruiert für eine binomialverteilte Zufallsgröße $X = $ „*Anzahl der Erfolge*" mit den Parametern $p = 0{,}5$ und $n = 1000$ das 95 %-Prognoseintervall $I_{95\%abs}(p;n)$ der absoluten

Häufigkeiten.[182] Liegt $H = 489$ innerhalb von $I_{95\%abs}(0{,}5; 1000)$, dann ist die beobachtete absolute Häufigkeit H verträglich mit der Nullhypothese $H_0: p = 0{,}5$. Da die Laplace-Bedingung für die Normalapproximation der Binomialverteilung erfüllt ist, lässt sich das 95 %-Prognoseintervall näherungsweise mittels σ-Regeln bestimmen:

$$\left[n \cdot p - 1{,}96 \cdot \sqrt{n \cdot p \cdot (1 - p)}; n \cdot p + 1{,}96 \cdot \sqrt{n \cdot p \cdot (1 - p)} \right]$$

Das Einsetzen der Parameterwerte ergibt $I_{95\%abs}(0{,}5; 1000) = [470; 530]$. Da $H = 489$ innerhalb dieses Prognoseintervalls liegt, kann die Behauptung der Verbraucherzentrale nicht „verworfen" werden.

Den Hintergrund für eine *formale Begründung* bildet die Tatsache, dass eine Behauptung nur durch eine Vollerhebung mit Sicherheit widerlegt werden kann. Statistische Überlegungen spielen bei diesem Begründungstyp keine Rolle, da mit der Vollerhebung alle Unsicherheiten, die mit einer statistischen Entscheidung verbunden sind, beseitigt werden.

Will man den formalen Begründungstyp ausschließen, muss man die Aufgabenstellung anders formulieren, z. B. folgendermaßen:[183]

„Eine Verbraucherzentrale behauptet, dass 55 % aller Haushalte in Deutschland eine Espresso-Maschine besitzen. Bei einer Befragung von 1000 zufällig ausgewählten Haushalten gaben 483 an, eine Espresso-Maschine zu besitzen.

Diskutieren Sie, ob man die Aussage der Verbraucherzentrale anzweifeln sollte? (mit Begründung)" (vgl. Anhang A)

Trotz der Problematik der Aufgabenformulierung sollten die Schüler aus dem Einführungskurs wissen, dass Stichproben einer gewissen Streuung unterliegen: im Fall von 1000 Befragten etwa ± 3 Prozentpunkte um den Erwartungswert.[184] Damit werden ca. 95 % aller Stichprobenergebnisse abgedeckt. Man würde erwarten, dass sich dieses Wissen auch in den Begründungen des Ausgangstests wiederspiegelt.

---

[182] Man kann auch das Prognoseintervall $I_{95\%rel}(p; n)$ der relativen Häufigkeiten ermitteln: $\left[p - 1{,}96 \cdot \frac{\sqrt{p \cdot (1-p)}}{\sqrt{n}}; p + 1{,}96 \cdot \frac{\sqrt{p \cdot (1-p)}}{\sqrt{n}} \right]$ (vgl. Kap. 3.2.3).

[183] Vgl. Aufgabe 8 im Eingangstest der August-Studie 2008, Anhang A.

[184] Zum mathematischen Hintergrund siehe Kapitel 3.2.3.

Beschreibung des Spektrums korrekter Lösungen

Die *korrekte Auswahl* ist „*nein*". Man kann dies statistisch oder formal begründen:

- *Statistisch*: Angenommen der Parameter $p = 0,5$ wäre korrekt. Dann überdeckt das 95 %-Prognoseintervall einen Bereich von 470 bis 530 Personen. Das beobachtete Ergebnis von 489 Personen liegt innerhalb des Prognoseintervalls, damit kann die Behauptung $p = 0,5$ nicht verworfen werden.
- Formal: Eine Behauptung lässt sich mit Sicherheit erst durch eine Vollerhebung widerlegen.

Die Schülerbegründungen könnten gemäß dem unterrichtlichen Verlauf der Aufgabe auf verschiedenen Ansätzen beruhen. Dafür werden max. 2 Score-Punkte vergeben.

- **Verteilungsansatz** (Kategorie nSD):
  Die Schüler argumentieren mit der Stichprobenverteilung. Sie berücksichtigen in ihrer Begründung explizit das $1/\sqrt{n}$-Gesetz oder die Faustregeln für die Streuung einer Verteilung bei festem Stichprobenumfang n (Genauigkeitsaspekt). Dabei wäre für $n = 1000$ eine Streuung von ca. ± 3 Prozentpunkten akzeptabel (bei 95 % Sicherheit).
- **Qualitativer Ansatz** (Kategorie nGZ):
  Die Schüler argumentieren entweder explizit mit dem Gesetz der großen Zahlen oder in der Begründung wird explizit darauf Bezug genommen, dass das Ergebnis genauer wird, je mehr Leute man befragen würde (Näherungsaspekt). Dazu zählt auch, dass Schüler vereinfacht $p = 0,5$ als wahren Populationsanteil annehmen, dem sich das Befragungsergebnis dann annähern würde.
- **Intuitiver Ansatz** (Kategorie nAS):
  Es wird intuitiv darauf Bezug genommen, dass 489 nahe an 500 und damit ungefähr 50 % seien. Bei Stichproben müsse man mit Abweichungen rechnen, da es sich um eine zufällige Auswahl handelt.
- **Formaler Ansatz** (Kategorie VE):
  Es wird argumentiert, dass man die Behauptung nur bei einer Vollerhebung widerlegen kann.

Die Begründungen der Schüler wurden codiert. In der Tabelle sind die Codes für die Begründungen zu Aufgabe 2 nach Kategorie, Definition und Punkte-Score aufgeführt (Abb. 7.49).

Kategorie	Definition	Score
nSD Sampling Distribution	Die Stichprobenverteilung wird entsprechend berücksichtigt und mit dem $1/\sqrt{n}$–Gesetz oder mit den Faustregeln für den Stichprobenumfang $n = 1000$ argumentiert. Dabei wären Abweichungen von etwa 3 Prozentpunkten akzeptabel (bei 95 % Sicherheit).	2
nGZ Gesetz der großen Zahlen	Die Schüler argumentieren entweder explizit mit dem empirischen Gesetz der großen Zahlen oder in der Begründung wird explizit darauf Bezug genommen, dass das Ergebnis genauer/ aussagekräftiger wird, je mehr Leute man befragt.	1
nAS Abweichungen in der Stichprobe	Es wird darauf Bezug genommen, dass 489 ungefähr 50 % sind. Auch muss man bei Stichproben mit Abweichungen rechnen, da es sich um eine zufällige Auswahl handelt. Eine Erhöhung des Stichprobenumfangs für eine zuverlässigere Aussage wird in der Begründung explizit nicht in Betracht gezogen.	1
VE Vollerhebung	Es wird argumentiert, dass man die Behauptung nur bei einer Vollerhebung widerlegen kann.	1
RS	Die Repräsentativität der Stichprobe wird in die Argumentation einbezogen. Das kann sich auf die Art und den Umfang der Befragung beziehen. Dabei wird einerseits über die Zufälligkeit der Befragung begründet und andererseits wird der Stichprobenumfang in Frage gestellt. Eine Erhöhung des Stichprobenumfangs für eine zuverlässigere Aussage wird in der Begründung explizit nicht in Betracht gezogen.	0
VA Vergleich von Anteilen	Hier wird deterministisch argumentiert, dass 48,9 % kleiner sind als 50 % bzw. wenn man rundet, kommt man auf 50 %. Die Zufälligkeit spielt keine Rolle. Das Ergebnis der Stichprobe wird manchmal auch gleich dem Populationsanteil gesetzt.	0
NV Nicht auswertbar	keine verwertbare Begründung	0

Abb. 7.49 Codes der Begründungen zu Frage 7

Die Kategorisierung folgt grundsätzlich den aufgezeigten möglichen Lösungsansätzen. In der Meyfarth-Studie sind vergleichbare Kategorien gewählt worden, allerdings wurden diese z. T. mit einem anderen Score-Punktesystem bewertet (Meyfarth 2008b, S. 312). In der hier vorliegenden Arbeit wurde die Entscheidung getroffen, dass sich die Kategorie *nSD* im Score von den anderen möglichen Lösungsansätzen (*nGZ, nAS, VE*) unterscheiden sollte. Allerdings konnte keine der Schülerbegründungen (weder im Eingangs- noch im Ausgangstest) dieser Kategorie zugeordnet werden. Im Folgenden sind typische Beispiele zur Illustration der Begründungskategorien aufgeführt.

– Kategorie *nGZ*

„Nein, da die Zahl von 489 relativ nah an den zu erwarteten 500 liegt. Bei steigender Zahl von Befragten wird auch das Ergebnis näher an den 50 % liegen." (CHDI30_AT)

„Gesetz der großen Zahlen → mehr Befragte genaueres Ergebnis, d. h. man muss bei kleinen Umfragen mit großen Abweichungen rechnen." (BIWE03_AT)

– Kategorie *nAS*

„489 sind ca. 50 %, denn 500 sind 50 %, und so ist das ein „gutes" Ergebnis für eine zufällige Umfrage" (JOMI26_ET)

„Nein, obwohl es nicht ganz 50 % sind, liegt die Befragung bei 49 % der Befragten und da es zufällig Ausgewählte sind, ist die Abweichung nicht groß genug, um die These zu widerlegen" (JOMI26_AT)

– Kategorie *VE*

„Nein, da nicht alle Haushalte befragt wurden." (CHRO24_AT)

„Nein, da nur ein kleiner Teil der Bürger befragt wurde. Um genauere Aussagen zu machen, müssen größere Mengen befragt werden, am besten alle Bürger." (CHDI30_ET)

– Kategorie *RS*

„Nein, weil diese 1000 ja nur ein Bruchteil aller Haushalte ausmacht und deswegen ja nur repräsentativ dafür stehen." (ANTH30_ET)

„Nein, es könnten zufällig die falschen Leute befragt worden sein." (COMA17_AT)

– Kategorie *VA*

„Kommt darauf an, wie genau man es mit den Zahlen nimmt. Denn somit sind es 48,9 % rund 49 % rund 50 %, also ist sie nicht widerlegt. Doch wenn man genau hinguckt, dann fehlen 11 Haushalte zu 50 %, also ist sie doch widerlegt." (TAVI23_AT)

„489/1000 entspricht ca. 49 % und 49 % < 50 %" (MOTH17_ET)

Die Zweitkodierung hat die Reliabilität des Kategoriensystems von Aufgabe 7 gezeigt. Der Cohens-Kappa-Wert beträgt $\kappa = 0{,}83$ (17 Übereinstimmungen bei 20 Urteilen, Anzahl der Kategorien: 7).

Bezug zum Einführungskurs

Die Lernenden haben in Modul 3 von eFATHOM Faustregeln für die Genauigkeit von Simulationen kennengelernt. Darüber hinaus haben sie durch eigene Simulationen mit verschiedenen Wiederholungszahlen (U5) gesehen, wie Simulationsergebnisse variieren können. Die qualitativen Formulierungen zum empirischen Gesetz der großen Zahlen und zur Genauigkeit von Simulationen sind in U12-13 und U14-15 durch den *sample size effect* und das $1/\sqrt{n}$-Gesetz präzisiert worden (vgl. Kap. 5).

Score-bezogene Analysen zu Aufgabe 7

Für die richtige Antwort bzw. Auswahl (*A_Score*) erhält man einen Score-Punkt und für eine Begründung (*B_Score*) bis zu 2 Score-Punkten.

Frage 7

Test		A_Score		Zeilen-zusammenfassung
		0	1	
Test	Eingangstest	10	90	100
	Ausgangstest	5	95	100
Spaltenzusammenfassung		8	92	100

S1 = runde (Zeilenanteil•100; 0)

Frage 7

Test		B_Score			Zeilen-zusammenfassung
		0	1	2	
Test	Eingangstest	46	54	0	100
	Ausgangstest	31	69	0	100
Spaltenzusammenfassung		38	62	0	100

S1 = runde (Zeilenanteil•100; 0)

Abb. 7.50 Prozentuale Verteilung Score-Punkte zu Auswahl und Begründung zu Aufgabe 7

Im Eingangstest liegt der Anteil der richtigen Auswahl „nein" mit 90 % bereits sehr hoch. Dieser steigt im Ausgangstest noch einmal auf 95 %. Bei den Begründungen steigt der Anteil (teilweise) korrekter Begründungen von 54 % auf 69 %. Betrachtet man die mittleren Lösungsraten in Prozent für Auswahl (*A_Score*), Begründung (*B_Score*) und insgesamt (*F7_Score*), ergibt sich für Aufgabe 7 folgendes Bild (Abb. 7.51).

Frage 7

Test		A_Score
Test	Eingangstest	90
	Ausgangstest	95
Spaltenzusammenfassung		92

S1 = runde (aMittel ( ) •100)

Frage 7

Test		B_Score
Test	Eingangstest	27
	Ausgangstest	35
Spaltenzusammenfassung		31

$$S1 = \text{runde} \left(\frac{\text{aMittel ( )} \cdot 100}{2} \right)$$

Frage 7

Test		F7_Score
Test	Eingangstest	48
	Ausgangstest	55
Spaltenzusammenfassung		51

$$S1 = \text{runde} \left(\frac{\text{aMittel ( )} \cdot 100}{3} \right)$$

Abb. 7.51 Mittlere Lösungsraten zu Aufgabe 7

Offenbar gelingt es den Schülern im Ausgangstest nur bedingt, die richtige Auswahl mathematisch korrekter zu begründen. Die mittlere Lösungsrate steigt leicht auf 55 %. Im Mittel haben die Schüler 1,64 von 3 Score-Punkten im Ausgangstest erreicht. Der mittlere Lernzuwachs bei dieser Aufgabe liegt damit bei 7 Prozentpunkten. Zum Vergleich: Beim Meyfarth-Test (2008b, S. 200) lagen die Lösungsquoten für die Auswahl im Eingangs und Ausgangstest bei 84 % und für die Begründung stieg die Quote von 48 % auf 70 %. Dieser Anstieg kann dort vor allem mit dem Zuwachs an Begründungen über die Faustregeln erklärt werden. Keine der in der hier analysierten Studie abgegebenen Begründungen konnte allerdings in diese hier *nSD* genannte Kategorie eingeordnet werden.[185] Allerdings muss man

---

[185] Im Kurs S wurde der Ausgangstest vor der Behandlung des $1/\sqrt{n}$–Gesetzes geschrieben und im Kurs B unmittelbar im Anschluss an die Behandlung des $1/\sqrt{n}$–Gesetzes (vgl. Kap. 5.9).

dabei auch berücksichtigen, dass die Kategorien in der Meyfarth-Studie z. T. mit einem anderen Score versehen wurden, so dass ein Vergleich über die Score-Bewertung nicht sinnvoll möglich ist.

Begründungsbezogene Analysen zu Aufgabe 7

Die absoluten und relativen Häufigkeiten der aufgetretenen Begründungen sind in den beiden folgenden beiden Abbildungen dargestellt.

Frage 7			Code						Zeilen-zusammenfassung
		F7_nSD	F7_nGZ	F7_nAS	F7_RS	F7_VE	F7_VA	F7_NV	
Test	Eingangstest	0	13	41	31	5	10	0	100
	Ausgangstest	0	46	23	8	18	5	0	100
Spaltenzusammenfassung		0	29	32	19	12	8	0	100

S1 = runde (Zeilenanteil•100; 0)

Abb. 7.52 Prozentuale Verteilung der Begründungen zu Aufgabe 7

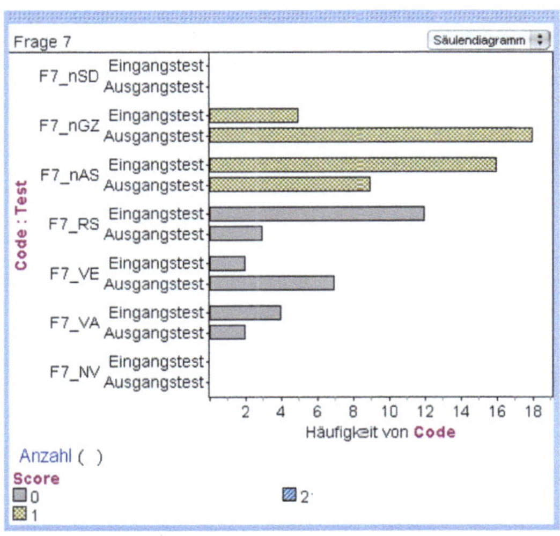

Abb. 7.53 Absolute Verteilung der Begründungen zu Aufgabe 7 mit Score als Legendenmerkmal, *n = 39* für Eingangs- und Ausgangstest

Es fällt sofort auf, dass weder im Eingangs- noch im Ausgangstest die Kategorie *nSD* besetzt ist. Keine der Begründungen konnte dieser Begründungskategorie zugeordnet werden. Der Genauigkeitsaspekt im Phänomenkomplex des empirischen Gesetzes der großen Zahlen wurde bei den Begründungen von den Schülern nicht in Betracht gezogen. Wie man aus den beiden Abbildungen auch entnehmen kann, argumentieren im Ausgangstest knapp die Hälfte aller Schüler in der Kategorie *nGZ*. Damit hat sich der Anteil an Begründungen in dieser Kategorie mehr als verdreifacht. Die Argumentation mit dem Näherungsaspekt im Phänomen-komplex des empirischen Gesetzes der großen Zahlen geht aber am Kern der Aufgabe vorbei, der sich im engeren Sinne auf die Beurteilung einer Aussage bezüglich eines festen Stichprobenumganges n bezieht.

In Abb. 7.54 ist zu sehen, woher die Zuwächse kommen, nämlich aus allen anderen Kategorien. Das deutet auf eine höhere Begründungsqualität hin, denn durch die Schüler werden die Beziehungen zum empirischen Gesetz der großen Zahlen häufiger hergestellt. Allerdings bezieht sich dies nur auf den Näherungsaspekt.

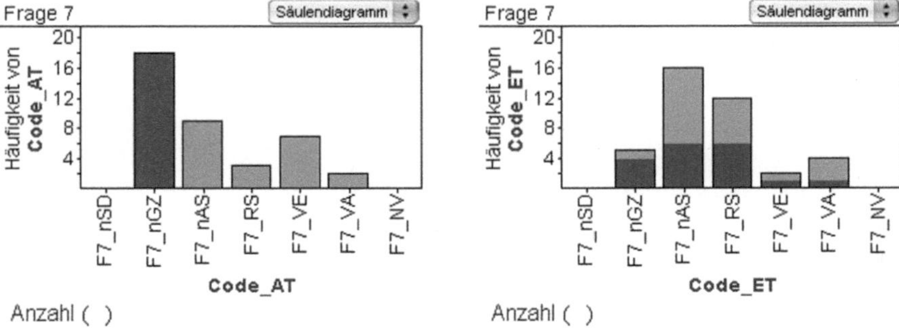

Abb. 7.54 Wanderungen hin zur Kategorie *nGZ* zu Aufgabe 7

Zusammenfassung

Bei der Begründung greifen die Schüler nicht auf die Faustformeln für die Stich-probenabweichungen für feste Stichprobengrößen n (unter Bezug auf das $1/\sqrt{n}$ -Gesetz) zurück. Dieser Ansatz im Phänomenkomplex des empirischen Gesetzes der großen Zahlen wird offenbar nicht mitgedacht. Oft wird zu pauschal argumentiert, dass man bei größerem Stichprobenumfang ein genaueres Ergebnis erwarten darf. Das ist vom Ansatz her natürlich korrekt, bezieht sich aber nicht auf eine Beurteilung der vorliegenden Stichprobe. In Modul 3 der Lernumgebung eFA-THOM sind die Faustformeln für die Genauigkeit von Simulationen angegeben. In der Unterrichtseinheit U5 sind die Schüler anhand eines Arbeitsauftrages mit dieser Problematik konfrontiert worden (vgl. Kap. 2.2 und Kap. 5.4). Darüber hinaus ist dieser Zusammenhang in U12-13 mit dem $1/\sqrt{n}$ -Gesetz noch einmal thematisiert worden (vgl. Kap. 2.2 und Kap. 5.8). Offenbar gelingt den Schülern ein Transfer ihrer Kenntnisse auf diese Problemstellung nicht in gewünschtem Maße. Möglicherweise überlagern hier andere, nicht ausreichend geklärte Fragen diesen Zugang, die auch in der Problematik der Aufgabenstellung liegen könnten. Eine sichere Widerlegung einer Behauptung kann eben nur mit einer Vollerhebung erfolgen. Statistische Herangehensweisen sind dagegen immer mit einer gewissen (wenn auch kontrollierbaren) Unsicherheit behaftet. Darin spiegelt sich die Komplexität der Problemstellung wieder.

7.3.8 Zusammenfassung

In Abb. 7.55 sind die mittleren Lösungsraten für den Eingangs- und Ausgangstest (*MLösungsrate_ET* und *MLösungsrate_AT*) und der daraus resultierende Lernzuwachs (*MLernzuwachs*) für die Items 1 bis 7 im Überblick aufgeführt.

Lernzuwachs

	Item	MaxScore	MScore_ET	MScore_AT	MLösungsrate_ET	MLösungsrate_AT	MLernzuwachs
1	1	3	1,82	2,15	61 Prozent	72 Prozent	11 Prozentpunkte
2	2	3	2,15	2,44	72 Prozent	81 Prozent	10 Prozentpunkte
3	3	3	2,28	2,85	76 Prozent	95 Prozent	19 Prozentpunkte
4	4	2	0,77	1,26	39 Prozent	63 Prozent	25 Prozentpunkte
5	5	3	0,38	1,21	13 Prozent	40 Prozent	28 Prozentpunkte
6	6	3	0,72	2,08	24 Prozent	69 Prozent	45 Prozentpunkte
7	7	3	1,44	1,64	48 Prozent	55 Prozent	7 Prozentpunkte

Abb. 7.55 Mittlere Lösungsraten der Items 1 bis 7 in Eingangs- und Ausgangstest

Abb. 7.56 dokumentiert die mittleren Lösungsraten für den Eingangs- und Ausgangstest graphisch in einem Streudiagramm.

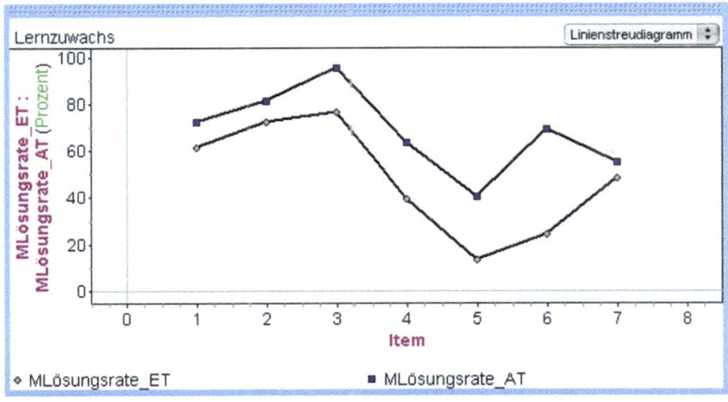

Abb. 7.56 Mittlere Lösungsraten für den Eingangs- und Ausgangstest

Die Daten in den Abb. 7.55 und 7.56 belegen den Lernzuwachs in den einzelnen Aufgaben, der von einem Minimum von 7 % für das Item 7 (*Umfrageproblem* mit problematischer Formulierung) bis zu einem Maximum von 45 % für das Item 6 (*maternity ward problem*) reicht. Summiert man die erreichte mittlere Score-Punktzahl für Eingangstest und Ausgangstest auf, dann kann man folgendes feststellen: Von den insgesamt erreichbaren 20 Score-Punkten wurden im Eingangstest im Mittel 9,56 Score-Punkte erreicht, im Ausgangstest betrug dieser Wert 13,63 Score-Punkte. Die mittlere Lösungsrate stieg demnach von 48 % auf 68 %, das entspräche einem mittleren Lernzuwachs von 20 Prozentpunkten. Ist dieser Unterschied in der mittleren Score-Punktzahl zwischen Eingangstest und Ausgangstest signifikant? Dazu kann man die Mittelwerte der einzelnen Items für Eingangs- und Ausgangstest mit einem t-Test vergleichen (Abb. 7.57).

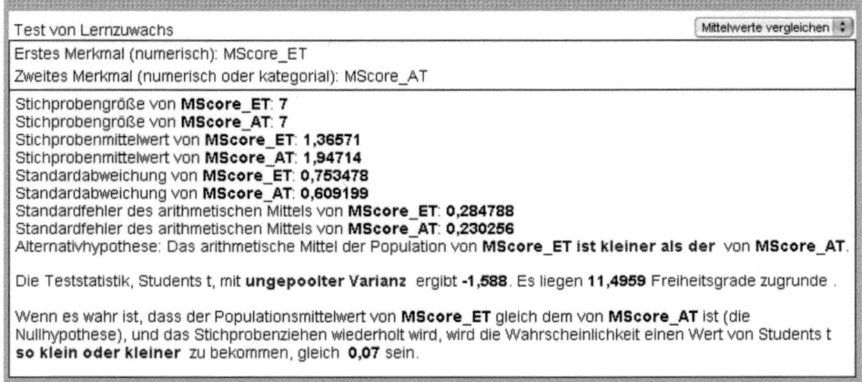

Abb. 7.57 Vergleich der mittleren Score-Punkte durch einen t-Test

Der P-Wert von 0,07 liefert eine schwache Evidenz gegen die Nullhypothese H_0: „Die (Populations-) Mittelwerte für Eingangs- und Ausgangstest sind gleich." Betrachtet man nur die mittleren Score-Punkte für die Begründungen, ergibt sich bei diesem Testverfahren ein P-Wert von 0,039. Dieser Wert liefert eine mittlere Evidenz gegen H_0 und kann als Beleg dafür genommen werden, dass sich die Begründungsqualität im Ausgangstest gegenüber dem Eingangstest signifikant verbessert hat (vgl. Abb. 7.59).

Item	1	2	3	4	5	6	7
B_Score_ET	0,94	1,18	1,46	0,76	0,24	0,44	0,54
B_Score_AT	1,18	1,42	1,88	1,26	0,80	1,30	0,7

Abb. 7.58 Mittlere Score-Punkte für Begründung nach Eingangs- und Ausgangstest

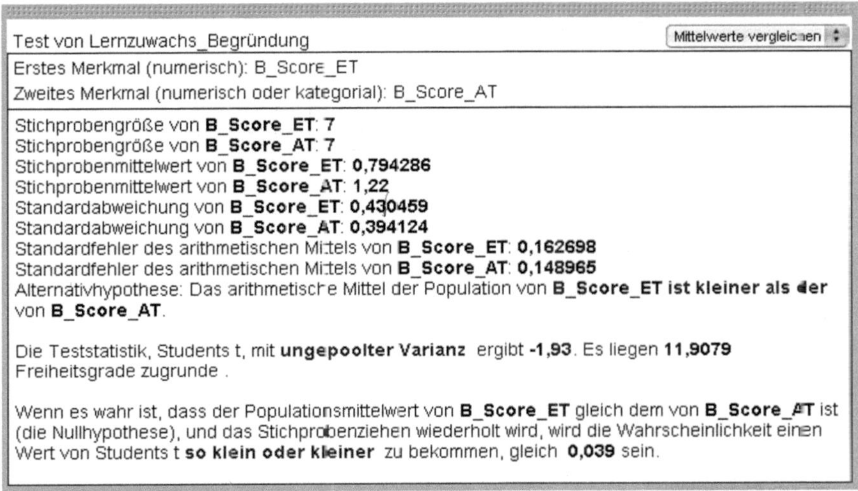

Abb. 7.59 Vergleich der mittleren Score-Punkte - nur Begründung - durch einen t-Test

In Abb. 7.60 ist die Verteilung der von den Schülern erreichten Score-Punkte getrennt nach Eingangs- und Ausgangstest in einem Häufigkeitsdiagramm dargestellt.

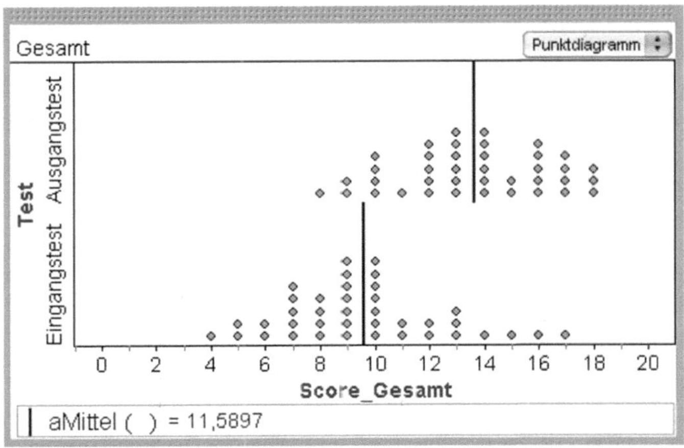

Abb. 7.60 Verteilung der Score-Punkte, getrennt nach Eingangs- und Ausgangstest, *n = 39*

Der mittlere Haufen der Verteilung hat sich im Ausgangstest gegenüber dem Eingangstest deutlich nach rechts verschoben. Er liegt im Ausgangstest etwa zwischen 12 und 14 Score-Punkten, im Eingangstest liegt er etwa zwischen 8 und 10 Score-Punkten. Die Streuung hat im Ausgangstest leicht abgenommen ($s = 2{,}74$

im Ausgangstest gegenüber $s = 3$ im Eingangstest).[186] Die Verteilung dokumentiert den bereits in Abb. 7.55 und 7.56 angeführten mittleren Lernzuwachs in der Tendenz auch für die gesamte Lerngruppe. Um diesen Zusammenhang noch einmal zu verdeutlichen, sind in Abb. 7.61 für jeden Schüler die Score-Punkte des Ausgangstests gegen die Score-Punkte des Eingangstests aufgetragen.

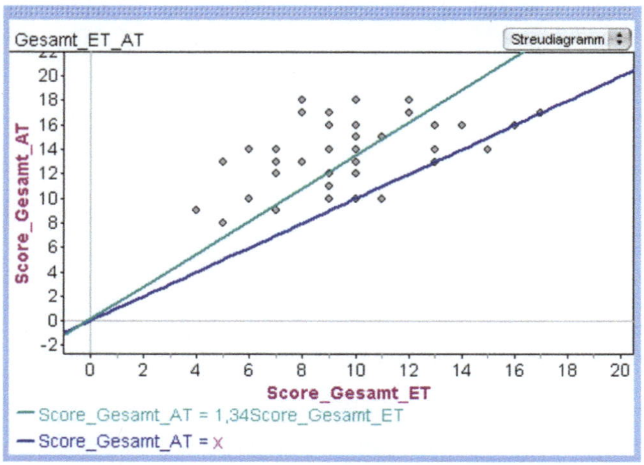

Abb. 7.61 links: Score Ausgangstest in Abhängigkeit vom Eingangstest; rechts: Verteilung der Score-Differenz zwischen Ausgangs- und Eingangstest

In Abb. 7.61 erkennt man, dass sich zwei Schüler im Ausgangstest um einen Score-Punkt gegenüber dem Eingangstest verschlechtert haben. Die vier Schüler, die auf der Geraden $x = y$ liegen, haben sich nicht verbessert, alle anderen Schüler oberhalb dieser Geraden haben sich, z. T. erheblich, verbessert. Dies belegt auch die Auswertung mittels kQ-Gerade (mit Fixierung des Y-Abschnitts im Nullpunkt): Für 10 Score-Punkte im Eingangstest kann man 13,4 Score-Punkte im Ausgangstest prognostizieren. Allerdings ist die Streuung gerade im mittleren Score-Punkte-Bereich relativ groß. Die Ergebnisse des Ausgangstests lassen sich somit nur begrenzt aus den Ergebnissen des Eingangstests vorhersagen.

---

[186] Vgl. entsprechende FATHOM-Datei zur Gesamtauswertung von Eingangs- und Ausgangstest im Anhang E.

7.4 Analysen zum GESIM-Leistungstest

7.4.1 Überblick

Drei Wochen nach Ende des Einführungskurses wurde in beiden Leistungskursen eine gemeinsame Klausur geschrieben. Der erste Teil der Klausur (Aufgaben 1 bis 3) wurde von den beiden Lehrpersonen erstellt.[187] Der zweite Teil der Klausur (Aufgabe 4) wurde durch den Autor erstellt und durch die Lehrpersonen an die zur Verfügung stehende Zeit angepasst. Die Aufgabenstellung für die Aufgabe 4, die sich inhaltlich auf Kernelemente des Einführungskurses bezieht, ist in den Abb. 7.63 und 7.64 vollständig angegeben.

Insgesamt haben 46 Schüler diese Klausur mitgeschrieben, darunter 33 Jungen und 13 Mädchen. In jedem Kurs waren es 23 Schüler. Die erreichbare Punktzahl in der Klausur lag bei 50 Bewertungseinheiten, die Aufgabe 4 war mit 11 Bewertungseinheiten gewichtet. Alle Aufgaben wurden durch die Lehrpersonen kontrolliert und bewertet. Die Umrechnung in Notenpunkte erfolgte nach dem üblichen KMK-Schlüssel.[188] Für alle 46 Schüler liegt diese Gesamtbewertung vor. Insgesamt ergab sich für die Klausur folgende Verteilung in den Notenpunkten.

Klausur_Nachtest																
	NP_Klausur															Zeilen-zusammenfassung
	0	1	2	3	4	5	6	7	8	9	10	11	12	13	14	15	
	0	0	1	2	2	5	4	9	3	6	2	2	1	4	4	1	46
S1 = Anzahl ( )																

Abb. 7.62 Verteilung der Notenpunkte in der Klausur

Von den 46 Schülern haben demnach 9 Schüler mit sehr gut bestanden, 5 Schüler mit gut, 18 Schüler mit befriedigend, 11 Schüler mit ausreichend und 3 Schüler mit mangelhaft. Die modale Klasse liegt bei 7 Notenpunkten, fast jeder fünfte Schüler gehört zu dieser Klasse. Das arithmetische Mittel dieser Klausur liegt bei 8,3 Notenpunkten.

---

[187] Die Klausur findet sich in Anhang E.

[188] Beschluss der KMK zur gymnasialen Oberstufe vom 7.07.1972 in der jeweils gültigen Fassung.

Personenkennung: ▢▢▢▢▢▢

Ersten zwei Buchstaben der Mutter und des Vaters + eigener Geburtstag, z.B. Erika, Bernd, 03.10.1988→ ErBe03

Aufgabe 4 (11 Punkte)

In einer Stadt gibt es zwei Krankenhäuser, ein sehr großes und ein kleineres. In dem kleineren werden pro Woche etwa 10 Kinder geboren und in dem großen etwa 40. Wie Sie wissen, beträgt die Wahrscheinlichkeit für eine Jungengeburt 50%. Der Jungenanteil schwankt jedoch von Woche zu Woche, manchmal liegt er über 0,5, manchmal auch darunter.

a. **Wie wahrscheinlich ist für eine beliebige Woche ein Jungenanteil von mindestens 0,6 am kleinen Krankenhaus?** Planen Sie mit Hilfe des Simulationsplanschemas eine Simulation, mit der man die stochastische Situation am kleinen Krankenhaus modellieren kann und ermitteln Sie einen Schätzwert für die gesuchte Wahrscheinlichkeit anhand der Auswertungstabelle.

[1] Festlegen der Urnenkollektion	Ausprägungen: Merkmalsname: Fathom-Formel:
[2] Stichprobe ziehen	☐ mit Zurücklegen ☐ ohne Zurücklegen Anzahl der zu ziehenden Kugeln:
[3] Festlegen der Messgrößen	Beschreibung: Ausprägungen: Messgrößenname: Ant_Jungen Fathom-Formel:
[4] Messgrößen sammeln	Anzahl der gesammelten Messgrößen: 5000

[5] Auswertung:

Verteilung, rel. Häufigkeit, Mittelwerte,...

Messgrößen von Stichprobe von Krankenhaus 10_40

Ant_Jungen	
0	0,001
0,1	0,0084
0,2	0,0474
0,3	0,1146
0,4	0,2032
0,5	0,2438
0,6	0,2094
0,7	0,1144
0,8	0,0464
0,9	0,0104
1	0,001
Spaltenzusammenfassung	1

$$S1 = \frac{\text{Anzahl} (\quad)}{\text{Gesamtanzahl}}$$

Interpretation der Auswertung:

Aus der Simulation schätzen wir dass, _______________________________________

Abb. 7.63 GESIM-Leistungstest – Aufgabe 4, Teil 1

Personenkennung: ☐☐☐☐☐☐

Ersten zwei Buchstaben der Mutter und des Vaters + eigener Geburtstag, z.B. Erika, Bernd, 03.10.1988→ ErBe03

Wir haben eine Simulation für die Zufallsgröße „**Anteil der Jungen**" (Ant_Jungen) am **kleinen Krankenhaus** durchgeführt. Die Grafik unten zeigt die simulierte Verteilung der Zufallsgröße.

b. Machen Sie nun deutlich, wie sich die Verteilung am **großen Krankenhaus** davon unterscheidet. **Skizzieren** Sie dazu die Verteilung der Zufallsgröße für das **große Krankenhaus** in das vorgegebene Histogramm.

Behalten Sie dabei die Säulenbreite von 0,1 bei und begründen Sie kurz Ihr Vorgehen.

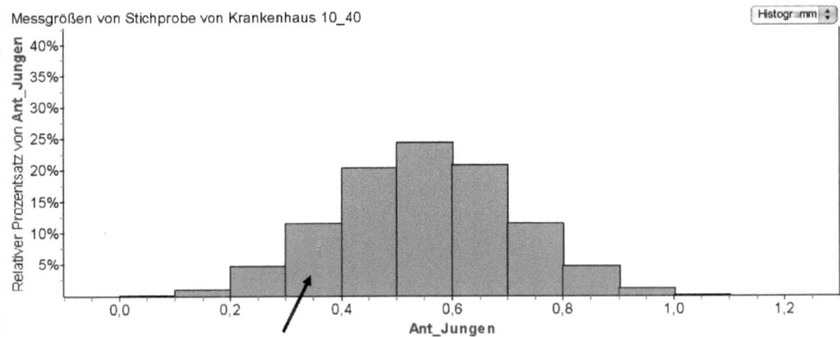

. Die Säule beinhaltet das Intervall $[0,3;0,4)$ von Ant_Jungen, d.h. die 0,3 ist enthalten, die 0,4 nicht.

c. Bestimmen Sie für das große Krankenhaus **das Intervall der mittleren 95%** der Verteilung der Zufallsgröße „Anteil der Jungen" (Ant_Jungen) mit Hilfe des $\dfrac{1}{\sqrt{n}}$ – Gesetzes.

Viel Erfolg!!!!!

Abb. 7.64 GESIM-Leistungstest – Aufgabe 4, Teil 2

Vorüberlegungen zu Aufgabe 4

Mit dieser Aufgabenstellung zum *maternity ward problem* (Abb. 7.63 und 7.64) werden wesentliche Aspekte des GESIM-Konzeptes abgedeckt. Explizit sind die Schüler aufgefordert, in den Teilaufgaben folgende Dinge zu tun:

- *Teilaufgabe a)* (6 Punkte): Modellierung der stochastischen Situation mit dem im Unterricht eingesetzten Simulationsplanschema: Ausfüllen bzw. Ergänzen eines teilausgefüllten Simulationsplanschemas. Die erwarteten Antworten sind in Schriftschnitt Fett in das Simulationsplanschema eingetragen (Abb. 7.65).

- *Teilaufgabe b)* (3 Punkte): Zu einer vorgegebenen Verteilung $n = 10$ ist eine Verteilung für $n = 40$ zu skizzieren und diese Skizze in einer Niederschrift zu begründen. Die erwartete Verteilung ist in Abb. 7.66 blau eingetragen und eine mögliche Begründung angeführt.

- *Teilaufgabe c)* (2 Punkte): bezieht sich auf eine rechnerische Anwendung des $1/\sqrt{n}$-Gesetzes für die mittleren 95 % einer Verteilung. Für den hier betrachteten Fall ergibt sich die folgende einfache Rechnung:

$$I_{95\%\mathrm{Prog\_rel}} = p \pm 1,96 \cdot \frac{\sqrt{p \cdot (1-p)}}{\sqrt{n}}$$

$$I_{95\%\mathrm{Prog\_rel}} = 0,5 \pm 1,96 \cdot \frac{\sqrt{0,25}}{\sqrt{40}} = 0,5 \pm \frac{1,96}{2 \cdot \sqrt{40}} \approx 0,5 \pm \frac{2}{2 \cdot \sqrt{40}} = 0,5 \pm \frac{1}{\sqrt{40}}$$

Die Schüler müssen in diesem Fall nur $n = 40$ einsetzen und für das gesuchte Intervall die Abweichung von $p = 0,5$ ermitteln. Der mathematische Hintergrund der obigen Überlegungen (Normalapproximation der Binomialverteilung) ist mit den Schülern nicht besprochen worden.

Das *maternity ward problem* lässt sich durch eine binomialverteilte Zufallsgröße $Y = $ "*Anteil der Jungen*" beschreiben. Der Bezug auf eine anteilsbezogene Zufallsgröße ist hilfreich, da so der Erwartungswert der Zufallsgröße vom Stichprobenumfang n unabhängig ist. Durch die Auseinandersetzung mit dem *sample size effect* bei Stichprobenverteilungen, d. h. Abnahme der Streuung in Abhängigkeit von n proportional zu $1/\sqrt{n}$, kann der Genauigkeitsaspekt im Phänomenkomplex des empirischen Gesetzes der großen Zahlen verstärkt in den Blick genommen werden. Dies erscheint wichtig, um die intuitiven Vorstellungen von einem empirischen Gesetz der großen Zahlen zu vertiefen. Dazu wurde im Unterricht ausführlich das 10-20-Testproblem besprochen. In diesem Kontext sind auch Simulationsplanschema, Verteilungsskizzen und das $1/\sqrt{n}$-Gesetz im Zusammenhang mit der Breite der mittleren 95 % einer Häufigkeitsverteilung thematisiert worden. Man könnte demnach einen hohen Anteil an korrekten Lösungen erwarten.

Personenkennung:

Aufgabe 4 (11 Punkte)

In einer Stadt gibt es zwei Krankenhäuser, ein sehr großes und ein kleineres. In dem kleineren werden pro Woche etwa 10 Kinder geboren und in dem großen etwa 40. Wie Sie wissen, beträgt die Wahrscheinlichkeit für eine Jungengeburt 50%. Der Jungenanteil schwankt jedoch von Woche zu Woche, manchmal liegt er über 0,5, manchmal auch darunter.

a. **Wie wahrscheinlich ist für eine beliebige Woche ein Jungenanteil von mindestens 0,6 am kleinen Krankenhaus?** Planen Sie mit Hilfe des Simulationsplanschemas eine Simulation mit der man die stochastische Situation am kleinen Krankenhaus modellieren kann und ermitteln Sie einen Schätzwert für die gesuchte Wahrscheinlichkeit anhand der Auswertungstabelle.

[1] Festlegen der Urnenkollektion	Ausprägungen: Junge, Mädchen Merkmalsname: Geburt Fathom-Formel:
[2] Stichprobe ziehen	☒ mit Zurücklegen ☐ ohne Zurücklegen Anzahl der zu ziehenden Kugeln: 10
[3] Festlegen der Messgrößen	Beschreibung: Anteil der Jungen an allen Neugeborenen Ausprägungen: 0, 1/10, 2/10,...,9/10, 1 Messgrößenname: Ant_Jungen Fathom-Formel: Anteil(Geburt ="Junge")
[4] Messgrößen sammeln	Anzahl der gesammelten Messgrößen: 5000

[5]

Auswertung:

Verteilung, rel. Häufigkeit, Mittelwerte,...

Messgrößen von Stichprobe von Krankenhaus 10_40

Ant_Jungen		
	0	0,001
	0,1	0,0084
	0,2	0,0474
	0,3	0,1146
	0,4	0,2032
	0,5	0,2438
	0,6	0,2094
	0,7	0,1144
	0,8	0,0464
	0,9	0,0104
	1	0,001
Spaltenzusammenfassung		1

Aufsummieren:

Summe (Ant_Jungen ≥0,6)

$$S1 = \frac{Anzahl\ (\ )}{Gesamtanzahl}$$

Interpretation der Auswertung:

Aus der Simulation schätzen wir dass, für eine beliebige Woche am kleinen Krankenhaus ein Jungenanteil von mind. 0,6 mit einer Ws von etwa 38% eintritt (oder auf lange Sicht innerhalb von fünf Wochen etwa zweimal).

Abb. 7.65 Erwartete Lösung für Teilaufgabe a), Simulationsplanschema gefüllt

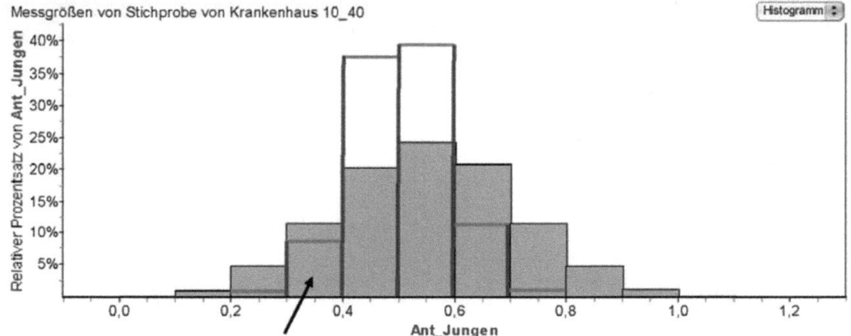

Abb. 7.66 Erwartete Lösung zu den Teilaufgabe b) und c)

Statt der angegebenen FATHOM-Formel für die Messgröße Ant_Jungen (vgl. Abb. 7.65) wäre es auch möglich, die folgende Formel (Abb. 7.67) zu verwenden oder die Anzahl Geburten mit Ausprägung Junge durch 10 zu teilen.

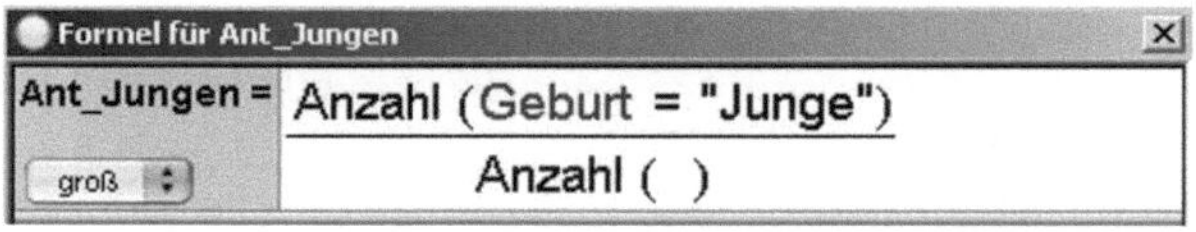

Abb. 7.67 Alternative Formel für die Bestimmung des Anteils

Analysen im Überblick zu Aufgabe 4

Insgesamt konnten 23 Schülerlösungen aus dem B-Kurs und 21 Schülerlösungen[189] aus dem S-Kurs analysiert werden. Für die Aufgabe 4 gab es insgesamt 11 Punkte. Abb. 7.68 zeigt die Verteilung der Bewertungen der Schülerlösungen.

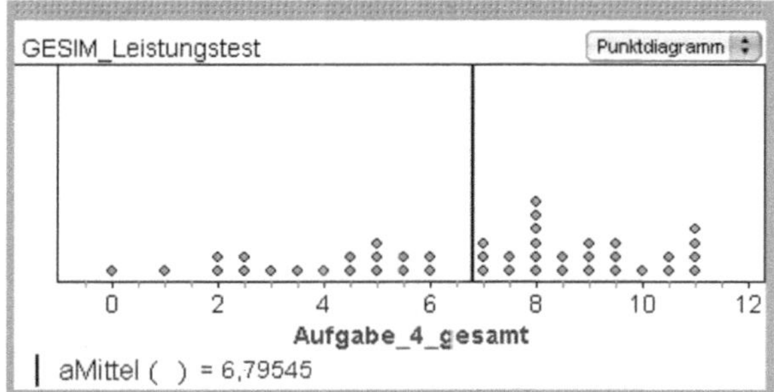

Abb. 7.68 Verteilung der erreichten Punkte für Aufgabe 4, GESIM-Leistungstest

Im Mittel haben die Schüler knapp 7 Punkte erreicht bei 11 möglichen Punkten. Ein Schüler hat diese Aufgabe gar nicht bearbeitet. Vier Schüler haben die maximal erreichbare Punktzahl von 11 Punkten erhalten. Die mittlere Lösungsrate beträgt demnach 62 %. Die mittleren Lösungsraten für die Teilaufgaben a) bis c) betragen:

- 65 % für Teilaufgabe a),
- 57 % für Teilaufgabe b) und
- 59 % für Teilaufgabe c).

Teilaufgabe a) mit dem Simulationsplanschema wurde „am besten" gelöst, hingegen Teilaufgabe b) mit Skizze und Begründung „am schlechtesten". Die Lösungsrate von Teilaufgabe c) liegt zwischen den beiden anderen. Die mittleren Lösungsraten fallen für alle Teilaufgaben jedoch geringer aus, als man durch die unterrichtlichen Interventionen im Einführungskurs erwarten durfte. Detailanalysen zu den Teilaufgaben sollen Aufschluss darüber geben, wo die Probleme und die Schwierigkeiten für die Schüler bei der Bearbeitung dieser Aufgabe lagen (Kap. 7.4.2 bis 7.4.4).

---

[189] Auf zwei Schülerlösungen aus Kurs S konnte nicht zurückgegriffen werden, da die beiden Schüler bereits kurz nach der Klausur verzogen waren.

7.4.2   Analysen zu Teilaufgabe a)

Die Schüler hatten in Teilaufgabe a) den Auftrag einen teilausgefüllten Simulationsplan zu vervollständigen (vgl. Musterlösung in Abb. 7.65). Insgesamt waren bei dieser Teilaufgabe 6 Punkte zu erreichen, die sich wie folgt aufteilen:

Schritte im Simulationsplan	Teilschritte	Punkte
[1] Festlegen der Urnenkollektion	Ausprägungen	0,5
	Merkmalsname	0,5
[2] Stichprobe ziehen	Auswahl mit Zurücklegen	0,5
	Anzahl der zu ziehenden Kugeln	0,5
[3] Messgrößen festlegen	Beschreibung	0,5
	Ausprägungen	0,5
	Fathom-Formel	1
[5] Auswertung und Interpretation der Auswertung	Ermitteln der rel. Häufigkeit	1
	Interpretation des Ergebnisses	1

Abb. 7.69 Maximal erreichbare Punkte in den Teilschritten für Teilaufgabe a)

In Abb. 7.70 sind die Häufigkeiten der insgesamt bei Teilaufgabe a) von den Schülern erreichten Punkte aufgeführt. In Abb. 7.71 ist zur Illustration eine Schülerlösung angegeben, bei der die maximal erreichbare Punktzahl vergeben wurde.

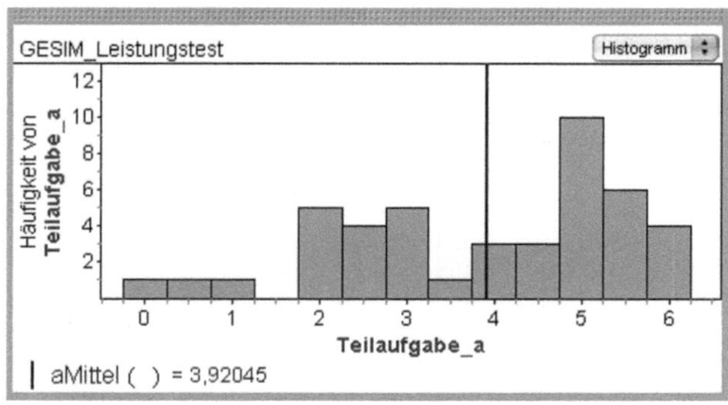

Abb. 7.70 Häufigkeitsverteilung der erreichten Punkte insgesamt in Teilaufgabe a)

Personenkennung: [I] [R] [F] [R] [1] [3]

Ersten zwei Buchstaben der Mutter und des Vaters + eigener Geburtstag, z.B. Erika, Bernd, 03.10.1988→ ErBe03

Aufgabe 4 (11 Punkte)

In einer Stadt gibt es zwei Krankenhäuser, ein sehr großes und ein kleineres. In dem kleineren werden pro Woche etwa 10 Kinder geboren und in dem großen etwa 40. Wie Sie wissen, beträgt die Wahrscheinlichkeit für eine Jungengeburt 50%. Der Jungenanteil schwankt jedoch von Woche zu Woche, manchmal liegt er über 0,5, manchmal auch darunter.

a. **Wie wahrscheinlich ist für eine beliebige Woche ein Jungenanteil von mindestens 0,6 am kleinen Krankenhaus?** Planen Sie mit Hilfe des Simulationsplanschemas eine Simulation, mit der man die stochastische Situation am kleinen Krankenhaus modellieren kann und ermitteln Sie einen Schätzwert für die gesuchte Wahrscheinlichkeit anhand der Auswertungstabelle.

[1] Festlegen der Urnenkollektion	Ausprägungen: *Junge / ~~klar Junge~~ {Junge & Mädchen}* ✓ Merkmalsname: ~~Anteil ~~~~an Junge~~ *Geschlecht* ✓ Fathom-Formel: ✓ 1
[2] Stichprobe ziehen	☒ mit Zurücklegen ☐ ohne Zurücklegen ✓ Anzahl der zu ziehenden Kugeln: *10* ✓ ✓ 1
[3] Festlegen der Messgrößen	Beschreibung: *Anteil der in einer Woche geborenen Jungen* ✓ Ausprägungen: *0 – 1* (✓ *besser: 0; 0,1; 0,2; … ; 1* Messgrößenname: Ant_Jungen Fathom-Formel: ~~Anteil (Anz Junge)~~ *Anteil (Geschlecht = "Junge")* ✓ 2
[4] Messgrößen sammeln	Anzahl der gesammelten Messgrößen: 5000
[5] Auswertung: Verteilung, rel. Häufigkeit, Mittelwerte,…	Messgrößen von Stichprobe von Krankenhaus 10_40 *(siehe Tabelle unten)*

Messgrößen von Stichprobe von Krankenhaus 10_40

	0	0,001
	0,1	0,0084
	0,2	0,0474
	0,3	0,1146
	0,4	0,2032
Ant_Jungen	0,5	0,2438
	0,6	0,2094
	0,7	0,1144
	0,8	0,0464
	0,9	0,0104
	1	0,001
Spaltenzusammenfassung		1

$$S1 = \frac{\text{Anzahl ( )}}{\text{Gesamtanzahl}}$$

0,2094 + 0,1144 + 0,464 + 0,104 +
0,001 = 0,3816 ✓

Interpretation der Auswertung:
Aus der Simulation schätzen wir dass, *die Wahrscheinlichkeit ca. bei 38,~~00~~% liegt* ✓

2

Abb. 7.71 Korrekte Schülerlösung für die Teilschritte in Teilaufgabe a); IRFR13

Man kann aus der oberen Abbildung (Abb. 7.70) sofort ablesen, dass nur vier der 44 Schüler die volle Punktzahl erreicht haben. Die meisten Schüler, nämlich zehn, haben 5 Punkte erreicht. Nur ein Schüler (IRAL08) hat 0 Punkte erhalten, er hat die Aufgabe 4 komplett nicht bearbeitet. Würde man die vergebenen Punkte in Gruppen zusammenfassen, dann ergäbe sich folgende Verteilung:

- Gruppe 1: 0 Punkte $\leq$ X $<$ 3 Punkte: 12 Schüler
- Gruppe 2: 3 Punkte $\leq$ X $<$ 5 Punkte: 12 Schüler
- Gruppe 3: X $\geq$ 5 Punkte: 20 Schüler.

Knapp die Hälfte der Schüler hat demnach mindestens 5 Punkte von 6 möglichen bei Teilaufgabe a) erreicht. Ermittelt man die mittlere Lösungsrate für die vier Schritte im Simulationsplan (Urnenkollektion festlegen – *S1_a*, Stichprobe ziehen – *S2_a*, Messgrößen festlegen – *S3_a*, Auswertung und Interpretation der Auswertung – *S4_a*) dann ergibt sich folgendes Bild.

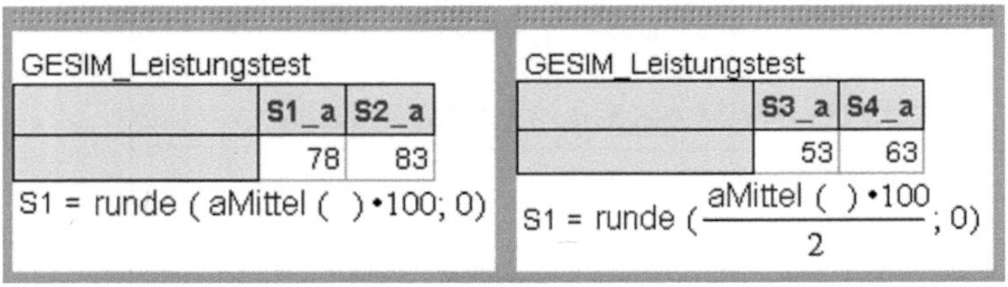

Abb. 7.72 Mittlere Lösungsrate in den Teilschritten für Teilaufgabe a)

Die mittlere Lösungsrate ist in Teilschritt 2 mit 83 % am höchsten und in Teilschritt 3 mit 53 % am niedrigsten. Den Schülern fiel es offenbar schwer, korrekte Angaben zur Messgröße des Jungenanteils und damit zur Auswertung des Modellzufallsexperimentes zu notieren. Um die Lösungsqualität in den einzelnen Teilschritten genauer zu analysieren, wird auf das bereits zur Auswertung des Simulationsplanes in U12-13 verwendete Kategorienschema (vgl. Kap. 6.7.4 und Abb. 6.127) zurückgegriffen. In der folgenden Tabelle (Abb. 7.73) sind die Eintragungen der 44 Schüler in ihr Simulationsschema nach *richtiger Eintrag, falscher Eintrag*[190] und *kein Eintrag* zusammengefasst. Nach diesem tabellarischen Überblick werden die falschen Einträge hinsichtlich der beobachteten Fehler genauer analysiert und kategorisiert.

---

[190] Die Kategorie „falsch" umfasst auch unvollständige Einträge bzw. Einträge, für die aufgrund von Fehlern nicht die volle Punktzahl vergeben wurde.

Teilaufgabe a	Kategorie	richtiger Eintrag	falscher Eintrag	kein Eintrag
Simulationsplanschema ausfüllen	Benennen des Zufallsexperiments		Vorgabe	
	Angeben von Fragestellungen		Vorgabe	
	Urnenkollektion - Ausprägungen angeben	37	5	2
	Urnenkollektion - Merkmalsnamen vergeben	32	10	2
	Stichprobe ziehen - mit / ohne Zurücklegen ankreuzen	35	7	2
	Stichprobe ziehen - Anzahl der zu ziehenden Kugeln angeben	38	3	3
	Messgrößen festlegen - Messgrößenbeschreibung für	29	9	6
	Messgrößen festlegen - Ausprägungen der Messgröße angeben	**17**	**20**	**7**
	Messgrößen festlegen - Messgrößennamen vergeben		Vorgabe	
	Messgrößen festlegen - FATHOM-Formel für Messgröße	**20**	**17 (11)**	**7**
	Messgrößen sammeln - Anzahl der zu sammelnden Messgrößen		Vorgabe	
	Auswertung - Verteilungen skizzieren oder beschreiben		Vorgabe	
	Auswertung - Angeben der Auswertungsformeln	**24**	**15 (10)**	**5**
	Interpretation der Auswertung	**20**	**19 (2)**	**5**

Abb. 7.73 Auswertung nach Teilschritten, Teilaufgabe a)

Aus der Tabelle ist zu entnehmen, dass ein geringer Teil der Schüler (max. 7) in den einzelnen Teilschritten *keinen Eintrag* in das Simulationsplanschema vornimmt. Problematischer erscheint die Tatsache, dass in den Teilschritten *Ausprägungen der Messgröße* angeben und *Fathom-Formel für Messgröße* fast die Hälfte der Schüler Einträge vorgenommen hat, die fehlerhaft bzw. falsch waren. Eine ähnliche hohe Fehlerhäufigkeit ist für die Teilschritte *Angeben der Auswertungsformeln* und *Interpretation der Auswertung* zu konstatieren. Man kann in diesen

Fällen praktisch von einer Bimodalität in der Punkteverteilung sprechen zwischen der Gruppe mit korrektem Eintrag und der Gruppe mit falschem bzw. fehlerhaftem Eintrag. Die Angaben in Klammern stehen für die Häufigkeit, mit der Schüler in diesen Teilschritten[191] für ihre Lösung 0 Punkte erhalten haben. Die vier besonders auffälligen Teilschritte sind zur Hervorhebung in der Tabelle fett markiert. Alle Teilschritte werden nun nach den falschen Antworten genauer analysiert und kategorisiert und ausgezählt.

[1] Festlegen der Urnenkollektion

Die Fehlerarten zu jedem Teilschritt sind in Abb. 7.74 aufgeführt. Zu jedem Fehler ist ein Beispiel zur Illustration angegeben.

Teilschritt	Fehler	Beispiel	Häufigkeit
Ausprägungen angeben	nur Jungen (Anzahl bzw. Anteil)	„Anzahl von Jungen" (MAHE10)	4
	Zufallsurne	Zufallswahl ("Junge";"Mädchen") (MAPE30)	1
Merkmalsnamen vergeben	nur Jungen (Anteil bzw. Anzahl)	„Anteil_Jungen" (TAVI23)	8
	unsinnige Benennung	„Antwort" (ALKA01)	2

Abb. 7.74 Fehlerarten für [1] Urnenkollektion festlegen

Ein Schüler hatte zum Füllen der Urne eine Formel angegeben, die auf eine Zufallsurne führt. Dadurch wurden diesem Schüler für die Ausprägungen keine Punkte gegeben. Als häufigster Fehler ist eine inadäquate Modellierung der Urne über die Anzahl bzw. den Anteil der Jungen zu konstatieren. Möglicherweise verwechseln die betreffenden Schüler hier Merkmal und Messgröße. Dieser Fehler (Merkmal-Messgrößen-Fehler) trat in modifizierter Form im Zusammenhang mit der Definition von Messgrößen bei der *Simulation durch Stichprobenziehen* im Einführungskurs auf (vgl. Kap. 6).

[2] Stichproben ziehen

In Teilschritt 2 sollten die Merkmale der Stichprobe für dieses Modellzufallsexperiment gekennzeichnet werden. In Abb. 7.75 sind die Fehlerarten aufgeführt.

---

[191] In diesen Teilschritten wurden auch halbe Punkte vergeben.

Teilschritt	Fehler	Beispiel	Häufigkeit
mit / ohne Zurücklegen ankreuzen	ohne Zurücklegen		7
Anzahl der zu ziehenden Kugeln angeben	anderer Umfang	„11" (ALKA01)	3

Abb. 7.75 Fehlerarten für [2] Stichprobe ziehen

Die häufigste Fehlerart bei der Art des Stichprobeziehens ist, dass für das Modellzufallsexperiment „ohne Zurücklegen" angekreuzt wurde. Eine mögliche Erklärung ist, dass die betreffenden Schüler eine andere Modellierung im Blick haben, z. B. dass aus einer großen Urne mit allen Geburten eine Geburt ohne Zurücklegen „gezogen" wird. Der im Beispiel angegebene Stichprobenumfang „11" lässt sich wahrscheinlich durch die elf Ausprägungen der Messgröße Anzahl der Jungen bei 10 Geburten erklären.

[3] Messgrößen festlegen

Die typischen Fehler sind mit entsprechenden Beispielen in der Abb. 7.77 (nächste Seite) aufgeführt. Einige der dort kategorisierten Fehler sind mit dem Bezug der Schüler auf die Messgröße Anzahl der Jungen zu erklären, insbesondere was die Beschreibung und Ausprägung der Messgröße anbelangt. Allerdings verwenden Schüler dies nicht immer konsistent, was Abb. 7.76 zeigt. Der Schüler beschreibt die Messgröße als Anteil der Jungen, gibt aber in den Ausprägungen 0-10 an.

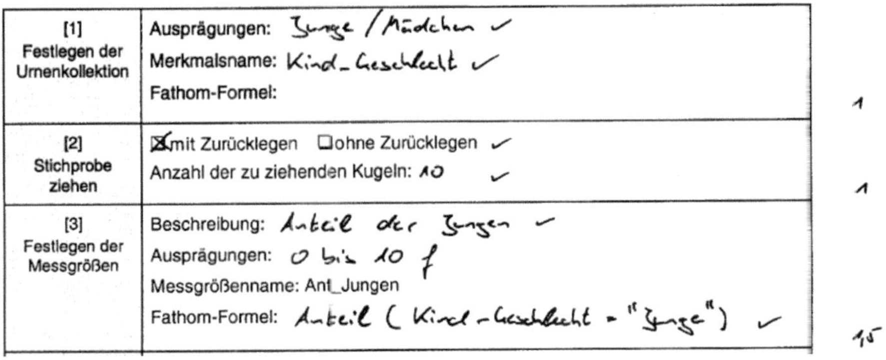

[1] Festlegen der Urnenkollektion	Ausprägungen: Junge / Mädchen ✓ Merkmalsname: Kind_Geschlecht ✓ Fathom-Formel:
[2] Stichprobe ziehen	☒ mit Zurücklegen ☐ ohne Zurücklegen ✓ Anzahl der zu ziehenden Kugeln: 10 ✓
[3] Festlegen der Messgrößen	Beschreibung: Anteil der Jungen ✓ Ausprägungen: 0 bis 10 ƒ Messgrößenname: Ant_Jungen Fathom-Formel: Anteil (Kind_Geschlecht = "Junge") ✓

Abb. 7.76 Ausschnitt Teilaufgabe a), INNO09

Teilschritt	Fehler	Beispiele	Häufigkeit
Beschreibung	Anzahl Jungen	„Wie viele Jungen?" (NAAB17) „Sum_Jungen" (KAHE02)	8
	Ereignis	„Ant_Jungen > 0,6" (UTWI28)	1
Ausprägungen	Anzahl 0-10	„0,1,2,3,...,10" (JURE11)	8
	kategorial	„wahr, falsch" (NAAB17) „Junge, Mädchen" (MAEC26)	6
	andere Anzahlen bzw. Anteile	„1/5000...5000/5000" (COMA17) „0-40" (KHHA88)	6
FATHOM-Formel	Formel mit Messgrößen-name Ant_Jungen	„Anzahl (Ant_Jungen)/ Gesamtanzahl" (LIBO11) „Summe (Ant_Jungen)" (JOMI26)	5
	Formel ohne bzw. mit falscher Ausprägung	„Anzahl (Jungen)/Gesamtanzahl" (MAHE10) „Anzahl (Junge = „wahr")" (NAAB17)	5
	Zufallsfunktion	„Zufallswahl ("Junge"; "Mädchen")" (JURE11)	1

Abb. 7.77 Fehlerarten für [3] Festlegen der Messgrößen

Wie man aus Abb. 7.77 erkennt, sind die auftretenden Fehler vielgestaltig.[192] Bei den Ausprägungen treten neben dem Anzahl-Fehler 0-10 noch zwei weitere Fehlertypen auf, der *kategoriale Fehlertyp* und der *Fehlertyp andere Anzahlen bzw.*

---

[192] Es sind nur die Fehler aufgeführt, die zu einer Bewertung mit Null Punkten geführt haben. Bewertungen mit 0,5 Punkten wurden u. a. für folgende FATHOM-Formel vergeben: *Anteil(Geschlecht = "Junge")/Gesamtanzahl.*

Anteile. Der *kategoriale Fehler* ist durch einen Messgrößen-Merkmal-Konflikt erklärbar: Die Ausprägungen Junge, Mädchen des Merkmals Geschlecht werden einerseits auf die Messgröße übertragen. Andererseits könnte die Ausprägung wahr, falsch auf eine boolesche Auswertung der Messgröße als Merkmal in der Messgrößenkollektion hindeuten, wie sie von einigen Lerndyaden im Einführungskurs praktiziert wurde. Die Angaben von sechs Schülern wurden dem Fehlertyp *andere Anzahlen bzw. Anteile* zugeordnet. Ein Schüler bezieht sich dabei auf das andere Krankenhaus mit $n = 40$. Ein weiterer benutzt die Anzahl der gesammelten Messgrößenwerte $N = 5000$ als Bezugsgröße. Dieser Fehler wäre dem n-N-Problem zuzuordnen. Als wesentliche Fehlerquellen für die Messgrößenformel sind die *Benutzung des Messgrößennamens in der Formel* einerseits und die *unvollständige Notation des Formel-Arguments* andererseits in der jeweils gleichen Häufigkeit aufgetreten (vgl. Abb. 7.77).

Die Ergebnisse zeigen, dass sich die in den Schülerarbeitsphasen (vgl. Kap. 6) bereits konstatierten Probleme im Umgang mit den Messgrößen z. T. auch im GESIM-Leistungstest wiederspiegeln. Man muss aber auch positiv konstatieren, dass ein Großteil der Schüler wenig oder gar keine Probleme im Umgang mit Messgrößen zu haben scheint. Die offenkundige Bimodalität kann als ein Indiz dafür gedeutet werden, dass der Einführungskurs nicht alle Schüler gleichermaßen erreicht hat.

[4] Auswertung und Interpretation der Auswertung

In diesem Teilschritt war anhand einer vorgegebenen Auswertungstabelle die entsprechende relative Häufigkeit zu ermitteln (Ergebnis) und als Wahrscheinlichkeit zu interpretieren (Interpretation). In Abb. 7.78 wurden nur die Notationen der Schüler als Fehler kategorisiert, die zu einer Bewertung mit 0 Punkten geführt haben. Beispiele für die Fehlertypen der beiden Teilschritte sind in der nachfolgenden Abb. 7.79 angegeben.

Teilschritt	Fehler	Häufigkeit
Auswertung	Einzelwahrscheinlichkeit (nur für *Ant_Jungen* gleich 0,6 oder gleich 0,5)	5
	Ergebnis nicht nachvollziehbar	5
Interpretation der Auswertung	Interpretation nicht in Bezug zur Frage	2

Abb. 7.78 Fehlerarten für [4] Auswertung und Interpretation

Auffallend ist, dass fünf Schüler das Ergebnis nur für den Jungenanteil gleich 0,5 bzw. gleich 0,6 angeben und nicht für den Bereich kleiner gleich 0,6. Dieses Phänomen des Bezuges auf eine Einzelwahrscheinlichkeit und nicht auf eine Bereichswahrscheinlichkeit ist vereinzelt auch bereits in den Schülerarbeitsphasen des Einführungskurses zu beobachten gewesen (vgl. Kap. 6).

[5] Auswertung:	Messgrößen von Stichprobe von Krankenhaus 10_40	
	0	0,001
	0,1	0,0084
Verteilung, rel. Häufigkeit, Mittelwerte,...	0,2	0,0474
	0,3	0,1146
	0,4	0,2032
Ant_Jungen	0,5	0,2438
	0,6	0,2094
	0,7	0,1144
	0,8	0,0464
	0,9	0,0104
	1	0,001
Spaltenzusammenfassung		1

$$S1 = \frac{\text{Anzahl ( )}}{\text{Gesamtanzahl}}$$

Interpretation der Auswertung:

Aus der Simulation schätzen wir dass, *die (relative Häufigkeit) für eine beliebige Woche einen Jungenanteil von 0,6 zu haben 0,2094 ... an dem kleine Kritius ist. Gefragt war: mindestens 0,6!*

[5] Auswertung:	Messgrößen von Stichprobe von Krankenhaus 10_40	
	0	0,001
	0,1	0,0084
Verteilung, rel. Häufigkeit, Mittelwerte,...	0,2	0,0474
	0,3	0,1146
	0,4	0,2032
Ant_Jungen	0,5	0,2438
	0,6	0,2094
	0,7	0,1144
	0,8	0,0464
	0,9	0,0104
	1	0,001
Spaltenzusammenfassung		1

$$S1 = \frac{\text{Anzahl ( )}}{\text{Gesamtanzahl}}$$

Interpretation der Auswertung:

Aus der Simulation schätzen wir dass, *die Wahrscheinlichkeit bei etwa 48% liegt*

Abb. 7.79 Fehlerarten für [4] Auswertung und Interpretation, oben Fehlertyp Einzelwahrscheinlichkeit, unten Ergebnis nicht nachvollziehbar und Interpretation nicht in Bezug zur Frage

7.4.3 Analysen zu Teilaufgabe b)

Die Schüler hatten in Teilaufgabe b) den Auftrag, zu einer vorgegebenen Häufigkeitsverteilung ($n = 10$ und $p = 0{,}5$) bei gleicher Klassenbreite in das g eiche Histogramm die Verteilung für $n = 20$ zu skizzieren. Die Skizze sollte hinreichend begründet werden (vgl. Musterlösung in Abb. 7.64). Insgesamt waren bei dieser Teilaufgabe 3 Punkte zu erreichen, die sich wie folgt aufteilen:

Schritt 1 (Verteilung_Skizze)	Skizze einer Häufigkeitsverteilung	2 Punkte
Schritt 2 (Verteilung_Begründung)	Begründung der Verteilungsskizze	1 Punkt

Abb. 7.80 Maximal erreichbare Punkte in den Teilschritten für Teilaufgabe b)

In Abb. 7.81 sind die Häufigkeiten der insgesamt bei Teilaufgabe a) von den Schülern erreichten Punkte in einem Histogramm dargestellt.

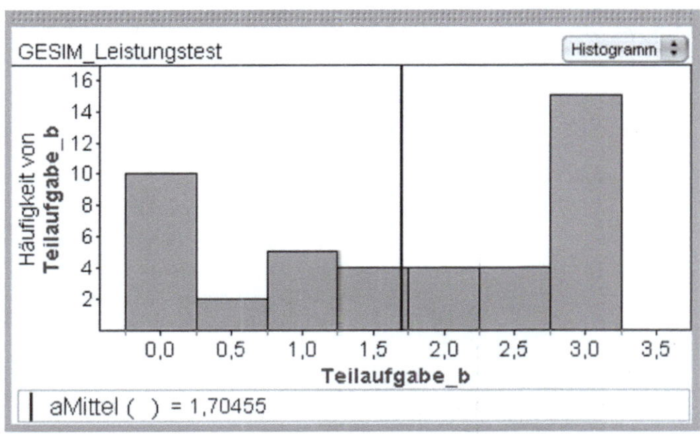

Abb. 7.81 Häufigkeitsverteilung der erreichten Punkte insgesamt (oben) und in den Teilschritten (unten) für Teilaufgabe b)

Die Häufigkeitsverteilung lässt auch bei dieser Teilaufgabe deutlich eine Bimodalität erkennen. Von den 44 Schülern haben 15 Schüler die volle Punktzahl auf diese Teilaufgabe erhalten. Andererseits haben zehn Schüler überhaupt keine Punkte auf diese Teilaufgabe bekommen. Von diesen zehn Schülern haben vier diese Teilaufgabe komplett nicht bearbeitet (ANTH30, ELST09, IRAL08, SURÜ15). Um die Kriterien zu erkennen, nach denen eine Schülerlösung zu Teilaufgabe b) mit voller Punktzahl bewertet wurde, seien nachfolgend zwei typische Schülerlösungen angegeben (Abb. 7.82).

b. Machen Sie nun deutlich, wie sich die Verteilung am **großen Krankenhaus** davon unterscheidet. **Skizzieren** Sie dazu die Verteilung der Zufallsgröße für das **große Krankenhaus** in das vorgegebenen Histogramm.
Behalten Sie dabei die Säulenbreite von 0,1 bei und begründen Sie kurz Ihr Vorgehen.

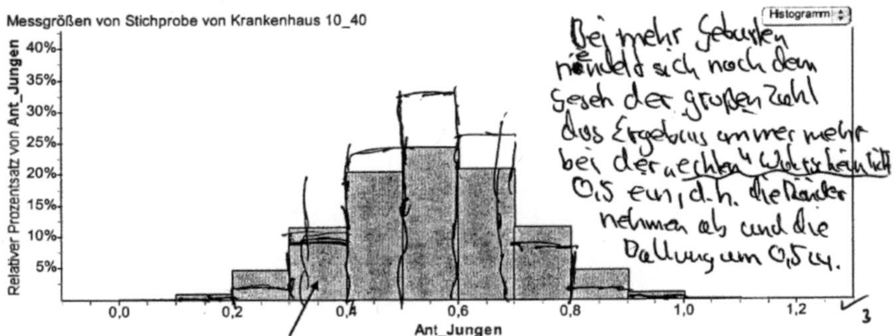

Die Säule beinhaltet das Intervall [0,3;0,4) von Ant_Jungen, d.h. die 0,3 ist enthalten, die 0,4 nicht.

b. Machen Sie nun deutlich, wie sich die Verteilung am **großen Krankenhaus** davon unterscheidet. **Skizzieren** Sie dazu die Verteilung der Zufallsgröße für das **große Krankenhaus** in das vorgegebenen Histogramm.
Behalten Sie dabei die Säulenbreite von 0,1 bei und begründen Sie kurz Ihr Vorgehen.

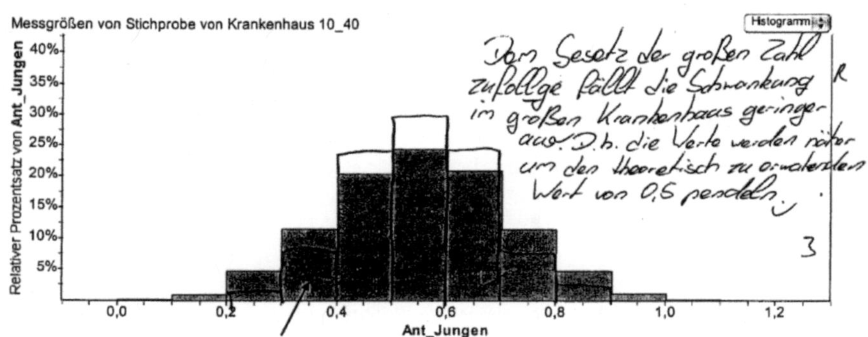

Die Säule beinhaltet das Intervall [0,3;0,4) von Ant_Jungen, d.h. die 0,3 ist enthalten, die 0,4 nicht.

Abb. 7.82 Korrekte Schülerlösungen für Teilaufgabe b)

Eine Skizze wurde demnach mit voller Punktzahl bewertet, wenn die mittleren Säulen höher gezeichnet wurden und die Säulen an den Rändern entsprechend niedriger. Punktabzug bis zu einem Punkt gab es, wenn die Skizze in der Tendenz stimmig war, aber die Säulenhöhen in der Summe deutlich über 100 % lagen.

Keine Punkte wurden vergeben, wenn die Skizze deutlich von der oben aufgeführten Form abwich (vgl. Abb. 7.85). Ohne Punktabzug blieben die Nichtberücksichtigung der Asymmetrie in der Häufigkeitsverteilung bei dieser Klassenbreite, die Nichtberücksichtigung der deutlichen Zunahme der beiden Säulenhöher für [0,4; 0,5) und [0,5; 0,6) und die Nichtberücksichtigung der Abnahme der Anzahl der sichtbaren Säulen für $n = 40$. Für die Begründung konnten verschiedene Aspekte des Phänomenkomplexes Empirisches Gesetz der großen Zahlen einfließen, der Näherungsaspekt und der Genauigkeitsaspekt (vgl. Kap. 3.2.2). Die beiden Begründungen in Abb. 7.82 beziehen sich durch „das Einpendeln um 0,5" in erster Linie auf den Näherungsaspekt. In die Schülerargumentation der oberen Begründung, „... die Ränder nehmen ab und die Ballung um 0,5 zu." fließt zudem der Genauigkeitsaspekt ein, da damit das Zusammenziehen der Verteilung um den Erwartungswert qualitativ beschrieben wird.

Ermittelt man die mittlere Lösungsrate für die beiden Schritte in Teilaufgabe b) (Verteilung Skizzieren – *Verteilung_Skizze*, Begründung angeben – *Verteilung_Begründung*), dann ergibt sich folgendes Bild.

GESIM_Leistungstest	
	Verteilung_Skizze
	56
$S1 = \text{runde} \left(\dfrac{\text{aMittel} (\ ) \cdot 100}{2}; 0 \right)$	

GESIM_Leistungstest	
	Verteilung_Begründung
	58
$S1 = \text{runde} (\text{aMittel} (\ ) \cdot 100; 0)$	

Abb. 7.83 Mittlere Lösungsrate in den Teilschritten für Teilaufgabe b)

Die Lösungsraten fallen für beide Teilschritte in etwa vergleichbar aus und bleiben insgesamt etwas hinter den Erwartungen zurück. Daher sollen im Folgenden sowohl die *Skizzen* als auch die *Begründungen* der Schüler genauer analysiert werden. In der nachfolgenden Tabelle sind die Fehlerarten nach ihrer Häufigkeit dargestellt, die zu einer Bewertung mit jeweils 0 Punkten führten (Abb. 7.84).

Kategorie	Fehler	Häufigkeit
Skizze	keine Skizze	7
	Zuwachs in allen Säulen	5
	gleiche Verteilung oder nach links verschoben	3
Begründung	keine Begründung	13
	gleicher Anteil	2

Abb. 7.84 Fehlerarten für Skizze und Begründung, Teilaufgabe b)

Aus der obigen Tabelle wird deutlich, dass die Mehrzahl der Bewertung mit 0 Punkten auf nicht angefertigte Skizzen ($n = 7$) bzw. auf fehlende Begründungen ($n = 13$) zurückzuführen sind. Es ist positiv zu konstatieren, dass nur 3 Schüler für $n = 40$ eine gleiche oder eine leicht nach links verschobene aber gleiche Verteilung wie für $n = 10$ skizziert haben (vgl. Abb. 7.85).

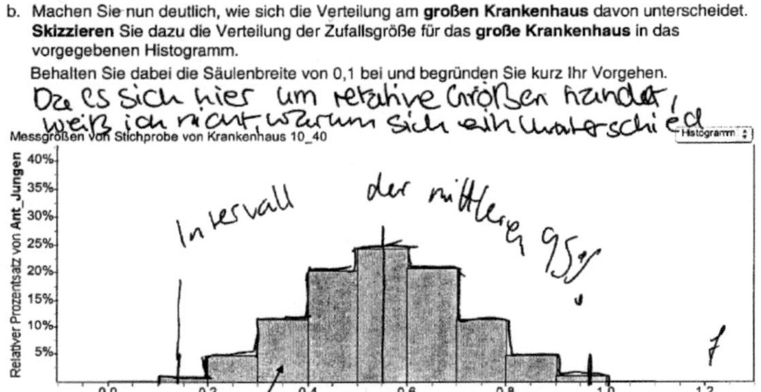

Abb. 7.85 Gleiche Verteilung für *n = 40* wie für *n = 10*, Teilaufgabe b) (JOMI26)

Fünf Schüler haben einen Zuwachs in allen Säulen skizziert (vgl. Abb. 7.86).

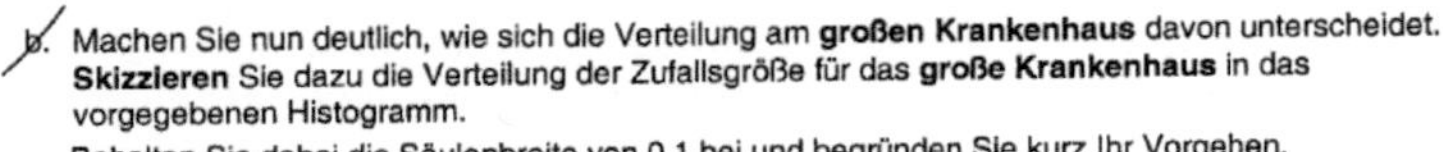

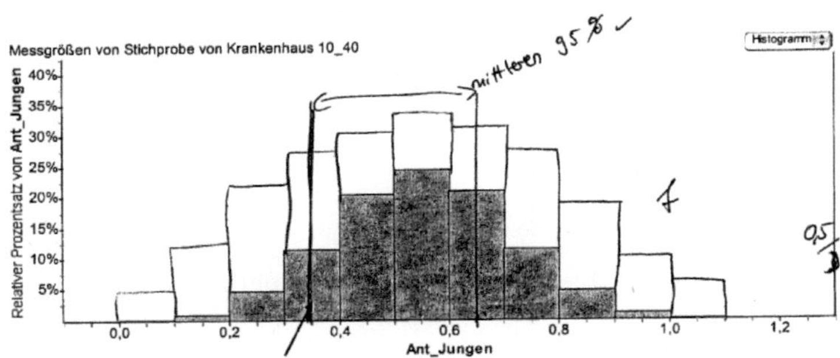

Abb. 7.86 Zuwachs in allen Säulen für *n = 40*, Teilaufgabe b) (TAVI23)

Der Fehler *„Zuwachs in allen Säulen"* lässt sich durch die von den Schülern höchstwahrscheinlich vorgenommene Um-Skalierung der senkrechten Achse in absolute Häufigkeiten erklären. Sowohl das Skizzieren einer zu $n = 10$ gleichen Verteilung (für $n = 40$) als auch das Skizzieren einer Verteilung mit Zuwachs in allen Säulen für $n = 40$ (gegenüber $n = 10$) lassen sich dem Phänomen der universellen Stichprobenverteilung zuordnen (vgl. Kap. 3.2.3). Kahneman und Tversky (1972) hatten dieses Problem bereits bei ihren Studien zu subjektiven Stichprobenverteilungen erkannt. Es ist durchaus positiv zu vermerken, dass nach dem Einführungskurs nur noch etwa ein Fünftel der Schüler diesem Phänomen der universellen Stichprobenverteilung unterliegen.

Detailanalyse zu den Begründungen

Im Folgenden soll die Reichhaltigkeit der Schülerbegründungen in Bezug auf den Phänomenkomplex des empirischen Gesetzes der großen Zahlen genauer analysiert werden. Dazu wurden alle 22 Schülerlösungen, die mit voller Punktzahl bei Teilaufgabe b) bewertet wurden, nach dem Näherungsaspekt und dem Genauigkeitsaspekt kategorisiert. Dabei konnten vier Kategorien unterschieden werden:

A. Näherungsaspekt:

„Bei mehr Geburten pendelt sich nach dem Gesetz der großen Zahl das Ergebnis immer mehr bei der „echten" Wahrscheinlichkeit 0,5 ein..." (KAFR22)

B. Genauigkeitsaspekt – qualitative Argumentation:

„... d. h. die Ränder nehmen ab und die Ballung um 0,5 zu." (KAFR22)

C. Genauigkeitsaspekt Abnahme der Breite des 95 %-Prognoseintervalls:

„Die mittleren 95 % des Intervalls des großen Krankenhauses liegen wesentlich dichter zusammen..." (INWE25)

D. Genauigkeitsaspekt – feste Intervallbreite:

„...Zwischen 0,4 und 0,6 häufen sich die Geburten. Grenzfälle, also Anteile der Jungen kleiner als 0,4 und (*Anm. größer*) als 0,6 treten weniger auf (kleinere relative Häufigkeiten)." (CHRO24)

In der nachfolgenden Tabelle sind die Schülerbegründungen aufgeführt und den Kategorien A bis D zugeordnet worden. Es ist sehr positiv, dass sich viele Begründungen auf mehrere Kategorien beziehen. Möglicherweise trägt das Aufgabenformat „Verteilungsskizze" dazu bei, dass Schüler gerade auch den Genauigkeitsaspekt verstärkt in den Blick nehmen (Abb. 7.87).

Kennung	Schülerbegründung zu Teilaufgabe b)	A	B	C	D
BAKL24	Die Streuung der Werte verringert sich, weil je größer die Messgröße wird (*Anm. gemeint ist der Umfang der Stichprobe*), umso näher kommt die Zufallsgröße dem Erwartungswert. Die Randextreme werden also weniger und im Bereich von 0,5 nimmt die Konzentration zu.	x	x	-	-
CHRO24	Da das Krankenhaus größer ist, nähert sich die relative Häufigkeit dem theoretischen Wert eines Anteils der Jungen von 0,5 an. Daraus resultiert, dass sich der Anteil der geborenen Jungen am theoretischen Wert bündelt. Zwischen 0,4 und 0,6 häufen sich die Geburten. Grenzfälle, also Anteile der Jungen kleiner als 0,4 und (*Anm. größer fehlt*) als 0,6 treten weniger auf (kleinere relative Häufigkeiten).	x	x	-	x
INWE25	Die mittleren 95 % des Intervalls des großen Krankenhauses liegen wesentlich dichter zusammen, d. h. die mittleren Säulen „wachsen", die anderen „schrumpfen".	-	x	x	-
IRFR13	Nach dem Gesetz der großen Zahlen nähert sich die relative Häufigkeit immer mehr an die Wahrscheinlichkeit und somit verschiebt sich die relative Häufigkeit immer mehr Richtung 0,5 und die Randextreme werden immer kleiner.	x	x	-	-
KAFR22	Bei mehr Geburten pendelt sich nach dem Gesetz der großen Zahl das Ergebnis immer mehr bei der „echten" Wahrscheinlichkeit 0,5 ein, d. h. die Ränder nehmen ab und die Ballung um 0,5 zu.	x	x	-	-
MAPE30	Bei dem großen Krankenhaus werden bekanntlich mehr Kinder geboren. Folglich (nach dem Gesetz der großen Zahl) nähert sich die relative Häufigkeit der Wahrscheinlichkeit an, d. h. die 0,5-Säule wächst, während die anderen schrumpfen.	x	x	-	-
PEUD16	Die Ws, dass Ant_Jungen 0,5 ist, ist höher nach dem Gesetz der großen Zahl, da sich der relative Wert dem theoretischen Wert von 50 % immer mehr annähert. Außerdem ist die Konzentration der mittleren 95 % bei 40 statt 10 Proben stärker ($1/\sqrt{n}$-Gesetz).	x	-	x	-
REKA05	Umso mehr Kinder geboren werden, umso mehr verdichten sich die Ergebnisse um den Erwartungswert von 0,5 -> Gesetz der großen Zahlen.	x	-	-	-
ULIR12	Meine Skizze soll verdeutlichen, dass sich im großen Krankenhaus der Anteil von Jungen dem theoretischen Wert von 0,5 annähert. Das ist so aufgrund des Gesetzes der großen Zahlen.	x	-	-	-
BIWE03	Wie das Gesetz der großen Zahlen besagt, sammeln sich die Werte immer mehr Richtung 50 %, was hier 0,5 darstellt. Damit werden de Säulen die von 0,5 entfernt sind, kleiner und die in der Nähe wachsen.	x	x	-	-
ELFR16	Der größte Anteil muss bei 0,5 liegen, da nach dem Gesetz der großen Zahlen der Wert sich 50 % annähern müsste, dass entweder ein Junge oder ein Mädchen geboren wird. Desweiteren müsste der Anteil für kleiner 0,4 und größer 0,7 oder 0,8 abnehmen, da bei zunehmender Anzahl an Geburten die mittlere 95 %-Regel gilt ($1/\sqrt{n}$), dass das Intervall immer kleiner wird.	x	x	x	x

ILED13	Bei häufigerer Wiederholung nähert es sich immer mehr dem theoretischen Ergebnis 0,5 an. Ausreißer werden unwahrscheinlicher. (Gesetz der großen Zahlen).	x	x	-	-
MAEC26	Das Gesetz der großen Zahlen. Da die Wahrscheinlichkeit für einen Jungen bei 50 % liegt, und 40 Kinder geboren wurden, also mehr als im kleinen Krankenhaus, muss die Geburtenanzahl (*Anm. der Anteil ist gemeint*) der Jungen immer mehr dem Idealwert 0,5 entsprechen.	x	-	-	-
MAHE19	Es werden sich mehr Werte in der Mitte um 0,5 befinden und die Verteilung Richtung 0 und Richtung 1 wird niedriger werden. Das besagt das Gesetz der großen Zahlen, dass, wenn man mehr Stichproben durchführt, desto eher wird es sich an den theoretischen Wert annähern und desto weniger „Ausreißer" gibt es.	x	x	-	-
SAHO01	Dem Gesetz der großen Zah zufolge fällt die Schwankung im großen Krankenhaus geringer aus. D. h. die Werte werden näher um den theoretisch zu erwartenden Wert von 0,5 pendeln.	x	-	-	-
NAAB17	Da es beim kleinen Krankenhaus nur 10 Geburten gibt, gibt es Schwankungen. Beim großen Krankenhaus werden 40 Kinder geboren, somit rückt dort de Wert viel näher an den theoretischen Wert (Gesetz der großen Zahl).	x	-	-	-
MAHE10	Die Ausreißer werden kleiner und der „echte Wert" von 50 % wird angestrebt.	x	x	-	-
KAHE02	Durch das „Gesetz der großen Zahlen" kann man die „Randgrößen" immer mehr vernachlässigen. Je mehr Kinder man hat, nähert sich immer alles der Mitte nach → Verschiebung.	x	x		
JURE11	Nach dem „Gesetz der großen Zahlen" wird sich der ausgerechneten Wahrscheinlichkeit immer mehr angenähert, je mehr Versuche man durchführt. Daher ist di Spannbreite des Intervalls beim großen Krankenhaus geringer und es gibt eine größere Prozentzahl, die 0,5 erreicht.	x	x	x	-
IRAL26	Am großen Krankenhaus gibt es mehr Geburten, d. h. das dort das Gesetz der großen Zahlen gilt: Je mehr Geburten wir haben, desto näher kommt es (*an*) den theoretischen Wert heran.	x	-	-	-
GUKL23	Gesetz der großen Zahlen: (*Je*) öfter die Versuchsanzahl umso „mittiger" müssen die Ergebnisse sein.	-	x	-	-
LIBO11	Entsprechend dem Gesetz der großen Zahl nähern sich die Werte dem Idealwert an. Außerdem wird die Streuung geringer. Es gibt keine „Ausreißer" mehr.	x	x	-	-

Abb. 7.87 Schülerbegründungen Teilaufgabe b)

7.4.4 Analysen zu Teilaufgabe c)

Die Schüler hatten in Teilaufgabe c) den Auftrag, das Intervall der mittleren 95 % für das große Krankenhaus rechnerisch mit Hilfe des $1/\sqrt{n}$-Gesetzes zu bestimmen. Volle Punktzahl (2 Punkte) gab es, wenn der Rechenweg erkennbar war und das Intervall korrekt angegeben wurde (vgl. Abb. 7.88).

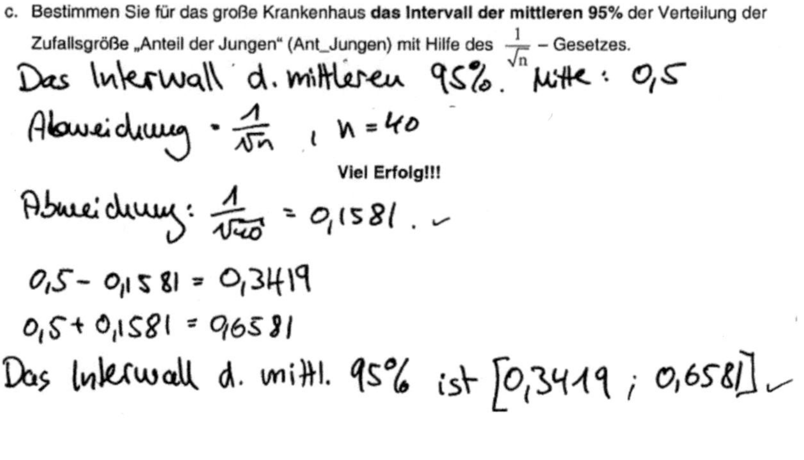

c. Bestimmen Sie für das große Krankenhaus **das Intervall der mittleren 95%** der Verteilung der Zufallsgröße „Anteil der Jungen" (Ant_Jungen) mit Hilfe des $\frac{1}{\sqrt{n}}$ – Gesetzes.

Das Interwall d. mittleren 95%. Mitte: 0,5

Abweichung $\cdot \frac{1}{\sqrt{n}}$, $n = 40$

Viel Erfolg!!!

Abweichung: $\frac{1}{\sqrt{40}} = 0{,}1581$. ✓

$0{,}5 - 0{,}1581 = 0{,}3419$

$0{,}5 + 0{,}1581 = 0{,}6581$

Das Interwall d. mittl. 95% ist $[0{,}3419 ; 0{,}6581]$ ✓

Abb. 7.88 Korrekte Schülerlösung für Teilaufgabe c)

In der Schülerlösung von Abb.7.88 wird der Wert der Streuung durch Einsetzen von $n = 40$ rechnerisch ermittelt, zu 0,5 hinzuaddiert bzw. von 0,5 abgezogen und mit diesen Werten das Intervall der mittleren 95 % angegeben. Abb. 7.89 zeigt die Häufigkeitsverteilung der Punkte für Teilaufgabe c).

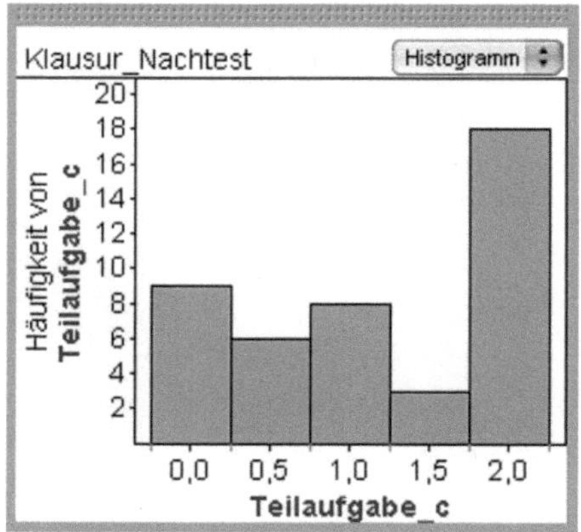

Abb. 7.89 Häufigkeitsverteilung der erreichten Punkte für Teilaufgabe c)

Von den 44 Schülern haben 18 Schüler die volle Punktzahl auf diese Teilaufgabe erhalten. Andererseits haben neun Schüler überhaupt keine Punkte auf diese Teilaufgabe bekommen, acht dieser neun Schüler haben diese Teilaufgabe nicht bearbeitet. Die bereits in den vorangegangenen Teilaufgaben beobachtete Bimodalität in der Verteilung setzt sich (wenn auch nicht ganz so ausgeprägt) auch in Teilaufgabe c) fort. Im Folgenden seien weitere Schülerlösungen als Ankerbeispiele für die Punktevergabe angeführt.

Eine **Bewertung mit 1,5 Punkten** für Teilaufgabe c) haben drei Schüler erhalten. Zwei Schüler haben das Intervall nicht mit angegeben (Abb.7.90) und der dritte Schüler hat mit $n = 20$ gerechnet.

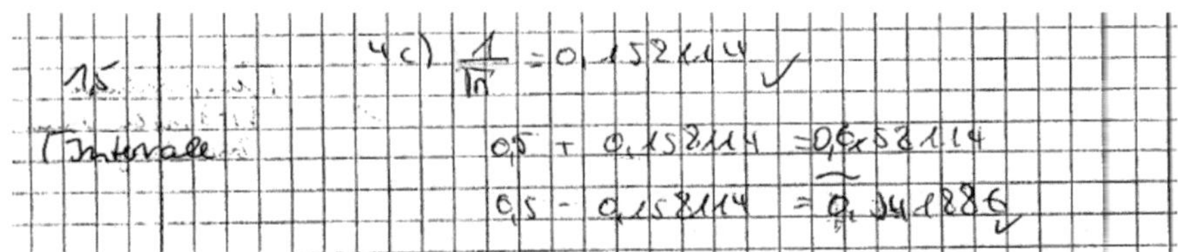

Abb. 7.90 Schülerlösung mit 1,5 Punkten bewertet, Teilaufgabe c)

Eine **Bewertung mit 1 Punkt** für Teilaufgabe c) haben acht Schüler erhalten Typischerweise wurde ein Punkt abgezogen, wenn durch die Schüler gravierende Fehler in der Berechnung gemacht wurden (vgl. Abb. 7.91).

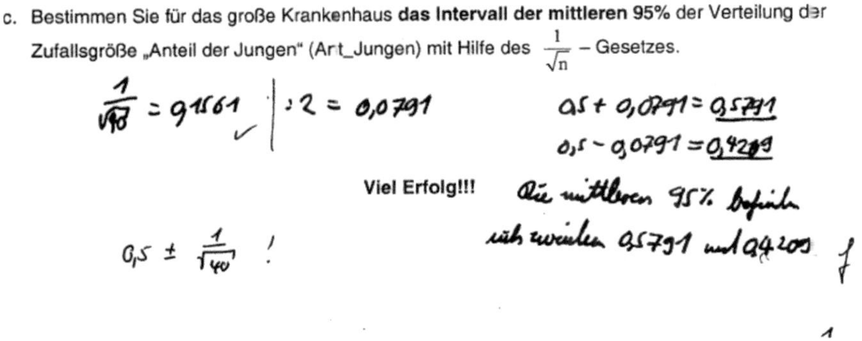

Abb. 7.91 Schülerlösung mit 1 Punkt bewertet, Teilaufgabe c)

Der Schüler hat die ermittelte Streuung noch einmal durch 2 geteilt. Möglicherweise war er der Annahme, dass durch $1/\sqrt{40}$ die Breite ermittelt wird.

Eine **Bewertung mit 0,5 Punkten** haben sechs Schüler erhalten. Dies ist der Fall, wenn ein bewertbarer Lösungsansatz erkennbar war (vgl. Abb. 7.92).

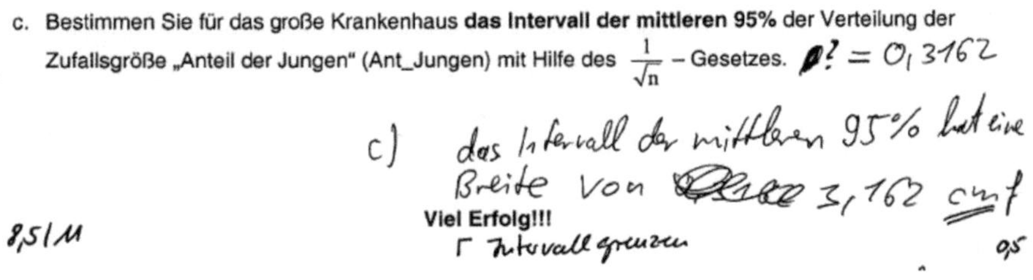
c. Bestimmen Sie für das große Krankenhaus **das Intervall der mittleren 95%** der Verteilung der Zufallsgröße „Anteil der Jungen" (Ant_Jungen) mit Hilfe des $\frac{1}{\sqrt{n}}$ – Gesetzes. ?= 0,3162

c) das Intervall der mittleren 95% hat eine Breite von 3,162 cm

Viel Erfolg!!!

Γ Intervallgrenzen

0,5

Abb. 7.92 Punkte - Schülerlösung mit 0,5 Punkten bewertet, Teilaufgabe c)

Der Schüler hat die korrekte Breite des Intervalls der mittleren 95 % angegeben. Allerdings ist unklar, woher er diesen Wert hat, und falsch ist eine Übertragung auf ein Längenmaß. Andere Schüler ermitteln nur die Streuung für $n = 40$ oder für andere n wie $n = 10$ oder $n = 20$ über das $1/\sqrt{n}$–Gesetz.

Auch bei dieser Teilaufgabe hätte man durch die Behandlung des $1/\sqrt{n}$–Gesetzes im Einführungskurs eine höhere Lösungsrate erwarten können. Interessant ist, dass einige Schüler ihre Ergebnisse zu Teilaufgabe c) wieder auf die Skizze in Teilaufgabe b) beziehen und im Histogramm den Bereich der mittleren 95 % kennzeichnen, den sie rechnerisch ermittelt haben. In der ursprünglichen Aufgabenstellung war dies nicht verlangt. Vielleicht sollte man aber diesen Aspekt in einer modifizierten Aufgabenstellung aufgreifen:

Bestimmen Sie für das große Krankenhaus das Intervall der mittleren 95 % der Verteilung der Zufallsgröße „Anteil der Jungen" (Ant_Jungen) mit Hilfe des $1/\sqrt{n}$–Gesetzes rechnerisch. Kennzeichnen Sie dieses Intervall in Ihrer Verteilungsskizze (Teilaufgabe b.).

7.4.5 Zusammenfassung

Die in den vorangegangenen Unterkapiteln 7.4.1 bis 7.4.4 analysierte Aufgabe 4 war als GESIM-Leistungstest zum Einführungskurs im Rahmen einer Klausur konzipiert worden. Die Klausur bestand insgesamt aus vier Aufgaben. Es konnten 50 Punkte erreicht werden, für Aufgabe 4 waren 11 Punkte zu erreichen. Für das Design der Aufgabe war entscheidend, dass auf wesentliche Elemente des Einführungskurses, nämlich auf das Simulationsplanschema und auf die Charakteristik von Verteilungen im Zusammenhang mit dem Phänomenkomplex des empirischen Gesetzes der großen Zahlen, Bezug genommen werden sollte. Dazu erschien eine Aufgabenstellung im Kontext zum *maternity ward problem* als besonders geeignet. Aufgabe der Schüler war es:

- in Teilaufgabe a) ein teilausgefülltes Simulationsplanschema zu vervollständigen,

- in Teilaufgabe b) eine Häufigkeitsverteilung für $n = 40$ zu einer vorgegebenen Häufigkeitsverteilung ($n = 10$, $p = 0{,}5$) zu skizzieren und zu begründen und

- in Teilaufgabe c) das Intervall der mittleren 95 % für $n = 40$ rechnerisch mit Hilfe des $1/\sqrt{n}$–Gesetzes zu bestimmen (95 %-Prognoseintervall für relative Häufigkeiten).

Die mittlere Lösungsrate für Aufgabe 4 lag bei 62 % (für $n = 44$ Schüler). Das ist in etwa vergleichbar mit dem Ergebnis von 8,3 Notenpunkten für die gesamte Klausur. Allerdings zeigen die Punkteverteilungen für alle drei Teilaufgaben eine deutliche Bimodalität zwischen nahezu vollständiger Punktzahl und Null Punkten. Die wesentlichen Ergebnisse der Analysen zu den Teilaufgaben a) bis c) seien hier noch einmal zusammenfassend im Überblick dargestellt.

Zu Teilaufgabe a)

Die mittlere Lösungsrate für Teilaufgabe a) lag bei 65 %. Beim Ausfüllen des Simulationsplanschemas ist den Schülern besonders der Schritt „[3] Messgrößen festlegen" schwer gefallen. Die mittlere Lösungsrate von 53 % für diesen Simulationsschritt fällt deutlich gegenüber den anderen Teilschritten ab. Als Grund konnten drei hauptsächliche Fehlerquellen ermittelt werden (vgl. auch Abb. 7.77):

    o Die Bearbeitung erfolgt für die Messgröße Anzahl der Jungen (8 Schüler).

    o Die Verwechselung von Messgröße und Merkmal führt zu falschen Ausprägungen der Messgröße (6 Schüler).

    o Das Argument der Messgrößenformel wird unvollständig oder falsch angegeben (12 Schüler).

Darüber hinaus bearbeiten sieben Schüler diesen Simulationsschritt nicht bzw. nicht vollständig. Im Grunde bestätigen diese Ergebnisse damit die bereits in den Schülerarbeitsphasen des Einführungskurses analysierten Probleme und Schwierigkeiten im Umgang mit Messgrößen. Es wäre sicher hilfreich, wenn das Messgrößenkonzept nach dem Einführungskurs in den „normalen" Unterricht integriert werden würde. Das sollte auch für das Simulationsplanschema gelten. Möglicherweise würde ein systematischerer Einsatz von Simulationsplanschema und ausgearbeiteten Lösungsbeispielen (worked examples) zu noch besseren Ergebnissen führen. Denkbar wäre eine Mappe mit solchen worked examples, die sich jeder Schüler anlegen könnte, um bei Bedarf darauf zurückgreifen zu können.

Zu Teilaufgabe b)

Die mittlere Lösungsrate für Teilaufgabe b) lag bei 57 %. Positiv ist zu konstatieren, dass etwa ein Drittel der Schüler (15 von 44) die volle Punktzahl bei dieser Teilaufgabe erreicht haben. Allerdings waren die Maßstäbe an die Verteilungsskizze nicht so streng gesetzt. Hätte man die Kriterien Symmetrie, Säulenhöhe und Anzahl der Säulen mit einbezogen, wäre das Ergebnis etwas schlechter ausgefallen. Durch den Einführungskurs scheinen zwei wesentliche Ergebnisse erreicht worden zu sein:

- Die Schüler sind für den *sample size effect* sensibilisiert worden. Nur bei acht Schülern trat das Phänomen der universellen Stichprobenverteilung als Fehler auf.

- Der Fokus in den Begründungen liegt nicht mehr nur allein auf dem Näherungsaspekt. Die Schüler führen in ihren Begründungen zunehmend auch Verteilungsaspekte mit auf, die sich dem Genauigkeitsaspekt des *empirischen Gesetzes der großen Zahlen* zuordnen lassen.

Zu Teilaufgabe c)

Die mittlere Lösungsrate für Teilaufgabe c) lag bei 59 %. Positiv ist zu konstatieren, dass ca. 40 % der Schüler (18 von 44) die volle Punktzahl bei dieser Teilaufgabe erreicht haben. Andererseits haben ein Drittel der Schüler weniger als die Hälfte der Punkte erreicht. Unter diesen Schülern haben acht diese Teilaufgabe nicht bearbeitet. Möglicherweise lässt sich das Ergebnis dadurch erklären, dass das $1/\sqrt{n}$-Gesetz relativ knapp gegen Ende des Einführungskurses behandelt wurde (vgl. Kap. 5.9) und dann nicht in dem erforderlichen Maße in den weiteren Unterrichtsgang integriert wurde.

8 Zusammenschau, Diskussion und Ausblick

Das GESIM-Konzept als Einführungskurs in die Stochastik der Sekundarstufe II in der hier vorliegenden Version 2.0 ist eine Weiterentwicklung des Simulationsvorkurses von Meyfarth (2006, 2008b). Die Materialien zum GESIM-Konzept wurden in der Arbeitsgruppe gemeinsam entwickelt und beinhalten neben den Unterrichtsmaterialien auch einen didaktisch-methodischen Lehrerleitfaden für die ersten vier Wochen eines Stochastikkurses. Das Lernen stochastischer Inhalte ist dabei verknüpft mit dem Erwerb von Simulationskompetenzen und dem Erlernen des Umgangs mit der dynamischen Werkzeugsoftware FATHOM. Durch die Fokussierung auf Simulationen und den Phänomenkomplex *empirisches Gesetz der großen Zahlen* kann das Wissen über Verteilungen von Beginn an systematisch aufgebaut werden. Zur Unterstützung von Modellierungs- und Simulationsaktivitäten im Zusammenhang mit der Simulationsmethode *Simulation durch Stichprobenziehen* werden im GESIM-Konzept die videounterstützte Lernumgebung eFATHOM, Simulationsplanschemata und worked examples[193] eingesetzt (vgl. Kap. 2.1). Für die Weiterentwicklung des Einführungskurses im Sinne des *Design-Based Research* wurden folgende Fragen, die auf den Vorerfahrungen bisheriger Studien wie Meyfarth (2008b) und Maxara (2009) beruhen, formuliert[194]:

Forschungsfragen für das Design der Lernsequenz:

- Wie kann das Erlernen der Werkzeugsoftware FATHOM effektiver gestaltet werden?
- Wie kann man die Schüler beim Erlernen der typischen Schrittfolge einer Simulation optimaler unterstützen?
- Wie können das kooperative Lernen am Computer und die Besprechungen im Plenum ausgestaltet werden, um zur Institutionalisierung neuen Wissens beizutragen?
- Wie kann man den Aufbau von Arbeitsblättern gestalten, um den Fokus der Schüler von technischen Aspekten der Realisierung einer Simulation mit FATHOM mehr auf inhaltliche Aspekte zu lenken?
- Wodurch lässt sich ein tieferes Verständnis für die wechselseitigen Beziehungen von Simulationsergebnissen und theoretischen Aspekten der Stochastik entwickeln?

---

[193] Worked examples sind ausgearbeitete Lösungsbeispiele, vgl. auch Renkl (1997, 2002).

[194] Vgl. Biehler & Prömmel (2010).

Auf Basis dieser Fragen wurden verschiedene Design-Elemente entwickelt, die dem GESIM-Konzept seine spezifische strukturelle und inhaltliche Prägung geben. Nachfolgend seien diese im Überblick aufgeführt[195]:

Für einen effektiven Einstieg in die Werkzeugsoftware FATHOM wurde die Lernumgebung eFATHOM (Hofmann 2007, 2010)[196] entwickelt und in das GESIM-Konzept integriert. Im Sinne eines selbstregulativen Lernens können sich die Schüler in ihrer Hausaufgabenzeit mit grundlegenden Elementen der Werkzeugsoftware vertraut machen. Die vier Module umfassen Aspekte der Datenanalyse und der Simulation und benötigen insgesamt etwa vier Stunden Lernzeit.

Zum Erlernen der Simulationsmethode *Simulation durch Stichprobenziehen* wurde ein Simulationsplanschema entwickelt. Dieses Schema unterstützt die Simulationsaktivitäten der Schüler bei der Planung, Orientierung und Dokumentation einer Simulation. Das Schema spiegelt die typische Abfolge der Simulationsschritte wieder und kann ausgefüllt als ausgearbeitetes Lösungsbeispiel dienen.

Die ASPB-Struktur im GESIM-Konzept sorgt für ein ausgewogenes Verhältnis von Schülerarbeitsphasen und Phasen der Präsentation und Besprechung im Plenum. Gerade die Plenums-Phasen sind wichtig, um das isolierte Wissen der Lerndyaden aus den Schülerarbeitsphasen mit der gesamten Lerngruppe teilen und vertiefen zu können.

Das Design der Arbeitsblätter für die Schülerarbeitsphasen wurde geändert. Verschiedene inhaltliche Aktivitäten wurden in Teilaufgaben formuliert, wie Aktivitäten für die Planung der Arbeit, der Aufbau von Erwartungshaltungen, die Interpretation der Simulationsergebnisse und Aktivitäten zur Problematisierung der Genauigkeit von Simulationen.

Im GESIM-Konzept wurden die Beziehungen von theoretischen Aspekten zur Wahrscheinlichkeit und deren Schätzung durch relative Häufigkeiten inhaltlich umgesetzt: 1) Die wechselseitigen Beziehungen von kombinatorischen Elementen und Simulationen wurden explizit thematisiert, 2) für die Abschätzung der Genauigkeit von Simulationen wurden frühzeitig Faustregeln kommuniziert und 3) Aktivitäten zum $1/\sqrt{n}$-Gesetz wurden in das Konzept integriert, um bereits zu Beginn des Stochastikkurses eine breite Erfahrungsbasis für den Phänomenkomplex des *empirischen Gesetzes der großen Zahlen* zu schaffen.

---

[195] Vgl. Kapitel 2.1 in dieser Arbeit.

[196] URL: http://eFATHOM.math.uni-paderborn.de/.

8.1 Zusammenschau der Ergebnisse der Teilstudien

Das GESIM-Konzept wurde als *Design-Based Research* Studie in zwei Leistungskursen Mathematik mit insgesamt 50 Schülern im Februar/März 2003 im laufenden Stochastikunterricht umgesetzt und wissenschaftlich begleitet. Die umfangreiche Studie wurde durch die Zusammenarbeit der Arbeitsgruppe Biehler mit den Lernpsychologen M. Hänze und F. Schmidt-Weigand von der Universität Kassel und den Lehrpersonen vor Ort vorbereitet sowie mit Unterstützung von Studenten in deren Schulpraktischen Studien und weiteren studentischen Hilfskräften durchgeführt. Folgende Forschungsfragen waren maßgebend für wissenschaftliche Untersuchungen zu diesem Projekt:

Forschungsfragen für die empirische Begleitstudie:

- Ist der Einführungskurs in dem angestrebten Sinn unterrichtbar?
- Wo liegen Schwierigkeiten und Probleme in der Struktur des Kurses?
- Wo liegen Schwierigkeiten und Probleme in den Schülerarbeitsphasen?
- Wie beeinflusst das Simulationsplanschema die Arbeit der Schülerpaare?
- Wie können Schülerkompetenzen hinsichtlich des Umgangs mit FATHOM, des Aufbaus von Simulationen und des stochastischen Wissens ermittelt und beschrieben werden?
- Welchen Lernzuwachs haben die Schüler durch den Einführungskurs?

Auf der Basis dieser Forschungsfragen wurden Daten erhoben, die als Grundlage für eine genaue Analyse des GESIM-Konzeptes dienten:[197]

- Vor- und Nachtest zu allgemeinen stochastischen Kompetenzen,
- GESIM-Leistungstest in der Klausur des Kurses,
- Stundenprotokolle aller 15 Unterrichtsstunden,
- Audio- und Videoaufzeichnungen aller Schülerarbeitsphasen,
- Arbeitsblätter, Simulationspläne und FATHOM-Dateien der Schüler.

Die hier vorliegende Arbeit hat auf unterschiedlichen Ebenen und mit verschiedenen Untersuchungsmethoden versucht, Antworten auf diese sechs Forschungsfra-

---

[197] Ein Verzeichnis der erhobenen Daten findet sich in Kapitel 10. Sämtliche Daten der empirischen Begleitstudie, die in der vorliegenden Arbeit analysiert wurden, sind entweder im OnlinePLUS Programm unter www.Springer-Spektrum.de/Buch/978-3-658-00593-1/Das-GESIM-Konzept verfügbar oder können per E-Mail über den Autor angefordert werden.

gen zu finden. Dazu wurde die empirische Begleitstudie durch vier Teilstudien analysiert: [198]

- Teilstudie *Feasibility*,
- Teilstudie Simulationsmethode *Simulation durch Stichprobenziehen*,
- Teilstudie *sampling distribution* und *sample size effect*,
- Teilstudie *Lernzuwachs*.

Der Einführungskurs selbst wurde in der Teilstudie *Feasibility* durch die Forschungsfragen: *„Ist der Einführungskurs in dem angestrebten Sinn unterrichtbar?"* und *„Wo liegen Schwierigkeiten und Probleme in der Struktur des Kurses?"*, untersucht.

Die Schülerarbeitsphasen innerhalb des Einführungskurses wurden durch die Teilstudien Simulationsmethode *Simulation durch Stichprobenziehen* und *sampling distribution* und *sample size effect* anhand der folgenden drei Forschungsfragen analysiert:

- *Wo liegen Schwierigkeiten und Probleme in den Schülerarbeitsphasen?*
- *Wie beeinflusst das Simulationsplanschema die Arbeit der Schülerpaare?*
- *Wie können Schülerkompetenzen hinsichtlich des Umgangs mit FATHOM, des Aufbaus von Simulationen und des stochastischen Wissens ermittelt und beschrieben werden?*

Die Auswirkungen des Einführungskurses auf das grundlegende stochastische Wissen und auf das GESIM-spezifische Wissen der Schüler wurde mit der Teilstudie *Lernzuwachs* unter der Forschungsfrage: *„Welchen Lernzuwachs haben die Schüler durch den Einführungskurs?"*, untersucht.

Die Ergebnisse der Analysen der verschiedenen Teilstudien, auch über die einzelnen Teilstudien hinweg, werden im Folgenden zusammenfassend beschrieben.

---

[198] Zur Erläuterung der Teilstudien vgl. Kapitel 4.3.

Ergebnisse der Teilstudie *Feasibility*

Die Forschungsfragen: „*Ist der Einführungskurs in dem angestrebten Sinn unter-richtbar*" und „*Wo liegen Schwierigkeiten und Probleme in der Struktur des Kurses?*", lassen sich an der unterrichtlichen Umsetzung des instruktionalen Designs und dessen Akzeptanz von Schülern und Lehrern bemessen.

Die Lernumgebung eFATHOM hat sich als effektives Mittel erwiesen, um in Hausarbeit den Umgang mit der Werkzeugsoftware FATHOM schrittweise in vier Modulen zu erlernen. So konnte die begrenzte Unterrichtszeit für andere inhaltliche Aktivitäten und Aufgaben genutzt werden. Bis auf wenige Ausnahmen haben alle beteiligten Schüler durchgängig alle Module bearbeitet. Dies spricht auch für einen hohen Grad an Selbständigkeit und selbstorgansiertem Lernen. Im Abschlussgespräch mit den Schülern wurde vereinzelt Kritik an der teilweise kleinschrittigen Vorgehensweise in den Videos der Lernumgebung eFATHOM geäußert.

Das Simulationsplanschema und die ausgearbeiteten Lösungsbeispiele für die *Simulation durch Stichprobenziehen* wurden durch Schüler und Lehrer als Instrumente zum Erlernen dieser Simulationsmethode akzeptiert und in verschiedene Phasen des Unterrichts einbezogen. Sie wurden sowohl in Schülerarbeitsphasen als auch in Präsentations- und Besprechungsphasen in ihren unterschiedlichen Funktionen, als Planungs-, Orientierungs- bzw. Dokumentationsinstrument, verwendet. Das Simulationsplanschema und die ausgearbeiteten Lösungsbeispiele haben dazu beigetragen, dass die Schüler die typischen Schritte einer komplexen Simulation und deren Umsetzung mit FATHOM tiefgründiger erlernten. Die Entwicklung prozeduralen Wissens der Simulation konnte dadurch leichter mit konzeptuellen Wissenselementen verknüpft werden (vgl. Kap. 5.6 und Kap. 5.7).

Die ASPB-Struktur als methodisches Unterrichtsdesign des Einführungskurses hat sich bewährt. Einzelne Phasen wurden jedoch bei der Planung in ihrem Zeitbedarf unterschätzt. Die Lehrpersonen haben, wenn nötig, die unterrichtliche Umsetzung der Phasen geeignet modifiziert und den Bedürfnissen ihres Kurses angepasst. Für die Bausteine 1 bis 6 kann man konstatieren, dass die zugehörigen ASPB-Phasen in beiden Kursen durchlaufen wurden. Die Phasen in Baustein 7 konnten aus Zeitgründen in einem Kurs nur teilweise und in dem anderen Kurs gar nicht realisiert werden (vgl. Abb. 5.49).

Der Ansatz, prozessorientierte Arbeitsblätter zu entwickeln, die online- und off-line-Aktivitäten geeignet miteinander verknüpfen, scheint ein möglicher Weg zu sein, um den Fokus der Schüler nicht nur auf die technische Realsierung einer Simulation zu richten. Gerade der Aufbau von Erwartungshaltungen durch Aktivitäten wie begründetes Schätzen oder Skizzieren von möglichen Verteilungen trug dazu bei, Simulationen bewusst in einem Wechselspiel von theoretischen Überlegungen und experimentell gewonnenen Ergebnissen zu verorten. Hinsichtlich des

Designs der Arbeitsblätter wurde bei der unterrichtlichen Umsetzung in Details Optimierungsbedarf festgestellt (vgl. Kap. 5.8).

Der Phänomenkomplex des *empirischen Gesetzes der großen Zahlen* spielt in der inhaltlichen Ausrichtung des Einführungskurses eine entscheidende Rolle. Die Ergebnisse von Aktivitäten und Aufgaben zu verschiedenen Aspekten des Phänomenkomplexes belegen, dass ein Großteil der Schüler angemessenes konzeptuelles Wissen über die wechselseitigen Beziehungen von Simulationsergebnissen und theoretischen Aspekten der Stochastik entwickelt hat und dies auch in entsprechenden Situationen adäquat anwenden kann (vgl. Kap. 5.8 und Kap. 5.9).

Ergebnisse der Teilstudie Simulationsmethode *Simulation durch Stichprobenziehen*

Ziel dieser Teilstudie war eine möglichst genaue Analyse der Schülerkompetenzen bezüglich der komplexen Simulationsmethode *Simulation durch Stichprobenziehen*. Grundlage dieser Untersuchung bildete die Schülerarbeitsphase der Unterrichtseinheit U10-11. Diese Unterrichtseinheit schloss sich für beide Kurse unmittelbar an die Hausaufgabenbearbeitung von Modul 4 von eFATHOM an, in der sich die Schüler diese Simulationsmethode aneignen konnten. Mit einem speziellen Forschungsdesign wurden der Bearbeitungsprozess und die Lösungsqualität von zwei Simulationsaufgaben erforscht: Die Schüler der beiden Kurse wurden jeweils in zwei Gruppen aufgeteilt, in eine konsekutive Gruppe mit einer offline-Planungsphase und in eine integrative Gruppe, die sich sofort an die Computer begeben konnte. Die Schüler arbeiteten jeweils in Lerndyaden zusammen. Die konsekutive Gruppe hatte den Auftrag, in ihrer offline-Planungsphase das Simulationsplanschema in Partnerarbeit soweit wie möglich auszufüllen. Die integrative Gruppe sollte das Simulationsplanschema nebenher während der Computerarbeitsphase ausfüllen.

Innerhalb der Teilstudie wurden folgende Analysen durchgeführt:

A. Eine *Produktanalyse* der Schülerarbeitsphase, in der die Lösungsqualität der Simulationsdateien und des Simulationsplanschemas analysiert wurden.

B. Eine *handlungsbezogene Prozessanalyse* der Schülerarbeitsphase, in der das prozedurale Wissen der Lerndyaden bezüglich der Simulation durch Stichprobenziehen analysiert wurde.

C. Eine *kommunikationsbezogene Prozessanalyse* der Schülerarbeitsphase, in der unter spezifischen Analysefragen die Verständigung zu bestimmten Wissenskonzepten innerhalb der Lerndyaden analysiert wurde.

Zu A: Die Analyse der Produktqualität hat ergeben, dass sowohl die konsekutiven Lerndyaden als auch die integrativen Lerndyaden beide Simulationsaufgaben sehr gut bewältigt haben. Bei den FATHOM-Dateien lag die Lösungsrate bei 93 % (konsekutiv) und 91 % (integrativ). Die analysierten Simulationspläne lagen in ihrer Bearbeitungsqualität mit jeweils ca. 75 % Lösungsrate deutlich darunter.

Zu B: Aus der handlungsbezogenen Analyse des Lösungsprozesses der Schülerarbeitsphase am Computer lassen sich die folgenden Ergebnisse formulieren: Die Handlungsporträts der Lerndyaden zeigen, dass die Schülergruppen mit offline-Planungsphase in der Tendenz über ein sicheres prozedurales Wissen verfügen, mit dem sie die Simulationen entlang der Simulationsschritte konsequent umsetzen konnten. Die Lerndyaden, die sich sofort an den Computer begeben hatten, zeigen in der Tendenz ein eher exploratives und unsystematischeres Vorgehen. Einzelne Simulationsschritte wurden bei den integrativen Lerndyaden öfter übersprungen bzw. mussten wiederholt werden, die Verweildauer in einzelnen Simulationsschritten war z. T. höher. Dies zeigt sich auch in der Analyse der problemhaften Phasen bzw. der Hilfen von außen: Die integrativen Lerndyaden weisen im Vergleich zu den konsekutiven Lerndyaden etwa doppelt soviel problemhafte Phasen auf und benötigen in etwa doppelt so viele Hilfen von außen (Verhältnis 2:1). Nimmt man die offline-Planungsphase der konsekutiven Gruppe mit hinzu, ist dieses Verhältnis etwa 3:2.

Zu C: Eine weitergehende kommunikationsbezogene Analyse des Lösungsprozesses wurde anhand von konkreten Analysefragen durchgeführt, um die beobachteten Unterschiede im Lösungsprozess zwischen den Lerndyaden und die Verständigung innerhalb der Lerndyaden genauer zu ergründen. Die Analysefragen lauten:

- Welches Modellzufallsexperiment wählen die Schülerpaare zur Modellierung der stochastischen Problemsituation?
- Wie gehen die Schülerpaare mit Messgrößen um? In welcher Weise werden dabei Simulationsplanschema und worked examples eingesetzt bzw. genutzt?
- Werden die durch die Aufgabenstellung intendierten Kontextbezüge hergestellt?
- Greifen die Schülerpaare in der Auswertungsphase auf die Darstellung und Beschreibung von Verteilungen zurück?
- In welcher Weise wird das Simulationsplanschema bei der Computerarbeit verwendet?

Nach diesen Analysefragen wurden die Transkripte von drei Lerndyaden mit hoher Auflösung, d. h. während der gesamten Schülerarbeitsphase, untersucht. Im Ergebnis dieser Analyse wurden Thesen formuliert, die durch die Analyse von Transkripten mit niedrigerer Auflösung, d. h. in Ausschnitten der Schülerarbeitsphasen, überprüft wurden (vgl. auch 6.5).

1. Die Werkzeugsoftware FATHOM bietet die Möglichkeit für verschiedene Modellierungsansätze und eigenständige Entwicklungen einer spezifischen Simulationsumgebung zur Problemlösung. Eine offline-Planungsphase führt in der Tendenz zu einem einheitlicheren Lösungsprozess.

2. Das Verständnis des Messgrößenkonzeptes ist uneinheitlich ausgeprägt und führt zu Schwierigkeiten in der Problemlösung. Insgesamt gesehen hatten etwa 60 % der Lerndyaden Probleme bei der inhaltlichen Deutung oder der konkreten Umsetzung von Messgrößen bei einer Simulation. Zur eigenständigen Bewältigung dieser Schwierigkeiten wurden von den Schülern auch Simulationsplanschema und worked examples genutzt. Die Planungsphase regt in der Tendenz dazu an, Probleme im Umgang mit Messgrößen bereits im Vorfeld der Umsetzung einer Simulation zu kommunizieren und somit zu lösen. Dadurch reduzieren sich die problemhaften Phasen in diesem Simulationsschritt um etwa ein Drittel.

3. Die *Simulation durch Stichprobenziehen* in FATHOM besitzt das Potenzial, ein inhaltliches Verständnis von Simulationsumgebungen und Simulationsergebnissen zu entwickeln, weil sie zu Kontextualisierungen anregt. Allerdings greift explizit nur jede dritte Lerndyade in ihrer Kommunikation auf Kontexte und natürliche Häufigkeiten zurück. Dies kann als Indiz für eine eher technische Abarbeitung der analysierten Simulationsaufgaben gewertet werden.

4. Häufigkeitsverteilungen und deren Darstellungen werden nicht systematisch für die inhaltliche Auswertung und Interpretation von Simulationsergebnissen genutzt. Es lässt sich zwar eine Reihe an technischen und inhaltlichen Aktivitäten der Lerndyaden dazu ausmachen. Die inhaltlichen Aktivitäten werden jedoch, unabhängig davon, ob konsekutives oder integratives Vorgehen, eher explorativ und weniger zielgerichtet eingesetzt.

5. Das Simulationsplanschema führt auch bei integrativer Vorgehensweise zu einem quasi-konsekutivem Vorgehen, denn einzelne Schritte werden vor der Durchführung geplant und verschriftlicht. Offenbar arbeitet knapp die Hälfte der integrativen Schülerpaare quasi-konsekutiv. Ein expliziter Rückgriff auf worked examples zur Lösung der Simulationsaufgaben lässt sich für einige wenige Schülerpaare explizit belegen.

Ergebnisse der Teilstudie *sampling distribution* und *sample size effect*

Ziel dieser Teilstudie war die Untersuchung der Wirksamkeit eines instruktionalen Designs auf die Ausbildung konzeptuellen Wissens der Schüler. Grundlage der Analyse bildete ein prozessorientiertes Arbeitsblatt zum *sample size effect* für Stichprobenverteilungen (vgl. Kap. 6.6). Innerhalb dieser Teilstudie wurden folgende Analysen durchgeführt:

    A. Eine *Produktanalyse* der Schülerlösungen, bei der die Bearbeitungsqualität von Arbeitsblatt, Simulationsplan und FATHOM-Datei untersucht wurde.

B. Eine *Prozessanalyse* zu einer Teilaufgabe des Arbeitsblattes, bei der der Verständigungsprozess der Lerndyaden über das Simulationsergebnis untersucht wurde.

Zu A: Die Analyse der Schülerlösungen zu den Teilaufgaben des prozessorientierten Arbeitsblattes hat folgende Ergebnisse gebracht: Drei Viertel der untersuchten Lerndyaden haben zu Beginn, mit Verweis auf den gleichen Anteil, den *sample size effect* ignoriert. Für die Zufallsgröße „Anteil an Erfolgen" wurden sogar von allen Lerndyaden für $n = 10$ und $n = 20$ die gleichen Verteilungen skizziert. Die Analyse der FATHOM-Dateien hat gezeigt, dass fast alle Lerndyaden die Simulation zum 10-20-Test-Problem korrekt aufbauen, durchführen und auswerten konnten. Im Gegensatz dazu wurde das Simulationsplanschema, das bereits in der offline-Planungsphase von allen Lerndyaden soweit als möglich bearbeitet werden sollte, nur unvollständig bzw. teilweise falsch ausgefüllt. Insbesondere die Bereiche oberhalb und unterhalb der Tabelle wurden von fast allen Lerndyaden ignoriert. Dies kann als Indiz dafür gewertet werden, dass die Schüler das Simulationsplanschema eher im Sinne einer Handlungsanleitung benutzten und weniger als Dokumentationsinstrument. Bei Schritt „[3] Messgrößen festlegen" des Simulationsplanschemas wurde eine Reihe an falschen Eintragungen gemacht, obwohl die Messgröße mit Beschreibung und Ausprägungen auf dem Arbeitsblatt praktisch bereits gegeben war.

Zu B: Mit Hilfe ihrer Simulationsergebnisse haben sich fast alle Schülerpaare darauf verständigen können, ihre falschen Vermutungen vom Beginn der Aufgabenbearbeitung zu revidieren. Nur bei elf der 16 Lerndyaden ist dieser Rückbezug zur eingangs gemachten Vermutung auch auf dem Arbeitsblatt dokumentiert. Allerdings wurde der Vergleich von Verteilungen nicht oder nicht adäquat durchgeführt, da die Histogramme in der Simulationsumgebung nicht für einen Vergleich eingerichtet wurden.

Der grundsätzliche Aufbau dieser Unterrichtseinheit scheint aufgrund der erzielten Ergebnisse durchaus geeignet, dass sich Schüler im Zusammenspiel von offline-Aktivitäten und Simulationen fachlich adäquate Vorstellungen eigenständig erarbeiten, diese Sekundärintuitionen mit ihren eigenen Primärintuitionen in Beziehung setzen und ggf. vorhandene Fehlvorstellungen selbst korrigieren können.

Ergebnisse der Teilstudie *Lernzuwachs*

Für die Messung von Vorkenntnissen und Einstellungen der Schüler, der allgemeinen stochastischen Kenntnisse und des Leistungsstandes bezüglich des GESIM-Konzeptes wurden drei Tests bzw. Befragungen durchgeführt:

- Befragung zu Selbsteinschätzung und Vorkenntnissen (vgl. Kap. 7.2),
- Identischer Eingangs- und Ausgangstest (vgl. Kap. 7.3),

   – GESIM-Leistungstest (vgl. Kap. 7.4).

Die wesentlichen Ergebnisse von Eingangs- und Ausgangstest sowie des GESIM-Leistungstests werden nachfolgend in übersichtlicher Form noch einmal dargestellt.

Ergebnisse von Vor- und Nachtest

Zur Messung allgemeiner stochastischer Kenntnisse wurde ein identischer Vor- und Nachtest mit sieben Items (vgl. Kap. 7.3) durchgeführt. Die Schüler mussten bei jedem Item eine Frage beantworten und ihre Antwort begründen. Bei fünf Items war aus vorgegebenen Antworten eine Auswahl zu treffen. Die mittlere Lösungsquote über alle sieben Items hinweg stieg von 48 % im Vortest auf 68 % im Nachtest, das entspricht einem Lernzuwachs von 20 Prozentpunkten. Der höchste Lernzuwachs mit 45 Prozentpunkten wurde im sechsen Item, dem *maternity ward problem*, erreicht. Der Anteil korrekter Antworten stieg für dieses Item von 28 % auf 77 %, der Anteil korrekter Begründungen stieg von 22 % auf 65 %.

Betrachtet man die Begründungen unter den korrekten Antworten (ohne Item 7), dann ergibt sich für die ersten sechs Items ein mittlerer Zuwachs von richtigen Begründungen von 41 % auf 65 %. Dieser Zuwachs an Begründungsqualität kann als deutliches Zeichen dafür gewertet werden, dass der Unterricht in der durchgeführten Form auch zu einer Weiterentwicklung allgemeiner mathematischer Kompetenzen, wie Argumentieren und Kommunizieren, beigetragen hat.

Ergebnisse des GESIM-Leistungstests

Ein Test mit spezifischen Inhalten des GESIM-Konzeptes wurde im Rahmen der Stochastik-Klausur drei Wochen nach Ende des Einführungskurses durchgeführt. Die Schüler hatten verschiedene offline-Teilaufgaben im Zusammenhang mit dem *maternity ward problem* zu bearbeiten:

   A. Ausfüllen eines Simulationsplanschemas,

   B. Skizzieren einer zu erwartenden Verteilung und Angabe einer Begründung,

   C. Berechnen des Intervalls der mittleren 95 % mit Hilfe des $1/\sqrt{n}$-Gesetzes.

Die mittlere Lösungsrate bei A. betrug 65 %, bei B. 57 % und bei C. 59 %. Im Mittel betrug die Lösungsrate für alle drei Teilaufgaben 62 %. Dies entspricht in etwa dem Notenpunktedurchschnitt von 8 NP der gesamten Klausur.

8.2 Diskussion der Ergebnisse

In diesem Kapitel sollen die Ergebnisse der vier Teilstudien erörtert und in den Kontext anderer wissenschaftlicher Untersuchungen eingeordnet werden. Als Leitfaden für den Kapitelverlauf dienen die Forschungsfragen. Darüber hinaus wird auf die Grenzen der Studie eingegangen.

Ist der Einführungskurs in dem angestrebten Sinn unterrichtbar?

Diese Frage bezieht sich auf die unterrichtliche Umsetzbarkeit. Wie die Ergebnisse der Feasibility-Teilstudie zeigen, erfolgte die unterrichtliche Umsetzung nahe an dem geplanten Konzept. Ein ähnliches Fazit konnte auch Meyfarth für den Simulationsvorkurs ziehen (2008b, S. 250 f.). Die Nutzung von eFATHOM in Hausarbeit war insgesamt erfolgreich und wurde von Schülern und Lehrern angenommen. Alle Schüler verfügten bei entsprechender Beschäftigung mit der Lernumgebung über solide Kenntnisse und Fähigkeiten im Umgang mit der Werkzeugsoftware FATHOM. Diese selbständige Aneignung von Grundkenntnissen zu FATHOM außerhalb der Unterrichtszeit gestattete eine effektivere Nutzung der Unterrichtsstunden für inhaltliche Themen. Das war bei der Meyfarth-Studie (Meyfarth 2008b) nicht in diesem Maße möglich. Als organisatorische Rahmenbedingungen für den Einführungskurs sind die Belegung eines Computerraumes mit Präsentations- und Besprechungsmöglichkeiten, die Verfügbarkeit von FATHOM auch zu Hause und digitale Kommunikationsmöglichkeiten z. B. über eine Lernplattform hilfreich.

Schaut man sich die Lerntrajektorien und deren Umsetzung in den einzelnen Unterrichtseinheiten an, kann man feststellen, dass Schüler und Lehrpersonen gerade bei den inhaltlichen Schwerpunktsetzungen des Einführungskurses gut zusammengearbeitet haben und hinsichtlich des Wissenszuwachses bei den Schülern viel erreicht wurde. Die frühzeitige Behandlung verschiedener Aspekte des Phänomenkomplexes des empirischen Gesetzes der großen Zahlen hat das konzeptuelle Wissen der Schüler über den Zusammenhang von Wahrscheinlichkeitsrechnung und Simulationen in besonderer Weise geprägt. Mit der qualifizierten Beurteilung der Abnahme der Streuung von Stichprobenverteilungen für einen größeren Versuchsumfang durch das $1/\sqrt{n}$-Gesetz und deren Kommunikation über Faustregeln ist ein wesentlicher Beitrag für ein tieferes Verständnis der Wahrscheinlichkeitsrechnung geleistet worden. Darüber hinaus ist es durch die Verbindung mit der Lernumgebung eFATHOM gelungen, zwei Simulationstypen in den Einführungskurs einzubinden. Mit der *einfachen (simultanen) Simulation* haben die Schüler zunächst grundlegende Kenntnisse über wesentliche Schritte einer Simulation und deren technischen Umsetzung in FATHOM erworben. Mit der *Simulation durch Stichprobenziehen* haben die Schüler in einem zweiten Schritt wesentliche Konzepte der Stochastik kennengelernt: das Urnenmodell, das Erzeugen von Zufallsstichproben, das Messgrößenkonzept zur Erzeugung von Zufallsgrößen und Stichprobenverteilungen als Häufigkeitsverteilungen von theoretischen Wahrscheinlichkeitsverteilungen. Fast alle Schüler haben durch den Einführungskurs das entsprechende prozedurale Wissen erworben, komplexe Simulationen eigenständig zu entwickeln, durchzuführen und auszuwerten. Im Vergleich zur Meyfarth-Studie (2008b) wurden in diesem Einführungskurs mit der Werkzeugsoftware FATHOM sowohl ein größerer Funktionsumfang als auch ein erweitertes Repertoire an Simulationen behandelt.

Als besonders wertvoll haben sich die vorbereiteten Materialien (Arbeitsblätter, FATHOM-Dateien, Musterlösungen) einschließlich eines Leitfadens für die Lehrkraft erwiesen. So ein Komplettpaket ist Voraussetzung dafür, dass der Einführungskurs auch in anderen Kursen Anwendung findet. Die Rückmeldungen von Lehrkräften aus weiteren Pilotstudien waren sehr ermutigend. Insbesondere das von den Lehrerpersonen im weiteren Kursverlauf beobachtete „Mitdenken von Verteilungen" bei Schülern kann als Indiz für eine verstärkte Vernetzung von Wissenselementen gedeutet werden.

Wo liegen Schwierigkeiten und Probleme in der Struktur des Kurses?

Ein strukturelles Problem stellte Baustein 7 dar. Die geplante Unterrichtszeit erwies sich als zu knapp, um die Materialien und die damit verbundenen inhaltlichen Konzepte vollständig umzusetzen. Darüber hinaus zeigte sich, dass die gewählte Aufgabenstellung zur Präzisierung der Simulationsgenauigkeit und damit der Faustregeln aus Modul 3 von eFATHOM nicht motivierend genug für die Schüler war.

Baustein 6 war auch als informelle Vorbereitung auf den gesamten Stochastikkurs gedacht. Allerdings haben Rückmeldungen der beiden an dieser empirischen Studie beteiligten Lehrpersonen gezeigt, dass sie eine spätere Behandlung im Zusammenhang mit der Binomialverteilung aufgrund der Zeitknappheit vorziehen würden. In einer der nachfolgenden Pilotstudien[199] wurde der Einführungskurs durch die unterrichtenden Lehrpersonen sogar gesplittet. Die Bausteine 5 bis 7 wurden dort erst im Zusammenhang mit der Binomialverteilung durchlaufen. Dieser Ansatz negiert allerdings die Gesamtkonzeption des Einführungskurses, in der alle Bausteine in einem engen Zusammenhang stehen. Seit der Einführung zentraler Abschlussprüfungen scheinen die Möglichkeiten für die Durchführung derartiger Interventionen geringer zu werden. Vor allem bei Kursen mit CAS-Rechner gestütztem Abitur stößt der Einsatz der Werkzeugsoftware FATHOM auf Grenzen,

---

[199] Vgl. Kapitel 4.3.

zumal Simulationen als Thema in den Rahmenlehrplänen meist nicht verankert sind und in den Abituraufgaben bisher keine Rolle spielen.[200]

Von etwa der Hälfte der Schüler wurde in der Meyfarth-Studie (2008b, S. 253) der zu geringe Anteil an fehlenden theoretischen Inhalten beklagt. Dies konnte in den Teilstudien dieser Arbeit nicht beobachtet werden. Offenbar ist in dem Einführungskurs die Vernetzung von theoretischen Inhalten mit den Simulationsmethoden besser gelungen.

Wo liegen Schwierigkeiten und Probleme in den Schülerarbeitsphasen?

Ein wesentliches Kennzeichen des Einführungskurses ist die Einbettung der Schülerarbeitsphasen in die ASPB-Struktur: Auftragsübergabe, Schülerarbeitsphase, Präsentation und Besprechung. Insgesamt waren elf solcher Phasen geplant acht davon wurden vollständig realisiert. Die Schüler hatten als Arbeitsaufträge auf den Arbeitsblättern auch eine Reihe inhaltlicher Teilaufgaben zu bearbeiten: Vermutungen äußern, intuitive Begründungen abgeben, Berechnungen von theoretischen Wahrscheinlichkeiten durchführen, Zufallsexperimente beschreiben, Simulationen planen, Verteilungen skizzieren, Zusammenhänge zwischen Ergebnissen der Simulation und den eigenen Vermutungen herstellen. Das Anliegen, mit dem Einführungskurs genau solche Dinge auch in die Schülerarbeitsphase zu integrieren, kann man als gelungen bezeichnen. Der Fokus der Schüler liegt damit nicht nur auf einer eher rein technischen Abarbeitung der Simulationsaufgaben, sondern vor allem auch auf der Vernetzung mit Primärintuitionen und stochastischen Inhalten. Dies trägt entscheidend zur Ausbildung konzeptuellen Wissens der Schüler bei. Die von Meyfarth (2008b, S. 254) formulierten „Hinweise zur Formulierung von Aufgabenstellungen für Schülerarbeitsphasen" wurden bei der Planung und Entwicklung des Einführungskurses berücksichtigt und entsprechend umgesetzt. Allerdings sind die Schülerarbeitsphasen dadurch auch komplexer und man muss mit Schwierigkeiten und Problemen der Schüler bei der Bewältigung der Aufgaben rechnen. Welche das sind, wurde insbesondere in Kapitel 6 dieser Arbeit an zwei Schülerarbeitsphasen zur *Simulation mit Stichprobenziehen* ausführlich analysiert. Obwohl fast alle Lerndyaden die Simulationsaufgaben im Ergebnis richtig bearbeitet haben, ist während des Lösungsprozesses eine Reihe von Problemen aufgetreten:

- Die Lerndyaden fordern insbesondere in den Simulationsschritten *Festlegen der Messgrößen* und *Auswertung* Hilfen von außen an. Bei beiden Schritten ist ein komplexes Wissen über die Möglichkeiten der Software FATHOM nötig. Auffällig ist, dass allein 40 % aller pro-

---

[200] Vgl. Lehrplan Mathematik (HKM, 2008) und Landesabitur (HKM, 2007).

blemhaften Phasen in U10-11 auf mangelnde Kompetenz im Umgang mit Formeln zurückzuführen sind. Die *n-N-Verwechslung* tritt im Vergleich zur Meyfarth-Studie (2008b, S. 237) bei den Lerndyaden wesentlich seltener auf. Dies lässt sich durch die Struktur der Simulationsmethode *Simulation durch Stichprobenziehen* begründen, bei der die Trennung von n Stichproben und N Wiederholungen durch die verschiedenen Kollektionen offensichtlicher ist.

– Inhaltliche Teilaufgaben, wie z. B. der Rückbezug zu den eingangs gemachten Vermutungen bzw. den eigenen Skizzen in U12-13, werden nicht oder nur sehr knapp von den Schülern bearbeitet.

– Das Simulationsplanschema wird von den Lerndyaden in unterschiedlicher Qualität bearbeitet. Auffällig ist, dass die eher inhaltlich geprägten Anteile entweder gar nicht oder nur knapp bearbeitet werden. Insbesondere bei antizipierenden Eintragungen im Schritt *Messgrößen festlegen* machen die Schüler Fehler, die sie während oder nach der Durchführung der Simulation nicht mehr korrigieren, wie die Simulationspläne aus U12-13 zeigen.

– Die Kommunikation der Lerndyaden untereinander ist in den Computerarbeitsphasen eher technisch orientiert und sehr knapp. Treten jedoch Probleme auf, wird die Argumentation inhaltsreicher und bezieht explizit stochastische Konzepte mit ein, wie aus den Transkripten mit hoher Auflösung in U10-11 hervorgeht.

Insgesamt muss man konstatieren, dass die Schüler in den Schülerarbeitsphasen in Form von Lerndyaden weitgehend selbständig und sehr erfolgreich die an sie gestellten Aufgaben bearbeitet haben. Die konsequente Umsetzung der ASPB-Struktur hat sich offenbar positiv auf das gesamte Lernklima ausgewirkt. Allerdings hat sich auch gezeigt, dass diese Schülerarbeitsphasen trotz des instruktionalen Designs (Simulationsplanschema und worked examples) nicht problemlos verlaufen. Weitere Unterstützung durch die Lehrperson wurde von den Lerndyaden im Zusammenhang mit der Simulationsmethode *Simulation durch Stichprobenziehen* beim Umgang mit Messgrößen, Auswertungswerkzeugen und Formeln eingefordert. Die damit verbundenen Simulationsschritte stellten einige Lerndyaden vor besondere Herausforderungen, die sie nur mit Hilfe von außen durch die Lehrperson oder durch eine andere Schülergruppe bewältigen konnten. Bei der Bearbeitung der beiden Simulationsaufgaben von U10-11 wurden insgesamt 15 solcher unlösbaren Probleme gezählt, die sich unter den 18 Lerndyaden wie folgt verteilten: acht Lerndyaden kein unlösbares Problem, sechs Lerndyaden ein unlösbares Problem, drei Lerndyaden zwei unlösbare Probleme und eine Lerndyade drei unlösbare Probleme. Ähnliche Problembereiche hat auch Meyfarth in seiner Studie benannt, ohne allerdings näher auf die Häufigkeit deren Auftretens einzugehen (2008b, S. 239 f.).

Wie beeinflusst das Simulationsplanschema die Arbeit der Schülerpaare?

Grundsätzlich kann man festhalten, dass das Simulationsplanschema die Schüler beim Aufbau von prozeduralem Wissen hinsichtlich der Simulationsschritte bei der *Simulation durch Stichprobenziehen* unterstützt hat. Es bietet in diesem Sinne eine klare Orientierung für die Schüler über die notwendigen Schritte beim Aufbau, bei der Durchführung und Auswertung von komplexen Simulationen.

Die Ergebnisse der Teilstudie *Simulation durch Stichprobenziehen* haben u. a. gezeigt, dass ein solches Schema auch Lerndyaden ohne offline-Planungsphase dazu bewegt, quasi-konsekutiv zu arbeiten. Das bedeutet, dass einzelne Simulationsschritte vor ihrer Durchführung in FATHOM auf dem Simulationsplanschema planerisch ausgeführt werden. Allerdings scheint gerade das Wechselspiel von Planung und Dokumentation noch nicht hinreichend genug bei den Schülern verankert. Fehlerhafte Eintragungen auf dem Simulationsplanschema werden z. T. nicht korrigiert bzw. fehlende Eintragungen nicht ergänzt. Diese Problematik hat sich insbesondere in der Teilstudie *sampling distribution* und *sample size effect* gezeigt. Obwohl fast alle Lerndyaden die Simulation korrekt durchgeführt hatten, war auf den Simulationsplänen in den Schritten *Messgrößen festlegen* und *Auswertung* eine Reihe von Fehlern zu konstatieren. Solch fehlerhafte bzw. unvollständige Dokumentationen sind keine geeignete Grundlage für weitere Simulationen bzw. führen auch dazu, dass sich Schüler falsche Dinge einprägen. Vor diesem Hintergrund ist die hohe Fehlerquote im Schritt *Messgrößen festlegen* beim Ausfüllen des Simulationsplanschemas im GESIM-Leistungstest zu bewerten: Ein Drittel der Schüler hat keine korrekte Beschreibung der Messgröße angegeben, zwei Drittel der Schüler haben eine falsche Ausprägung der Messgröße notiert und etwa die Hälfte der Schüler hat keine korrekte Formel angegeben.

Um ein ausgefülltes Simulationsplanschema ggf. als ausgearbeitetes Lösungsbeispiel nutzen zu können, muss es vollständig und korrekt ausgefüllt sein. In den Schülerarbeitsphasen konnte bei einigen Lerndyaden der Rückgriff auf ihre ausgefüllten Simulationspläne beobachtet werden. Das war insbesondere in planerischen Phasen („Wie hatten wir das da noch mal genannt...") und in problemhaften Phasen („Wie war denn das mit der Formel dort...") der Fall. Die Lerndyaden konnten dadurch ohne Hilfe von außen ihren Lösungsprozess fortsetzen. In diesem Sinne hat sich der Simulationsplan als Unterstützungsmittel bewährt. Insbesondere die vorstrukturierte Form des Simulationsplanschemas hat den Schülern geholfen, ihre Simulationen effektiv und übersichtlich zu dokumentieren. Allerdings stößt ein solches Schema auch auf Grenzen der Dokumentation. Es ist in der Gestalt nur für relativ ähnlich strukturierte Simulationen nutzbar und daher nicht so flexibel einsetzbar. Darüber hinaus werden von den Schülern die Bereiche oberhalb und unterhalb der Tabellenstruktur nicht mit der gewünschten Sorgfalt ausgefüllt. Dies lässt sich so interpretieren, dass Schüler ein Simulationsplanschema vorrangig zur Planung und Orientierung benutzen und weniger darin ein Dokumentationsinstrument sehen. Für Schüler steht die Handlungsorientierung eindeutig im Vordergrund. Für eine Stärkung des Dokumentationsaspektes müssten zusätzliche Maßnahmen ergriffen werden, wie z .B. das Anlegen einer Simulationsmappe. Auf die ausgearbeiteten Lösungsbeispiele kann im weiteren Unterrichtsverlauf auf unterschiedliche Weise zurückgegriffen werden. So kann die Verknüpfung von konzeptuellem mit prozeduralem Wissen nachhaltig unterstützt werden.

Wie können Schülerkompetenzen hinsichtlich des Umgangs mit FATHOM, des Aufbaus von Simulationen und des stochastischen Wissens ermittelt und beschrieben werden?

Für die Ermittlung und Beschreibung von Schülerkompetenzen wurden zwei Schülerarbeitsphasen genauer analysiert, die Schülerarbeitsphase in U10-11 und in U12-13. Der Untersuchungsschwerpunkt in U10-11 lag auf der Analyse des prozeduralen Wissens der Schüler über die *Simulationsmethode Simulation durch Stichprobenziehen*. In U12-13 war die Entwicklung des konzeptuellen Wissens der Schüler im Zusammenhang mit dem *sample size effect* Gegenstand der Untersuchung. Für beide Analysen wurden verschiedene Untersuchungsmethoden entwickelt, um den Lösungsprozess der Lerndyaden möglichst genau dokumentieren und bewerten zu können (vgl. Kap. 6). In der hier vorliegenden Arbeit wurden insgesamt 18 Lerndyaden in U10-11 und 16 Lerndyaden in U12-13 in die Lernprozessanalysen einbezogen. Dieser Untersuchungsumfang ermöglichte im Unterschied zu den qualitativen Studien von Keitzer (2006) und Maxara (2009) [201] auch Häufigkeitsauswertungen über Lerndyaden hinweg, wie sie in Kapitel 6 für die Produkt- und Prozessanalysen vorgenommen wurden. Auch Meyfarth (2008b) hat die Schülerarbeitsphasen nur qualitativ anhand ausgewählter Transkripte untersucht. Insofern verknüpft die vorliegende Arbeit qualitative und quantitative Methoden der Analyse von Schülerarbeitsphasen.

Welchen Lernzuwachs haben die Schüler durch den Einführungskurs?

Der Lernzuwachs zwischen Eingangs- und Ausgangstest, gemessen mit der mittleren Differenz der Prozentpunkte, ist in etwa vergleichbar mit dem Zuwachs, den Meyfarth (2008b, S. 218) dokumentiert hat. Allerdings ist ein solcher Vergleich aus verschiedenen Gründen problematisch: Das (subjektiv eingeschätzte) Vorwissen der Schüler des Einführungskurses lag höher und die Testitems, die Auswertungskategorien und der Punktescore stimmen nur teilweise überein. Bedeutsam für den Einführungskurs ist der Zuwachs an Begründungsqualität von 41 % der

---

[201] Keitzer (2006) hat zu einer Simulationsaufgabe vier Lerndyaden untersucht und zu einer weiteren Simulationsaufgabe eine Lerndyade. Maxara (2009) hat zu einer Simulationsaufgabe vier Lerndyaden analysiert.

durchschnittlichen Lösungsrate auf 65 %, das sind 24 Prozentpunkte. Das ist in etwa der Zuwachs, den auch Meyfarth (2008b, S. 223) dokumentiert hat. Allerdings lag das Ausgangsniveau in der Meyfarth-Studie nur bei 28 % und stieg im Ausgangstest auf 53 % durchschnittliche Lösungsrate.

Die bezüglich des *maternity ward problem* dokumentierten Lösungsquoten in Eingangs- und Ausgangstest sind vergleichbar mit den von Sedlmeier (1999) veröffentlichten Lösungsraten (vgl. Abb. 3.9, S. 94 in dieser Arbeit). In der Sedlmeier-Studie sind es 20 % durchschnittliche Lösungsrate zu Beginn und 80 % unmittelbar nach Ende des Trainingsprogramms. In der empirischen Begleitstudie des in dieser Arbeit evaluierten Einführungskurses sind es 28 % im Eingangstest und 77 % im Ausgangstest. Offenbar gelingt es nicht, weder durch intensive unterrichtliche Intervention wie im Einführungskurs noch durch ein intensives Trainingsprogramm wie bei der Sedlmeier-Studie, alle Studienteilnehmer vom *sample size effect* zu überzeugen. Im GESIM-Leistungstest haben sogar nur etwa ein Drittel aller Schüler volle Punktzahl für das Skizzieren einer Verteilung mit Angabe einer Begründung im Zusammenhang mit einer Aufgabe zum *maternity ward problem* erhalten. Positiv zu vermerken ist aber, dass fast alle dieser Schüler auf mehrere Aspekte des Phänomenkomplexes des empirischen Gesetzes der großen Zahlen in ihrer Begründung Bezug genommen haben. Sie zeigen damit explizit ihr konzeptuelles Wissen. Diese Schülerbasis gilt es weiter zu verbreitern.

Grenzen der Studie

Der Einführungskurs ist in seiner unterrichtlichen Umsetzung auf drei Wochen beschränkt und die empirische Begleitstudie bezog sich genau auf diesen Zeitraum. Wissenschaftlich begründete Aussagen können daher nur für den Untersuchungszeitraum formuliert werden, gleichwohl Aussagen über längerfristige Wirkungen wünschenswert wären.

Eine vergleichende Untersuchung zu einer Vergleichsgruppe wurde aufgrund der Vielzahl der damit verbundenen organisatorischen und inhaltlichen Schwierigkeiten sowie der fehlenden Messinstrumente nicht in Betracht gezogen. In der Bewertung von längerfristigen Wirkungen des Einführungskurses wäre eine solche Vergleichsstudie erstrebenswert.

Der Unterricht im Einführungskurs sollte so normal wie möglich ablaufen. Daher wurde auf den Einsatz von Interviews als Untersuchungsmethode verzichtet. Allerdings ist man dann darauf angewiesen, dass Schüler ihrem impliziten Wissen auch während der Schülerarbeitsphasen in verbaler Form Ausdruck verleihen. Dies ist bei sehr technischer Bearbeitung von Simulationsaufgaben oft nicht der Fall, wie bei der hier vorliegenden Studie teilweise zu konstatieren war.

8.3 Ausblick

Aus den Ergebnissen der empirischen Begleitstudie zur unterrichtlichen Umsetzung des GESIM-Konzeptes in einem Einführungskurs lassen sich Perspektiven für den Stochastikunterricht und für die Gestaltung des Lehrplanes ableiten.

Perspektiven für den Unterricht

Nimmt man die Empfehlungen für einen modernen Mathematikunterricht ernst, die Borneleit et al. (2001) in ihrer Expertise zum Mathematikunterricht in der gymnasialen Oberstufe formulierten, dann sollte der Technologieeinsatz ein prägendes Merkmal für das Lehren und das Lernen in der Sekundarstufe II sein. Technologieeinsatz verändert den Unterricht, erfordert neue Strukturen und Konzepte in der methodischen Umsetzung, definiert die Rollen von Schülern und Lehrern neu, verlangt neue Formen der Dokumentation von Lösungsprozessen und neue Wege in der Leistungsbewertung. Die hier vorliegende Arbeit leistet genau dafür einen wichtigen Beitrag. In der Diskussion für die Gestaltung eines modernen Stochastikunterrichts in der Oberstufe zeigt der durch die empirische Begleitstudie evaluierte Einführungskurs, dass es mit FATHOM möglich ist, in vernünftiger Zeit entsprechende Werkzeugkompetenzen, Simulationskompetenzen und stochastische Kompetenzen bei Schülern bereits zu Beginn aufzubauen.

Das GESIM-Konzept und seine Umsetzung in einem Einführungskurs stellt eine konkrete Möglichkeit dar, einen realitätsbezogenen und vernünftigen Technologieeinsatz in Stochastik zu verwirklichen. Die Ergebnisse der hier vorliegenden Arbeit zeigen, dass Schüler den Umgang mit der Werkzeugsoftware FATHOM relativ schnell erlernen und stochastische Probleme mit Hilfe von Simulationen selbständig bearbeiten können. Die frühzeitige Fokussierung auf Verteilungen, insbesondere auch auf Stichprobenverteilungen und deren Charakteristik, ermöglicht es den Schülern, vertiefte Einsichten im Zusammenhang mit dem Phänomenkomplex des empirischen Gesetzes der großen Zahlen zu gewinnen. Wünschenswert wäre, wenn der Umgang mit FATHOM und die Modellierung stochastischer Probleme mit Hilfe von Simulationen bereits im Stochastikunterricht der Mittelstufe verankert werden könnten. Dann ließen sich bestimmte Inhalte in der Oberstufe noch effektiver umsetzen, denn der grundlegende Umgang mit der Software wäre dann in gewisser Weise in der Sekundarstufe II bereits selbstverständlich. Biehler et al. (2011) haben dazu Unterrichtsmaterial für die Sekundarstufen I und II entwickelt.

Mit der Fortschreibung der Leitidee „Daten und Zufall" für die Sekundarstufe II wird der Anspruch, Daten und deren Verteilung einen angemesseneren Raum zu geben, festgeschrieben. Simulationen sind für eine adäquate Umsetzung dieser Leitidee dann unerlässlich. Untersuchungen der Variation von Stichprobenverteilungen lassen sich mit Simulationen einfach durchführen, insbesondere dann, wenn die zur Verfügung stehende Werkzeugsoftware den Aufbau von Simulationen intuitiv unterstützt. Für das Verständnis des Phänomenkomplexes des empirischen Gesetzes der großen Zahlen sind Simulationen sowieso unentbehrlich. Biehler & Prömmel schlagen dafür einen Stufengang vor, der bereits in der Sekundarstufe I beginnt und verschiedene Aspekte des Phänomenkomplexes aufgreift. Schüler benötigen für eine adäquate Begriffsbildung „Vorstellungen über die Schwankungen für feste n und den Stabilisierungsprozess von Häufigkeitsverteilungen für große n" (Biehler & Prömmel 2011).

Eine offene Frage ist, ob Schüler selber simulieren lernen sollen oder ob es genügt, anhand von vorgefertigten Lernumgebungen bzw. Applets bestimmte Phänomene zu veranschaulichen. Die Klärung dieser Frage wäre eine noch zu leistende weiterführende Forschungsarbeit, die auf den Ergebnissen dieser hier vorliegenden empirischen Begleitstudie aufbauen könnte.

Perspektiven für den Lehrplan

In der gegenwärtigen Diskussion der Bildungsstandards für die Sekundarstufe II gibt es eine Reihe von unterschiedlichen Positionen bezüglich des Technologieeinsatzes und der Einbeziehung von Simulationen in den Stochastikunterricht. Inwieweit eine generelle lehrplanmäßige Verankerung möglich erscheint, ist unklar. Zu dieser Debatte leistet die hier vorliegende Arbeit einen wichtigen Beitrag, indem sie aufzeigt, wie ganz konkret eine unterrichtliche Umsetzung unter hoher Eigenaktivität der Schüler verwirklicht werden kann.

Biehler, Eichler, Engel & Warmuth (2010) haben in ihrem Papier zur Fortschreibung der Leitidee „Daten und Zufall" Kernkompetenzen für die Bildungsstandards zum Stochastikunterricht in der Sekundarstufe II formuliert. Simulationen werden darin explizit als eine von sieben Kernkompetenzen benannt. Schüler sollen Simulationen nutzen, „um mit stochastischen Situationen zu experimentieren und Näherungslösungen in komplexeren Situationen zu gewinnen" (Biehler et al. 2010, S. 3).

Schüler sollen dabei

- „zu wichtigen im Unterricht behandelten Situationen Simulationsmodelle entwerfen und in geeignete Software implementieren bzw. eine Implementation verständig nachvollziehen.
- verständig mit vorgefertigten Simulationsumgebungen umgehen und mit deren Hilfe Zufallsphänomene eigenständig untersuchen bzw. für eine Aufgabenbearbeitung als Alternative zu analytischen Methoden nutzen.
- qualitativ die Genauigkeit und Sicherheit der Simulationsmethode einschätzen.
- exemplarische Probleme, die mit der Simulationsmethode, aber nicht mit anderen schulmathematischen Mitteln gelöst werden können, kennen."
  (Biehler et al. 2010, S. 7 f.)

Ausdrücklich wird in diesem Papier festgehalten, dass Schüler zu gegebenen einfachen Problemsituationen eigenständig geeignete Simulationsmodelle entwerfen und Simulationen mit dem Rechner ausführen sollen. Simulationen ermöglichen Schülern insbesondere in Verbindung mit dem Verteilungsbegriff sowie den Verfahren der beurteilenden Statistik, vertiefte Einsichten in stochastische Problemsituationen zu gewinnen. Daher ist der erfolgreiche Umgang mit Simulationen auch mit der Entwicklung weiterer Kernkompetenzen verknüpft (Biehler et al. 2010).

Der Umgang mit einer geeigneten Werkzeugsoftware und das Modellieren von stochastischen Problemen mit Hilfe von Simulationen gehören als Kernkompetenzen zu einem modernen Stochastikunterricht. Die hier vorliegende empirische Begleitstudie hat gezeigt, dass die avisierten Ziele mit dem Einsatz der Werkzeugsoftware FATHOM erreichbar sind.

9 Literatur

Albert, J. H., & Rossman, A. J. (Eds.). 2001. *Workshop statistics: Discovery with data, a Bayesian approach*. Emeryville, CA.: Key College Pub.

Altrichter, H., & Posch, P. (1998). *Lehrer erforschen ihren Unterricht – Eine Einführung in die Methoden der Aktionsforschung*. Bad Heilbrunn: Verlag Julius Klinkhardt.

Arbeitskreis Stochastik der GDM (2003). Empfehlung zu Zielen und zur Gestaltung des Stochastikunterrichts. *Stochastik in der Schule, 23*(3), 21-26.

Atkinson, R. K., Derry, S. J., Renkl, A., & Wortham, D. W. (2000). Learning from examples: instructional principles from the worked examples research. *Review of Educational Research, 70,* 181-214.

Barab, S., & Squire, K. (2004). Introduction: Design-Based Research: Putting a Stake in the Ground. *The Journal of the Learning Sciences, 13*(1), 1–14.

Batanero, C., Henry, M., & Parzysz, B. (2005). The nature of chance and probability. In G. A. Jones (Ed.), *Exploring probability in school: Challenges for teaching and learning*. Boston, MA: Springer, 15-37.

Batanero, C., & Sanchez, E. (2005). What is the nature of high school students' conceptions and misconceptions about probability? In G. A. Jones (Ed.). *Exploring probability in school: Challenges for teaching and learning*. Boston, MA: Springer, 241-266.

Baumert, J., Bos, W., & Lehmann, R. (Hrsg.). 2000. *TIMSS/III. Dritte internationale Mathematik- und Naturwissenschaftsstudie. Mathematische und naturwissenschaftliche Bildung am Ende der Schullaufbahn*. Opladen: Leske + Budrich.

Bea, W. (1995). *Stochastisches Denken: Analysen aus kognitionspsychologischer und didaktischer Perspektive* (Vol. 6). *Psychologie des Entscheidungsverhaltens und des Konfliktes, 6*. Frankfurt am Main, Berlin: Lang (Univ., Diss.-Karlsruhe, 1994.).

Bentz, H. J. & Borovcnik, M. (1985). Probleme bei empirischen Untersuchungen zum Wahrscheinlichkeitsbegriff. *Journal für Mathematikdidaktik, 6,* 241-254.

Biehler, R., & Steinbring, H. (1982). Bernoullis Theorem: Eine „Erklärung" für das empirische Gesetz der großen Zahlen? In Steiner, H-G. (Hrsg.), *Mathematik-Philosophie-Bildung, IDM-Reihe, 4*. Köln: Aulis-Verlag Deubner, 296-334.

Biehler, R. (1989). Computer simulation as tool and object of teaching and learning probability and statistics. In W. Blum, et al. (Ed.), *Applications and Modelling in Learning and Teaching Mathematics*. Chichester: Ellis Horwood, 361-367.

Biehler, R. (1991). Computers in probability education. In R. Kapadia & M. Borovcnik (Eds.), *Chance encounters: Probability in education. A review of research and pedagogical perspectives*. Dordrecht: Kluwer, 169-212.

Biehler, R. (1997). Software for Learning and for Doing Statistics. *International Statistical Review, 65*(2), 167-189.

Biehler, R., & Engel, J. (Eds.). (2004). *Neue Medien und innermathematische Vernetzungen in der Stochastik: Tagungsband 2002/2003 des Arbeitskreises „Stochastik in der Schule" in der Gesellschaft für Didaktik der Mathematik e. V.; [Jahrestagungen von 2002 („Stochastiklernen mit neuen Medien") und 2003 („Innermathematische Vernetzungen von Stochastik"); Arbeitsbericht des AK Stochastik 2002/2003]. Anregungen zum Stochastikunterricht, 2.* Franzbecker: Hildesheim.

Biehler, R., & Maxara, C. (2005). Eingangstest Stochastik - Vorkenntnisse von Lehramtsstudierenden. *Beiträge zum Mathematikunterricht 2005.* Hildesheim: Franzbecker, 91-94.

Biehler, R., Hofmann, T., Maxara, C., & Prömmel, A. (2006). *FATHOM 2. Eine Einführung.* Heidelberg: Springer.

Biehler, R. (2007). Denken in Verteilungen – Vergleich von Verteilungen. *MU Der Mathematikunterricht, 53*(3), 3-11.

Biehler, R., & Maxara, C. (2007). Integration von stochastischer Simulation in den Stochastikunterricht mit Hilfe von Werkzeugsoftware. *MU Der Mathematikunterricht, 53*(3), 45-61.

Biehler, R., Hofmann, T., & Prömmel, A. (2008). *Das GESIM-Konzept - Ein Ganzheitlicher Einstieg in die Stochastik in der gymnasialen Oberstufe mit computergestützter Simulation: Unterrichtsmaterialien und didaktische Anleitungen.* Kassel: Universität Kassel.

Biehler, R. et al. (2010). *Leitidee Daten und Zufall für die Sekundarstufe II – Kompetenzmodelle für die Bildungsstandards aus Sicht der Stochastik und ihrer Didaktik,*
[Online: http://stochastik-in-der-schule.de/Dokumente/Leitidee_Daten_und_ Zufall_SekII.pdf].

Biehler, R., & Prömmel, A. (2010). Developing students' computer-supported simulation and modelling competencies by means of carefully designed working environments. In C. Reading (Ed.), *Proceedings of ICOTS 8, Ljubljana, Slovenia,*
[Online: http://www.stat.auckland.ac.nz/~iase/publications/icots8/ICOTS8_8D 3_BIEHLER.pdf].

Biehler, R., & Prömmel, A. (2011). Mit Simulationen zum Wahrscheinlichkeitsbegriff. *PM Praxis der Mathematik in der Schule, 53*(39), 14-18.

Biehler, R. , Hofmann, T., Maxara, C., & Prömmel, A. (2011). Daten und Zufall mit FATHOM. Unterrichtsideen für die Sekundarstufen 1 und 2. Hannover: Schroedel.

Blum, W. (1996). Anwendungsbezüge im Mathematikunterricht - Trends und Perspektiven. In G. Kadunz (Ed.), *Trends und Perspektiven: Beiträge zum 7. Internationalen Symposium zur "Didaktik der Mathematik" in Klagenfurt vom 26. bis 30.9.1994. Schriftenreihe Didaktik der Mathematik, 23.* Wien: Hölder-Pichler-Tempsky, 15-38.

Blum, W., Galbraith, P. L., Henn, H.-W., & Niss, M. (Eds.). (2007). *Modelling and Applications in Mathematics Education: The 14th ICMI Study. New ICMI Study Series, 10*. Boston, MA: Springer Science+Business Media LLC.

Borneleit, P. et al. (2001). Expertise zum Mathematikunterricht in der gymnasialen Oberstufe. *Journal für Mathematikdidaktik, 22*(1), 73-90.

Borovcnik, M., & Bentz, H.-J. (1991). Empirical Research in Understanding Probability. In R. Kapadia & M. Borovcnik (Hrsg.), *Chance Encounters: Probability in Education. A review of research and pedagogical perspectives* Dordrecht: Kluwer. 73-105.

Borovcnik, M. (1992). *Stochastik im Wechselspiel von Intuitionen und Mathematik. Lehrbücher und Monographien zur Didaktik der Mathematik, 10*. Mannheim: BI-Wiss.-Verlag.

Borovcnik, M., & Peard, R. (1996). Probability. In A. J. a. o. Bishop (Ed.), *International Handbook of Mathematics Education*. Dordrecht: Kluwer, 239-287.

Brown, A. L. (1992). Design experiments: Theoretical and methodological challenges in creating complex interventions in classroom settings. *The Journal of the Learning Sciences, 2*(2), 141-178.

Bruner, J. S. (1961). The act of disvovery. *Harvard Educational Review, 31*, 21-32.

Büchter, A., Hußmann, S., Leuders, T., & Prediger, S. (2005). Den Zufall im Griff? - Stochastische Vorstellungen fördern. *PM Praxis der Mathematik in der Schule, 47*(4), 1-7.

Burrill, G., & Biehler, R. (2011). Fundamental statistical ideas in the school curriculum and in training teachers. In C. Batanero et al. (Eds.), *Teaching Statistics in School Mathematics – Challenges for Teaching and Teacher education: A joint ICMI / IASE Study. The 18th ICMI Study. New ICMI Study Series, 14* Dordrecht: Springer, 57-69.

Caravita, S. & Halden, O. (1994). Re-framing the problem of conceptual change. *Learning and Instruction, 4*, 89–111.

Chance, B. L., delMas, R., & Garfield, J. B. (2005). Reasoning about sampling distributions. In D. Ben-Zvi & J. B. Garfield (Eds.), *The challenge of developing statistical literacy, reasoning, and* thinking. Dordrecht: Kluwer, 295-323.

Chi, M. T. H., Glaser, R., & Rees, E. (1982). Expertise in problem solving. In R. J. Sternberg (Ed.), *Advances in the psychology of human intelligence, Vol. 1*. Hilldale, NY: Erlbaum, 7-75.

Cobb, P., & Bauersfeld, H. (1995). *The Emergence of Mathematical Meaning - Interaction in Classroom Cultures*. Hillsdale, NJ: Lawrence Erlbaum.

Cobb, P. (2001). Supporting the improvement of learning and teaching in social and institutional context. In S. Carver & D. Klahr (Eds.), *Cognition and instruction: 25 years of progress*. Cambridge, MA: Lawrence Erlbaum Associates, Inc., 455-478.

Cobb, P., Confrey, J., diSessa, A., Lehrer, R., & Schauble, L. (2003). Design experiments in educational research. *Educational Researcher, 32*(1), 9-13.

Cohen, J. (1960). A coefficient of agreement for nominal scales. *Educational and Psychological Measurement, 20,* 37–46.

Collins, A. (1992). Towards a design science of education. In E. Scanlon & T. O'Shea (Eds.), *New directions in educational technology.* Berlin: Springer, 15-22.

Collins, A., Joseph, D., & Bielaczyc, K. (2004). Design Research: Theoretical and Methodological Issues. *The Journal of the Learning Sciences, 13*(1), 15–42.

Coutinho, C. (2001). *Introduction aux situations aléatoires dès le Collège: de la modélisation à la simulation d'expériences de Bernoulli dans l'environnement informatique Cabri-géomètre II* - PhD thesis. Grenoble: Université Joseph Fourier.

de Jong, T., & Joolingen, W. R. v. (1998). Scientific Discovery Learning with Computer Simulations of Conceptual Domains. *Review of Educational Research, 68*(2), 179-201.

de Jong, T. (2005). The guided discovery principle in multimedia learning. In R. E. Mayer (Ed.), *The Cambridge Handbook of Multimedia Learning.* New York: Cambridge University Press, 215-228.

DelMas, R. C., Garfield, J., & Chance, B. (1999). A Model of Classroom Research in Action: Developing Simulation Activities to Improve Students' Statistical Reasoning. *Journal of Statistics Eduation 7*(3), [Online: http://www.amstat.org/publications/jse/secure/v7n3/delmas.cfm].

Dillmann, R. (1990). *Statistik 1: Grundlagen der Wahrscheinlichkeitstheorie.* Heidelberg: Physica-Verlag.

Dörfler, W. (1993). Computer Use and Views of the Mind. In C. Keitel & K. Ruthven (Eds.), *Learning from Computers: Mathematics Education and Technology.* Berlin: Springer, 159-186.

Duit, R., & von Rhöneck, C. (Hrsg.). (1996). *Lernen in den Naturwissenschaften.* Kiel: Institut für Pädagogik der Naturwissenschaften an der Universität Kiel.

Edelson, D. C. (2002). Design research: What we learn when we engage in design. *Journal of the Learning Sciences, 11*(1), 105-121.

Eichler, A. (2005). *Individuelle Stochastikcurricula von Lehrerinnen und Lehrern.* Hildesheim: Franzbecker.

Eichler, A. (2006). Individuelle Stochastikcurricula von Lehrerinnen und Lehrern. *Journal für Mathematikdidaktik, 2,* 140-162.

Eichler, A. (2007). The impact of a typical classroom practice on students' statistical knowledge. In D. P. Pantazi & G. Philippou (Eds.), *Proceedings of the Fifth Congress of the European Society for Research in Mathematics Education,* 722-731, [Online: http://ermeweb.free.fr/CERME5b/].

Engel, A. (1973). *Wahrscheinlichkeitsrechnung und Statistik. Bd. 1, Klett Studienbücher*. Stuttgart: Ernst Klett Verlag.

Engel, E., & Sedlmeier, P. (2004). Zum Verständnis von Zufall und Variabil tät in empirischen Daten bei Schülern. *Unterrichtswissenschaft. Zeitschrift zur Lernforschung, 32*(2), 169-191.

Engel, E., & Sedlmeier, P. (2005). On middle-school students' comprehension of randomness and chance variabitiy in data. *ZDM, 37*(3), 168-177.

Fiedler, K., & Plessner, H. (2004). Die Stichprobenfalle: Lässt sich eine Sensibilität für metakognitive Probleme beim stochastischen Denken vermitteln? *Unterrichtswissenschaft, 32*(1), 23-37.

Fischbein, E. (1975). *The intuitive sources of probabilistic thinking in children* (Vol. 85). *Synthese library, 85*. Dordrecht: Reidel.

Fischbein, E. et al. (1991). Factors affecting probabilistic judgements in children and adolescents. *Educational Studies in Mathematics, 22*(6), 523-549.

Fischbein, E. (1994). *Intuition in science and mathematics: An educational approach* ([1. Aufl.], 2. print., Vol. 5). *Mathematics education library, 5*. Dordrecht: Reidel.

Fischbein, E., & Schnarch, D. (1997). The evolution with age of probabilistic intuitively based misconceptions. *Journal for research in Mathematics Education, 28*, 96-105.

Fischer, F., Mandl, H., Haake, J., & Kollar, I. (Eds.). (2007). *Scripting computer-supported colloaborative learning - cognitive, computational and educational perspektives*. New York: Springer.

Franz, J.-H. (2009). *Modellieren und Simulieren im Stochastikunterricht - Analysen von Videodokumenten und Transkripten zu selbständig-kooperativen Schülerarbeitsphasen* – Wissenschaftliche Hausarbeit zur Ersten Staatsprüfung für das Lehramt an Gymnasien. Kassel: Universität Kassel.

Freudenthal, H. (1972). The 'empirical law of large numbers' or 'the stability of frequencies'. *Educational Studies in Mathematics, 4*, 484-490.

Freudenthal, H. (1974). The Crux of Course Design in Probability. *Educational Studies in Mathematics, 5*, 261-277.

Garfield, J. B., & Ben-Zvi, D. (2008). *Developing Students' Statistical Reasoning: Connecting Research and Teaching Practice* (1. Aufl.). s. I.: Springer Netherlands.

Gerstenmaier, J., & Mandl, H. (1995). Wissenserwerb unter konstruktivistischer Perspektive. *Zeitschrift für Pädagogik, 41*(6), 867-888.

Gesellschaft für Didaktik der Mathematik. (2001). *Anregungen zum Stochastikunterricht: Die NCTM-Standards 2000; klassische und Bayessche Sichtweize im Vergleich; Arbeitsbericht des AK Stochastik 1999/2000; Bericht von zwei Arbeitskreistagungen des Arbeitskreises „Stochastik in der Schule" in der Gesellschaft für Didaktik der Mathematik e. V. vom 29./30. Oktober 1999 und 10. bis*

12. November 2000 in Berlin (Vol. 1). *Anregungen zum Stochastikunterricht, 1.* Hildesheim: Franzbecker.

Gigerenzer, G. (2002). *Das Einmaleins der Skepsis. Über den richtigen Umgang mit Zahlen und Risiken.* Berlin: Berlin-Verlag.

Gigerenzer, G., & Krüger, C. (1999). *Das Reich des Zufalls: Wissen zwischen Wahrscheinlichkeiten, Häufigkeiten und Unschärfen.* Heidelberg: Spektrum Akad. Verlag.

Gillies, R. M. (2003). Structuring cooperative group work in classrooms. *International Journal of Educational Research, 39,* 35-49.

Ginsburg-Block, M. D., Rohrbeck, C. A., & Fantuzzo, J. W. (2006). A meta-analytic review of social, self-concept, and behavioral outcomes of peer-assisted learning. *Journal of Educational Psychology, 98,* 732-749.

Glasersfeld, E. von (1994). *Radical constructivism in mathematics education* (2. print., Vol. 7). *Mathematics education library, 7.* Dordrecht: Kluwer.

Glasersfeld, E. von (1997). *Radical constructivism: A way of knowing and learning* (Reprinted., Vol. 6). *Studies in mathematics education series, 6.* London: Falmer Press.

Gnanadesikan, M., Schaeffer, R. L. et al. (1997). An Activity-Based Statistics Course. *Journal of Statistics Eduaction 5*(2), [Online: http://www.amstat.org/publications/jse/v5n2/Gnanadesikan.html].

Green, D. R. (1979). The Chance and Probability Concepts Project. *Teaching Statistics, 1*(3), 66-71.

Green, D. R. (1983). A survey of probability concepts in 3 000 pupils aged 11-16 years. In D. R. Grey, P. Holmes, V. Barnett, & G. M. Constable (Hrsg.), *Proceedings of the First International Conference on Teaching Statistics, 2.* Sheffield, UK: University of Sheffield, 766-783.

Green, N., & Green, K. (2006). *Kooperatives Lernen im Klassenraum und im Kollegium. Das Trainingsbuch.* Seelze-Velber: Kallmeyer.

Guin, D., & Trouche, L. (1999). The Complex Process of Converting Tools into Mathematical Instruments: The Case of Calculators. *International Journal of Computers for Mathematical Learning, 3,* 195-227.

Hahn, S. (2008). Bestand und Änderung. Grundlegung einer vorstellungsorientierten Differentialrechnung. In Kattmann et al. (Eds.), *Beiträge zur Didaktischen Rekonstruktion, Bd. 21.* Oldenburg: Didaktisches Zentrum Carl von Ossietzky Universität Oldenburg.

Harten, G. von, & Steinbring, H. (1984). *Stochastik in der Sekundarstufe I* (Vol. 8). *IDM-Reihe, 8.* Köln: Aulis-Verlag Deubner.

Hänze, M., & Berger, R. (2007a). Cooperative learning, motivational effects and student characteristics: An experimental study comparing cooperative learning and direct instruction in 12th grade physics classes. *Learning and Instruction, 17,* 29-41.

Hänze, M., & Berger, R. (2007b). Kooperatives Lernen im Gruppenpuzzle und im Lernzirkel. *Unterrichtswissenschaft, 35,* 227-240.

Hefendehl-Hebecker, L. (2004). Perspektiven für einen künftigen Mathematikunterricht. In H. Bayrhuber et al. (Hrsg.), *Konsequenzen aus PISA. Perspektiven der Fachdidaktiken.* Insbruck: Studienverlag, 141-189.

Heitele, D. (1975). An epistomological fiew on fundamental stochastic ideas. *Educational Studies in Mathematics, 6,* 187-205.

Henze, N. (2010). *Stochastik für Einsteiger - Eine Einführung in die faszinierende Welt des Zufalls. Mit über 220 Übungsaufgaben und Lösungen. 8., erweiterte Auflage.* Wiesbaden: Vieweg+Teubner.

Hodgson, T., & Burke, M. (2000). On Simulation and the Teaching of Statistics. *Teaching Statistics 22*(3), 91-96.

Hofmann, T. (2007). Multimediale Lernumgebung zur Unterstützung problemlösender Anwendung von Werkzeugsoftware am Beispiel der Stochastik. *Beiträge zum Mathematikunterricht 2007.* Hildesheim: Franzbecker, 835-838.

Hofmann, T. (2010). Entwicklung und Evaluation einer multimedialen Lernumgebung für einen selbstständigen Einstieg in die Werkzeugsoftware Fathom. *Beiträge zum Mathematikunterricht 2010.* Hildesheim: Franzbecker, 413-416.

Hofmann, T. (2011). *eFathom: Entwicklung und Evaluation einer multimedialen Lernumgebung für einen selbstständigen Einstieg in die Werkzeugsoftware Fathom* - Dissertation. Kassel: Universität Kassel.

Hölzl, R. (1994). *Im Zugmodus der Cabri-Geometrie. Interaktionsstudien und Analysen zum Mathematiklernen mit dem Computer.* Weinheim: Deutscher Studien Verlag.

Hölzl, R. (1995). *Eine empirische Untersuchung zum Schülerhandeln mit Cabri-géomètre. Journal für Mathematikdidaktik, 16*(1/2), 79-113.

Jones, G. A. (2005). *Exploring Probability in School: Challenges for Teaching and Learning* (Vol. 40). *Mathematics education library, 40.* Boston, MA: Springer Science+Business Media Inc.

Joseph, D. (2004). The practice of design-based research: Uncovering the interplay between design, research and the real world context. *Educational Psychologist, 39*(4), 203-212.

Kahneman, D., Tversky A. (1972). Subjective Probability: A Judgment of Representativeness. *Cognitive Psychology, 3,* 430-454.

Kahneman, D., Tversky A. (1973). Availability: A Heuristic for Judgeing Frequency and Probability. *Cognitive Psychology, 5,* 207-232.

Kapadia, R. (1991). *Chance encounters: probability in education* (Vol. 12). *Mathematics education library, 12.* Dordrecht: Kluwer.

Kaput, J. J. (1994). The representational roles of technology in connecting mathematics with authentic experience. In R. Biehler, R. W. Scholz, R. Sträßer & B. Winkelmann (Eds.), *Didactics of Mathematics as a Scientific Discipline.* Dordrecht: Kluwer, 379-397.

Kattmann, U., Duit, R., Gropengießer, H., & Komorek, M. (1997). Das Modell der Didaktischen Rekonstruktion – Ein Rahmen für naturwissenschaftsdidaktische Forschung und Entwicklung. *Zeitschrift für Didaktik der Naturwissenschaften, 3*(3), 3-18.

Keitzer, C. (2006). *Selbständig-kooperative Bearbeitung von stochastischen Simulationsaufgaben am Computer - Qualitative Analysen zu Schülerkompetenzen und Arbeitsweisen* - Diplomarbeit. Kassel: Universität Kassel.

Kelly, A. (2004). Design Research in Education: Yes, but Is It Methodological? *The Journal of the Learning Sciences, 13*(1), 115–128.

Keren, G., & Lewis, C. (2000). Even Bernoulli might have been wrong: A comment on intuitions about sample size. *Journal of Behavioral Decision Making, 13*, 125-132.

Kirschner, P. A. (2002). Cognitive load theory: implications of cognitive load theory on the design of learning. *Learning and Instruction, 12*, 1–10.

Kirschner, P. A. et al. (2006). Why minimal guidance during instruction does not work: an analysis of the failure of constructivist, discovery, problem-based, experiential and inquiry-based teaching. *Educational Psychologist, 41*(2), 75-86.

Kollar, I., Fischer, F., & Slotta, J. D. (2007). Internal and external scripts in computer-supported collaborative inquiry learning. *Learning and Instruction, 17*, 708-721.

Konold, C. (1989). Informal conceptions of probability. *Cognition and Intruction, 6*(1), 59-98.

Konold, C. et al. (1993). Inconistencies in students' reasoning about probability. *Journal for Research in Mathematics Education, 24*, 392-414.

Krummheuer, G. (1989). *Die menschliche Seite am Computer.* Stuttgart: Teubner.

Krummheuer, G., & Voigt, J. (1991). Interaktionsanalysen von Mathematikunterricht. Ein Überblick über Bielefelder Arbeiten. In H. Meier & J. Voigt (Hrsg.), *Interpretative Unterrichtsforschung, IDM-Reihe, 17.* Köln: Aulis Verlag Deubner, 13-32.

Krummheuer, G. (1993). Orientierungen für eine mathematikdidaktische Forschung zum Computereinsatz im Unterricht. *Journal für Mathematikdidaktik, 14*(1), 59-92.

Kurz-Milcke, E., & Martignon, L. (2007). Stochastische Urnen und Modelle in der Grundschule. *Beiträge zum Mathematikunterricht 2007.* Hildesheim: Franzbecker, 484-487.

Lajoie, S. P. (1998). *Reflections on statistics: Learning, teaching, and assessment in grades K-12. The studies in mathematical thinking and learning series.* Mahwah, NJ: L. Erlbaum.

Lipson, K. (1997). What do students gain from simulation exercises? An evaluation of activities designed to develop an understanding of the sampling distribution of a proportion. In J. B. Garfield & G. Burrill (Eds.), *Research on the*

Role of Technology in Teaching and Learning Statistics. Voorbourg: International Statistical Institute, 145-158,
[Online: http://www.dartmouth.edu/~chance/teaching_aids/IASE/IASE.book.pdf].

Lipson, K., Francis, G., & Kokonis, S. (2006). Developing a Computer Interaction to Enhance Student Understanding in Statistical Inference. In A. Rossman & B. Chance (Eds.), *Proceedings of ICOTS 7, Salvador da Bahia, Brazil*,
[Online: http://www.stat.auckland.ac.nz/~iase/publications/17/6E2_LIPS.pdf].

Maier, H. (1991). Analyse von Schülerverstehen im Unterrichtsgeschehen - Fragestellungen, Verfahren und Beispiele. In H. Meier & J. Voigt (Hrsg.), *Interpretative Unterrichtsforschung, IDM-Reihe, 17*. Köln: Aulis Verlag Deubner, 117-151.

Maxara, C. (2006). *Einführung in die stochastische Simulation mit FATHOM.* Kasseler Online-Schriften zur Didaktik der Stochastik (KaDiSto), Bd. 1. Kassel: Universität Kassel,
[Online: http://nbn-resolving.org/urn:nbn:de:hebis:34-2006082514477].

Maxara, C. (2007). Stochastische Simulationen mit dem Computer - Kompetenzen und Schwierigkeiten bei Studierenden. *Beiträge zum Mathematikunterricht 2007, Teil 2*. Hildesheim, Berlin: Franzbecker, 875-878.

Maxara, C. (2009). *Stochastische Simulation von Zufallsexperimenter mit FATHOM. Eine theoretische Werkzeuganalyse und explorative Fallstudie. -* Dissertation. Kassel: Universität Kassel.

Maxara, C., & Biehler, R. (2006). Students' Probabilistic Simulation and Modeling Competence after a Computer-Intensive Elementary Course in Statistics and Probability. In A. Rossman & B. Chance (Eds.), *Proceedings of ICOTS 7, Salvador da Bahia, Brazil*,
[Online: http://www.stat.auckland.ac.nz/~iase/publications/17/7C1_MAXA.pdf].

Maxara, C., & Biehler, R. (2007). Constructing Stochastic Simulations with a Computer Tool - Students' Competencies and Difficulties. In D. P. Pantazi & G. Philippou (Eds.), *Proceedings of the Fifth Congress of the European Society for Research in Mathematics Education*, 762-771,
[Online: http://ermeweb.free.fr/CERME5b/].

Mayring, P. (2008). *Qualitative Inhaltsanalyse: Grundlagen und Techniken* (10., neu ausgestattete Aufl., Dr. nach Typoskr.). *Beltz Pädagogik*. Weinheim: Beltz.

Mayring, P., & Gläser-Zikuda, M. (Hrsg.) (2008). *Die Praxis der qualitativen Inhaltsanalyse* (2., neu ausgestattete Aufl.). *Pädagogik*. Weinheim: Beltz.

Meyfarth, T. (2006). *Ein computergestütztes Kurskonzept für den Stochastik-Leistungskurs mit kontinuierlicher Verwendung der Software FATHOM - Didaktisch kommentierte Unterrichtsmaterialien*. Kasseler Online-Schriften zur Didaktik der Stochastik (KaDiSto), Bd. 2. Kassel: Universität Kassel,
[Online: http://nbn-resolving.org/urn:nbn:de:hebis:34-2006092214683].

Meyfarth, T. (2008a). Ein Kurskonzept zum kontinuierlichen Einsatz von Computersimulationen und Lernumgebungen im Stochastik-Leistungskurs. In A. Eichler & J. Meyer (Eds.), *Anregungen zum Stochastikunterricht, 4.* Hildesheim: Franzbecker, 19-47.

Meyfarth, T. (2008b). *Die Konzeption, Durchführung und Analyse eines simulationsintensiven Einstiegs in das Kurshalbjahr Stochastik der gymnasialen Oberstufe. Eine explorative Entwicklungsstudie* - Dissertation. Kassel: Universität Kassel.

Mills, J. D. (2002). Using Computer Simulation Methods to Teach Statistics: A Review of the Literature. *Journal of Statistics Education, 10*(1), [Online: http://www.amstat.org/publications/jse/v10n1/mills.html].

Nadolski, R. J., Kirschner, P. A., & Merrienboer, J. J. G. v. (2005). Optimizing the number of steps in learning tasks for complex skills. *British Journal of Educational Psychology, 75*, 223-237.

Nisbett, R. E. et al. (1983). The use of statistical heuristics in erveryday inductive reasoning. *Psychological review, 90*(4), 339-363.

O'Donell, A. M. (2004). A Commentary in Design Research. *Educational Psychologist, 39*(4), 255-260.

Paas, F. G. (1992). Training strategies for attaining transfer of problem-solving skill in statistics: A cognitive load approach. *Journal of Educational Psychology, 84*(4), 429-434.

Paas, F. G., Renkl, A., & Sweller, J. (2003). Cognitive load theory and instructional design: Recent developments. *Educational Psychologist, 38*, 1-4.

Paas, F. G., Renkl, A., & Sweller, J. (2004). Cognitive load theory: Instructional implications of the interaction between information structures and cognitive architecture. *Instructional Science, 32*, 1-8.

Pfannkuch, M. (2006). Reasoning about Distribution: A complex process. *Statistics Education Research Journal, 5*(2), 4-9.

Piaget, J., & Inhelder, B. (1975). *The origin of the idea of chance in children.* New York: Norton.

Posner, G. J., Strike, K. A., Hewson, P. W., & Gertzog, W. A. (1982). Accommodation of a scientific conception: Toward a theory of conceptual change. *Science Education, 66*, 211–227.

Prediger, S. (2002). *Mathematik und Kommunikation* (Vol. 3). *Darmstädter Texte zur allgemeinen Wissenschaft, 3.* Mühltal: Verlag Allg. Wiss. - HRW.

Prediger, Susanne (2005). „Auch ich will Lernprozesse beobachten, um besser Mathematik zu verstehen." Didaktische Rekonstruktion als mathematikdidaktischer Forschungsansatz zur Restrukturierung von Mathematik. *Mathematica didactica, 28*(2), 23-47.

Prömmel, A., & Biehler, R. (2009). Instruktionale Unterstützung selbständigen Lernens in der gymnasialen Oberstufe beim Einstieg in die Stochastik. *Beiträge zum Mathematikunterricht 2009.* Hildesheim: Franzbecker, 799-802.

Rasfeld, P. (2004). Verbessert der Stochastikunterricht intuitives stochastisches Denken? Ergebnisse aus einer empirischen Studie. *Journal für Mathematikdidaktik, 25*(1), 33-61.

Reichel, H.-C. et al. (1992). *Wahrscheinlichkeitsrechnung und Statistik. Mathematik für Schule und Praxis, (3. Aufl.).* H.-C. Reichel, (Hrsg.), Wien: Verlag Hölder-Pichler-Tempsky.

Renkl, A. (1997). Learning from worked-out examples. A study of individual differences. *Cognitive Science, 21*(1), 1-29.

Renkl, A. (2002). Worked-out examples: instructional explanations support learning by self-explanations. *Learning and Instruction, 12*, 529-556.

Riemer, W. (1991). Das ‚Eins durch Wurzel aus n' – Gesetz. Einführung in statistisches Denken auf der Sekundarstufe 1. *Stochastik in der Schule, 11*(3), 24-36.

Riemer, W. (1993). Das ‚Eins durch Wurzel aus n' – Gesetz. Einführung in statistisches Denken auf der Sekundarstufe 1. *MNU, 46*(5), 286-291.

Riemer, W., & Petzold, W. (1997). Geschmackstests: Spannende und verbindende Experimente. *Mathematik lehren, 85*, 16-19.

Rittle-Johnson, B., & Wagner Alibali, Magda (1999). Conceptual and Procedural Knowledge of Mathematics: Does One Lead to the Other? *Journal of Educational Psychology, 91*(1), 175-189.

Roderburg, M. (2010). *Analyse von Schülerarbeitsphasen im Stochastikunterricht der gymnasialen Oberstufe zum „Eins-durch-Wurzel-n-Gesetz"* - Wissenschaftliche Hausarbeit zur Ersten Staatsprüfung für das Lehramt an Gymnasien. Kassel: Universität Kassel.

Rollke, K.-H. (1994). *Grund- und Leistungskurs Informatik: Informatik für die Sekundarstufe II* (1. Aufl., [Nachdr.]). Berlin: Cornelsen.

Rossman, A. J., Chance, B. L., & Lock, R. H. (2001). *Workshop statistics: Discovery with data and FATHOM* (2. ed.). Emeryville, Calif.: Key College Publ.

Ruf, U., & Gallin, P. (2005). *Austausch unter Ungleichen: Grundzüge einer interaktiven und fächerübergreifenden Didaktik* (3. Aufl., / Urs Ruf; Peter Gallin ; Bd. 1). *Dialogisches Lernen in Sprache und Mathematik, / Urs Ruf; Peter Gallin ; Bd. 1.* Seelze-Velber: Kallmeyer.

Ruf, U., Gallin, P., & Berger-Kündig, P. (2005). *Spuren legen - Spuren lesen. Unterricht mit Kernideen und Reisetagebüchern* (3. Aufl., / Urs Ruf; Peter Gallin ; Bd. 2). *Dialogisches Lernen in Sprache und Mathematik, / Urs Ruf; Peter Gallin ; Bd. 2.* Seelze-Velber: Kallmeyer.

Ruf, U., Keller, S., & Winter, F. (2008). *Besser lernen im Dialog: Dialogisches Lernen in der Unterrichtspraxis* (1. Aufl.). Seelze-Velber: Klett/Kallmeyer.

Scheaffer, R. L., Watkins, A. E., & Landwehr, J. M. (1998). What Every High-School Graduate Should Know About Statistics. In S. P. Lajoie (Ed.), *Reflections on Statistics: Learning, Teaching, and Assessment in Grades K-12.* Mahwah, New Jersey: Lawrence Erlbaum Associates, Publishers.

Scheid, Harald (1986). *Stochastik in der Kollegstufe. Lehrbücher und Monographien zur Didaktik der Mathematik, 10.* Mannheim: BI-Wiss.-Verlag.

Scholz, R. W. (1981). *Stochastische Problemaufgaben: Analysen aus didaktischer und psychologischer Perspektive.* (Vol. 23). *IDM Materialien und Studien, 23.* Bielefeld: Institut für Didaktik der Mathematik der Universität Bielefeld.

Scholz, R. W. (1987). *Decision Making under Uncertainty: Cognitive Decision Research, Social Interaction, Development and Epistemology* (Sec. ed., Vol. 16). *Advances in Psychology, 16.* Amsterdam: North-Holland.

Schukajlow, S. et al. (2010). Lösungsplan in Schülerhand: zusätzliche Hürde oder Schlüssel zum Erfolg. *Beiträge zum Mathematikunterricht 2010.* Hildesheim: Franzbecker, 771-774.

Schupp, H. (2004). Allgemeinbildender Stochastikunterricht. *Stochastik in der Schule, 24*(3), 4-13.

Sedlmeier, P., & Gigerenzer, G. (1997). Intuitions about sample size: the empirical law of large numbers. *Journal of Behavioral Decision Making, 10*, 33-51.

Sedlmeier, P., & Gigerenzer, G. (2000). Was Bernoulli wrong? On intuitions about sample size. *Journal of Behavioral Decision Making, 13*, 133-139.

Sedlmeier, P., & Köhlers, D. (2001). *Wahrscheinlichkeiten im Alltag. Statistik ohne Formeln.* Braunschweig: Westermann.

Selting, M. et al. (1998). Gesprächsanalytisches Transkriptionssystem (GAT). *Linguistische Berichte, 173*, 91–122.

Shaughnessy, M. J. (1977). Misconceptions of Probability: An Experiment with a small-group, activity-based, model building approach to introductory probability at the college level. *Educational Studies in Mathematics, 8*, 295-316.

Shaughnessy, M. J. (1981). Misconceptions of Probability: From Systematic Error to Systematic Experiments and Decisions. In A. P. Schulte & J. R. Smart (eds.), *Teaching Statistics and Probability: 1981 Yearbook.* Reston, VA: NCTM, 90-100.

Shaughnessy, M. J. (1983). The Psycholoy of Inference and the Teaching of Probability and Statistics: Two Sides of the same coin? In R. W. Scholz (Ed.), *Decision Making under Uncertainty.* Amsterdam: North-Holland, 325-350.

Shaughnessy, M. J. (1992). Research in Probability and Statistics: Reflections and Directions. In D. A. Grouws (Ed.), *Handbook of Research on Mathematics Teaching and Learninng.* New York: Macmillan Publishing Company, 465-494.

Silverman, D. (2003). *Doing qualitative research: A practical handbook* (Repr.). London: SAGE.

Steinbring, H. (1980). *Zur Entwicklung des Wahrscheinlichkeitsbegriffes - Das Anwendungsproblem in der Wahrscheinlichkeitstheorie aus didaktischer Sicht.* Bielefeld: Institut für Didaktik der Mathematik der Universität Bielefeld.

Steinbring, H. (1991a). The concept of chance in everyday teaching: aspects of a social epistemology of mathematical knowledge. *Educational Studies in Mathematics, 22*, 503-522.

Steinbring, H. (1991b). The theoretical nature of probability in the classroom. In R. Kapadia & M. Borovcnik (Eds.), *Chance Encounters - Probability in Education*. Dordrecht: Kluwer, 135-167.

Strick, H. K. (1997a). "Vorstellungen von Schülerinnen und Schülern über Zufallsvorgänge". *mathematik lehren, 85*, 52-54.

Strick, H. K. (1997b). „Zufall oder kein Zufall". *mathematik lehren, 85*, 55-59.

Strick, H. K. (2005). Bei Zufallsversuchen wiederholen sich die Ergebnisse eher als man vermutet (9.-13. Kl.). *PM, 47*(4), 23-29.

Stringer, E. (1999). *Action Research: A handbook for practitioners* (2nd ed.). Thousand Oaks, CA: Sage Publishers.

Sweller, J. (1994). Cognitive load theory, learning difficulty and instructional design. *Learning and Instruction, 4*, 295-312.

The Peer-Group (2006). Design-Based Research EPSS, [Online: http://projects.coe.uga.edu/dbr/index.htm].

The Design-Based Research Collective (2003). Design-Based Research: An Emerging Paradigm for Educational Inquiry. *Educational Researcher, 32*(1), 5-8.

Tietze, U.-P. et al., Hrsg. (2002). *Didaktik der Stochastik* (1. Aufl., / Uwe-Peter Tietze; Manfred Klika; Hans Wolpers ; Bd. 3). *Didaktik der Mathematik, / Uwe-Peter Tietze; Manfred Klika; Hans Wolpers ; Bd. 3*. Braunschweig: Vieweg.

Treagust, D. F., Duit, R., & Fraser, B. J. (1996). *Improving teaching and learning in science and mathematics. Ways of knowing in science series*. New York: Teachers College Press.

Trouche, L. (2004). Managing the Complexitiy of Human/Machine Interactions in Computerized Learning Environments: Guiding Students' Command Process Through Instrumental Orchestrations. *International Journal of Computers for Mathematical Learning, 9*, 281-307.

Tversky A., & Kahneman, D. (1971). Belief in the law of small numbers. *Psychological Bulletin, 76*, 105-110.

Tversky, A. (1974). Assessing uncertainty. *Journal of the Royal Statistical Society, Series B 36*, 148-159.

Tversky A., & Kahneman, D. (1974). Judgement unter uncertainty: Heuristics an Biases. *Science, 185*, 1124-1131.

Urhahne, D., & Harms, U. (2006). Instruktionale Unterstützung beim Lernen mit Computersimulationen. *Unterrichtswissenschaft, 34*(4), 358-377.

Van Boxtel, C., van der Linden, J., & Kanselaar, G. (2000). Collaborative learning tasks and the elaboration of conceptual knowledge. *Learning and Instruction, 10,* 311-330.

Van den Akker, J. (1999). Principles and methods of development research. In J. van den Akker et al. (Eds.), *Design methodology and developmental research in education and training.* Dordrecht: Kluwer Academic Paublishers, 1-14.

Van Gog, T., Paas, F., & Van Marienboer, J. (2004). Process-Oriented Worked Examples: Improving Transfer Performance Through Enhanced Understanding. *Instructional Science, 32,* 83-98.

Van Gog, T., Paas, F., & Van Marienboer, J. (2008). Effects of studying sequences of process-oriented and product-oriented worked examples on troubleshooting transfer efficiency. *Learning and Instruction, 18,* 211-222.

Vanhoof, S., Sotos, A. E. C., Onghena, P., & Verschaffel, L. (2007). *Students' Reasoning about Sampling Distributions before and after the Sampling Distribution Activity.* Paper presented at 56th Session of the ISI, Lisbon, Portugal, [Online: http://www.stat.auckland.ac.nz/~iase/publications/isi56/CPM80_ Vanhoof.pdf].

Verhoeff, T. (1993). The Laws of Large Numbers Compared. Personal Note, [Online: http://www.win.tue.nl/~wstomv/publications/laws-of-large-numbers. pdf].

Voigt, J. (1984). *Interaktionsmuster und Routinen im Mathematikunterricht: theoretische Grundlagen und mikroethnographische Fallunters.* Beltz-Forschungsberichte. Weinheim, Basel: Beltz.

Voigt, J. (1991). Die mikroethnographische Erkundung von Mathematikunterricht – Interpretative Methoden der Interaktionsanalyse. In H. Meier & J. Voigt (Hrsg.), *Interpretative Unterrichtsforschung, IDM-Reihe, 17.* Köln: Aulis Verlag Deubner, 152-175.

Vosniadou, S. (1999). Conceptual change research: State of the art and future directions. In W. Schnotz, S. Vosniadou, & M. Carretero (Eds.), *New Perspectives on Conceptual Change.* Amsterdam: Pergamon, 3-13.

Vosniadou, S. et al. (2001). Designing learning environments to promote conceptual change in science. *Learning and Instruction, 11,* 381–419.

Vosniadou, S., & Verschaffel. L. (2004). Extending the conceptual chance approach to mathematics learning and teaching. *Learning and Instruction, 14,* 445-451.

Walker, D. F. (1992). Methodological issues in curriculum research. In P. Jackson (Ed.), *Handbook of research on curriculum.* New York: Macmillan, 98-118.

Wang, F., & Hannafin, M. J. (2004). *Using Design-Based Research in design and research of technology-enhanced learning environments.* Paper presented at the Annual Meeting of the American Educational Research Association, San Diego, CA.

Wassner, C., Biehler, R., & Martignon. (2007*)*. Das Konzept der natürlichen Häufigkeiten im Stochastikunterricht. *Der Mathematikunterricht, 53*(3), 33-44.

Watson, J. M et al. (1997). The Development of Chance Measurement. *Mathematics Education Research Journal, 9* (1), 60-82.

Watson, J. M. (2000). Preservice Mathematics Teachers' Understanding of sampling: Intuition or Mathematics. *Mathematics Teacher Education and Development, 2,* 121-135.

Watson, J. M., & Chick, H. L. (2001). Factors Influencing the Outcomes of Collaborative Mathematical Problem Solving: An Introduction. *Mathematical Thinking and Learning, 3*(2&3), 125-173.

Watson, J. M. (2006). *Statistical Literacy at School. Growth and Goals.* Lawrence Erlbaum Associates, Inc., Publishers: Mahwah, New Jersey.

Weinberger, A., & Fischer, F. (2006). A framework to analyze argumentative knowledge construction in computer-supported collaborative learning. *Computers & Education, 46,* 71-95.

Weinert, F. E. (2001). *Leistungsmessungen in Schulen. Beltz-Pädagogik.* Weinheim: Beltz.

Wild, C. (2006). The concept of distribution. *Statistics Education Research Journal, 5*(2), 10-26.

Winter, H. (1995). Mathematik und Allgemeinbildung. *Mitteilungen der Gesellschaft für Didaktik der Mathematik, 61,* 37-46.

Zieffler, A., & Garfield, J. B. (2007). *Studying the Role of Simulation in Developing Students' Statistical Reasoning.* Paper presented at the 56th Session of the ISI,
[Online: http://www.stat.auckland.ac.nz/~iase/publications/isi56/CPM40_Zieffler.pdf].

Zimmermann, G. (2002). *Students' reasoning about probability simulations during instruction* - Dissertation. Illinois: Illinois State University,
[Online:
http://www.stat.auckland.ac.nz./~iase/publications/dissertations/02.Zimmermann.Dissertation.pdf].

Zimmermann, G., & Jones, G. A. (2002). Probability simulation: What meaning does it have for high school students? *Canadian Journal Science, Mathematics and Technology Education, 2,* 221-236.

10 Anhang

Die Materialien zum GESIM-Konzept, die für die Analysen der empirischen Begleitstudie genutzt wurden, sind im OnlinePLUS Programm unter www.Springer-Spektrum.de/Buch/978-3-658-00593-1/Das-GESIM-Konzept.html verfügbar bzw. können per E-Mail an den Autor (proemmel@mathematik.uni-kassel.de) angefordert werden. Die nachfolgende Tabelle enthält eine Aufzählung dieser Materialien.

Anhang	Bemerkungen
A	GESIM-Konzept Version 2.0 Februar 2008
B	Teilstudie *Feasibility* · Unterrichtsprotokolle der einzelnen Unterrichtsstunden, Kurs B und Kurs S
C	Teilstudie *Simulation durch Stichprobenziehen* - Daten zu U10-11 · Simulationspläne · FATHOM-Dateien · Transkripte der Camtasia-Aufzeichnungen
D	Teilstudie *sampling distribution* und *sample size effect* - Daten zu U12-13 · Arbeitsblätter · Simulationspläne · FATHOM-Dateien · Transkripte der Camtasia-Aufzeichnungen
E	Teilstudie *Lernzuwachs* · Aufgaben der verschiedenen Tests und der Kursarbeit · Kodierleitfaden zum Eingangs- und Ausgangtest
F	Weiteres · Daten aus anderen Unterrichtsstunden, die in digitalisierter Form erhoben wurden bzw. digitalisiert wurden.